新视野·统计科学

Reuven Y. Rubinstein Dirk P. Kroese

仿真与蒙特卡洛方法

（第2版）

Simulation and the Monte Carlo Method, Second Edition

〔以〕鲁文·Y.鲁宾斯坦
〔澳〕德克·P.克罗斯 著
卫军胡 王 虹 译

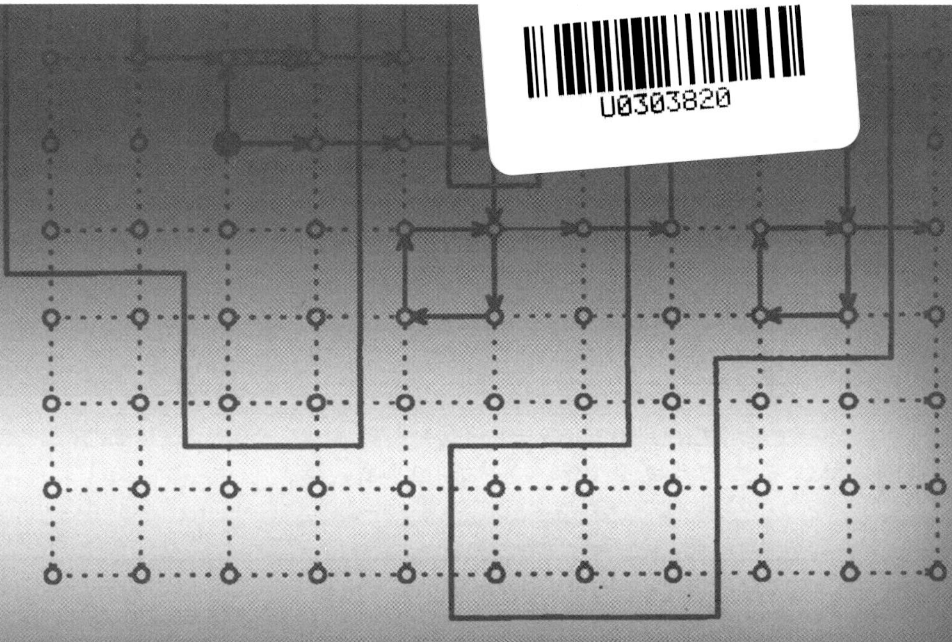

WILEY
西安交通大学出版社
XI'AN JIAOTONG UNIVERSITY PRESS
国家一级出版社
全国百佳图书出版单位

Simulation and the Monte Carlo Method, 2nd ed.
Reuven Y. Rubinstein and Dirk P. Kroese
ISBN: 978-0-470-17794-5

陕西省版权局著作权合同登记号:25-2009-119

图书在版编目(CIP)数据

仿真与蒙特卡洛方法:第2版/(以)鲁文·Y.鲁宾斯坦(Reuven Y. Rubinstein),(澳)德克·P.克罗斯(Dirk P. Kroese)著;卫军胡,王虹译.—西安:西安交通大学出版社,2020.8
书名原文:Simulation and the Monte Carlo Method, Second Edition
ISBN 978-7-5693-1306-2

Ⅰ.①仿… Ⅱ.①鲁… ②德… ③卫… ④王… Ⅲ.①蒙特卡洛法 Ⅳ.①O242.28

中国版本图书馆 CIP 数据核字(2019)第 191512 号

书　　名　仿真与蒙特卡洛方法(第2版)
著　　者　〔以〕鲁文·Y.鲁宾斯坦　〔澳〕德克·P.克罗斯
译　　者　卫军胡　王　虹
责任编辑　李　颖
责任校对　雷萧屹

出版发行　西安交通大学出版社
(西安市兴庆南路1号　邮政编码 710048)
网　　址　http://www.xjtupress.com
电　　话　(029)82668357　82667874(发行中心)
(029)82668315(总编办)
传　　真　(029)82668280
印　　刷　陕西奇彩印务有限责任公司

开　　本　720 mm×1000 mm　1/16　**印　　张**　22.5　**字　　数**　439千字
版次印次　2020年8月第1版　2020年8月第1次印刷
书　　号　ISBN 978-7-5693-1306-2
定　　价　118.00元

如发现印装质量问题,请与本社发行中心联系调换。
订购热线:(029)82665248
投稿热线:(029)82665397
读者信箱:banquan1809@126.com

作者简介

鲁文·Y.鲁宾斯坦，博士，以色列理工学院（Technion）工业工程与管理系荣誉退休教授，曾在IBM、Motorola、NEC等大型公司担任顾问，发表100多篇论文和6部著作。鲁宾斯坦博士也是著名的用于仿真分析的得分函数方法以及用于组合优化和计数问题的经典交叉熵方法的发明人。

德克·P.克罗斯，博士，澳大利亚昆士兰大学数学系统计学高级讲师，在应用概率与统计的各个方向发表50多篇论文，涉及蒙特卡洛方法、交叉熵、随机算法、电信通信理论、可靠性、计算统计学、实用概率论和随机模型等方面。

献　词

献给我的朋友和同事——苏林·阿斯穆森和皮特·格林。

——鲁文·Y. 鲁宾斯坦

以此纪念我的父母——阿尔伯特和安娜·克罗斯。

——德克·P. 克罗斯

前　言

自从 1981 年《仿真与蒙特卡洛方法》出版以来，蒙特卡洛仿真呈现出巨大的进展。在等待多年以后，本书第 2 版全面更新，收入了蒙特卡洛仿真的各个重要主题。

本书是在过去 5 年以色列理工学院和昆士兰大学为本科生开设的蒙特卡洛方法课程的基础上编写的，适用于工程、生命科学、统计、计算机科学和数学专业的学生，也适用于那些有意在其研究工作中应用蒙特卡洛仿真的人员。我们的目标是深入浅出地介绍现代蒙特卡洛方法，突出该方法的主要概念并为问题的解决提供坚实的基础，为此，在介绍和解释概念时，主要采用了具体的例子、算法和实验。

我们假设读者具有一定的数学知识，比如学过概率与统计的基础课程，我们仍然在第 1 章特意回顾了概率论、马尔可夫过程和凸优化的有关概念。

在经典的随机仿真中，仿真模型中的随机性是用独立、均匀分布的随机变量表示的。而在一般的随机系统的仿真中，这些随机变量就像积木一样用于搭建模型。为此，第 2 章介绍了这种随机数、随机变量和随机过程的产生。

现实中的很多复杂系统可以表示为离散事件系统，比如交通系统、柔性制造系统、计算机通信系统、库存系统、生产线、固有寿命系统、PERT 网络以及流体网络等，都是离散事件系统。这类系统的行为可以用离散的**事件**序列表示，事件导致系统从一个**状态**变化到另一个**状态**。我们在第 3 章讨论如何在计算机里表示这类系统。

第 4 章介绍关于静态模型和动态模型的输出数据的统计分析。两者的主要差别在于，在静态模型中系统的状态不会随着时间的推移而发生变化，而动态模型会发生变化。为此，我们把动态模型分为有限周期仿真和稳态仿真两种情况。我们还针对稳态仿真讨论了两种估计稳态性能参数的常用方法，即批均值法和再生法。

第 5 章讲述蒙特卡洛仿真中的方差减小技术，比如对偶随机数、公共随机数、控制随机变量、条件蒙特卡洛、分层抽样和重要抽样等，其中重要抽样是最常用的减小方差的技术。应用重要抽样，我们经常能够有效地减小方差，有时效果非常显著，特别是在估计稀有事件概率的时候。在介绍重要抽样时，我们讲了两种方法，分别是方差最小化和交叉熵方法。另外，本章还包括两种基于重要抽样的减小方差的方法，分别称为**变换似然比方法**和**筛选方法**。变换似然比方法是一种构建有效的重要抽样估计量的简单、方便、统一的方法，而筛选法能够有效地降低重要抽样密度函数的维数。这是因为筛选法能够找到(筛选出)重要抽样分布中用到的最重要的(瓶颈)参数,因此能够显著提高重要抽样估计量的准确性。

我们以一个高维的复杂电力系统为例,说明如果没有筛选,那么重要抽样估计量将包含数百个似然比项,会变得非常不稳定,从而无法工作。相反,如果进行筛选,我们就能获得一个精确的低维重要抽样估计量。

第6章详细讲述一般的马尔可夫蒙特卡洛方法(MCMC),其中可以从任意分布进行近似抽样。我们讨论经典的 Metropolis-Hastings 算法和 Gibbs 抽样器。利用前者仿真一个马尔可夫链,其平稳分布正好等于目标分布;而在后者中,底层的马尔可夫链用一系列条件分布构建。我们还讨论了 MCMC 在贝叶斯统计中的应用,解释了如何在伊辛模型和波茨模型中从波尔兹曼分布进行抽样,这在统计力学中有广泛的应用。另外,我们还展示了用模拟退火法求解多极值函数的全局最小解时如何应用 MCMC 方法。最后我们说明 Metropolis-Hastings 算法和 Gibbs 抽样器可以看作一般 MCMC 算法的两个特例,而且进一步改进可以得到**切片抽样器**和**可逆跳抽样器**。

第7章重点介绍灵敏度分析和被仿真系统的蒙特卡洛优化。由于这类系统的复杂性,离散事件系统的性能通常用仿真的方法进行估计,而且经常表示为关于某些可控变量的性能函数的估计。灵敏度分析主要用于估计性能函数对系统参数的灵敏度(梯度、Hessian 函数等),常用于指导经营与决策,在选择系统参数的值从而优化系统的过程中发挥重要的作用。蒙特卡洛优化用于求解随机优化问题,即由于目标函数和某些约束未知而需要用仿真进行估计的优化问题。我们分别对静态模型和动态模型进行灵敏度分析和优化,介绍了灵敏度分析中特别引入的**得分函数**方法以及蒙特卡洛优化中的两种方法,即**随机近似法**和**随机等效法**。在介绍随机等效法时,我们特别展示了如何用一次仿真试验的结果就能非常精确地接近原确定性规划问题的真正最优解。

第8章介绍**交叉熵**(CE)方法,该方法最早于1997年作为一种自适应的算法求解基于 CE 最小化技术的稀有事件估计问题。人们很快意识到其核心思想并不局限于稀有事件仿真,而是有着更为广泛的应用,还可以用于求解更一般的组合优化和多极值优化问题,包括相关的学习算法和神经计算中的很多问题。我们循序渐进地介绍 CE 方法及其奇妙之处。我们特别介绍了一种通用的用于估计稀有事件概率的 CE 算法,对其略做修改就能求解组合优化问题。讨论了 CE 方法在几个组合优化问题中的应用,比如最大割问题和旅行商问题,还用数值结果证明了其有效性。由于其具有通用、易用与简单等特性,CE 方法在各种新应用中具有很大的潜力,比如计算生物学、DNA 排序、图论、调度等。在过去5到6年的时间里,至少发表了100篇有关 CE 理论和应用的论文,详见网站 www.cemethod.org,鲁文·Y. 鲁宾斯坦和德克·P. 克罗斯的著作 *The Cross-Entropy Method: A Unified*

Approach to Combinatorial Optimization, Monte-Carlo Simulation and Machine Learning(Springer,2004),或者维基百科的**交叉熵方法**条目。

第 9 章解决很难的**计数问题**,这在科学、工程和数学中的很多重要问题中频繁出现。我们讲述如何把这些问题转化为**估计**问题的特例,从而用重要抽样、MCMC 等蒙特卡洛技术有效地求解。我们还将介绍如何应对似然比方法中的"退化"现象,这在高维计数问题中经常出现,具体方法是对经典的最小交叉熵(MinxEnt)方法进行一定的修改从而得到**参数化最小交叉熵方法**。

我们在每一章的最后都要提供一些习题,比较难的章节和习题用星号标注。附录里包含更多的阅读资料,包括指数族分布的简介、随机优化问题的计算复杂性分析以及部分 Matlab 程序。

鲁文·Y. 鲁宾斯坦和德克·P. 克罗斯

2007 年分别于海法及布里斯班

目　录

第 1 章

预备知识

1.1 随机试验

随机试验是概率论中一个最基本的概念，即事先无法确定会出现何种结果的试验。一个最常见的例子是投币试验，把一个均匀的硬币投掷多次进行试验。为简单起见，假设投掷次数为 3 次，样本空间记为 Ω，是试验的所有可能结果的集合。在本例中，Ω 有 8 个可能的结果：

$$\Omega = \{HHH, HHT, HTH, HTT, THH, THT, TTH, TTT\}$$

其中，HTH 是指第一次投掷结果为正面朝上，第二次为反面朝上，第三次为正面朝上，其余依此类推。

在随机试验中，样本空间的子集称为事件，比如，若记事件 A 为第三次投掷结果是正面朝上的集合，则有

$$A = \{HHH, HTH, THH, TTH\}$$

当试验的结果是 A 中的某个元素时，我们说事件 A **发生**了。由于事件是集合，因而也适用于集合的一般运算，例如事件 $A \cup B$，称为 A 和 B 的**并集**，即事件 A 发生或事件 B 发生或两者都发生；事件 $A \cap B$，称为 A 和 B 的**交集**，即事件 A 和事件 B 都发生。对于更多的事件的并集和交集可以采用类似的符号记法。事件 A^C 称为 A 的**补集**，是 A 不发生的事件。如果事件 A 和事件 B 没有相同的结果，也就是说，它们的交集是空集，则称 A 和 B 为**不相交**事件。在对事件操作时，确定每个事件的概率是最重要的环节之一。

定义 1.1.1(概率) 事件 A 的概率 P 是按一定的规则赋予事件 A 的一个数字，满足 $0 \leqslant P(A) \leqslant 1$，$P(\Omega)=1$，且对于两两互斥的事件序列 $A_1, A_2, \cdots, A_i$ 有

$$P(\bigcup_i A_i) = \sum_i P(A_i) \tag{1.1}$$

式(1.1)称为概率的**加法规则**，它表明在不同时刻一个事件具有多个不同的试验结果，这个事件的概率就为所包含的每个事件的概率总和。

对于上述投掷硬币的试验，每一个事件发生的概率很容易给出。由于硬币是均匀的，8 个可能的结果都有完全相同的可能性，因此 $P(\{HHH\})=\cdots=P(\{TTT\})=1/8$。由于任意事件 A 都是“基本”事件 $\{HHH\},\cdots,\{TTT\}$ 的并集，根据概率的加法规则，

$$P(A)=\frac{|A|}{|\Omega|} \tag{1.2}$$

其中 $|A|$ 表示事件 A 所包含的试验结果的个数，$|\Omega|=8$。更一般地，如果一个随机试验包含有限个可能性完全相等的结果，则其概率总是具有式(1.2)所示的形式。在此情况下，概率用简单的计数就能计算出来。

1.2 条件概率和事件的独立性

在已知某个事件 $B\subset\Omega$ 已经发生的条件下，事件 A 的概率会如何变化？假定结果就在 B 里，当且仅当 $A\cap B$ 发生时，事件 A 才会发生，且 A 发生的相对概率是 $P(A\cap B)/P(B)$。由此，可以引出在事件 B 发生的条件下事件 A 发生的**条件概率**的定义

$$P(A\mid B)=\frac{P(A\cap B)}{P(B)} \tag{1.3}$$

例如，假设我们投掷硬币 3 次，令 B 是 2 次正面朝上的事件，事件 A 是在已知 B 发生的情况下第一次投掷结果正面朝上的事件，那么事件 A 的条件概率为 $(2/8)/(3/8)=2/3$。

改写式(1.3)并交换 A 和 B 的位置，关系式可以变为 $P(A\cap B)=P(A)P(B|A)$。由此可以得出概率的乘法规则，对任意 n 个事件序列 $A_1,A_2,\cdots,A_n$，

$$P(A_1\cdots A_n)=P(A_1)P(A_2\mid A_1)P(A_3\mid A_1A_2)\cdots P(A_n\mid A_1\cdots A_{n-1}) \tag{1.4}$$

其中采用了缩写 $A_1A_2\cdots A_k\equiv A_1\cap A_2\cap\cdots\cap A_k$。

假设 $B_1,B_2,\cdots,B_n$ 是 Ω 的一个**划分**，也就是，$B_1,B_2,\cdots,B_n$ 两两互斥且它们的并集为 Ω，基于加法规则，$P(A)=\sum_{i=1}^{n}P(A\cap B_i)$，根据条件概率的定义，可以推导出**全概率公式**

$$P(A)=\sum_{i=1}^{n}P(A\mid B_i)P(B_i) \tag{1.5}$$

结合条件概率的定义，得出**贝叶斯定律**

$$P(B_j\mid A)=\frac{P(A\mid B_j)P(B_j)}{\sum_{i=1}^{n}P(A\mid B_i)P(B_i)} \tag{1.6}$$

独立性在概率和统计学中是一个很重要的概念，简单地说，它表示事件之间没

有联系。如果已知事件 B 的发生不改变事件 A 发生的概率，则称事件 A 和事件 B **相互独立**。换言之，A 和 B 相互独立 $\Leftrightarrow P(A|B)=P(A)$。因为 $P(A|B)=P(A\cap B)/P(B)$，则另一种独立性的定义为

$$A\text{ 和 }B\text{ 相互独立}\Leftrightarrow P(A\cap B)=P(A)P(B)$$

这种定义涵盖 $B=\varnothing$（空集）的情况，还可以推广到任意多个事件。

定义 1.2.1（独立性） 如果对于任意 k 以及任意选择的互不相同的下标 $i_1,\cdots,i_k$，都有 $P(A_{i_1}\cap A_{i_2}\cap\cdots\cap A_{i_k})=P(A_{i_1})P(A_{i_2})\cdots P(A_{i_k})$，则称事件 $A_1,A_2,\cdots$ **相互独立**。

说明 1.2.1 在大多数情况下，事件的独立性是一个模型假设，也就是说，我们假设存在一个 P，使得某些事件是独立的。

■例 1.1

假如我们将一枚不均匀的硬币投掷 n 次，设 p 是正面朝上的概率（对于均匀硬币有 $p=1/2$）。A_i 记为第 i 次投掷的结果为正面朝上的事件，$i=1,\cdots,n$，则概率 P 是基于 $A_1,\cdots,A_n$ 相互独立的，而且对于任意 i 都有 $P(A_i)=p$。基于这样两条假设，概率 P 就可以完全确定。例如，对于前 k 次抛出的结果是正面朝上而后 $n-k$ 次的结果是背面朝上的事件，其概率为

$$\begin{aligned}P(A_1\cdots A_kA_{k+1}^c\cdots A_n^c)&=P(A_1)\cdots P(A_k)P(A_{k+1}^c)\cdots P(A_n^c)\\&=p^k(1-p)^{n-k}\end{aligned}$$

1.3 随机变量和概率分布

实际上，通过完整地描述 Ω 和 P 来确定一个随机试验的模型可能并不方便，也无必要。在实际中我们可能只对试验中的各种观测值（比如数字测量值）更感兴趣，为此我们在描述这些随机试验的时候，通过随机变量把这些观测值引入到模型中。**随机变量**通常用字母表中最后几个字母的大写形式来表示，例如 $X,X_1,X_2,\cdots,Y,Z$。

■例 1.2

将一枚不均匀的硬币投掷 n 次，设 p 是正面朝上的概率。假设我们只对正面朝上的次数感兴趣，记其为 X，则 X 可取 $\{0,1,\cdots,n\}$ 中的值。由**二项分布公式**可以给出 X 的**概率分布**为

$$P(X=k)=\binom{n}{k}p^k(1-p)^{n-k},k=0,1,\cdots,n \tag{1.7}$$

根据例 1.1，对于一个恰有 k 次正面朝上和 $n-k$ 次背面朝上的基本事件

$\{HTH\cdots T\}$，其概率为 $p^k(1-p)^{n-k}$，而这样的事件共有 $\binom{n}{k}$ 个。

一般的随机变量 X 的概率可以用 $P(X=x)$，$P(a\leqslant X\leqslant b)$ 等形式来描述，而其概率分布用**累积分布函数**(cdf)即可完全表示，定义为

$$F(x)=P(X\leqslant x), x\in\mathbb{R}$$

如果随机变量 X 有有限个或可数个值 $x_1,x_2,\cdots$，$P(X=x_i)>0$，$i=1,2,\cdots$，且 $\sum_i P(X=x_i)=1$，则称随机变量 X 是离散分布型的，函数 $f(x)=P(X=x)$ 称为随机变量 X 的**概率质量函数**(pmf)，参见说明 1.3.1。

■例 1.3

投掷两个均匀的骰子，令 M 为两个骰子显示的最大点数，则 M 的概率质量函数为

m	1	2	3	4	5	6	$\sum$
$f(m)$	$\frac{1}{36}$	$\frac{3}{36}$	$\frac{5}{36}$	$\frac{7}{36}$	$\frac{9}{36}$	$\frac{11}{36}$	1

例如，为了得到 $M=3$，掷出点数必须为(1,3)，(2,3)，(3,3)，(3,2)或(3,1)，其中每组出现的概率为 1/36。

如果存在一个总积分为 1 的正函数 f，使得对于所有 a,b 都满足

$$P(a\leqslant X\leqslant b)=\int_a^b f(u)\mathrm{d}u \tag{1.8}$$

则称随机变量 X 有**连续分布**，函数 f 称为 X 的**概率密度函数**(pdf)。注意，在连续的情形下，累积分布函数的形式为

$$F(x)=P(X\leqslant x)=\int_{-\infty}^x f(u)\mathrm{d}u$$

其中 f 是 F 的导数。在某种意义上，我们可以将 $f(x)$ 理解为 $X=x$ 处的概率"密度"，这是因为

$$P(x\leqslant X\leqslant x+h)=\int_x^{x+h} f(u)\mathrm{d}u\approx hf(x)$$

说明 1.3.1(概率密度) 应该注意，对于概率质量函数(pmf)和概率密度函数(pdf)，我们特意使用同一个符号 f，这是因为 pmf 和 pdf 有着相似的作用，在更深的概率理论中都是表达**概率密度**的两种常用的特定方式。为了强调这个观点，在离散和连续**两种**情况下，我们都称 f 函数为概率密度函数(pdf)或者(概率)密度(函数)。

1.4　几个重要分布

表 1.1 和表 1.2 列出了一些常用的连续和离散分布。我们采用符号 $X\sim f$，$X\sim F$或者 $X\sim \mathrm{Dist}$ 来表示随机变量，其概率密度函数为 f，累积分布函数为 F，X 服从分布 Dist。有时我们用 f_X 代替 f，是为了强调此概率密度函数是相对随机变量 X 而言的。在表 1.1 中，Γ 是指伽马函数

$$\Gamma(\alpha)=\int_0^{\infty}\mathrm{e}^{-x}x^{\alpha-1}\mathrm{d}x,\alpha>0$$

表 1.1　常用的连续分布

名称	符号	$f(x)$	$x\in$	参数
均匀分布	$U(\alpha,\beta)$	$\frac{1}{\beta-\alpha}$	$[\alpha,\beta]$	$\alpha<\beta$
正态分布	$N(\mu,\sigma^2)$	$\frac{1}{\sigma\sqrt{2\pi}}\mathrm{e}^{-\frac{1}{2}\left(\frac{x-\mu}{\sigma}\right)^2}$	$\mathbb{R}$	$\sigma>0,\mu\in\mathbb{R}$
伽马分布	$\mathrm{Gamma}(\alpha,\lambda)$	$\frac{\lambda^\alpha x^{\alpha-1}\mathrm{e}^{-\lambda x}}{\Gamma(\alpha)}$	$\mathbb{R}_+$	$\alpha,\lambda>0$
指数分布	$\mathrm{Exp}(\lambda)$	$\lambda\mathrm{e}^{-\lambda x}$	$\mathbb{R}_+$	$\lambda>0$
贝塔分布	$\mathrm{Beta}(\alpha,\beta)$	$\frac{\Gamma(\alpha+\beta)}{\Gamma(\alpha)\Gamma(\beta)}x^{\alpha-1}(1-x)^{\beta-1}$	$[0,1]$	$\alpha,\beta>0$
威布尔分布	$\mathrm{Weib}(\alpha,\lambda)$	$\alpha\lambda(\lambda x)^{\alpha-1}\mathrm{e}^{-(\lambda x)^\alpha}$	$\mathbb{R}_+$	$\alpha,\lambda>0$
帕累托分布	$\mathrm{Pareto}(\alpha,\lambda)$	$\alpha\lambda(1+\lambda x)^{-(\alpha+1)}$	$\mathbb{R}_+$	$\alpha,\lambda>0$

表 1.2　常用的离散分布

名称	符号	$f(x)$	$x\in$	参数
伯努利分布	$\mathrm{Ber}(p)$	$p^x(1-p)^{1-x}$	$\{0,1\}$	$0\leqslant p\leqslant 1$
二项分布	$\mathrm{Bin}(n,p)$	$\binom{n}{x}p^x(1-p)^{n-x}$	$\{0,1,\cdots,n\}$	$0\leqslant p\leqslant 1$ $n\in\mathbb{N}$
离散型均匀分布	$\mathrm{DU}\{1,\cdots,n\}$	$\frac{1}{n}$	$\{1,\cdots,n\}$	$n\in\{1,2,\cdots\}$
几何分布	$G(p)$	$p(1-p)^{x-1}$	$\{1,2,\cdots\}$	$0\leqslant p\leqslant 1$
泊松分布	$P(\lambda)$	$\mathrm{e}^{-\lambda}\frac{\lambda^x}{x!}$	$\mathbb{N}$	$\lambda>0$

1.5 期望

研究随机变量的各种数值特征通常十分有用，数学期望就是这样一个量，它表示分布的平均值。

定义 1.5.1(期望) 假设 X 是概率密度函数为 f 的一个随机变量，X 的**期望**（期望值或者均值）表示为 $E[X]$（有时候记为 μ），定义为

$$E[X]=\begin{cases}\sum_x xf(x), & \text{离散情况}\\ \int_{-\infty}^{\infty} xf(x)\mathrm{d}x, & \text{连续情况}\end{cases}$$

如果 X 是一个随机变量，那么关于 X 的函数也是随机变量，例如 X^2 或者 $\sin X$都是随机变量。X 的函数的期望值就是这个函数可能取值的加权平均值，换言之，对于任何一个实值函数 h

$$E[h(X)]=\begin{cases}\sum_x h(x)f(x), & \text{离散情形}\\ \int_{-\infty}^{\infty} h(x)f(x)\mathrm{d}x, & \text{连续情形}\end{cases}$$

另一个很有用的量是方差，是表示分布的分散程度的一个统计量。

定义 1.5.2(方差) 随机变量 X 的**方差**，记为 $\mathrm{Var}(X)$（有时记为 σ^2），定义为

$$\mathrm{Var}(X)=E[(X-E[X])^2]=E[X^2]-(E[X])^2$$

方差的平方根叫做**标准差**，表 1.3 列出了一些常用分布的期望和方差。

表 1.3 一些常用分布的期望和方差

分布	$E[X]$	$\mathrm{Var}(X)$	分布	$E[X]$	$\mathrm{Var}(X)$
$\mathrm{Bin}(n,p)$	np	$np(1-p)$	$\mathrm{Gamma}(\alpha,\lambda)$	$\frac{\alpha}{\lambda}$	$\frac{\alpha}{\lambda^2}$
$G(p)$	$\frac{1}{p}$	$\frac{1-p}{p^2}$	$N(\mu,\sigma^2)$	μ	σ^2
$P(\lambda)$	λ	λ	$\mathrm{Beta}(\alpha,\beta)$	$\frac{\alpha}{\alpha+\beta}$	$\frac{\alpha\beta}{(\alpha+\beta)^2(1+\alpha+\beta)}$
$U(\alpha,\beta)$	$\frac{\alpha+\beta}{2}$	$\frac{(\beta-\alpha)^2}{12}$	$\mathrm{Weib}(\alpha,\lambda)$	$\frac{\Gamma(1/\alpha)}{\alpha\lambda}$	$\frac{2\Gamma(2/\alpha)}{\alpha}-\left(\frac{\Gamma(1/\alpha)}{\alpha\lambda}\right)^2$
$\mathrm{Exp}(\lambda)$	$\frac{1}{\lambda}$	$\frac{1}{\lambda^2}$	—	—	—

通常，均值和方差不能给出足够的信息来完全说明随机变量的分布，却可以提

供非常有用的界限。下面我们讨论两个这样的界限。假设 X 只能取非负值，其概率密度函数为 f。对于任何一个 $x>0$，我们可以写出

$$E[X]=\int_0^x tf(t)\mathrm{d}t+\int_x^\infty tf(t)\mathrm{d}t \geqslant \int_x^\infty tf(t)\mathrm{d}t$$
$$\geqslant \int_x^\infty xf(t)\mathrm{d}t = xP(X\geqslant x)$$

据此可以得到**马尔可夫不等式**：如果 $X\geqslant 0$，则对于所有的 $x>0$，

$$P(X\geqslant x)\leqslant \frac{E[X]}{x} \tag{1.9}$$

如果我们还知道随机变量的方差，就可以给出一个更紧的范围，即对于任意一个已知均值为 μ 和方差为 σ^2 的随机变量 X，我们有

$$P(|X-\mu|\geqslant x)\leqslant \frac{\sigma^2}{x^2} \tag{1.10}$$

这就是**切比雪夫不等式**。证明如下：令 $D^2=(X-\mu)^2$，根据马尔可夫不等式(1.9)以及方差的定义，有

$$P(D^2\geqslant x^2)\leqslant \frac{\sigma^2}{x^2}$$

这里，事件 $\{D^2\geqslant x^2\}$ 等价于事件 $\{|X-\mu|\geqslant x\}$，所以式(1.10)得证。

1.6　联合分布

通常一个随机试验由多个随机变量来描述，多随机变量的理论与单随机变量类似。

令 $X_1,\cdots,X_n$ 为描述某个随机试验的随机变量，我们可以构成一个**随机向量** $\boldsymbol{X}=(X_1,\cdots,X_n)$。更一般地，一个随机变量的集合 $\{X_t,t\in\mathscr{T}\}$ 就称为一个**随机过程**，集合 $\mathscr{T}$ 则称为该随机过程的**参数集**或**索引集**，它可以是离散的(例如 $\mathbb{N}$ 或者 $\{1,\cdots,10\}$)或者连续的(例如 $\mathbb{R}_+=[0,\infty)$ 或者 $[1,10]$)。随机过程的所有可能取值的集合称为**状态空间**。

$X_1,\cdots,X_n$ 的联合分布用**联合累积分布函数**来定义，即

$$F(x_1,\cdots,x_n)=P(X_1\leqslant x_1,\cdots,X_n\leqslant x_n)$$

在离散情况下，**联合概率密度函数**为 $f(x_1,\cdots,x_n)=P(X_1=x_1,\cdots,X_n=x_n)$；在连续情况下，联合概率密度函数为

$$P(\boldsymbol{X}\in\mathscr{B})=\int_{\mathscr{B}} f(x_1,\cdots,x_n)\mathrm{d}x_1\cdots\mathrm{d}x_n$$

其中 $\mathscr{B}$ 为 $\mathbb{R}^n$ 中的任意(可测)区域。边缘概率密度函数可以由联合概率密度函数通过积分或者累加获得。例如，在连续随机向量 (X,Y) 的情况下，已知联合概率密

度函数为 f,则 X 的概率密度函数 f_X 可由下式得到

$$f_X(x) = \int f(x,y)\mathrm{d}y$$

假设 X 和 Y 都是离散的或者连续的随机变量,已知联合概率密度函数为 f,假设 $f_X(x)>0$,则在 $X=x$ 的条件下,Y 的**条件概率密度函数**为

$$f_{Y|X}(y \mid x) = \frac{f(x,y)}{f_X(x)},\text{对于所有的 } y$$

相应的**条件期望**(在连续情况下)为

$$E[Y \mid X = x] = \int y f_{Y|X}(y \mid x)\mathrm{d}y$$

注意 $E[Y|X=x]$是 x 的函数,记为 $h(x)$,相应的随机变量 $h(X)$写为 $E[Y|X]$,从文献[4]可以看出,它的期望就是 Y 的期望,即

$$E[E[Y \mid X]] = E[Y] \tag{1.11}$$

在给定 X 的条件下,Y 的条件分布和 Y 的分布相同时,称 X 和 Y 相互独立,可以更精确地表述为

定义 1.6.1(独立随机变量) 如果对于所有事件$\{X_i \in A_i\}$,其中 $A_i \subset \mathbb{R}$,$i=1,\cdots,n$,都满足

$$P(X_1 \in A_1,\cdots,X_n \in A_n) = P(X_1 \in A_1)\cdots P(X_n \in A_n)$$

则称随机变量 $X_1,\cdots,X_n$ 相互**独立**。

以上关于独立性的定义可以直接得出结论:已知联合概率密度函数为 f(离散或连续)的随机变量 $X_1,\cdots,X_n$ 相互独立,当且仅当

$$f(x_1,\cdots,x_n) = f_{X_1}(x_1)\cdots f_{X_n}(x_n) \tag{1.12}$$

对于所有的 $x_1,\cdots,x_n$,其中$\{f_{X_i}\}$是边缘概率密度函数。

■例 1.4 伯努利序列

投掷一枚不均匀的硬币 n 次,记正面朝上的概率为 p。我们可以用下述方法来描述该试验:记 X_i 为第 i 次投掷的结果,$\{X_i=1\}$表示正面朝上(成功),$\{X_i=0\}$表示背面朝上(失败),其中 $i=1,\cdots,n$,则有

$$P\{X_i = 1\} = p = 1 - P\{X_i = 0\},i = 1,2,\cdots,n$$

另外,假设 $X_1,\cdots,X_n$ 相互独立,序列$\{X_i,i=1,2,\cdots\}$称为成功概率为 p 的**伯努利序列**或**伯努利过程**。令 $X=X_1+\cdots+X_n$ 表示 n 次试验(指投掷硬币)中成功的总数,用$\mathscr{B}$表示所有的二进制向量 $\boldsymbol{x}=(x_1,\cdots,x_n)$的集合,其中 $\sum_{i=1}^{n} x_i = k$,则集合$\mathscr{B}$中有$\binom{n}{k}$个元素。于是得到

$$P(X = k) = \sum_{\boldsymbol{x} \in \mathscr{B}} P(X_1 = x_1,\cdots,X_n = x_n)$$

$$
\begin{aligned}
&= \sum_{x \in \mathscr{B}} P(X_1 = x_1) \cdots P(X_n = x_n) \\
&= \sum_{x \in \mathscr{B}} p^k (1-p)^{n-k} \\
&= \binom{n}{k} p^k (1-p)^{n-k}
\end{aligned}
$$

也就是说，$X \sim \text{Bin}(n, p)$。把该结果与例 1.2 进行比较。

说明 1.6.1　如果对于任意选取的**有限**个互不相同的参数 $i_1, \cdots, i_n$，随机向量 $X_{i_1}, \cdots, X_{i_n}$ 相互独立，则称随机变量的无限序列 $X_1, X_2, \cdots$ 相互独立。很多概率模型都要求随机变量 $X_1, X_2, \cdots$ 是**独立同分布**的，简记为 iid。全文将采用此缩写。

与一维情况相似，关于 $X_1, \cdots, X_n$ 的任意实函数 h 的期望值都是对该函数所有可能取值的加权平均。特别地，在连续情况下，

$$
E[h(X_1, \cdots, X_n)] = \int \cdots \int h(x_1, \cdots, x_n) f(x_1, \cdots, x_n) \mathrm{d}x_1 \cdots \mathrm{d}x_n
$$

我们可以由期望和独立性直接得到一个推论

$$
E[a + b_1 X_1 + b_2 X_2 + \cdots + b_n X_n] = a + b_1 \mu_1 + \cdots + b_n \mu_n \tag{1.13}
$$

其中随机变量的任意序列 $X_1, X_2, \cdots, X_n$ 对应的期望为 $\mu_1, \mu_2, \cdots, \mu_n$，而 $a, b_1, b_2, \cdots, b_n$ 为常数。同样地，对于**独立**随机变量可推导出

$$
E[X_1 X_2 \cdots X_n] = \mu_1 \mu_2 \cdots \mu_n
$$

对于两个随机变量 X 和 Y，已知期望分别为 $E[X] = \mu_X$ 和 $E[Y] = \mu_Y$，定义 X 和 Y 的**协方差**

$$
\text{Cov}(X, Y) = E[(X - \mu_X)(Y - \mu_Y)]
$$

表示变量之间的线性依赖程度。对协方差进行归一化得到**相关系数**

$$
\rho(X, Y) = \frac{\text{Cov}(X, Y)}{\sigma_X \sigma_Y}
$$

其中 $\sigma_X^2 = \text{Var}(X)$，$\sigma_Y^2 = \text{Var}(Y)$。可以发现，相关系数取值总在 -1 到 1 之间，参见习题 1.13。

为便于参考，表 1.4 列出了方差和协方差的一些重要性质，可以从协方差和方差的定义以及期望的性质直接推导。

由性质 2 和性质 7 可以得到，对于任意序列的**独立**随机变量 $X_1, X_2, \cdots, X_n$，已知方差为 $\sigma_1^2, \cdots, \sigma_n^2$，则有

$$
\text{Var}(a + b_1 X_1 + b_2 X_2 + \cdots + b_n X_n) = b_1^2 \sigma_1^2 + \cdots + b_n^2 \sigma_n^2 \tag{1.14}
$$

其中常数 a 和 $b_1, \cdots, b_n$ 可取任意值。

对于随机向量 $\boldsymbol{X} = (X_1, X_2, \cdots, X_n)^{\mathrm{T}}$，也非常容易写出其期望和协方差的向量形式。

表 1.4 方差和协方差的性质

1	$\mathrm{Var}(X)=E[X^2]-(E[X])^2$
2	$\mathrm{Var}(aX+b)=a^2\mathrm{Var}(X)$
3	$\mathrm{Cov}(X,Y)=E[XY]-E[X]E[Y]$
4	$\mathrm{Cov}(X,Y)=\mathrm{Cov}(Y,X)$
5	$\mathrm{Cov}(aX+bY,Z)=a\mathrm{Cov}(X,Z)+b\mathrm{Cov}(Y,Z)$
6	$\mathrm{Cov}(X,X)=\mathrm{Var}(X)$
7	$\mathrm{Var}(X+Y)=\mathrm{Var}(X)+\mathrm{Var}(Y)+2\mathrm{Cov}(X,Y)$
8	X 与 Y 独立$\Rightarrow\mathrm{Cov}(X,Y)=0$

定义 1.6.2(期望向量和协方差矩阵) 对于任意随机向量 $\boldsymbol{X}$,其**期望向量**就是期望组成的向量

$$\boldsymbol{\mu}=(\mu_1,\cdots,\mu_n)^{\mathrm{T}}=(E[X_1],\cdots,E[X_n])^{\mathrm{T}}$$

定义**协方差矩阵** $\boldsymbol{\Sigma}$,其第(i,j)个元素为

$$\mathrm{Cov}(X_i,X_j)=E[(X_i-\mu_i)(X_j-\mu_j)]$$

如果我们定义期望向量(矩阵)为期望组成的向量(矩阵),则上面的定义可以写成

$$\boldsymbol{\mu}=E[\boldsymbol{X}]$$

和

$$\boldsymbol{\Sigma}=E[(\boldsymbol{X}-\boldsymbol{\mu})(\boldsymbol{X}-\boldsymbol{\mu})^{\mathrm{T}}]$$

这里,$\boldsymbol{\mu}$ 和 $\boldsymbol{\Sigma}$ 就相当于一维情况下的 μ 和 σ^2。

说明 1.6.2 任意协方差矩阵 $\boldsymbol{\Sigma}$ 都是**对称**的。参考习题 1.16,事实上它是**半正定**的,即对于任意(列)向量 $\boldsymbol{u}$,有

$$\boldsymbol{u}^{\mathrm{T}}\boldsymbol{\Sigma}\boldsymbol{u}\geqslant 0$$

1.7 随机变量的函数

假设 $X_1,\cdots,X_n$ 是随机试验的测量值,我们通常更关心的是这些测量值构成的某个**函数**,而非这些测量值本身。下面给出一些例子加以说明。

■例 1.5

设 X 为连续型随机变量,其概率密度函数为 f_X,令 $Z=aX+b$,其中 $a\neq 0$。我

们想求变量 Z 的概率密度函数 f_Z。不妨假设 $a>0$，对任意 z，有

$$F_Z(z)=P(Z\leqslant z)=P(X\leqslant(z-b)/a)=F_X((z-b)/a)$$

对 z 求导数，得到 $f_Z(z)=f_X((z-b)/a)/a$；当 $a<0$ 时，类似可得

$$f_Z(z)=f_X((z-b)/a)/(-a)$$

综合两种情况，得到

$$f_Z(z)=\frac{1}{|a|}f_X\left(\frac{z-b}{a}\right) \tag{1.15}$$

■例 1.6

将上例中的情形一般化，设 $Z=g(X)$，其中 g 为单调递增函数。为了由 X 得到 Z 的概率密度函数，我们首先写

$$F_Z(z)=P(Z\leqslant z)=P(X\leqslant g^{-1}(z))=F_X(g^{-1}(z))$$

其中 g^{-1} 是 g 的反函数。对 z 求导，得到

$$f_Z(z)=f_X(g^{-1}(z))\frac{\mathrm{d}}{\mathrm{d}z}g^{-1}(z)=\frac{f_X(g^{-1}(z))}{g'(g^{-1}(z))} \tag{1.16}$$

对于单调递减函数，式中的 $\frac{\mathrm{d}}{\mathrm{d}z}g^{-1}(z)$ 用其负值来取代。

■例 1.7　顺序统计量

设 $X_1,\cdots,X_n$ 是独立同分布的随机变量序列，有相同的概率密度函数 f 和累积分布函数 F。在很多应用中，我们对 $X_{(1)},X_{(2)},\cdots,X_{(n)}$ 的**顺序统计量**的分布很感兴趣，其中 $X_{(1)}$ 表示 $\{X_i,i=1,\cdots,n\}$ 中最小的，$X_{(2)}$ 表示第二小的，依此类推。$X_{(n)}$ 的累积分布函数为

$$P(X_{(n)}\leqslant x)=P(X_1\leqslant x,\cdots,X_n\leqslant x)=\prod_{i=1}^{n}P(X_i\leqslant x)=(F(x))^n$$

同理可得

$$P(X_{(1)}>x)=P(X_1>x,\cdots,X_n>x)=\prod_{i=1}^{n}P(X_i>x)=(1-F(x))^n$$

更进一步，由于 $X_1,\cdots,X_n$ 的所有顺序排列都是同等概率出现的，因而排序后的楔形样本 $\{(x_1,\cdots,x_n):x_1\leqslant x_2\leqslant\cdots\leqslant x_n\}$ 的联合概率密度函数就是 $n!$ 乘以未排序样本的联合密度。

1.7.1　线性变换

设 $\boldsymbol{x}=(x_1,\cdots,x_n)^{\mathrm{T}}$ 是 $\mathbb{R}^n$ 上的列向量，$\boldsymbol{A}$ 为 $m\times n$ 矩阵，则映射 $\boldsymbol{x}\mapsto\boldsymbol{z},\boldsymbol{z}=\boldsymbol{Ax}$ 称为**线性变换**。考虑随机向量 $\boldsymbol{X}=(X_1,\cdots,X_n)^{\mathrm{T}}$，令 $\boldsymbol{Z}=\boldsymbol{AX}$，则 $\boldsymbol{Z}$ 是 $\mathbb{R}^m$ 上的随机向量。原则上，如果已知 $\boldsymbol{X}$ 的联合分布，就可以推导出 $\boldsymbol{Z}$ 的联合分布。我们首先对期望向量和协方差矩阵进行变换。

定理 1.7.1 如果 $\boldsymbol{X}$ 的期望向量为 $\boldsymbol{\mu}_X$，协方差矩阵为 $\boldsymbol{\Sigma}_X$，则线性变换 $\boldsymbol{Z}=\boldsymbol{A}\boldsymbol{X}$ 的期望向量和协方差矩阵可由下式给出

$$\boldsymbol{\mu}_Z = \boldsymbol{A}\boldsymbol{\mu}_X \tag{1.17}$$

$$\boldsymbol{\Sigma}_Z = \boldsymbol{A}\boldsymbol{\Sigma}_X\boldsymbol{A}^{\mathrm{T}} \tag{1.18}$$

证明：

$$\boldsymbol{\mu}_Z = E[\boldsymbol{Z}] = E[\boldsymbol{A}\boldsymbol{X}] = \boldsymbol{A}E[\boldsymbol{X}] = \boldsymbol{A}\boldsymbol{\mu}_X$$

而

$$\begin{aligned}\boldsymbol{\Sigma}_Z &= E[(\boldsymbol{Z}-\boldsymbol{\mu}_Z)(\boldsymbol{Z}-\boldsymbol{\mu}_Z)^{\mathrm{T}}] \\ &= E[\boldsymbol{A}(\boldsymbol{X}-\boldsymbol{\mu}_X)(\boldsymbol{A}(\boldsymbol{X}-\boldsymbol{\mu}_X))^{\mathrm{T}}] \\ &= \boldsymbol{A}E[(\boldsymbol{X}-\boldsymbol{\mu}_X)(\boldsymbol{X}-\boldsymbol{\mu}_X)^{\mathrm{T}}]\boldsymbol{A}^{\mathrm{T}} \\ &= \boldsymbol{A}\boldsymbol{\Sigma}_X\boldsymbol{A}^{\mathrm{T}}\end{aligned}$$

□

假设 $\boldsymbol{A}$ 是 $n\times n$ 的可逆矩阵，如果 $\boldsymbol{X}$ 的联合密度为 $f_{\boldsymbol{X}}$，$\boldsymbol{Z}$ 的联合密度 $f_{\boldsymbol{Z}}$ 是多少？参考图 1.1，对任意给定的 $\boldsymbol{x}$，令 $\boldsymbol{z}=\boldsymbol{A}\boldsymbol{x}$，有 $\boldsymbol{x}=\boldsymbol{A}^{-1}\boldsymbol{z}$。考虑一个 n 维立方体 $C=[z_1,z_1+h]\times\cdots\times[z_n,z_n+h]$，令 D 是 C 经 $\boldsymbol{A}^{-1}$ 变换后的映像，即为满足 $\boldsymbol{A}\boldsymbol{x}\in C$ 的所有点 $\boldsymbol{x}$ 构成的平行六面体，则有

$$P(\boldsymbol{Z}\in C)\approx h^n f_{\boldsymbol{Z}}(\boldsymbol{z})$$

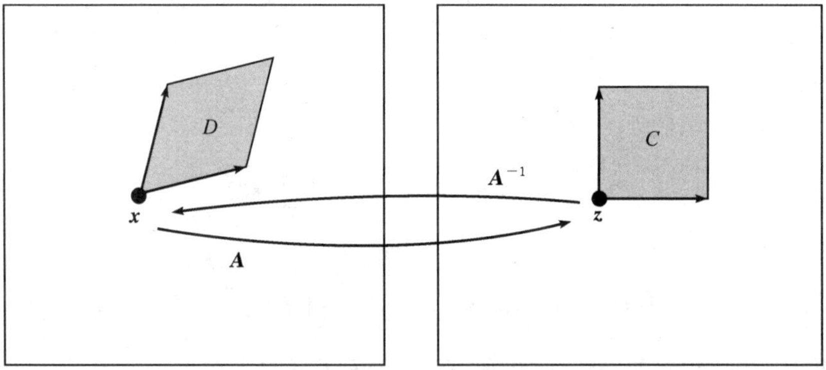

图 1.1 线性变换

回顾线性代数中(参见文献[6])用任意矩阵 $\boldsymbol{B}$ 将一个体积为 V 的 n 维矩形线性变换成一个 n 维的平行六面体，变换后体积为 $V|\boldsymbol{B}|$，其中 $|\boldsymbol{B}|=|\det(\boldsymbol{B})|$，因而有

$$P(\boldsymbol{Z}\in C)=P(\boldsymbol{X}\in D)\approx h^n\ |\boldsymbol{A}^{-1}|\ f_{\boldsymbol{X}}(\boldsymbol{x})=h^n\ |\boldsymbol{A}|^{-1}f_{\boldsymbol{X}}(\boldsymbol{x})$$

令 h 趋于 0，可以得到

$$f_{\boldsymbol{Z}}(\boldsymbol{z})=\frac{f_{\boldsymbol{X}}(\boldsymbol{A}^{-1}\boldsymbol{z})}{|\boldsymbol{A}|},\boldsymbol{z}\in\mathbb{R}^n \tag{1.19}$$

1.7.2　一般变换

应用上面的推导过程，我们可以类似地处理一般变换 $\boldsymbol{x} \mapsto \boldsymbol{g}(\boldsymbol{x})$，即

$$\begin{pmatrix} x_1 \\ x_2 \\ \vdots \\ x_n \end{pmatrix} \mapsto \begin{pmatrix} g_1(\boldsymbol{x}) \\ g_2(\boldsymbol{x}) \\ \vdots \\ g_n(\boldsymbol{x}) \end{pmatrix}$$

对于一个给定的 $\boldsymbol{x}$，令 $\boldsymbol{z}=\boldsymbol{g}(\boldsymbol{x})$。假设 $\boldsymbol{g}$ 是可逆的，则有 $\boldsymbol{x}=\boldsymbol{g}^{-1}(z)$。对于在 $\boldsymbol{x}$ 处任意无限小、体积为 V 的 n 维矩形，将其变换成一个在 $\boldsymbol{z}$ 处的 n 维平行六面体，变换后体积为 $V|\boldsymbol{J}_x(g)|$，其中 $\boldsymbol{J}_x(\boldsymbol{g})$ 是变换 $\boldsymbol{g}$ 在 $\boldsymbol{x}$ 处的**雅可比矩阵**，即

$$\boldsymbol{J}_x(\boldsymbol{g}) = \begin{pmatrix} \frac{\partial g_1}{\partial x_1} & \cdots & \frac{\partial g_1}{\partial x_n} \\ \vdots & \ddots & \vdots \\ \frac{\partial g_n}{\partial x_1} & \cdots & \frac{\partial g_n}{\partial x_n} \end{pmatrix}$$

现在考虑一个随机列向量 $\boldsymbol{Z}=\boldsymbol{g}(\boldsymbol{X})$，令 C 为包围 $\boldsymbol{z}$ 的一个体积为 h^n 的小立方体，D 为 C 在 $\boldsymbol{g}^{-1}$ 变换下的映像，则在线性情况下，

$$P(\boldsymbol{Z} \in C) \approx h^n f_{\boldsymbol{Z}}(\boldsymbol{z}) \approx h^n \mid J_z(\boldsymbol{g}^{-1}) \mid f_{\boldsymbol{X}}(\boldsymbol{x})$$

因此，我们得到变换公式

$$f_{\boldsymbol{Z}}(\boldsymbol{z}) = f_{\boldsymbol{X}}(\boldsymbol{g}^{-1}(\boldsymbol{z})) \mid J_z(\boldsymbol{g}^{-1}) \mid, \boldsymbol{z} \in \mathbb{R}^n \tag{1.20}$$

（注意，有 $|J_z(\boldsymbol{g}^{-1})|=1/|J_x(\boldsymbol{g})|$。）

说明 1.7.1　在大多数坐标变换中，$\boldsymbol{g}^{-1}$ 是已知的，是 $\boldsymbol{x}$ 的表达式，同时也是关于 $\boldsymbol{z}$ 的函数而不是 $\boldsymbol{g}$ 的函数。

1.8　变换

许多涉及概率分布的计算和操作可以使用变换得以简化，下面是两个典型的例子。第一个例子是取值为正整数的随机变量 N 的**概率生成函数**，定义为

$$G(z) = E[z^N] = \sum_{k=0}^{\infty} z^k P(N = k),\ \mid z \mid \leqslant 1$$

第二个例子是当 $s \geqslant 0$ 时正随机变量 X 的**拉氏变换**，定义为

$$L(s) = E[\mathrm{e}^{-sX}] = \begin{cases} \sum_x \mathrm{e}^{-sx} f(x), & \text{离散情形} \\ \int_0^{\infty} \mathrm{e}^{-sx} f(x)\mathrm{d}x, & \text{连续情形} \end{cases}$$

所有的变换都有一个重要的唯一性特性:两个分布是相同的,当且仅当它们各自的变换是相同的。

■例 1.8

令 $M\sim P(\mu)$,则 M 的概率生成函数为

$$G(z)=\sum_{k=0}^{\infty}z^k\mathrm{e}^{-\mu}\frac{\mu^k}{k!}=\mathrm{e}^{-\mu}\sum_{k=0}^{\infty}\frac{(z\mu)^k}{k!}=\mathrm{e}^{-\mu}\mathrm{e}^{z\mu}=\mathrm{e}^{-\mu(1-z)} \tag{1.21}$$

令 $N\sim P(\nu)$且独立于 M,则 $M+N$ 的概率生成函数为

$$E[z^{M+N}]=E[z^M]E[z^N]=\mathrm{e}^{-\mu(1-z)}\mathrm{e}^{-\nu(1-z)}=\mathrm{e}^{-(\mu+\nu)(1-z)}$$

因此,根据变换的唯一性,可知 $M+N\sim P(\mu+\nu)$。

■例 1.9

随机变量 $X\sim\mathrm{Gamma}(\alpha,\lambda)$的拉氏变换为

$$\begin{aligned}E[\mathrm{e}^{-sX}]&=\int_0^{\infty}\frac{\mathrm{e}^{-\lambda x}\lambda^{\alpha}x^{\alpha-1}}{\Gamma(\alpha)}\mathrm{e}^{-sx}\,\mathrm{d}x\\&=\left(\frac{\lambda}{\lambda+s}\right)^{\alpha}\int_0^{\infty}\frac{\mathrm{e}^{-(\lambda+s)x}(\lambda+s)^{\alpha}x^{\alpha-1}}{\Gamma(\alpha)}\mathrm{d}x\\&=\left(\frac{\lambda}{\lambda+s}\right)^{\alpha}\end{aligned}$$

作为 $\mathrm{Gamma}(\alpha,\lambda)$分布的特殊情况,$\mathrm{Exp}(\lambda)$分布的拉氏变换为 $\lambda/(\lambda+s)$。令 $X_1,\cdots,X_n$ 为独立同分布(iid)的 $\mathrm{Exp}(\lambda)$随机变量,则 $S_n=X_1+\cdots+X_n$ 的拉氏变换为

$$E[\mathrm{e}^{-sS_n}]=E[\mathrm{e}^{-sX_1}\cdots\mathrm{e}^{-sX_n}]=E[\mathrm{e}^{-sX_1}]\cdots E[\mathrm{e}^{-sX_n}]=\left(\frac{\lambda}{\lambda+s}\right)^n$$

即 S_n 服从 $\mathrm{Gamma}(n,\lambda)$分布。

1.9 联合正态随机变量

为了便于理解,将正态分布的随机变量看作**标准正态**分布(即 $N(0,1)$)的随机变量的简单变换。具体地,令 $X\sim N(0,1)$,则 X 的密度 f_X 为

$$f_X(x)=\frac{1}{\sqrt{2\pi}}\mathrm{e}^{-\frac{x^2}{2}}$$

考虑变换 $Z=\mu+\sigma X$,则由式(1.15),Z 的密度函数为

$$f_Z(z)=\frac{1}{\sqrt{2\pi\sigma^2}}\mathrm{e}^{-\frac{(z-\mu)^2}{2\sigma^2}}$$

也就是说 $Z\sim N(\mu,\sigma^2)$。我们也可以这样描述:如果 $Z\sim N(\mu,\sigma^2)$,则$(Z-\mu)/\sigma\sim N(0,1)$,这一过程称为**标准化**。

我们将上述讨论推广到 n 维的情况。令 $X_1,\cdots,X_n$ 为独立的标准正态随机变量,则 $\boldsymbol{X}=(X_1,\cdots,X_n)^{\mathrm{T}}$ 的联合概率密度函数为

$$f_{\boldsymbol{X}}(\boldsymbol{x}) = (2\pi)^{-n/2}\mathrm{e}^{-\frac{1}{2}\boldsymbol{x}^{\mathrm{T}}\boldsymbol{x}},\boldsymbol{x}\in \mathbb{R}^n \tag{1.22}$$

考虑**仿射**变换,即线性变换加上一个常数向量

$$\boldsymbol{Z} = \boldsymbol{\mu} + \boldsymbol{BX} \tag{1.23}$$

其中 $\boldsymbol{B}$ 是 $m\times n$ 的矩阵。注意,由定理1.7.1,$\boldsymbol{Z}$ 有期望向量 $\boldsymbol{\mu}$ 和协方差矩阵 $\boldsymbol{\Sigma}=\boldsymbol{BB}^{\mathrm{T}}$。可以认为,任意具有式(1.23)形式的随机向量都有一个**联合正态分布**或**多元正态分布**,记为 $\boldsymbol{Z}\sim N(\boldsymbol{\mu},\boldsymbol{\Sigma})$。假设 $\boldsymbol{B}$ 为一个可逆的 $n\times n$ 矩阵,则由式(1.19),$\boldsymbol{Y}=\boldsymbol{Z}-\boldsymbol{\mu}$ 的密度函数可以写为

$$f_{\boldsymbol{Y}}(\boldsymbol{y}) = \frac{1}{|\boldsymbol{B}|\sqrt{(2\pi)^n}}\mathrm{e}^{-\frac{1}{2}(\boldsymbol{B}^{-1}\boldsymbol{y})^{\mathrm{T}}\boldsymbol{B}^{-1}\boldsymbol{y}} = \frac{1}{|\boldsymbol{B}|\sqrt{(2\pi)^n}}\mathrm{e}^{-\frac{1}{2}\boldsymbol{y}^{\mathrm{T}}(\boldsymbol{B}^{-1})^{\mathrm{T}}\boldsymbol{B}^{-1}\boldsymbol{y}}$$

我们有 $|\boldsymbol{B}|=\sqrt{|\boldsymbol{\Sigma}|}$,$(\boldsymbol{B}^{-1})^{\mathrm{T}}\boldsymbol{B}^{-1}=(\boldsymbol{B}^{\mathrm{T}})^{-1}\boldsymbol{B}^{-1}=(\boldsymbol{BB}^{\mathrm{T}})^{-1}=\boldsymbol{\Sigma}^{-1}$,于是

$$f_{\boldsymbol{Y}}(\boldsymbol{y}) = \frac{1}{\sqrt{(2\pi)^n|\boldsymbol{\Sigma}|}}\mathrm{e}^{-\frac{1}{2}\boldsymbol{y}^{\mathrm{T}}\boldsymbol{\Sigma}^{-1}\boldsymbol{y}}$$

由于 $\boldsymbol{Z}$ 可以由 $\boldsymbol{Y}$ 简单地加上一个常数向量 $\boldsymbol{\mu}$ 得到,我们有 $f_{\boldsymbol{Z}}(\boldsymbol{z})=f_{\boldsymbol{Y}}(\boldsymbol{z}-\boldsymbol{\mu})$,因此,

$$f_{\boldsymbol{Z}}(\boldsymbol{z}) = \frac{1}{\sqrt{(2\pi)^n|\boldsymbol{\Sigma}|}}\mathrm{e}^{-\frac{1}{2}(\boldsymbol{z}-\boldsymbol{\mu})^{\mathrm{T}}\boldsymbol{\Sigma}^{-1}(\boldsymbol{z}-\boldsymbol{\mu})},\boldsymbol{z}\in \mathbb{R}^n \tag{1.24}$$

注意,这个公式和一维的情况很类似。

反之,已知协方差矩阵 $\boldsymbol{\Sigma}=(\sigma_{ij})$,存在唯一的下三角矩阵

$$\boldsymbol{B} = \begin{pmatrix} b_{11} & 0 & \cdots & 0 \\ b_{21} & b_{22} & \cdots & 0 \\ \vdots & \vdots & \ddots & \vdots \\ b_{n1} & b_{n2} & \cdots & b_{nn} \end{pmatrix} \tag{1.25}$$

满足 $\boldsymbol{\Sigma}=\boldsymbol{BB}^{\mathrm{T}}$。该矩阵很容易用 **Cholesky 平方根算法**得到,详见附录A.1部分。

1.10 极限定理

下面我们简要讨论概率论的两个主要结论:大数定理和中心极限定理,两者都与独立随机变量的和有关。

令 $X_1,X_2,\cdots$ 为独立同分布的随机变量,已知期望为 μ,方差为 σ^2。对于每一个 n 令 $S_n=X_1+\cdots+X_n$,由于 $X_1,X_2,\cdots$ 是独立同分布的,我们有 $E[S_n]=nE[X_1]=n\mu$ 以及 $\mathrm{Var}(S_n)=n\mathrm{Var}(X_1)=n\sigma^2$。

大数定理表明,对于很大的 n,S_n/n 接近 μ,下面是更准确的表述。

定理 1.10.1(强大数定律) 如果 $X_1,\cdots,X_n$ 是独立同分布的，已知期望为 μ，则有

$$P\left(\lim_{n\to\infty}\frac{S_n}{n}=\mu\right)=1$$

中心极限定理描述了 S_n(或 S_n/n)的极限分布，而且对于连续的随机变量和离散的随机变量都适用。简单地说，中心极限定理表明，在 n 很大的时候随机总和 S_n 近似服从正态分布，更准确的表述如下。

定理 1.10.2(中心极限定律) 如果 $X_1,\cdots,X_n$ 是独立同分布的，已知期望为 μ，方差 $\sigma^2<\infty$，则对于所有的 $x\in\mathbb{R}$，有

$$\lim_{n\to\infty}P\left(\frac{S_n-n\mu}{\sigma\sqrt{n}}\leqslant x\right)=\Phi(x)$$

其中 Φ 为标准正态分布的累积分布函数。

换句话说，S_n 近似服从正态分布，期望为 $n\mu$，方差为 $n\sigma^2$。从图 1.2 可以看出中心极限定理的具体含义：图中的曲线分别是 $S_1,\cdots,S_4$ 的概率密度函数，左图中 $\{X_i\}$ 服从 $U[0,1]$ 分布，而在右图中 $\{X_i\}$ 服从 $\mathrm{Exp}(1)$ 分布。我们可以清楚地看到，S_n 逐渐收敛到一个钟形曲线，符合正态分布的特征。

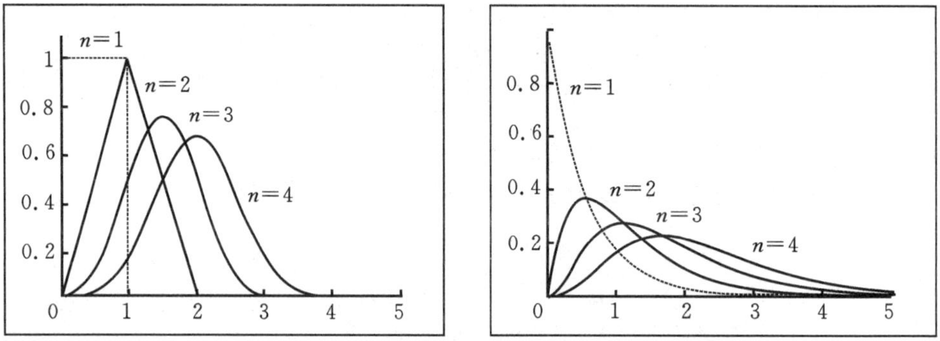

图 1.2 均匀分布(左)和指数分布(右)的中心极限定理的示意图

事实上，一个服从 $\mathrm{Bin}(n,p)$ 分布的随机变量 X 可以看作服从 $\mathrm{Ber}(p)$ 分布的 n 个独立同分布的随机变量之和，即 $X=X_1+\cdots+X_n$。由中心极限定理可以得出结论：在 n 较大的情况下，有

$$P(X\leqslant k)\approx P(Y\leqslant k) \tag{1.26}$$

其中 $Y\sim N(np,np(1-p))$。作为一个经验法则，在 np 和 $n(1-p)$ 都大于 5 的时候把二项分布近似地当做正态分布是准确的。

随机向量也适用于中心极限定理。在多维的情况下，令 $\boldsymbol{X}_1,\cdots,\boldsymbol{X}_n$ 为独立同分布的随机向量，其期望向量为 $\boldsymbol{\mu}$，协方差矩阵为 $\boldsymbol{\Sigma}$，则对于较大的 n，随机向量 $\boldsymbol{X}_1+\cdots+\boldsymbol{X}_n$ 的分布近似于多元正态分布，其期望向量为 $n\boldsymbol{\mu}$，协方差矩阵为 $n\boldsymbol{\Sigma}$。

1.11　泊松过程

泊松过程常常用来对某些到达问题或者模式问题进行建模，例如，设想有一个望远镜，可以探测到来自遥远星系的单个光子，光子到达的随机时间为 $T_1, T_2, \cdots$。记 N_t 为在时间区间 $[0,t]$ 之内到达的光子数，即 $N_t = \sup\{k: T_k \leqslant t\}$。注意，在区间 $I=(a,b]$ 到达的数目为 $N_b - N_a$，也记为 $N(a,b]$。图 1.3 给出了一个到达计数过程 $\{N_t, t \geqslant 0\}$ 的样本路径。

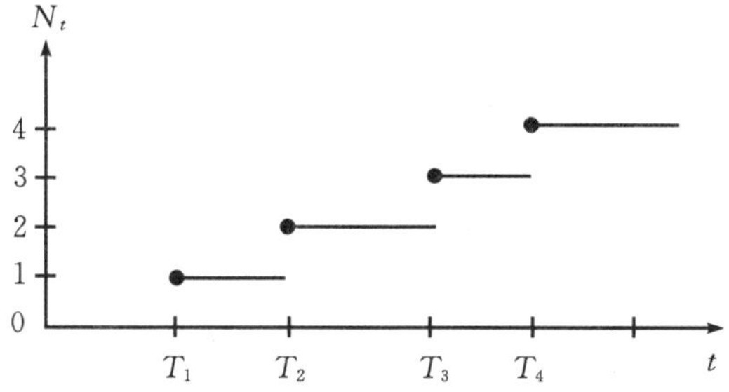

图 1.3　到达计数过程的样本路径 $\{N_t, t \geqslant 0\}$

对于这个特定的到达过程，当两个区间不相交时，我们可以假设区间 (a,b) 到达的数目和区间 (c,d) 到达的数目相互独立。基于这些考虑，有如下定义：

定义 1.11.1(泊松过程)　一个到达计数过程 $N=\{N_t\}$ 被称为**泊松过程**，其速率 $\lambda>0$，如果

(a)在互不相交的区间内到达的数目相互独立。

(b)在区间 I 中到达的数目服从泊松分布，均值为 $\lambda \times \mathrm{length}(I)$。

结合(a)和(b)我们可以看出，在任意的小区间 $(t,t+h]$ 内到达的数目与直到 t 时刻的到达过程相互独立，并且服从 $P(\lambda h)$ 分布。特别地，在区间 $(t,t+h]$ 内恰巧只出现一次到达的条件概率为 $P(N(t,t+h]=1 \mid N_t)=\mathrm{e}^{-\lambda h}\lambda h \approx \lambda h$。同理，对于很小的 h，没有出现一次到达的概率近似为 $1-\lambda h$。换句话说，λ 是到达速率。同时需要注意，因为 $N_t \sim P(\lambda t)$，则在 $[0,t]$ 内期望的到达数目为 λt，即 $E[N_t]=\lambda t$。在定义 1.11.1 中，把 N 看作是一个随机计数量，即 $N(I)$ 表示在区间 I 中到达的随机数目。

N_t 和 T_n 的一个重要关系为

$$\{N_t \geqslant n\} = \{T_n \leqslant t\} \tag{1.27}$$

换句话说，在 $[0,t]$ 区间内到达的数目至少为 n，当且仅当第 n 个到达发生在时间 t 之前。因此有

$$P(T_n \leqslant t) = P(N_t \geqslant n) = 1 - \sum_{k=0}^{n-1} P(N_t = k)$$
$$= 1 - \sum_{k=0}^{n-1} \frac{e^{-\lambda t}(\lambda t)^k}{k!}$$

上式和 Gamma(n,λ)分布的累积分布函数完全一致,参见习题 1.17,于是

$$T_n \sim \text{Gamma}(n,\lambda) \tag{1.28}$$

因此,每个 T_n 都有相同的分布,均为 n 个独立且服从 Exp(λ)分布的随机变量之和所服从的分布,这与泊松过程的第二个重要特征一致:

> 一个到达计数过程$\{N_t\}$是速率为 λ 的泊松过程,当且仅当到达的时间间隔 $A_1=T_1, A_2=T_2-T_1, \cdots$相互独立且为服从 Exp$(\lambda)$分布的随机变量。

泊松过程和伯努利过程具有非常密切的关系,通过下面的**伯努利近似**可以得到很多有关泊松过程的特性。令 $N=\{N_t\}$是参数为 λ 的泊松过程,我们将时间轴划分为许多小的时间区间$[0,h)$,$[h,2h)$,…,并且对每个区间内到达的数目进行计数。注意,在长度为 h 的任意小区间内到达的数目以很大的概率要么为 1(概率大小为 $\lambda h e^{-\lambda h} \approx \lambda h$),要么为 0(概率大小为 $e^{-\lambda h} \approx 1-\lambda h$)。接下来,定义 $X=\{X_n\}$为一个伯努利过程,其成功参数为 $p=\lambda h$。设 $Y_0=0$,令 $Y_n=X_1+\cdots+X_n$ 为 n 次试验中成功的总次数,则称 $Y=\{Y_n\}$是 N 的**伯努利近似**,我们可以将 N 看作是在减小 h 时 Y 的极限情况。

为了说明这种解释的有效性,我们现在证明在定义 1.11.1 中给出的泊松特性(b)可以由**独立性**假设(a)得出。对于很小的 h,N_t 和 Y_n 的分布近似相同,其中 n 为 t/h 的整数部分(写作 $n=\lfloor t/h \rfloor$)。因此,

$$\begin{aligned} P(N_t = k) &\approx P(Y_n = k) \\ &= \binom{n}{k}(\lambda h)^k(1-\lambda h)^{n-k} \\ &\approx \binom{n}{k}(\lambda t/n)^k(1-\lambda t/n)^{n-k} \\ &\approx e^{\lambda t}\frac{(\lambda t)^k}{k!} \end{aligned} \tag{1.29}$$

从泊松分布到二项分布的近似过程可以推导出式(1.29),参见例 1.22。

伯努利近似的另一个应用是:对于伯努利过程,已知总的成功次数为 k,且 k 次成功的位置均匀地分布在点 1,…,n。泊松过程 N 的一个相应性质为:给定 $N_t=n$,则到达时间 $T_1,\cdots,T_n$ 的分布与顺序统计量 $X_{(1)},\cdots,X_{(n)}$ 的分布一致,其中 $X_1,\cdots,X_n$ 为独立同分布的 $U[0,t]$。

1.12 马尔可夫过程

马尔可夫过程是随机过程，即在当前值已知的情况下，将来的取值与过去的取值是条件独立的。更严格地讲，一个随机过程$\{X_t, t\in\mathcal{T}\}$，其中$\mathcal{T}\subseteq\mathbb{R}$，称为**马尔可夫过程**，如果对于任意的 $s>0$ 和 t 满足

$$(X_{t+s} \mid X_u, u\leqslant t) \sim (X_{t+s} \mid X_t) \tag{1.30}$$

换句话说，未来变量 X_{t+s}的条件分布在已知整个历史过程$\{X_u, u\leqslant t\}$和仅已知现在的值 X_t 的情况下是相同的，也就是说，如果要预测未来的状态，我们只需知道现在的状态。式(1.30)称为**马尔可夫特性**。

根据索引集(或下标集)$\mathcal{T}$和状态空间$\mathcal{E}$($\{X_t\}$所有可能取值的集合)的特性，马尔可夫过程有很多不同的形式。离散索引集的马尔可夫过程称为**马尔可夫链**，离散状态空间和连续索引集(例如$\mathbb{R}$或$\mathbb{R}_+$)的马尔可夫过程称为**马尔可夫跳跃过程**。

1.12.1 马尔可夫链

考虑一个马尔可夫链 $X=\{X_t, t\in\mathbb{N}\}$，已知离散(即可数的)的状态空间为$\mathcal{E}$。在此情况下，对于所有的 $x_0,\cdots,x_{t+1}\in\mathcal{E}$且 $t\in\mathbb{N}$，马尔可夫特性(1.30)为

$$P(X_{t+1}=x_{t+1} \mid X_0=x_0,\cdots,X_t=x_t) = P(X_{t+1}=x_{t+1} \mid X_t=x_t) \tag{1.31}$$

下面考虑一个特殊的马尔可夫链，其条件概率

$$P(X_{t+1}=j \mid X_t=i), i,j\in\mathcal{E} \tag{1.32}$$

与时间无关，则称此马尔可夫链为**齐次马尔可夫链**，式(1.32)中的概率称为 X 的**(一步)转移概率**。X_0 的分布称为马尔可夫链的初始分布，一步转移概率和初始分布完全确定了 X 的分布。也就是说，由乘法规则(1.4)和马尔可夫特性(1.30)，我们有

$$\begin{aligned}
&P(X_0=x_0,\cdots,X_t=x_t)\\
&=P(X_0=x_0)P(X_1=x_1|X_0=x_0)\cdots P(X_t=x_t|X_0=x_0,\cdots,X_{t-1}=x_{t-1})\\
&=P(X_0=x_0)P(X_1=x_1|X_0=x_0)\cdots P(X_t=x_t|X_{t-1}=x_{t-1})
\end{aligned}$$

因为$\mathcal{E}$是可数的，我们可以将一步**转移概率**写成阵矩的形式，这个矩阵称为 X 的(一步)**转移矩阵**，通常记为 $\boldsymbol{P}$。例如，当$\mathcal{E}=\{0,1,2,\cdots\}$时，转移矩阵 $\boldsymbol{P}$ 有如下形式：

$$\boldsymbol{P}=\begin{pmatrix} p_{00} & p_{01} & p_{02} & \cdots \\ p_{10} & p_{11} & p_{12} & \cdots \\ p_{20} & p_{21} & p_{22} & \cdots \\ \vdots & \vdots & \vdots & \ddots \end{pmatrix}$$

注意每行元素都是正数且总和为 1。

另一个描述马尔可夫链 X 的简单方法是**转移图**。图中的节点表示状态，一个从 i 到 j 的箭头（权值为 p_{ij}）表示状态 i 到 j 的转移概率 p_{ij}（严格大于 0）。

■例 1.10　整数间的随机游动

令 p 为 0 和 1 之间的数，将状态空间为 $\mathbb{Z}$ 且转移矩阵为 $\boldsymbol{P}$ 的马尔可夫链 X 定义为

$$P(i,i+1)=p,P(i,i-1)=q=1-p,i\in\mathbb{Z}$$

该马尔可夫链称为整数间的**随机游动**。令 X 从 0 开始，即 $P(X_0=0)=1$，则相应的转移图如图 1.4 所示。从 0 开始，链条下一步以概率 p 向右游动，以概率 q 向左游动。

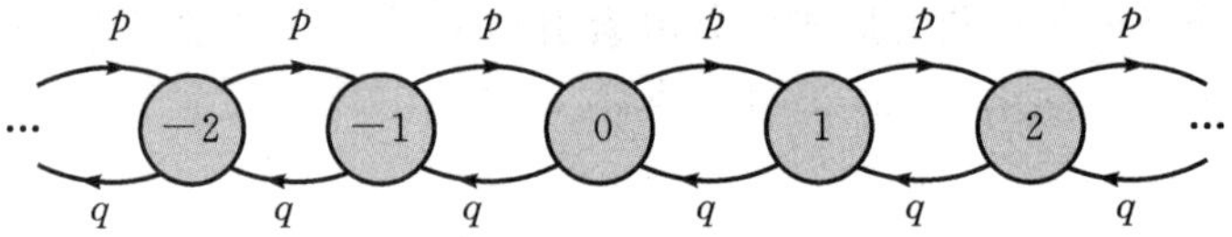

图 1.4　$\mathbb{Z}$ 上随机游动的转移图

接下来我们将讨论怎样计算从某个（离散）时间 t 的状态 i 出发，到（离散）时间 $t+s$ 处于状态 j 的概率，即 $P(X_{t+s}=j\mid X_t=i)$。为清晰起见，假设 $\mathscr{E}\in\{1,2,\cdots,m\}$，$m$ 固定，因而 $\boldsymbol{P}$ 是一个 $m\times m$ 矩阵。对于 $t=0,1,2,\cdots$，定义行向量

$$\boldsymbol{\pi}^{(t)}=(P(X_t=1),\cdots,P(X_t=m))$$

我们称 $\boldsymbol{\pi}^{(t)}$ 为 X 在 t 时刻的**分布向量**（简称**分布**），称 $\boldsymbol{\pi}^{(0)}$ 为 X 的**初始分布**。从下面的讨论可以看出，t 步概率很容易由矩阵相乘的方法得到。

定理 1.12.1　X 在 t 时刻的分布为

$$\boldsymbol{\pi}^{(t)}=\boldsymbol{\pi}^{(0)}\boldsymbol{P}^t \tag{1.33}$$

对于所有的 $t=0,1,\cdots$（这里 $\boldsymbol{P}^0$ 表示单位矩阵）。

证明：采用归纳法证明。式(1.33)在 $t=0$ 的时候由定义自然成立。假设对于某个 $t=0,1,\cdots$ 等式成立，则有

$$P(X_{t+1}=k)=\sum_{i=1}^{m}P(X_{t+1}=k\mid X_t=i)P(X_t=i)$$

由于已经假设式(1.33)对 t 成立，则 $P(X_t=i)$ 为 $\boldsymbol{\pi}^{(0)}\boldsymbol{P}^t$ 的第 i 个元素。此外，$P(X_{t+1}=k\mid X_t=i)$ 是矩阵 $\boldsymbol{P}$ 的第 (i,k) 个元素，因此对于每个 k，都有

$$\sum_{i=1}^{m}P(X_{t+1}=k\mid X_t=i)P(X_t=i)=\sum_{i=1}^{m}\boldsymbol{P}(i,k)(\boldsymbol{\pi}^{(0)}\boldsymbol{P}^t)(i)$$

恰好是 $\boldsymbol{\pi}^{(0)}\boldsymbol{P}^{t+1}$ 的第 k 个元素。至此完成了归纳步骤，定理证明完毕。

将 $\boldsymbol{\pi}^{(0)}$ 定义为第 i 个单位向量 $\boldsymbol{e}_i$，则 t 步转移概率为 $P(X_t=j\mid X_0=i)=(\boldsymbol{e}_i\boldsymbol{P}^t)(j)=\boldsymbol{P}^t(i,j)$，正好是矩阵 $\boldsymbol{P}^t$ 的第(i,j)个元素。因此，想要知道 t 步转移概率，只需计算矩阵 $\boldsymbol{P}$ 的 t 次幂。

1.12.2　状态的分类

令 X 为一个马尔可夫链，已知离散状态空间为$\mathscr{E}$，转移矩阵为 $\boldsymbol{P}$，我们可以用如下方式描述状态之间的关系：如果对于某个 $t\geqslant 0$，状态 i 和 j 之间有 $\boldsymbol{P}^t(i,j)>0$，则称状态 i 可**到达**状态 j，记作 $i\rightarrow j$。如果 $i\rightarrow j$ 且 $j\rightarrow i$，则称状态 i 和状态 j **相通**，记作 $i\leftrightarrow j$。依据"$\leftrightarrow$"关系，我们将$\mathscr{E}$划分为**等价类**，等价类中的所有状态互通，但不与任何类外的状态相通。如果仅有一个等价类$(=\mathscr{E})$，则称此马尔可夫链为**不可约**的。设 $\mathscr{A}$ 为状态空间的一个子集，如果对于所有 $i\in\mathscr{A}$，满足 $\sum_{j\in\mathscr{A}}\boldsymbol{P}(i,j)=1$，则称 $\mathscr{A}$ 是一个**闭集**。如果$\{i\}$是闭集，则称这个状态 i 为**吸收态**。例如，在图 1.5 描述的转移图中，等价类有$\{1,2\}$，$\{3\}$和$\{4,5\}$。类$\{1,2\}$是仅有的闭集，马尔可夫链不可能从中逃脱出来。如果缺失了状态 1，则状态 2 会被吸收。在例 1.10 中，因为所有状态间都相通，则该马尔可夫链是不可约的。

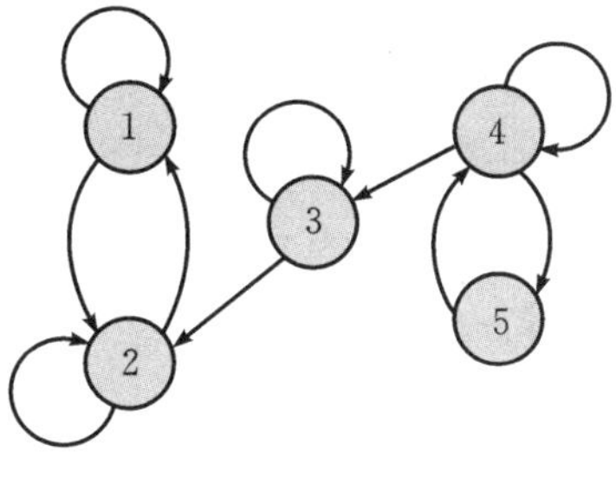

图 1.5　有三个等价类的转移图

状态的另一种分类方法是从局部点的角度观察整个系统。为了详细说明，记 T 为某马尔可夫链首次进入状态 j 的时刻，或者是从状态 j 出发，第一次回到 j 的时刻。记 N_j 为从时刻 0 开始访问 j 的总次数。对于任意事件 A，我们将 $P(A\mid X_0=j)$记作 $P_j(A)$，记 E_j 为相应的期望运算。如果 $P_j(T<\infty)=1$，则称状态 j 为**常返态**，否则称为**瞬时态**。如果 $E_j[T]<\infty$，则称一个常返态是**正常返**的，否则称为**零常返**。最后，如果 $\delta\geqslant 2$ 是满足 $P_j(T=n\delta$，对于某个 $n\geqslant 1)=1$ 的最大整数，则称该状态是**周期性**的，且周期为 δ，否则称为**非周期性**的。例如，图 1.5 中状态 1 和 2 是常返态，其他状态均为瞬时态，所有的状态均为非周期性的。例 1.10 随机游动中的状态都是周期性的且周期为 2。

可以发现，常返性和瞬时性是类的属性，具体地，对于 $i\leftrightarrow j$，则 i 为常返态(瞬时态)⇔j 为常返态(瞬时态)。因此,在一个不可约的马尔可夫链中,某个状态是常返态也意味着其余所有的状态都是常返态;如果某个状态是瞬时态,则其余所有的状态也是瞬时态。

1.12.3 极限特性

当 $t\to\infty$ 时,马尔可夫链的极限特性或稳态特性是相当重要的,与某个给定时刻 t 的马尔可夫链的瞬态特性相比,描述稳态特性通常更为简单。可以证明(见文献[4]),在一个不可约的、非周期性的马尔可夫链中,已知转移矩阵为 $\boldsymbol{P}$,则其 t 步转移概率收敛到一个与初始状态无关的常数。更具体地说,

$$\lim_{t\to\infty}\boldsymbol{P}^t(i,j)=\pi_j \tag{1.34}$$

其中 $0\leqslant\pi_j\leqslant1$。此外,如果 j 是正常返的,则 $\pi_j>0$;否则 $\pi_j=0$。这个结果背后的直观原因是,当一个进程走了很长的时间,它就会"忘记"最初开始的地方。对状态有限或无限可数的马尔可夫链,这一结论都是成立的。如果 $\pi_j\geqslant0$ 且 $\sum_j\pi_j=1$,则这些值 $\{\pi_j,j\in\mathscr{E}\}$ 形成了马尔可夫链的**极限分布**。注意,这些条件并不总是满足的:若马尔可夫链是瞬时的,显然不满足以上条件;当马尔可夫链是常返的,可能不满足以上条件(也就是说当马尔可夫链是零常返的时候不满足以上条件)。下面的定理就是一种获得极限分布的方法。为简单起见,我们假设 $\mathscr{E}=\{0,1,2,\cdots\}$,极限分布由行向量 $\boldsymbol{\pi}=(\pi_0,\pi_1,\cdots)$ 来定义。

定理 1.12.2 对于一个不可约的、非周期性的马尔可夫链,已知转移矩阵为 $\boldsymbol{P}$,如果极限分布 $\boldsymbol{\pi}$ 存在,则它由下式唯一确定:

$$\boldsymbol{\pi}=\boldsymbol{\pi}\boldsymbol{P} \tag{1.35}$$

其中 $\pi_j\geqslant0$ 且 $\sum_j\pi_j=1$。反过来,如果存在一个正的行向量 $\boldsymbol{\pi}$ 满足式(1.35)且总和为 1,则 $\boldsymbol{\pi}$ 是马尔可夫链的极限分布。另外,当对所有 j 都有 $\pi_j>0$ 时,则所有的状态都是正常返的。

证明:在 $\mathscr{E}$ 为有限的情况下,结果可由式(1.33)直接得到,即 $\boldsymbol{\pi}^{(0)}$ 是第 i 个单位向量,我们有

$$\boldsymbol{P}^{t+1}(i,j)=(\boldsymbol{\pi}^{(0)}\boldsymbol{P}^t\boldsymbol{P})(j)=\sum_{k\in\mathscr{E}}\boldsymbol{P}^t(i,k)\boldsymbol{P}(k,j)$$

令 $t\to\infty$,如果极限与求和的顺序可以交换,我们可以由式(1.34)得出式(1.35)。为了说明唯一性,假设存在另一个向量 $\boldsymbol{y}$,有 $y_j\geqslant0$ 和 $\sum_j y_j=1$,满足 $\boldsymbol{y}=\boldsymbol{y}\boldsymbol{P}$。由归纳法容易得到,对于任意 t,有 $\boldsymbol{y}=\boldsymbol{y}\boldsymbol{P}^t$。令 $t\to\infty$,对每一个 j,得到

$$y_j=\sum_i y_i\pi_j=\pi_j$$

这里$\{y_j\}$的和为 1。对反过来的情况，证明从略。

■例 1.11　正整数的随机游动

本例与例 1.10 的随机游动稍有不同，令 X 在$\mathscr{E}=\{0,1,2,\cdots\}$上随机游动，转移矩阵为

$$\boldsymbol{P}=\begin{pmatrix} q & p & 0 & \cdots & & \\ q & 0 & p & 0 & \cdots & \\ 0 & q & 0 & p & 0 & \cdots \\ \vdots & \ddots & \ddots & \ddots & \ddots & \ddots \end{pmatrix}$$

其中 $0<p<1, q=1-p$。假设 X_t 表示 t 时刻排队等待的顾客数目。

所有的状态都可以由其他状态到达，所以该马尔可夫链是不可约的，每个状态要么是瞬时态，要么是常返态。等式 $\boldsymbol{\pi}=\boldsymbol{\pi P}$ 可以改写为

$$\begin{aligned}\pi_0 &= q\pi_0 + q\pi_1 \\ \pi_1 &= p\pi_0 + q\pi_2 \\ \pi_2 &= p\pi_1 + q\pi_3 \\ \pi_3 &= p\pi_2 + q\pi_4 \\ &\vdots\end{aligned}$$

我们可以依次求解这组方程。如果我们令 $r=p/q$，则可以用 π_0 和 r 表示 $\pi_1, \pi_2, \cdots$，

$$\pi_j = r^j\pi_0, j=0,1,2,\cdots$$

如果 $p<q$，则有 $r<1$，$\sum\limits_{j=0}^{\infty}\pi_j = \pi_0/(1-r)$。选择 $\pi_0=1-r$，我们求和可以得到 $\sum\pi_j=1$。因此，当 $r<1$ 时，我们得到了该马尔可夫链的极限分布 $\boldsymbol{\pi}=(1-r)(1, r^2, r^3, \cdots)$，而且所有的状态都是正常返的。另一方面，当 $p\geqslant q$ 时，$\sum\pi_j$ 要么是 0 要么是无限的，因此所有的状态要么是零常返的，要么是瞬时的。可以证明，仅在 $p=q$ 的情况下会产生零常返状态。

令 X 为一个马尔可夫链，其极限分布为 $\boldsymbol{\pi}$。假设 $\boldsymbol{\pi}^{(0)}=\boldsymbol{\pi}$，则结合式(1.33)和(1.35)，我们得到 $\boldsymbol{\pi}^{(t)}=\boldsymbol{\pi}$。因此，如果马尔可夫链的初始分布等于其极限分布，则 X_t 的分布对所有 t 都是相同的(并由此极限分布给出)。事实上，不难证明对于任意 k，$X_k, X_{k+1}, X_{k+2}, \cdots$的分布和 $X_0, X_1, \cdots$的分布是相同的。换句话说，当$\boldsymbol{\pi}^{(0)}=\boldsymbol{\pi}$ 时，马尔可夫链是一个平稳随机过程。更严格地说，如果对于任意正的 $\tau, t_1, \cdots, t_n$，向量$(X_{t_1}, \cdots, X_{t_n})$和$(X_{t_1+\tau}, \cdots, X_{t_n+\tau})$的分布相同，则称随机过程$\{X_t, t\in N\}$是**平稳的**。当索引集是 $\mathbb{Z}$、$\mathbb{R}_+$ 或 $\mathbb{R}$ 的时候，类似的定义同样成立。正因为如此，满足式(1.35)的任意分布 $\boldsymbol{\pi}$ 被称为**平稳分布**。

注意，由于 $\sum\limits_j p_{ij}=1$，我们可以将式(1.35)写成方程组

$$\sum_j \pi_i p_{ij} = \sum_j \pi_j p_{ji},\ i \in \mathscr{E} \tag{1.36}$$

这些方程组称为**全局平衡方程**，由此我们可以这样理解式(1.35)：流出的概率总量和流入的概率总量达到了平衡。由式(1.36)可以直接得出一个重要结论：对于任意集合 $\mathscr{A}$，概率总量的平衡都成立，即对于每一个状态集 $\mathscr{A}$，都有

$$\sum_{i\in\mathscr{A}}\sum_{j\notin\mathscr{A}} \pi_i p_{ij} = \sum_{i\in\mathscr{A}}\sum_{j\notin\mathscr{A}} \pi_j p_{ji} \tag{1.37}$$

1.12.4 可逆性

可逆性是马尔可夫过程和其他更一般的过程理论中的一个重要概念。如果对任意正整数 n 和所有 $t_1,\cdots,t_n$，向量 $(X_{t_1},\cdots,X_{t_n})$ 的分布和 $(X_{-t_1},\cdots,X_{-t_n})$ 的分布相同，已知索引集为 $\mathbb{Z}$ 或 $\mathbb{R}$，则称平稳随机过程 $\{X_t\}$ 是**可逆**的。可以这样形象地理解可逆性：设想我们对某一随机过程录了视频，可以正向播放，也可以反向播放。如果我们不能确定现在是正向播放还是反向播放，则该过程是可逆的。可逆的马尔可夫链有一个重要的结论：一个平稳马尔可夫过程是可逆的，当且仅当存在一个正数集合 $\{\pi_i, i\in\mathscr{E}\}$，其总和为 1 并且满足以下**细致(或局部)平衡方程**

$$\pi_i p_{ij} = \pi_j p_{ji},\quad i,j \in \mathscr{E} \tag{1.38}$$

当这样一个 $\{\pi_j\}$ 集合存在时，则称该集合为过程的平稳分布。

我们可以这样理解这个细致平衡方程：状态 i 到 j 的概率总量和状态 j 到 i 的总量相平衡。与平衡方程(1.36)相比，这表示流进状态 i 和流出状态 i 的概率总量是平衡的。

科尔莫戈罗夫准则是一个基于转移概率来判断可逆性的简单方法，根据该方法，一个平稳马尔可夫过程是可逆的，当且仅当对于所有状态的有限循环 $i_1,\cdots,i_n,i_1$，它的转移概率满足

$$p(i_1,i_2)p(i_2,i_3)\cdots p(i_{n-1},i_n)p(i_n,i_1) = p(i_1,i_n)p(i_n,i_{n-1})\cdots p(i_2,i_1) \tag{1.39}$$

为清楚起见，我们用 $p(i,j)$ 代替 p_{ij}，表示转移概率。这一概念非常直观，很容易理解：如果在时间向前进行时过程倾向于沿着一个方向穿越某个闭环，而在时间向后进行时过程倾向于沿着相反的方向穿越该闭环，那么我们就得到了一个判断时间方向的方法。如果这种“循环”的行为不会发生，则该过程必为可逆的。

1.12.5 马尔可夫跳跃过程

一个**马尔可夫跳跃过程** $X=\{X_t,t\geqslant 0\}$ 可以看作马尔可夫链和泊松过程在连续时间下的推广，马尔可夫特性(1.30)在这里可以理解为

$$P(X_{t+s}=x_{t+s}\mid X_u=x_u,u\leqslant t) = P(X_{t+s}=x_{t+s}\mid X_t=x_t) \tag{1.40}$$

在马尔可夫链的情况下，我们通常需要假设该过程是**齐次**的，即 $P(X_{t+s}=j\mid X_t=$

i)不依赖于时间 t,将这个概率记为 $P_s(i,j)$。从状态 i 到状态 j 的一个重要度量是**转移速率** q_{ij},当 $i \neq j$ 时,定义为

$$q_{ij} = \lim_{t \to 0} \frac{P_t(i,j)}{t}$$

跳出状态 i 的速率和记为 q_i。图 1.6 给出了 X 的一个典型的样本路径,过程在时刻 $T_1, T_2, \cdots$跳跃到状态 $Y_1, Y_2, \cdots$,并在每个状态上停留了一段时间。

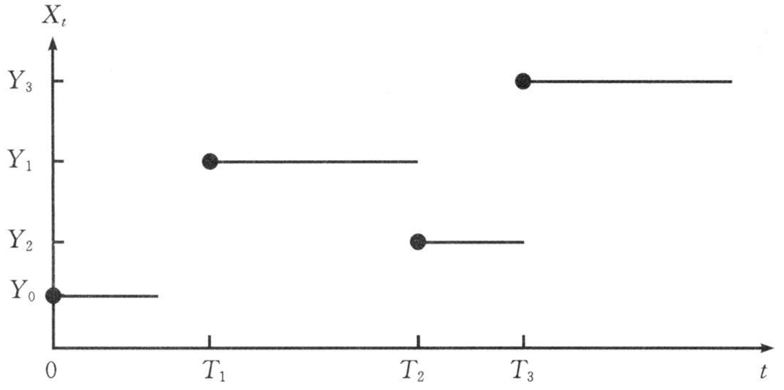

图 1.6　一个马尔可夫跳跃过程的样本路径$\{X_t, t \geqslant 0\}$

更确切地说,一个马尔可夫跳跃过程 X(在适当的条件下,参见文献[4])有如下行为特征:

1. 在已知过去的情况下,X 从当前状态 i 跳跃到状态 j 的概率为 $K_{ij} = q_{ij}/q_i$。
2. X 在状态 j 停留的时间服从均值为 $1/q_j$ 的指数分布,与过去无关。

第一条特征表明过程$\{Y_n\}$实际上是一个马尔可夫链,其转移矩阵 $\boldsymbol{K} = (K_{ij})$。

转移速率图是描述马尔可夫跳跃过程的有效方法,与描述马尔可夫链的转移图类似。图中的节点表示状态,从 i 到 j 的箭头和权值 q_{ij} 表示从状态 i 到 j 的转移速率。

■例 1.12　生灭过程

生灭过程是一个马尔可夫跳跃过程,其转移速率图如图 1.7 所示。假设 X_t 表示 t 时刻人口的总数,向右跳跃表示出生,向左跳跃表示死亡,其中**出生率**$\{b_i\}$和**死亡率**$\{d_i\}$在不同的状态是不同的。马尔可夫链的许多应用都涉及这种生灭过程。

注意,此过程是根据马尔可夫链的转移概率 $K_{0,1} = 1, K_{i,i+1} = b_i/(b_i + d_i)$, $K_{i,i-1} = d_i/(b_i + d_i), i = 1, 2, \cdots$,从一个状态跳跃到另一个状态。此外,在状态 0 停留了 $\text{Exp}(b_0)$时间,而在其他状态则停留 $\text{Exp}(b_i + d_i)$时间。

极限特征　现在我们对式(1.34)和定理 1.12.2 在连续时间下的含义进行分

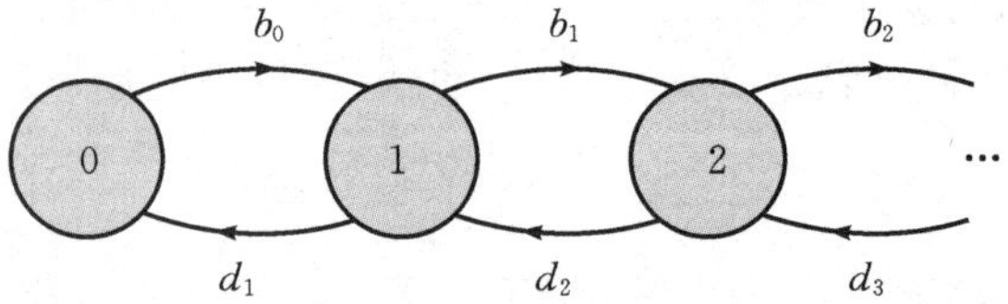

图 1.7 生灭过程的转移速率图

析。马尔可夫跳跃过程的不可约性和常返性的定义方式与马尔可夫链的定义方式相同。为简单起见，假设$\mathscr{E}=\{1,2,\cdots\}$。如果 X 是一个常返的且不可约的马尔可夫跳跃过程，则不论 i 为多少，都有

$$\lim_{t\to\infty}P(X_t = j \mid X_0 = i) = \pi_j \tag{1.41}$$

其中 $\pi_j\geqslant 0$，而且 $\boldsymbol{\pi}=(\pi_1,\pi_2,\cdots)$是以下方程的解：

$$\sum_{j\neq i}\pi_i q_{ij} = \sum_{j\neq i}\pi_j q_{ji}\text{，对所有 } i = 1,\cdots,m \tag{1.42}$$

其中 $\sum_j \pi_j = 1$。如果存在这样一个解，则所有状态都是正常返的。若解不存在，则所有 π_j 取值为 0。

与马尔可夫链中的情况类似，$\{\pi_j\}$称为 X 的**极限分布**，通常用行向量 $\boldsymbol{\pi}$ 表示。式(1.42)的任意解 $\boldsymbol{\pi}$ 若满足 $\sum_j \pi_j = 1$，则称为**平稳分布**，因为将此分布取作该马尔可夫跳跃过程的初始分布，必然得到一个平稳过程。

同样，式(1.42)称为**全局平衡方程**，并且很容易推广到式(1.37)，其中用转移速率代替了转移概率。更重要的是，如果过程是可逆的，那么与马尔可夫链类似，平稳分布可从**局部平衡方程**得到：

$$\pi_i q_{ij} = \pi_j q_{ji},\ i,j \in \mathscr{E} \tag{1.43}$$

可逆性可以简单地通过检查循环是否会发生来判断，即采用科尔莫戈罗夫准则(1.39)，其中用速率 q 代替概率 p。

■例 1.13　$M/M/1$ 队列

考虑一个服务站，顾客在某随机时间点到达，仅有一个服务员提供服务。顾客到达之后若发现服务员忙则站在队列中等待，顾客按照到达的顺序依次接受服务。顾客到达的时间间隔是服从指数分布的随机变量，其到达速率为 λ。顾客的服务时间是独立同分布的指数随机变量，其服务速率为 μ。服务时间和到达间隔时间相互独立。令 X_t 为 t 时刻系统中的顾客数。由指数分布的无记忆性（见习题 1.7）不难发现 $X=\{X_t,t\geqslant 0\}$是一个马尔可夫跳跃过程，同时也是一个生灭过程，出生率 $b_i=\lambda,i=0,1,2,\cdots$，死亡率 $d_i=\mu,i=1,2,\cdots$。

求解全局平衡方程（由于 X 是可逆的，可以简化为求解局部平衡方程）得到 X

的极限分布为

$$\lim_{t\to\infty}P(X_t = n) = (1-\rho)\rho^n, n = 0,1,2,\cdots \tag{1.44}$$

其中 $\rho=\lambda/\mu<1$，这意味着要使极限分布存在，则服务时间的期望值要小于到达时间间隔的期望值，此时极限分布也是平稳分布。特别地，如果 X_0 满足式(1.44)，则对于所有的 $t>0$，X_t 具有相同的分布。

1.13　估计量的效率

本书中，我们将反复使用

$$\hat{\ell} = \frac{1}{N}\sum_{i=1}^{N} Z_i \tag{1.45}$$

来表示一个未知量 $\ell=E[\hat{\ell}]=E[Z]$ 的无偏估计，其中 $Z_1,\cdots,Z_N$ 是某个随机变量 Z 的独立样本。

由中心极限定理可知，在 N 很大的情况下，$\hat{\ell}$ 可以近似为 $N(\ell,N^{-1}\mathrm{Var}(Z))$ 分布。我们可以用**样本方差**

$$S^2 = \frac{1}{N-1}\sum_{i=1}^{N}(Z_i - \hat{\ell})^2$$

来估计 $\mathrm{Var}(Z)$。

由大数定律可知，S^2 以概率 1 趋近于 $\mathrm{Var}(Z)$，因此在 $\mathrm{Var}(Z)<\infty$ 和 N 很大的情况下，ℓ 的近似 $(1-\alpha)$ 的置信区间为

$$\left(\hat{\ell} - z_{1-\alpha/2}\frac{S}{\sqrt{N}}, \hat{\ell} + z_{1-\alpha/2}\frac{S}{\sqrt{N}}\right)$$

其中 $z_{1-\alpha/2}$ 是标准正态分布的 $(1-\alpha/2)$ 上分位数。举例来说，对于 $\alpha=0.05$，我们可以得到 $z_{1-\alpha/2}=z_{0.975}=1.96$，而量

$$\frac{S/\sqrt{N}}{\hat{\ell}}$$

在仿真文献中常用作表示估计量 $\hat{\ell}$ 的准确性。在 N 很大的时候，它收敛到 $\hat{\ell}$ 的相对误差，定义为

$$\kappa = \frac{\sqrt{\mathrm{Var}(\hat{\ell})}}{E[\hat{\ell}]} = \frac{\sqrt{\mathrm{Var}(Z)/N}}{\ell} \tag{1.46}$$

相对误差的平方

$$\kappa^2 = \frac{\mathrm{Var}(\hat{\ell})}{\ell^2} \tag{1.47}$$

称为**变异平方系数**。

■例 1.14　稀有事件的概率估计

对一个**很大**的数 γ,我们现在考虑估计某个随机变量 X 的概率 $\ell=P(X\geqslant\gamma)$。如果 ℓ 很小,则称事件 $\{X\geqslant\gamma\}$ 为**稀有事件**,相应的概率 $P(X\geqslant\gamma)$ 称为**稀有事件概率**。

我们试图通过式(1.45)对 ℓ 进行估计,即

$$\hat{\ell}=\frac{1}{N}\sum_{i=1}^{N}I_{\{X_i\geqslant\gamma\}} \tag{1.48}$$

其中 $X_1,\cdots,X_N$ 是从 X 的概率密度函数抽样得到的随机样本,而 $Z_i=I_{\{X_i\geqslant\gamma\}},i=1,\cdots,N$,是定义的指示量。这样定义的估计量 ℓ 称为原始蒙特卡洛(CMC)估计量。对于很小的数 ℓ,**原始蒙特卡洛**估计量的相对误差为

$$\kappa=\frac{\sqrt{\operatorname{Var}(\hat{\ell})}}{E[\hat{\ell}]}=\sqrt{\frac{1-\ell}{N\ell}}\approx\sqrt{\frac{1}{N\ell}} \tag{1.49}$$

以具体的数值为例:假设 $\ell=10^{-6}$,为了在相对误差为 $\kappa=0.01$ 的精度内正确估计 ℓ,我们需要选择样本大小为

$$N\approx\frac{1}{\kappa^2\ell}=10^{10}$$

这个值非常大,说明用原始蒙特卡洛估计量来估计小概率在计算上是没有意义的。

1.13.1　复杂性

文献[1,12]介绍了基于**复杂性理论**的稀有事件概率估计的理论框架,具体地,估计量可以分为**多项式时间型**和**指数时间型**。文献[1,15]指出,要使 ℓ 的任意估计量 $\hat{\ell}$ 是关于某个 γ 的多项式时间型函数,就要使其变异平方系数 κ^2 或者相对误差 κ 有界于 γ 的某个多项式函数 $p(\gamma)$。对于这样的多项式时间型估计量,为了达到给定的相对误差所需的样本大小就不应随着事件的稀有性增强而增加得太快。

考虑式(1.48)给出的估计量,假设随着 $\gamma\to\infty$,ℓ 会变得很小。注意

$$E[Z^2]\geqslant(E[Z])^2=\ell^2$$

所以对于此估计量,我们希望得到的最好结果是随着 $\gamma\to\infty$,Z^2 的二阶矩按比例减少到 ℓ^2。对于某个给定的 $c\geqslant1$,如果对于所有的 γ 都有

$$E[Z^2]\leqslant c\ell^2 \tag{1.50}$$

则我们称稀有事件估计量(1.48)的**相对误差是有界的**。由于有界相对误差并不总是可以轻易得到的,我们经常使用下面较弱的标准:我们称式(1.48)给出的估计量是**对数有效**(有时也称**渐近最优**)的,如果

$$\lim_{\gamma\to\infty}\frac{\ln E[Z^2]}{\ln\ell^2}=1 \tag{1.51}$$

■例 1.15 CMC 估计量不是对数有效的

考虑式(1.48)给出的原始蒙特卡洛估计量，我们有

$$E[Z^2]=E[Z]=\ell$$

因而

$$\lim_{\gamma\to\infty}\frac{\ln E[Z^2]}{\ln \ell^2(\gamma)}=\frac{\ln \ell}{\ln \ell^2}=\frac{1}{2}$$

因此，原始蒙特卡洛估计量不是对数有效的，需要重新找到一个可以估计较小 ℓ 的估计量。

1.14 信息

这一节我们简要讨论一个随机实验的各种信息量度。假设我们采用一个概率密度函数为 f 的随机向量 $\boldsymbol{X}=(X_1,\cdots,X_n)$ 来描述某个随机试验中的测量值，那么关于试验的所有信息(所有的概率论知识)就都包含在了该概率密度函数 f 中。然而在大多数情况下，我们希望仅用一些简单的关键数字来表示试验的有关信息，比如 $\boldsymbol{X}$ 的**期望**和**协方差矩阵**分别提供了表示均值和方差的信息。另一种信息的量度来自于编码和通信理论，其中**香农熵**描述了在一个二进制信道中传播消息 $\boldsymbol{X}$ 所需要的二进制比特位的平均数目。统计学中也有一些有关信息的方法，具体来说，在点估计理论中概率密度函数 f 依赖于参数向量 θ，那么如何通过 $\boldsymbol{X}$ 的一组输出样本来很好地估计 θ，换句话说，在“数据”$\boldsymbol{X}$ 中包含了多少 θ 的信息。还有很多这种类型的信息的度量方法，比如**最大似然**、**得分函数**、**Fisher 信息矩阵**等。最后，一个随机试验中的信息量可以通过距离的概念来量化，例如 **Kullback-Leibler**“距离”(散度)，也称为**交叉熵**。

1.14.1 香农熵

在信息不确定性理论中最著名的度量之一是**香农熵**，简称**熵**。文献[5]是一篇很好的参考资料，其中一个密度为 f 的离散随机变量 X 的熵定义为

$$E\left[\log_2\frac{1}{f(X)}\right]=-E[\log_2 f(X)]=-\sum_{\mathscr{X}}f(x)\log_2 f(x)$$

这里将 X 理解为字母表 $\mathscr{X}$ 中的一个随机字符，例如 $X=x$ 的概率为 $f(x)$。另外，我们约定 $0\ln 0=0$。

在一个二进制信道中，传送从 f 抽样的字符的最有效的方法是对它们进行编码，传送 x 所需要的二进制比特位数为 $\log_2(1/f(x))$。因此为传送一个随机字符 $X\sim f$，需要传送的期望比特位数为 $-\sum_{\mathscr{X}}f(x)\log_2 f(x)$，参见文献[5]。

包括连续随机变量在内，一种更通用的方法是定义一个密度为 f 的随机变量

X 的熵

$$\mathcal{H}(X) = -E[\ln f(X)] = \begin{cases} -\sum f(x)\ln f(x), & \text{离散情形} \\ -\int f(x)\ln f(x)\mathrm{d}x, & \text{连续情形} \end{cases} \tag{1.52}$$

很容易将定义(1.52)扩展到随机向量 $\boldsymbol{X}$ 是连续变量的情形，有

$$\mathcal{H}(\boldsymbol{X}) = -E[\ln f(\boldsymbol{X})] = -\int f(\boldsymbol{x})\ln f(\boldsymbol{x})\mathrm{d}\boldsymbol{x} \tag{1.53}$$

通常称$\mathcal{H}(\boldsymbol{X})$为随机变量 $X_1,\cdots,X_n$ 的**联合熵**，也记作$\mathcal{H}(X_1,\cdots,X_n)$。在连续的情况下，$\mathcal{H}(\boldsymbol{X})$经常也称为**微分熵**，以区别离散的情况。

■例 1.16

令 X 服从 $\mathrm{Ber}(p)$分布，其中 $0\leqslant p\leqslant 1$，X 的密度函数为 $f(1)=P(X=1)=p$，$f(0)=P(X=0)=1-p$，因而 X 的熵为

$$\mathcal{H}(X) = -p\ln p-(1-p)\ln(1-p)$$

熵是 p 的函数，图 1.8 给出了熵的曲线。注意在 $p=1/2$ 处熵值最大，在$\{0,1\}$上该点给出了“均匀”密度函数。

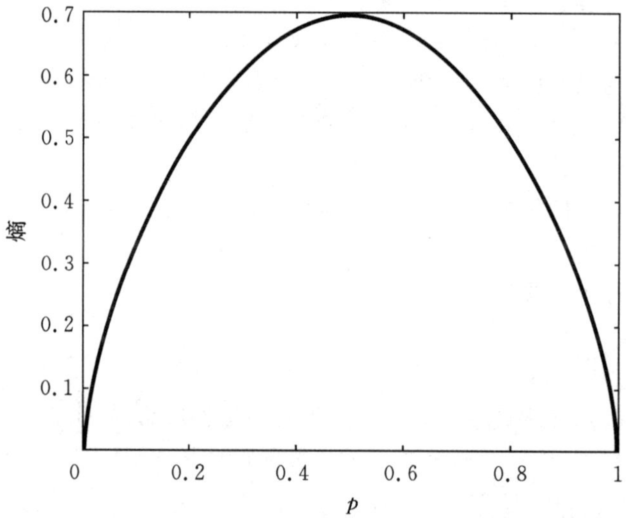

图 1.8 服从 Ber(p)分布的关于 p 的熵函数

接下来我们考虑独立同分布的 $\mathrm{Ber}(p)$随机变量序列 $X_1,\cdots,X_n$。令 $\boldsymbol{X}=(X_1,\cdots,X_n)$，则 $\boldsymbol{X}$ 的密度函数 g 是 X_i 的密度函数的简单相乘，因此，

$$\mathcal{H}(\boldsymbol{X}) = -E[\ln g(\boldsymbol{X})] = -E\left[\ln\prod_{i=1}^{n} f(X_i)\right] = \sum_{i=1}^{n} -E[\ln f(X_i)] = n\,\mathcal{H}(X)$$

在连续情况下，$\mathcal{H}(\boldsymbol{X})$的性质和离散的有所不同。具体地，

1. 微分熵可以为负，而离散熵总是为正。
2. 离散熵对可逆变换是不敏感的，而微分熵对此敏感。详细来说，如果 $\boldsymbol{X}$ 是离散的，$\boldsymbol{Y}=g(\boldsymbol{X})$，$g$ 是可逆映射，则 $\mathcal{H}(\boldsymbol{X})=\mathcal{H}(\boldsymbol{Y})$（因为 $f_{\boldsymbol{Y}}(\boldsymbol{y})=f_{\boldsymbol{X}}(g^{-1}(\boldsymbol{y}))$）。然而，在连续的情况下，我们还要考虑雅可比矩阵的转换。

不难看出，对于任意密度函数 f，若密度函数在 $\mathscr{X}$ 上是均匀密度函数，则熵值最大，即

$$\mathcal{H}(\boldsymbol{X})\text{ 最大}\Leftrightarrow f(\boldsymbol{x})=\frac{1}{|\mathscr{X}|}\text{（常数）} \tag{1.54}$$

对于两个随机向量 $\boldsymbol{X}$ 和 $\boldsymbol{Y}$，已知联合概率密度函数为 f，在给定 $\boldsymbol{X}$ 的条件下，我们定义 $\boldsymbol{Y}$ 的**条件熵**为

$$\mathcal{H}(\boldsymbol{Y}\mid\boldsymbol{X})=-E\left[\ln\frac{f(\boldsymbol{X},\boldsymbol{Y})}{f_{\boldsymbol{X}}(\boldsymbol{X})}\right]=\mathcal{H}(\boldsymbol{X},\boldsymbol{Y})-\mathcal{H}(\boldsymbol{X}) \tag{1.55}$$

其中 $f_{\boldsymbol{X}}$ 是 $\boldsymbol{X}$ 的概率密度函数，$\dfrac{f(\boldsymbol{x},\boldsymbol{y})}{f_{\boldsymbol{X}}(\boldsymbol{x})}$ 是 $\boldsymbol{Y}$（在 $\boldsymbol{y}$ 处）的条件概率，已知 $\boldsymbol{X}=\boldsymbol{x}$，有

$$\mathcal{H}(\boldsymbol{X},\boldsymbol{Y})=\mathcal{H}(\boldsymbol{X})+\mathcal{H}(\boldsymbol{Y}\mid\boldsymbol{X})=\mathcal{H}(\boldsymbol{Y})+\mathcal{H}(\boldsymbol{X}\mid\boldsymbol{Y}) \tag{1.56}$$

可以要求任何用于描述不确定性的平均程度的附加量至少满足式(1.56)和(1.54)，这是合理的。可以进一步得出结论，均匀密度携带的信息量是最少的，而 $(\boldsymbol{X},\boldsymbol{Y})$ 的熵（不确定性的平均量）等于 $\boldsymbol{X}$ 的熵加上 $\boldsymbol{Y}$ 中除去 $\boldsymbol{X}$ 已带信息的熵。文献[11]认为从包含一般性质(1.54)和(1.56)的任何熵的概念都可以推导出定义(1.53)。

$\boldsymbol{X}$ 和 $\boldsymbol{Y}$ 的**互信息**定义为

$$\mathcal{M}(\boldsymbol{X},\boldsymbol{Y})=\mathcal{H}(\boldsymbol{X})+\mathcal{H}(\boldsymbol{Y})-\mathcal{H}(\boldsymbol{X},\boldsymbol{Y}) \tag{1.57}$$

顾名思义，互信息可以理解为由 $\boldsymbol{X}$ 和 $\boldsymbol{Y}$ 共享的信息量。由式(1.56)和式(1.57)可以得到另一个表达式

$$\mathcal{M}(\boldsymbol{X},\boldsymbol{Y})=\mathcal{H}(\boldsymbol{X})-\mathcal{H}(\boldsymbol{X}\mid\boldsymbol{Y})=\mathcal{H}(\boldsymbol{Y})-\mathcal{H}(\boldsymbol{Y}\mid\boldsymbol{X}) \tag{1.58}$$

可以这样理解，一个随机变量的不确定性在已知了另一个随机变量的信息后会相应地减少。不难发现，互信息总是正的，它与下文介绍的交叉熵概念也有关系。

1.14.2 Kullback-Leibler 交叉熵

令 g 和 h 是 $\mathscr{X}$ 上的两个密度函数，则 g 和 h（与式(1.53)对比）的 **Kullback-Leibler 交叉熵**定义（在连续情况下）为

$$\begin{aligned}\mathcal{D}(g,h)&=E_g\left[\ln\frac{g(\boldsymbol{X})}{h(\boldsymbol{X})}\right]\\&=\int g(\boldsymbol{x})\ln g(\boldsymbol{x})\mathrm{d}\boldsymbol{x}-\int g(\boldsymbol{x})\ln h(\boldsymbol{x})\mathrm{d}\boldsymbol{x}\end{aligned} \tag{1.59}$$

$\mathcal{D}(g,h)$ 也称为 **Kullback-Leibler 散度**、**交叉熵**或**相对熵**。如果不另加说明我们称

$\mathcal{D}(g,h)$为 g 和 h 的**交叉熵**(CE)。注意$\mathcal{D}(g,h)$并不是 g 和 h 在正式意义上的距离,因为一般来说$\mathcal{D}(g,h)\neq\mathcal{D}(h,g)$。然而将$\mathcal{D}(g,h)$看作距离是很有用的,因为

$$\mathcal{D}(g,h)\geqslant 0$$

当且仅当 $g(x)=h(x)$时有$\mathcal{D}(g,h)=0$。这是由 Jensen 不等式(如果 ϕ 是凸函数,例如$-\ln$,则有 $E[\phi(X)]\geqslant\phi(E[X])$)推出的,也就是说,

$$\mathcal{D}(g,h)=E_g\left[-\ln\frac{h(\boldsymbol{X})}{g(\boldsymbol{X})}\right]\geqslant-\ln\left\{E_g\left[\frac{h(\boldsymbol{X})}{g(\boldsymbol{X})}\right]\right\}=-\ln 1=0$$

容易看出,由式(1.57)定义的向量 $\boldsymbol{X}$ 和 $\boldsymbol{Y}$ 的互信息$\mathcal{M}(\boldsymbol{X},\boldsymbol{Y})$与交叉熵有如下关系

$$\mathcal{M}(\boldsymbol{X},\boldsymbol{Y})=\mathcal{D}(f,f_{\boldsymbol{X}}f_{\boldsymbol{Y}})=E_f\left[\ln\frac{f(\boldsymbol{X},\boldsymbol{Y})}{f_{\boldsymbol{X}}(\boldsymbol{X})f_{\boldsymbol{Y}}(\boldsymbol{Y})}\right]$$

其中,f 是$(\boldsymbol{X},\boldsymbol{Y})$的联合概率密度函数,$f_{\boldsymbol{X}}$,$f_{\boldsymbol{Y}}$ 分别是 $\boldsymbol{X}$ 和 $\boldsymbol{Y}$ 的边缘概率密度函数。换句话说,假设向量 $\boldsymbol{X}$ 和 $\boldsymbol{Y}$ 是**独立**的,互信息可以看作一种交叉熵,它表示 $\boldsymbol{X}$ 和 $\boldsymbol{Y}$ 的联合概率密度函数 f 与边缘概率密度函数 $f_{\boldsymbol{X}}$,$f_{\boldsymbol{Y}}$ 之间的距离。

说明 1.14.1(其他距离量度) 除了 Kullback-Leibler 距离,还有其他几种表示概率密度函数之间的散度或距离的度量,比如 **Csiszár $\boldsymbol{\phi}$ 散度**[10] 表示了一类重要的“距离”

$$d(g,h)=\int_{\mathscr{X}}p(\boldsymbol{x})\phi\left(\frac{g(\boldsymbol{x})}{h(\boldsymbol{x})}\right)\mathrm{d}\boldsymbol{x} \tag{1.60}$$

其中 ϕ 是满足 $\phi(1)=0$ 和 $\phi''(x)>0$,$x>0$(特别地,ϕ 是凸的)的任意函数。下面列出了一些重要的散度量度,它们都可以看作 ϕ 散度的特殊情况。

- Burg 交叉熵距离:

$$d(g,h)=\int h(\boldsymbol{x})\ln\frac{h(\boldsymbol{x})}{g(\boldsymbol{x})}\mathrm{d}\boldsymbol{x}$$

- Kullback-Leibler 交叉熵距离:

$$d(g,h)=\int g(\boldsymbol{x})\ln\frac{g(\boldsymbol{x})}{h(\boldsymbol{x})}\mathrm{d}\boldsymbol{x}$$

- Hellinger 距离:

$$d(g,h)=2\int\left(\sqrt{g(\boldsymbol{x})}-\sqrt{h(\boldsymbol{x})}\right)^2\mathrm{d}\boldsymbol{x}$$

- Pearson χ^2 偏差:

$$d(g,h)=\frac{1}{2}\int\frac{[g(\boldsymbol{x})-h(\boldsymbol{x})]^2}{h(\boldsymbol{x})}\mathrm{d}\boldsymbol{x}$$

- Neymann χ^2 拟合优度:

$$d(g,h)=\frac{1}{2}\int\frac{[g(\boldsymbol{x})-h(\boldsymbol{x})]^2}{g(\boldsymbol{x})}\mathrm{d}\boldsymbol{x}$$

1.14.3　最大似然估计和得分函数

这里我们通过经典的**最大似然估计**来介绍**评价函数**(SF)。对于一个随机向量 $\boldsymbol{X}=(X_1,\cdots,X_n)$，给定其概率密度函数 $f(\cdot;\boldsymbol{\theta})$，其中 $\boldsymbol{\theta}\in\Theta$ 为未知参数(向量)，我们希望用 $\boldsymbol{X}$ 的一个给定结果 $\boldsymbol{x}$(数据)去估计 $\boldsymbol{\theta}$ 的值。对于一个给定的 $\boldsymbol{x}$，函数$\mathcal{L}(\boldsymbol{\theta};\boldsymbol{x})=f(\boldsymbol{x};\boldsymbol{\theta})$称为**似然函数**。注意，在已知给定参数 $\boldsymbol{x}$ 的情况下，$\mathcal{L}$是 $\boldsymbol{\theta}$ 的函数，而概率密度函数 f 则相反。$\boldsymbol{\theta}$ 的极大似然估计 $\hat{\boldsymbol{\theta}}=\hat{\boldsymbol{\theta}}(\boldsymbol{x})$ 定义为

$$\hat{\boldsymbol{\theta}}=\arg\max_{\boldsymbol{\theta}\in\Theta}\mathcal{L}(\boldsymbol{\theta};\boldsymbol{x})\tag{1.61}$$

由于该函数是单调递增的，所以也有

$$\hat{\boldsymbol{\theta}}=\arg\max_{\boldsymbol{\theta}\in\Theta}\ln\mathcal{L}(\boldsymbol{\theta};\boldsymbol{x})\tag{1.62}$$

满足 $\boldsymbol{X}\sim f(\cdot;\boldsymbol{\theta})$的随机变量 $\hat{\boldsymbol{\theta}}(\boldsymbol{X})$就是对应的**极大似然估计量**，记作 $\hat{\boldsymbol{\theta}}$。注意，通常数据 $X_1,\cdots,X_n$ 构成了概率密度函数为 $f_1(\cdot;\boldsymbol{\theta})$的一个随机样本，在这种情况下 $f(\boldsymbol{x};\boldsymbol{\theta})=\prod_{i=1}^{N}f_1(x_i;\boldsymbol{\theta})$，而

$$\hat{\boldsymbol{\theta}}=\arg\max_{\theta\in\Theta}\sum_{i=1}^{N}\ln f_1(X_i;\boldsymbol{\theta})\tag{1.63}$$

如果$\mathcal{L}(\boldsymbol{\theta};\boldsymbol{x})$是关于 $\boldsymbol{\theta}$ 的连续可导的凹函数，而且函数的最大值位于 Θ 内，则我们求解

$$\nabla_{\boldsymbol{\theta}}\ln\mathcal{L}(\boldsymbol{\theta};\boldsymbol{x})=0$$

就能找到 $\boldsymbol{\theta}$ 的极大似然估计量。

函数 $\boldsymbol{S}(\boldsymbol{\theta};\boldsymbol{x})$定义为

$$\boldsymbol{S}(\boldsymbol{\theta};\boldsymbol{x})=\nabla_{\boldsymbol{\theta}}\ln\mathcal{L}(\boldsymbol{\theta};\boldsymbol{x})=\frac{\nabla_{\boldsymbol{\theta}}f(\boldsymbol{x};\boldsymbol{\theta})}{f(\boldsymbol{x};\boldsymbol{\theta})}\tag{1.64}$$

称为**得分函数**。对于指数分布族式(A.9)，容易得到

$$\boldsymbol{S}(\boldsymbol{\theta};\boldsymbol{x})=\frac{\nabla c(\boldsymbol{\theta})}{c(\boldsymbol{\theta})}+\boldsymbol{t}(\boldsymbol{x})\tag{1.65}$$

随机向量 $\boldsymbol{S}(\boldsymbol{\theta})=\boldsymbol{S}(\boldsymbol{\theta};\boldsymbol{X})$称为**(有效)得分**，其中 $\boldsymbol{X}\sim f(\cdot;\boldsymbol{\theta})$，得分的期望值始终等于零向量，即

$$E_{\boldsymbol{\theta}}[\boldsymbol{S}(\boldsymbol{\theta})]=\int\nabla_{\boldsymbol{\theta}}f(\boldsymbol{x};\boldsymbol{\theta})\mu(\mathrm{d}\boldsymbol{x})=\nabla_{\boldsymbol{\theta}}\int f(\boldsymbol{x};\boldsymbol{\theta})\mu(\mathrm{d}\boldsymbol{x})=\nabla_{\boldsymbol{\theta}}1=0$$

其中微分和积分符号的互换可以通过有界收敛定理来证明。

1.14.4　Fisher 信息

得分 $\boldsymbol{S}(\boldsymbol{\theta})$的协方差矩阵 $\boldsymbol{J}(\boldsymbol{\theta})$称为 **Fisher 信息矩阵**。由于得分的期望总是为 0，我们有

$$\boldsymbol{J}(\boldsymbol{\theta})=E_{\boldsymbol{\theta}}[\boldsymbol{S}(\boldsymbol{\theta})\boldsymbol{S}(\boldsymbol{\theta})^{\mathrm{T}}]\tag{1.66}$$

在一维的情况下，我们有

$$\mathbf{J}(\theta)=E_\theta\left[\left(\frac{\partial\ln f(X;\theta)}{\partial\theta}\right)^2\right]$$

因为

$$\frac{\partial^2}{\partial\theta^2}\ln f(x;\theta)=\frac{\frac{\partial^2}{\partial\theta^2}f(x;\theta)}{f(x;\theta)}-\left(\frac{\frac{\partial}{\partial\theta}f(x;\theta)}{f(x;\theta)}\right)^2$$

Fisher 信息也可写为

$$\mathbf{J}(\theta)=-E_\theta\left[\frac{\partial^2\ln f(X;\theta)}{\partial\theta^2}\right]$$

在多维情况下，类似地得到

$$\mathbf{J}(\boldsymbol{\theta})=-E_{\boldsymbol{\theta}}[\nabla\mathbf{S}(\boldsymbol{\theta})]=-E_{\boldsymbol{\theta}}[\nabla^2\ln f(\mathbf{X};\boldsymbol{\theta})] \tag{1.67}$$

其中$\nabla^2\ln f(\mathbf{X};\boldsymbol{\theta})$表示 $\ln f(\mathbf{X};\boldsymbol{\theta})$的**海森矩阵**（Hessian），即（随机）矩阵

$$\left(\frac{\partial^2\ln f(\mathbf{X};\boldsymbol{\theta})}{\partial\theta_i\partial\theta_j}\right)$$

Fisher 信息在统计学中的重要性已由著名的 **Cramér-Rao 不等式**证实，它表示（在简化形式下）$g(\theta)$的任意无偏估计量 Z 的方差是有界的，由下式确定：

$$\mathrm{Var}(Z)\geqslant(\nabla g(\boldsymbol{\theta}))^{\mathrm{T}}J^{-1}(\boldsymbol{\theta})\,\nabla g(\boldsymbol{\theta}) \tag{1.68}$$

详见文献[13]。

1.15 凸优化及对偶性

令 $f(x)$，$x\in\mathbb{R}$ 为一个有连续导数的实值函数——也称为 C^1 函数，求 $f(x)$最小值的标准方法是求解等式

$$f'(x)=0 \tag{1.69}$$

式（1.69）的解也称为**驻点**。另外，如果函数有连续二阶导数（也称 C^2 函数），条件

$$f''(x^*)>0 \tag{1.70}$$

能够确保驻点 x^* 为**局部最小解**，即在 x^* 的一个足够小的邻域内，对于所有 x 都有 $f(x^*)<f(x)$。

对于$\mathbb{R}^n$ 上的 C^1 函数，式（1.69）可以推广为

$$\nabla f(\mathbf{x})\equiv\begin{pmatrix}\frac{\partial f(\mathbf{x})}{\partial x_1}\\ \vdots\\ \frac{\partial f(\mathbf{x})}{\partial x_n}\end{pmatrix}=\mathbf{0} \tag{1.71}$$

其中$\nabla f(\mathbf{x})$为 f 在 $\mathbf{x}$ 处的**梯度**。类似地，驻点 $\mathbf{x}^*$ 是 f 的局部最小解，如果在 $\mathbf{x}^*$ 处

的**海森矩阵**

$$\nabla^2 f(\boldsymbol{x}^*) \equiv \begin{pmatrix} \dfrac{\partial^2 f(\boldsymbol{x}^*)}{\partial x_1^2} & \cdots & \dfrac{\partial^2 f(\boldsymbol{x}^*)}{\partial x_1 \partial x_n} \\ \vdots & \cdots & \vdots \\ \dfrac{\partial^2 f(\boldsymbol{x}^*)}{\partial x_1 \partial x_n} & \cdots & \dfrac{\partial f(\boldsymbol{x}^*)}{\partial x_n^2} \end{pmatrix} \tag{1.72}$$

是**正定的**，即对所有 $\boldsymbol{x} \neq \boldsymbol{0}$，都有 $\boldsymbol{x}^{\mathrm{T}}[\nabla^2 f(\boldsymbol{x}^*)]\boldsymbol{x} > 0$。

引入**约束**可以将上述内容进一步推广，一般约束优化问题可以写作

$$\min_{\boldsymbol{x} \in \mathbb{R}^n} f(\boldsymbol{x}) \tag{1.73}$$

$$\text{s.t.} \quad h_i(\boldsymbol{x}) = 0, i = 1, \cdots, m \tag{1.74}$$

$$g_i(\boldsymbol{x}) \leqslant 0, i = 1, \cdots, k \tag{1.75}$$

这里的 f, g_i, h_i 是已知函数，$f(\boldsymbol{x})$称为**目标函数**，$h_i(\boldsymbol{x})=0$ 和 $g_i(\boldsymbol{x}) \leqslant 0$ 相应地称为**等式**约束和**不等式**约束。满足目标函数定义和所有约束条件的区域称为**可行域**，优化问题的**全局解**是一个点 $\boldsymbol{x}^* \in \mathbb{R}^n$，不存在另一个点 $\boldsymbol{x} \in \mathbb{R}^n$ 使得 $f(\boldsymbol{x}) < f(\boldsymbol{x}^*)$。另外，全局解也称为全局最小解，应该注意，人们容易把最小解与函数的最小值相混淆。类似地，对于一个局部解或局部最小解，仅需在 $\boldsymbol{x}^*$ 的某个邻域内使条件$f(\boldsymbol{x}) < f(\boldsymbol{x}^*)$成立。

以上表述概括了很多传统的优化问题，目标函数、等式约束和不等式约束为线性函数的优化问题，称之为**线性规划**。目标函数是二次函数而约束是线性函数的优化问题称为**二次规划**。凸性质在很多实际优化问题中有着重要的作用。

定义 1.15.1(凸集)　集合 $\mathscr{X} \in \mathbb{R}^n$ 称为凸集，如果对所有的 $\boldsymbol{x}, \boldsymbol{y} \in \mathscr{X}$ 和 $\theta \in (0,1)$，都有点$(\theta\boldsymbol{x} + (1-\theta)\boldsymbol{y}) \in \mathscr{X}$。

定义 1.15.2(凸函数)　在凸集 $\mathscr{X}$ 上的函数 $f(\boldsymbol{x})$称为**凸函数**，如果对于所有的 $\boldsymbol{x}, \boldsymbol{y} \in \mathscr{X}$ 和 $\theta \in (0,1)$，都有

$$f(\theta\boldsymbol{x} + (1-\theta)\boldsymbol{y}) \leqslant \theta f(\boldsymbol{x}) + (1-\theta) f(\boldsymbol{y}) \tag{1.76}$$

若式(1.76)是严格不等的，则称该函数是**严格凸**的。若函数 f 是(严格)凸的，则 $-f$ 就是(严格)**凹**的。假设$\mathscr{X}$是开集，则 $f \in C^1$ 的凸性等价于

$$f(\boldsymbol{y}) \geqslant f(\boldsymbol{x}) + (\boldsymbol{y} - \boldsymbol{x})^{\mathrm{T}} \nabla f(\boldsymbol{x}), \text{对于所有的 } \boldsymbol{x}, \boldsymbol{y} \in \mathscr{X}$$

此外，对于 $f \in C^2$，凸性等价于对于所有的 $\boldsymbol{x} \in \mathscr{X}$，海森矩阵是半正定的，即

$$\boldsymbol{y}^{\mathrm{T}}[\nabla^2 f(\boldsymbol{x})]\boldsymbol{y} \geqslant 0, \text{对于所有的 } \boldsymbol{y} \in \mathbb{R}^n$$

问题(1.73)称为**凸规划问题**，如果

1. 目标函数 f 是凸的；
2. 不等式约束函数$\{g_i(\boldsymbol{x})\}$是凸的；
3. 等式约束函数$\{h_i(\boldsymbol{x})\}$是**仿射**的，即具有形式 $a_i^{\mathrm{T}}\boldsymbol{x} - b_i$。

注意,最后一个要求是基于这样的事实:一个等式约束 $h_i(\boldsymbol{x})=0$ 可以看作是两个不等式约束 $h_i(\boldsymbol{x})\leqslant 0$ 和 $-h_i(\boldsymbol{x})\leqslant 0$ 综合的结果,因此 h_i 和 $-h_i$ 都要求是凸的。线性和二次规划都是凸的。

1.15.1 拉格朗日方法

拉格朗日方法的主要组成包括拉格朗日乘子和拉格朗日函数,该方法是拉格朗日在 1797 年为求解具有等式约束(1.74)的优化问题(1.73)而提出的,1951 年 Kuhn 和 Tucker 将其扩展到不等式约束。

定义 1.15.3(拉格朗日函数) 给定一个优化问题(1.73),仅带有等式约束 $h_i(\boldsymbol{x})=0, i=1,\cdots,m$,则**拉格朗日函数**(简称**拉格朗日**)定义为

$$\mathcal{L}(\boldsymbol{x},\boldsymbol{\beta}) = f(\boldsymbol{x}) + \sum_i \beta_i h_i(\boldsymbol{x})$$

其中,系数 $\{\beta_i\}$ 称为**拉格朗日乘子**。

对于具有等式约束 $h_i(\boldsymbol{x})=0, i=1,\cdots,m$ 的 $f(\boldsymbol{x})$,当 β^* 取某个值时,$\boldsymbol{x}^*$ 是局部最优解的必要条件为

$$\nabla_x \mathcal{L}(\boldsymbol{x}^*,\boldsymbol{\beta}^*) = \mathbf{0}$$
$$\nabla_\beta \mathcal{L}(\boldsymbol{x}^*,\boldsymbol{\beta}^*) = \mathbf{0}$$

如果 $\mathcal{L}(\boldsymbol{x},\boldsymbol{\beta}^*)$ 是 $\boldsymbol{x}$ 的凸函数,则以上条件也是充分条件。

■例 1.17 最大熵分布

令 $p=\{p_i, i=1,\cdots,n\}$ 为一概率分布,考虑如下规划使得(香农)熵最大:

$$\max_{p} \quad -\sum_{i=1}^{n} p_i \ln p_i$$
$$\text{s.t.} \quad \sum_{i=1}^{n} p_i = 1$$

在域 $\{(\boldsymbol{p},\beta): p_i \geqslant 0, i=1,\cdots,n, \beta\in\mathbb{R}\}$ 内,拉格朗日函数为

$$\mathcal{L}(\boldsymbol{p},\beta) = \sum_{i=1}^{n} p_i \ln p_i + \beta\Big(\sum_{i=1}^{n} p_i - 1\Big)$$

问题的最优解 $\boldsymbol{p}^*$ 是均匀分布的,即 $\boldsymbol{p}^*=(1/n,\cdots,1/n)$,参见习题 1.35。

定义 1.15.4(广义拉格朗日函数) 在给定式(1.73)的原始优化问题中包含等式约束和不等式约束,**广义拉格朗日函数**(简称**拉格朗日函数**)定义为

$$\mathcal{L}(\boldsymbol{x},\boldsymbol{\alpha},\boldsymbol{\beta}) = f(\boldsymbol{x}) + \sum_{i=1}^{k} \alpha_i g_i(\boldsymbol{x}) + \sum_{i=1}^{m} \beta_i h_i(\boldsymbol{x})$$

在优化问题(1.73)中,$\boldsymbol{x}^*$ 为 $f(\boldsymbol{x})$ 的局部最小解的必要条件是,存在 $\boldsymbol{\alpha}^*$ 和 $\boldsymbol{\beta}^*$ 满足

$$\nabla_x \mathcal{L}(\boldsymbol{x}^*,\boldsymbol{\alpha}^*,\boldsymbol{\beta}^*) = \mathbf{0}$$
$$\nabla_\beta \mathcal{L}(\boldsymbol{x}^*,\boldsymbol{\alpha}^*,\boldsymbol{\beta}^*) = \mathbf{0}$$

$$g_i(\boldsymbol{x}^*) \leqslant 0, i = 1, \cdots, k$$
$$\alpha_i^* \geqslant 0, i = 1, \cdots, k$$
$$\alpha_i^* g_i(\boldsymbol{x}^*) = 0, i = 1, \cdots, k$$

这些方程式通常称为 **Karush-Kuhn-Tucker(KKT)条件**。在**凸**规划中我们有如下重要结论：

1. 凸规划问题的每一个局部解 $\boldsymbol{x}^*$ 都是全局解，而且全局解的集合也是凸的。更进一步，如果目标函数是严格凸的，则任何全局解都是唯一的。
2. 对于一个严格凸规划问题，目标和约束函数都是 C^1，则有唯一全局解的充分必要条件为 KKT 条件。

1.15.2 对偶性

应用对偶性的目的在于，对一个优化问题采用一种计算效率更高或者更有理论意义的替代方法(见文献[8]，第 219 页)。上文讲述的问题(1.73)称为**原问题**，而基于拉格朗日乘子的新问题则称为**对偶问题**。对偶理论和凸优化问题紧密相关，如果原优化问题是(严格)凸的，则对偶问题是(严格)凹的，并且有(唯一)一个解，由此解可以推出原问题的(唯一)最优解。

定义 1.15.5(拉格朗日对偶规划) 原问题(1.73)的**拉格朗日对偶规划**为

$$\max_{\boldsymbol{\alpha},\boldsymbol{\beta}} L^*(\boldsymbol{\alpha},\boldsymbol{\beta})$$
$$\text{s.t.} \quad \boldsymbol{\alpha} \geqslant 0$$

其中 $\mathcal{L}^*$ 是**拉格朗日对偶函数**

$$L^*(\boldsymbol{\alpha},\boldsymbol{\beta}) = \inf_{x \in \mathscr{X}} L(\boldsymbol{x},\boldsymbol{\alpha},\boldsymbol{\beta}) \tag{1.77}$$

不难看出，如果 f^* 是原问题的最小值，则对任意 $\boldsymbol{\alpha} \geqslant 0$ 和任意 $\boldsymbol{\beta}$ 都有 $L^*(\boldsymbol{\alpha},\boldsymbol{\beta}) \leqslant f^*$，此性质称为**弱对偶**。拉格朗日对偶规划确定了 f^* 的最优下界，如果 d^* 是对偶问题的最优值，则 $d^* < f^*$，$f^* - d^*$ 之间的差称为**对偶间隙**。

如果由原问题无法直接求出最优解，对偶间隙就显得尤为有用，它可以提供解的下界。这里有一个很重要的结论，对于线性约束问题，如果原问题是不可行的，即没有满足约束的解，则对偶问题要么不可行要么无界。反之，如果对偶问题不可行，则原问题无解。**强对偶**理论是一个非常重要的理论，它表明具有线性约束函数 h_i 和 g_i 的凸规划问题(1.73)的对偶间隙为 0，且任意满足 KKT 条件的 $\boldsymbol{x}^*$ 和($\boldsymbol{\alpha}^*$，$\boldsymbol{\beta}^*$)分别为原问题和对偶问题的(全局)解。特别地，这一结论对线性规划和凸二次规划都成立。注意，不是所有的二次规划都是凸的。

对一个目标函数和约束函数都是 C^1 的凸原规划问题，拉格朗日对偶函数(1.77)可通过令拉格朗日函数 $\mathcal{L}(\boldsymbol{x},\boldsymbol{\alpha},\boldsymbol{\beta})$ 对 $\boldsymbol{x}$ 的梯度为 0 得到。我们可以将得到的变量之间的关系代入拉格朗日函数来进一步简化对偶规划。

■例 1.18　线性规划问题

考虑线性规划问题

$$\begin{aligned}&\min_{x} \boldsymbol{c}^{\mathrm{T}}\boldsymbol{x}\\ \text{s.t.}\quad &\boldsymbol{A}\boldsymbol{x}\geqslant \boldsymbol{b}\end{aligned}$$

拉格朗日函数为$\mathcal{L}(\boldsymbol{x},\boldsymbol{\alpha})=\boldsymbol{c}^{\mathrm{T}}\boldsymbol{x}-\boldsymbol{\alpha}^{\mathrm{T}}(\boldsymbol{A}\boldsymbol{x}-\boldsymbol{b})$。对所有 $\boldsymbol{x}$,拉格朗日对偶函数是$\mathcal{L}$的下确界,因此,

$$\mathcal{L}^{*}(\boldsymbol{\alpha})=\begin{cases}\boldsymbol{b}^{\mathrm{T}}\boldsymbol{\alpha}, & \text{如果 } \boldsymbol{A}^{\mathrm{T}}\boldsymbol{\alpha}=\boldsymbol{c}\\ -\infty, & \text{其他情况}\end{cases}$$

拉格朗日对偶规划变为

$$\begin{aligned}&\max_{\boldsymbol{\alpha}} \boldsymbol{b}^{\mathrm{T}}\boldsymbol{\alpha}\\ \text{s.t.}\quad &\boldsymbol{A}^{\mathrm{T}}\boldsymbol{\alpha}=\boldsymbol{c}\\ &\boldsymbol{\alpha}\geqslant \boldsymbol{0}\end{aligned}$$

有意思的是,对于线性规划问题,其对偶问题的对偶总是会回到原始问题。

■例 1.19　二次规划问题

考虑如下二次规划问题

$$\begin{aligned}&\min_{x} \frac{1}{2}\boldsymbol{x}^{\mathrm{T}}\boldsymbol{C}\boldsymbol{x}\\ \text{s.t.}\quad &\boldsymbol{C}\boldsymbol{x}\geqslant \boldsymbol{b}\end{aligned}$$

其中假设 $n\times n$ 矩阵 $\boldsymbol{C}$ 是正定的(对于一般的二次规划问题,总可以假定 $\boldsymbol{C}$ 是对称的但不必是正定的)。拉格朗日函数为$\mathcal{L}(\boldsymbol{x},\boldsymbol{\alpha})=\frac{1}{2}\boldsymbol{x}^{\mathrm{T}}\boldsymbol{C}\boldsymbol{x}-\boldsymbol{\alpha}^{\mathrm{T}}(\boldsymbol{C}\boldsymbol{x}-\boldsymbol{b})$,令其对 $\boldsymbol{x}$ 的梯度为 0,从而将其最小化,得到 $\boldsymbol{C}\boldsymbol{x}-\boldsymbol{C}\boldsymbol{\alpha}=\boldsymbol{C}(\boldsymbol{x}-\boldsymbol{\alpha})=\boldsymbol{0}$,由 $\boldsymbol{C}$ 正定得到 $\boldsymbol{x}=\boldsymbol{\alpha}$。拉格朗日函数的最大化现在简化为$\mathcal{L}(\boldsymbol{\alpha},\boldsymbol{\alpha})=\frac{1}{2}\boldsymbol{\alpha}^{\mathrm{T}}\boldsymbol{C}\boldsymbol{\alpha}-\boldsymbol{\alpha}^{\mathrm{T}}(\boldsymbol{C}\boldsymbol{\alpha}-\boldsymbol{b})=-\frac{1}{2}\boldsymbol{\alpha}^{\mathrm{T}}\boldsymbol{C}\boldsymbol{\alpha}+\boldsymbol{\alpha}^{\mathrm{T}}\boldsymbol{b}$ 在 $\boldsymbol{\alpha}\geqslant 0$ 约束下的最大化。因此,写出对偶规划为

$$\begin{aligned}&\max_{\boldsymbol{\alpha}}\ -\frac{1}{2}\boldsymbol{\alpha}^{\mathrm{T}}\boldsymbol{C}\boldsymbol{\alpha}+\boldsymbol{\alpha}^{\mathrm{T}}\boldsymbol{b}\\ \text{s.t.}\quad &\boldsymbol{\alpha}\geqslant \boldsymbol{0}\end{aligned}$$

注意对偶问题仅涉及简单的非负约束。

现在我们假设给定了 Cholesky 分解 $\boldsymbol{C}=\boldsymbol{B}\boldsymbol{B}^{\mathrm{T}}$,参见习题 1.36,上述对偶问题的拉格朗日对偶可写为

$$\begin{aligned}&\min_{\boldsymbol{\mu}}\ \frac{1}{2}\boldsymbol{\mu}^{\mathrm{T}}\boldsymbol{C}\boldsymbol{\mu}\\ \text{s.t.}\quad &\boldsymbol{B}\boldsymbol{\mu}\geqslant \boldsymbol{b}\end{aligned}\tag{1.78}$$

其中 $\boldsymbol{\mu}=\boldsymbol{B}^{\mathrm{T}}\boldsymbol{\alpha}$。这就是所谓的**最小距离问题**,在已知 $\boldsymbol{C}$ 的 Cholesky 分解式的情况

下，比原先的二次规划问题更容易求解。

下面是广泛使用的**最小交叉熵**方法，也是利用对偶性的例子。

■例 1.20　最小交叉熵(MinxEnt)方法

令 $\boldsymbol{X}$ 是一个离散随机变量(向量)，取值为 $\boldsymbol{x}_1,\cdots,\boldsymbol{x}_r$，令 $\boldsymbol{q}=(q_1,\cdots,q_r)^{\mathrm{T}}$ 和 $\boldsymbol{p}=(p_1,\cdots,p_r)^{\mathrm{T}}$ 为 $\boldsymbol{X}$ 的两个严格正分布(列)向量。考虑 $\boldsymbol{p}$ 和 $\boldsymbol{q}$ 的最小交叉熵的原规划问题，即 $\sum\limits_{i=1}^{n} p_i\ln(p_i/q_i)$，其中 $\boldsymbol{q}$ 给定，约束为线性等式约束：

$$\min_{\boldsymbol{p}}\sum_{k=1}^{r} p_k\ln\frac{p_k}{q_k} \tag{1.79}$$

$$\text{s. t.}\quad E_{\boldsymbol{p}}[S_i(\boldsymbol{X})]=\sum_{k=1}^{r} S_i(\boldsymbol{x}_k)p_k=\gamma_i, i=1,\cdots,m \tag{1.80}$$

$$\sum_{k=1}^{r} p_k=1 \tag{1.81}$$

其中 $S_1,\cdots,S_m$ 是任意函数。

这里，目标函数是凸的，因为它是形如 $p\ln(p/c)$ 的函数的线性组合，其中 $p\ln(p/c)$ 在 $\mathbb{R}_+$ 上对任意 $c>0$ 都是凸的。另外，等式约束函数是仿射的(形如 $\boldsymbol{a}^{\mathrm{T}}\boldsymbol{p}-\gamma$)，因此该问题是凸的。为了求解原问题的最优解 $\boldsymbol{p}^*$，求解相应的**对偶**规划通常更容易[10]，下面我们将介绍相应的求解过程。

1. 原始问题的拉格朗日函数为

$$\mathcal{L}(\boldsymbol{p},\boldsymbol{\lambda},\beta)=\sum_{k=1}^{r} p_k\ln\frac{p_k}{q_k}-\sum_{i=1}^{m}\lambda_i\Big(\sum_{k=1}^{r} S_i(\boldsymbol{x}_k)p_k-\gamma_i\Big)+\beta\Big(\sum_{k=1}^{r} p_k-1\Big) \tag{1.82}$$

其中 $\boldsymbol{\lambda}=(\lambda_1,\cdots,\lambda_m)^{\mathrm{T}}$ 是对应于式(1.80)的拉格朗日乘子向量，β 是对应于式(1.81)的拉格朗日乘子。注意，式(1.82)中的第二个求和项可以为正或为负，我们选择负号，因为在后面的讨论中我们将上述问题推广到式(1.80)中包含不等式($\geqslant$)约束的情形，从而使拉格朗日函数符号为负。

2. 求解(给定 $\boldsymbol{\lambda}$ 和 β)

$$\min_{\boldsymbol{p}}\mathcal{L}(\boldsymbol{p},\boldsymbol{\lambda},\beta) \tag{1.83}$$

需要先求解

$$\nabla_{\boldsymbol{p}}\mathcal{L}(\boldsymbol{p},\boldsymbol{\lambda},\beta)=\boldsymbol{0}$$

得到方程组

$$\nabla_{p_k}\mathcal{L}(\boldsymbol{p},\boldsymbol{\lambda},\beta)=\ln\frac{p_k}{q_k}+1-\sum_{i=1}^{m}\lambda_i S_i(\boldsymbol{x}_k)+\beta=0, k=1,\cdots,r$$

将最优解和由规划(1.83)得到的最优函数值分别记为 $p(\boldsymbol{\lambda},\beta)$ 和 $\mathcal{L}^*(\boldsymbol{\lambda},\beta)$，后者即为拉格朗日对偶函数。我们有

$$p_k(\boldsymbol{\lambda},\beta) = q_k \exp\Big(-\beta - 1 + \sum_{i=1}^{m} \lambda_i S_i(\boldsymbol{x}_k)\Big), k = 1,\cdots,r \tag{1.84}$$

由于$\{p_k\}$之和必为 1,我们得到

$$\mathrm{e}^{\beta} = \sum_{k=1}^{r} q_k \exp\Big(-1 + \sum_{i=1}^{m} \lambda_i S_i(\boldsymbol{x}_k)\Big) \tag{1.85}$$

将 $\boldsymbol{p}(\boldsymbol{\lambda},\beta)$代入拉格朗日对偶函数,得到

$$\mathcal{L}^*(\boldsymbol{\lambda},\beta) = -1 + \sum_{i=1}^{m} \lambda_i \gamma_i - \beta \tag{1.86}$$

3. 求解对偶规划

$$\max_{\boldsymbol{\lambda},\beta} \mathcal{L}^*(\boldsymbol{\lambda},\beta) \tag{1.87}$$

由于β和$\boldsymbol{\lambda}$ 具有式(1.85)的关系,可将对应的 $\beta(\boldsymbol{\lambda})$代入式(1.86)并优化下面的函数,从而求解式(1.87):

$$D(\boldsymbol{\lambda}) = -1 + \sum_{i=1}^{m} \lambda_i \gamma_i - \ln\Big\{\sum_{k=1}^{m} q_k \exp\Big\{-1 + \sum_{i=1}^{m} \lambda_i S_i(\boldsymbol{x}_k)\Big\}\Big\} \tag{1.88}$$

由于 $D(\boldsymbol{\lambda})$是连续可导的而且是关于 $\boldsymbol{\lambda}$ 的凹函数,则最优解 $\boldsymbol{\lambda}^*$ 可以通过下式求解得到:

$$\nabla_{\boldsymbol{\lambda}} D(\boldsymbol{\lambda}) = \mathbf{0} \tag{1.89}$$

写出其分量,得到以下更清晰的形式:

$$\begin{aligned}\nabla_{\lambda_j} D(\boldsymbol{\lambda}) &= \gamma_i - \frac{\sum_{k=1}^{r} S_i(\boldsymbol{x}_k) q_k \exp\Big\{-1 + \sum_{j=1}^{m} \lambda_j S_j(\boldsymbol{x}_k)\Big\}}{\sum_{k=1}^{r} q_k \exp\Big\{-1 + \sum_{j=1}^{m} \lambda_j S_j(\boldsymbol{x}_k)\Big\}} \\ &= \gamma_i - \frac{E_{\boldsymbol{q}}\Big[S_i(\boldsymbol{X}) \exp\Big\{-1 + \sum_{j=1}^{m} \lambda_j S_j(\boldsymbol{X})\Big\}\Big]}{E_{\boldsymbol{q}}\Big[\exp\Big\{-1 + \sum_{j=1}^{m} \lambda_j S_j(\boldsymbol{X})\Big\}\Big]} = 0\end{aligned} \tag{1.90}$$

其中 $j=1,\cdots,m$。最优向量 $\boldsymbol{\lambda}^* = (\lambda_1^*,\cdots,\lambda_m^*)$可通过数值方法求解式(1.90)得到。注意,如果原规划有一个非空内部最优解,则对偶规划有一个最优解 $\boldsymbol{\lambda}^*$。

4. 最后,将 $\boldsymbol{\lambda}=\boldsymbol{\lambda}^*$ 和 $\beta=\beta(\boldsymbol{\lambda}^*)$代入式(1.84),得到原最小交叉熵规划问题的解。

有一点非常重要,我们不需要明确规定 $p_i \geqslant 0, i=1,\cdots,n$,因为式(1.84)中的量$\{p_i\}$自动地严格限制为正的,这是 CE 距离的一个重要特性,详见文献[2]。那么,加入非负约束会对上述求解过程产生怎样的影响,习题 1.37 的证明很有指导意义。

把式(1.80)中的等式约束改为不等式约束 $E_{\boldsymbol{p}}[S_i(\boldsymbol{X})] \geqslant \gamma_i$,求解过程几乎一样,唯一的区别就是拉格朗日乘子向量 $\boldsymbol{\lambda}$ 必须是非负的,相应的对偶规划变为

$$\max_{\boldsymbol{\lambda}} D(\boldsymbol{\lambda})$$

$$\text{s.t.}\quad \boldsymbol{\lambda} \geqslant \mathbf{0}$$

$D(\boldsymbol{\lambda})$由式(1.88)给出。

进一步推广，可以将上述离散优化问题扩展到泛函优化问题，这部分内容将在第 9 章讨论，特别地，第 9.5 节将讨论最小交叉熵(MinxEnt)方法，涉及泛函最小交叉熵(MinxEnt)问题。

习题

概率论

1.1 用定义 1.1.1 中概率的性质证明以下结论(这里 A 和 B 是事件)：

a) $P(A^c)=1-P(A)$。

b) $P(A\cup B)=P(A)+P(B)-P(A\cap B)$。

1.2 证明三个事件时的乘法规则(1.4)。

1.3 有一个碗里放了 5 个白球和 5 个黑球，我们从中连续拿出 3 个球，则拿出的 3 个球都是黑球的概率是多少？

1.4 考虑一个投掷不均匀硬币的随机实验，一直投到正面出现为止。假设任意一次投掷中正面出现的概率是 p，令 X 为需要的投掷次数，证明 $X\sim G(p)$。

1.5 一个房间里有很多人，依次询问每个人的生日，例如 5 月 5 日。令 N 为得到一个相同生日时所询问过的总人数。

a)计算 $P(N>n)$，$n=0,1,2,\cdots$。

b) n 多大时，有 $P(N\leqslant n)\geqslant 1/2$？

c)用计算机计算 $E[N]$。

1.6 令 X 和 Y 为独立标准正态随机变量，U 和 V 是 X 和 Y 通过线性变换得到的随机变量

$$\begin{pmatrix} U \\ V \end{pmatrix} = \begin{pmatrix} \sin\alpha & -\cos\alpha \\ \cos\alpha & \sin\alpha \end{pmatrix} \begin{pmatrix} X \\ Y \end{pmatrix}$$

a)求 U 和 V 的联合概率密度函数。

b)证明 U 和 V 是独立的且服从标准正态分布。

1.7 令 $X\sim \mathrm{Exp}(\lambda)$，证明指数函数的无记忆性，即对于所有 $s,t\geqslant 0$，有

$$P(X>t+s \mid X>t)=P(X>s)$$

1.8 令 X_1,X_2,X_3 为独立的伯努利随机变量，其成功概率分别为 1/2，1/3，1/4。在已知 $X_1+X_2+X_3=2$ 的情况下，计算它们的条件联合概率密度函数。

1.9 验证表 1.3 中给出的期望和方差。

1.10 令 X 和 Y 有如下所示的联合密度 f：

$$f(x,y)=cxy,\ 0\leqslant y\leqslant x,\ 0\leqslant x\leqslant 1$$

a)确定归一化常数 c。

b)求 $P(X+2Y\leqslant 1)$。

1.11 令 $X\sim \text{Exp}(\lambda)$ 和 $Y\sim \text{Exp}(\mu)$ 为独立的，证明

a)$\min(X,Y)\sim \text{Exp}(\lambda+\mu)$。

b)$P(X<Y\mid \min(X,Y))=\dfrac{\lambda}{\lambda+\mu}$。

1.12 证明表 1.4 给出的期望和方差的性质。

1.13 证明相关系数取值总在 -1 和 1 之间。[提示：对于任意 a，$aX+Y$ 的方差总是非负的。]

1.14 考虑例 1.1 和例 1.2，投掷的结果记为 $\omega=(x_1,\cdots,x_n)$，定义 X 为 ω 的函数，表示 $x_1+\cdots+x_n$。在 n 次投掷中有 k 次正面朝上的事件记作

$$\{\omega \in \Omega : X(\omega) = k\}$$

若将此式简记为 $\{X=k\}$ 并将 $P(\{X=k\})$ 简记为 $P(X=k)$，我们正好得到式(1.7)。请验证我们总能以这种方式看待随机变量，即作为 Ω 上的实值函数，概率 $P(X\leqslant x)$ 可以理解为 $P(\{\omega\in\Omega : X(\omega)\leqslant x\})$。

1.15 证明

$$\text{Var}\Big(\sum_{i=1}^{n} X_i\Big)=\sum_{i=1}^{n}\text{Var}(X_i)+2\sum_{i<j}\text{Cov}(X_i,X_j)。$$

1.16 令 $\boldsymbol{\Sigma}$ 为随机列向量 $\boldsymbol{X}$ 的协方差矩阵，记 $\boldsymbol{Y}=\boldsymbol{X}-\boldsymbol{\mu}$，其中 $\boldsymbol{\mu}$ 为 $\boldsymbol{X}$ 的期望向量，因此 $\boldsymbol{\Sigma}=E[\boldsymbol{Y}\boldsymbol{Y}^{\mathrm{T}}]$。证明 $\boldsymbol{\Sigma}$ 是半正定的，即对于任意向量 $\boldsymbol{u}$，都有 $\boldsymbol{u}^{\mathrm{T}}\boldsymbol{\Sigma}\boldsymbol{u}\geqslant 0$。

1.17 假设 $Y\sim \text{Gamma}(n,\lambda)$，证明对于所有 $x\geqslant 0$，

$$P(Y \leqslant x) = 1 - \sum_{k=0}^{n-1} \frac{e^{-\lambda x}(\lambda x)^k}{k!} \tag{1.91}$$

1.18 考虑随机试验：均匀独立地从区间[0,1]中抽取 n 个数 $X_1,\cdots,X_n$。

a)令 M 为 n 个数中最小的那个数，用 $X_1,\cdots,X_n$ 表示 M。

b)确定 M 的概率密度函数。

1.19 令 $Y=e^X$，其中 $X\sim N(0,1)$，

a)确定 Y 的概率密度函数。

b)确定 Y 的期望值。

1.20 从三角形(0,0)－(1,0)－(1,1)中选取一个点 (X,Y)，使得 X 在(0,1)上是均匀分布的，并且在给定 $X=x$ 的条件下 Y 的条件分布在 $(0,x)$ 上是均匀的。

a)确定 X 和 Y 的联合概率密度函数。

b)确定 Y 的概率密度函数。

c)对于所有 $y\in(0,1)$，确定在给定 $Y=y$ 的条件下 X 的条件概率密度

函数。

d)对于所有 $y\in(0,1)$，计算 $E[X|Y=y]$。

e)确定 X 和 Y 的期望。

泊松过程

1.21 令 $\{N_t,t\geqslant 0\}$ 为一泊松过程，速率 $\lambda=2$，求

a) $P(N_2=1,N_3=4,N_5=5)$；

b) $P(N_4=3|N_2=1,N_3=2)$；

c) $E[N_4|N_2=2]$；

d) $P(N[2,7]=4,N[3,8]=6)$

e) $E[N[4,6]|N[1,5]=3]$。

1.22 证明对于任意确定的 $k\in\mathbb{N}$，$t>0$ 和 $\lambda>0$，

$$\lim_{n\to\infty}\binom{n}{k}\left(\frac{\lambda t}{n}\right)^k\left(1-\frac{\lambda t}{n}\right)^{n-k}=\frac{(\lambda t)^k}{k!}\mathrm{e}^{-\lambda t}。$$

（提示：写出二项系数，利用 $\lim\limits_{n\to\infty}\left(1-\frac{\lambda t}{n}\right)^n=\mathrm{e}^{-\lambda t}$）。

1.23 考虑第 1.11 节中的伯努利近似，记 $U_1,U_2,\cdots$ 为伯努利过程 X 的成功次数。

a)证明成功次数差 $U_1,U_2-U_1,\cdots$ 是独立的且服从参数为 $p=\lambda h$ 的几何分布。

b)对于较小的 h 和 $n=\lfloor t/h\rfloor$，证明由关系式 $P(A_1>t)\approx P(U_1>n)$ 可得到极限值，即在 $n\to\infty$ 时，

$$P(A_1>t)=\mathrm{e}^{-\lambda t}。$$

1.24 令 $\{N_t,t\geqslant 0\}$ 是速率为 λ 的泊松过程，证明对于 $0\leqslant u\leqslant t$ 和 $j=0,1,2,\cdots,n$ 有

$$P(N_u=j\mid N_t=n)=\binom{n}{j}\left(\frac{u}{t}\right)^j\left(1-\frac{u}{t}\right)^{n-j}$$

即在给定 $N_t=n$ 的条件下 N_u 的条件分布是参数为 n 和 u/t 的二项分布。

马尔可夫过程

1.25 在例 1.10 的随机游动例子中，确定每个 $X_n(n=0,1,2,\cdots)$ 的(离散)概率密度函数。另外，对每个 n 计算 $E[X_n]$ 和 X_n 的方差。

1.26 令 $\{X_n,n\in\mathbb{N}\}$ 为一个马尔可夫链，其状态空间为 $\{0,1,2\}$，转移矩阵为

$$\boldsymbol{P}=\begin{pmatrix}0.3 & 0.1 & 0.6\\ 0.4 & 0.4 & 0.2\\ 0.1 & 0.7 & 0.2\end{pmatrix}$$

初始分布为 $\boldsymbol{\pi}=(0.2,0.5,0.3)$，计算

a) $P(X_1=2)$；

b) $P(X_2=2)$；

c) $P(X_3=2|X_0=0)$；

d) $P(X_0=1|X_1=2)$；

e) $P(X_1=1|X_3=1)$。

1.27 假设两条狗的身上共有 m 只跳蚤，初始的时候 Spot 身上有 b 只，Lassie 有剩余的 $m-b$ 只。跳蚤的迁移规律如下：在每一个时刻 $n=1,2,\cdots$，从所有跳蚤中随机选择一只跳蚤从一条狗的身上跳到另一条狗的身上。把 Spot 身上的跳蚤个数描述成马尔可夫链并且找出其平稳分布。

1.28 将具有如下转移矩阵的马尔可夫链的状态分类：

$$\boldsymbol{P}=\begin{pmatrix} 0.0 & 0.3 & 0.6 & 0.0 & 0.1 \\ 0.0 & 0.3 & 0.0 & 0.7 & 0.0 \\ 0.3 & 0.1 & 0.6 & 0.0 & 0.0 \\ 0.0 & 0.1 & 0.0 & 0.9 & 0.0 \\ 0.1 & 0.1 & 0.2 & 0.0 & 0.6 \end{pmatrix}$$

1.29 考虑如下"蛇和梯子"的游戏：使用一个均匀骰子计数，记 N 为到达终点需要投掷的次数，用计算机计算 N 的期望。

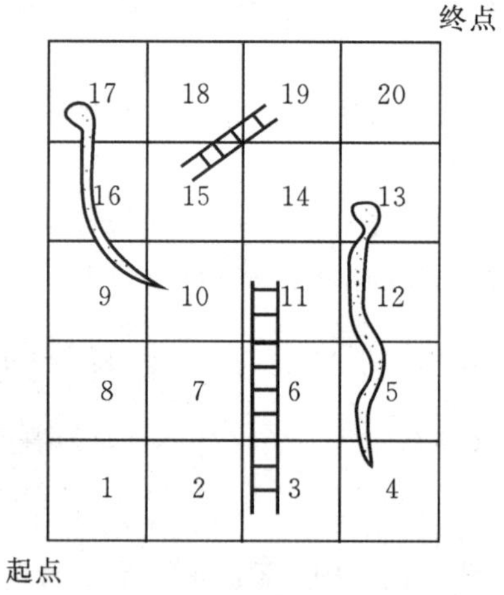

1.30 Ella Brum 小姐每天步行往返于家和办公室之间。她有三把雨伞分布在两个伞架上，一个伞架在家，一个伞架在办公室。如果不下雨，她出门不带伞。如果下雨而她离开的地方有伞，她就从伞架上拿走一把伞。假设她离开的时候下雨的概率是 p，记 X_n 为她步行之后所到达的地方伞的个数，也包括她身上可能带着的那把伞，其中 $n=1,2,\cdots$，计算下雨了但是无伞可带的极限概率。

1.31 一只老鼠放在图 1.9 所示的迷宫里，在每个隔间中老鼠等概率地选择与它临近的隔间，且独立于过去的选择。在每个隔间中老鼠停留的时间为指数分布，在隔间 1,3,4 中停留的平均时间为 2 秒钟，在隔间 2,5,6 中停留的平均时间为 4 秒钟。令$\{X_t, t\geqslant 0\}$表示在 $t\geqslant 0$ 时刻老鼠位置的马尔可夫跳跃过程。假设在 $t=0$ 时老鼠在隔间 1 中。

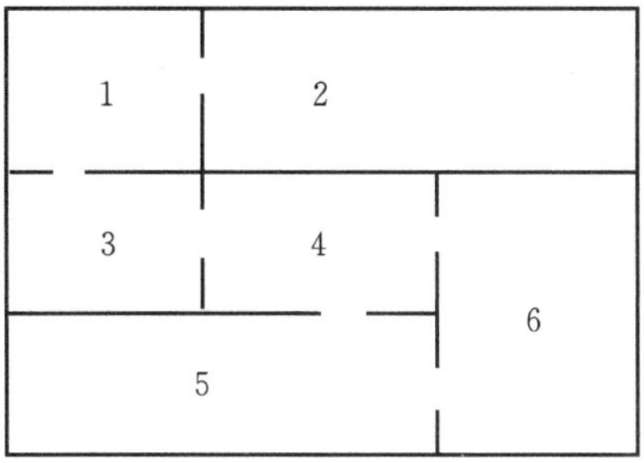

图 1.9　迷宫

在未来某个较远的时刻 t，发现老鼠在隔间 $1,2,\cdots,6$ 的概率分别是多少？

1.32 在一个 $M/M/\infty$ 排队系统中，顾客以速率为 a 的泊松过程到达，假设有无限多个服务员，每一位到达的顾客都会立刻接受一位服务员的服务，因此本题中不会出现队列。服务时间服从指数分布，均值为 $1/b$。所有服务时间和到达时间间隔都是独立的，令 X_t 为 t 时刻系统中到达的顾客数目。证明在 $t\to\infty$ 时 X_t 的极限分布是参数为 a/b 的泊松分布。

优化

1.33 令 $\boldsymbol{a}$ 和 $\boldsymbol{x}$ 为 n 维列向量，证明$\nabla_x \boldsymbol{a}^{\mathrm{T}}\boldsymbol{x}=\boldsymbol{a}$。

1.34 令 $\boldsymbol{A}$ 为 $n\times n$ 对称矩阵，$\boldsymbol{x}$ 为 n 维列向量。证明$\nabla_x \frac{1}{2}\boldsymbol{x}^{\mathrm{T}}\boldsymbol{A}\boldsymbol{x}=\boldsymbol{A}\boldsymbol{x}$。如果 $\boldsymbol{A}$ 是不对称的，则梯度又是多少？

1.35 证明例 1.17 中的最优分布 $\boldsymbol{p}^*$ 是均匀分布。

1.36 推导式(1.78)。

1.37 考虑最小交叉熵(MinxEnt)规划

$$\min_{\boldsymbol{p}} \sum_{i=1}^{n} p_i \ln \frac{p_i}{q_i}$$

$$\text{s.t.}\quad \boldsymbol{p}\geqslant \boldsymbol{0}, \boldsymbol{A}\boldsymbol{p}=\boldsymbol{b}, \sum_{i=1}^{n} p_i = 1$$

其中 $\boldsymbol{p}$ 和 $\boldsymbol{q}$ 是概率分布向量，$\boldsymbol{A}$ 为 $m\times n$ 矩阵。

a)证明该问题的拉格朗日函数具有如下形式：

$$\mathcal{L}(\boldsymbol{p},\boldsymbol{\lambda},\beta,\boldsymbol{\mu}) = \boldsymbol{p}^{\mathrm{T}}\boldsymbol{\xi}(\boldsymbol{p}) - \boldsymbol{\lambda}^{\mathrm{T}}(\boldsymbol{A}\boldsymbol{p}-\boldsymbol{b}) - \boldsymbol{\mu}^{\mathrm{T}}\boldsymbol{p} + \beta(\boldsymbol{1}^{\mathrm{T}}\boldsymbol{p}-1)$$

b)证明 $p_i = q_i \exp\left(-\beta - 1 + \mu_i + \sum_{j=1}^{m} \lambda_j a_{ji}\right), i = 1, \cdots, n$。

c)解释为什么满足 KKT 条件的最优解 $\boldsymbol{\mu}^*$ 必须为零向量。

d)证明该最小交叉熵规划的解与去掉非负约束的解完全相同。

深入阅读

文献[14]简单介绍了概率论并给出了大量的例子，更详细的内容请参见文献[9]。文献[7]是一本经典著作，文献[4]对各种不同的随机过程进行了简单而准确的介绍，关于凸优化问题可以参考文献[3]和[8]。

参考文献

1. S. Asmussen and R. Y. Rubinstein. Complexity properties of steady-state rare-events simulation in queueing models. In J. H. Dshalalow, editor, *Advances in Queueing: Theory, Methods and Open Problems*, pages 429–462, New York, 1995. CRC Press.
2. Z. I. Botev, D. P. Kroese, and T. Taimre. Generalized cross-entropy methods for rare-event simulation and optimization. *Simulation: Transactions of the Society for Modeling and Simulation International*, 2007. In press.
3. S. Boyd and L. Vandenberghe. *Convex Optimization*. Cambridge University Press, Cambridge, 2004.
4. E. Çinlar. *Introduction to Stochastic Processes*. Prentice Hall, Englewood Cliffs, NJ, 1975.
5. T. M. Cover and J. A. Thomas. *Elements of Information Theory*. John Wiley & Sons, New York, 1991.
6. C. W. Curtis. *Linear Algebra: An Introductory Approach*. Springer-Verlag, New York, 1984.
7. W. Feller. *An Introduction to Probability Theory and Its Applications*, volume I. John Wiley & Sons, New York, 2nd edition, 1970.
8. R. Fletcher. *Practical Methods of Optimization*. John Wiley & Sons, New York, 1987.
9. G. R. Grimmett and D. R. Stirzaker. *Probability and Random Processes*. Oxford University Press, Oxford, 3rd edition, 2001.
10. J. N. Kapur and H. K. Kesavan. *Entropy Optimization Principles with Applications*. Academic Press, New York, 1992.
11. A. I. Khinchin. *Information Theory*. Dover Publications, New York, 1957.
12. V. Kriman and R. Y. Rurbinstein. Polynomial time algorithms for estimation of rare events in queueing models. In J. Dshalalow, editor, *Frontiers in Queueing: Models and Applications in Science and Engineering*, pages 421–448, New York, 1995. CRC Press.
13. E. L. Lehmann. *Testing Statistical Hypotheses*. Springer-Verlag, New York, 1997.
14. S. M. Ross. *A First Course in Probability*. Prentice Hall, Englewood Cliffs, NJ, 7th edition, 2005.
15. R. Y. Rubinstein and B. Melamed. *Modern Simulation and Modeling*. John Wiley & Sons, New York, 1998.

第 2 章

随机数、随机变量和随机过程的产生

2.1 引言

本章讨论如何用计算机产生随机数、随机变量和随机过程。在一个典型的随机仿真中，通常在仿真模型中采用独立的和均匀分布的随机变量处理各种随机性，以这些随机变量为基础，可以仿真其他更一般的随机系统。

本章内容安排如下：首先在 2.2 节介绍均匀随机变量的生成方法，第 2.3 节讨论产生一维随机变量的一些通用方法，第 2.4 节讨论从常用连续和离散分布产生随机变量的具体算法，第 2.5 节我们讨论随机向量的产生，第 2.6 和 2.7 节论述泊松过程、马尔可夫链和马尔可夫跳跃过程的产生方法。最后在第 2.8 节论述随机排列的产生方法。

2.2 随机数的产生

在早期的仿真实践中，随机性是通过手工方法产生的，例如抛硬币、掷骰子、洗扑克和转轮盘等，后来采用连接到电脑的**物理设备**来产生随机数，比如噪声二极管和 Geiger 计数器。一种主流观点认为，只有机械或电子装置才能产生真正的随机序列。目前，虽然机械设备仍广泛使用在赌博和彩票活动中，但是这些方法在计算机仿真界已经被取代，原因如下：a)机械方法对一般应用来说速度太慢，b)产生的序列不能复现，c)事实上由此产生的数字存在偏差，而且不满足独立性要求。尽管某些新的物理产生方法的速度很快，而且其随机性也通过了统计学测试，例如基于宇宙背景辐射或 PC 芯片噪声等方法，但是它们的主要缺点依然是缺乏可重复性，因此现在的随机数发生器大多不是基于物理设备的，而是那些很容易在计算机上实现的简单算法。这些算法速度快，需要很少的存储空间，而且很容易重复，从而得到一组给定的随机数。更重要的是，一个良好的随机数发生器能够真正符合随机序列的所有重要的统计特性，即使这些序列是由某些确定的算法产生的，因此这些发生器有时也称为**伪随机发生器**。

产生伪随机序列最常用的方法是使用所谓的线性同余发生器，这在文献[6]中有介绍。由如下递推公式能够产生一组确定的数字序列：

$$X_{i+1} = aX_i + c (\bmod\ m) \tag{2.1}$$

其中初始值 X_0 称为**种子**，a，c 和 m（均为正整数）分别称为**乘数**、**增量**和**模数**。注意，式(2.1)中的模 m 运算符的意思是用 m 除以 aX_i+c，余数作为 X_{i+1} 的值，因此每一个 X_i 只能从集合$\{0,1,\cdots,m-1\}$中取值，数值

$$U_i = \frac{X_i}{m} \tag{2.2}$$

称为**伪随机数**，用于近似地表示某个均匀分布的随机变量的一组实际的取值序列。注意序列 X_0，X_1，X_2，…最多在 m 步之后就开始重复，即该序列是周期性的，周期不超过 m。例如，令 $a=c=X_0=3$，$m=5$，由递推公式 $X_{i+1}=3X_i+3(\bmod\ 5)$得到序列 3，2，4，0，3，其周期为 4。考虑 $c=0$ 的特殊情况，式(2.1)简化为

$$X_{i+1} = aX_i (\bmod\ m) \tag{2.3}$$

这样的发生器称为**乘法同余发生器**。容易看出，随意选择 X_0，a，c 和 m 值所得到的伪随机序列不会具有良好的统计特性。事实上有关数字理论已经证明，仅有少数几种组合可以产生令人满意的结果。在计算机实现时通常将 m 选择为计算机字长允许的最大素数，例如对于 32 位字长的计算机，其第一位为符号位，可选取 $m=2^{31}-1$ 和 $a=7^5$，得到的发生器的性能在统计学上是可以接受的，在 64 位或 128 位字长的计算机上自然会得到更好的统计结果。

式(2.1)、(2.2)、(2.3)还可以直接推广到伪随机向量的生成，例如 n 维的式(2.3)和(2.2)可分别写为

$$\boldsymbol{X}_{i+1} = \boldsymbol{A}\boldsymbol{X}_i (\mathrm{mod}\boldsymbol{M}) \tag{2.4}$$

和

$$\boldsymbol{U}_i = \boldsymbol{M}^{-1}\boldsymbol{X}_i \tag{2.5}$$

其中 $\boldsymbol{A}$ 为非奇异 $n\times n$ 矩阵，$\boldsymbol{M}$ 和 $\boldsymbol{X}$ 为 n 维向量，$\boldsymbol{M}^{-1}\boldsymbol{X}_i$ 是 $M_1^{-1}X_1$，…，$M_n^{-1}X_n$ 组成的 n 维向量。

除了线性同余发生器，人们已经提出了其他周期更长、统计性能更好的发生器（见文献[5]）。

大多数计算机语言提供了内置的伪随机数发生器，用户通常只要输入初始种子 X_0，然后调用随机数发生器就能产生独立而均匀分布在(0，1)上的随机变量序列。因此本书中我们假设有这样一个“黑盒子”，可以产生一系列伪随机数，例如在 Matlab 中伪随机数可由 rand 函数实现。

■例 2.1　Matlab 中均匀随机变量的产生

本例说明如何在 Matlab 中使用 rand 函数从 $U(0,1)$分布中产生样本，为清晰起见，在下面的 Matlab 语句中我们省略了“ans=”输出命令。

```
>>rand                      % 产生一个均匀随机数
  0.0196
>>rand                      % 产生另一个均匀随机数
  0.823
>>rand(1,4)                 % 产生一个均匀随机向量
  0.5252  0.2026  0.6721  0.8381
>>rand ('state',1234)       % 设置种子为 1234
>>rand                      % 产生一个均匀随机数
  0.6104
>>rand ('state',1234)       % 设置种子为 1234
>>rand
  0.6104                    % 与前一个结果重复
```

2.3　随机变量的产生

本节我们讨论从指定分布中产生一维随机变量的各种通用方法，主要包括逆变换法、别名法、组成法和接受-拒绝法。

2.3.1　逆变换法

令 X 为一个随机变量，其累积分布函数为 F。由于 F 为非减函数，因而其逆函数 F^{-1}定义为

$$F^{-1}(y)=\inf\{x:F(x)\geqslant y\},\quad 0\leqslant y\leqslant 1 \tag{2.6}$$

不熟悉 inf 符号的读者可将其理解为取最小值符号 min。容易证明，如果 $U\sim U(0,1)$，则

$$X=F^{-1}(U) \tag{2.7}$$

的累积分布函数为 F。也就是说，由于 F 可逆以及 $P(U\leqslant u)=u$，我们有

$$P(X\leqslant x)=P(F^{-1}(U)\leqslant x)=P(U\leqslant F(x))=F(x) \tag{2.8}$$

因此，要产生累积分布函数为 F 的随机变量 X，只需产生 $U\sim U(0,1)$并令 $X=F^{-1}(U)$。图 2.1 显示了逆变换法的原理，由下列算法实现。

算法 2.3.1(逆变换法)

1. 从 $U(0,1)$中产生 U。

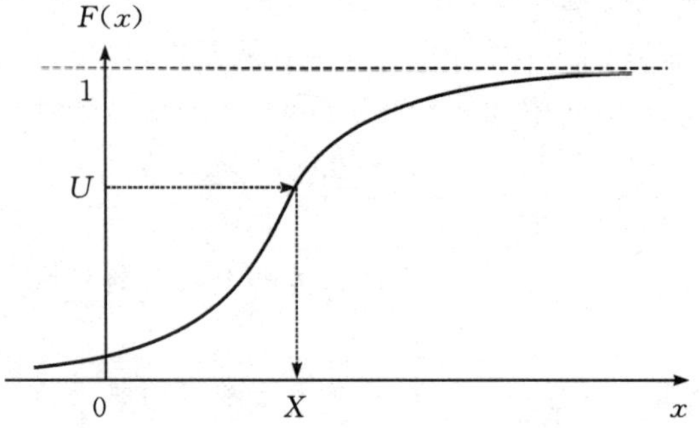

图 2.1 逆变换法

2. 得到 $X=F^{-1}(U)$。

■例 2.2

从下面的概率密度函数产生随机变量

$$f(x)=\begin{cases}2x, & 0\leqslant x\leqslant 1\\ 0, & \text{其他}\end{cases} \tag{2.9}$$

累积分布函数为

$$F(x)=\begin{cases}0, & x<0\\ \int_0^x 2y\mathrm{d}y=x^2, & 0\leqslant x\leqslant 1\\ 1, & x>1\end{cases}$$

应用式(2.7),我们得到

$$X=F^{-1}(U)=\sqrt{U}$$

因此,要从式(2.9)的概率密度函数产生随机变量 X,应首先从 $U(0,1)$ 生成一个随机变量 U,然后取其平方根。

■例 2.3 顺序统计量

令 $X_1,\cdots,X_n$ 为独立同分布的随机变量,其累积分布函数为 F。我们希望产生随机变量 $X_{(n)}$ 和 $X_{(1)}$,分别定义为顺序统计量 $\max(X_1,\cdots,X_n)$ 和 $\min(X_1,\cdots,X_n)$。由例 1.7 我们知道 $X_{(n)}$ 和 $X_{(1)}$ 的累积分布函数分别为 $F_n(x)=[F(x)]^n$ 和 $F_1(x)=1-[1-F(x)]^n$。应用式(2.7)得到

$$X_{(n)}=F^{-1}(U^{1/n})$$

由于 $1-U$ 同样服从 $U(0,1)$,则

$$X_{(1)}=F^{-1}(1-U^{1/n})$$

在 $F(x)=x$ 的特殊情况下,即 $X_i\sim U(0,1)$,我们有

$$X_{(n)}=U^{1/n},X_{(1)}=1-U^{1/n}$$

例 2.4　从离散分布抽样

令 X 为 $P(X=x_i)=p_i$ 的一个离散随机变量，其中 $i=1,2,\cdots$，$\sum_i p_i = 1$，$x_1 < x_2 < \cdots$。X 的累积分布函数为 $F(x)=\sum_{i:x_i\leqslant x} p_i$，$i=1,2,\cdots$，如图 2.2 所示。

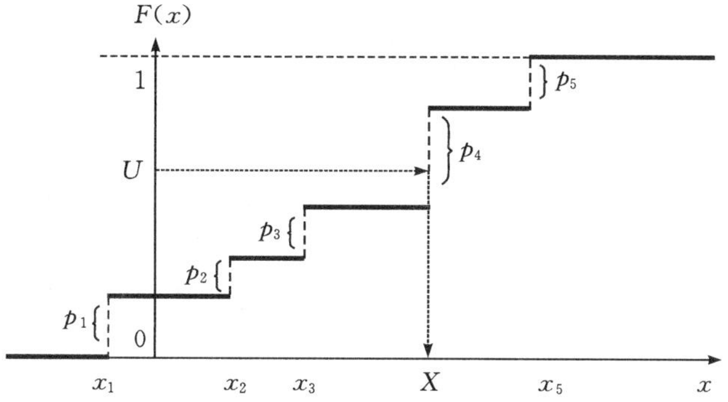

图 2.2　离散随机变量的逆变换方法

下面是从 F 产生随机变量的算法。

算法 2.3.2(离散分布的逆变换法)

1. 产生 $U\sim U(0,1)$。
2. 找出满足 $U\leqslant F(x_k)$的最小正整数 k，返回 $X=x_k$。

在算法 2.3.2 中大部分执行时间都用在了第二步数值的比较上，因此我们可以使用更有效的搜索技术来减少这个时间(见文献[2])。

逆变换法的基础是累积分布函数 F，一般情况下，逆变换法要求能够解析地或用数值算法求解累计分布函数的逆函数 F^{-1}，例如，满足这一要求的分布有指数分布、均匀分布、韦伯分布、逻辑分布和柯西分布等。对于很多其他概率分布，则不可能或很难找到其逆变换，也就是说，很难对下式求解出相应的 x：

$$F(x)=\int_{-\infty}^{x} f(t)\,\mathrm{d}t = u$$

在有些情况下，即使 F^{-1}能够明确给出，逆变换方法也未必是最有效的产生随机变量的方法(见文献[2])。

2.3.2　别名法

另一种用于产生离散随机变量的方法是所谓的**别名法**[11]，它不同于逆变换法，不需要算法 2.3.2 第二步中非常耗时的搜索技术。该方法基于这样的事实：任意一个包含 n 个离散点的概率密度函数 f，

$$f(x_i) = P(X = x_i), i = 1, \cdots, n$$

可以表示为 $n-1$ 个概率密度函数 $q^{(k)}$ 的加权和($k=1,\cdots,n-1$),其中每个概率密度函数的权重相同,而且最多包含**两个**非零项,即任意包含 n 个点的概率密度函数 f 可以表示为

$$f(x) = \frac{1}{n-1}\sum_{k=1}^{n-1} q^{(k)}(x) \tag{2.10}$$

其中 $q^{(k)}$ 是经过特别定义的包含 2 个点的概率密度函数,$k=1,\cdots,n-1$,参见文献[11]。

别名法是一种相当通用和有效的方法,但它需要初始设置以及存储 $n-1$ 个概率密度函数 $q^{(k)}$ 的额外空间。文献[2]给出了一种计算这些 2 点概率密度函数的步骤。一旦得到表达式(2.10),从 f 产生离散随机变量就变得非常简单,如下所述。

算法 2.3.3(别名法)

1. 产生 $U \sim U(0,1)$,令 $K = 1 + \lfloor (n-1)U \rfloor$。
2. 由 2 点概率密度函数 $q^{(k)}$ 产生 X。

2.3.3 组合法

组合法假设累积分布函数 F 可以表示为一组累积分布函数 $\{G_i\}$ 的组合,即

$$F(x) = \sum_{i=1}^{m} p_i G_i(x) \tag{2.11}$$

其中

$$p_i > 0, \quad \sum_{i=1}^{m} p_i = 1$$

令 $X_i \sim G_i$,假设 Y 为满足 $P(Y=i)=p_i$ 的离散随机变量,它独立于 X_i,$1 \leqslant i \leqslant m$,则累积分布函数 F 的随机变量 X 可以表示为

$$X = \sum_{i=1}^{m} X_i I_{\{Y=i\}}$$

因此,为了从 F 产生 X,我们必须首先产生离散随机变量 Y,然后给定 $Y=i$ 并从 G_i 产生 X_i,详细描述如下。

算法 2.3.4(组合法)

1. 产生随机变量 Y,满足

$$P(Y = i) = p_i, \quad i = 1, \cdots, m$$

2. 给定 $Y=i$,从累积分布函数 G_i 产生 X。

2.3.4 接受-拒绝法

逆变换法和组合法可以直接处理随机变量的累积分布函数从而产生随机变量,在此意义上把它们称作直接法。接受-拒绝法是由 Stan Ulam 和 John von Neumann 提出的一种间接方法,可在上述直接法无法使用或计算效率不高的时候使用。

为了介绍该方法,假设我们希望抽样的**目标**随机变量的概率密度函数 f 定义在一个有限的区间范围$[a,b]$上,超出这个区间则取值为零,如图 2.3 所示。令

$$c=\sup\{f(x):x\in[a,b]\}$$

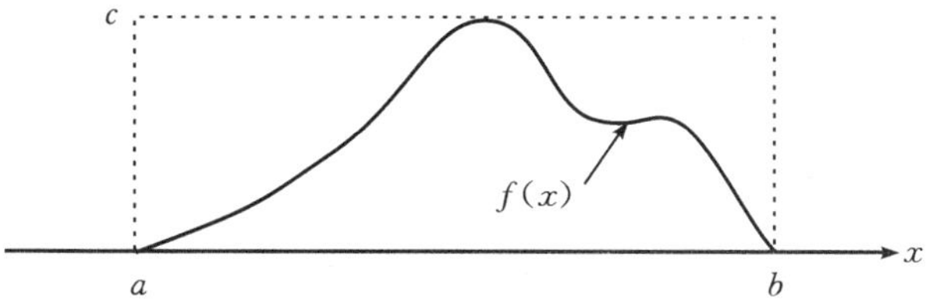

图 2.3　接受-拒绝法

在这种情形下,产生一个随机变量 $Z\sim f$ 就很简单,可以通过下列接受-拒绝法的步骤完成。

1. 产生 $X\sim U(a,b)$;
2. 产生 $Y\sim U(0,c)$且独立于 X;
3. 如果 $Y\leqslant f(X)$则返回 $Z=X$,否则回到步骤 1。

需要注意的是,产生的每个向量(X,Y)均匀分布在矩形$[a,b]\times[0,c]$上,而可接受的向量(X,Y)则均匀分布在曲线 f 下,这意味着最终接受的 X 值的分布具有要求的概率密度函数 f。

这种方法可以进一步推广。设 g 为任意密度函数,对于某个常数 C 使函数 $\phi(x)=Cg(x)$包络 $f(x)$,即对于所有 x 都有 $\phi(x)\geqslant f(x)$,如图 2.4 所示。请注意 $C\geqslant 1$ 的必要性。我们称 $g(x)$是**建议**概率密度函数,通常应该很容易从中产生随机变量。

接受-拒绝法的算法为:

算法 2.3.5(接受-拒绝法)

1. 从 $g(x)$产生 X。
2. 产生 $Y\sim U(0,Cg(X))$。
3. 如果 $Y\leqslant f(X)$,则返回 $Z=X$;否则回到步骤 1。

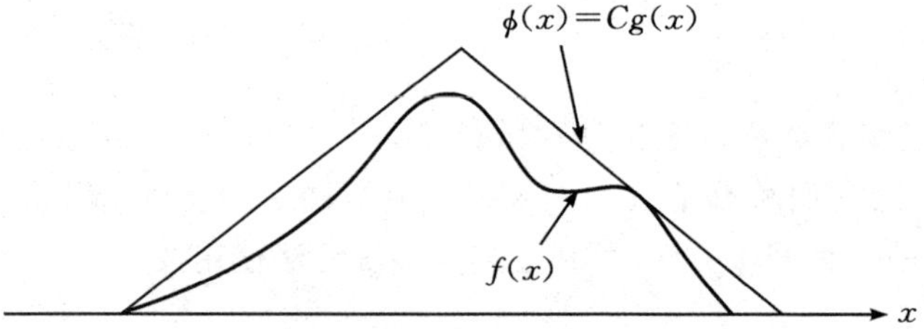

图 2.4　具有包络函数 $\phi(x)$的接受-拒绝法

接受-拒绝法的理论依据是下面的定理。

定理 2.3.1　根据算法 2.3.5 产生的随机变量的概率密度函数即为要求的 $f(x)$。

证明:定义如下两个子集:

$$\mathscr{A}=\{(x,y):0\leqslant y\leqslant Cg(x)\}\text{ 和 }\mathscr{B}=\{(x,y):0\leqslant y\leqslant f(x)\} \tag{2.12}$$

分别代表曲线 $Cg(x)$和 $f(x)$下面的部分。首先注意算法 2.3.5 的步骤 1 和步骤 2 产生的随机向量(X,Y)在 $\mathscr{A}$ 上是均匀分布。为了说明这一结论,记 $q(x,y)$为(X,Y)的联合概率密度函数,$q(y|x)$为给定 $X=x$ 的条件下 Y 的条件概率密度函数,于是有

$$q(x,y)=\begin{cases}g(x)q(y\mid x), & \text{如果}(x,y)\in\mathscr{A}\\ 0, & \text{其他}\end{cases} \tag{2.13}$$

步骤 2 表明当 $y\in[0,Cg(x)]$时 $q(y|x)$等于 $1/(Cg(x))$,其他情况下则为零,因此对任意$(x,y)\in\mathscr{A}$都有 $q(x,y)=C^{-1}$。

令(X^*,Y^*)为第一个可接受的点,即在$\mathscr{B}$中的第一个点。因为向量(X,Y)是均匀分布在 $\mathscr{A}$ 上的,显然向量(X^*,Y^*)是均匀分布在$\mathscr{B}$上的。另外,由于$\mathscr{B}$的面积为 1,(X^*,Y^*)在$\mathscr{B}$上的联合概率密度函数也为 1,因此 $Z=X^*$ 的边缘概率密度函数为

$$\int_0^{f(x)}1\mathrm{d}y=f(x)$$

算法 2.3.5 的**效率**定义为

$$P((X,Y)\text{ 为可接受的点})=\frac{\mathscr{B}\text{的面积}}{\mathscr{A}\text{的面积}}=\frac{1}{C} \tag{2.14}$$

在实际应用中我们通常对算法 2.3.5 略加修改,考虑到 $Y\sim U(0,Cg(X))$相当于 $Y=UCg(X)$,其中 $U\sim U(0,1)$,我们可以将步骤 3 中的 $Y\leqslant f(X)$改写成$U\leqslant f(X)/(Cg(X))$,修改后的算法 2.3.5 可以改写成如下形式。

算法 2.3.6(修改后的接受-拒绝法)

1. 从 $g(x)$产生 X。

2. 从 $U(0,1)$ 分布中产生 U 且独立于 X。

3. 如果 $U\leqslant f(X)/(Cg(X))$，则返回 $Z=X$；否则回到步骤 1。

换句话说，从 $g(x)$ 产生 X 并以概率 $f(X)/(Cg(X))$ 接受它，否则拒绝 X 并再试一次。

■例 2.5　例 2.2(续)

下面我们将说明如何用接受-拒绝法从概率密度函数

$$f(x)=\begin{cases}2x, & 0\leqslant x\leqslant 1\\ 0, & \text{其他}\end{cases}$$

产生随机变量 Z。为简单起见，取 $g(x)=1,0\leqslant x\leqslant 1,C=2$，即我们构造的分布仅在[0,1]上均匀分布。在此情形下 $f(X)/(Cg(X))=x$，算法 2.3.6 变成了下面的形式：

1. 在 $U(0,1)$ 分布上产生 X。
2. 在 $U(0,1)$ 分布上产生 U 且独立于 X。
3. 如果 $U\leqslant X$，则返回 $Z=X$；否则回到步骤 1。

请注意，这个例子在此仅用于举例说明，用逆变换法产生其随机变量更加有效。

参照式(2.14)，修改后的接受-拒绝法的效率可以定义为每次尝试 (X,U) 的接受概率 $p=P(U\leqslant f(X)/(Cg(X)))=P(Y\leqslant f(X))=1/C$。由于每次尝试之间是独立的，在第一次成功的 (Z,U) 出现之前尝试的次数 N 满足几何分布，即

$$P(N=n)=p(1-p)^{n-1},\quad n=1,2,\cdots \tag{2.15}$$

其中，尝试的期望次数为 $1/p=C$。

为了使此方法更加实用，在选择建议密度函数 $g(x)$ 时要遵循以下原则：

1. 从 $g(x)$ 产生随机变量应该比较容易。
2. 求解过程的效率 $1/C$ 要尽可能大，也就是说，C 应当接近于 1(在 $g(x)$ 接近 $f(x)$ 的时候出现)。

■例 2.6

从半圆密度函数

$$f(x)=\frac{2}{\pi R^2}\sqrt{R^2-x^2},\quad -R\leqslant x\leqslant R$$

产生一个随机变量 Z，令建议密度函数为 $[-R,R]$ 上的均匀分布，即有 $g(x)=1/(2R),-R\leqslant x\leqslant R$，选取尽可能小且满足 $Cg(x)\geqslant f(x)$ 的 C，因此有 $C=4/\pi$，由算法 2.3.6 得出以下计算过程：

1. 在 $U(0,1)$ 分布上产生两个独立随机变量 U_1 和 U_2。

2. 通过逆变换法用 U_2 从 $g(x)$ 产生 X，即 $X=(2U_2-1)R$，计算

$$\frac{f(X)}{Cg(X)}=\sqrt{1-(2U_2-1)^2}$$

3. 如果 $U_1\leqslant f(X)/(Cg(X))$，即 $(2U_2-1)^2\leqslant 1-U_1^2$ 则返回 $Z=X=(2U_2-1)R$；否则回到步骤 1。

该算法期望的尝试次数为 $C=4/\pi$，其效率为 $1/C=\pi/4\approx 0.785$。

2.4 常用分布随机变量的产生

在接下来的两个小节里，我们讨论从目前常用的连续和离散分布中产生随机变量的算法，在众多的算法中（见文献[2]）我们主要选择那些效率很高而且容易实现的算法。

2.4.1 连续随机变量的产生

2.4.1.1 指数分布

我们用逆变换法产生指数分布的随机变量。如果 $X\sim \mathrm{Exp}(\lambda)$，其累积分布函数 F 为

$$F(x)=1-\mathrm{e}^{-\lambda x},\quad x\geqslant 0 \tag{2.16}$$

因此从 $u=F(x)$ 解出相应的 x，得到

$$F^{-1}(u)=-\frac{1}{\lambda}\ln(1-u)$$

注意 $U\sim U(0,1)$，从而 $1-U\sim U(0,1)$，于是我们得到如下算法：

算法 2.4.1(指数分布随机变量的产生)

1. 产生 $U\sim U(0,1)$。
2. 返回 $X=-\frac{1}{\lambda}\ln U$，这就是一个由指数分布 $\mathrm{Exp}(\lambda)$ 产生的随机变量。

还有很多从指数分布产生随机变量的其他算法可供选择，有兴趣的读者可以参考文献[2]。

2.4.1.2 正态(高斯)分布

如果 $X\sim N(\mu,\sigma^2)$，其概率密度函数为

$$f(x)=\frac{1}{\sigma\sqrt{2\pi}}\exp\left\{-\frac{(x-\mu)^2}{2\sigma^2}\right\},\quad -\infty<x<\infty \tag{2.17}$$

其中 μ 为均值(或期望),σ^2 为该分布的方差。

由于正态分布的累积分布函数的逆函数在数值计算时效率非常低,因而不适合用逆变换法产生正态随机变量,必须采取其他方法。我们仅考虑从标准正态分布 $N(0,1)$产生随机变量,因为任意随机变量 $Z\sim N(\mu,\sigma^2)$都可以表示成 $Z=\mu+\sigma X$,其中 X 服从 $N(0,1)$。最早产生 $N(0,1)$随机变量的一个方法是由 Box 和 Müller 提出的。

令 X 和 Y 为两个独立的标准正态随机变量,因此(X,Y)是平面上的一个随机点。令(R,Θ)为相应的极坐标,则 R 和 Θ 的联合概率密度函数 $f_{R,\Theta}$为

$$f_{R,\Theta}(r,\theta)=\frac{1}{2\pi}\mathrm{e}^{-r^2/2}r,\ \text{当}\ r\geqslant 0\ \text{且}\ \theta\in[0,2\pi)$$

下面对此进行简要说明。将 x 和 y 用 r 和 θ 的极坐标形式表示

$$x=r\cos\theta,\ y=r\sin\theta \tag{2.18}$$

该坐标变换的雅可比行列式为

$$\det\begin{pmatrix}\dfrac{\partial x}{\partial r} & \dfrac{\partial x}{\partial\theta}\\ \dfrac{\partial y}{\partial r} & \dfrac{\partial y}{\partial\theta}\end{pmatrix}=\begin{vmatrix}\cos\theta & -r\sin\theta\\ \sin\theta & r\cos\theta\end{vmatrix}=r$$

该结果来自转换规则式(1.20),注意 X 和 Y 的联合概率密度函数为 $f_{X,Y}(x,y)=\frac{1}{2\pi}\mathrm{e}^{-(x^2+y^2)/2}$。不难证明 R 和 Θ 是独立的,$\Theta\sim U[0,2\pi)$而且 $P(R>r)=\mathrm{e}^{-r^2/2}$。这意味着 R 和$\sqrt{V}$的分布是相同的,其中 $V\sim\mathrm{Exp}(1/2)$,也就是说,$P(\sqrt{V}>v)=P(V>v^2)=\mathrm{e}^{-v^2/2}$,$v\geqslant 0$,因此 Θ 和 R 都很容易产生,并通过式(2.18)转换成独立的标准正态随机变量,这样就导出了如下算法。

算法 2.4.2(正态随机变量的产生:Box-Müller 方法)

1. 在 $U(0,1)$分布上产生两个独立随机变量 U_1 和 U_2。
2. 返回两个独立的标准正态变量 X 和 Y,其中

$$X=(-2\ln U_1)^{1/2}\cos(2\pi U_2)$$
$$Y=(-2\ln U_1)^{1/2}\sin(2\pi U_2) \tag{2.19}$$

还有一种产生 $N(0,1)$随机变量的方法是以接受-拒绝法为基础的。首先注意,为了产生 $N(0,1)$随机变量 Y,我们可以先产生一个正的随机变量 X,其概率密度函数为

$$f(x)=\sqrt{\frac{2}{\pi}}\mathrm{e}^{-x^2/2},\quad x\geqslant 0 \tag{2.20}$$

然后随机分配一个正/负符号给 X。这种做法是合理的,因为标准正态分布是关于零对称的。

为了从式(2.20)产生一个随机变量 X,我们用 $Cg(x)$ 对 $f(x)$ 进行限定,其中 $g(x)=\mathrm{e}^{-x}$ 是 Exp(1)分布的概率密度函数。满足 $f(x)\leqslant Cg(x)$ 的最小常数 C 是 $\sqrt{2\mathrm{e}/\pi}$,如图 2.5 所示。该方法的效率为 $\sqrt{\pi/2\mathrm{e}}\approx 0.76$。

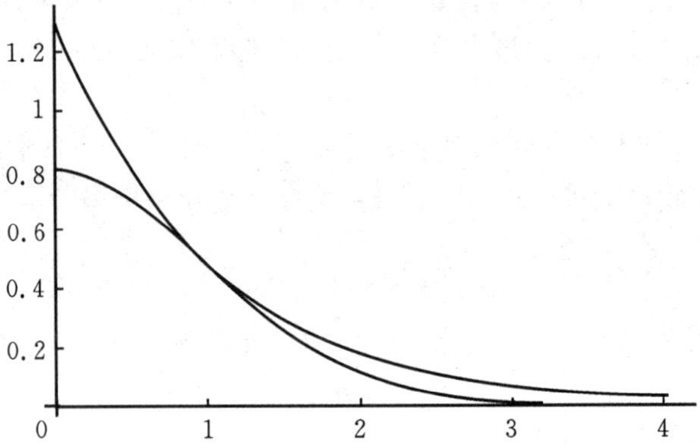

图 2.5　正态密度函数在正半轴部分的界

接受条件 $U\leqslant f(X)/(C\mathrm{e}^{-X})$ 可写为

$$U \leqslant \exp[-(X-1)^2/2] \tag{2.21}$$

等价于

$$-\ln U \geqslant \frac{(X-1)^2}{2} \tag{2.22}$$

其中 X 服从 Exp(1)。由于 $-\ln U$ 也服从 Exp(1),上述不等式可以写成

$$V_1 \geqslant \frac{(V_2-1)^2}{2} \tag{2.23}$$

其中 $V_1=-\ln U$ 和 $V_2=X$ 是独立的而且均服从 Exp(1)分布。

2.4.1.3　伽马分布

如果 $X\sim\mathrm{Gamma}(\alpha,\lambda)$,则其概率密度函数为

$$f(x)=\frac{x^{\alpha-1}\lambda^{\alpha}\mathrm{e}^{-\lambda x}}{\Gamma(\alpha)},\quad x\geqslant 0 \tag{2.24}$$

参数 $\alpha>0,\lambda>0$ 分别称为形状参数和比例参数。

由于 λ 仅影响函数的比例和尺度大小,所以只需考虑如何产生服从 Gamma$(\alpha,1)$的随机变量。特别地,如果 $X\sim\mathrm{Gamma}(\alpha,1)$,则 $X/\lambda\sim\mathrm{Gamma}(\alpha,\lambda)$(见习题 2.16)。由于伽马分布的累积分布函数一般不存在显式形式,通常很难用逆变换法产生随机变量,只能考虑其他方法。下面我们讨论一种在 $\alpha\geqslant 1$ 情形下的产生方法。

令 $f(x)=x^{\alpha-1}\mathrm{e}^{-x}/\Gamma(\alpha)$,$\psi(x)=d(1+cx)^3$,$x>-1/c$,函数值在其余处为零,

c 和 d 为正常数。注意 $\psi(x)$ 是严格递增函数。令 Y 的密度函数为 $k(y)=f(\psi(y))\psi'(y)c_1$，其中 c_1 为归一化常数，则 $X=\psi(Y)$ 的密度函数为 f，这是因为，由变换规则式(1.16)我们有

$$f_X(x)=\frac{k(\psi^{-1}(x))}{\psi'(\psi^{-1}(x))}=f(\psi(\psi^{-1}(x)))\frac{\psi'(\psi^{-1}(x))}{\psi'(\psi^{-1}(x))}=f(x)$$

我们应用接受-拒绝法对 Y 进行抽样，将标准正态分布作为建议分布，选择满足 $k(y)\leqslant C\varphi(y)$ 的 c 和 d，其中 $C>1$ 且接近 1，φ 是服从 $N(0,1)$ 分布的概率密度函数。为找到这样的 c 和 d，首先写出 $k(y)=c_2\mathrm{e}^{h(y)}$，代数理论已经证明

$$h(y)=(1-3\alpha)\ln(1+cy)-d(1+cy)^3+d$$

注意 $h(0)=0$。然后将 $h(y)$ 在 0 附近进行泰勒展开，即有

$$h(y)=c(-1-3d+3\alpha)y-\frac{1}{2}c^2(-1+6d+3\alpha)y^2+O(y^3)$$

根据该式我们取 c 和 d 的值，使得上述展开式中 y 和 y^2 的系数分别为 0 和 $-1/2$，这两个数正好是标准正态密度函数指数中相应项的系数，求解得到 $d=\alpha-1/3$，$c=\dfrac{1}{3\sqrt{d}}$。不难发现

$$h(y)\leqslant-\frac{1}{2}y^2,\text{对所有 } y>-\frac{1}{c}$$

因而 $\mathrm{e}^{h(y)}\leqslant\mathrm{e}^{-\frac{1}{2}y^2}$，这意味着 $k(y)$ 对所有 y 都不超过 $c_2\sqrt{2\pi}\varphi(y)$。因此对 $Y\sim k$ 抽样的接受-拒绝法步骤为：

1. 独立产生 $Z\sim N(0,1)$ 和 $U\sim U(0,1)$。
2. 如果

$$U<\frac{c_2\mathrm{e}^{h(z)}}{c_2\sqrt{2\pi}\varphi(Z)}$$

   或者等价地，如果

$$\ln U<h(Z)+\frac{1}{2}Z^2$$

   则返回 $Y=Z$；否则回到步骤 1 重复进行(如果 $Z\leqslant-1/c$，令 $h(Z)=-\infty$)。这种方法的效率为

$$\int_{-1/c}^{\infty}\mathrm{e}^{h(y)}\,\mathrm{d}y\Big/\int_{-\infty}^{\infty}\mathrm{e}^{-\frac{1}{2}y^2}\,\mathrm{d}y$$

   对于所有的 $\alpha\geqslant1$ 取值，效率都大于 0.95。
3. 最后令 $X=\psi(Y)$，从而产生了 X。对上述内容归纳，得到如下算法[8]。

算法 2.4.3(从 Gamma($\boldsymbol{\alpha}$,1)分布($\boldsymbol{\alpha}\geqslant1$)中抽样)

1. 令 $d=\alpha-1/3$，$c=1/\sqrt{9d}$。

2. 产生 $Z\sim N(0,1)$。

3. 产生 $U\sim U(0,1)$。

4. 如果 $Z>-1/c$ 且 $\ln U<h(Z)+\frac{1}{2}Z^2$，则返回 $X=d(1+cZ)^3$；否则回到步骤 2。

在 $\alpha<1$ 情形下我们可以利用以下结论：如果 $X\sim\text{Gamma}(\alpha+1,1)$ 和 $U\sim U(0,1)$ 是相互独立的，则 $XU^{1/\alpha}\sim\text{Gamma}(\alpha,1)$，见习题 2.17。

具有整数参数的伽马分布（比如 $\alpha=m$）也称**爱尔朗分布**，记为 $\text{Erl}(m,\lambda)$。在此情形下 X 可以表示为独立同分布的指数随机变量 Y_i 之和，即 $X=\sum_{i=1}^{m}Y_i$，其中 $\{Y_i\}$ 是独立同分布的指数变量，而且每个变量的均值为 $1/\lambda$，见例 1.9。应用算法 2.4.1，我们可以写出 $Y_i=-\frac{1}{\lambda}\ln U_i$，由此

$$X_i=-\frac{1}{\lambda}\sum_{i=1}^{m}\ln U_i=-\frac{1}{\lambda}\ln\prod_{i=1}^{m}U_i \tag{2.25}$$

由该式可以得到如下生成算法。

算法 2.4.4（爱尔朗随机变量的产生）

1. 从 $U(0,1)$ 产生独立同分布的随机变量 $U_1,\cdots,U_m$。

2. 返回 $X=-\frac{1}{\lambda}\ln\prod_{i=1}^{m}U_i$。

2.4.1.4 β 分布

如果 $X\sim\text{Beta}(\alpha,\beta)$，则其概率密度函数为

$$f(x)=\frac{\Gamma(\alpha+\beta)}{\Gamma(\alpha)\Gamma(\beta)}x^{\alpha-1}(1-x)^{\beta-1},\quad 0\leqslant x\leqslant 1 \tag{2.26}$$

参数 α 和 β 均大于 0。注意 $\text{Beta}(1,1)$ 等同于 $U(0,1)$ 分布。

为了从 β 分布中抽样，首先考虑 α 或 β 等于 1 的情形，此时可以直接应用逆变换法。例如对于 $\beta=1$，$\text{Beta}(\alpha,1)$ 的概率密度函数为

$$f(x)=\alpha x^{\alpha-1},\quad 0\leqslant x\leqslant 1$$

相应的累积分布函数为

$$F(x)=x^{\alpha},\quad 0\leqslant x\leqslant 1$$

因此，该分布的随机变量 X 可通过产生 $U\sim U(0,1)$ 并返回 $X=U^{1/\alpha}$ 的方法得到。

从下面的推导过程可以得到产生 $\text{Beta}(\alpha,\beta)$ 随机变量的通用步骤：如果 $Y_1\sim\text{Gamma}(\alpha,1)$，$Y_2\sim\text{Gamma}(\beta,1)$，$Y_1$ 和 Y_2 独立，则

$$X=\frac{Y_1}{Y_1+Y_2}$$

服从 Beta(α,β)分布。读者可以证明这一结论,见习题 2.18。相应的算法叙述如下。

算法 2.4.5(Bata 随机变量的产生)

1. 独立产生 $Y_1 \sim \text{Gamma}(\alpha,1)$,$Y_2 \sim \text{Gamma}(\beta,1)$。
2. 返回 $X=Y_1/(Y_1+Y_2)$,该值就是服从 Beta(α,β)分布的随机变量。

在 $\alpha=m$,$\beta=n$ 均为正数的情况下,可以使用另一种方法,其基础是顺序统计量理论。令 $U_1,\cdots,U_{m+n-1}$ 为服从 $U(0,1)$分布的独立随机变量,则第 m 阶顺序统计量 $U_{(m)}$ 服从 Beta(m,n)分布,从而得到如下算法。

算法 2.4.6(整数参数 $\boldsymbol{\alpha=m,\beta=n}$,Bata 随机变量的产生)

1. 从 $U(0,1)$分布产生 $m+n-1$ 个独立同分布的随机变量 $U_1,\cdots,U_{m+n-1}$。
2. 返回第 m 阶顺序统计量 $U_{(m)}$,该值即为服从 Beta(m,n)分布的随机变量。

可以证明,为了计算 $U_{(m)}$,需要比较的总次数为$(m/2)(m+2n-1)$,因此当 m 和 n 比较大时该方法的效率有所降低。

2.4.2　离散随机变量的产生

2.4.2.1　伯努利分布

如果 $X \sim \text{Ber}(p)$,则其概率密度函数为

$$f(x) = p^x(1-p)^{1-x}, \quad x = 0,1 \tag{2.27}$$

其中 p 是成功概率。应用逆变换法很容易得到如下算法。

算法 2.4.7(伯努利随机变量的产生)

1. 产生 $U \sim U(0,1)$。
2. 如果 $U \leqslant p$,则返回 $X=1$;否则返回 $X=0$。

图 2.6 给出了 3 次试验的具体结果(实现),每次试验包含 100 个独立的伯努利随机变量抽样,每个变量的成功概率为 0.5。

2.4.2.2　二项分布

如果 $X \sim \text{Bin}(n,p)$,则其概率密度函数为

$$f(x) = \binom{n}{x} p^x(1-p)^{n-x}, \quad x = 0,1,\cdots,n \tag{2.28}$$

我们知道一个二项分布随机变量 X 可以看作 n 次独立的伯努利试验中总的成功次数,其中每次试验成功的概率为 p,见例 1.1。记第 i 次试验结果为 $X_i=1$(成功)或 $X_i=0$(失败),我们可以写出 $X=X_1+\cdots+X_n$,其中$\{X_i\}$为独立同分布

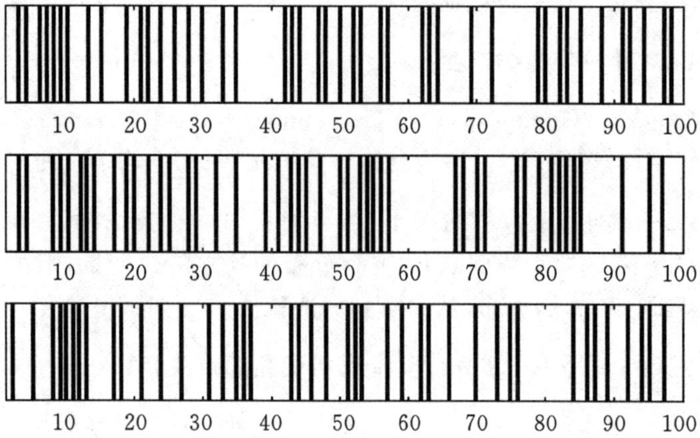

图 2.6　3 次 100 个独立伯努利试验的结果，每次尝试的成功概率为 0.5，暗条表示此处出现过一次成功的尝试

的 Ber(p)随机变量。于是可以推导出如下最简单的一个生成算法。

算法 2.4.8(二项随机变量的产生)

1. 产生独立同分布的服从 Ber(p)分布的随机变量 $X_1,\cdots,X_n$。

2. 返回 $X=\sum_{i=1}^{n}X_i$，该值即为服从 Bin(n,p)分布的随机变量。

由于算法 2.4.8 的执行时间与 n 成正比，在 n 较大时有必要用别的方法来代替。例如一个二项分布可以近似为正态分布，特别地，由中心极限定理可知，当 n 增加时 X 的分布接近于 $Y\sim N(np,np(1-p))$，见式(1.26)。实际上，$N(np-1/2,np(1-p))$的累积分布函数能够更好地近似 X 的累积分布函数，称为**连续性校正**。

因此，为了得到一个二项分布随机变量，我们从 $N(np-1/2,np(1-p))$产生 Y 并将其截断成最近的非负整数。另一个等价的方法是，我们产生 $Z\sim N(0,1)$，则

$$\max\left\{0,\left\lfloor np-\frac{1}{2}+Z\sqrt{np(1-p)}\right\rfloor\right\} \tag{2.29}$$

可以当作来自 Bin(n,p)分布的一个近似样本，这里符号$\lfloor\alpha\rfloor$表示 α 的整数部分。在 $p\geqslant\frac{1}{2}$ 且 $np>10$ 或者 $p<\frac{1}{2}$ 且 $n(1-p)>10$ 两种情况下，我们应该考虑此种近似正态分布的方法。

值得注意的是，如果 $Y\sim\text{Bin}(n,p)$则 $n-Y\sim\text{Bin}(n,1-p)$。因此，为了提高效率，我们可以依据下式产生服从 Bin(n,p)的 X。

$$X=\begin{cases}Y_1\sim\text{Bin}(n,p), & \text{如果 } p\leqslant\frac{1}{2}\\[2ex] Y_2\sim\text{Bin}(n,1-p), & \text{如果 } p>\frac{1}{2}\end{cases}$$

2.4.2.3　几何分布

如果 $X\sim G(p)$，则其概率密度函数为

$$f(x) = p(1-p)^{x-1}, \quad x = 1,2,\cdots \tag{2.30}$$

随机变量 X 可以理解为，在成功概率为 p 的一系列独立伯努利试验中出现第一次成功试验所需的总试验次数，注意 $P(X>m)=(1-p)^m$。

我们现在根据指数分布和几何分布之间的关系提出一个算法。令 $Y\sim\mathrm{Exp}(\lambda)$，$\lambda$ 满足 $1-p=\mathrm{e}^{-\lambda}$，则 $X=\lfloor Y\rfloor+1$ 服从 $G(p)$分布，这是因为

$$P(X > x) = P(\lfloor Y\rfloor > x-1) = P(Y \geqslant x) = \mathrm{e}^{-\lambda x} = (1-p)^x$$

因此，为了产生服从 $G(p)$分布的随机变量，首先从 $\lambda=-\ln(1-p)$的指数分布中产生一个随机变量，截断尾数得到最近的整数值再加 1。

算法 2.4.9(几何随机变量的产生)

1. 产生 $Y\sim\mathrm{Exp}(-\ln(1-p))$。
2. 返回 $X=\lfloor Y\rfloor+1$，该值即为 $G(p)$的随机变量。

2.4.2.4　泊松分布

如果 $X\sim P(\lambda)$，则其概率密度函数为

$$f(n) = \frac{\mathrm{e}^{-\lambda}\lambda^n}{n!}, \quad n = 0,1,\cdots \tag{2.31}$$

其中 λ 为**速率**参数。泊松随机变量和指数随机变量之间有着密切的关系，由泊松过程的性质即可发现这种关系，见第 1.11 节。特别地，泊松随机变量 X 可以理解为独立同分布的总和不超过 1 的指数变量(参数为 λ)的最大数目，即

$$X = \max\left\{n:\sum_{j=1}^{n} Y_j \leqslant 1\right\} \tag{2.32}$$

其中$\{Y_j\}$独立且服从 $\mathrm{Exp}(\lambda)$分布。由于 $Y_j=-\frac{1}{\lambda}\ln U_j$，$U_j\sim U(0,1)$，我们可以将式(2.32)重写为

$$\begin{aligned} X &= \max\left\{n:\sum_{j=1}^{n} -\ln U_j \leqslant \lambda\right\} \\ &= \max\left\{n:\ln\left(\prod_{j=1}^{n} U_j\right) \geqslant -\lambda\right\} \\ &= \max\left\{n:\prod_{j=1}^{n} U_j \geqslant \mathrm{e}^{-\lambda}\right\} \end{aligned} \tag{2.33}$$

由此式可以得到如下算法。

算法 2.4.10(泊松随机变量的产生)

1. 令 $n=1,a=1$。
2. 产生 $U_n \sim U(0,1)$,令 $a=aU_n$。
3. 如果 $a \geqslant \mathrm{e}^{-\lambda}$,则令 $n=n+1$,回到步骤 2。
4. 否则,返回 $X=n-1$ 作为 $P(\lambda)$的随机变量的值。

不难发现,当 λ 变大的时候该算法速度变慢,因为在 λ 较大的时候 $\mathrm{e}^{-\lambda}$ 较小,需要生成更多的随机数 U_j 来满足 $\prod_{j=1}^{n} U_j < \mathrm{e}^{-\lambda}$,此时就需要使用搜索效率更高的逆变换法(见文献[2])或别名法。

2.5 随机向量的产生

假设我们希望从给定概率密度函数 $f(x)$或累积分布函数 $F(x)$的 n 维分布产生一个随机向量 $\boldsymbol{X}=(X_1,\cdots,X_n)$,如果元素 $X_1,\cdots,X_n$ 是相互**独立**的,则方法非常简单:我们只需对每个元素单独地应用逆变换法或其他方法即可。

■例 2.7

我们希望从 n 维矩形 $\boldsymbol{D}=\{(x_1,\cdots,x_n):a_i \leqslant x_i \leqslant b_i, i=1,\cdots,n\}$中产生均匀随机向量 $\boldsymbol{X}=(X_1,\cdots,X_n)$,显然 $\boldsymbol{X}$ 中的元素都是独立的而且均匀地分布在 $X_i \sim U[a_i,b_i]$上,$i=1,\cdots,n$。对 X_i 应用逆变换法,将其写成 $X_i=a_i+(b_i-a_i)U_i$,$i=1,\cdots,n$,其中 $U_1,\cdots,U_n$ 在 $U(0,1)$上是独立同分布的。

对于不独立的随机变量 $X_1,\cdots,X_n$,我们可以利用乘法定理(1.4)将联合概率密度函数 $f(x)$写成

$$f(x_1,\cdots,x_n)=f_1(x_1)f_2(x_2 \mid x_1)\cdots f_n(x_n \mid x_1,\cdots,x_{n-1}) \tag{2.34}$$

其中 $f_1(x_1)$是 X_1 的边缘概率密度函数,$f_k(x_k \mid x_1,\cdots,x_{k-1})$是在给定 $X_1=x_1$,$X_2=x_2,\cdots,X_{k-1}=x_{k-1}$条件下 X_k 的条件概率密度函数。因此,产生 X 的一个办法就是首先产生 X_1,然后给定 $X_1=x_1$,再由 $f_2(x_2 \mid x_1)$产生 X_2,依此类推,最后由 $f_n(x_n \mid x_1,\cdots,x_{n-1})$产生 X_n。

当然,这种方法的适用性取决于能否得到条件分布,在某些模型中(例如马尔可夫模型)条件分布很容易得到。

2.5.1 向量的接受-拒绝法

接受-拒绝算法 2.3.6 可以直接适用于多维的情况,我们只需牢记随机变量 X(见算法 2.3.6 的步骤 2)在此处是一个 n 维随机向量 $\boldsymbol{X}$,因此我们需要一个更简便的算法从多维建议概率密度函数 $g(x)$产生 $\boldsymbol{X}$,例如向量逆变换法。下面的例子

就利用了接受-拒绝法的向量形式。

■例 2.8

我们希望产生一个均匀分布在不规则 n 维区域 G 上(见图 2.7)的随机向量 $\boldsymbol{Z}$,算法很简单:

1. 产生一个均匀分布在 W 上的随机向量 $\boldsymbol{X}$,其中 W 是一个规则区域,比如多维的超立方体、超矩形、超球体、超椭球体等。

2. 如果 $\boldsymbol{X}\in G$,则接受 $\boldsymbol{Z}=\boldsymbol{X}$ 并把它作为均匀分布在 G 上的随机向量;否则回到步骤 1。

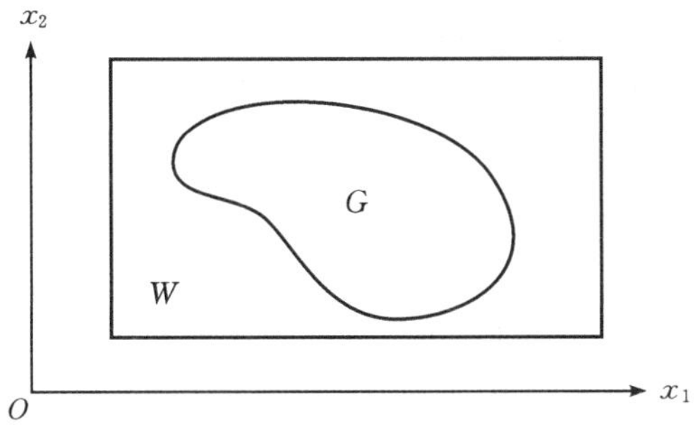

图 2.7　向量接受-拒绝法

考虑一种特殊情况,令 G 为 n 维单位球,即 $G=\{x:\sum_i x_i^2\leqslant 1\}$,令 W 为 n 维超立方体 $\{-1\leqslant x_i\leqslant 1\}_{i=1}^n$。为了产生一个均匀分布在 n 维单位球内部的随机向量,我们首先产生均匀分布在 W 上的随机向量 $\boldsymbol{X}$,然后根据其落在 n 维球内还是球外决定接受或拒绝它,相应的算法如下。

算法 2.5.1

1. 产生独立同分布的服从 $U(0,1)$ 分布的随机变量 $U_1,\cdots,U_n$。

2. 令 $X_1=1-2U_1,\cdots,X_n=1-2U_n$, $R=\sum_{i=1}^n X_i^2$。

3. 如果 $R\leqslant 1$,则接受 $\boldsymbol{X}=(X_1,\cdots,X_n)$ 作为期望向量;否则回到步骤 1。

说明 2.5.1　为了产生一个均匀分布在 n 维单位球表面的随机向量,即均匀分布在单位球面 $\{x:\sum_i x_i^2\leqslant 1\}$ 上,我们只需将算法 2.5.1 的步骤 3 重写为

3′. 如果 $R\leqslant 1$,则接受 $\boldsymbol{Z}=(Z_1,\cdots,Z_n)$ 作为期望向量,其中 $Z_i=X_i/\sqrt{R}$, $i=1,\cdots,n$。

向量接受-拒绝法的效率等于

$$\frac{1}{C}=\frac{\text{超球的体积}}{\text{超立方体的体积}}=\frac{1}{n2^{n-1}}\frac{\pi^{n/2}}{\Gamma(n/2)}$$

其中球和立方体的体积分别为$\frac{\pi^{n/2}}{(n/2)\Gamma(n/2)}$和 2^n。注意，对于偶数 $n(n=2m)$我们有

$$\frac{1}{C}=\frac{\pi^m}{m!2^{2m}}=\frac{1}{m!}\left(\frac{\pi}{2}\right)^m 2^{-m}\rightarrow 0,\text{当 } m\rightarrow\infty$$

这说明接受-拒绝法的效率随着 n 的增长逐渐降低，最终达到无法使用的程度。

2.5.2 多维正态分布变量的产生

产生一个多变量正态(简称多维正态或多元正态)随机向量 $\boldsymbol{Z}\sim N(\boldsymbol{\mu},\boldsymbol{\Sigma})$的关键在于将其写成 $\boldsymbol{Z}=\boldsymbol{\mu}+\boldsymbol{BX}$ 的形式，其中 $\boldsymbol{B}$ 是满足 $\boldsymbol{BB}^{\mathrm{T}}=\boldsymbol{\Sigma}$ 的矩阵，$\boldsymbol{X}$ 是一个由独立同分布的 $N(0,1)$随机变量构成的向量，见第 1.9 节。注意 $\boldsymbol{\mu}=(\mu_1,\cdots,\mu_n)$是平均向量，$\boldsymbol{\Sigma}$ 是 $\boldsymbol{Z}$ 的$(n\times n)$协方差矩阵。对于任意协方差矩阵 $\boldsymbol{\Sigma}$，通过 Cholesky 平方根法总能找到满足条件的矩阵 $\boldsymbol{B}$，见附录 A.1 节。

下面给出产生服从 $N(\boldsymbol{\mu},\boldsymbol{\Sigma})$分布的随机向量 $\boldsymbol{Z}$ 的算法。

算法 2.5.2(多维正态向量的产生)

1. 产生独立同分布的服从 $N(0,1)$分布的变量 $X_1,\cdots,X_n$。
2. 导出 Cholesky 分解 $\boldsymbol{\Sigma}=\boldsymbol{BB}^{\mathrm{T}}$。
3. 返回 $\boldsymbol{Z}=\boldsymbol{\mu}+\boldsymbol{BX}$。

2.5.3 单纯形上均匀随机向量的产生

考虑一个 n 维单纯形

$$\mathscr{Y}=\left\{\boldsymbol{y}:y_i\geqslant 0,i=1,\cdots,n,\sum_{i=1}^{n}y_i\leqslant 1\right\}\tag{2.35}$$

$\mathscr{Y}$是顶点为$\boldsymbol{0},\boldsymbol{e}_1,\cdots,\boldsymbol{e}_n$ 的单纯形，其中$\boldsymbol{0}$是零向量，$\boldsymbol{e}_i$ 是 $\mathbb{R}^n$ 上的第 i 个元素为 1 的单位向量，$i=1,\cdots,n$。令$\mathscr{X}$为另一个 n 维单纯形

$$\mathscr{X}=\{\boldsymbol{x}:x_i\geqslant 0,i=1,\cdots,n,x_1\leqslant x_2\leqslant\cdots\leqslant x_n\leqslant 1\}$$

$\mathscr{X}$为顶点为$\boldsymbol{0},\boldsymbol{e}_n,\boldsymbol{e}_n+\boldsymbol{e}_{n-1},\cdots,\boldsymbol{1}$的单纯形，其中$\boldsymbol{1}$为所有单位向量的总和，即所有分量均为 1 的向量，图 2.8 是上述单纯形在二维的情况。

单纯形$\mathscr{Y}$可通过对单纯形$\mathscr{X}$进行 $\boldsymbol{y}=\boldsymbol{Ax}$ 线性变换得到，其中

$$\boldsymbol{A}=\begin{pmatrix}1 & 0 & \cdots & 0\\ -1 & 1 & \cdots & 0\\ \vdots & \ddots & \ddots & \vdots\\ 0 & \cdots & -1 & 1\end{pmatrix}$$

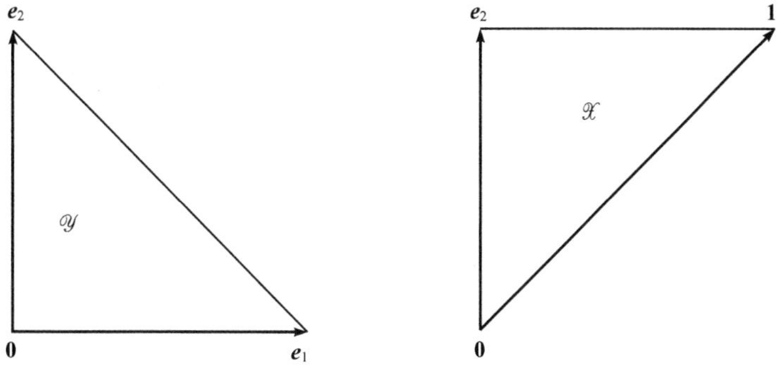

图 2.8　单纯形$\mathscr{Y}$和$\mathscr{X}$

在$\mathscr{X}$上由均匀分布产生向量$\boldsymbol{X}=(X_1,\cdots,X_n)$要容易得多，只需取$X_i$为独立同分布的服从$U(0,1)$的随机变量$U_1,\cdots,U_n$中的第$i$个顺序统计量。由于线性变换保持均匀性，对$\boldsymbol{X}$应用矩阵$\boldsymbol{A}$就能得到均匀分布在$\mathscr{Y}$上的向量$\boldsymbol{Y}$，由此得到以下算法。

算法 2.5.3(单纯形上向量的产生)

1. 产生n个独立的服从$U(0,1)$分布的随机变量$U_1,\cdots,U_n$。
2. 将$U_1,\cdots,U_n$从大到小按顺序排列整理成顺序统计量$U_{(1)},\cdots,U_{(n)}$。
3. 定义

$$\begin{aligned}Y_1 &= U_{(1)}\\ Y_2 &= U_{(2)}-U_{(1)}\\ &\vdots\\ Y_n &= U_{(n)}-U_{(n-1)}\end{aligned}\tag{2.36}$$

返回向量$\boldsymbol{Y}=(Y_1,\cdots,Y_n)$。

如果我们定义$Y_{n+1}=1-\sum_{i=1}^{n}Y_i=1-U_{(n)}$，那么得到的$(n+1)$维向量$(Y_1,\cdots,Y_{n+1})$将均匀分布在集合

$$\mathscr{Y}=\left\{\boldsymbol{y}:y_i\geqslant 0,i=1,\cdots,n+1,\sum_{i=1}^{n+1}y_i\leqslant 1\right\}$$

上，即在由点$\boldsymbol{0},\boldsymbol{e}_1,\cdots,\boldsymbol{e}_{n+1}$定义的单纯形的主导面上。

最后，为了产生均匀分布在由任意顶点$\boldsymbol{z}_0,\boldsymbol{z}_1,\cdots,\boldsymbol{z}_n$定义的$n$维单纯形上的随机向量，我们仅需产生均匀分布在$\mathscr{Y}$上的$\boldsymbol{Y}$，然后应用线性变换

$$\boldsymbol{Z}=\boldsymbol{C}\boldsymbol{Y}+\boldsymbol{z}_0$$

即可，其中$\boldsymbol{C}$是列向量为$\boldsymbol{z}_1-\boldsymbol{z}_0,\cdots,\boldsymbol{z}_n-\boldsymbol{z}_0$的矩阵。

2.5.4 单位超球体和超球面上均匀随机向量的产生

算法 2.5.1 和说明 2.5.1 描述了怎样使用多维接受-拒绝法产生均匀分布在 n 维单位超球体(简称 n 维球体)上的随机向量,只要将每个向量除以它的长度,就能得到均匀分布在 n 维**球面**上的随机向量(即 n 维球面)。接受-拒绝法的主要优点是简单,主要缺点是要产生 n 维球体内的点,尝试次数随着 n 的增加而爆炸式增长。由于这个原因,建议此方法仅用于低维($n\leqslant 5$)的情形。

进一步分析,我们还可以得到另一种算法。

定理 2.5.1 令 $X_1,\cdots,X_n$ 为独立同分布的服从 $N(0,1)$ 的随机变量,$\|\boldsymbol{X}\| = \left(\sum_{i=1}^{n} X_i^2\right)^{\frac{1}{2}}$,则向量

$$\boldsymbol{Y} = \left(\frac{X_1}{\|\boldsymbol{X}\|},\cdots,\frac{X_n}{\|\boldsymbol{X}\|}\right) \tag{2.37}$$

均匀分布在 n 维球面上 $\{\boldsymbol{y}: \|\boldsymbol{y}\| = 1\}$。

证明:注意 $\boldsymbol{Y}$ 是 $\boldsymbol{X}=(X_1,\cdots,X_n)$ 在 n 维球体上的投影。$\boldsymbol{X}$ 的概率密度函数可以写为 $f_{\boldsymbol{X}}(\boldsymbol{x})=c\mathrm{e}^{-\|\boldsymbol{x}\|^2/2}$,容易看出它是球对称的,由此可以立即得到 $\boldsymbol{Y}$ 是均匀分布的结论。

为了得到在 n 维球体内的均匀随机变量,我们仅需将向量 $\boldsymbol{Y}$ 乘以 $U^{1/n}$,其中 $U\sim U(0,1)$。为了看清这一点,需要注意对于一个均匀分布在 n 维球体上的随机向量 $\boldsymbol{Z}=(Z_1,\cdots,Z_n)$,其半径 $R=\|\boldsymbol{Z}\|$ 满足 $P(R\leqslant r)=r^n$,利用逆变换法,我们可以写出 $R=U^{1/n}$,由此得到如下算法。

算法 2.5.4(n 维球体上均匀随机向量的产生)

1. 产生分量均为独立同分布的服从 $N(0,1)$ 的随机向量 $\boldsymbol{X}=(X_1,\cdots,X_n)$。
2. 产生 $R=U^{1/n}$,其中 $U\sim U(0,1)$。
3. 返回 $\boldsymbol{Z}=R\boldsymbol{X}/\|\boldsymbol{X}\|$。

2.5.5 超椭圆体上均匀随机向量的产生

以原点为中心的超椭圆体的方程可以写为

$$\boldsymbol{x}^{\mathrm{T}}\boldsymbol{\Sigma}\boldsymbol{x} = r^2 \tag{2.38}$$

其中 $\boldsymbol{\Sigma}$ 为正定对称的($n\times n$)矩阵,$\boldsymbol{x}$ 为列向量。在 $\boldsymbol{\Sigma}=\boldsymbol{I}$(单位矩阵)的特殊情形下,式(2.38)是半径为 r 的超球面。由于 $\boldsymbol{\Sigma}$ 是正定对称的,存在一个唯一的下三角矩阵 $\boldsymbol{B}$ 满足 $\boldsymbol{\Sigma}=\boldsymbol{B}\boldsymbol{B}^{\mathrm{T}}$,见式(1.25)。因此,我们可以将集合 $\mathscr{X}=\{\boldsymbol{x}:\boldsymbol{x}^{\mathrm{T}}\boldsymbol{\Sigma}\boldsymbol{x}\leqslant r^2\}$ 看作 n 维球体 $\mathscr{Y}=\{\boldsymbol{y}:\boldsymbol{y}^{\mathrm{T}}\boldsymbol{y}\leqslant r^2\}$ 的线性变换 $\boldsymbol{y}=\boldsymbol{B}^{\mathrm{T}}\boldsymbol{x}$。由于线性变换保持均匀性,如果向量 $\boldsymbol{Y}$ 是均匀分布在一个半径为 r 的 n 维球体内部,则向量 $\boldsymbol{X}=(\boldsymbol{B}^{\mathrm{T}})^{-1}\boldsymbol{Y}$ 均匀分

布在超椭圆体(式(2.38))的内部。下面是相应的产生算法。

算法 2.5.5(超椭圆体内部随机向量的产生)

1. 产生均匀分布在半径为 r 的 n 维球体上的随机向量 $\boldsymbol{Y}=(Y_1,\cdots,Y_n)$。
2. 计算满足 $\boldsymbol{\Sigma}=\boldsymbol{B}\boldsymbol{B}^{\mathrm{T}}$ 的矩阵 $\boldsymbol{B}$。
3. 返回 $\boldsymbol{X}=(\boldsymbol{B}^{\mathrm{T}})^{-1}\boldsymbol{Y}$,该向量即为期望的均匀随机向量。

2.6 泊松过程的产生

本节将讨论泊松过程的产生,首先回顾第 1.11 节对泊松过程$\{N_t,t\geqslant 0\}$的两个不同但等价的特征描述。根据第一种(见定义 1.11.1)描述,该过程可以理解为一个计数量,其中 N_t 为在时间$[0,t]$内到达的数目,而第二种描述是,$\{N_t,t\geqslant 0\}$的各个到达的时间间隔$\{A_i\}$形成了一个不断**更新的过程**,是一个独立同分布的随机变量序列。在这种情况下时间间隔服从 Exp(λ)分布,因此我们可以写成 $A_i=-\frac{1}{\lambda}\ln U_i$,其中$\{U_i\}$为独立同分布的 $U(0,1)$分布。利用第二种特征描述,我们可以产生时间$[0,T]$内的到达时间 $T_i=A_1+\cdots+A_i$,如下所述。

算法 2.6.1(齐次泊松过程的产生)

1. 令 $T_0=0$,$n=1$。
2. 产生一个独立随机变量 $U_n\sim U(0,1)$。
3. 令 $T_n=T_{n-1}-\frac{1}{\lambda}\ln U_n$,表明出现了一次到达。
4. 如果 $T_n>T$ 则算法停止;否则令 $n=n+1$,然后回到步骤 2。

根据泊松过程的第一种特征描述,它是一个随机计数量,由此可以推导出产生该过程的另一个方法,在多维情形下该方法也能适用。特别地,根据第 1.11 节结尾部分的描述,下面的算法可以用于在任意一个“容量”为$|A|$的集合 A 上产生速率为λ 的齐次泊松过程。

算法 2.6.2(n 维泊松过程的产生)

1. 产生一个泊松随机变量 $N\sim P(\lambda|A|)$。
2. 给定 $N=n$,从 A 中独立、均匀地抽出 n 个点,这些点就是泊松过程中的各个到达点。

一个**非齐次泊松过程**是一个计数过程 $N=\{N_t,t\geqslant 0\}$,在不重叠的时间区间里的点数是独立的,这类似于普通泊松过程,但点到达的速率是**时间相关**的。如果

记 $\lambda(t)$ 为 t 时刻的速率，则任意区间 (b,c) 内点的数目是均值为 $\int_b^c \lambda(t)\mathrm{d}t$ 的泊松分布。

图 2.9 表示构造这些过程的一种方法。首先在条形区域 $\{(t,x),t\geqslant 0,0\leqslant x\leqslant \lambda\}$ 上产生一个二维的齐次泊松过程，其中速率 $\lambda=\max\lambda(t)$，然后仅需将曲线 $\lambda(t)$ 以下的所有点投影到 t 轴。

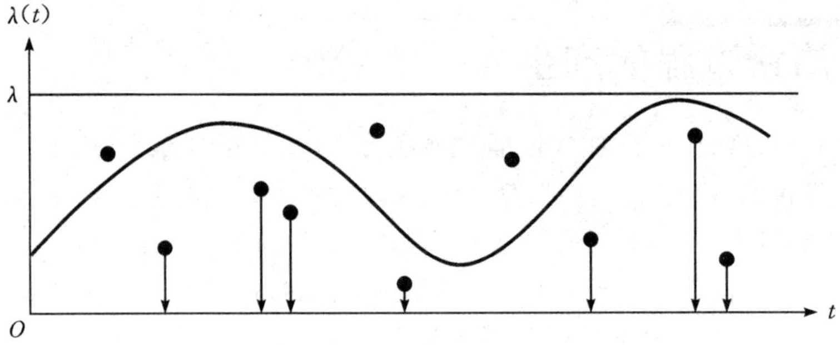

图 2.9　构建一个非齐次泊松过程

注意，可以认为二维泊松过程中的点具有时间和空间两个维度，到达的时间点形成了速率为 λ 的一维泊松过程，并且这些点的位置均匀分布在区间 $[0,\lambda]$ 上。由此得到产生非齐次泊松过程的另一个思路：一维齐次泊松过程中每一个到达时刻被拒绝（被剔除）的概率为 $1-\frac{\lambda(T_n)}{\lambda}$，其中 T_n 为第 n 个事件的到达时间，则剩下的时间点就是期望的非齐次泊松过程。

算法 2.6.3（非齐次泊松过程的产生）

1. 令 $t=0,n=0,i=0$。
2. i 增加 1。
3. 产生一个独立随机变量 $U_i\sim U(0,1)$。
4. 令 $t=t-\frac{1}{\lambda}\ln U_i$。
5. 如果 $t>T$ 则停止；否则继续。
6. 产生独立随机变量 $V_i\sim U(0,1)$。
7. 如果 $V_i\leqslant\frac{\lambda(t)}{\lambda}$，$n$ 加 1 并令 $T_n=t$，回到步骤 2。

2.7　马尔可夫链和马尔可夫跳跃过程的产生

现在我们讨论如何仿真一个马尔可夫链 $X_0,X_1,X_2,\cdots,X_n$。为了产生一个初

始分布为 $\boldsymbol{\pi}^{(0)}$，转移矩阵为 $\boldsymbol{P}$ 的马尔可夫链，我们可以利用第 2.5 节提出的独立随机变量的产生算法。首先从 $\boldsymbol{\pi}^{(0)}$ 产生一个 X_0，然后给定 $X_0=x_0$，由 X_1 的条件分布产生 X_1，换句话说，从 $\boldsymbol{P}$ 的第 x_0 行产生 X_1。假设 $X_1=x_1$，然后从 $\boldsymbol{P}$ 的第 x_1 行产生 X_2，依此类推。对于一步转移矩阵为 $\boldsymbol{P}$ 和初始分布向量为 $\boldsymbol{\pi}^{(0)}$ 的一般离散状态马尔可夫链，其算法描述如下。

算法 2.7.1(马尔可夫链的产生)

1. 由初始分布 $\boldsymbol{\pi}^{(0)}$ 产生 X_0，令 $t=0$。
2. 由 $\boldsymbol{P}$ 中第 X_t 行产生 X_{t+1}。
3. 令 $t=t+1$，回到步骤 2。

■例 2.9　整数间的随机游动

考虑例 1.10 整数间随机游动的例子。令 $X_0=0$(即从 0 开始)，假设这个链是在某些离散时刻 $t=0,1,2,\cdots$ 处于状态 i，利用算法 2.7.1 中的步骤 2，我们仅需在状态 $i+1$ 和 $i-1$ 处分别以 p 和 q 从二值分布抽样，也就是说，我们首先产生 $I_t\sim\text{Ber}(p)$，然后令 $X_{t+1}=X_t+2I_t-1$。图 2.10 给出了 $p=q=1/2$ 时的一个典型的样本路径。

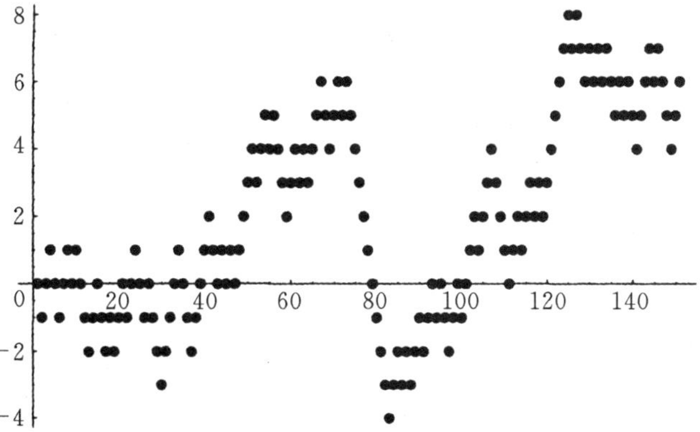

图 2.10　整数间的随机游动($p=q=1/2$)

2.7.1　图上的随机游动

作为例 2.9 的一个推广，我们可以在任意图 G 上随机游动，其状态空间是图的顶点集，从状态 i 到 j 的转移概率为 $1/d_i$，其中 d_i 是 i 的度，即 i 点连接的边数。这类随机游动的一个重要性质是时间可逆性，可由科尔莫戈罗夫准则(式(1.39))简单证明，换言之，不存在系统性的"循环"。因此，如果图形是连通的，而且平稳分布 $\{\pi_i\}$ 存在，即图形是有限的情形，那么局部平衡方程成立，即

$$\pi_i p_{ij} = \pi_j p_{ji} \tag{2.39}$$

如果对所有的 i 和 j 都有 $p_{ij}=p_{ji}$，则这样的随机游动是**对称**的。由式(2.39)直接得到结论：在这种情况下这种平衡分布是均匀分布在状态空间$\mathscr{E}$上的。

■例 2.10　在 n 维立方体上的简单随机游动

我们希望在 n 维超立方体(简称 n 维立方体)的顶点上仿真一个随机游动，图 2.11 给出了三维情形的示意图。

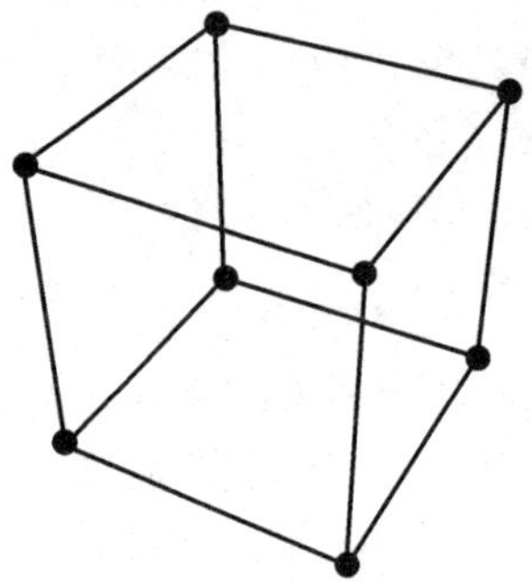

图 2.11　每一步中，在当前访问顶点处对三个邻点的选择是随机的

注意 n 维立方体的顶点的形式为 $\boldsymbol{x}=(x_1,\cdots,x_n)$，其中 x_i 为 0 或 1。所有 2^n 个顶点构成的集合表示为$\{0,1\}^n$，现在我们在集合$\{0,1\}^n$ 上产生一个随机游动$\{X_t,t=0,1,2,\cdots\}$。令初始状态 X_0 是任意的，假设 $X_0=(0,\cdots,0)$，给定 $X_t=(x_{t1},\cdots,x_{tn})$，根据离散均匀分布在集合$\{1,\cdots,n\}$上随机选择一个点 J，如果 j 是选择的结果，则用 $1-x_{jn}$ 代替 x_{jn}。这样在 $t+1$ 时我们得到

$$X_{t+1} = (x_{t1},\cdots,1-x_{tj},x_{t(j+1)},\cdots,x_{tn})$$

依此类推。

2.7.2　马尔可夫跳跃过程的产生

马尔可夫跳跃过程的产生与上述马尔可夫链的产生类似。假设 $X=\{X_t,t\geqslant 0\}$是一个马尔可夫跳跃过程，其转移速率为$\{q_{ij}\}$。回想第 1.12.5 节，马尔可夫跳跃过程根据马尔可夫链 $Y=\{Y_n\}$(跳跃链)从一个状态跳跃到另一个状态，而且在每个状态 i 的停留时间服从参数依赖于 i 的指数分布，Y 的一步转移矩阵 $\boldsymbol{K}$ 和停留时间的指数分布参数$\{q_i\}$可以直接由$\{q_{ij}\}$得到，写为 $q_i=\sum_j q_{ij}$，即流出 i 的转移速率之和。而对 $i\neq j$ 有 $K(i,j)=q_{ij}/q_i$，因此转移概率和速率成正比。注意 $K(i,i)=0$。定义停留时间为 $A_1,A_2,\cdots$，跳跃过程为 $T_1,T_2,\cdots$，则算法如下所述。

算法 2.7.2(马尔可夫跳跃过程的产生)

1. 初始化 T_0，由初始分布 $\boldsymbol{\pi}^{(0)}$ 产生 Y_0。令 $X_0=Y_0$，$n=0$。

2. 由 $\text{Exp}(qY_n)$ 分布产生 A_{n+1}。
3. 令 $T_{n+1}=T_n+A_{n+1}$。
4. 当 $T_n \leqslant t < T_{n+1}$，令 $X_t=Y_n$。
5. 由 K 中第 Y_n 行对应的分布产生 Y_{n+1}，令 $n=n+1$，回到步骤 2。

2.8 随机排列的产生

许多蒙特卡洛算法需要产生随机排列，即对 n 个给定数目的数字 $1,2,\cdots,n$ 进行随机排序，在这方面有很多有意思的例子，比如第 6 章的旅行商问题、第 9 章的积和式问题和下文的例 2.11。

假设我们要等概率地产生 $n!$ 个可能的排序，我们有两种算法实现这一目标。第一种算法是基于 n 个均匀随机数序列的排序，而在第二种算法中我们逐个选择排列中的每一个元素。第二种算法的速度快于第一种算法。

算法 2.8.1(产生随机排列的第一种算法)

1. 独立产生 $U_1,U_2,\cdots,U_n \sim U(0,1)$。
2. 以升序排列这些数值。
3. 排序后这些数值的下标值就是所需的排列。

例如令 $n=4$，假设第 1 步产生的 (U_1,U_2,U_3,U_4) 为 $(0.7,0.3,0.5,0.4)$，由于 $(U_2,U_4,U_3,U_1)=(0.3,0.4,0.5,0.7)$ 为排序后的序列，其下标序列 $(2,4,3,1)$ 即为所需的排列。该算法的缺点是需要对 n 个随机数进行排序，因而需要 $n\ln n$ 次比较。

第二个算法的主要思路是逐个产生随机排列中的每一个元素，首先随机地(等概率)从 $1,\cdots,n$ 中选择第 1 个元素，然后从剩余的数字中随机选择第 2 个元素，依此类推。例如 $n=4$，我们首先从离散均匀分布 $\{1,2,3,4\}$ 中产生第 1 个元素，不妨假设我们得到的是数字 2，则得到的排列形式为 $(2,\cdot,\cdot,\cdot)$。然后从三点均匀分布 $\{1,3,4\}$ 中产生第 2 个元素，假设为 1，则排列的结果更新为 $(2,1,\cdot,\cdot)$。最后等概率地选择 3 或 4 作为第 3 个元素，假设为 4，则最后得到所需的排列为 $(2,1,4,3)$。从离散均匀分布 $\{x_1,\cdots,x_k\}$ 中产生一个随机变量 X，可以由如下方式有效地实现：首先产生一个整数 $I=\lfloor kU \rfloor+1$，其中 $U\sim U(0,1)$，然后返回 $X=x_I$。

基于上述分析我们得到如下算法。

算法 2.8.2(产生随机排列的第二种算法)

1. 令 $\mathscr{P}=\{1,\cdots,n\}$，$i=1$。
2. 由离散均匀分布从 $\mathscr{P}$ 中产生 X_i。

3. 从$\mathscr{P}$中移除 X_i。

4. 令 $i=i+1$，如果 $i\leqslant n$，回到步骤 2。

5. 返回$(X_1,\cdots,X_n)$，这就是期望的排列。

说明 2.8.1 为了进一步提高第二种随机排列算法的效率，我们可以引入向量 $\boldsymbol{p}=(p_i,\cdots,p_n)$来存储该算法在第 i 步的中间结果。最开始令 $\boldsymbol{p}=(1,\cdots,n)$，均匀地选择一个下标 $I\in\{1,\cdots,n\}$，返回 $X_1=p_I$，将 X_1 与 $p_n=n$ 进行**交换**。第 2 步从$\{1,\cdots,n-1\}$中均匀地选择下标 I，返回 $X_2=p_I$ 并与 p_{n-1} 进行交换，依此类推。这种方法仅需产生 n 个均匀随机数(从$\{1,2,\cdots,k\}$，$k=n,n-1,\cdots,2$ 中产生)，并进行 n 次交换操作。

■例 2.11 在图上随机遍历

考虑一个加权图 G 有 n 个节点，分别记为 $1,2,\cdots,n$。节点代表城市，边表示城市之间的道路。现在要随机产生一个遍历，要求必须访问所有城市并且每个城市仅访问一次(出发城市除外)，最后回到原来出发的城市。不失一般性，我们假定图是完整的，即所有城市之间都有连接。我们用数 $1,\cdots,n$ 的排列表示一次遍历，例如 $n=4$ 时排列$(1,3,2,4)$代表遍历 $1\to3\to2\to4\to1$。

一般来说，我们用排列 $\boldsymbol{x}=(x_1,\cdots,x_n)$表示一次遍历，其中 $x_1=1$，即不失一般性，我们假设从编号为 1 的城市开始。为了在$\mathscr{X}$上均匀地产生一个随机遍历，我们可以应用算法 2.8.2。注意，所有可能遍历的集合$\mathscr{X}$的元素个数为

$$|\mathscr{X}|=(n-1)! \tag{2.40}$$

习题

2.1 利用逆变换法从离散均匀分布中产生一个随机变量，其概率密度函数为

$$f(x)=\begin{cases}\dfrac{1}{n+1}, & x=0,1,\cdots,n\\ 0, & \text{其他}\end{cases}$$

2.2 解释怎样利用逆变换法产生服从 $\mathrm{Beta}(1,\beta)$分布的随机变量。

2.3 解释怎样利用逆变换法产生服从 $\mathrm{Weib}(\alpha,\lambda)$分布的随机变量。

2.4 解释怎样利用逆变换法产生服从 $\mathrm{Pareto}(\alpha,\lambda)$分布的随机变量。

2.5 很多分布都属于位置-比例型，即累积分布函数具有形式

$$F(x)=F_0\left(\frac{x-\mu}{\sigma}\right)$$

其中 μ 称为位置参数，σ 称为比例参数，F_0 是一个给定的不依赖于 μ 和 σ 的累积分布函数。$N(\mu,\sigma^2)$分布族就是一个很好的例子，其中 F_0 是标准正态累积分布函数。将 $F(x;\mu,\sigma)$简写成 $F(x)$，令 $X\sim F_0$，即 $X\sim F(x;0,1)$。证

明 $Y=\mu+\sigma X\sim F(x;\mu,\sigma)$。基于上述结论，要从位置-比例型累积分布函数中采样，只需知道如何从 F_0 中采样即可。

2.6 应用逆变换法从拉普拉斯分布（即移位的双边指数分布）中产生随机变量，其概率密度函数为

$$f(x)=\frac{\lambda}{2}\mathrm{e}^{-\lambda|x-\theta|},\quad -\infty<x<\infty,\lambda>0$$

2.7 应用逆变换法从极值分布产生随机变量，其累积分布函数为

$$F(x)=1-\mathrm{e}^{-\exp\left(\frac{x-\mu}{\sigma}\right)},\quad -\infty<x<\infty,\sigma>0$$

2.8 考虑一个三角形随机变量，其概率密度函数为

$$f(x)=\begin{cases}0, & 若\ x<2a\ 或\ x\geqslant 2b\\ \dfrac{x-2a}{(b-a)^2}, & 若\ 2a\leqslant x<a+b\\ \dfrac{2b-x}{(b-a)^2}, & 若\ a+b\leqslant x<2b\end{cases}$$

a)推导相应的累积分布函数 F。

b)证明应用逆变换法可以得到

$$X=\begin{cases}2a+(b-a)\sqrt{2U}, & 若\ 0\leqslant U<\dfrac{1}{2}\\ 2a+(b-a)\sqrt{2(1-U)}, & 若\dfrac{1}{2}\leqslant U<1\end{cases}$$

2.9 描述逆变换算法，从如下分段常数的概率密度函数产生一个随机变量

$$f(x)=\begin{cases}C_i, & x_{i-1}\leqslant x<x_i, i=1,2,\cdots,n\\ 0, & 其他\end{cases}$$

其中 $C_i\geqslant 0$，且 $x_0<x_1<\cdots<x_{n-1}<x_n$。

2.10 令

$$f(x)=\begin{cases}C_i x, & x_{i-1}\leqslant x<x_i, i=1,\cdots,n\\ 0, & 其他\end{cases}$$

其中 $C_i\geqslant 0$，且 $x_0<x_1<\cdots<x_{n-1}<x_n$。

a)令 $F_i=\sum_{j=1}^{i}\int_{x_{j-1}}^{x_j}C_j u\,\mathrm{d}u, i=1,\cdots,n$，证明累积分布函数 F 满足

$$F(x)=F_{i-1}+\frac{C_i}{2}(x^2-x_{i-1}^2),\quad x_{i-1}\leqslant x<x_i, i=1,\cdots,n$$

b)描述由 $f(x)$ 产生随机变量的逆变换算法。

2.11 称一个随机变量服从柯西分布，如果其概率密度函数具有形式

$$f(x)=\frac{1}{\pi}\frac{1}{1+x^2},\quad x\in\mathbb{R}\tag{2.41}$$

解释如何用逆变换法产生柯西分布随机变量。

2.12 证明如果 X 和 Y 是独立标准正态随机变量，则 $Z=X/Y$ 服从柯西分布。（提示：首先证明如果 U 和 $V>0$ 是联合概率密度函数为 $f_{U,V}$ 的连续随机变量，然后证明 $W=U/V$ 的概率密度函数为 $f_W(w)=\int_0^{\infty} f_{U,V}(wv,v)v\mathrm{d}v$。）

2.13 验证组合算法 2.3.4 的有效性。

2.14 利用组合法设计并实现一个产生随机变量的算法，变量的正态（高斯）混合概率密度函数为

$$f(x)=\sum_{i=1}^{3} p_i \frac{1}{b_i}\varphi\left(\frac{x-a_i}{b_i}\right)$$

其中 φ 为标准正态分布的概率密度函数，$(p_1,p_2,p_3)=(1/2,1/3,1/6)$，$(a_1,a_2,a_3)=(-1,0,1)$，$(b_1,b_2,b_3)=(1/4,1,1/2)$。

2.15 证明图 2.5 中 $C=\sqrt{2\mathrm{e}/\pi}$。

2.16 证明如果 $X\sim \mathrm{Gamma}(\alpha,1)$，则 $X/\lambda\sim \mathrm{Gamma}(\alpha,\lambda)$。

2.17 令 $X\sim \mathrm{Gamma}(\alpha+1,1)$ 和 $U\sim U(0,1)$ 相互独立，证明若 $\alpha<1$，则 $XU^{1/\alpha}\sim \mathrm{Gamma}(\alpha,1)$。

2.18 如果 $Y_1\sim \mathrm{Gamma}(\alpha,1)$，$Y_2\sim \mathrm{Gamma}(\beta,1)$，而且 Y_1 和 Y_2 独立，证明

$$X=\frac{Y_1}{Y_1+Y_2}$$

服从 $\mathrm{Beta}(\alpha,\beta)$ 分布。

2.19 改进接受-拒绝法，利用 $\mathrm{Exp}(\lambda)$ 作为建议分布，从式(2.20)给出的概率密度函数产生随机变量。λ 为多少时接受概率最大？

2.20 参数 $\lambda=1$ 的截断指数分布的概率密度函数为

$$f(x)=\frac{\mathrm{e}^{-x}}{1-\mathrm{e}^{-a}},\quad 0\leqslant x\leqslant a$$

a)基于逆变换法设计一个从上述分布产生随机变量的算法。

b)把 $\mathrm{Exp}(\lambda)$ 作为建议分布，使用接受-拒绝法构造一个生成算法。

c)分别计算 $a=1$ 和 a 无穷接近于零时接受-拒绝法的效率。

2.21 令随机变量 X 的概率密度函数为

$$f(x)=\begin{cases}\dfrac{1}{4}, & 0<x<1\\[2mm] x-\dfrac{3}{4}, & 1\leqslant x\leqslant 2\end{cases}$$

用以下方法从 $f(x)$ 产生一个随机变量。

a)逆变换法。

b)接受-拒绝法，构建密度函数为

$$g(x)=\frac{1}{2},\quad 0\leqslant x\leqslant 2$$

2.22 令随机变量 X 的概率密度函数为

$$f(x)=\begin{cases}\frac{1}{2}x, & 0<x<1\\ \frac{1}{2}, & 1\leqslant x\leqslant\frac{5}{2}\end{cases}$$

用以下方法从 $f(x)$ 产生一个随机变量。

a)逆变换法。

b)接受-拒绝法，建议密度函数为

$$g(x)=\frac{8}{25}x,\quad 0\leqslant x\leqslant\frac{5}{2}$$

2.23 令 X 为截断几何分布，其概率密度函数为

$$f(x)=cp(1-p)^{x-1},\quad x=1,\cdots,n$$

其中 c 为归一化常数。用以下方法从 $f(x)$ 产生一个随机变量。

a)逆变换法。

b)接受-拒绝法，当建议分布为 $G(p)$ 时分别求出在 $n=2$ 和 $n=\infty$ 情形下该方法的效率。

2.24 使用逆变换法产生随机变量 $Y=\min_{i=1,\cdots,m}\max_{j=1,\cdots,r}\{X_{ij}\}$，假设变量 X_{ij}，$i=1,\cdots,m,j=1,\cdots,r$ 为独立同分布的，具有相同的累积分布函数 $F(x)$。(提示：利用例 2.3 中有关顺序统计量分布的结论。)

2.25 产生 100 个服从 Ber(0.2)的随机变量，重复 3 次，然后绘出类似图 2.6 的条形图。对 Ber(0.5)重复上述过程。

2.26 产生区间[0,1]上速率为 100 的齐次泊松过程，利用这一结果在同一区间产生一个非齐次泊松过程，其速率函数为

$$\lambda(t)=100\sin^2(10t),\quad t\geqslant 0$$

2.27 在正方形[1,3]×[1,3]上产生并绘制一个二维泊松过程的点，其速率 $\lambda=2$。有多少点落在正方形[1,3]×[1,3]内？你期望有多少点落在这一区域？

2.28 编写程序产生并显示 100 个均匀分布在椭圆内的随机向量，椭圆方程为

$$5x^2+21xy+25y^2=9$$

2.29 编程实现第 2.8 节提出的两种随机排列算法并比较其性能。

2.30 在无向图 2.12 中考虑一个随机游动，例如，如果该随机游动在某时刻停留在状态 5，则它下一步以 1/3 的概率跳转到 3,4 或 6。

a)找出该马尔可夫链的一步转移矩阵。

b)证明其平稳分布为 $\boldsymbol{\pi}=\left(\frac{1}{9},\frac{6}{9},\frac{2}{9},\frac{2}{9},\frac{1}{6},\frac{1}{9}\right)$。

c)在计算机上仿真该随机游动，验证经过长时间运行后各节点的访问比例与平稳分布一致。

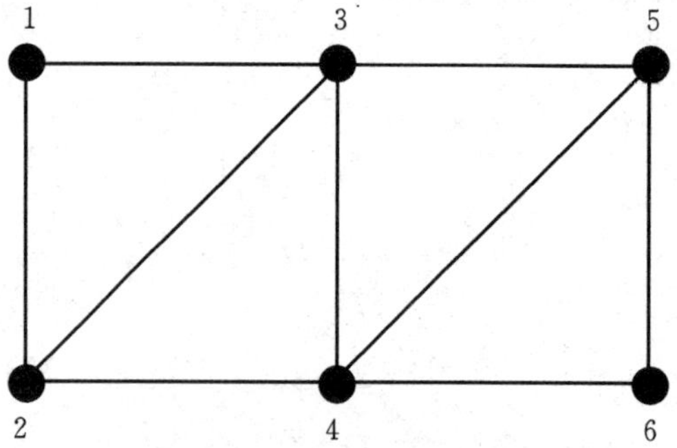

图 2.12 图上的随机游动

2.31 对于 $p=1/2$ 和 $p=2/3$ 分别产生整数上随机游动的各种样本路径。

2.32 考虑例 1.13 中的 $M/M/1$ 排队系统。令 X_t 为 t 时刻系统中的顾客数目，根据算法 2.7.2 编写一段计算机程序仿真随机过程 $X=\{X_t\}$，可将 X 看成一个马尔可夫跳跃过程，分别给出在 $\lambda=1,\mu=2$ 和 $\lambda=10,\mu=11$ 两种情形下该过程的样本路径。

深入阅读

文献[2]和[3]都是有关随机数和随机变量产生的经典参考教材，其他参考资料还包括[4]、[7]、[9]和[10]等教程，[1]也是一篇很好的参考文献。

参考文献

1. S. Asmussen and P. W. Glynn. *Stochastic Simulation*. Springer-Verlag, New York, 2007.
2. L. Devroye. *Non-Uniform Random Variate Generation*. Springer-Verlag, New York, 1986.
3. D. E. Knuth. *The Art of Computer Programming*, volume 2: *Seminumerical Algorithms*. Addison-Wesley, Reading, 2nd edition, 1981.
4. A. M. Law and W. D. Kelton. *Simulation Modeling and Analysis*. McGraw-Hill, New York, 3rd edition, 2000.
5. P. L'Ecuyer. Random numbers for simulation. *Communications of the ACM*, 33(10):85–97, 1990.
6. D. H. Lehmer. Mathematical methods in large-scale computing units. *Annals of the Computation Laboratory of Harvard University*, 26:141–146, 1951.
7. N. N. Madras. *Lectures on Monte Carlo Methods*. American Mathematical Society, 2002.
8. G. Marsaglia and W. Tsang. A simple method for generating gamma variables. *ACM Transactions on Mathematical Software*, 26(3):363–372, 2000.
9. B. D. Ripley. Computer generation of random variables: A tutorial. *International Statistical Review*, 51:301–319, 1983.
10. S. M. Ross. *Simulation*. Academic Press, New York, 3rd edition, 2002.
11. A. J. Walker. An efficient method for generating discrete random variables with general distributions. *ACM Transactions on Mathematical Software*, 3:253–256, 1977.

第 3 章 离散事件系统仿真

长期以来，计算机仿真已经成为各种学科领域的一个非常重要的工具，比如有工程学、运筹学和管理科学、统计学、数学、物理学、经济学、生物学、医学、化学和社会科学等领域。通过计算机仿真，人们可以研究那些难以用解析方法分析的现实系统的行为，这方面有很多具体例子，比如超音速喷气式飞机、电话通信系统、风洞试验、大规模战役管理（比如评估防御或攻击武器系统）、维修操作（比如确定最优的维修人员个数）等。人们将仿真技术、软件可用性、灵敏度分析、随机优化等方面的最新进展结合起来，使得仿真成为系统分析和运筹学中最被广泛接受和应用的一种工具。新兴的现实系统（比如高速通信网络和生物系统）的规模和复杂性都在持续增长，毫无疑问，这将使得计算机仿真越来越受到普遍重视。

本章简要介绍计算机仿真科学和技术，尤其是离散事件系统的仿真部分。本章内容组织如下：第 3.1 节介绍一些基本概念，比如系统、模型、仿真和蒙特卡洛方法。第 3.2 节涉及离散事件仿真最基本的组成部分，即仿真时钟和事件表。最后在第 3.3 节通过一些常用的例子进一步解释离散事件仿真背后的主要思想。

3.1 仿真模型

系统是由一组相互作用的**实体**(entity)构成的一个复杂整体，实体有时又被称为**成分**或**元素**。例如，医院可以看作一个系统，有医生、护士和病人等元素。元素具有一定的特性或**属性**，而这些属性可以赋以逻辑值或数值。在本书的例子中，属性有可能是床位的数目、X 射线机的数目、技能水平等。通常各个元素的活动随着时间是相互影响的，同时这些活动也导致了系统状态的变化。例如，医院候诊室的状态可以描述为正在等待的病人数目，当一个病人到达或离开时，系统就转移到了一个新的状态。

我们重点关注**离散事件系统**，即状态变量在离散时间点上瞬间变化的系统，与之对应的是**连续系统**，即状态变量随着时间连续变化的系统。比如，服务客户的银行系统和高速公路上移动的汽车分别是离散系统和连续系统。在银行系统，等待的顾客数是一个分段常数的状态变量,只有在新顾客到达银行或者顾客办理完业务离开银行时发生变化;而对运动中的汽车而言,其速度是一个随时间连续变化的状态变量。

研究一个系统的第一步就是建立一个模型,我们可以根据模型预测系统的动态行为。**模型**是对实际系统的抽象,可以用于预测和制定控制策略,通常这样的模型本质上是以数学(比如公式、关系式)或图形的方式表示的,因此实际的物理系统通过模型转换成了数学系统。为了使模型更加有效,一个模型还必须包含两个相互冲突的特征:真实性和简单性。一方面,模型应该足够地近似于实际系统,包含实际系统的大多数重要特征;另一方面,模型不能过于复杂从而妨碍人们对其理解和操作。

有很多方法来评估模型的正确性。通常我们反复检查问题的表示并找出可能存在的缺陷,从而验证一个模型。还有一种检查模型正确性的方法,就是确定所有数学表达式在各个方面都是一致的。第三种方法非常有用,就是改变输入参数并判断由模型得到的输出是否合理。第四种测试是所谓的**回顾式测试**,它使用历史数据重建系统的"过去",在此基础上判断通过模型得出的解的执行效果,对这种假设的效果与实际发生的效果进行比较,就能判断一个模型预测现实的精确程度。然而这种回顾式测试的缺点是,它和模型使用了同样的数据,除非过去是未来的一个复制品,能够代表未来,否则最好不要采用这种方法。

一旦构建了待研究系统的模型,下一步就是通过该模型来得到问题的解,为此,可能需要利用**解析法**和**数值法**进行求解。解析解通常直接由公式形式的数学表达式获得,而数值解一般是由某种近似算法得到的近似解。本书主要涉及通过计算机仿真得到的数值解及其估计方法,更精确地讲,我们运用的是**随机计算机仿真**方法,通常称为**蒙特卡洛仿真**,在模型里包含某些随机性,而不是确定性的计算机仿真。术语"**蒙特卡洛**"在第二次世界大战期间被冯·诺依曼和乌拉姆作为一个代号,代表他们在洛斯阿拉莫斯(Los Alamos)从事的某项与原子弹相关的秘密工作,涉及到核物质中随机中子扩散的仿真。

内勒等人对仿真的定义为[7]:

仿真是在数字计算机上进行实验的一种数值技术,涉及到各种类型的数学和逻辑模型,这些模型描述了商业或经济系统(或者它们的某些元素)在实时区间内的行为。

下面列出一些典型的问题,读者可以从中大致了解在何种情况下适合使用仿真工具。

- 系统可能非常复杂,几乎难以用一些简单的数学方程表达式建立模型。绝大多数经济系统都属于这种类型,例如我们通常很难用一组简单的方程去描述一个厂商、一个产业或者经济体的运营状况，大规模复杂排队系统也面临相似的问题。仿真已经成为解决这类问题的一个极其有效的工具。

- 即使能够建立数学模型来表示待研系统的行为，也不一定能用简单的解析方法直接求解模型所包含问题的解。同样地，经济系统和复杂排队系统也都存在这样的困难。
- 仿真可以作为教学设备，培训学生和工程技术人员学习系统分析、统计分析和决策学方面的基本技能。基于这样的目的，仿真已经成功地应用于商业管理、经济学、医学和法律等众多学科。
- 在设计计算机仿真模型时，严格而规范的整个过程可能比仿真本身更有价值。在规划仿真研究的过程中所得到的知识通常可以使研究者的思想更加具体和明确，还可能对被仿真的实际系统提出改进和建议，而这些改进在真实系统中实施之前，可以通过仿真的办法对它们的效果进行验证。
- 通过仿真可以鉴别哪些变量是非常重要的，哪些变量对系统的影响可以忽略不计，以及这些变量之间如何相互影响。因此，仿真能够产生很有价值的结论，使人们对问题具有更加深入的了解，见第 7 章。
- 仿真实验中可以设定新的场景，从而获得系统在新环境下的行为。
- 仿真提供了一个独立于待研系统的"实验室"，分析人员可以对系统进行更好地控制。
- 使用仿真方法可以用实时、压缩或放大的时间比例尺研究动态系统。
- 在系统中引入随机性可以帮助我们求解许多最优化和统计问题，见第 6～9 章。

仿真作为一种建模方法并不是完全理想的，还存在各种缺点和问题，比如仿真给出的是**统计估计值**而不是**准确的**特征值和性能值，因此仿真结果具有不确定性，包含实验误差。此外，建立仿真模型通常是非常耗时的，在计算时间上也是十分昂贵的。最后，不论仿真结果如何精确、准确和令人激动，只有模型能够正确、有效地表示被研究系统，仿真才能为实际系统提供有用的信息。

3.1.1　仿真模型的分类

计算机仿真模型可以按如下几种方式分类。

1. **静态模型与动态模型**。静态模型是那些不随时间而演变的模型，因此并不表示时间的推移。相反地，动态模型表示随时间演变的系统，比如交通灯的运行。
2. **确定模型与随机模型**。如果一个模型**仅仅**包含确定性(即非随机性)元素，则称该模型为**确定性**的。在确定性模型中，所有元素(变量)间的数学和逻辑关系都是预先确定的，不受不确定性的影响。一个典型的例子就是，用标准微分方程描述的系统，比如，一个化学反应的模型非常复杂而且不能用解析的方法求解。相反地，至少具有一个随机输入变量的模型称为**随机**模型，大多数排队系统和库存系统都是采用随机模型进行建模。

3. **连续模型与离散模型**。在离散仿真模型中，状态变量只在离散的时间点上瞬时发生变化，而在连续仿真模型中，状态随着时间的推移而连续变化。比如，用微分方程描述一个系统并求其数值解，这样的数学模型就是连续仿真，而排队模型则是离散仿真。

本书主要讨论离散仿真，尤其是**离散事件仿真**(DES)模型。这类系统是由离散事件的发生来驱动的，它们的状态随着时间的移动而发生变化。我们后续将进一步区分所谓的**离散事件静态系统**(DESS)和**离散事件动态系统**(DEDS)。它们最基本的区别就是，前者不会随着时间的推移而演变，而后者会。排队网络就是一个典型的 DEDS 例子。对于一个 DESS，通常需要通过蒙特卡洛仿真来计算(估计)复杂多维积分的值。

说明 3.1.1(并行计算) 近年来，计算机技术的发展使得**并行与分布式**仿真成为可能，离散事件仿真可以在多台相互连接的计算机上执行，计算机之间以协作的方式同时并行地运行。在这种环境下，可以把不同的计算任务分配到各个处理器中同时运行，从而缩短整个仿真时间。

3.2 DEDS 仿真时钟和事件表

DEDS 是随着时间的推移而演变的，特别地，这类系统仅在可数的时间点上改变其状态，状态的改变是由相应时间点上仿真事件的执行来触发的。在这里，一个**事件**就是一个属性集合，包含值、类型、标志符等，其中主要是**事件发生的时间**(简称**事件时间**)、**事件类型**以及执行状态改变的相关算法。

由于系统的动态特性，DEDS 需要一个时间推进机制，在仿真随着时间推进而进行的过程中，使仿真时间从一个事件推进到另一个事件，这个记录当前仿真时间的机制就称为**仿真时钟**。为了记录仿真事件，仿真中维持着一个记录了所有待发生事件的列表，这个列表称为**事件表**。它的任务就是按照时间的**先后次序**排列并保持所有未发生的事件，也就是说，事件是按照它们发生的时间先后排序的，最早将发生的事件总是排在事件表的最开头。

图 3.1 给出了仿真时钟和事件表的原理。仿真开始时将初始事件载入到事件表中(按时间顺序)，本例有 4 个事件。接下来从事件表中移除并执行最早发生的事件，而仿真时钟推进到它的发生时间，即 1.234。在该事件被处理并移除之后，时钟就推进到下一个事件，其发生时间是 2.354。在执行当前事件的过程中，系统

的状态依据事件的类型得到更新，而未来将要发生的事件也可能被生成并插入到事件表中或者从事件表中删除。在本例中第 3 个事件的类型为 C，发生时间为 3.897，它在时间 4.231 调度了一个类型为 E 的新事件。

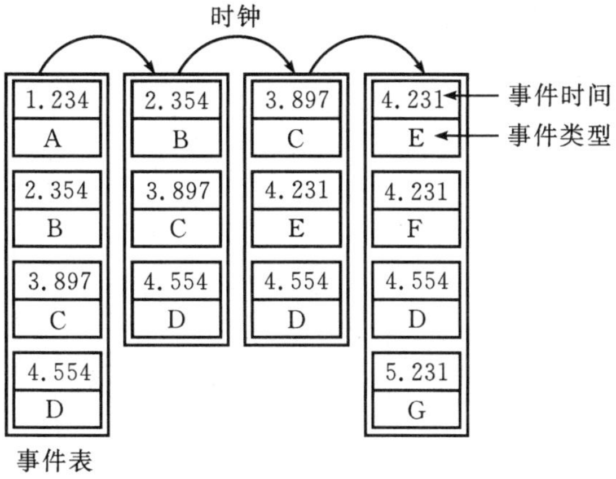

图 3.1　仿真时钟和事件表的推进

将事件从事件表中移除，推进仿真时钟并执行下一个最早发生的事件，直到满足某个特定的终止条件，比如当规定数目的顾客离开系统时，整个仿真过程停止。我们用下面这个例子说明这种**下一次事件时间推进法**。

■例 3.1

钱是通过以下两种方式存入某银行帐户的：通过频繁的小额支付和偶然的大额支付。假定连续二次频繁支付的时间间隔是独立的，在连续区间[7,10]上均匀分布，单位是天；类似地，连续二次偶然支付的时间间隔也是独立的，在区间[25,35]上均匀分布。每一次频繁支付的额度是服从均值为 16 个单位（比如一个单位是 $1000）的指数分布，而偶然支付的额度总是 100 个单位。假定所有的额度区间和大小都是独立的。有时候从帐户里取钱，取钱的时间点是参数为 1 的泊松过程，取钱的数额服从均值为 5、标准差为 1 的正态分布。假定初始存入银行帐户里的存款总额为 150 个单位。

注意系统的状态是帐户余额，仅在离散的时间发生变化。为了仿真这个离散事件动态系统，需要对下一次频繁支付和偶然支付以及下一次取款事件进行跟踪，分别用 1、2 和 3 表示这三种事件类型。现在我们用一个简单的 3×2 矩阵表示事件表，其中每一行包含事件的时间和类型。在每一次时钟推进之后，读取当前事件的时间 t 和类型 i，并将当前事件从事件表删除。接下来对每一个事件类型 $i=1,2,3$，根据其时间间隔的分布，调度同类型的下一个事件，比如，如果事件类型是 2，那么下一个该类型的事件则在时刻 $t+25+10U$ 发生，其中 $U \sim U[0,1]$。注意这个事件可以存储在刚刚被删除的当前事件的存储位置。需要注意，事件表会被重新排序，使各事件按照时间顺序依次排列。

图 3.2 给出了随机过程$\{X_t, 0\leqslant t\leqslant 400\}$的一次仿真实现的结果，其中 X_t 是时刻 t 的帐户余额。下面是一段简单的 Matlab 程序。

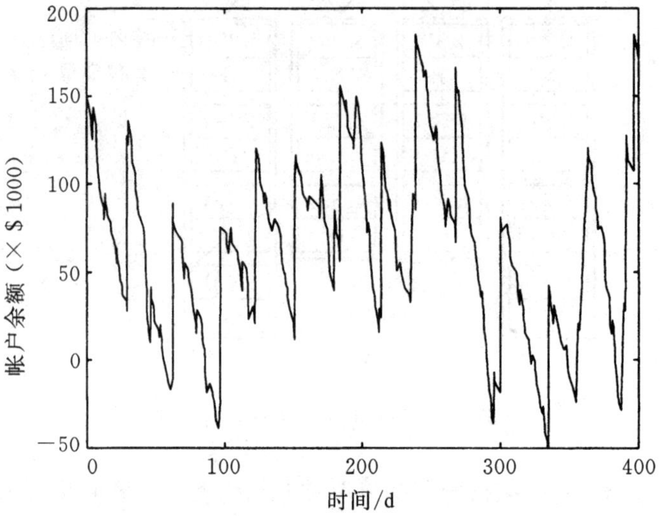

图 3.2　帐户余额过程的仿真实现

Matlab Program

```
clear all;
T=400;
x=150; %初始化账户余额
xx=[150];tt=[0];
t=0;
ev_list=inf * ones (3,2);                  %记录事件的时间和类型
ev_list (1,:)=[7+3 * rand,1];              %调度类型 1 事件
ev_list (2,:)=[25+10 * rand,2];            %调度类型 2 事件
ev_list (3,:)=[-log(rand),3];              %调度类型 3 事件
ev_list=sortrows (ev_list,1);              %对事件表排序
while t<T
  t=ev_list (1,1);
  ev_type=ev_list (1,2);
  switch ev_type
    case 1
```

```
        x=x+16 * -log(rand);
        ev_list(1,:)=[7+3 * rand+t,1];
      case 2
        x=x+100;
        ev_list (1,:)=[25+10 * rand+t,2];
      case 3
        x=x-(5+randn);
        ev_list(1,:)=[-log(rand)+t,3];
    end
    ev_list=sortrows(ev_list,1);        % 对事件表排序
    xx=[xx,x];
    tt=[tt,t];
end
plot (tt,xx)
```

3.3 离散事件仿真

如前所述，在各种各样的模型中存在一大类模型，其中系统**状态**（即描述系统当前情形的量）只需在某些特定的关键时刻（事件时间）进行观察，因为在这些时刻，系统状态要么保持不变，要么以某种可以预测的方式进行改变。离散事件仿真(DES)是这类系统仿真的一种标准框架，下面我们用两个例子进一步解释离散事件仿真背后的思想。

3.3.1 串联队列

图 3.3 表示一个简单的排队系统，包含两个串联的队列，称作杰克逊(Jackson)**串联队列**。顾客按速率为 λ 的泊松过程到达第一个队列，第一个队列的服务时间是服从速率为 μ_1 的指数分布。顾客离开第一个队列后进入到第二个队列，第二个队列的服务时间服从速率为 μ_2 的指数分布。所有的到达时间间隔和服务时间都是相互独立的。

假定在第一个队列和第二个队列的顾客数分别为 X_t 和 Y_t，这里我们把正在

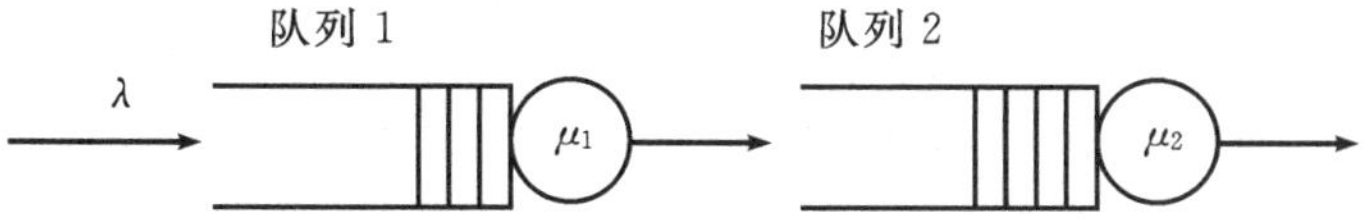

图 3.3　Jackson 串联队列

接受服务的顾客也算作队列的一部分。图 3.4 画出了由离散事件仿真得到的队列长度过程$\{X_t, t \geqslant 0\}$和$\{Y_t, t \geqslant 0\}$的一个实现。

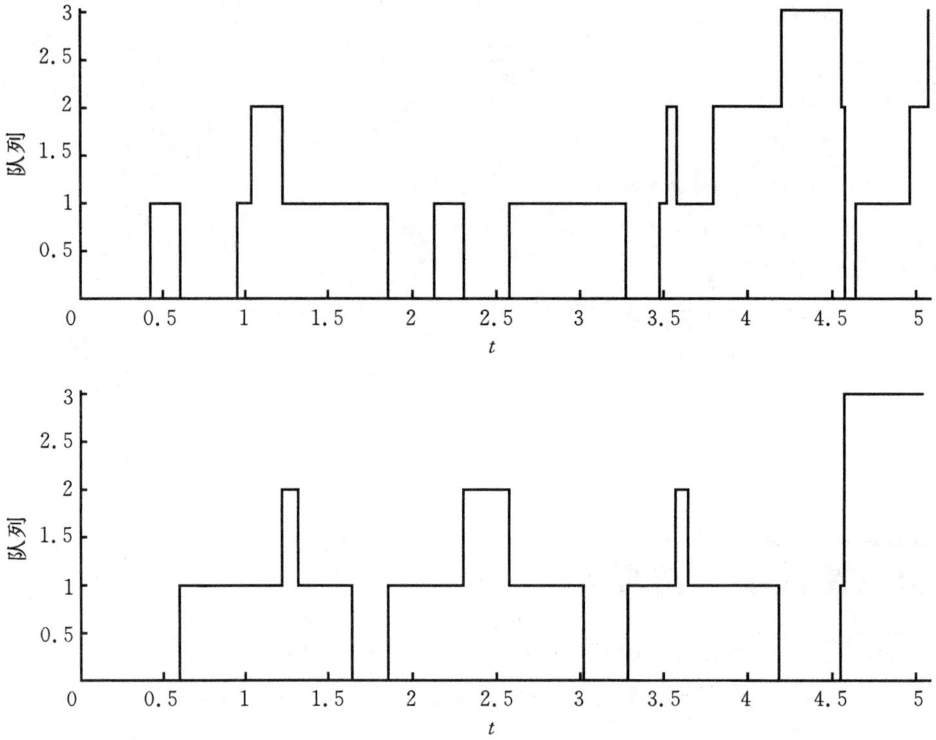

图 3.4 队列长度过程$\{X_t, t \geqslant 0\}$和$\{Y_t, t \geqslant 0\}$的一次实现

在讨论利用离散事件仿真方法来仿真队列长度过程的方法之前，通过观察可以发现，系统的演进的确是由一系列离散事件驱动的，如图 3.5 所示。具体讲，系统的状态(X_t, Y_t)仅在下列事件发生的时刻改变：顾客到达第一个队列（用 A 表示），顾客离开第一个队列（用 D1 表示），顾客离开第二个队列（用 D2 表示）。

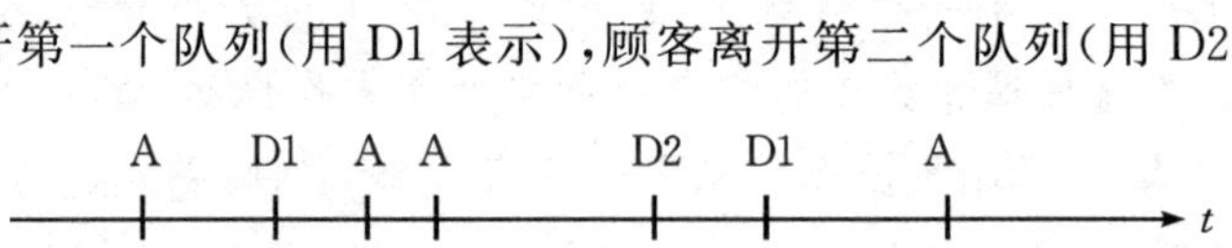

图 3.5 离散事件序列（A＝到达，D1＝离开第一个队列，D2＝离开第二个队列）

离散事件仿真有两种基本方法，分别称为**面向事件**法和**面向进程**法，图 3.6 是面向事件法实现串联队列的伪代码。该程序包含一个主程序，每个事件都有一个独立的子程序。此外，程序保持着一个经过排序的列表，即所谓的**事件表**，用于记录已经调度的当前事件和未来事件。事件表中的每一个事件都有一个事件类型（'A''D1'和'D2'）和事件**时间**（顾客到达或离开的时间）。主程序的基本作用是

通过事件表使仿真向前推进并调用各个事件类型相关的子程序。

Main
1：初始化：令 $t=0, x=0, y=0$
2：在 $t+\text{Exp}(\lambda)$ 时刻调度'A'
3：**while** TRUE
4：　从事件表中得到第一个事件
5：　令当前时刻 t 等于该事件的发生时间
6：　**switch** 当前事件类型
7：　　**case**'A'：Call Arrival
8：　　**case**'D1'：Call Departure1
9：　　**case**'D2'：Call Departure2
10：　**end**
11：　从事件表中删除当前事件并重新排序事件表
12：**end**

图 3.6　面向事件仿真程序的主程序

事件子程序的作用是更新系统状态、调度新的事件并将事件列入事件表，例如，在时刻 t 一个到达事件将触发另一个到达事件在时间 $t+Z$ 发生，其中 $Z \sim \text{Exp}(\lambda)$，我们在主程序里将该时间记为 $t+\text{Exp}(\lambda)$。同时，如果第一个队列是空的，也将触发一个在时刻 $t+\text{Exp}(\mu_1)$ 从第一个队列的离开事件。

Arrival
调度'A'
at $t+\text{Exp}(\lambda)$
if $x=0$
调度'D1'
at $t+\text{Exp}(\mu_1)$
end
$x=x+1$

Departure1
$x=x-1$
if $x \neq 0$
调度'D1'
at $t+\text{Exp}(\mu_1)$
end
if $x=0$
调度'D2'
at $t+\text{Exp}(\mu_2)$
end
$y=y+1$

Departure2
$y=y-1$
if $y \neq 0$
调度'D2'
at $t+\text{Exp}(\mu_2)$
end

图 3.7　面向事件仿真程序的事件子程序

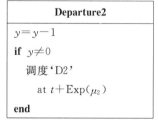

在离散事件仿真中，面向进程法要比面向事件法灵活得多。面向进程的仿真程序与驱动仿真的实际过程十分相似，这些仿真程序总是用面向对象的编程语言

来实现的，比如 Java 或 C++。下面将通过串联队列的例子来说明面向进程的仿真方法。与面向事件方法不同，顾客、服务员以及队列都是实际的实体，在程序里用可以操作的**对象**实现。队列是一种被动对象，它能包含各种顾客，也可以为空，而顾客可以包含自己的有关信息，比如到达时间或离开时间等。服务员是活动对象（**过程**），他们之间或与被动对象之间可以相互作用，例如，第一个服务员将顾客带离第一个队列，为这位顾客服务，完成服务后再将这位顾客排进第二个队列，在这个过程中，如果必要则提醒第二个服务员有新顾客到达。为了生成到达事件，我们定义了**生成器**进程来产生顾客并将产生的顾客置于第一个队列，如果必要则提醒第一个服务员，等待一段随机的到达间隔时间（假定到达之间的间隔时间是独立同分布的），然后重复这些操作以产生下一个顾客。

和面向事件法一样，面向进程法也用事件表来记录当前事件和未发生的事件，但是这个事件表包含的是**进程**，事件表最顶端的进程是当前处于活动状态的进程。一个进程可以将其他进程置于事件表的顶端从而激活这些进程，而活动进程也可以将它们的动作保持一定的时间（把这些进程在事件表中进一步提前），进程也可以同时挂起（将它们从事件表中临时移除）。图 3.8 给出了采用面向进程法对串联队列进行仿真的一个典型的程序结构。

Main

```
初始化:创建 2 个队列、2 个服务员和顾客产生器进程 Generator
激活进程 Generator
等待(仿真周期)
结束
```

Generator

```
while TRUE
   产生 1 个新顾客
   把该顾客放入队列 1
   if 服务员 1 空闲
      激活进程 Server 1
   end
   等待(顾客到达间隔时间)
end
```

Server 1

```
1:while TRUE
2:   if 队列 1 为空
3:      挂起
4:   else
5:      从队列 1 取出第一个顾客
6:      等待(服务时间)
7:   end
8:   把顾客放入队列 2
9:   if 服务员 2 空闲
10:       激活进程 Server 2
11:   end
12:end
```

图 3.8 串联队列面向进程仿真的程序结构。进程 Server 2 与进程 Server 1 相似，只需把第 8～11 行替换为“从系统中删除顾客”

仿真中需要收集各种统计数据，比如等待时间或队列长度，这些工作可以通过不同对象在仿真的各个阶段完成。例如，顾客可以记录他们的到达时间和离开时间，并在离开系统之前将其报告或记录下来。目前有很多免费的面向对象的仿真环境，比如 SSJ、J-Sim 和 C++Sim 等，都是受到早期的仿真语言 SIMULA 的启发而得来的。

3.3.2　修理工问题

假设有 n 台机器同时在工作，机器是不可靠的，时常会发生故障。一共有 $m<n$ 个相同的修理工，他们每次仅能在一台机器上工作。一台机器修理好之后就如同新的一样。每台机器都有一个固定的生命周期分布和修理时间分布，假定生命周期和修理时间是相互独立的。由于修理工的数目少于机器数目，有可能会发生这种情况：一台机器坏了而所有修理工都在忙于修理其他故障机器。在这种情况下，故障机器就会排在一个队列里等待空闲的修理工进行修理。当修理工作完成以后，如果修理工发现故障机器的队列是空的，就进入修理工池保持空闲状态，直到又有故障机器出现，假定机器和修理工都是以先入先出(FIFO)的方式进入各自的队列。假如系统有 3 个修理工和 5 台机器，如图 3.9 所示。

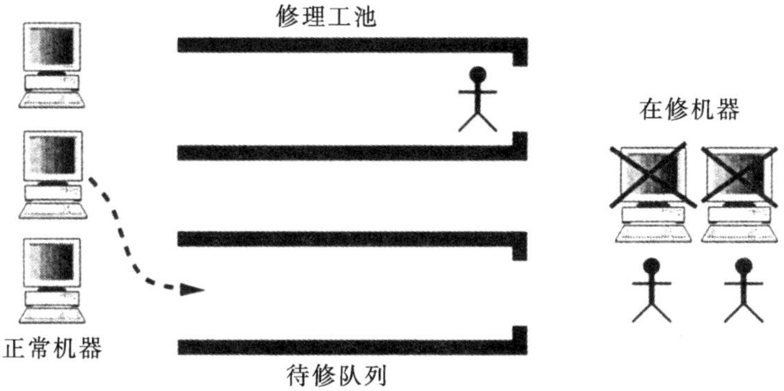

图 3.9　修理工系统

对于这一特定模型，系统状态包括在任意时刻 t 空闲的修理工的数目 R_t 和出现故障的机器数目 F_t。一般来说，随机过程 $\{(F_t, R_t), t \geqslant 0\}$ 不是马尔可夫过程，除非服务和生命周期均服从指数分布。

与仿真串联队列一样，我们首先讲述针对该模型的面向事件法，然后介绍面向进程法。

3.3.2.1　面向事件法

共有两种类型的事件：故障事件‘F’和修理事件‘R’。每个事件都会触发相应的故障程序或修理程序的执行。主程序的任务就是推进仿真时钟并给每个事件指定正确的事件程序。定义 n_f 为出现故障的机器数目，n_r 为空闲修理工的数目，则主程序如下所示：

主程序

1：**初始化**：令 $t=0, n_r=m, n_f=0$

2：**for** $i=1$ to n

3：　在[$t+$机器 i 的生命周期 $lifetime(i)$]时刻为机器 i 调度'F'事件

4：**end**

5：**while** TRUE

6：　从事件表中取出第一个事件

7：　令当前时刻 t 等于该事件的发生时间

8：　令 i 为该事件涉及的机器编号

9：　**switch** 当前事件类型

10：　　**case** 'F'：Call **Failure**

11：　　**case** 'R'：Call **Repair**

12：　**end**

13：　从事件表中删除当前事件

14：**end**

　　一旦出现故障就需要调度一个维修事件，其发生时间等于当前时间加上修理这台机器所需的时间，但是，只有在存在空闲的修理工的时候才能开始维修。如果没有空闲的修理工，该机器就会被置于故障队列，同时，把故障机器的数目加 1。下面是故障程序：

故障程序

1：**if** $(n_r>0)$

2：　在[$t+$机器 i 的修理时间 $repairtime(i)$]时刻为机器 i 调度'R'事件

3：　$n_r=n_r-1$

4：**else** 将机器加入待修队列

5：**end**

6：$n_f=n_f+1$

　　一旦修理事件发生，就把故障的机器数目减 1，并为刚刚修理好的机器调度一个故障事件，时间是该机器的一个生命周期以后。如果故障队列是非空的，修理工就会从队列里取出下一台机器进行修理，并调度一个相应的修理事件；否则把空闲的修理工的数目加 1。下面给出修理程序：

修理程序

1: $n_f = n_f - 1$

2: 在[t+机器 i 的生命周期 $lifetime(i)$]时刻为机器 i 调度'F'事件

3: **if** 修理工池为空

4: 　从待修队列取出第一个机器，令 j 为其编号

5: 　在[t+机器 i 的修理时间 $repairtime(j)$]时刻为机器 j 调度'R'事件

6: **else** $n_r = n_r + 1$

7: **end**

3.3.2.2 面向进程法

采用流程图的形式表示各个仿真进程能够清楚地勾勒出面向进程的仿真方法的轮廓。在本例的仿真中共有二个进程：修理工(Repairman)进程和机器(Machine)进程。图 3.10 所示的流程图已经非常清楚，不需要加以说明。需要注意，图中的平行线表示该进程挂起，也就是说该进程被暂时停止(从事件表中移除)，直

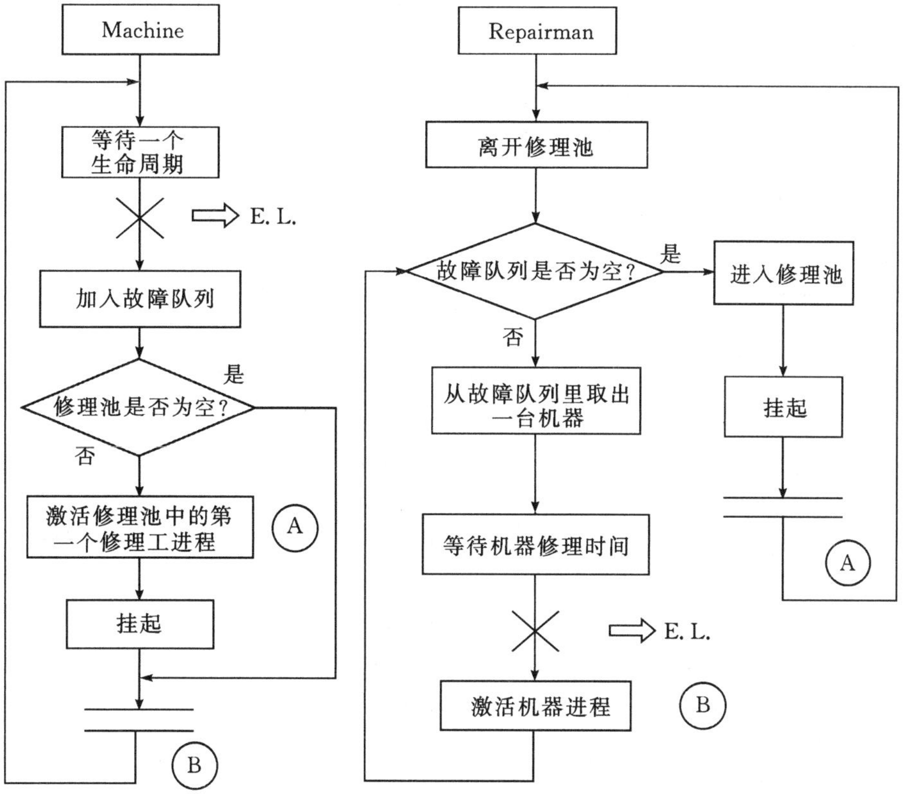

图 3.10　修理工问题中两个进程的流程图

到被另一个进程激活。圆圈里的字母 A 和 B 表示两者是如何相互作用的，即挂起和激活的关系。流程图里的叉号表明该进程在事件表(E. L.)中被重新调度，当一个进程需要等待一段时间的时候才会发生这种情况。等待时间过后，该进程就会从它开始等待的地方重新运行。

习题

3.1 考虑例 1.13 中的 $M/M/1$ 排队系统，令 X_t 为系统在 t 时刻的顾客人数，运用面向事件或面向进程的离散事件仿真方法编写一段计算机程序来仿真随机过程 $X=\{X_t,t\geqslant 0\}$。对于 $\lambda=1,\mu=2$ 和 $\lambda=10,\mu=11$ 这两种情况，请给出相应的样本路径。

3.2 重复上面这个仿真，假定到达间隔时间服从 $U(0,2)$ 分布，服务时间服从 $U(0,1/2)$ 分布(所有时间都是相互独立的)。

3.3 运行例 3.1 中的 Matlab 程序或者自己选择一种程序语言实现该程序。运行 1000 次，有多少次在前 100 天里账户出现了负余额？对于很大的 t，过程有何表现？

3.4 编写针对串联队列问题的面向事件的仿真程序，令到达时间间隔服从均值为 5 的指数分布，而服务时间均匀分布在区间[3,6]上，画出两个队列的长度过程的实现图。

3.5 考虑包含 2 台相同机器和 1 个修理工的修理工问题。假定机器的生命周期服从期望为 5 的指数分布，机器的修理时间服从期望为 1 的指数分布，所有生命周期和修理时间都是相互独立的。令 X_t 为 t 时刻出现故障的机器数目。

a)证明 $X=\{X_t,t\geqslant 0\}$ 是一个生灭过程，并给出相应的出生率和死亡率。

b)根据算法 2.7.2 写一段程序来仿真过程 X，使用该程序估计 2 台机器均发生故障的时间比例。从 $t=0$ 到 $t=100\ 000$ 进行仿真。

c)采用面向事件法编写一段该过程的仿真程序。

d)令生命周期和修理时间分别均匀分布在区间[0,10]和[0,2]上(期望值与以前相等)，从时间 $t=0$ 到 $t=100\ 000$ 进行仿真，两台机器均发生故障的时间比例是如何改变的？

e)假设生命周期和修理时间同上，但是现在系统中有 5 台机器和 3 个修理工，从时间 $t=0$ 到 $t=100\ 000$ 再次进行仿真。

3.6 画出串联队列问题的所有进程的流程图，形式如图 3.10 所示，也可参见图 3.8。

3.7 考虑如下排队系统：顾客根据速率为 λ 的泊松过程到达一个圆，圆的周长为

1，唯一的 1 个服务员以恒速 α^{-1} 在圆周上穿行。顾客到达之后根据均匀分布在圆周上随机地选择自己的位置，服务员总是向最近的顾客移动，有时是顺时针移动，有时是逆时针移动。当到达一个顾客的位置后，服务员就停下来为该顾客服务，服务时间服从参数为 μ 的指数分布。服务完毕后顾客就离开圆周，而服务员则重新恢复他在圆周上的移动。这就是所谓的**连续“贪婪”服务员轮询系统**(continuous poling system with a “greedy” server)。令 $\eta=\lambda\alpha$，$X_t\in[0,1]$为服务员在 t 时刻所处的位置，令 N_t 为 t 时刻在圆周上等待的顾客人数。编写该系统的仿真程序，假设参数取值为 $\lambda=1$，$\mu=2$，针对 α 的不同值画出过程$\{X_t,t\geqslant 0\}$和$\{N_t,t\geqslant 0\}$的实现图。注意，尽管状态空间$\{X_t,t\geqslant 0\}$为连续的，该系统仍旧是离散事件动态系统，因为系统状态是在到达事件和服务事件发生的时刻改变的。

3.8　考虑一条连续流水线，它包含 3 台串联的机器，这些机器之间有 2 个存储区(又叫缓冲区)，零件不断地从一台机器通过缓冲区流向另一台机器，如图 3.11 所示。

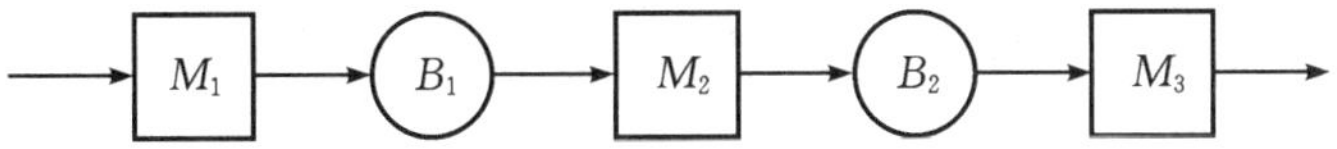

图 3.11　有 3 台机器和 2 个缓冲区的流水线(三阶段流水线)

每一台机器 $i=1,2,3$ 都有特定的加工速度 v_i，是机器把产品从其上游缓冲区转移到下游缓冲区的最大速度。机器 i 的生命周期服从参数为 λ_i 的指数分布，机器 i 的修理过程从它出现故障后即刻开始，需要的维修时间服从参数为 μ_i 的指数分布。假定所有的生命周期和修理时间都是相互独立的，故障也与设备的运行状况无关，即一台“饥饿”的机器(机器没有从上游缓冲区接收到产品而处于空闲状态)的故障率与满负荷运行的机器的故障率是一样的。假设第一台机器的产品输入是无限的。

假定所有机器的加工速度都是 1，缓冲区的容量相等，都为 b，所有机器都是一样的，参数均为 $\lambda=1$，$\mu=2$。

a)针对该系统编写面向事件或面向进程的仿真程序。

b)通过仿真估计该系统的平均生产量(在流水线长期运行的情况下单位时间内进入系统或离开系统的产品数量)，该值是缓冲区容量 b 的函数。

深入阅读

最早关于蒙特卡洛的著作是由 Hammersley 和 Handscomb 所著的[3]，Kalos 和 Whitlock 的著作[4]也是一本经典的参考教材，离散事件仿真中的面向事件法和面向进程法在 Mitrani[6] 中做了很好的解释，还有很多关于离散事件仿真的书籍，分别关注建模和仿真过程的不同方面，本文用到了文献[5]、[8]、[1]和[2]。在编写仿真程序时，计算机语言的选择具有主观性，本章讨论的简单模型可以用任意一种标准的计算机语言实现，比如，Matlab 没有提供简单的事件表操作函数，但也可以用于编写仿真程序。采用商业化的仿真环境实现更大的模型会更加简单，比如 ARENA/SIMAN 和 SIMSCRIPT Ⅱ.5 等。此外，还有各种免费的类似 SIMULA 的 Java 程序包，应用它们可快速编写面向事件法和面向进程法的仿真程序，比如 Pierre L'Ecuyer的 SSJ(http://www.iro.umontreal.ca/~simardr/ssj)、由代尔夫特理工大学(Delft University of Technology)开发的 DSOL(http://sk-3.tbm.tudelft.nl/simulation/)以及 J-SIM (http://www.j-sim.zcu.cz/)。

参考文献

1. J. S. Banks, J. S. Carson II, B. L. Nelson, and D. M. Nicol. *Discrete-Event System Simulation*. Prentice-Hall, Englewood Cliffs, NJ, 4th edition, 2004.
2. G. S. Fishman. *Discrete Event Simulation: Modeling, Programming, and Analysis*. Springer-Verlag, New York, 2001.
3. J. M. Hammersley and D. C. Handscomb. *Monte Carlo Methods*. John Wiley & Sons, New York, 1964.
4. M. H. Kalos and P. A. Whitlock. *Monte Carlo Methods, Volume I: Basics*. John Wiley & Sons, New York, 1986.
5. A. M. Law and W. D. Kelton. *Simulation Modeling and Analysis*. McGraw-Hill, New York, 3rd edition, 2000.
6. I. Mitrani. *Simulation Techniques for Discrete Event Systems*. Cambridge University Press, Cambridge, 1982.
7. T. J. Naylor, J. L. Balintfy, D. S. Burdick, and K. Chu. *Computer Simulation Techniques*. John Wiley & Sons, New York, 1966.
8. R. Y. Rubinstein and B. Melamed. *Modern Simulation and Modeling*. John Wiley & Sons, New York, 1998.

第 4 章

离散事件系统的统计分析

4.1 引言

仿真研究的一个重要方面就是输出数据的统计分析，输出数据就是从仿真模型得到的数据。本章将介绍几种重要的统计技术，并将其应用到不同类型的仿真模型。在前面的章节中已经讲过，仿真模型一般可以划分为**静态**模型和**动态**模型，在这两种情况下，系统的行为用**系统状态**来描述，而在所有实际应用中，都可以把系统状态看作是一个有限维的随机向量 $\boldsymbol{X}$，包含了系统的所有信息。在静态模型中，系统状态不依赖于时间，这类模型的仿真涉及系统状态的重复生成，可以运用第 2 章的算法来实现。在动态模型中，系统状态**依赖于时间**，比如 $\boldsymbol{X}_t$ 表示的是 t 时刻的状态，系统的行为用离散时间或连续时间的随机过程 $\{\boldsymbol{X}_t\}$ 来表示。

本章内容组织如下：第 4.2 节介绍由静态模型得到的输出数据的统计分析，第 4.3 节讨论动态模型的有限周期仿真和稳态仿真之间的差异。第 4.3.2 节详细介绍稳态仿真的分析方法，包括估计系统稳态性能的两种常用方法，即批均值法和再生法，分别在 4.3.2.1 节和 4.3.2.2 节中讨论。最后，在第 4.4 节介绍 Bootstrap 方法。

4.2 静态仿真模型

第 3 章已经提到，在一个静态仿真模型中，系统状态不依赖于时间。假定我们想要确定某个期望值

$$\ell = E[H(\boldsymbol{X})] = \int H(x) f(x) \mathrm{d}x \tag{4.1}$$

其中 $\boldsymbol{X}$ 是概率密度函数为 f 的随机向量，$H(x)$ 是一个实值函数，称作**性能函数**。假定 ℓ 不能通过解析的方法得到，我们需要采取仿真方法，则 ℓ 的一个无偏估计是**样本均值**

$$\hat{\ell} = N^{-1}\sum_{i=1}^{N} H(X_i) \tag{4.2}$$

其中 $X_1,\cdots,X_N$ 是由 f 抽样得到的一个**随机样本**，即$\{X_i\}$是 $\boldsymbol{X}\sim f$ 的相互独立的多次取值序列。

■例 4.1　可靠性模型

考虑一个包含 n 个元件的系统，每个元件 $i=1,\cdots,n$ 的运行状态由 $X_i\sim\mathrm{Ber}(p_i)$表示，其中 $X_i=1$ 表示元件正在工作，而 $X_i=0$ 则表示元件出现故障。注意，元件正常工作的概率(即**可靠性**)为 p_i，于是系统的故障行为用二进制随机向量 $\boldsymbol{X}=(X_1,\cdots,X_n)$来表示，通常假定$\{X_i\}$是独立的。假定系统的运行状态(比如 Y)要么处于正常运行状态，要么出现故障，取决于元件的运行状态。换句话说，假设存在一个函数 $H:\mathscr{X}\to\{0,1\}$，有

$$Y = H(\boldsymbol{X})$$

其中$\mathscr{X}=\{0,1\}^n$ 是长度为 n 的所有二进制向量的集合。

函数 H 称为**结构函数**，通常可以用一个图来表示。具体地，图 4.1 是一个有 5 个元件(连线)的桥接网络。对于该特定模型，如果黑色的终端节点由正常的连线连接，则系统是正常工作的，即 $H(\boldsymbol{X})=1$。该系统的结构函数(见习题 4.2)

$$H(\boldsymbol{X}) = 1-(1-x_1x_4)(1-x_2x_5)(1-x_1x_3x_5)(1-x_2x_3x_4) \tag{4.3}$$

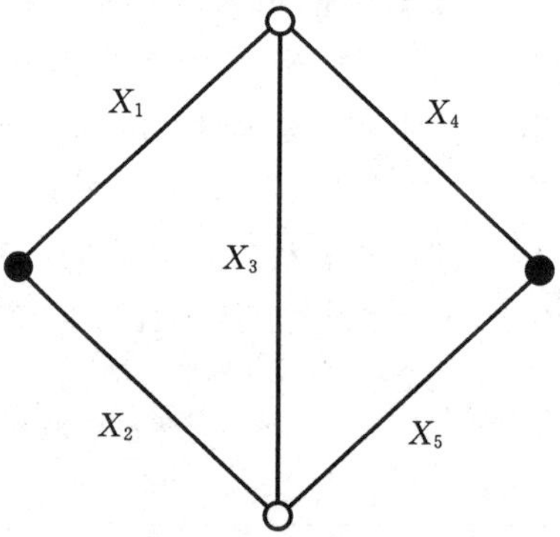

图 4.1　桥接网络

假定我们感兴趣的是一般的 n 元件系统的可靠性 ℓ，我们有

$$\begin{aligned}\ell &= P(Y=1) = E[H(\boldsymbol{X})] = \sum_{x\in\mathscr{X}} H(\boldsymbol{x})P(\boldsymbol{X}=\boldsymbol{x}) \\ &= \sum_{x\in\mathscr{X}} H(\boldsymbol{x})\prod_{i=1}^{n}\left[p_i^{x_i}(1-p_i)^{1-x_i}\right]\end{aligned} \tag{4.4}$$

对于具有大量元件却缺乏结构信息的复杂系统，根据式(4.4)计算系统的可靠性是非常耗时的，因为这种方法需要对 2^n 个向量 $\boldsymbol{x}$ 计算 $P(\boldsymbol{X}=\boldsymbol{x})$和 $H(\boldsymbol{x})$。然

而，即使对一个大规模系统，如果 $H(\boldsymbol{x})$ 很容易估计，那么通过仿真 $\boldsymbol{X}$ 并根据式(4.2)来估计 ℓ 仍然是一个可行的方法。在实际中只需要远远少于 2^n 个样本来准确估计 ℓ。

■例 4.2　随机 PERT 网络

计划评审技术(PERT)是一种常用于项目管理的工具。一个项目通常包含许多活动，其中有些活动可以并行执行，而其他活动只能在某些特定的前期活动完成之后才能执行。特别地，每一个活动都有一系列前期活动作为**先决条件**，只有这些前期活动完成之后，该活动才能开始。PERT 网络是一个有向图，其中弧线代表活动，顶点代表一些具有里程碑意义的重要节点。当指向某个节点的所有活动都完成了的时候，这个节点才算完成，同时，一个活动在开始之前，该活动的源节点必须完成。表 4.1 是一个前期活动的例子，其 PERT 图在图 4.2 中给出。

表 4.1　活动的先后顺序

活动	1	2	3	4	5	6	7	8	9	10	11	12
前期活动	—	—	1	1	2	2	3	3	4,6	5,8	7	9,10

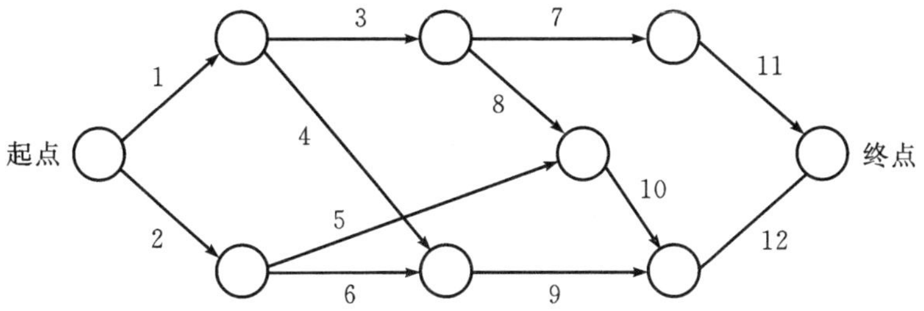

图 4.2　一个随机 PERT 网络

假定每个活动 i 都需要随机时间 X_i 来完成，PERT 网络的一个重要指标就是项目最大持续时间，即从起点到终点的最长路径的长度，这就是所谓的**关键路径**。假定我们感兴趣的是项目最大持续时间的期望值，比如 ℓ，令 $\boldsymbol{X}$ 为活动长度向量，$H(\boldsymbol{X})$ 为关键路径的长度，则有

$$\ell = E[H(\boldsymbol{X})] = E\left[\max_{j=1,\cdots,p} \sum_{i \in \mathscr{P}_j} X_i\right] \tag{4.5}$$

其中 $\mathscr{P}_j$ 是从起点到终点的第 j 条完整路径，p 是这种路径的数目。

4.2.1　置信区间

为了具体说明一个特定估计值 $\hat{\ell}$ 的**精确度**，即它与实际的未知参数 ℓ 的接近程度，我们不仅需要给出一个点估计$\hat{\ell}$，而且需要一个置信区间。我们回忆第1.13节的中心极限定理，$\hat{\ell}$近似服从正态分布$N(\ell,\sigma^2/N)$，其中σ^2是$H(\boldsymbol{X})$的方差。通常σ^2是未知的，但是它可以由**样本方差**估计得到，即

$$S^2=\frac{1}{N-1}\sum_{i=1}^{N}(H(X_i)-\hat{\ell})^2 \tag{4.6}$$

根据大数定理，随着$N\to\infty$，上式趋向于σ^2。于是，对于较大的N，我们可以看到$\hat{\ell}$近似服从$N(\ell,S^2/N)$分布。因此，如果用z_γ表示$N(0,1)$分布的γ分位点（即满足$\Phi(z_\gamma)=\gamma$的数，其中Φ表示标准正态分布的累积分布函数，比如$z_{0.95}=1.645$，因为$\Phi(1.645)=0.95$），那么

$$P\left(\hat{\ell}-z_{1-\alpha/2}\frac{S}{\sqrt{N}}\leqslant\ell\leqslant\hat{\ell}+z_{1-\alpha/2}\frac{S}{\sqrt{N}}\right)\approx1-\alpha$$

换句话说，ℓ的一个近似$(1-\alpha)100\%$**置信区间**为

$$\left(\hat{\ell}\pm z_{1-\alpha/2}\frac{S}{\sqrt{N}}\right) \tag{4.7}$$

其中记号$(a\pm b)$是区间$(a-b,a+b)$的简写。

在仿真实践中通常使用置信区间的**绝对**宽度和**相对**宽度，如果$\hat{\ell}>0$，它们分别定义为

$$w_a=2z_{1-\alpha/2}\frac{S}{\sqrt{N}} \tag{4.8}$$

及

$$w_r=\frac{w_a}{\hat{\ell}} \tag{4.9}$$

绝对宽度和相对宽度可以当作停止规则用来控制仿真运行的长度。当ℓ很小时，相对宽度特别有用，例如，如果ℓ是一个系统的不可靠性（1减去可靠性），而该系统的所有元素都很可靠。在这种情况下ℓ可能小到$\ell\approx10^{-10}$，所以采用$w_a=0.05$得到的结果几乎没有什么意义，相反地，采用$w_r=0.05$就相当有意义。另一个重要的量是估计值$\hat{\ell}$的**相对误差**(RE)，定义为（也可参见式(1.47)）

$$\mathrm{RE}=\frac{\sqrt{\mathrm{Var}(\hat{\ell})}}{E[\hat{\ell}]}=\frac{\sigma}{\ell\sqrt{N}} \tag{4.10}$$

该式可以用$S/\hat{\ell}\sqrt{N}$估计，注意该式也等于w_r除以$2z_{1-\alpha/2}$。

总结以上讨论，用下面的算法可以估计期望的系统性能$\ell=E[H(\boldsymbol{X})]$，并计算相应的置信区间。

算法 4.2.1

1. 重复执行模型N次，得到样本$X_1,\cdots,X_N$，计算$H(X_i),i=1,\cdots,N$。
2. 根据式(4.2)和式(4.7)分别计算ℓ的点估计和置信区间。

4.3 动态仿真模型

动态仿真模型用于描述随着时间的推移而演变的系统，我们的研究目标与静态系统一样，在于估计系统性能的期望，系统的状态用一个随机过程$\{\boldsymbol{X}_t\}$来描述，该过程可能有一个连续时间或离散时间参数。为简单起见，我们主要考虑$\boldsymbol{X}_t$是一个标量随机变量的情况，于是可以用X_t代替$\boldsymbol{X}_t$。

我们首先分析**有限周期**仿真和**稳态仿真**的区别。在有限周期仿真中，系统性能的度量值与指定的仿真时间区间$[0, T]$相关，其中T可能是一个随机变量。而在稳态仿真中，性能度量定义为随着时间周期（仿真长度）趋于无穷大的某个极限值。

我们用下面的示例对有限周期仿真和稳态仿真进行更深入的说明。假定状态X_t表示$M/M/1$队列在处于稳定状态时的顾客数目（例 1.13），令

$$F_{t,m}(x) = P(X_t \leqslant x \mid X_0 = m) \tag{4.11}$$

为X_t的累积分布函数，给定初始状态$X_0=m$，即初始有m个顾客。在$X_0=m$条件下$F_{t,m}(x)$称为X_t的**有限周期分布**。

对于某个随机变量X，我们称过程$\{X_t\}$**进入稳态**（等同于**处于稳态**），如果对所有的m都满足

$$\lim_{t\to\infty} F_{t,m}(x) = F(x) \equiv P(X \leqslant x) \tag{4.12}$$

换句话说，**稳态**就意味着随着$t\to\infty$，瞬态累积分布函数$F_{t,m}(x)$（通常依赖于t和m）逐渐趋于一个稳态累积分布函数$F(x)$，而**不再依赖**于初始状态m，我们说随机过程$\{X_t\}$**在分布上收敛**到一个随机变量$X \sim F$。这样，如果从很远的未来对系统进行观察，X可以看作系统的随机状态。**稳态**的实际意义可以理解为，在经历一段时间之后，瞬态累积分布函数$F_{t,m}(x)$就接近于它的极限（稳态）累积分布函数$F(x)$，但是，这并不意味着在任意一个时间点由仿真运行得到的$\{X_t\}$会变成独立的或者恒定的，意识到这一点非常重要。具体说明如图 4.3 所示，其中虚线是X_t的期望值。

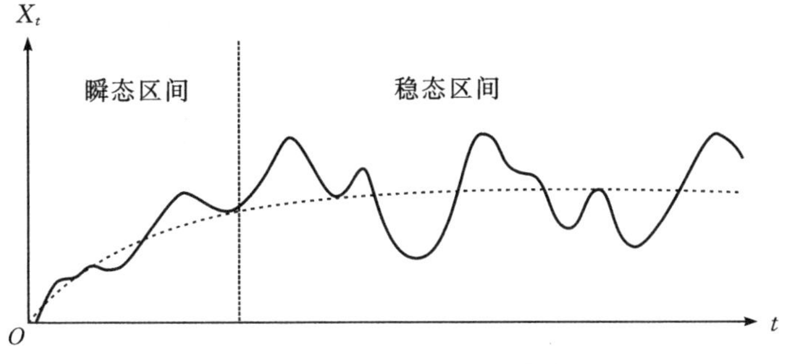

图 4.3　动态仿真模型的状态过程

我们通常只能得到简单的马尔可夫模型的准确分布(瞬态和稳态),比如 $M/M/1$ 队列。对于非马尔可夫模型,其分布(瞬态和稳态)甚至相关时刻的值通常都无法通过解析法得到。为了对这类系统进行性能分析,必须采用仿真方法。

注意,对于某些随机模型,只有有限周期的仿真才是可行的,因为稳定状态可能并不存在,或者由于有限周期的时间跨度过长,使得稳态分析在数值计算量上受到限制(参见文献[9])。

4.3.1 有限周期仿真

有限周期仿真模型的统计分析基本上与静态模型的分析是一样的,为了阐述分析过程,假定$\{X_t, t \geqslant 0\}$是一个连续时间过程,我们希望估计该过程的期望平均值

$$\ell(T, m) = \mathscr{E}\left[T^{-1}\int_0^T X_t \, \mathrm{d}t\right] \tag{4.13}$$

该值是时间周期 T 和初始状态 $X_0 = m$ 的函数。(对于离散时间过程$\{X_t, t = 1, 2, \cdots\}$,把积分值 $\int_0^T X_t \mathrm{d}t$ 替换为和的形式 $\sum_{t=1}^{T} X_t$。)举一个例子,如果 X_t 表示排队系统在 t 时刻的顾客人数,那么 $\ell(T, m)$就是在时间区间$[0, T]$内系统中顾客的平均数,给定 $X_0 = m$。

现在假设 N 个独立过程重复执行,每一个过程都是从状态 $X_0 = m$ 开始,那么,与静态模型一样(见式(4.2)和式(4.7)),$\ell(T, m)$的点估计和$(1-\alpha)100\%$置信区间可以分别写为

$$\hat{\ell}(T, m) = N^{-1}\sum_{i=1}^{N} Y_i \tag{4.14}$$

和

$$(\hat{\ell}(T, m) \pm z_{1-\alpha/2} S N^{-1/2}) \tag{4.15}$$

其中 $Y_i = T^{-1}\int_0^T X_{ti} \mathrm{d}t$, X_{ti}是在 t 时刻从第 i 个过程得到的观察值,S^2 是$\{Y_i\}$的样本方差。下面是估计有限周期系统的性能 $\ell(T, m)$的算法:

算法 4.3.1

1. 执行过程$\{X_t, t \leqslant T\}$的 N 个独立过程,各过程均由初始状态 $X_0 = m$ 开始。
2. 分别由式(4.14)和式(4.15)计算 $\ell(T, m)$的点估计和置信区间。

如果我们希望估计时间区间$(0, T]$内系统中的顾客数的最大值,而不是期望的平均顾客数,唯一需要改变的就是将 $Y_i = T^{-1}\int_0^T X_{ti} \mathrm{d}t$ 替换为 $Y_i = \max_{0 \leqslant t \leqslant T} X_{ti}$。用同样的方式也可以估计该系统的其他性能参数,比如在$(0, T]$内最大顾客数超

过某个水平 γ 的概率或者前 k 个顾客在系统中滞留时间的期望平均值。

4.3.2 稳态仿真

稳态仿真关注的是那些具有某种形式的平稳或长期行为特性的系统，简单地说，如果我们将该类系统看作是在无穷远的过去就开始运行的，那么任意关于初始条件和起始时间的信息都变得无关紧要了。更确切的说法是，系统状态可以描述为一个**平稳过程**，参见第 1.12 节。

例 4.3　*M/M/1* 队列

考虑一个生灭过程 $\{X_t, t\geqslant 0\}$，它表示 $M/M/1$ 队列中的顾客数，见例 1.13。如果流动强度 $\rho=\lambda/\mu$ 小于 1，则这个马尔可夫跳跃过程有一个极限分布，即

$$\lim_{t\to\infty}P(X_t=k)=(1-\rho)\rho^k,\quad k=0,1,2,\cdots$$

这也是该过程的平稳分布。当 X_0 服从该极限分布时，过程 $\{X_t, t\geqslant 0\}$ 就是平稳的，它的行为就像已经运行了无穷长时间，特别是 X_t 的分布不依赖于 t。相似的结果同样适用于马尔可夫过程 $\{Z_n, n=1,2,\cdots\}$，该过程表示第 n 个顾客到达之前系统中的顾客数。可以证明，在 $\rho<1$ 的条件下，该过程有着与 $\{X_t, t\geqslant 0\}$ **同样**的极限分布。注意，$M/M/1$ 队列的稳态期望性能指标值可以用解析方法获得，而对于例 4.4 讨论的 $GI/G/1$ 队列，就需要采用仿真的方法。

在进行有关稳态性能的推导和计算时需要格外注意，这些输出数据通常是相关的，而上述基于独立观察的统计分析方法就不再适用了。

为了消除时间因素和初始分布的影响，比较常见的做法是，舍弃那些在仿真的非稳态或瞬态阶段收集的数据，然而，通常很难清楚地判断过程在什么时候达到平稳状态。如果过程是再生的，那么第 4.3.2.2 节讨论的再生法就可以避免这种瞬态问题。

从现在开始我们假定 $\{X_t\}$ 是一个平稳过程，假如我们希望估计出稳态期望值 $\ell=E[X_t]$，比如期望的稳态队列长度或者队列中某个顾客的期望稳态逗留时间，那么 ℓ 可以估计为

$$\hat{\ell}=T^{-1}\sum_{t=1}^{T}X_t$$

或

$$\hat{\ell}=T^{-1}\int_0^{\mathrm{T}}X_t\,\mathrm{d}t$$

具体形式依赖于 $\{X_t\}$ 是一个离散时间过程还是连续时间过程。

为了具体说明，我们考虑离散的情况。$\hat{\ell}$ 的方差(见习题 1.15)由式

$$\mathrm{Var}(\hat{\ell})=\frac{1}{T^2}\Big(\sum_{t=1}^{T}\mathrm{Var}(X_t)+2\sum_{s=1}^{T-1}\sum_{t=s+1}^{T}\mathrm{Cov}(X_s,X_t)\Big)\tag{4.16}$$

给出，因为$\{X_t\}$是平稳的，我们有 $\text{Cov}(X_s, X_t) = E[X_s X_t] - \ell^2 = R(t-s)$，其中 R 是平稳过程的**协方差函数**，注意 $R(0) = \text{Var}(X_t)$，于是可以将式(4.16)写作

$$T\,\text{Var}(\hat{\ell}) = R(0) + 2\sum_{t=1}^{T-1}\left(1 - \frac{t}{T}\right)R(t) \tag{4.17}$$

类似地，如果$\{X_t\}$是一个连续时间过程，则把式(4.17)中的求和符号替换为相应的积分形式(从 $t=0$ 到 T)，而其他数据保持相同。在许多应用中，$R(t)$随着 t 迅速递减，于是在式(4.17)中只有求和的前面几项是有关的。这些协方差，比如 $R(0), R(1), \cdots, R(k)$等，可以用它们的(无偏)样本均值来估计，即

$$\hat{R}(k) = \frac{1}{T-k-1}\sum_{t=1}^{T-k}(X_t - \hat{\ell})(X_{t+k} - \hat{\ell}), \quad k = 0, 1, \cdots, K$$

于是，对于较大的 T，$\hat{\ell}$的方差可以估计为$\widetilde{S}^2/T$，其中

$$\widetilde{S}^2 = \hat{R}(0) + 2\sum_{t=1}^{K}\hat{R}(t)$$

为了得到置信区间，再一次运用中心极限定理，即$\sqrt{T}(\hat{\ell} - \ell)$的累计分布函数收敛于一个正态分布的累计分布函数，且该正态分布函数的期望为 0，方差为 $\sigma^2 = \lim\limits_{T\to\infty} T\text{Var}(\hat{\ell})$，即所谓的$\hat{\ell}$的**渐近方差**。用 $\widetilde{S}^2$ 作为 σ^2 的估计值，我们就能得到 ℓ 的一个近似$(1-\alpha)100\%$的置信区间，由下式给出：

$$\left(\hat{\ell} \pm z_{1-\alpha/2}\frac{\widetilde{S}}{\sqrt{T}}\right) \tag{4.18}$$

下面考虑两种常用的估计稳态参数的方法：**批均值法**和**再生法**。

4.3.2.1 批均值法

批均值法是仿真界应用最为广泛的一种通过单次仿真运行来估计稳态参数的方法，比如对于长度为 M 的仿真，运行前期是瞬态部分，需要删除相应的最初 K 个观察值，而剩下的 $M-K$ 个观察值被分成 N 批，每批的长度为

$$T = \frac{M-K}{N}$$

删除这些观测值是为了消除或减小初始偏差，剩余的观察值$\{X_t, t>K\}$在统计上更具有典型的稳态特征。

假定我们希望得到稳态性能的期望值 $\ell = E[X_t]$，假设 $t>K$ 时该过程是平稳的。为简单起见，假设$\{X_t\}$是一个离散时间过程，用 X_{ti}表示得到的第 i 批第 t 个观察值，长度为 T 的第 i 批观察值的样本均值为

$$Y_i = \frac{1}{T}\sum_{t=1}^{T}X_{ti}, \quad i = 1, \cdots, N$$

因此，ℓ 的样本均值$\hat{\ell}$为

$$\hat{\ell} = \frac{1}{M-K}\sum_{t=K+1}^{M} X_t = \frac{1}{N}\sum_{i=1}^{N} Y_i \tag{4.19}$$

具体过程如图 4.4 所示。

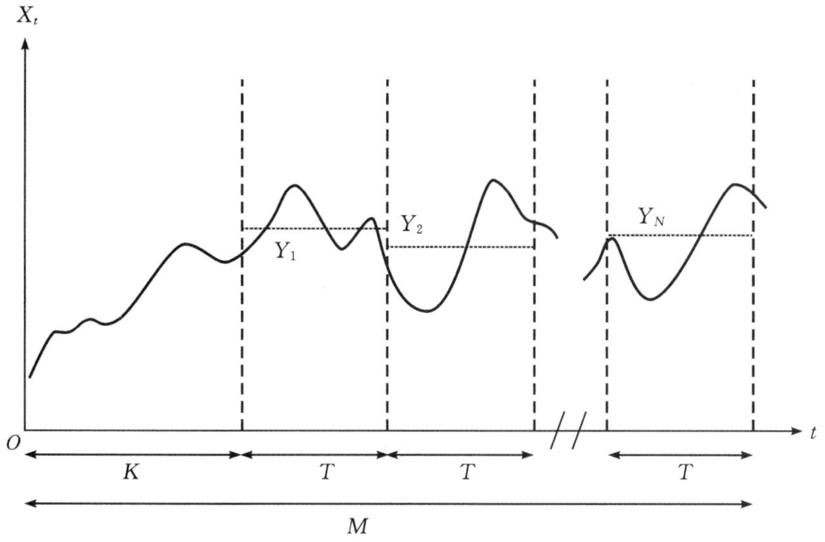

图 4.4　批均值法的步骤

为了确保各批观察值之间的近似独立性，它们的批大小 T 应该足够大。为了近似地保证中心极限定理成立，批数 N 通常应该在 20～30 的范围内。在这种情况下，ℓ 的一个近似置信区间由式(4.7)给出，其中 S 是 $\{Y_i\}$ 的样本标准差。当批均值呈现某种非独立性时，我们可以用式(4.18)来代替式(4.7)。

接下来我们简单讨论如何选择 K。一般来讲，这个参数的选择非常困难，几乎得不到解析解。下面这个排队问题的例子提供了一些启示：随着队列流动强度的增加，应该如何来增加 K。

令$\{X_t, t \geqslant 0\}$为一个 $M/M/1$ 排队系统的队列长度过程，不包括正在接受服务的顾客，假定从零时刻开始仿真，初始队列为空。文献[1,2]表明，为了保持在稳态均值的 1%以内，需要删除的初始长度 K 应该近似于 $8/(\mu(1-\rho)^2)$，其中 $1/\mu$ 是期望服务时间，于是，对于 $\rho=0.5, 0.8, 0.9$ 和 0.95，K 分别等于 32,200,800 和 3200 个期望服务时间单位。

一般来讲，我们可以采用下列简单的经验法则。

1. 定义长度为 T 的移动平均数 A_k，

$$A_k = \frac{1}{T}\sum_{t=k+1}^{T+k} X_t$$

2. 对不同的 k 值，计算 A_k，比如 $k=0,m,2m,\cdots,rm,\cdots$，其中 m 是固定不变的，比如 $m=10$。

3. 找到一个 r 使得 $A_{rm}\approx A_{(r+1)m}\approx\cdots\approx A_{(r+s)m}$，而 $A_{(r-s)m}\not\approx A_{(r-s+1)m}\not\approx\cdots\not\approx A_{rm}$，其中 $r\geqslant s$，假设 $s=5$。

4. 赋值 $K=rm$。

批均值算法具体描述如下。

算法 4.3.2(批均值法)

1. 运行一次长度为 M 的仿真，该仿真是有限周期的，删除相应的 K 个观察值。
2. 将其余 $M-K$ 个观察值分成 N 批，每一批的长度为

$$T=\frac{M-K}{N}$$

3. 分别根据式(4.19)和式(4.7)计算 ℓ 的点估计和置信区间。

■例 4.4　*GI/G/1* 队列

$GI/G/1$ 排队模型是例 1.13 和例 4.3 中讨论过的 $M/M/1$ 模型的一般形式，主要区别在于：(1)每一个到达间隔时间都有一个一般的累计分布函数 F；(2)每一个服务时间都有一个一般的累计分布函数 G。考虑过程 $\{Z_n,n=1,2,\cdots\}$，表示 $GI/G/1$ 排队系统中第 n 个顾客到达前观察到的顾客数目。图 4.5 给出了估计稳态队列长度的批均值法的实现过程，在这个例子中前 $K=100$ 个观察值被舍弃，剩下 $N=9$ 批观察值，每一批的长度均为 $T=100$，图中批均值用粗线标注。

说明 4.3.1(重复-删除法)　重复-删除法要求独立运行 N 次仿真，而批均值法只需运行一次仿真。仿真的每一次重复运行都是有限周期的，需要删除相应的前 K 个观察值并根据式(4.19)和式(4.7)分别计算 ℓ 的点估计和置信区间，这与批均值

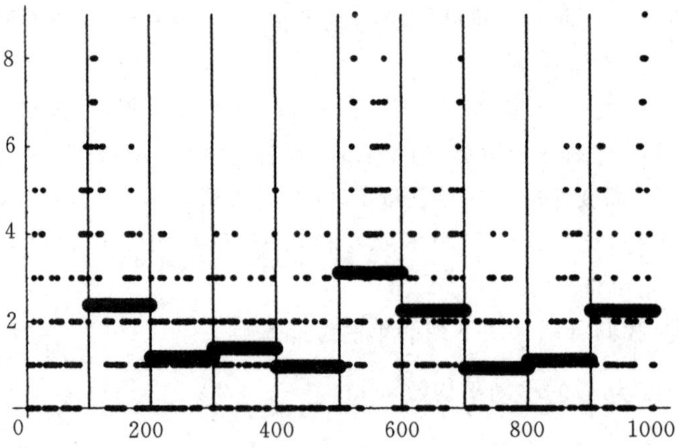

图 4.5　过程 $\{Z_n,n=1,2,\cdots\}$ 的批均值法

法完全一样。注意，用重复-删除法得到的置信区间是无偏的，而用批均值法得到的可能有微小偏差。然而，前者需要从**每一次**重复运行中删除初期的观测值，而后者只需删除**一次**，正因为这个原因，批均值法的应用更为广泛。关于重复-删除法的更多细节可以参考文献[9]。

4.3.2.2　再生法

如果存在随机的时间点 $T_0<T_1<T_2<\cdots$，使得在每一个时间点上随机过程 $\{X_t\}$ 都以随机的方式重新开始，则称该过程是**再生的**。更精确地讲，过程 $\{X_t\}$ 在这些时间点可以被分成一些独立同分布（iid）的子过程，它们的时间间隔称为**周期**，长度分别为 $\tau_i=T_i-T_{i-1}, i=1,2,\cdots$。

■例 4.5　马尔可夫链

马尔可夫链就是一个标准的再生过程的例子。假定一个马尔可夫链从状态 i 开始，令 $T_0<T_1<T_2<\cdots$ 表示到达状态 j 的时间。注意，在每一个随机时间 T_n 处，马尔可夫链都重新开始，且与过去无关，于是我们说马尔可夫过程**再生**了它自己。比如，考虑一个两状态的马尔可夫链，其转移矩阵为

$$\boldsymbol{P}=\begin{pmatrix} p_{11} & p_{12} \\ p_{21} & p_{22} \end{pmatrix} \tag{4.20}$$

假定这 4 个转移概率 p_{ij} 都是严格为正的，而且从状态 $i=1$ 开始，我们得到下列样本轨迹：

$$(x_0,x_1,x_2,\cdots,x_{10})=(1,2,2,2,1,2,1,1,2,2,1)$$

容易发现对应于上述样本轨迹的转移概率为

$$p_{12},p_{22},p_{22},p_{21},p_{12},p_{21},p_{11},p_{12},p_{22},p_{21}$$

取 $j=1$ 为再生状态，该轨迹包含 4 个周期，转移过程如下：

$$1\to2\to2\to2\to1;\quad 1\to2\to1;\quad 1\to1;\quad 1\to2\to2\to1$$

而相应的周期长度为 $\tau_1=4,\tau_2=2,\tau_3=1,\tau_4=3$。

■例 4.6　*GI/G/*1 队列（续）

这个例子也是一个典型的再生过程：$GI/G/1$ 系统中顾客数的过程表示为 $\{X_t,t\geqslant0\}$，其中再生时间 $T_0<T_1<T_2<\cdots$ 分别是顾客到达时系统的状态为空的时间（也可参见例 4.4，其中考虑了一个类似的离散时间过程）。我们可以看到，在每一个时间 T_i，该过程都重新开始，不依赖于过去，换句话说，该过程**再生**了它自己。图 4.6 给出了过程 $\{X_t,t\geqslant0\}$ 的一个典型样本路径。注意，这里有 $T_0=0$，即在时刻 0，一个顾客到达时系统是空的。

■例 4.7　(s,S) 库存策略模型

考虑一个连续盘点的单商品库存模型，该系统向外部提供商品并从生产企业

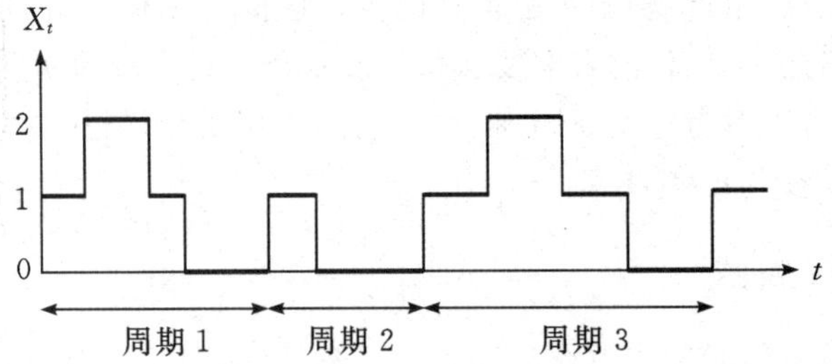

图 4.6　过程$\{X_t, t\geqslant 0\}$的一个样本路径

订购商品。当有需求出现时，库存要么直接满足该需求，要么以延期交货的形式满足用户需求。假设在 t 时刻的**净库存量**（现有的库存量减去延期交货量）为 N_t，而**库存水平**（净库存量加上已向厂家订购但未到货量）为 X_t。控制策略是一种与库存水平有关的(s,S)策略，具体地，在任意时间 t，如果收到一个需求 D 使得库存水平减少到小于 s（即 $X_{t-}-D<s$，其中 X_{t-} 表示在时刻 t 近前的库存水平），则向厂家提交一个订货量为 $S-(X_{t-}-D)$的订单，该订单会使库存水平立即恢复到 S；否则不采取任何措施。订单提交之后，货物将在 r 个时间单位到达，r 称为**前置**时间。很显然，如果 $r=0$，则 $X_t=N_t$。图 4.7 给出了两个库存过程，库存水平图中的点（在 s 线下方）表示在没有下订单的情况下库存水平应该所在的位置。

令 D_i 和 A_i 分别为第 i 个需求量和第 i 个需求间隔时间，假定$\{D_i\}$和$\{A_i\}$都是独立同分布的序列，累计分布函数分别为 F 和G，而且序列之间相互独立。在延后交货策略及上述假设下，库存水平过程$\{X_t\}$和净库存过程$\{N_t\}$都是再生的。特别地，当库存水平上升到 S 时，每个过程都是再生的，例如，每次下订单时，库存水平过程都是再生的。很容易发现图 4.7 中$\{X_t\}$的样本路径包含了 3 个再生周期，而$\{N_t\}$的样本路径仅包含 2 个再生周期，分别发生在第二次和第三次前置时间之后。注意，在这期间没有下任何订单。

再生过程概念的主要价值在于，仅在适度的条件下就能确保极限分布的存在，而且极限分布的行为仅依赖于过程在一个周期内的行为。

令$\{X_t\}$为一个再生过程，再生时间分别为 $T_0, T_1, T_2, \cdots, \tau_i=T_i-T_{i-1}, i=1, 2, \cdots$为周期长度。根据$\{X_t\}$是离散时间过程还是连续时间过程，针对某个实值函数 H 分别定义

$$R_i=\sum_{t=T_{i-1}}^{T_i-1} H(X_t) \tag{4.21}$$

或

$$R_i=\int_{T_{i-1}}^{T_i} H(X_t)\,\mathrm{d}t \tag{4.22}$$

其中 $i=1,2,\cdots$。为简单起见，假定 $T_0=0$。我们还假设在离散情况下周期长度并

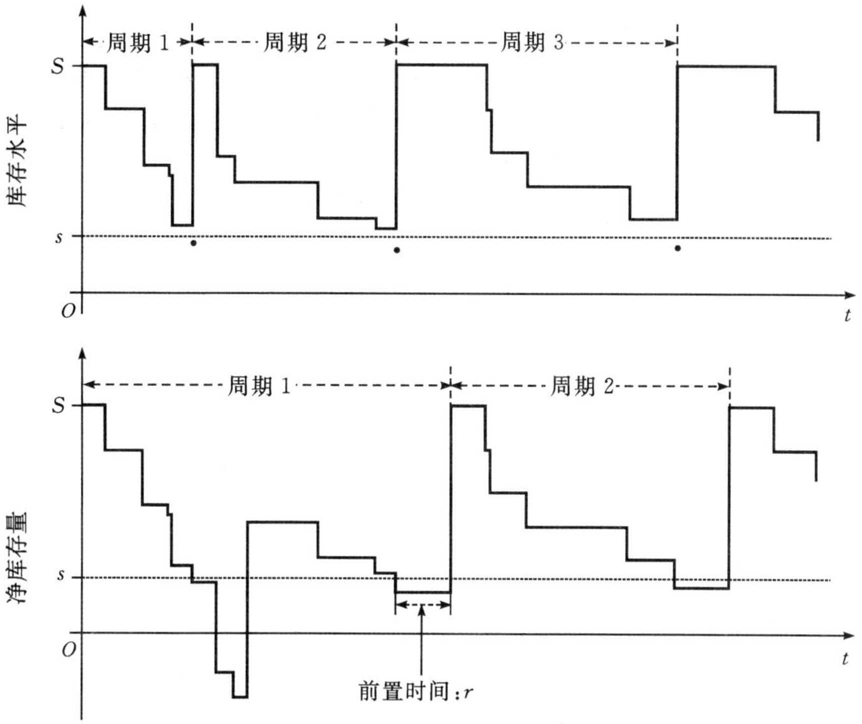

图 4.7　两个库存过程的样本路径

不总是某个大于 1 的整数的倍数。我们可以将 R_i 看作第 i 个周期内产生的收益或代价。令 $\tau = T_1$ 为第一个再生周期的长度，令 $R = R_1$ 为第一个周期的收益。

后面我们会需要再生过程的下列性质，参见文献[3]。

(a)如果 $\{X_t\}$ 是再生的，那么过程 $\{H(X_t)\}$ 也是再生的。

(b)如果 $E[\tau] < \infty$，那么在适度的条件下，过程 $\{X_t\}$ 有一个极限（稳态）分布，这是因为存在一个随机变量 X 满足

$$\lim_{t \to \infty} P(X_t \leqslant x) = P(X \leqslant x)$$

在离散情况下，该结论不需要额外的条件，而在连续情况下其充分条件是，过程的样本路径是右连续的，周期长度分布是**非格的**，也就是说，对于某个 $\delta > 0$，该分布没有将所有的概率质量都集中在点 $n\delta, n \in \mathbb{N}$。

(c)如果(b)中的条件成立，则稳态期望值 $\ell = E[H(X)]$ 由下式给出

$$\ell = E[H(X)] = \frac{E[R]}{E[\tau]} \tag{4.23}$$

(d)$(R_i, \tau_i), i = 1, 2, \cdots$，是一个独立同分布的随机向量序列。

注意，性质(a)表明不同周期内系统的行为模式（或者与此有关的任意可测的

函数)在统计意义上是独立同分布的,而性质(d)表明收益和周期长度对于不同周期都是联合独立同分布的。式(4.23)是再生仿真的一个基本结论,对于典型的非马尔可夫排队模型,量 ℓ(稳态期望性能)是未知的,必须通过再生仿真进行估计。

为了得到 ℓ 的一个点估计,要生成 N 个再生周期,计算二维随机向量的独立同分布序列(R_i,τ_i),$i=1,\cdots,N$,最后由下列比例估计量估计 ℓ:

$$\hat{\ell} = \frac{\hat{R}}{\hat{\tau}} \tag{4.24}$$

其中 $\hat{R} = N^{-1}\sum_{i=1}^{N} R_i$,$\hat{\tau} = N^{-1}\sum_{i=1}^{N}\tau_i$。注意估计量$\hat{\ell}$是有偏的,即 $E[\hat{\ell}]\neq\ell$。然而$\hat{\ell}$是**强一致的**,即它随着 $N\to\infty$以概率 1 收敛于 ℓ。这个结果可以由下面的事实直接推导:根据大数定律,$\hat{R}$和$\hat{\tau}$以概率 1 分别收敛于 $E[R]$和 $E[\tau]$。

再生仿真法的**优点**在于:

(a)不必删除瞬态数据。

(b)它是渐近准确的。

(c)很容易理解和实现。

再生仿真法的**缺点**在于:

(a)对于许多实际情况,输出过程$\{X_t\}$要么是非再生的,要么其再生点很难识别,而且在大型排队网络等复杂系统中检查再生点的计算量可能很大。

(b)估计量$\hat{\ell}$是有偏的。

(c)再生周期可能很长。

接下来我们求取 ℓ 的置信区间。令 $Z_i = R_i - \ell\tau_i$,很容易发现 Z_i 和随机向量(R_i,τ_i)一样是独立同分布的随机变量。令$\hat{R}$和$\hat{\tau}$继续采用如前定义,则中心极限定理能够确保

$$\frac{N^{1/2}(\hat{R}-\ell\hat{\tau})}{\sigma} = \frac{N^{1/2}(\hat{\ell}-\ell)}{\sigma/\hat{\tau}}$$

在分布上随着 $N\to\infty$收敛于标准正态分布,其中

$$\sigma^2 = \mathrm{Var}(Z) = \mathrm{Var}(R) - 2\ell\mathrm{Cov}(R,\tau) + \ell^2\mathrm{Var}(\tau) \tag{4.25}$$

因此,$\ell=E[R]/E[\tau]$的$(1-\alpha)100\%$置信区间为

$$\left(\hat{\ell} \pm \frac{z_{1-\alpha/2}S}{\hat{\tau}N^{1/2}}\right) \tag{4.26}$$

其中

$$S^2 = S_{11} - 2\hat{\ell}S_{12} + \hat{\ell}^2 S_{22} \tag{4.27}$$

是 σ^2 的估计值,是将式(4.25)里的未知量用它们的无偏估计量代替而得到的,即

$$S_{11} = \frac{1}{N-1}\sum_{i=1}^{N}(R_i - \hat{R})^2$$

$$S_{22}=\frac{1}{N-1}\sum_{i=1}^{N}(\tau_i-\hat{\tau})^2$$

$$S_{12}=\frac{1}{N-1}\sum_{i=1}^{N}(R_i-\hat{R})(\tau_i-\hat{\tau})$$

注意式(4.26)与式(4.7)所示的标准置信区间不同,有一个附加项$\hat{\tau}$。

下面给出估计 ℓ 的$(1-\alpha)100\%$置信区间的算法。

算法 4.3.3(再生仿真法)

1. 仿真过程$\{X_t\}$的 N 个再生周期。
2. 计算序列$\{(R_i,\tau_i),i=1,\cdots,N\}$。
3. 根据式(4.24)和(4.26)分别计算 ℓ 的点估计$\hat{\ell}$和置信区间。

注意,如果我们进行两次独立的长度为 N 的仿真,一次用来估计 $E[R]$,另一次用来估计 $E[\tau]$,很明显 $\mathrm{Cov}(R,\tau)=0$,于是 $S^2=S_{11}+\hat{\ell}^2S_{22}$。

说明 4.3.2　如果每一个周期内的收益都具有式(4.21)或式(4.22)的形式,则 $\ell=E[H(X)]$可以看作期望的稳态性能和长期平均性能。只要$\{(\tau_i,R_i)\}$是独立同分布的,即使每个周期内的收益不是式(4.21)或式(4.22)的形式,这种说法也是正确的。在这种情况下,

$$\ell=\lim_{t\to\infty}\frac{\sum_{i=0}^{N_t-1}R_i}{t}=\frac{E[R]}{E[\tau]} \tag{4.28}$$

其中 N_t 是$[0,t]$内的再生数目。

■例 4.8　马尔可夫链:例 4.5(续)

再次考虑二状态马尔可夫链,其转移矩阵为

$$\boldsymbol{P}=\begin{pmatrix}p_{11} & p_{12}\\ p_{21} & p_{22}\end{pmatrix}$$

同例 4.5 一样,假定由状态 1 开始,我们得到下列样本轨迹:$(x_0,x_1,x_2,\cdots,x_{10})=(1,2,2,2,1,2,1,1,2,2,1)$,该轨迹有 4 个周期,长度分别为 $\tau_1=4,\tau_2=2,\tau_3=1,\tau_4=3$,对应的转移概率为$(p_{12},p_{22},p_{22},p_{21})$,$(p_{12},p_{21})$,$(p_{11})$,$(p_{12},p_{22},p_{21})$。假定由 i 到 j 的每一次转移都导致了一个代价(或收益)c_{ij},则相关的代价矩阵为

$$\boldsymbol{C}=(c_{ij})=\begin{pmatrix}c_{11} & c_{12}\\ c_{21} & c_{22}\end{pmatrix}=\begin{pmatrix}0 & 1\\ 2 & 3\end{pmatrix}$$

注意,每个周期的代价都不是式(4.21)的形式(参见习题 4.14),由式

$$R_i=\sum_{t=T_{i-1}}^{T_i-1}c_{X_t,X_{t+1}},\quad i=1,2,\cdots$$

给定。下面具体讲述估计长期平均代价 ℓ 的步骤。首先得到 $R_1=1+3+3+2=$

9，$R_2=3$，$R_3=0$，$R_4=6$，于是$\hat{R}=4.5$。因为$\hat{\tau}=2.5$，ℓ的点估计值为$\hat{\ell}=1.80$。此外，$S_{11}=15$，$S_{22}=5/3$，$S_{12}=5$，于是$S^2=2.4$，这样就得到了ℓ的95%置信区间(1.20，2.40)。

■例 4.9　例 4.6(续)

考虑过程$\{X_t,t\geqslant 0\}$的样本路径，如图 4.6 所示。该过程表示 $GI/G/1$ 系统中的顾客数，样本路径的相应数据在表 4.2 中给出。

表 4.2　$GI/G/1$ 排队系统的样本路径数据

周期	t 所属区间	X_t
周期 1	[0.00，0.80)	1
	[0.80，1.93)	2
	[1.93，2.56)	1
	[2.56，3.91)	0
周期 2	[3.91，4.84)	1
	[4.84，6.72)	0
周期 3	[6.72，7.92)	1
	[7.92，9.07)	2
	[9.07，10.15)	1
	[10.15，11.61)	0

从图和表可以看出，样本路径包含 3 个完整的周期，分别对应下列数据对：$(R_1,\tau_1)=(3.69,3.91)$，$(R_2,\tau_2)=(0.93,2.81)$，$(R_3,\tau_3)=(4.58,4.89)$，统计结果为$\hat{\ell}=0.79$，$S_{11}=3.62$，$S_{22}=1.08$，$S_{12}=1.92$，$S^2=1.26$，95%置信区间为(0.79±0.32)。

■例 4.10　例 4.7(续)

例 4.7 已经讨论过，$\{X_t,t\geqslant 0\}$是库存水平过程，其中 $s=10$，$S=40$，$r=1$，图 4.7 给出了样本路径，表 4.3 给出了相应的数据。

表 4.3　库存水平过程$\{X_t\}$的数据，其中 $s=10$，$S=40$(方框中的数据表示再生时间)

t	X_t	t	X_t	t	X_t
[0.00]	40.00	[5.99]	40.00	[9.67]	40.00
1.79	32.34	6.41	33.91	11.29	32.20
3.60	22.67	6.45	23.93	11.38	24.97
5.56	20.88	6.74	19.53	12.05	18.84
5.62	11.90	8.25	13.32	13.88	13.00
		9.31	10.51	[14.71]	40.00

下面我们基于表 4.3 中的数据，说明如何求解稳态量$\ell=P(X<30)=E[I_{\{X<30\}}]$的点估计及其95%置信区间，$\ell$就是库存水平小于 30 的概率。表 4.3

显示了 3 个完整的周期，可以得到下列数据对：$(R_1,\tau_1)=(2.39,5,99)$，$(R_2,\tau_2)=(3.22,3,68)$，$(R_3,\tau_3)=(3.33,5.04)$，其中 $R_i=\int_{T_{i-1}}^{T_i} I_{\{X_t<30\}}\mathrm{d}t$。统计结果为 $\hat{\ell}=0.61$，$S_{11}=0.26$，$S_{22}=1.35$，$S_{12}=-0.44$，$S^2=1.30$，95% 置信区间为 (0.61 ± 0.26)。

4.4 Bootstrap 法

假定我们希望通过某个估计量 $H=H(\boldsymbol{X})$ 来估计一个数 ℓ，其中 $\boldsymbol{X}=(X_1,\cdots,X_n)$，$\{X_i\}$ 是由某未知分布 F 形成的一个随机样本。假定 H 不依赖于 $\{X_i\}$ 的顺序，为了评估估计量 H 的质量（比如准确性），我们可能需要抽取 $\boldsymbol{X}$ 的独立样本 $\boldsymbol{X}_1,\cdots,\boldsymbol{X}_N$，从而得到某个量的样本估计值，比如估计量的**方差**

$$\mathrm{Var}(H)=E[H^2]-(E[H])^2$$

估计量的**偏差**

$$\mathrm{Bias}=E[H]-\ell$$

以及误差平方的期望或**均方误差**（MSE）

$$\mathrm{MSE}=E[(H-\ell)^2]$$

然而，用这种方式获取样本可能会非常耗时，有时根本不可行。另一种方法是对初始数据重新抽样，具体讲，给定 $\boldsymbol{X}$ 的一组输出 $(x_1,\cdots,x_n)$，我们由 F 的一个近似分布抽取一个随机样本 $X_1^*,\cdots,X_n^*$，注意不是从 F 本身。基于 $\{x_i\}$ 的对 F 的最好近似就是**经验分布** F_n，该分布将概率质量的 $1/n$ 赋予每一个点 x_i，$i=1,\cdots,n$。在一维的情况下，经验分布的累计分布函数为

$$F_n(x)=\frac{1}{n}\sum_{i=1}^{n} I_{\{x\leqslant x_i\}}$$

由这个分布抽取样本是很繁琐的：对每个 j 取 $U\sim U[0,1]$，令 $J=\lfloor Un\rfloor+1$，返回 $X_j^*=x_J$。注意，如果 $\{x_i\}$ 都不相同，则向量 $\boldsymbol{X}^*=(X_1^*,\cdots,X_n^*)$ 可以取到 n^n 个不同的值。

重新抽样的理论依据是，经验分布 F_n 接近于实际分布 F，并且随着 n 的增大，越来越接近于实际分布。因此，任何依赖于 F 的量，比如 $E_F[h(H)]$，都可以近似为 $E_{F_n}[h(H)]$，其中 h 为一函数。$E_{F_n}[h(H)]$ 通常也很难估计，但可以简单地通过蒙特卡洛仿真进行估计

$$\frac{1}{B}\sum_{i=1}^{B} h(H_i^*)$$

其中 $H_1^*,\cdots,H_B^*$ 是 $H^*=H(\boldsymbol{X}^*)$ 的 B 个相互独立的样本。这种方法就是所谓的 **Bootstrap 法**，暗指 Baron von Münchhausen 用鞋子后面的提鞋带把自己从沼泽中

拉出来。举一个例子，H 期望值的 Bootstrap 估计为

$$\widehat{E[H]} = \overline{H}^* = \frac{1}{B}\sum_{i=1}^{B} H_i^*$$

是$\{H_i^*\}$的样本均值。类似地，$\mathrm{Var}(H)$的 Bootstrap 估计为样本方差

$$\widehat{\mathrm{Var}(H)} = \frac{1}{B-1}\sum_{i=1}^{B}(H_i^* - \overline{H}^*)^2 \tag{4.29}$$

有时候我们对估计量的偏差和 MSE 更感兴趣，偏差的 Bootstrap 估计为 $\overline{H}^* - H$，而 MSE 的 Bootstrap 估计为

$$\frac{1}{B}\sum_{i=1}^{B}(H_i^* - H)^2$$

注意，对于这些估计量，未知量 ℓ 是由估计量 H 代替的。置信区间可以用同样的方式来构造，我们讨论两种不同的方法：**常规法**和**分位点法**。在常规法里，ℓ 的$(1-\alpha)100\%$置信区间为

$$(H \pm z_{1-\alpha/2} S^*)$$

其中 S^* 为 H 的标准差的 Bootstrap 估计，即式(4.29)的平方根。在分位点法里，ℓ 的$(1-\alpha)100\%$置信区间的上界和下界由 H 的 $1-\alpha/2$ 和 $\alpha/2$ 分位点给出，而这两个分位点则用 Bootstrap 样本$\{H_i^*\}$的相应样本分位点来估计。

习题

4.1 运用下列两种不同的方法通过蒙特卡洛仿真来估计 $\ell = \int_{-2}^{2} \mathrm{e}^{-x^2/2}\mathrm{d}x = \int H(x)f(x)\mathrm{d}x$：(a)定义 $H(x) = 4\mathrm{e}^{-x^2/2}$ 及 $U[-2,2]$分布的概率密度函数 f；(b)定义 $H(x) = \sqrt{2\pi}I_{\{-2\leqslant x\leqslant 2\}}$ 及服从 $N(0,1)$分布的概率密度函数 f。

a)对于上述两种情况，通过式(4.2)的估计量$\hat{\ell}$来估计 ℓ，使用大小为 $N=100$ 的样本。

b)对于上述两种情况，估计$\hat{\ell}$的相对误差，$N=100$。

c)对于上述两种情况，给出 ℓ 的 95%的置信区间，$N=100$。

d)根据 b)中的结果，估计 N 多大的时候，置信区间的相对宽度小于 0.001，并用 N 的这个值进行仿真。比较计算结果与 ℓ 的真正值。

4.2 证明图 4.1 中的桥接网络的结构函数由式(4.3)给定。

4.3 考虑图 4.1 中的桥接网络，假定所有的连接可靠性是 p，证明系统的可靠性为 $p^2(2+2p-5p^2+2p^3)$。

4.4 通过式(4.2)估计图 4.1 中的桥接网络系统的可靠性，其中连接可靠性为

$(p_1,\cdots,p_5)=(0.7,0.6,0.5,0.4,0.3)$。选择一个样本大小使得估计的相对误差大约为 0.01。

4.5 考虑如下样本性能：

$$H(\boldsymbol{X}) = \min\{X_1+X_2, X_1+X_4+X_5, X_3+X_4\}$$

假定随机变量 $X_i, i=1,\cdots,5$ 是独立同分布的，相同的分布分别为

(a)$\text{Gamma}(\lambda_i,\beta_i)$，其中 $\lambda_i=i$ 且 $\beta_i=i$。

(b)$\text{Ber}(p_i)$，其中 $p_i=1/2i$。

进行样本数为 $N=1000$ 的计算机仿真，计算 $\ell=E[H(\boldsymbol{X})]$ 的点估计和 95% 的置信区间。

4.6 考虑表 4.4 中活动的先后顺序，假定活动的持续时间（当实际开始时）是相互独立的，活动 1，…，6 的活动时间分别服从参数为 1.1，2.3，1.5，2.9，0.7，1.5 的指数分布。

表 4.4　活动的先后顺序

活动	1	2	3	4	5	6
前期活动	—	—	1	2,3	2,3	5

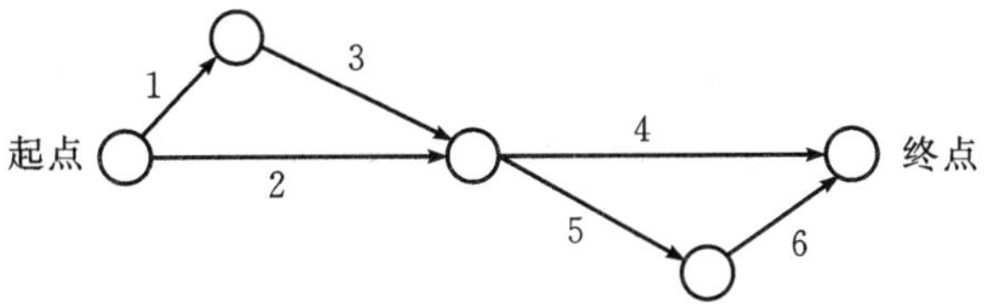

图 4.8　对应表 4.4 的 PERT 网络

a)证明对应的 PERT 图如图 4.8 所示。

b)确定从起点到终点的 4 条可能路径。

c)估计式(4.5)表示的关键路径的期望长度，要求相对误差小于 5%。

4.7 设 $\{X_t, t=0,1,2,\cdots\}$ 是一个正整数上的随机游动，见例 1.11。假定 $p=0.55, q=0.45, X_0=0$，令 Y 为 100 次转移后到达的最大位置。基于 Y 的 1000 个样本估计 $Y\geqslant 15$ 的概率，给出该概率的 95% 置信区间。

4.8 考虑 $M/M/1$ 队列，令 X_t 为 $t\geqslant 0$ 时刻系统中的顾客人数。当参数为 $\lambda=1$ 和 $\mu=2$ 时，对过程 $\{X_t, t\geqslant 0\}$ 进行计算机仿真，假设从空队列开始。令 X 表示系统中顾客的稳态数目，运用批均值法和再生法计算 $\ell=E[X]$ 的点估计和置信区间，要求如下：

a)运用批均值法，对系统进行仿真，时长为 10 000，删除区间[0,100]内的观察值，并取批数 $N=30$。

b)运用再生法，运行相同时长(10 000)的仿真，将某位顾客到达时发现系统为空的时刻定义为再生点。

c)对于上述两种方法，找到确保置信区间的相对宽度不超过 5%所需的仿真时间。

4.9 令 Z_n 为 $M/M/1$ 排队系统中在第 n 个顾客到达时所看到的顾客数，$n=1,2,\cdots$。假定服务率是 $\mu=1$，到达率为 $\lambda=0.6$。令 Z 为稳态队列长度，即在很远的未来某个顾客到达之时所看到的队列长度。注意 $Z_n=X_{T_n-}$，其中 X_t 的定义与习题 4.8 一样，T_n 为第 n 个顾客的到达时间。这里，"T_n-"表示 T_n 的近前，即 T_n 的瞬间之前。

a)证明 $\ell=E[Z]=1.5$。

b)解释如何运用正整数上的随机游动来生成$\{Z_n,n=1,2,\cdots\}$，参考习题 4.7。

c)运用批均值法计算 ℓ 的点估计和 95%置信区间，样本大小为 10^4 个顾客，批数 $N=30$，删除前 $K=100$ 个观察值。

d)采用再生法重复 c)。

e)估计最小的仿真长度，使得 95%置信区间的绝对宽度 w_a 不超过 5%。

f)取 $\rho=0.8$，重复 c)、d)、e)，随着 $\rho\to1$，讨论 c)、d)和 e)。

4.10 表 4.5 给出了马尔可夫链$\{X_t,t=0,1,2,\cdots\}$的一个实现，其状态空间为$\{0,1,2,3\}$，假设从 0 开始。令 X 服从该链的极限分布(假定存在)。

表 4.5 马尔可夫链的一个实现

t	1	2	3	4	5	6	7	8	9	10	11	12	13	14	15
X_t	0	3	0	1	2	1	0	2	0	1	0	1	0	2	0

运用再生法计算 $\ell=E[X]$的点估计$\hat{\ell}$和 95%置信区间。

4.11 令 W_n 为$GI/G/1$ 队列中第 n 个顾客的**等待时间**，即该顾客排在队列中等待的所有时间，不包括服务时间。等待时间过程$\{W_n,n=1,2,\cdots\}$满足著名的 Lindley 等式

$$W_{n+1}=\max\{W_n+S_n-A_{n+1},0\},\quad n=1,2,\cdots \tag{4.30}$$

其中 A_{n+1}是第 n 个和第 $n+1$ 个顾客到达之间的时间间隔，S_n 为第 n 个顾客的服务时间。因为第一个顾客不需要等待而立刻接受服务，所以 $W_1=0$。

a)解释为什么 Lindley 等式成立。

b)计算 $M/M/1$ 队列中第 4 个顾客的期望等待时间的点估计和 95%置信区间，其中 $\rho=0.5$，$\lambda=1$，初始队列为空，取样本大小 $N=5000$。

c)求第 21，…，70 位顾客的期望平均等待时间的点估计和置信区间，系统参

数与 b)一致，取样本大小 $N=5000$。提示：要求估计的参数为

$$\ell = E\left[\frac{1}{50}\sum_{n=21}^{70} W_n\right]$$

4.12 对采用(s,S)策略的库存模型（见例 4.7）进行计算机仿真，其中包含 1000 个再生周期。设需求到达服从均值为 2 的指数分布，即 $A\sim \mathrm{Exp}(2)$，每个需求的大小服从均值为 2 的泊松分布，即 $D\sim P(2)$，$s=1$，$S=6$，前置时间 $r=2$，初始值 $X_0=4$。计算 $\ell=P(2\leqslant X\leqslant 4)$的点估计和置信区间，其中 X 为稳态库存水平。

4.13 对例 4.8 中的马尔可夫链$\{X_n\}$进行仿真，其中包含 1000 个再生周期。令 $p_{11}=1/3$，$p_{22}=3/4$，求长期平均代价的置信区间。

4.14 再次考虑例 4.8，令 $p_{11}=1/3$，$p_{22}=3/4$。定义 $Y_i=(X_i,X_{i+1})$，$H(Y_i)=c_{X_i,X_{i+1}}$，$i=0,1,\cdots$。证明$\{Y_i\}$是一个再生过程，找到相应的极限/稳态分布，计算 $\ell=E[H(Y)]$，其中 Y 服从此极限分布。检验 ℓ 是否包含在习题 4.13 得到的置信区间内。

4.15 考虑第 3.3.1 节的串联队列，令 X_t 和 Y_t 分别表示 t 时刻第一个和第二个队列中的顾客数，包含正在接受服务的顾客。判断$\{(X_t,Y_t),t\geqslant 0\}$是否是一个再生过程，如果是，指出其再生时间。

4.16 考虑习题 3.5 中的机器修理问题，其中有 3 台机器和 2 个修理设备，每个修理设备仅能容纳 1 台故障机器。假定机器的生命周期服从指数分布 Exp(1/10)，修理时间服从均匀分布 $U(0,8)$。令 ℓ 为所有机器出现故障的极限概率。

a)用式(4.24)的再生估计量$\hat{\ell}$估计 ℓ，取 100 个再生周期。利用式(4.27)计算 95%置信区间。

b)运用 Bootstrap 法估计$\hat{\ell}$的偏差和均方误差，取样本大小 $B=300$。提示：原始数据为 $\boldsymbol{X}=(\boldsymbol{X}_1,\cdots,\boldsymbol{X}_{100})$，其中 $\boldsymbol{X}_i=(R_i,\tau_i)$，$i=1,\cdots,100$。运用经验分布对这些数据重新抽样。

c)运用常规法和分位点法求 ℓ 的 95%Bootstrap 置信区间，取 $B=1000$。

深入阅读

仿真中的再生法是由 Crane 和 Iglehart[4,5]提出和发展的，文献[3]对再生法进行了更加完整地讲解，Fishman[7]非常详细地描述了仿真数据的统计分析方法，Gross 和 Harris[8]的有关著作是排队系统的经典参考资料，Efron 和 Tibshirani[6]介绍了 Bootstrap 方法。

参考文献

1. J. Abate and W. Whitt. Transient behavior of regulated Brownian motion, I: starting at the origin. *Advances in Applied Probability*, 19:560–598, 1987.
2. J. Abate and W. Whitt. Transient behavior of regulated Brownian motion, II: non-zero initial conditions. *Advances in Applied Probability*, 19:599–631, 1987.
3. S. Asmussen. *Applied Probability and Queues*. John Wiley & Sons, New York, 1987.
4. M. A. Crane and D. L. Iglehart. Simulating stable stochastic systems, I: general multiserver queues. *Journal of the ACM*, 21:103–113, 1974.
5. M. A. Crane and D. L. Iglehart. Simulating stable stochastic systems, II: Markov chains. *Journal of the ACM*, 21:114–123, 1974.
6. B. Efron and R. Tibshirani. *An Introduction to the Bootstrap*. Chapman & Hall, New York, 1994.
7. G. S. Fishman. *Monte Carlo: Concepts, Algorithms and Applications*. Springer-Verlag, New York, 1996.
8. D. Gross and C. M. Harris. *Fundamentals of Queueing Theory*. John Wiley & Sons, New York, 2nd edition, 1985.
9. A. M. Law and W. D. Kelton. *Simulation Modeling and Analysis*. McGraw-Hill, New York, 3rd edition, 2000.

第 5 章

方差控制

5.1 引言

本章主要讨论**方差减小**技术的基本理论及其在实际应用中的有关知识。减小方差是一种有效利用已知的模型信息来获取更加准确的估计值的方法。一般来讲,我们对系统信息掌握得越多,方差减小就会越有效。获取这些信息的一种方法就是进行试验性的仿真运行,从第一阶段仿真得到的结果可用来制定减小方差的方法,用于在随后的第二阶段仿真里提高估计值的准确性。减小方差的最主要和最有效的技术就是**重要抽样**和**条件蒙特卡洛**方法,还有一些著名的方法也能够有效地减小方差,比如运用共同变量和对偶变量、控制变量以及分层法。

本章其余内容组织如下:在第 5.2～5.5 节,我们介绍共同变量和对偶变量、控制变量、条件蒙特卡洛和分层抽样等内容,从第 5.6 节开始,我们将注意力主要集中在**重要抽样**和**似然比**技术。运用重要抽样通常可以非常有效地减少方差,有时减小的幅度非常显著,尤其是在估计稀有事件的概率的时候。在第 5.6 节我们将介绍两种基于重要抽样技术的**方差最小化法**和**交叉熵**方法,第 5.7 节讨论如何按照串行和动态的方式进行重要抽样,第 5.8 节介绍一种简单、方便、统一的方法来构造有效的重要抽样估计量,即所谓的**变换似然比**(TLR)方法。最后,在第 5.9 节我们讨论用于减小方差的**筛选法**,它也是一种降维技术,目的就是识别或筛选出重要抽样估计所需的被仿真系统的最重要的参数,即瓶颈参数。

5.2 共同随机变量和对偶随机变量

为了说明在仿真中使用共同随机变量和对偶随机变量的好处,我们考虑一个简单例子。令 X 和 Y 为随机变量,已知累积分布函数分别为 F 和 G,假定我们想通过仿真估计出 $\ell=E[X-Y]$的值,而 ℓ 最简单的无偏估计就是 $X-Y$。假定我们通过反变换(IT)法来获取 X 和 Y,即

$$
\begin{aligned}
X &= F^{-1}(U_1), \quad U_1 \sim U(0,1) \\
Y &= G^{-1}(U_2), \quad U_2 \sim U(0,1)
\end{aligned} \tag{5.1}
$$

需要注意的是，X 和 Y（或 U_1 和 U_2）不必是相互独立的。事实上，因为

$$
\mathrm{Var}(X-Y) = \mathrm{Var}(X) + \mathrm{Var}(Y) - 2\mathrm{Cov}(X,Y) \tag{5.2}
$$

而且 X 和 Y 的边缘累积分布函数已经指定，因此，在式(5.2)中最大化协方差就能使 $X-Y$ 的方差最小。在式(5.1)中，如果 $U_2=U_1$，我们就称式(5.1)使用了**共同的随机变量**；如果 $U_2=1-U_1$，则称其使用了**对偶随机变量**。容易看到，由于 F^{-1} 和 G^{-1} 都是非递减函数，使用共同的随机变量就意味着

$$
\mathrm{Cov}(F^{-1}(U),G^{-1}(U)) \geqslant 0
$$

其中 $U\sim U(0,1)$。于是，与原始蒙特卡洛（CMC）估计值 $X-Y$ 相比，估计值 $F^{-1}(U)-G^{-1}(U)$ 的方差更小，而在 CMC 中 X 和 Y 相互独立，累计分布函数分别为 F 和 G。在这个意义上我们认为方差变得更小。事实上，这种方法的基本原理就是运用相同的随机变量来最大化 X 和 Y 之间的协方差，从而使 $\mathrm{Var}(X-Y)$ **最小化**。同理，运用对偶随机变量可使 $\mathrm{Var}(X+Y)$ 最小化。

现在考虑 $E[H_1(X)-H_2(Y)]$ 的最小方差估计，其中 X 和 Y 是一维变量，并且已知边缘累积分布函数分别为 F 和 G，H_1 和 H_2 均是实值单调函数。该问题在数学上可以表示为：

> 在所有(X,Y)的二维联合累积分布函数中，寻找一个联合累积分布函数 F^*，使 $\mathrm{Var}(H_1(X)-H_2(Y)))$ 最小化，其中 X 和 Y 分别具有指定的累积分布函数 F 和 G。

这个问题已经被 Gal、Rubinstein 和 Ziv[11] 解决，而且 Ziv 已经证明，如果 H_1 和 H_2 在相同方向上单调，则使用共同随机变量可实现最优的方差缩减，即

$$
\min_{F^*}\mathrm{Var}(H_1(X) - H_2(Y)) = \mathrm{Var}(H_1[F^{-1}(U)] - H_2[G^{-1}(U)]) \tag{5.3}
$$

式(5.3)的证明运用到以下事实：如果 $H(u)$ 是一个单调函数，由于 $F^{-1}(u)$ 也是单调的，那么 $H(F^{-1}(U))$ 同样也是单调的。同理，如果 H_1 和 H_2 在相反方向上是单调的，则使用对偶随机变量 $U_2=1-U_1$ 就会得到最优的方差缩减。

这一结果可以进一步推广到式

$$
E[H_1(\boldsymbol{X}) - H_2(\boldsymbol{Y})] \tag{5.4}
$$

的最小方差估计，其中 $\boldsymbol{X}=(X_1,\cdots,X_n)$ 和 $\boldsymbol{Y}=(Y_1,\cdots,Y_n)$ 均是随机向量，$X_i\sim F_i$，$Y_i\sim G_i$，$i=1,\cdots,n$，同时函数 H_1 和 H_2 在 $\boldsymbol{X}$ 和 $\boldsymbol{Y}$ 的各个元素上都是实值且单调的。如果数对$\{(X_i,Y_i)\}$是相互独立的，而且 H_1 和 H_2 对于所有元素在同一方向上是单调的，那么使用共同随机变量可以产生最小方差。也就是说，我们令 $X_i=F_i^{-1}(U_i)$，$Y_i=G_i^{-1}(U_i)$，$i=1,\cdots,n$，其中 $U_1,\cdots,U_n$ 相互独立，而且均服从 $U(0,1)$ 分布，表示成符号形式就是：

$$X = F^{-1}(U), \quad Y = G^{-1}(U) \tag{5.5}$$

同理，如果 H_1 和 H_2 在相反方向上单调，那么运用对偶随机变量则是最优的。如果 H_1 和 H_2 对于某些元素是单调递增的，而对于其他元素是单调递减的，那么合理选择共同随机变量和对偶随机变量的组合可以获取最小方差。

现在我们介绍对偶随机变量的一个重要应用。假定我们需要估计

$$\ell = E[H(X)]$$

式中 $X \sim F$ 是一个各元素相互独立的随机向量，样本性能函数 $H(X)$ 对于 x 的各个元素都是单调的。下面给出此函数的一个例子。

■例 5.1　随机最短路径

考虑如图 5.1 所示的无向图，表示一个**桥接网络**。

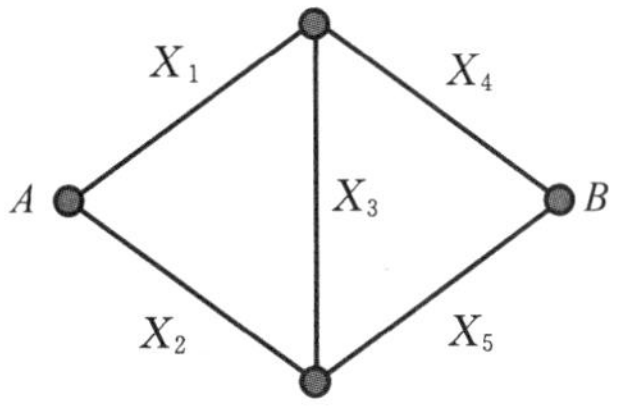

图 5.1　确定桥接网络中从 A 点到 B 点的最短路径

假定我们希望估计出节点（顶点）A、B 之间的最短路径的期望长度 ℓ，其中连线（边）的长度（边长）均为随机变量，依次为 $X_1, \cdots, X_5$，我们有 $\ell = E[H(X)]$，其中

$$H(X) = \min\{X_1 + X_4, X_1 + X_3 + X_5, X_2 + X_3 + X_4, X_2 + X_5\} \tag{5.6}$$

注意 $H(X)$ 对向量 x 的每一个元素都是非降的。

同理，对任意一个有随机边长 $\{X_i\}$ 的网络，其最短路径长度 $H(X)$ 可以写为

$$H(X) = \min_{j=1,\cdots,p} \sum_{i \in \mathscr{P}_j} X_i \tag{5.7}$$

其中，$\mathscr{P}_j$ 表示网络中从起点到终点的第 j 条完整路径，p 表示网络中完整路径的数目。样本性能对每一个元素都是非降的。

$\ell = E[H(X)]$ 的原始蒙特卡洛估计就是一个无偏估计量，由下式给定：

$$\hat{\ell} = \frac{1}{N}\sum_{k=1}^{N} H(X_k) \tag{5.8}$$

其中 $X_1, \cdots, X_N$ 是从（多维）累积分布函数（cdf）F 获得的独立同分布样本。当 N 为偶数时，ℓ 的另一个无偏估计为

$$\hat{\ell}^{(a)} = \frac{1}{N}\sum_{k=1}^{N/2} \{H(X_k) + H(X_k^{(a)})\} \tag{5.9}$$

其中 $x_k = F^{-1}(U_k)$，$x_k^{(a)} = F^{-1}(1 - U_k)$，使用的符号与式(5.5)相似。估计量 $\hat{\ell}^{(a)}$ 称

作 ℓ 的**对偶估计**。由于 $H(\boldsymbol{X})+H(\boldsymbol{X}^{(a)})$ 是式(5.4)中 $H_1(\boldsymbol{X})-H_2(\boldsymbol{Y})$ 的一个特例(用 $-H(\boldsymbol{X}^{(a)})$ 代替 $H_2(\boldsymbol{Y})$)，我们可以立即得到 $\text{Var}(\hat{\ell}^{(a)})\leqslant\text{Var}(\hat{\ell})$，也就是说，对偶估计值 $\hat{\ell}^{(a)}$ 比原始蒙特卡洛估计值 $\hat{\ell}$ 更准确。

为了比较 $\hat{\ell}$ 和 $\hat{\ell}^{(a)}$ 的效率，我们可以考虑它们的**相对时间方差**

$$\varepsilon=\frac{T^{(a)}\text{Var}(\hat{\ell}^{(a)})}{T\text{Var}(\hat{\ell})} \tag{5.10}$$

其中，$T^{(a)}$ 和 T 分别是计算估计量 $\hat{\ell}^{(a)}$ 和 $\hat{\ell}$ 所需的 CPU 时间。注意，

$$\begin{aligned}\text{Var}(\hat{\ell}^{(a)})&=\frac{N/2}{N^2}(\text{Var}(H(\boldsymbol{X}))+\text{Var}(H(\boldsymbol{X}^{(a)}))+2\text{Cov}[H(\boldsymbol{X}),H(\boldsymbol{X}^{(a)})])\\&=\text{Var}(\hat{\ell})+\text{Cov}(H(\boldsymbol{X}),H(\boldsymbol{X}^{(a)}))/N\end{aligned}$$

此外，因为对偶估计值 $\hat{\ell}^{(a)}$ 所需的随机变量仅是原始蒙特卡洛估计值 $\hat{\ell}$ 的一半，所以 $T^{(a)}\leqslant T$。忽略这个时间优势，式(5.10)的效率指标可以简化为

$$\varepsilon=\frac{\text{Var}(\hat{\ell}^{(a)})}{\text{Var}(\hat{\ell})}=1+\frac{\text{Cov}[H(\boldsymbol{X}),H(\boldsymbol{X}^{(a)})]}{\text{Var}(H(\boldsymbol{X}))} \tag{5.11}$$

其中协方差为负值，并且可以通过相应的样本方差估计。

对于严格单调的函数 H_1 和 H_2，在 $\boldsymbol{X}$ 和 $\boldsymbol{Y}$ 的各个元素非独立的情况下，文献给出了使用共同/对偶随机变量的例子，可参见 Rubinstein、Samorodnitsky 和 Shaked 的文章[33]。

■例 5.2 随机最短路径(续)

对于例 5.1 中的桥接网络，当各连线都有一个参数为 1 的指数权重时，我们估计其最短路径的期望长度。取样本大小为 $N=10\ 000$，原始蒙特卡洛估计值为 $\hat{\ell}=1.159$，其估计偏差为 5.6×10^{-5}，对偶估计值为 $\hat{\ell}=1.164$，其估计偏差为 2.8×10^{-5}。因此，估计值 $\hat{\ell}^{(a)}$ 相对于原始蒙特卡洛估计值 $\hat{\ell}$ 的效率 ε 约为 2.0。

■例 5.3 Lindley 方程

考虑一个 $GI/G/1$ 排队系统，第 $n+1$ 个顾客等待时间的 Lindley 方程为

$$W_{n+1}=\max\{W_n+U_n,0\},\quad W_1=0$$

参见式(4.30)。这里 $U_n=S_n-A_{n+1}$，其中 S_n 是第 n 个顾客的服务时间，A_{n+1} 是第 n 个和第 $n+1$ 个顾客之间的间隔时间。因为 W_n 是一个对各元素 $A_2,\cdots,A_n$ 和 $S_1,\cdots,S_{n-1}$ 的单调函数，我们可以使用对偶随机变量来达到减小方差的目的。

5.3 控制变量

控制变量法是方差减小技术中应用最为广泛的一种，我们先考虑一维的情况。令 X 表示 μ 的一个无偏估计，通过仿真运行可以获取其估计值。如果一个随机变量 C 与 X 相关且其期望值 r 已知，则称 C 为 X 的**控制变量**。用控制变量 C 构造 μ

的一个无偏估计，且其方差比 X 的方差要小。这个估计量写为

$$X_\alpha = X - \alpha(C - r) \tag{5.12}$$

称为**线性控制变量**，其中 α 是一个标量参数。X_α 的方差由

$$\mathrm{Var}(X_\alpha) = \mathrm{Var}(X) - 2\alpha\mathrm{Cov}(X,C) + \alpha^2\mathrm{Var}(C)$$

给定(参考习题 1.15)，那么使 $\mathrm{Var}(X_\alpha)$ 最小的 α^* 值为

$$\alpha^* = \frac{\mathrm{Cov}(X,C)}{\mathrm{Var}(C)} \tag{5.13}$$

通常 α^* 需要通过相应样本的协方差和方差来估计，使用 α^* 得到的最小方差为

$$\mathrm{Var}(X_{\alpha^*}) = (1 - \rho_{XC}^2)\mathrm{Var}(X) \tag{5.14}$$

其中 ρ_{XC} 表示 X 和 C 的相关系数。我们可以看到，$|\rho_{XC}|$ 越大，方差减小的幅度就越大。

式(5.12)～(5.14)很容易扩展为多控制变量的情况。令 $\boldsymbol{C}=(C_1,\cdots,C_m)^{\mathrm{T}}$ 为包含 m 个控制变量的列向量，已知其均值向量 $\boldsymbol{r}=E[\boldsymbol{C}]=(r_1,\cdots,r_m)^{\mathrm{T}}$，其中 $r_i=E[C_i]$，那么式(5.12)可用向量表示为

$$\boldsymbol{X}_\alpha = \boldsymbol{X} - \boldsymbol{\alpha}^{\mathrm{T}}(\boldsymbol{C} - \boldsymbol{r}) \tag{5.15}$$

其中 $\boldsymbol{\alpha}$ 为一个 m 维参数向量。不难发现，使得 $\mathrm{Var}(\boldsymbol{X}_\alpha)$ 最小的 $\boldsymbol{\alpha}^*$ 可由下式得到

$$\boldsymbol{\alpha}^* = \boldsymbol{\Sigma}_C^{-1}\boldsymbol{\sigma}_{XC} \tag{5.16}$$

其中 $\boldsymbol{\Sigma}_C$ 表示 $\boldsymbol{C}$ 的 $m\times m$ 维协方差矩阵，$\boldsymbol{\sigma}_{XC}$ 表示 $m\times 1$ 维向量，其第 i 个元素为 $\boldsymbol{X}$ 和 C_i 的协方差，$i=1,\cdots,m$。相应的最小方差可以估计为

$$\mathrm{Var}(\boldsymbol{\alpha}^*) = (1 - R_{XC}^2)\mathrm{Var}(\boldsymbol{X}) \tag{5.17}$$

其中

$$R_{XC}^2 = (\boldsymbol{\sigma}_{XC})^{\mathrm{T}}\boldsymbol{\Sigma}_C^{-1}\boldsymbol{\sigma}_{XC}/\mathrm{Var}(\boldsymbol{X})$$

是 $\boldsymbol{X}$ 和 $\boldsymbol{C}$ 的所谓**多重相关系数**的平方。我们再次发现，$|R_{XC}|$ 越大，方差减小越明显。如果 $\boldsymbol{X}$ 是一个各分量相互依赖的向量，那么向量 $\boldsymbol{\alpha}$ 可由相应的矩阵代替，Rubinstein和 Marcus 对此进行了讨论[30]。

下面的例子将说明控制变量法的各种应用。

■例 5.4　随机最短路径(续)

再来考虑例 5.1 中桥接网络的随机最短路径的估计问题。我们可以使用的控制变量是路径 $\mathscr{P}_j$ 的长度，$j=1,\cdots,4$，即

$$\begin{aligned}
C_1 &= X_1 + X_4 \\
C_2 &= X_1 + X_3 + X_5 \\
C_3 &= X_2 + X_3 + X_4 \\
C_4 &= X_2 + X_5
\end{aligned}$$

$\{C_i\}$的期望值很容易计算，每一个 C_i 与最短路径长度 $H(\boldsymbol{X})=\min\{C_1,\cdots,C_4\}$ 呈正相关。

■例 5.5　Lindley 等式

考虑 $GI/G/1$ 排队系统，等待时间过程$\{W_n, n=1,2,\cdots\}$用 Lindley 等式表示，参见例 5.3。我们可以把 C_n 看作 W_n 的控制变量，定义为下列递推关系：

$$C_{n+1} = C_n + U_n, \quad C_1 = 0$$

其中 $U_n = S_n - A_{n+1}$，含义与前面的例子相同。很明显，C_n 和 W_n 是密切相关的，而且期望 $r_n = E[C_n]$是已知的，$r_n = (n-1)(E[S]-E[A])$，其中 $E[S]$和 $E[A]$分别是期望服务时间和到达时间间隔。相应的线性控制过程为

$$Y_n = W_n - \alpha(C_n - r_n)$$

■例 5.6　排队网络

考虑排队系统中期望稳态性能 $\ell = E[X]$的估计问题，假定 X 是系统中顾客的稳态数目。我们可以采用下面的线性控制随机过程：

$$Y_t = X_t - \alpha(C_t - r_t)$$

其中 X_t 是原系统的顾客数，C_t 可以理解为辅助的**马尔可夫**网络的顾客数，其稳态分布是已知的，而且该网络必须在时间上与原网络是同步的。

为了使两个过程$\{X_t\}$和$\{C_t\}$之间产生高相关性，比较理想的方法是，使两个网络具有相似的拓扑结构和相似的负荷。除此之外，在生成输入变量时，必须采用同一个随机数流。期望稳态性能 $r = E[C]$，比如马尔可夫网络系统中期望的顾客个数其表达式可以在文献[14]中找到。

5.4　条件蒙特卡洛

令

$$l = E[H(\boldsymbol{X})] = \int H(\boldsymbol{x}) f(\boldsymbol{x}) \mathrm{d}\boldsymbol{x} \tag{5.18}$$

为某个计算机仿真模型的一个期望性能指标，其中 $\boldsymbol{X}$ 是概率密度函数为 $f(\boldsymbol{x})$的输入随机变量，$H(\boldsymbol{X})$是样本性能指标（输出随机变量）。假定有一个随机变量（或向量）$\boldsymbol{Y} \sim g(\boldsymbol{y})$，其条件期望值 $E[H(\boldsymbol{X}) \mid \boldsymbol{Y} = \boldsymbol{y}]$可以通过解析方法计算得到。由式(1.11)有

$$\ell = E[H(\boldsymbol{X})] = E[E[H(\boldsymbol{X}) \mid \boldsymbol{Y}]] \tag{5.19}$$

由此可以推导出 $E[H(\boldsymbol{X}) \mid \boldsymbol{Y}]$是 ℓ 的一个无偏估计。容易发现

$$\mathrm{Var}(E[H(\boldsymbol{X}) \mid \boldsymbol{Y}]) \leqslant \mathrm{Var}(H(\boldsymbol{X})) \tag{5.20}$$

所以使用随机变量 $E[H(\boldsymbol{X}) \mid \boldsymbol{Y}]$来代替 $H(\boldsymbol{X})$就能减小方差，因此采用条件期望**总能**引起方差的减小。为了理解式(5.20)，我们可以参考习题 5.6 的结论：对于任意一对随机变量(U,V)都有

$$\mathrm{Var}(U) = E[\mathrm{Var}(U \mid V)] + \mathrm{Var}(E[U \mid V]) \tag{5.21}$$

因为式子右边的两项都是非负的，因此式(5.20)成立。条件蒙特卡洛的思想有时也简称为 Rao-Blackwell 方法。下面我们将介绍条件蒙特卡洛算法。

算法 5.4.1(条件蒙特卡洛)

1. 由 $g(\boldsymbol{y})$产生一个样本 $\boldsymbol{Y}_1,\cdots,\boldsymbol{Y}_N$；
2. 解析计算 $E[H(\boldsymbol{X})|\boldsymbol{Y}_k],k=1,\cdots,N$。
3. 通过下式估计 $\ell=E[H(\boldsymbol{X})]$的值：

$$\hat{\ell}_c=\frac{1}{N}\sum_{k=1}^{N}E[H(\boldsymbol{X})\mid\boldsymbol{Y}_k]\tag{5.22}$$

算法 5.4.1 需要找到一个随机变量 $\boldsymbol{Y}$，要求对于所有 $\boldsymbol{y}$ 值 $E[H(\boldsymbol{X})|\boldsymbol{Y}=\boldsymbol{y}]$都是已知的。为了实际应用算法 5.4.1，必须满足以下条件：

(a)$\boldsymbol{Y}$ 应该很容易产生。

(b)对于 $\boldsymbol{y}$ 值，$E[H(\boldsymbol{X})|\boldsymbol{Y}=\boldsymbol{y}]$应该很容易用解析方法计算。

(c)$E[\mathrm{Var}(H(\boldsymbol{X})|\boldsymbol{Y})]$应该远大于 $\mathrm{Var}(E[H(\boldsymbol{X})|\boldsymbol{Y}])$。

■例 5.7　随机求和

考虑

$$\ell=P(S_R\leqslant x)=E[I_{\{S_R\leqslant x\}}]$$

的估计值，其中

$$S_R=\sum_{i=1}^{R}X_i$$

R 是一个已知分布的随机变量，$\{X_i\}$是独立同分布的，$X_i\sim F$，且与 R 独立。令 F^r 为 $R=r$ 时随机变量 S_r 的累积分布函数。由于

$$F^r(x)=P\Big(\sum_{i=1}^{r}X_i\leqslant x\Big)=F\Big(x-\sum_{i=2}^{r}X_i\Big)$$

可以得到

$$\ell=E\Big[E\Big[I_{\{S_R\leqslant x\}}\mid\sum_{i=2}^{R}X_i\Big]\Big]=E\Big[F\Big(x-\sum_{i=2}^{R}X_i\Big)\Big]$$

基于条件蒙特卡洛的原理，我们可以得到 ℓ 的一个估计值，写为

$$\hat{\ell}_c=\frac{1}{N}\sum_{k=1}^{N}F\Big(x-\sum_{i=2}^{R_k}X_{ki}\Big)\tag{5.23}$$

5.4.1　可靠性模型的方差减小

下面我们讨论两种基于条件蒙特卡洛方法的可靠性模型的方差减小技术。4.2 节的例 4.1 是一个包含 n 个部件的不可靠系统，其中每个部件要么是活动的，要么是故障的，结构函数 H 是各个部件状态的函数，表示系统的状态(工作或故障)。假定各部件的状态 $X_1,\cdots,X_n$ 都是相互独立的，其可靠性和不可靠性分别为

$\{p_i\}$和$\{q_i\}$，其中$q_i=1-p_i$，则系统的故障概率(即不可靠性)为$\bar{r}=P(H(\boldsymbol{X})=0)$。在大多数实际应用里，不可靠性通常非常小，很难通过 CMC 来估计。

5.4.1.1 排列蒙特卡洛

排列蒙特卡洛是一种用于网络可靠性估计的条件蒙特卡洛方法，参见文献[9]。这里，组件是不可靠的，在网络中用连线表示，与例 4.1 相同。系统状态$H(\boldsymbol{X})$表示系统的可靠性，即某些选定的节点通过正常的连线连接起来的状态，假设我们希望估计系统的不可靠性$\bar{r}=P(H(\boldsymbol{X})=0)$。

为了应用条件蒙特卡洛思想，我们把静态网络看作**动态**网络在$t=1$时刻的一张截图。在这个动态系统中，对各个连线所代表的组件进行独立地维修，维修时间是速率为$\mu_e=-\ln q_e, e=1,\cdots,n$的指数分布。设在$t=0$时刻所有的连线都出现故障，在$t$时刻各连线的状态由向量$\boldsymbol{X}_t$表示，因此，$\{\boldsymbol{X}_t, t\geqslant 0\}$是一个状态空间为$\{0,1\}^n$的马尔可夫跳跃过程。因为各连线$e$在$t=1$时刻正常工作的概率为$p_e$，所以动态网络在$t=1$时刻的可靠性与初始网络的可靠性是一致的。

令Π表示把各连线变为正常状态的次序，$S_0, S_0+S_1,\cdots,S_0+\cdots+S_{n-1}$分别表示上述各连线被修复的时刻。$\Pi$是一个随机变量并在连线集合$\varepsilon=\{1,\cdots,n\}$的排列空间中取值，因此把此方法命名为**排列蒙特卡洛**。对任意一个排列$\boldsymbol{\pi}=(e_1, e_2,\cdots,e_n)$，定义$\varepsilon_0=\varepsilon, \varepsilon_i=\varepsilon_{i-1}\setminus\{e_i\}, 1\leqslant i\leqslant n-1$。因此，$\varepsilon_i$表示$i$个连线修复后仍然失效的连线集合。令$b=b(\boldsymbol{\pi})$表示使网络正常工作而需要修复的连线的数目(依据$\boldsymbol{\pi}$定义顺序)，称为$\boldsymbol{\pi}$的**临界值**。

由马尔可夫跳跃过程的有关理论(参考第 1.12.5 节)可知

$$P(\Pi=\boldsymbol{\pi})=\prod_{i=1}^{n}\frac{\mu_{e_i}}{\lambda_{i-1}} \tag{5.24}$$

其中$\lambda_i=\sum_{e\in\varepsilon_i}\mu_e$。更为重要的是，在$\Pi$的条件下修复时间$S_0,\cdots,S_{n-1}$相互独立而且每个$S_i$都服从参数为$\lambda_i, i=0,\cdots,n-1$的指数分布。在$\Pi$的条件下，我们可以得到

$$\bar{r}=\sum_{\pi}P[H(\boldsymbol{X}_1)=0\mid\Pi=\boldsymbol{\pi}]P[\Pi=\boldsymbol{\pi}]=E[g(\Pi)] \tag{5.25}$$

及

$$g(\boldsymbol{\pi})=P[H(\boldsymbol{X}_1)=0\mid\Pi=\boldsymbol{\pi}] \tag{5.26}$$

由S_i和b的定义可知，$g(\boldsymbol{\pi})$就等于b个独立的指数随机变量之和超过 1 的概率，其中随机变量的分布参数分别为$\lambda_i, i=0,1,\cdots,b-1$。该概率是可以准确计算的，比如采用卷积法，我们有

$$g(\boldsymbol{\pi})=1-F_0*\cdots*F_{b-1}(1)$$

其中F_i是$\mathrm{Exp}(\lambda_i)$分布的累积分布函数，“$*$”表示卷积，其表达式为

$$F * G(t) = \int_0^t F(t-x)\mathrm{d}G(x)$$

也可以参考文献[25]的方法，即

$$g(\boldsymbol{\pi}) = (1,0,\cdots,0)\mathrm{e}^{\boldsymbol{A}}(1,\cdots,1)^{\mathrm{T}} \tag{5.27}$$

其中 $\boldsymbol{A}$ 是一个矩阵，其对角元素为 $-\lambda_0,\cdots,-\lambda_{b-1}$，上对角元素为 $\lambda_0,\cdots,\lambda_{b-2}$，其余元素均为 0。$\mathrm{e}^{\boldsymbol{A}}$ 为**矩阵指数** $\sum_{k=0}^{\infty}\boldsymbol{A}^k/k!$。

令 $\Pi_1,\cdots,\Pi_N$ 为独立同分布的随机排列，其分布与 Π 一致，则

$$\hat{\bar{r}} = \frac{1}{N}\sum_{k=1}^{N} g(\Pi_k) \tag{5.28}$$

为 $\bar{r}$ 的一个无偏估计。在此基础上得出如下估计不可靠性 $\bar{r}$ 的算法。

算法 5.4.2(排列蒙特卡洛)

1. 根据式(5.24)产生一个随机排列 Π。算法 2.8.1 给出了一个简单的方法，先独立抽取 $Y_e \sim \mathrm{Exp}(\mu_e)$，$e=1,\cdots,n$，按升序排列所得到的值，其下标可作为 Π 的值。
2. 确定临界值 b 和速率 λ_i，$i=1,\cdots,b-1$。
3. 精确计算条件概率 $g(\Pi)$，例如，可以根据式(5.27)进行计算。
4. 独立重复第 1 步～第 3 步 N 次，根据式(5.28)求出 $\bar{r}$ 的估计值。

5.4.1.2　基于最小割的条件蒙特卡洛

第二种用来估计不可靠性的有效方法是由 Ross[27] 提出的，该方法采用了最小割的概念。如果 $H(\boldsymbol{x})=0$，则称状态向量 $\boldsymbol{x}$ 为一个**割向量**，在此条件下，如果对所有 $\boldsymbol{y}>\boldsymbol{x}$ 都有 $H(\boldsymbol{y})=1$，则称 $\boldsymbol{x}$ 为**最小割向量**。注意 $\boldsymbol{y}>\boldsymbol{x}$ 表示 $y_i \geqslant x_i$，$i=1,\cdots,n$，对部分 i 有 $y_i>x_i$。如果 $\boldsymbol{x}$ 为一个最小割向量，则称集合 $C=\{i: x_i=0\}$ 为**最小割集**。也就是说，最小割集就是一个最小的集合，如果其中的元素失效则足以导致整个系统失效。如果 $C_1,\cdots,C_m$ 表示所有最小割集，那么当且仅当每一个割集里至少有一个元素是正常的，那么系统才是正常的。于是 $H(\boldsymbol{x})$ 可以写为

$$H(\boldsymbol{x}) = \prod_{j=1}^{m}\max_{i\in C_j} x_i = \prod_{j=1}^{m}\Big(1-\prod_{i\in C_j}(1-x_i)\Big) \tag{5.29}$$

为了进一步阐述，我们需要如下命题，参见文献[27]。

命题 5.4.1　令 $Y_1,\cdots,Y_m$ 表示成功参数为 $a_1,\cdots,a_m$ 的伯努利随机变量(可能不独立)，定义 $S=\sum_{j=1}^{m}Y_j$，令 $a=E[S]=\sum_{j=1}^{m}a_j$，令 J 表示一个与 $Y_1,\cdots,Y_m$ 独立的 $\{1,\cdots,m\}$ 上的离散均匀分布的随机变量，令 R 为与 J 独立的任意随机变量，则

$$P(J=j\mid Y_J=1)=\frac{a_j}{a},j=1,\cdots,m \tag{5.30}$$

且

$$E[SR]=E[S]E[R\mid Y_J=1] \tag{5.31}$$

证明:先从式(5.30)开始推导,应用贝叶斯公式

$$P(J=j\mid Y_J=1)=\frac{P(Y_J=1\mid J=j)P(J=j)}{\sum_{i=1}^{m}P(Y_J=1\mid J=i)P(J=i)}$$

其中 $P(Y_J=1|J=j)=P(Y_j=1|J=j)=P(Y_j=1)=a_j$,代入便得出要证明的结果。为了证明式(5.31),我们有

$$\begin{aligned}E[SR]&=\sum_{j=1}^{m}E[RY_j]=\sum_{j=1}^{m}E[R\mid Y_j=1]P(Y_j=1)\\&=a\sum_{j=1}^{m}E[R\mid Y_j=1]\frac{a_j}{a}\end{aligned}$$

由于 $a=E[S]$,根据式(5.30),$\{a_j/a\}$是给定 $Y_J=1$ 时 J 的条件分布,式(5.31)得证。

现在我们将命题 5.4.1 应用于求解不可靠性 $\bar{r}=P(H(\boldsymbol{X})=0)$的估计值。令 $Y_j=\prod_{i\in C_j}(1-X_i)$,$j=1,\cdots,m$,其中$\{C_j\}$与以前的定义一样,表示最小割集的集合,这样 Y_j 就表示 C_j 里的所有元素均失效。注意 $Y_j\sim\text{Ber}(a_j)$,其中

$$a_j=\prod_{i\in C_j}q_i \tag{5.32}$$

令 $S=\sum_{j=1}^{m}Y_j$,$a=E[S]=\sum_{j=1}^{m}a_j$,由式(5.29)得 $\bar{r}=P(S>0)$,同时由式(5.31)我们得到

$$\bar{r}=E[S]E\left[\frac{I_{\{S>0\}}}{S}\mid Y_J=1\right]=E\left[\frac{a}{S}\mid Y_J=1\right]$$

式中,在 $Y_J=1$ 的条件下,随机变量 J 以 a_j/a 的概率取值为 j,其中 $j=1,\cdots,m$。由此得到如下算法用来估计不可靠性 $\bar{r}$。

算法 5.4.3 (基于最小割的条件蒙特卡洛)

1. 产生一个离散随机变量 J 满足 $P(J=j)=a_j/a,j=1,\cdots,m$。
2. 对于所有 $i\in C_J$,设 X_i 等于 0;对于其他所有 $X_i,i\notin C_J$,根据其对应的伯努利分布 $\text{Ber}(p_i)$产生相应的值。
3. 计算 a/S,其中 S 表示所有元素均失效的最小割集的个数(注意 $S\geqslant1$)。
4. 独立重复第 1 步~第 3 步 N 次,$N^{-1}\sum_{i=1}^{N}a/S_i$ 就是 $\bar{r}=P(S>0)$的估计值。

容易看出，当失效的最小割的平均个数 a 很小时，得到的估计值$\frac{a}{S}$将会产生很小的方差。此外，可以将重要抽样运用于条件估计$\frac{a}{S}$来进一步减小方差。

5.5 分层抽样

分层抽样法与第 2.3.3 节的组合法和前面章节讨论过的条件蒙特卡洛法均有密切的关系。现在我们还是希望估计

$$\ell = E[H(\boldsymbol{X})] = \int H(\boldsymbol{x}) f(\boldsymbol{x}) \mathrm{d}\boldsymbol{x}$$

的值。假定 $\boldsymbol{X}$ 可以由组合法来生成，于是我们假定存在一个随机变量 Y 以 $\{p_i, i=1,\cdots,m\}$ 的概率在 $\{1,\cdots,m\}$ 中取值，而且假定很容易从给定 Y 的 $\boldsymbol{X}$ 的条件分布中抽样，那么，对应于事件 $\{Y=i\}$，$i=1,\cdots,m$，将会在样本空间 Ω 中形成不相交的子区域（层），因此得名**分层法**。使用条件公式(1.11)，我们可以得到

$$\ell = E[E[H(\boldsymbol{X}) \mid Y]] = \sum_{i=1}^{m} p_i E[H(\boldsymbol{X}) \mid Y = i] \tag{5.33}$$

该式表明我们可以用下述**分层抽样估计量**

$$\hat{\ell}^{S} = \sum_{i=1}^{m} p_i \frac{1}{N_i} \sum_{j=1}^{N_i} H(\boldsymbol{X}_{ij}) \tag{5.34}$$

来估计 ℓ 的值，其中 $\boldsymbol{X}_{ij}$ 是在已知 $Y=i$ 的条件下由 X 的条件分布得到的第 j 个观察值，N_i 是对应于第 i 个分层的样本大小。分层抽样估计的方差为

$$\mathrm{Var}(\hat{\ell}^{S}) = \sum_{i=1}^{m} \frac{p_i^2}{N_i} \mathrm{Var}(H(\boldsymbol{X}) \mid Y = i) = \sum_{i=1}^{m} \frac{p_i^2 \sigma_i^2}{N_i} \tag{5.35}$$

其中 $\sigma_i^2 = \mathrm{Var}(H(\boldsymbol{X}) | Y=i)$。

如何选择分层很大程度上依赖于待解决的问题本身，然而，对于一个给定的分层方法，样本空间的大小 $\{N_i\}$ 可由下面的定理给出一个最优值。

定理 5.5.1（分层抽样） 假定可以收集的最大样本数为 N，即 $\sum_{i=1}^{m} N_i = N$，则 N_i 的最优值可以由

$$N_i^* = N \frac{p_i \sigma_i}{\sum_{j=1}^{m} p_j \sigma_j} \tag{5.36}$$

给出，该值导致的方差最小，为

$$\mathrm{Var}(\hat{\ell}^{*S}) = \frac{1}{N} \left[\sum_{i=1}^{m} p_i \sigma_i \right]^2 \tag{5.37}$$

证明:该定理可直接通过拉格朗日乘子来证明,此问题留给读者作为习题,参见习题5.9。

□

定理5.5.1表明,使$\hat{\ell}^S$的方差最小的样本大小值N_i与$p_i\sigma_i$成正比。困难在于,尽管假定概率p_i是已知的,而标准差$\{\sigma_i\}$通常却是未知的。在实际应用中,我们可以先通过一些试运行来估计$\{\sigma_i\}$,继而由式(5.36)估计最优的样本大小N_i^*。

下面我们讨论一个简单的分层算法,在未知σ_i^2和$H(\boldsymbol{X})$的情况下也能减小方差。

命题5.5.1 令样本大小N_i与p_i成比例,即$N_i=p_iN,i=1,\cdots,m$,则

$$\mathrm{Var}(\hat{\ell}^S)\leqslant \mathrm{Var}(\hat{\ell})$$

证明:在式(5.35)中代入$N_i=p_iN$,则有$\mathrm{Var}(\hat{\ell}^S)=\frac{1}{N}\sum_{i=1}^m p_i\sigma_i^2$。进一步推导,有

$$N\mathrm{Var}(\hat{\ell})=\mathrm{Var}(H(\boldsymbol{X}))\geqslant E[\mathrm{Var}(H(\boldsymbol{X})\mid Y)]=\sum_{i=1}^m p_i\sigma_i^2=N\mathrm{Var}(\hat{\ell}^S)$$

其中在出现不等式时应用了式(5.21),于是命题得证。

命题5.5.1表明分层估计值$\hat{\ell}^S$比原始蒙特卡洛估计值$\hat{\ell}$更为准确,但是这种按比例确定样本大小的方法在分层时偏向于概率p_i最大的事件$\{Y=i\}$,从而影响到分层。直观判断,这种方法一般来讲并不是最优的,原因在于忽略了σ_i^2和$H(\boldsymbol{X})$的信息。

在权重相等($p_i=1/m,N_i=N/m$)的特殊情况下,估计量(5.34)可以简化为

$$\hat{\ell}^S=\frac{1}{N}\sum_{i=1}^m\sum_{j=1}^{N/m}H(\boldsymbol{X}_{ij}) \tag{5.38}$$

这种方法即称为**系统抽样法**,参见文献[6]。

5.6 重要抽样

重要抽样是一种最基本的减小方差的技术。下文将会看到,前面所讲的方差减小方法通常只能在一定程度上减少方差,在某些典型的应用中可以达到减小10倍的水平,而重要抽样有可能大大地减小方差,尤其在估计稀有事件的时候,有时可以达到百万倍的数量级。重要抽样方法需要选择一个有利于重要样本的样本分布函数。与以前一样,令

$$\ell=E_f[H(\boldsymbol{X})]=\int H(\boldsymbol{x})f(\boldsymbol{x})\mathrm{d}\boldsymbol{x} \tag{5.39}$$

其中H是样本性能,f是$\boldsymbol{X}$的概率密度。我们给期望符号添加了一个下标f用来表示该期望是关于密度函数f的,原因接下来就会说明。

令 g 为一个能**支配** Hf 的概率密度函数，即 $g(\boldsymbol{x})=0 \Rightarrow H(\boldsymbol{x})f(\boldsymbol{x})=0$。利用密度函数 g 表示 ℓ，可以写为

$$\ell = \int H(\boldsymbol{x}) \frac{f(\boldsymbol{x})}{g(\boldsymbol{x})} g(\boldsymbol{x}) \mathrm{d}\boldsymbol{x} = E_g\left[H(\boldsymbol{X}) \frac{f(\boldsymbol{X})}{g(\boldsymbol{X})}\right] \tag{5.40}$$

其中下标 g 表示期望是关于 g 的，这里的密度函数 g 称为**重要抽样密度**、**建议密度**或**辅助密度**（因为我们借用 g 作为辅助手段来获取关于 ℓ 的信息）。于是，如果 $\boldsymbol{X}_1, \cdots, \boldsymbol{X}_N$ 是从 g 抽样得到的一个**随机样本**，即 $\boldsymbol{X}_1, \cdots, \boldsymbol{X}_N$ 是独立同分布的随机向量，其密度函数为 g，则

$$\hat{\ell} = \frac{1}{N} \sum_{k=1}^{N} H(\boldsymbol{X}_k) \frac{f(\boldsymbol{X}_k)}{g(\boldsymbol{X}_k)} \tag{5.41}$$

是 ℓ 的一个无偏估计，该估计量称作**重要抽样估计**。密度之比

$$W(\boldsymbol{x}) = \frac{f(\boldsymbol{x})}{g(\boldsymbol{x})} \tag{5.42}$$

称为**似然比**，正因为如此，**重要抽样估计**也称作**似然比估计**。在特殊情况下，不对密度进行改变，即 $g=f, W=1$，式(5.41)所示的似然比估计则简化为通常的原始蒙特卡洛估计。

5.6.1 加权样本

似然比可以表示为某个函数的常数倍的形式，也就是说，对于某个已知的函数 $w(\cdot)$ 有 $W(\boldsymbol{X})=cw(\boldsymbol{X})$。因为 $E_g[W(\boldsymbol{X})]=1$，可以将 $\ell=E_g[H(\boldsymbol{X})W(\boldsymbol{X})]$ 写成

$$\ell = \frac{E_g[H(\boldsymbol{X})W(\boldsymbol{X})]}{E_g[W(\boldsymbol{X})]}$$

根据该式我们可以给出式(5.42)所示的标准似然比估计的另一种形式：

$$\hat{\ell}_w = \frac{\sum_{k=1}^{N} H(\boldsymbol{X}_k) w_k}{\sum_{k=1}^{N} w_k} \tag{5.43}$$

这就是**加权样本估计**，其中 $w_k=w(\boldsymbol{X}_k)$，$\{w_k\}$ 可以看作随机样本 $\{\boldsymbol{X}_k\}$ 的权重，而序列 $\{(\boldsymbol{X}_k, w_k)\}$ 称为由 $g(\boldsymbol{x})$ 抽样的**加权(随机)样本**。同第 4 章的再生比例估计类似，加权样本估计(5.43)会引入一些偏差，但是这些偏差随着 N 的增加逐渐逼近于 0。简而言之，对于任意函数 $H(\cdot)$ 都有 $\ell=E_f[H(\boldsymbol{X})] \approx \hat{\ell}_w$，在这个意义上我们可以把加权样本 $\{(\boldsymbol{X}_k, w_k)\}$ 看作 $f(x)$ 的一个表示。

5.6.2 方差最小化法

由于重要抽样密度函数 g 的选择与式(5.41)所示的估计量 $\hat{\ell}$ 的方差有着密切的关系，接下来我们考虑 g 的选择与 $\hat{\ell}$ 的方差的最小化问题，即

$$\min_{g} \operatorname{Var}_g\left(H(\boldsymbol{X}) \frac{f(\boldsymbol{X})}{g(\boldsymbol{X})}\right) \tag{5.44}$$

参考 Rubinstein 和 Melamed 的文献[31]和习题 5.13，不难证明式(5.44)的解为

$$g^*(\boldsymbol{x}) = \frac{|H(x)| f(\boldsymbol{x})}{\int |H(\boldsymbol{x})| f(\boldsymbol{x}) \mathrm{d}\boldsymbol{x}} \tag{5.45}$$

特别地，如果从现在起假定 $H(\boldsymbol{x}) \geqslant 0$，则有

$$g^*(\boldsymbol{x}) = \frac{H(\boldsymbol{x}) f(\boldsymbol{x})}{\ell} \tag{5.46}$$

及

$$\operatorname{Var}_{g^*}(\hat{\ell}) = \operatorname{Var}_{g^*}(H(\boldsymbol{X})W(\boldsymbol{X})) = \operatorname{Var}_{g^*}(l) = 0$$

式(5.45)和(5.46)中的密度 g^* 称作**最优重要抽样密度**。

■例 5.8

对于 $\gamma>0$，令 $X \sim \operatorname{Exp}(u^{-1})$，$H(X)=I_{\{X \geqslant \gamma\}}$，用 f 表示 X 的概率密度函数。现在考虑

$$\ell = E_f[H(X)] = \int_{\gamma}^{\infty} u^{-1} \mathrm{e}^{-xu^{-1}} \mathrm{d}x = \mathrm{e}^{-\gamma u^{-1}}$$

的估计值，有

$$g^*(x) = H(x) f(x) \ell^{-1} = I_{\{x \geqslant \gamma\}} u^{-1} \mathrm{e}^{-xu^{-1}} \mathrm{e}^{\gamma u^{-1}} = I_{\{x \geqslant \gamma\}} u^{-1} \mathrm{e}^{-(x-\gamma)u^{-1}}$$

因此，X 的最优重要抽样分布是**移位指数分布**。应该注意，Hf 是受 g^* 支配的，但 f 本身不受 g^* 支配。由于 g^* 是最优的，所以似然比估计值 $\hat{\ell}$ 为常数。也就是说，当 $N=1$ 时，

$$\hat{\ell} = H(X)W(X) = \frac{H(X) f(X)}{H(X) f(X)/\ell} = \ell$$

有一点非常重要，尽管对于任意一个支配 Hf 的概率密度函数 g 来说，式(5.41)都是一个无偏估计，但是，不是对所有这样的概率密度函数都合适。如何选择一个好的重要抽样的概率密度函数，一个重要原则就是式(5.41)所示的估计值应该具有有限的方差，这个原则等价于要求

$$E_g\left[H^2(\boldsymbol{X}) \frac{f^2(\boldsymbol{X})}{g^2(\boldsymbol{X})}\right] = E_f\left[H^2(\boldsymbol{X}) \frac{f(\boldsymbol{X})}{g(\boldsymbol{X})}\right] < \infty \tag{5.47}$$

该式意味着 g 不应该有一个比 f 更轻的“尾巴”，而且似然比 f/g 应该是有界的。

一般来讲，得到式(5.45)和(5.46)表示的最优重要抽样密度 g^* 是有难度的，主要困难在于推导 $g^*(x)$ 需要先知道 ℓ，而 ℓ 的准确值正是我们想要通过仿真来估计的。

由于样本性能 H 的解析式事先是未知的，因此在大多数仿真研究中情况会更加复杂。为了克服这个困难，我们可以先在基本模型上试运行若干次，从而获得样

本 $H(\boldsymbol{X}_1),\cdots,H(\boldsymbol{X}_N)$，利用这些样本来估计 g^*。应该注意，从这样一个人为构造的密度函数来抽样可能是一项复杂而费时的工作，尤其当 g 是一个高维密度函数时更为明显，这一点非常重要。

说明 5.6.1(似然比估计量的退化)　基于重要抽样密度函数 g 的 $W(\boldsymbol{X})$ 的分布可能随着 $\boldsymbol{X}$ 的维数 n 的增加而发生偏斜，在这个意义上，式(5.41)中的似然比估计值 $\hat{\ell}$ 会出现某种形式的退化。也就是说，$W(\boldsymbol{X})$ 可能以很高的概率取接近于 0 的值，也可能以很小的概率取到很大的值。因此，对于很大的 n，基于 g 的 $W(\boldsymbol{X})$ 的方差可能会变得很大。下面举一个这种退化的例子。为简单起见，假设给定 f 和 g，$\boldsymbol{X}$ 中的各个元素都是独立同分布的。因此，$f(\boldsymbol{x})$ 和 $g(\boldsymbol{x})$ 都是它们的边缘概率密度函数的乘积。假定每个元素 X_i 的边缘概率密度函数分别为 f_1 和 g_1，我们可将 $W(\boldsymbol{X})$ 表示为

$$W(\boldsymbol{X}) = \exp\sum_{i=1}^{n}\ln\frac{f_1(X_i)}{g_1(X_i)} \tag{5.48}$$

这里应用大数定理，对于较大的 n，随机变量 $\sum_{i=1}^{n}\ln(f_1(X_i)/g_1(X_i))$ 近似等于 $nE_{g_1}[\ln(f_1(X)/g_1(X))]$，于是

$$W(\boldsymbol{X}) \approx \exp\left\{-nE_{g_1}\left[\left(\frac{g_1(X)}{f_1(X)}\right)\right]\right\} \tag{5.49}$$

因为 $E_{g_1}[\ln(g_1(\boldsymbol{X})/f_1(\boldsymbol{X}))]$ 是非负的(参见第 1.14.2 节)，随着 $n\to\infty$，似然比 $W(\boldsymbol{X})$ 逐渐趋向于 0。然而，根据定义，基于 g 的 $W(\boldsymbol{X})$ 的期望值总为 1，这就表示当 n 变大时，$W(\boldsymbol{X})$ 的分布会出现急剧偏斜。人们提出了多种方法来防止这种退化，比如 Doucet[8]、Liu[23]、Robert 和 Casella[26] 等人的启发式方法以及所谓的筛选法。筛选法也是一种降维技术，将在第 5.9 节和第 8.2.2 节讲述。

当概率密度函数 f 属于某个参数化的分布族时，从**同一**参数族里选择重要抽样分布通常会比较方便。比如，假定 $f(\cdot)=f(\cdot;\boldsymbol{u})$ 属于分布族

$$\mathscr{F} = \{f(\cdot;\boldsymbol{v}),\boldsymbol{v}\in\mathscr{V}\}$$

那么在该族寻找一个最优重要抽样密度的问题就简化为下列**参数**最小化问题：

$$\min_{\boldsymbol{v}\in\mathscr{V}}\mathrm{Var}_{\boldsymbol{v}}(H(\boldsymbol{X})W(\boldsymbol{X};\boldsymbol{u},\boldsymbol{v})) \tag{5.50}$$

其中 $W(\boldsymbol{X};\boldsymbol{u},\boldsymbol{v})=f(\boldsymbol{X};\boldsymbol{u})/f(\boldsymbol{X};\boldsymbol{v})$，向量 $\boldsymbol{v}$ 称作**引用参数向量**或**倾斜向量**。因为在 $f(\cdot;\boldsymbol{v})$ 条件下期望值 $\ell=E_{\boldsymbol{v}}[H(\boldsymbol{X})W(\boldsymbol{X};\boldsymbol{u},\boldsymbol{v})]$ 是一个常数，式(5.50)的最优解正好是问题

$$\min_{\boldsymbol{v}\in\mathscr{V}}V(\boldsymbol{v}) \tag{5.51}$$

的最优解，其中

$$V(\boldsymbol{v}) = E_{\boldsymbol{v}}[H^2(\boldsymbol{X})W^2(\boldsymbol{X};\boldsymbol{u},\boldsymbol{v})] = E_{\boldsymbol{u}}[H^2(\boldsymbol{X})W(\boldsymbol{X};\boldsymbol{u},\boldsymbol{v})] \tag{5.52}$$

我们把式(5.50)和(5.51)这两个等价问题都称为**方差最小化**(VM)问题，把使得

式(5.50)和式(5.51)最小化的参数向量$_*\boldsymbol{v}$称作**最优 VM 引用参数向量**,把$\boldsymbol{u}$称作**原定参数**。

把式(5.51)～式(5.52)写成样本平均值的形式,即

$$\min_{\boldsymbol{v}\in\mathscr{V}} \hat{V}(\boldsymbol{v}) \tag{5.53}$$

其中

$$\hat{V}(\boldsymbol{v}) = \frac{1}{N}\sum_{k=1}^{N}[H^2(\boldsymbol{X}_k)W(\boldsymbol{X}_k;\boldsymbol{u},\boldsymbol{v})] \tag{5.54}$$

而样本$\boldsymbol{X}_1,\cdots,\boldsymbol{X}_N$来自$f(\boldsymbol{x};\boldsymbol{u})$。应该注意,一旦得到样本$\boldsymbol{X}_1,\cdots,\boldsymbol{X}_N$,函数$\hat{V}(\boldsymbol{v})$就变成了确定型函数。

在多数常见的应用中,函数$V(\boldsymbol{v})$和$\hat{V}(\boldsymbol{v})$都是凸的并对$\boldsymbol{v}$是可导的,又因为期望和求导运算是可以相互交换的(参考 Rubinstein 和 Shapiro[32] 的文献),式(5.51)～式(5.52)和式(5.53)～式(5.54)的解可以通过求解方程

$$E_{\boldsymbol{u}}[H^2(\boldsymbol{X})\,\nabla W(\boldsymbol{X};\boldsymbol{u},\boldsymbol{v})] = \boldsymbol{0} \tag{5.55}$$

及

$$\frac{1}{N}\sum_{k=1}^{N}H(\boldsymbol{X}_k)\,\nabla W(\boldsymbol{X}_k;\boldsymbol{u},\boldsymbol{v}) = \boldsymbol{0} \tag{5.56}$$

获得,其中

$$\nabla W(\boldsymbol{X};\boldsymbol{u},\boldsymbol{v}) = \nabla\frac{f(\boldsymbol{X};\boldsymbol{u})}{f(\boldsymbol{X};\boldsymbol{v})} = [\nabla \ln f(\boldsymbol{X};\boldsymbol{v})]W(\boldsymbol{X};\boldsymbol{u},\boldsymbol{v})$$

梯度是对$\boldsymbol{v}$的,函数$\nabla\ln f(\boldsymbol{x};\boldsymbol{v})$为得分函数,见式(1.64)。应该注意,非线性方程组(5.56)通常可以用数值方法求解。

■例 5.9

求$\ell=E[X]$的估计值,其中$X\sim\mathrm{Exp}(u^{-1})$。将重要抽样概率密度函数选为$f(x;v)=v^{-1}\exp(xv^{-1})$,$x\geqslant 0$,式(5.51)就简化为

$$\min_v V(v) = \min_v \frac{v}{u^2}\int_0^{\infty} x^2 \mathrm{e}^{-(2u^{-1}-v^{-1})x}\,\mathrm{d}x = \min_{v\geqslant u/2}\frac{2uv^4}{(2v-u)^3}$$

最优引用参数$_*v$为

$$_*v = 2u$$

可以看到$_*v$正好是u的两倍。用数值法求解用样本均值形式表示的方程组(5.56),可以发现,对于较大的N,最优解$_*\hat{v}$将会接近真正的最优参数$_*v$。

■例 5.10　例 5.8(续)

再次考虑求解$\ell=P_u(X\geqslant\gamma)=\exp(-\gamma u^{-1})$的估计值问题。此时,分布族$\{f(x;v),v>0\}$由$f(x;v)=v^{-1}\exp(xv^{-1})$,$x\geqslant 0$定义,式(5.51)的优化问题简化为

$$\min_{v} V(v) = \min_{v} \frac{v}{u^2}\int_{\gamma}^{\infty} \mathrm{e}^{-(2u^{-1}-v^{-1})x}\mathrm{d}x = \min_{v\geqslant u/2} \frac{v^2}{u}\ \frac{\mathrm{e}^{-\gamma(2u^{-1}-v^{-1})}}{(2v-u)}$$

最优引用参数 ${}_{*}v$ 由

$${}_{*}v = \frac{1}{2}\{\gamma + u + \sqrt{\gamma^2 + u^2}\} = \gamma + \frac{u}{2} + \mathcal{O}((u/\gamma)^2)$$

给出，其中 $\mathcal{O}(x^2)$ 是 x 的函数，继而

$$\lim_{x\to 0} \frac{\mathcal{O}(x^2)}{x^2} = 常量$$

我们可以看到，对于 $\gamma \gg u$，${}_{*}v$ 近似等于 γ。

应该注意到本例中很重要的一点，样本均值形式的式(5.56)(或式(5.53)～式(5.54))仅对较小的 γ 有意义，尤其是那些不会使得 ℓ 成为一个**稀有事件概率**的 γ，比如 $\ell < 10^{-5}$。如果 ℓ 很小，就需要一个非常大的样本数 N(因为指标函数 $I_{\{X\geqslant\gamma\}}$)，这使得重要抽样估计量 $\hat{\ell}$ 变得没有意义。我们将在第 8 章详细讨论稀有事件概率的估计问题。

进一步观察，可以发现式(5.51)的方差最小化问题也可以写成如下形式：

$$\min_{\boldsymbol{v}\in\mathcal{V}} V(\boldsymbol{v}) = \min_{\boldsymbol{v}\in\mathcal{V}} E_{\boldsymbol{w}}[H^2(\boldsymbol{X})W(\boldsymbol{X};\boldsymbol{u},\boldsymbol{v})W(\boldsymbol{X};\boldsymbol{u},\boldsymbol{w})] \tag{5.57}$$

其中 $\boldsymbol{w}$ 是一个任意的引用参数。注意，用 $f(\boldsymbol{x};\boldsymbol{w})$ 对被积函数进行先乘后除之后，就可以从式(5.52)得到式(5.57)。现在我们将式(5.57)中的期望值替换为对应的样本形式(随机的)，相应的蒙特卡洛优化问题的最优解就可以作为 ${}_{*}\boldsymbol{v}$ 的估计值。特别地，式(5.57)对应的随机形式为

$$\min_{\boldsymbol{v}\in\mathcal{V}} \hat{V}(\boldsymbol{v}) = \min_{\boldsymbol{v}\in\mathcal{V}} \frac{1}{N}\sum_{k=1}^{N} H^2(\boldsymbol{X}_k)W(\boldsymbol{X}_k;\boldsymbol{u},\boldsymbol{v})W(\boldsymbol{X}_k;\boldsymbol{u},\boldsymbol{w}) \tag{5.58}$$

其中 $\boldsymbol{X}_1,\cdots,\boldsymbol{X}_N$ 是由 $f(\cdot;\boldsymbol{w})$ 得到的独立同分布的样本，而 $\boldsymbol{w}$ 是一个适当选择的**试验**参数。求解式(5.58)的优化问题就能获得 ${}_{*}\boldsymbol{v}$ 的一个估计值 ${}_{*}\hat{\boldsymbol{v}}$。在有些情况下，对这一过程进行迭代可能非常有用，也就是说，在式(5.58)中使用 ${}_{*}\hat{\boldsymbol{v}}$ 作为试验向量可能得到更好的估计值。

一旦引用参数 $\boldsymbol{v} = {}_{*}\hat{\boldsymbol{v}}$ 确定了，ℓ 的估计值就可以通过似然比估计得到，即

$$\hat{\ell} = \frac{1}{N}\sum_{k=1}^{N} H(\boldsymbol{X}_k)W(\boldsymbol{X}_k;\boldsymbol{u},\boldsymbol{v}) \tag{5.59}$$

其中 $\boldsymbol{X}_1,\cdots,\boldsymbol{X}_N$ 是由 $f(\cdot;\boldsymbol{v})$ 得到的随机样本。通常式(5.59)中的样本数 N 要大于用于估计引用参数的样本数。式(5.59)称作**标准似然比**估计量(SLR)。

5.6.3　交叉熵法

选择式(5.59)中的"最优"引用参数向量的另一个方法是以式(5.59)提到的 Kullback-Leibler 交叉熵为基础，简称**交叉熵**(CE)。为清楚起见，这里再重述一

遍:两个概率密度函数 g 和 f 之间的 CE 距离(在连续情况下)是由式

$$\begin{aligned} D(g,h) &= E_g\left[\ln\frac{g(\boldsymbol{X})}{h(\boldsymbol{X})}\right] = \int g(\boldsymbol{x})\ln\frac{g(\boldsymbol{x})}{h(\boldsymbol{x})}\mathrm{d}\boldsymbol{x} \\ &= \int g(\boldsymbol{x})\ln g(\boldsymbol{x})\mathrm{d}\boldsymbol{x} - \int g(\boldsymbol{x})\ln h(\boldsymbol{x})\mathrm{d}\boldsymbol{x} \end{aligned} \tag{5.60}$$

给定的。回顾前文我们有 $D(g,h)\geqslant 0$,当且仅当 $g=h$ 时等式成立。

一般的想法是,选择重要抽样密度 h,使得式(5.45)中的最优重要抽样密度 g^* 和 h 之间的 CE 距离最小,我们称之为 **CE 最优概率密度函数**。这样,该概率密度函数就是下面这个优化问题的解:

$$\min_h D(g^*,h)$$

如果我们在所有密度函数 h 上进行优化,那么从 $D(g^*,h)\geqslant 0$ 就可以直接知道,CE 最优概率密度函数与 VM 最优概率密度函数 g^* 是一致的。

与式(5.50)和式(5.51)的 VM 方法类似,我们仅考虑包含有"原定"密度函数 $f(\cdot;\boldsymbol{u})$ 的密度函数参数族 $\{f(\cdot;\boldsymbol{v}),\boldsymbol{v}\in\mathscr{V}\}$,则交叉熵方法的目标转化为求解**参数优化问题**

$$\min_{\boldsymbol{v}} D(g^*,f(\cdot;\boldsymbol{v}))$$

由于式(5.60)右边第一项是不依赖于 $\boldsymbol{v}$ 的,最小化 g^* 和 $f(\cdot;\boldsymbol{v})$ 之间的 Kullback-Leibler 距离就等于使关于 $\boldsymbol{v}$ 的下式

$$\int H(\boldsymbol{x})f(\boldsymbol{x};\boldsymbol{u})\ln f(\boldsymbol{x};\boldsymbol{v})\mathrm{d}\boldsymbol{x} = E_{\boldsymbol{u}}[H(\boldsymbol{X})\ln f(\boldsymbol{X};\boldsymbol{v})]$$

最大化,这里我们假定 $H(\boldsymbol{x})$ 是非负的。回顾对式(5.51)的分析,我们发现 CE 最优引用参数向量 $\boldsymbol{v}^*$ 可以通过求解下面的一个简单的优化问题得到:

$$\max_{\boldsymbol{v}} D(\boldsymbol{v}) = \max_{\boldsymbol{v}} E_{\boldsymbol{u}}[H(\boldsymbol{X})\ln f(\boldsymbol{X};\boldsymbol{v})] \tag{5.61}$$

由于 $D(\boldsymbol{v})$ 通常是凸的且对 $\boldsymbol{v}$ 可导(参考 Rubinstein 和 Shapiro[32] 的文献),式(5.61)的解可通过求解

$$E_{\boldsymbol{u}}[H(\boldsymbol{X})\,\nabla\ln f(\boldsymbol{X};\boldsymbol{v})] = \boldsymbol{0} \tag{5.62}$$

得到,这里假设期望和求导运算可以相互交换。式(5.62)对应的样本形式为

$$\frac{1}{N}\sum_{k=1}^{N} H(\boldsymbol{X}_k)\,\nabla\ln f(\boldsymbol{X}_k;\boldsymbol{v}) = \boldsymbol{0} \tag{5.63}$$

类似于式(5.51)的 VM 规划,我们将式(5.61)称作 **CE 规划**,并将使式(5.64)最小化的引用向量 $\boldsymbol{v}^*$ 称作**最优 CE 引用参数向量**。

回顾对式(5.57)的分析,我们很容易发现式(5.61)和下面的规划问题是等效的:

$$\max_{\boldsymbol{v}} D(\boldsymbol{v}) = \max_{\boldsymbol{v}} E_{\boldsymbol{w}}[H(\boldsymbol{X})W(\boldsymbol{X};\boldsymbol{u},\boldsymbol{w})\ln f(\boldsymbol{X};\boldsymbol{v})] \tag{5.64}$$

其中,$W(\boldsymbol{X};\boldsymbol{u},\boldsymbol{v})$ 也是似然比,$\boldsymbol{w}$ 为任意一个倾斜参数。与式(5.58)类似,可以将

$\boldsymbol{v}^*$ 估计为下列随机优化问题的解：

$$\max_{\boldsymbol{v}} \hat{D}(\boldsymbol{v}) = \max_{\boldsymbol{v}} \frac{1}{N}\sum_{k=1}^{N} H(\boldsymbol{X}_k)W(\boldsymbol{X}_k;\boldsymbol{u},\boldsymbol{w})\ln f(\boldsymbol{X}_k;\boldsymbol{v}) \tag{5.65}$$

其中 $\boldsymbol{X}_1,\cdots,\boldsymbol{X}_N$ 是一个由 $f(\cdot;\boldsymbol{w})$抽样得到的随机样本。与 VM 的情形类似，我们可以重复这一个过程，也就是说，将式(5.65)的解作为下一次迭代的试验参数。

由于在一些典型的应用中，式(5.65)中的函数$\hat{D}$是凸的且对 $\boldsymbol{v}$ 可导(见参考文献[32])，式(5.65)的解可以通过求解下列方程组的解 $\boldsymbol{v}$ 得到：

$$\frac{1}{N}\sum_{k=1}^{N} H(\boldsymbol{X}_k)W(\boldsymbol{X}_k;\boldsymbol{u},\boldsymbol{w})\,\nabla\ln f(\boldsymbol{X}_k;\boldsymbol{v}) = \boldsymbol{0} \tag{5.66}$$

式中的梯度表示对 $\boldsymbol{v}$ 的梯度值。

我们进行了大量的数值研究，结果表明，对于适度的维数 n，比如 $n\leqslant 50$，CE 规划式(5.64)和式(5.65)(或式(5.66))及其对应的 VM 规划式(5.57)和式(5.58)的解通常几乎是相同的。然而，对于高维问题($n>50$)，我们发现在方差和偏差上，式(5.59)所示的以 $\boldsymbol{v}$ 的更新为基础的 VM 重要抽样估计值$\hat{\ell}$优于对应的 CE 估计值，这是由 W 的退化引起的，我们发现 CE 对此更敏感。

CE 规划的优势在于，它通常可以**解析求解**，尤其当 $\boldsymbol{X}$ 的分布属于**指数分布族**的时候，请参考附录 A.3 节。特别地(参见(A.16))，对于参数为均值的一维指数族分布，CE 最优参数总是为

$$v^* = \frac{E_u[H(X)X]}{E_u[H(X)]} = \frac{E_w[W(X;u,w)H(X)X]}{E_w[H(X)W(X;u,w)]} \tag{5.67}$$

而其相应的基于样本的估计公式为

$$\hat{v} = \frac{\sum_{k=1}^{N} H(X_k)W(X_k;u,w)X_k}{\sum_{k=1}^{N} H(X_k)W(X_k;u,w)} \tag{5.68}$$

其中 $X_1,\cdots,X_N$ 是由密度函数 $f(\cdot;w)$得到的随机样本，w 是一个任意参数。在多维情况下式(5.68)变为

$$\hat{v}_i = \frac{\sum_{k=1}^{N} H(\boldsymbol{X}_k)W(\boldsymbol{X}_k;\boldsymbol{u},\boldsymbol{w})X_{ki}}{\sum_{k=1}^{N} H(\boldsymbol{X}_k)W(\boldsymbol{X}_k;\boldsymbol{u},\boldsymbol{w})} \tag{5.69}$$

其中 $i=1,\cdots,n$，X_{ki} 为向量 $\boldsymbol{X}_k$ 的第 i 个元素，$\boldsymbol{u}$ 和 $\boldsymbol{w}$ 为参数向量。

可以看到，对于 $\boldsymbol{u}=\boldsymbol{w}$(没有似然比项 W)，式(5.69)简化为

$$\hat{v}_i = \frac{\sum_{k=1}^{N} H(\boldsymbol{X}_k)X_{ki}}{\sum_{k=1}^{N} H(\boldsymbol{X}_k)} \tag{5.70}$$

其中 $\boldsymbol{X}_k \sim f(\boldsymbol{x};\boldsymbol{u})$。

同样可以看到，与式(5.69)相比，由于式(5.70)中 W 的退化，我们更倾向于采用式(5.70)的估计值，特别是在高维的情况下。但是，我们将在下文讲到，这种方法并不总是可行的，尤其是在第 8 章估计稀有事件的概率的时候。

■例 5.11　例 5.9(续)

再次考虑 $\ell=E[X]$的估计，其中 $X\sim \text{Exp}(u^{-1})$，$f(x;v)=v^{-1}\exp(xv^{-1})$，$x\geqslant 0$。求解式(5.62)，我们发现最优引用参数 v^* 等于

$$v^* = \frac{E_u[X^2]}{E_u[X]} = 2u$$

这样，v^* 就与 $_*v$ 完全相等。对于式(5.62)对应的样本均值的形式，我们也会发现，当 N 很大的时候最优解$\hat{v}^*$ 与最优参数 $v^*=2u$ 非常相近。

■例 5.12　例 5.10(续)

再次考虑 $\ell=P_u(X\geqslant\gamma)=\exp(-\gamma u^{-1})$的估计值。在这种情况下，由式(5.67)容易求解最优引用参数为 $v^*=\gamma+u$。注意，与 VM 相似，当 $\gamma\gg u$ 的时候最优引用参数近似等于γ。

应该注意，在上述例子中，CE 的样本形式(5.66)只有在选取适当的 γ 使 ℓ **不是一个稀有事件概率**的时候才有意义，比如当 $\ell<10^{-4}$的时候，这一点与 VM 问题类似。在第 8 章我们将对任意函数 $S(\boldsymbol{x})$和水平 γ 提出一种通用方法来估计形式为 $\ell=P_u(S(\boldsymbol{X})\geqslant\gamma)$的稀有事件概率。

■例 5.13　有限支撑离散分布

令 X 为一个有限支撑离散随机变量，也就是说，X 仅能取有限个数的值，比如 $a_1,\cdots,a_m$。令 $u_i=P(X=a_i)$，$i=1,\cdots,m$，定义 $\boldsymbol{u}=(u_1,\cdots,u_m)$，则 X 的分布可由向量$\boldsymbol{u}$ 进行参数化表示，我们可以写出 X 的密度

$$f(x;\boldsymbol{u}) = \sum_{i=1}^{m} u_i I_{\{x=a_i\}}$$

根据本节开始的讨论可知，由于我们是在$\{a_1,\cdots,a_m\}$取值范围内的**所有**密度函数上进行优化的，因此最优 CE 和 VM 参数是**一致**的。依据式(5.45)，VM 和 CE 的最优密度函数为

$$f(x;\boldsymbol{v}^*)=\frac{H(x)f(x;\boldsymbol{u})}{\sum_x H(x)f(x;\boldsymbol{u})}$$

$$=\frac{\sum_{i=1}^{m} H(a_i)u_i I_{\{x=a_i\}}}{E_{\boldsymbol{u}}[H(X)]}$$

$$= \sum_{i=1}^{m} \frac{H(a_i)u_i}{E_{\boldsymbol{u}}[H(X)]} I_{\{x=a_i\}}$$

$$= \sum_{i=1}^{m} \frac{E_{\boldsymbol{u}}[H(X)I_{\{x=a_i\}}]}{E_{\boldsymbol{u}}[H(X)]} I_{\{x=a_i\}}$$

于是，对于任意引用参数 $\boldsymbol{w}$，如果 $E_{\boldsymbol{w}}[H(X)W(X;\boldsymbol{u},\boldsymbol{w})]>0$，则

$$v_i^* = \frac{E_{\boldsymbol{u}}[H(X)I_{\{x=a_i\}}]}{E_{\boldsymbol{u}}[H(X)]} = \frac{E_{\boldsymbol{w}}[H(X)W(X;\boldsymbol{u},\boldsymbol{w})I_{\{X=a_i\}}]}{E_{\boldsymbol{w}}[H(X)W(X;\boldsymbol{u},\boldsymbol{w})]} \tag{5.71}$$

向量 $\boldsymbol{v}^*$ 可以由式(5.71)对应的随机形式来估计，即

$$\hat{v}_i = \frac{\sum_{k=1}^{N} H(X_k)W(X_k;\boldsymbol{u},\boldsymbol{w})I_{\{X_k=a_i\}}}{\sum_{k=1}^{N} H(X_k)W(X_k;\boldsymbol{u},\boldsymbol{w})} \tag{5.72}$$

其中 $X_1,\cdots,X_N$ 是由密度函数 $f(\cdot;\boldsymbol{w})$ 抽样得到的独立同分布样本。

对于随机向量 $\boldsymbol{X}=(X_1,\cdots,X_n)$，其中 $X_1,\cdots,X_n$ 是独立的有限支撑离散随机变量，分别由参数向量 $\boldsymbol{u}_1,\cdots,\boldsymbol{u}_n$ 表征，我们可以得出相似的结果。由于独立性假设，CE 问题(5.64)可以分解为 n 个类似形式的子问题，而最优 CE 引用参数 $\boldsymbol{v}^*=(\boldsymbol{v}_1^*,\cdots,\boldsymbol{v}_n^*)$成为向量的向量，其所有分量可由式(5.72)得到。在这种情况下应该注意，由于不是在所有的密度函数上进行 CE 优化，最优 VM 和 CE 引用参数通常是不相等的。然而，Rubinstein 和 Kroese 在文献[29]中给出了命题 4.2，证明在一种特殊的情况下它们的值确实是相等的，从而提出了一个零偏差的似然比估计。

式(5.72)涉及离散有限支撑分布，特别地，当分布为伯努利分布时该式会被广泛应用于组合优化问题，这将在本书后续部分介绍。

■例 5.14　例 5.1(续)

考虑图 5.1 中的桥接网络，令

$$S(\boldsymbol{X}) = \min\{X_1+X_4, X_1+X_3+X_5, X_2+X_3+X_4, X_2+X_5\}$$

假定我们希望估计从节点 A 到节点 B 的最短路径长度至少为 γ 的概率，也就是说，令 $H(\boldsymbol{x})=I_{\{S(\boldsymbol{x})\geqslant\gamma\}}$，我们要估计

$$\ell = E[H(\boldsymbol{X})] = P_{\boldsymbol{u}}(S(\boldsymbol{X})\geqslant\gamma) = E_{\boldsymbol{u}}[I_{\{S(\boldsymbol{X})\geqslant\gamma\}}]$$

假定元素$\{X_i\}$是相互独立的，$X_i\sim\mathrm{Exp}(u_i^{-1})$，$i=1,\cdots,5$，我们选定 γ 使 $\ell\geqslant 10^{-2}$。此时可以应用 CE 的更新形式(5.69)及其特殊形式(5.70)(满足 $\boldsymbol{w}=\boldsymbol{u}$)。我们将证明这种方法能够急剧地减小方差。在本例中，似然比为

$$W(\boldsymbol{x};\boldsymbol{u},\boldsymbol{v}) = \frac{f(\boldsymbol{x};\boldsymbol{u})}{f(\boldsymbol{x};\boldsymbol{v})} = \frac{\prod_{i=1}^{5}\frac{1}{u_i}\mathrm{e}^{-x_i/u_i}}{\prod_{i=1}^{5}\frac{1}{v_i}\mathrm{e}^{-x_i/v_i}}$$

$$= \exp\left(-\sum_{i=1}^{5} x_i\left(\frac{1}{u_i}-\frac{1}{v_i}\right)\right)\prod_{i=1}^{5}\frac{v_i}{u_i} \tag{5.73}$$

作为一个具体的例子，我们令**原定参数向量** $\boldsymbol{u}=(1,1,0.3,0.2,0.1)$，$\gamma=1.5$，可以看到概率 ℓ 近似为 0.06。

应该注意，从 A 到 B 的路径长度通常小于 $\gamma=1.5$，因此使用重要抽样代替原始蒙特卡洛应该更加有效。具体思路就是，**不用**似然比而是用式(5.70)来估计最优参数向量 $\boldsymbol{v}^*$，这是因为式(5.69)中似然比(用一个非常任意的 $\boldsymbol{w}$，比如猜测一个初始的试验向量 $\boldsymbol{w}$)通常可能使 $\boldsymbol{v}^*$ 的估计值很不稳定，尤其对于高维问题。

把从式(5.70)得到的 $\boldsymbol{v}^*$ 的 CE 估计值记为 $\hat{\boldsymbol{v}}_1$，我们从 $\boldsymbol{w}=\hat{\boldsymbol{v}}_1,\hat{\boldsymbol{v}}_2,\cdots$ 开始，用式(5.69)对这一过程迭代 T 次。一旦得到最终的参考向量 $\hat{\boldsymbol{v}}_T$，就可以从 $f(\boldsymbol{x};\hat{\boldsymbol{v}}_T)$ 得到一个**大样本**(样本大小为 N_1)，并用式(5.59)的标准似然比估计量(SLR)来估计 ℓ 的值。然而需要注意的是，对于高维问题，这种方式的迭代可能使最后的估计值 $\hat{\boldsymbol{v}}_T$ 不稳定。简而言之，用式(5.70)进行一次迭代通常是最佳的选择。

表 5.1 给出了估计量(5.59)的性能数据，迭代由 $\boldsymbol{w}=\boldsymbol{u}=(1,1,0.3,0.2,0.1)$ 开始，对式(5.69)迭代 3 次。注意，在第一次迭代中我们由 $f(\boldsymbol{x};\boldsymbol{u})$ 产生了一个样本 $\boldsymbol{X}_1,\cdots,\boldsymbol{X}_N$，然后应用式(5.70)得到 CE 最优引用参数向量 $\boldsymbol{v}^*$ 的一个估计值 $\hat{\boldsymbol{v}}=(\hat{v}_1,\cdots,\hat{v}_5)$，用于更新 $\hat{\boldsymbol{v}}$ 和计算估计值 $\hat{\ell}$ 的样本大小分别为 $N=10^3$ 和 $N_1=10^5$。表中 RE 表示估计的相对误差。

表 5.1　五维向量 $\hat{\boldsymbol{v}}$ 的迭代

迭代	$\hat{\boldsymbol{v}}$					$\hat{\ell}$	RE
0	1	1	0.3	0.2	0.1	0.0643	0.0121
1	2.4450	2.3274	0.2462	0.2113	0.1030	0.0631	0.0082
2	2.3850	2.3894	0.3136	0.2349	0.1034	0.0644	0.0079
3	2.3559	2.3902	0.3472	0.2322	0.1047	0.0646	0.0080

注意 $\hat{\boldsymbol{v}}$ 在第一步后已经收敛，于是在第 2 步和第 3 步中运用似然比不会给 $\hat{\boldsymbol{v}}$ 的质量带来任何变化。由表 5.1 同样可以看出，CE 的性能要优于 CMC，比较 CE 和 CMC 的相对误差 0.008 和 0.0121 就可以看到这一点。如果采用 CMC 获得一个接近 0.008 的相对误差，可能需要一个大小接近 2.5×10^5 的样本，而不是 10^5，因此 CE 估计可以使样本大小减少 2.5 倍。第 8 章将会讲到，对于小概率问题我们可以把方差减小好几个数量级。

5.7　序列重要抽样

序列重要抽样(SIS)也称**动态重要抽样**，是以串行的方式按顺序进行的重要抽样。为了解释 SIS 的步骤，考虑式(5.39)的性能 ℓ 的期望值和式(5.41)的似然比估计$\hat{\ell}$。已知 $f(\boldsymbol{x})$为“目标”密度函数，而 $g(\boldsymbol{x})$是重要抽样密度函数或者建议概率密度函数，假设：(a)$\boldsymbol{X}$ 是可分解的，即可以表示为向量 $\boldsymbol{X}=(X_1,\cdots,X_n)$，其中每一个 X_i 可以是多维的；(b)很容易从 $g(\boldsymbol{x})$逐次获得样本。具体地，假定 $g(\boldsymbol{x})$具有如下形式：

$$g(\boldsymbol{x}) = g_1(x_1)g_2(x_2 \mid x_1)\cdots g_n(x_n \mid x_1,\cdots,x_{n-1}) \tag{5.74}$$

其中，很容易由密度函数 $g_1(x_1)$产生 X_1，并以 $X_1=x_1$ 为条件由密度函数 $g_2(x_2 \mid x_1)$生成第二个元素，如此类推，直到由 $g(x)$得到一个完整的随机向量 $\boldsymbol{X}$。将此过程独立重复 N 次，每次都由 $g(\boldsymbol{x})$抽样，我们就由 $g(\boldsymbol{x})$获取了随机样本 $\boldsymbol{X}_1,\cdots,\boldsymbol{X}_N$，然后用式(5.41)来估计 ℓ。为了进一步简化符号，我们对所有 t 把$(x_1,\cdots,x_t)$缩写为 $\boldsymbol{x}_{1:t}$。特别地，$\boldsymbol{x}_{1:n}=\boldsymbol{x}$。通常，我们可以把 t 看作一个(离散)时间参数，把 $\boldsymbol{x}_{1:t}$看作一个路径或轨迹。根据式(1.4)的概率乘法规则，目标概率密度函数 $f(\boldsymbol{x})$同样可以写成序列的形式：

$$f(\boldsymbol{x}) = f(x_1)f(x_2 \mid x_1)\cdots f(x_n \mid \boldsymbol{x}_{1:n-1}) \tag{5.75}$$

由式(5.74)和式(5.75)，我们可以将似然比写成乘积的形式，即

$$W(\boldsymbol{x}) = \frac{f(x_1)f(x_2 \mid x_1)\cdots f(x_n \mid \boldsymbol{x}_{1:n-1})}{g_1(x_1)g_2(x_2 \mid x_1)\cdots g_n(x_n \mid \boldsymbol{x}_{1:n-1})} \tag{5.76}$$

如果我们用 $W_t(\boldsymbol{x}_{1:t})$表示时刻 t 的似然比，则可以写成递推的形式，即

$$W_t(\boldsymbol{x}_{1:t}) = u_t W_{t-1}(\boldsymbol{x}_{1:t-1}),\quad t = 1,\cdots,n \tag{5.77}$$

其中初始权值为 $W_0(\boldsymbol{x}_{1:0})=1$，**增量权值**为 $u_1=f(x_1)/g_1(x_1)$，而

$$u_t = \frac{f(x_t \mid \boldsymbol{x}_{1:t-1})}{g_t(x_t \mid \boldsymbol{x}_{1:t-1})} = \frac{f(\boldsymbol{x}_{1:t})}{f(\boldsymbol{x}_{1:t-1})g_t(x_t \mid \boldsymbol{x}_{1:t-1})},\quad t = 2,\cdots,n \tag{5.78}$$

为了用式(5.78)不断更新似然比，我们需要知道边缘概率密度函数 $f(\boldsymbol{x}_{1:t})$。如果 f 没有马尔可夫特性，那么这一点就可能很难满足，因为它需要在所有 $x_{t+1},\cdots,x_n$ 上对 $f(\boldsymbol{x})$进行积分。相应地，可以引入一个容易计算的**辅助**概率密度函数序列 $f_1,f_2,\cdots,f_n$，使各 $f_t(\boldsymbol{x}_{1:t})$可以很好地逼近 $f(\boldsymbol{x}_{1:t})$，其中最后一个概率密度函数 f_n 必须等于原来的 f。因为

$$f(\boldsymbol{x}) = \frac{f_1(x_1)}{1}\frac{f_2(\boldsymbol{x}_{1:2})}{f_1(x_1)}\cdots\frac{f_n(\boldsymbol{x}_{1:n})}{f_{n-1}(\boldsymbol{x}_{1:n-1})} \tag{5.79}$$

我们可以得到增量更新权值公式(5.78)的一般形式：

$$u_t = \frac{f_t(\boldsymbol{x}_{1:t})}{f_{t-1}(\boldsymbol{x}_{1:t-1})g_t(x_t \mid \boldsymbol{x}_{1:t-1})} \tag{5.80}$$

其中 $t=1,\cdots,n$，$f_0(\boldsymbol{x}_{1:0})=1$。

说明 5.7.1　注意，增量权重 u_t 的定义只需以某个**常数为界**，比如对于每一个 t，其上界为 c_t。在这种情况下，可知似然比 $W(\boldsymbol{x})$同样以某个常数为界，比如 $W(\boldsymbol{x})=$

$Cw(\boldsymbol{x})$，其中 $1/C=E_g[w(\boldsymbol{x})]$ 可以通过相应的样本均值来估计。换句话说，当这个常数未知的时候，我们仍然可以通过加权样本估计量(5.43)来估计 ℓ，而不用似然比估计量(5.42)。

总之，序列重要抽样法可以总结为以下算法：

算法 5.7.1(序列重要抽样算法)

1. 对于每一个有限的 $t=1,\cdots,n$，由 $g_t(x_t\,|\,\boldsymbol{x}_{1:t-1})$ 抽样得到 X_t。
2. 计算 $w_t=u_tw_{t-1}$，其中 $w_0=1$，
$$u_t=\frac{f_t(\boldsymbol{X}_{1:t})}{f_{t-1}(\boldsymbol{X}_{1:t-1})g_t(X_t\mid\boldsymbol{X}_{1:t-1})},\quad t=1,\cdots,n \tag{5.81}$$
3. 将上述步骤重复 N 次，并由式(5.41)的 $\hat{\ell}$ 或式(5.43)的 $\hat{\ell}_w$ 来估计 ℓ。

■例 5.15　整数上的随机游动

考虑例 1.10 中整数上的随机游动，上移和下移的概率分别是 p 和 q。如果 $p<q$ 就有向 $-\infty$ 游动的趋势。我们的目标是估计在状态 0 之前到达状态 K 的稀有事件的概率 ℓ，这里假设由状态 $0<k\ll K$ 开始，K 是一个很大的数。作为一个中间步骤，首先考虑正好在第 n 步到达状态 K 的概率，也就是 $P(X_n=K)=E[I_{A_n}]$，其中 $A_n=\{X_n=K\}$。我们有

$$f(\boldsymbol{x}_{1:n})=f(x_1\mid k)f(x_2\mid x_1)f(x_3\mid x_2)\cdots f(x_n\mid x_{n-1})$$

其中条件概率为 p(上移)或 q(下移)。如果采用不同的上移和下移概率 $\tilde{p}$ 和 $\tilde{q}$ 来对随机游动进行仿真，则重要抽样概率密度函数 $g(\boldsymbol{x}_{1:n})$ 具有与上述 $f(\boldsymbol{x}_{1:n})$ 一样的形式。这样，在第 t 步之后重要权值可以通过增量权值

$$u_t=\frac{f(x_t\mid x_{t-1})}{g(x_t\mid x_{t-1})}=\begin{cases}p/\tilde{p}, & \text{如果 } x_t=x_{t-1}+1\\ q/\tilde{q}, & \text{如果 } x_t=x_{t-1}-1\end{cases}$$

进行更新，而概率 $P(A_n)$ 现在可以通过重要抽样估计为

$$\frac{1}{N}\sum_{i=1}^{N}W_{i,n}I_{\{X_{i,n}=K\}} \tag{5.82}$$

其中路径 $\boldsymbol{X}_{i,1:n}$，$i=1,\cdots,N$ 由 g 而不是 f 来生成，$W_{i,n}$ 是第 i 条路径的似然比。回到 ℓ 的估计，令 τ 为第一次到达状态 0 或 K 的时间，我们可以写出 $I_{\{X_t=K\}}=H(\boldsymbol{X}_{1:t})$，于是有

$$\begin{aligned}\ell&=E_f[I_{\{X_\tau=K\}}]=E_f[H(\boldsymbol{X}_{1:\tau})]\\&=\sum_{n=1}^{\infty}E[H(\boldsymbol{X}_{1:n})I_{\{\tau=n\}}]\\&=\sum_{n=1}^{\infty}\sum_{\boldsymbol{x}}H(\boldsymbol{x}_{1:n})I_{\{\tau=n\}}f(\boldsymbol{x}_{1:n})\\&=\sum_{n=1}^{\infty}\sum_{\boldsymbol{x}}\frac{f(\boldsymbol{x}_{1:n})}{g(\boldsymbol{x}_{1:n})}I_{\{x_n=K\}}I_{\{\tau=n\}}g(\boldsymbol{x}_{1:n})\end{aligned}$$

$$= E_g[\widetilde{H}(\mathbf{X}_{1:\tau})] = E_g[W_\tau I_{\{x_\tau = K\}}]$$

其中 W_τ 是 $\mathbf{X}_{1:\tau}$ 的似然比，该值按照下列方式在每个时间 t 进行更新：对于上移和下移分别乘以 $p/\widetilde{p}$ 和 $q/\widetilde{q}$。注意，$I_{\{\tau=n\}}$ 其实是 $\mathbf{x}_n=(x_1,\cdots,x_n)$ 的函数，于是可以得到与式(5.82)一样的估计量，只不过其中的确定值 n 由随机值 τ 代替。可以证明，选择 $\widetilde{p}=q$ 及 $\widetilde{q}=p$，即**交换**两个概率值，就会得到一个更有效的 ℓ 的估计量，参见文献[5]。

5.7.1 隐马尔可夫模型的非线性滤波

这一节将讲述序列重要抽样在非线性滤波中的应用。在工程、应用科学、统计学和经济学领域，许多问题都可以描述为**隐马尔可夫模型**(HMM)。HMM 最简单的形式就是一个随机过程 $\{(X_t,Y_t)\}$，其中 X_t(可能是多维的)表示某个系统在离散时刻 t 的**真实**状态，Y_t 表示该时刻系统的观测状态。通常我们假定 $\{X_t\}$ 是一个马尔可夫链，其初始分布为 $f(x_0)$，一步转移概率为 $f(x_t \mid x_{t-1})$。应该注意，该马尔可夫链的实际状态是隐蔽的，不能直接观测，因此命名为隐马尔可夫模型，系统的所有信息都是通过过程 $\{Y_t\}$ 传达的。我们假定对于给定的 $X_0,\cdots,X_t$，观察值 Y_t 仅仅依赖于 X_t，可以表示为某种条件概率密度函数 $f(y_t \mid x_t)$ 的形式。注意，我们在这里采用贝叶斯形式的符号，所有(条件)概率密度函数都用**同样的符号** f 来表示，在本节其他部分都将使用这一符号。用 $\mathbf{X}_{1:t}=(X_1,\cdots,X_t)$ 和 $\mathbf{Y}_{1:t}=(Y_1,\cdots,Y_t)$ 分别表示截止 t 时刻的不可观序列和可观序列，其小写形式具有类似的意思。

图 5.2 是 HMM 的一种图形表示，这是一个**贝叶斯网络**的例子，用连线表示两个变量之间的依赖关系，例如，给定状态 $X_1,\cdots,X_t$，则随机变量 Y_t 是条件独立于 $X_1,\cdots,X_{t-1}$ 的，因为 Y_t 和这些变量中的任意一个都没有直接的连线。于是我们有 $f(y_t \mid \mathbf{x}_{1:t})=f(y_t \mid x_t)$，更一般地，

$$f(\mathbf{y}_{1:t} \mid \mathbf{x}_{1:t}) = f(y_1 \mid x_1)\cdots f(y_t \mid x_t) = f(\mathbf{y}_{1:t-1} \mid \mathbf{x}_{1:t-1})f(y_t \mid x_t) \tag{5.83}$$

合并之后，我们有

$$\begin{aligned} X_t &\sim f(x_t \mid x_{t-1}) \text{—— 状态方程} \\ Y_t &\sim f(y_t \mid x_t) \text{—— 观测方程} \end{aligned} \tag{5.84}$$

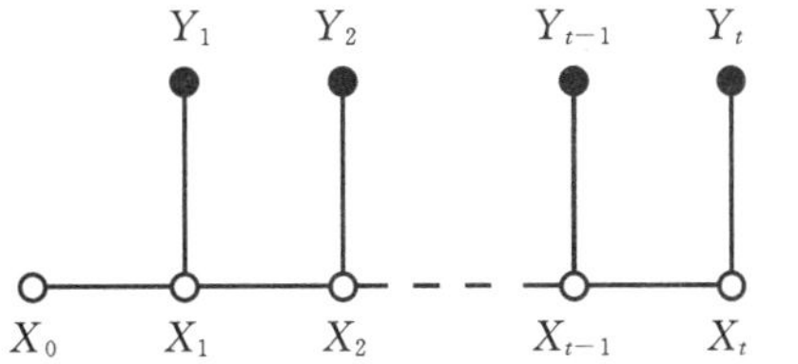

图 5.2　隐马尔可夫模型的图形表示

■例 5.16

下面的模型就是式(5.84)的一个例子：

$$
\begin{aligned}
\boldsymbol{X}_t &= \boldsymbol{\varphi}_1(X_{t-1}) + \boldsymbol{\varepsilon}_{1t} \\
\boldsymbol{Y}_t &= \boldsymbol{\varphi}_2(X_t) + \boldsymbol{\varepsilon}_{2t}
\end{aligned}
\tag{5.85}
$$

其中 $\boldsymbol{\varphi}_1(\cdot)$和 $\boldsymbol{\varphi}_2(\cdot)$是给定的向量函数，$\boldsymbol{\varepsilon}_{1t}$和 $\boldsymbol{\varepsilon}_{2t}$是独立的 d 维高斯随机向量，其均值为$\mathbf{0}$，协方差矩阵分别为 $\boldsymbol{C}_1$ 和 $\boldsymbol{C}_2$。

我们的目的是基于$\boldsymbol{Y}_{1:t}$的结果 $\boldsymbol{y}_{1:t}$决定或在线估计以下量：

1. 联合条件概率密度函数 $f(\boldsymbol{x}_{1:t} \mid \boldsymbol{y}_{1:t})$及其特例，即边缘条件概率密度函数 $f(x_t \mid \boldsymbol{y}_{1:t})$，该密度函数也称为**滤波**概率密度函数。
2. 期望性能

$$
\ell = E_{f(\boldsymbol{x}_{1:t} \mid \boldsymbol{y}_{1:t})}[H(\boldsymbol{X}_{1:t})] = \int H(\boldsymbol{x}_{1:t}) f(\boldsymbol{x}_{1:t} \mid \boldsymbol{y}_{1:t}) \mathrm{d}\boldsymbol{x}_{1:t}
\tag{5.86}
$$

众所周知[8]，条件概率密度函数 $f(\boldsymbol{x}_{1:t} \mid \boldsymbol{y}_{1:t})$和滤波概率密度函数 $f(x_t \mid \boldsymbol{y}_{1:t})$仅在以下两种特殊情况下才可以确定找到：

(a)当式(5.85)中的 $\varphi_1(x)$和 $\varphi_2(x)$是线性的时候，滤波概率密度函数可由著名的卡尔曼滤波器得到，卡尔曼滤波器将在附录第 A.6 节中解释。

(b)当$\{x_t\}$仅能取有限个可能的数值的时候(比如 K 个)。例如，在二进制信号中可以有效计算 $f(x_t \mid \boldsymbol{y}_{1:t})$，其计算复杂度为$\mathcal{O}(K^2 t)$，这在数字通信和语音识别中有很多应用，参见附录第 A.7 节。

对于一般的状态空间模型(5.84)，目标概率密度函数是很难精确获得的，因此我们需要采用蒙特卡洛方法。为了将非线性滤波问题转化为第 5.7 节的序列蒙特卡洛框架，我们首先把 $f(\boldsymbol{x}_{1:t} \mid \boldsymbol{y}_{1:t})$写成类似于式(5.79)的序列形式。在 t 时刻的“辅助”概率密度函数最自然的形式便是条件概率密度函数 $f(\boldsymbol{x}_{1:t} \mid \boldsymbol{y}_{1:t})$，可以看到，只用到了 t 时刻的观察值。对于 $t=1,\cdots,n$，由贝叶斯定理可得

$$
\begin{aligned}
\frac{f(\boldsymbol{x}_{1:t} \mid \boldsymbol{y}_{1:t})}{f(\boldsymbol{x}_{1:t-1} \mid \boldsymbol{y}_{1:t-1})} &= \frac{f(\boldsymbol{y}_{1:t} \mid \boldsymbol{x}_{1:t}) f(\boldsymbol{x}_{1:t})}{f(\boldsymbol{y}_{1:t})} \frac{f(\boldsymbol{y}_{1:t-1})}{f(\boldsymbol{y}_{1:t-1} \mid \boldsymbol{x}_{1:t-1}) f(\boldsymbol{x}_{1:t-1})} \\
&= \frac{f(\boldsymbol{y}_{1:t-1} \mid \boldsymbol{x}_{1:t-1}) f(y_t \mid x_t) f(\boldsymbol{x}_{1:t-1}) f(x_t \mid x_{t-1})}{f(\boldsymbol{y}_{1:t-1}) f(y_t \mid \boldsymbol{y}_{1:t-1})} \\
&\quad \cdot \frac{f(\boldsymbol{y}_{1:t-1})}{f(\boldsymbol{y}_{1:t-1} \mid \boldsymbol{x}_{1:t-1}) f(\boldsymbol{x}_{1:t-1})} \\
&= \frac{f(y_t \mid x_t) f(x_t \mid x_{t-1})}{f(y_t \mid \boldsymbol{y}_{1:t-1})}
\end{aligned}
\tag{5.87}
$$

式中用到了式(5.83)以及由马尔可夫性质得到的结论 $f(x_t \mid \boldsymbol{x}_{1:t-1}) = f(x_t \mid x_{t-1})$，$t=1,2,\cdots$。

这一结果对于精确计算 $f(\boldsymbol{x}_{1:n} \mid \boldsymbol{y}_{1:n})$几乎没有用处，因为还需要计算 $f(y_t \mid \boldsymbol{y}_{1:t-1})$，而这又涉及复杂的积分运算。然而，如果概率密度函数 $f(x_t \mid x_{t-1})$

和 $f(y_t|x_t)$都能精确计算(这是一个合理的假设),那么序列重要抽样就可以应用 $f(\boldsymbol{x}_{1:t}|\boldsymbol{y}_{1:t})$进行近似仿真,过程如下:令 $g_t(\boldsymbol{x}_{1:t}|\boldsymbol{y}_{1:t})$为重要抽样概率密度函数,假设我们可以将 $g_t(\boldsymbol{x}_{1:t}|\boldsymbol{y}_{1:t})$写成类似于式(5.74)的递推形式

$$g_t(\boldsymbol{x}_{1:t} \mid \boldsymbol{y}_{1:t}) = g_0(x_0 \mid y_0)\prod_{s=1}^{t} g_s(x_s \mid \boldsymbol{x}_{s-1}, \boldsymbol{y}_s) \tag{5.88}$$

然后运用式(5.87)可以把由 $g_t(\boldsymbol{x}_{1:t}|\boldsymbol{y}_{1:t})$生成的路径 $\boldsymbol{x}_{1:t}$的重要权重 w_t 写成如下递推的形式

$$w_t = w_{t-1}\frac{f(y_t \mid x_t)f(x_t \mid x_{t-1})}{g_t(x_t \mid \boldsymbol{x}_{1:t-1}, \boldsymbol{y}_{1:t})} = w_{t-1}u_t \tag{5.89}$$

这与式(5.77)类似。自然地,重要抽样概率密度函数可以选择为

$$g_t(x_t \mid \boldsymbol{x}_{1:t-1}, \boldsymbol{y}_{1:t}) = f(x_t \mid x_{t-1}) \tag{5.90}$$

此时增量权重简化为

$$u_t = f(y_t \mid x_t) \tag{5.91}$$

选择了这样的样本分布,我们只需猜测隐过程$\{X_t\}$的值而不需要关注观察值。

一旦选定了重要抽样密度,就可按照第 5.7 节讲述的方法从目标概率密度函数 $f(\boldsymbol{x}_{1:t}|\boldsymbol{y}_{1:t})$进行抽样,有兴趣的读者可在文献[8]、[23]和[26]中了解更多细节。

■例 5.17　纯方位目标跟踪

假定我们需要利用一台雷达设备来跟踪某个目标,比如一艘潜艇,该雷达仅能报告目标的**角度**,如图 5.3 所示,而且角度的测量是有噪声的。假定目标的初始位置和速度是已知的,而且目标以一个固定的速度移动。

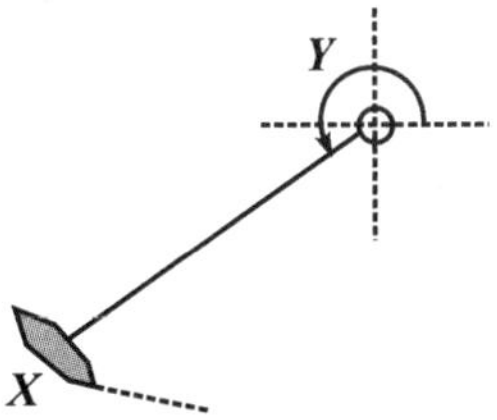

图 5.3　利用带噪声的角度测量值跟踪目标

令 $\boldsymbol{X}_t=(p_{1t},v_{1t},p_{2t},v_{2t})^{\mathrm{T}}$ 为目标在时刻 $t=0,1,2,\cdots$的位置和(离散)速度向量,令 Y_t 为测量的角度,问题是基于测量值$\{Y_t\}$和初始条件来跟踪目标的未知状态 $\boldsymbol{X}_t$。

过程$(\boldsymbol{X}_t,Y_t)$,$t=0,1,2,\cdots$由下列方程组来描述:

$$\boldsymbol{X}_t = \boldsymbol{A}\boldsymbol{X}_{t-1} + \boldsymbol{\varepsilon}_{1t}$$
$$Y_t = \arctan(p_{1t}, p_{2t}) + \varepsilon_{2t}$$

这里 arctan(u,v)表示四象限反正切函数，即 arctan$(v/u)+c$，其中 c 可以为 $0,\pm\pi$ 或$\pm\pi/2$，取决于(u,v)落在哪个象限。假定随机噪声向量$\{\boldsymbol{\varepsilon}_{1t}\}$服从正态分布 $N(\mathbf{0},\boldsymbol{C}_1)$，测量噪声 ε_{2t}服从正态分布 $N(0,\sigma_2^2)$，所有噪声变量相互独立。已知矩阵 $\boldsymbol{A}$ 为

$$\boldsymbol{A}=\begin{pmatrix}1&1&0&0\\0&1&0&0\\0&0&1&1\\0&0&0&1\end{pmatrix}$$

我们的问题是计算条件概率密度函数 $f(\boldsymbol{x}_t\mid\boldsymbol{y}_{1:t})$和系统状态的期望值 $E[\boldsymbol{X}_t\mid\boldsymbol{y}_{1:t}]$。

下面我们介绍如何利用序列重要抽样求解这个问题。采用式(5.90)作为抽样分布，这意味着 $\boldsymbol{X}_t$ 是由正态分布 $N(\boldsymbol{A}\boldsymbol{x}_{t-1},\boldsymbol{C}_1)$抽取的。由式(5.91)计算增量权重 $u_t=f(y_t\mid\boldsymbol{x}_t)$，它就等于正态分布的概率密度函数在 y_t 处的值，其正态分布的均值为 arctan(p_{1t},p_{2t})，方差为 σ_2^2。下面将给出相应的序列重要抽样的计算步骤。应该注意，序列重要抽样算法通常是以并行的方式实现的，也就是说，可以同时运行 N 个并行的进程来计算$\{w_{kt}\}$和$\{x_{kt}\}$，而不是按顺序串行计算。

序列重要抽样的步骤

1. 初始化 $\boldsymbol{X}_0$。

2. 对每一个 $t=1,\cdots,n$ 抽样得到 $\boldsymbol{X}_t\sim N(\boldsymbol{A}\boldsymbol{x}_{t-1},\boldsymbol{C}_1)$。

3. 更新权重 $w_t=u_tw_{t-1}$，其中 $w_0=1$，且

$$u_t=\frac{1}{\sigma_2\sqrt{2\pi}}\exp\left\{-\frac{1}{2}\left(\frac{y_t-\arctan(p_{1t},p_{2t})}{\sigma_2}\right)^2\right\}$$

4. 重复 N 次并估计 t 时刻期望的系统状态

$$\hat{x}_t=\frac{\sum_{k=1}^{N}w_{kt}\boldsymbol{x}_{kt}}{\sum_{k=1}^{N}w_{kt}}$$

其中 $\boldsymbol{x}_{kt}$和 w_{kt} 分别是第 k 个样本的状态和权重。

现在用一个具体的数值例子加以说明，其中 $\sigma_2=0.005$，且

$$\boldsymbol{C}_1=\sigma_1^2\begin{pmatrix}1/4&1/2&0&0\\1/2&1&0&0\\0&0&1/4&1/2\\0&0&1/2&1\end{pmatrix}$$

$\sigma_1=0.001$。令 $\boldsymbol{X}_0\sim N(\boldsymbol{\mu}_0,\boldsymbol{\Sigma}_0)$，$\boldsymbol{\mu}_0=(-0.05,0.001,0.2,-0.055)^{\mathrm{T}}$，

$$\boldsymbol{\Sigma}_0 = 0.1^2 \times \begin{pmatrix} 0.5^2 & 0 & 0 & 0 \\ 0 & 0.005^2 & 0 & 0 \\ 0 & 0 & 0.3^2 & 0 \\ 0 & 0 & 0 & 0.01^2 \end{pmatrix}$$

图 5.4 给出了在 100 个时间点上估计的过程$\{\hat{\boldsymbol{x}}_t\}$跟踪实际过程$\{\boldsymbol{x}_t\}$的情况。

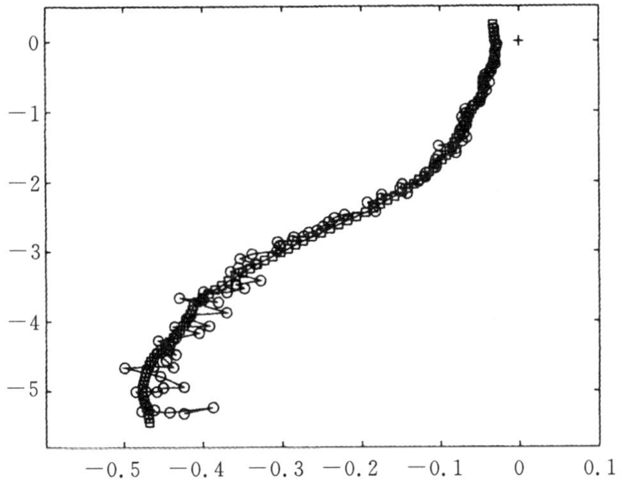

图 5.4　对序列重要抽样的跟踪

随着时间的增加，跟踪很快变得不稳定，这是似然比退化的结果。的确，在几次迭代后，只有少数样本还包含相应的重要权值，这就使得在多次运行之间存在很大的差异，从而无法得到可靠的估计。为了防止这种退化现象，人们已经提出了几种启发式重抽样技术，可参考文献[8]。

5.8　变换似然比法

变换似然比法(TLR)是一种简单、方便、有效、统一的构造重要抽样估计的方法。为了显示变换似然比法的奇妙之处，我们考虑

$$\ell = E[H(\boldsymbol{X})] \tag{5.92}$$

的估计值，其中 $\boldsymbol{X} \sim f(\boldsymbol{x})$。首先考虑 $\boldsymbol{X}$ 是一维的情形(我们用 X 来代替 $\boldsymbol{X}$)。令 F 为 X 的累计分布函数，根据反变换法(IT)，我们有

$$X = F^{-1}(U) \tag{5.93}$$

其中 $U \sim U(0,1)$，F^{-1} 是累计分布函数 F 的逆函数。将 $X = F^{-1}(U)$ 代入 $\ell = E[H(X)]$得到

$$\ell = E[H(F^{-1}(U))] = E[\widetilde{H}(U)]$$

注意，在 $\ell=E[H(X)]$ 中数学期望是关于 $f(x)$ 的，与此相反，在 $\ell=[\widetilde{H}(U)]$ 中期望值是关于均匀分布 $U(0,1)$ 的。我们很容易将此扩展到多维的情形。

令 $h(u;v)$ 为 $(0,1)$ 上的另一个密度函数，是用引用参数 v 进行参数化的，对于所有 $0\leqslant u\leqslant 1$ 都有 $h(u;v)>0$，注意 u 是一个变量而不是参数。比如 Beta$(v,1)$ 分布的密度为

$$h(u;v) = vu^{v-1}, \quad u \in (0,1)$$

其中 $v>0$。而 Beta$(1,v)$ 分布的密度为

$$h(u;v) = v(1-u)^{v-1}, \quad u \in (0,1)$$

把 Beta$(1,\upsilon)$ 作为重要抽样概率密度函数，可以将 ℓ 写为

$$\ell = E_{\upsilon}[\widetilde{H}(U)\widetilde{W}(U;v)] \tag{5.94}$$

其中 $U\sim h(u;\upsilon)$，

$$\widetilde{W}(U;v) = \frac{1}{h(U;v)} \tag{5.95}$$

为似然比。ℓ 的似然比估计由

$$\hat{\ell} = N^{-1}\sum_{k=1}^{N}\widetilde{H}(U_k)\widetilde{W}(U_k;v) \tag{5.96}$$

给定，其中 $U_1,\cdots,U_N$ 是由 $h(u;\upsilon)$ 得到的随机样本。我们将式(5.96)称作**反变换似然比(ITLR)估计**，参见 Kroese 和 Rubinstein 的论文[19]。

例如，我们假定 $X\sim\text{Weib}(\alpha,\lambda)$，即 X 的密度为

$$f(x;\alpha,\lambda) = \alpha\lambda(\lambda x)^{\alpha-1}\mathrm{e}^{-(\lambda x)^{\alpha}} \tag{5.97}$$

注意，韦伯随机变量可以由变换

$$X = \lambda^{-1}Z^{1/\alpha} \tag{5.98}$$

产生，其中 Z 是服从 Exp(1) 分布的随机变量。应用 IT 法，可得到

$$X = F^{-1}(U) = \lambda^{-1}(-\ln(1-U))^{1/\alpha} \tag{5.99}$$

式(5.96)中的 $\widetilde{H}(U_i)\widetilde{W}(U_i;v)$ 可以简化为 $H(\lambda^{-1}(-\ln(1-U_i))^{1/\alpha})/h(U_i;v)$。

变换似然比法是由反变换似然比法自然演化而来的，它包含两个基本步骤：第一步是变量的简单变化，第二步是标准似然比技术在变换的概率密度函数上的应用。

在第一步我们只需将 $\boldsymbol{X}$ 写成另一个随机向量的函数形式，即

$$\boldsymbol{X} = G(\boldsymbol{Z}) \tag{5.100}$$

如果定义

$$\widetilde{H}(\boldsymbol{Z}) = H(G(\boldsymbol{Z}))$$

那么估计式(5.92)就等于估计

$$\ell = E[\widetilde{H}(\boldsymbol{Z})] \tag{5.101}$$

注意式(5.92)和式(5.101)中的期望值是分别关于原来的 $\boldsymbol{X}$ 的密度和变换后的 $\boldsymbol{Z}$ 的密度。下面举一个例子：再次考虑一个一维的情形，令 $X\sim \text{Weib}(\alpha,\lambda)$，回顾式(5.98)，我们有 $\widetilde{H}(Z)=H(\lambda^{-1}Z^{1/\alpha})$，则 $\ell=E[H(\lambda^{-1}Z^{1/\alpha})]$。

在第二步，假定 $\boldsymbol{Z}$ 的密度是某个密度类 $h(\boldsymbol{z};\boldsymbol{\eta})$ 中的一个密度 $\{h(\boldsymbol{z};\boldsymbol{\theta})\}$，我们可以通过重要抽样来有效估计 ℓ，比如使用标准似然比法。特别地，可以用类似于式(5.59)的方法得到下面的估计：

$$\hat{\ell}=N^{-1}\sum_{k=1}^{N}\widetilde{H}(\boldsymbol{Z}_k)\widetilde{W}(\boldsymbol{Z}_k;\boldsymbol{\theta},\boldsymbol{\eta})\tag{5.102}$$

其中

$$\widetilde{W}(\boldsymbol{Z}_k;\boldsymbol{\theta},\boldsymbol{\eta})=\frac{h(\boldsymbol{Z}_k;\boldsymbol{\theta})}{h(\boldsymbol{Z}_k;\boldsymbol{\eta})}$$

且 $\boldsymbol{Z}_k\sim h(\boldsymbol{z};\boldsymbol{\eta})$。于是，我们将基于变换(5.100)的标准似然比估计(5.102)称作**变换似然比(TLR)估计**。例如，再次考虑韦伯分布 $\text{Weib}(\alpha,\lambda)$ 的情况，应用式(5.98)，我们可以取 $h(z;\eta)=\eta e^{-\eta z}$ 作为抽样概率密度函数，其中 $\eta=\theta=1$ 为标准参数。在这种情况下，式(5.102)的 $\hat{\ell}$ 简化为

$$\hat{\ell}=N^{-1}\sum_{k=1}^{N}\widetilde{H}(\lambda^{-1}Z_k^{\ 1/\alpha})\widetilde{W}(Z_k;\theta,\eta)\tag{5.103}$$

其中

$$\widetilde{W}(Z_k;\theta,\eta)=\frac{h(Z_k;\theta)}{h(Z_k;\eta)}=\frac{\theta e^{-\theta Z_k}}{\eta e^{-\eta Z_k}}$$

且 $Z_k\sim \text{Exp}(\eta)$。

为了找到变换似然比估计(5.102)的最优参数向量 $\boldsymbol{\eta}^*$，我们可以采用类似于式(5.64)的方法，求解下列 CE 优化问题：

$$\max_{\boldsymbol{\eta}} D(\boldsymbol{\eta})=\max_{\boldsymbol{\eta}} E_{\boldsymbol{\tau}}[\widetilde{H}(\boldsymbol{Z})\widetilde{W}(\boldsymbol{Z};\boldsymbol{\theta},\boldsymbol{\tau})\ln h(\boldsymbol{Z};\boldsymbol{\eta})]\tag{5.104}$$

对于式(5.104)对应的随机形式，可以采用类似的方法。

因为 $\boldsymbol{Z}$ 可以是任意分布的，所以通常可以从指数分布类中为其选择一个分布，从而以一种方便、简单的形式解析地得到式(5.104)的最优解 $\boldsymbol{\eta}^*$，参见附录第 A.3 节。下面我们给出估计 $\ell=E_f[H(\boldsymbol{X})]$ 的变换似然比算法，这里假定 $\boldsymbol{X}$ 是一个随机向量，其元素是独立且连续分布的。

算法 5.8.1(变换似然比算法)

1. 对于一个给定的随机向量 $\boldsymbol{X}$，寻找变换 G 使得 $\boldsymbol{X}=G(\boldsymbol{Z})$，$\boldsymbol{Z}\sim h(\boldsymbol{z};\boldsymbol{\theta})$。例如，取 $\boldsymbol{Z}$ 使其所有元素为独立同分布且服从某个指数族分布，比如 Exp(1)。
2. 由 $h(\cdot;\boldsymbol{\tau})$ 生成随机样本 $\boldsymbol{Z}_1,\cdots,\boldsymbol{Z}_N$。
3. 求解式(5.104)的随机等效形式(对于以均值为参数的单参数指数类分布，可以直接求得解析解，见第 A.18 节)，如有必要可以进行迭代，解记为 $\hat{\boldsymbol{\eta}}$。

4. 由 $h(\cdot;\hat{\boldsymbol{\eta}})$生成一个(较大的)随机样本 $\boldsymbol{Z}_1,\cdots,\boldsymbol{Z}_{N_1}$,并根据变换似然比估计(5.102),从而对 $\ell=E[H(G(\boldsymbol{Z}))]$进行估计,取 $\boldsymbol{\eta}=\hat{\boldsymbol{\eta}}$。

根据变换似然比算法 5.8.1,一旦选定变换 $\boldsymbol{X}=G(\boldsymbol{Z})$,则可以使用变换似然比估计(5.102)取代标准似然比估计(5.59)来估计 ℓ 的值。尽管式(5.102)和式(5.59)两个估计的准确性是一样的(见 Rubinstein 和 Kroese 的著作[29]),但是前者的优势在于它的通用性,而且由于可以直接求解优化问题(5.104)的随机形式的解析解,因此该算法能够避免相应的计算负担。

5.9 防止重要抽样的退化

本节我们将说明如何防止重要抽样估计的**退化**。在高维蒙特卡洛仿真问题中,似然比退化是蒙特卡洛仿真的主要问题之一。为了防止退化,人们提出了几种启发式方法(见文献[8]、[23]、[26]),但是这些方法在蒙特卡洛仿真界并没有广泛应用。本节首先介绍文献[22]提出的一种方法,称为**筛选法**,然后对此进行改进,使其通常都能有效地减小似然比的维数。通过这种改进,我们不仅能够自动防止重要抽样估计的退化现象,还能减小方差。

为了具体说明筛选法的优势,我们再次考虑例 5.14。可以发现,在 5 维向量 $\hat{\boldsymbol{v}}=(\hat{v}_1,\hat{v}_2,\hat{v}_3,\hat{v}_4,\hat{v}_5)$中只有前 2 个重要抽样参数与参数向量 $\boldsymbol{u}=(u_1,u_2,u_3,u_4,u_5)$中的参数显著不同,原因在于 ℓ 对 u_1 和 u_2 的偏导数要明显大于其对 u_3,u_4 和 u_5 的偏导数。我们将这样的元素 u_1 和 u_2 称作**瓶颈元素**。基于这种原因,我们可以用向量$\hat{\boldsymbol{v}}=(\hat{v}_1,\hat{v}_2,u_3,u_4,u_5)$代替重要抽样向量$\hat{\boldsymbol{v}}=(\hat{v}_1,\hat{v}_2,\hat{v}_3,\hat{v}_4,\hat{v}_5)$,从而使重要抽样参数的个数从 5 个减少到 2 个。这可以带来计算上的优势,我们只需求解一个 2 维的方差或 CE 最小化问题,而不用求解相应的 5 维问题,并且还能使方差进一步减小,这是因为具有 2 个乘积项的似然比 W 比具有 5 个乘积项的似然比的“噪声”要小。

为了识别前述桥接网络问题中的瓶颈元素,我们需要对于每一个 $i=1,\cdots,5$ 估计偏导数

$$
\begin{aligned}
\frac{\partial}{\partial u_i}\ell(\boldsymbol{u}) &= \int I_{\{S(\boldsymbol{x})\geqslant\gamma\}}\ \frac{\partial}{\partial u_i}f(\boldsymbol{x};\boldsymbol{u})\mathrm{d}\boldsymbol{x} \\
&= \int I_{\{S(\boldsymbol{x})\geqslant\gamma\}}\ \frac{\frac{\partial}{\partial u_i}f(\boldsymbol{x};\boldsymbol{u})}{f(\boldsymbol{x};\boldsymbol{u})}\mathrm{d}\boldsymbol{x} \\
&= E_{\boldsymbol{u}}\left[\int I_{\{S(\boldsymbol{X})\geqslant\gamma\}}\ \frac{\partial}{\partial u_i}\ln f(\boldsymbol{X};\boldsymbol{u})\right] \\
&= E_{\boldsymbol{u}}\left[I_{\{S(\boldsymbol{X})\geqslant\gamma\}}\left(-\frac{1}{u_i}+\frac{X_i}{{u_i}^2}\right)\right]
\end{aligned}
$$

可以看到，对于一般的 $\boldsymbol{w} \neq \boldsymbol{u}$，我们有

$$\frac{\partial}{\partial u_i}\ell(\boldsymbol{u}) = E_w\left[I_{\{S(\boldsymbol{X})\geqslant\gamma\}}\left(-\frac{1}{u_i}+\frac{X_i}{u_i{}^2}\right)W(\boldsymbol{X};\boldsymbol{u},\boldsymbol{w})\right]$$

利用由 $f(\boldsymbol{x};\boldsymbol{v})$ 产生的随机样本 $\boldsymbol{X}_1,\cdots,\boldsymbol{X}_N$ 对 $\partial\ell(\boldsymbol{u})/\partial u_i$ 进行点估计，可以发现其结果是随机变量

$$I_{\{S(\boldsymbol{X}_k)\geqslant\gamma\}}\left(-\frac{1}{u_i}+\frac{X_{ki}}{u_i^2}\right)W(\boldsymbol{X}_k;\boldsymbol{u},\boldsymbol{v}),\quad k=1,\cdots,N \tag{5.105}$$

的样本均值，假设为 M，相应的 $(1-\alpha)$ 置信区间由 $(M \pm z_{1-\alpha/2} S/\sqrt{N})$ 给定，见式(4.7)，其中 S 是式(5.105)的样本标准差。

表 5.2 给出了 $\partial\ell(\boldsymbol{u})/\partial u_i, i=1,\cdots,5$ 的点估计(PE)和 95% 置信区间(CI)，其中 $\ell(\boldsymbol{u})=P(S(\boldsymbol{X})\geqslant 1.5)$，$\boldsymbol{u}=(1,1,0.3,0.2,0.1)$，参见例 5.14。在估计偏导数时初始参数向量为 $\boldsymbol{u}=(1,1,0.3,0.2,0.1)$，样本大小为 $N=10^4$，偏导数最大的 2 个瓶颈元素在表的最后一列用星号标出。

表 5.2　$\partial\ell(\boldsymbol{u})/\partial u_i, i=1,\cdots,5$ 的点估计和置信区间

i	PE	CI	瓶颈
1	8.7×10^{-2}	$(7.8\times10^{-2}, 9.5\times10^{-2})$	*
2	9.2×10^{-2}	$(8.3\times10^{-2}, 10^{-1})$	*
3	-6×10^{-3}	$(-2.2\times10^{-2}, 10^{-2})$	—
4	4.5×10^{-2}	$(1.5\times10^{-2}, 7.4\times10^{-2})$	—
5	5.5×10^{-2}	$(6.4\times10^{-4}, 1.1\times10^{-1})$	—

从表 5.2 可以看出，前 2 个元素的偏导数要比其余 3 个大，而且这 2 个元素的估计值的差异也要小得多，所以在迭代更新时可以排除其余 3 个元素而只利用前 2 个元素。

表 5.3 给出了采用筛选法的数据，与表 5.1 的数据非常接近。也就是说，利用 (v_1,v_2,u_3,u_4,u_5) 从 $\boldsymbol{u}=(1,1,0.3,0.2,0.1)$ 开始迭代，第一次迭代仍然用式(5.70)，然后迭代式(5.69) 2 次。我们可以看到，结果和表 5.1 给出的结果非常接近。

一般来讲，复杂的高维仿真模型通常包含瓶颈参数和非瓶颈参数，而瓶颈参数的数量通常少于非瓶颈参数的数量。想象这样一种情况：向量 $\boldsymbol{u}$ 的大小(维数)很大，比如 100，而瓶颈元素的个数仅有 10～15 个，那么很明显，只采用瓶颈元素的重要抽样估计的精度远高于其对手，即采用 100 个似然比(包括瓶颈元素和非瓶颈元素)的标准重要抽样估计精度非常高，而且不会出现退化。

表 5.3 用筛选法对 2 维向量$\hat{v}$进行迭代

迭代	$\hat{v}$					$\hat{\ell}$	RE
0	1	1	0.3	0.2	0.1	0.0623	0.0123
1	2.1790	2.5119	0.3	0.2	0.1	0.0641	0.0079
2	2.3431	2.4210	0.3	0.2	0.1	0.0647	0.0080
3	2.3407	2.2877	0.3	0.2	0.1	0.0642	0.0079

这种瓶颈现象通常发生在我们需要估计系统中的某个特别事件的概率的时候，比如某个稀有事件的概率，这一问题将在第 8 章处理。举个例子，如果我们在一个具有很高可靠性部件的系统中观察到一次故障，则模型中的几个部件（通常是低可靠性部件）很有可能同时出现故障，形成一个最小割集。还有一个例子，我们需要估计一个排队网络中缓冲区溢出的概率，即所有队列中顾客总数超过某个很大数值的概率。同样地，如果一个缓冲区发生了溢出，那么很有可能是由瓶颈队列中人数的激增引起的，所谓瓶颈队列就是网络中最拥挤的一个队列。

前文提到，CE 更新公式(5.65)对于高维仿真模型是无效的，这是因为似然比 W 是大量边缘似然函数的乘积，这会导致退化，而且使最终的重要抽样估计$\hat{\ell}$产生很大的方差。另一方面，在重要抽样中结合筛选法从而使用相对少量的瓶颈元素（相对较少数量的似然比相乘），不仅使方差急剧减小，也能得到一个稳定的估计值。

如果未加说明，我们将默认估计如下性能参数：

$$\ell = \ell(\boldsymbol{u}) = E_u[H(\boldsymbol{X})]$$

其中 $H(\boldsymbol{X})$是任意一个样本函数，$\boldsymbol{X}$ 是一个 n 维随机向量，其概率密度函数为 $f(\boldsymbol{x};\boldsymbol{u})$。一个特例是 $H(\boldsymbol{X})=I_{\{S(\boldsymbol{X})\geqslant\gamma\}}$，即 $H(\boldsymbol{X})$是一个指示函数。在第 8 章我们将把这种方法应用到稀有事件，即假定 γ 很大，于是 ℓ 成为一个稀有事件的概率，比如 $\ell\leqslant 10^{-6}$。

接下来我们介绍上述筛选法的改进[22]，即我们用式(5.70)的估计值$\hat{\boldsymbol{v}}$筛选出瓶颈元素，而不再用 $\ell(\boldsymbol{u})$的梯度（的估计值）。下面可以看到，使用向量$\hat{\boldsymbol{v}}$来识别瓶颈元素比其梯度具有一定的优势。

5.9.1 两阶筛选算法

这里我们介绍一种两阶段筛选算法：第一阶段先**识别**出瓶颈参数，第二阶段通过求解标准的凸 CE 优化问题(5.66)**找到**最优瓶颈参数向量的估计值。为简单起见，假定 $\boldsymbol{X}$ 的元素相互独立，各元素均服从某个一维指数族分布，分布参数为变量的均值。对于元素不独立的情况，处理方法与此类似。此外，假定 $H(\boldsymbol{x})$对于 $\boldsymbol{x}$ 的每个元素是单调递增的函数。在上述假设下，参数向量 $\boldsymbol{v}$ 的维数为 n，即 $\boldsymbol{v}=(v_1,$

$\cdots, v_n$)。

用 $B \subset \{1, \cdots, n\}$ 表示瓶颈参数的下标，用 $\bar{B}$ 表示非瓶颈参数的下标，对于任意 n 维向量 $\boldsymbol{y}$，用 $\boldsymbol{y}_V$ 表示元素为$\{y_i, i \in V\}$的$|V|$维向量。

一旦在第一阶段识别出 B，在第二阶段通过$\hat{\boldsymbol{v}}_B$ 估计出相应的最优参数向量 $\boldsymbol{v}_B^*$，我们就可以用

$$\hat{\ell}_B = \frac{1}{N}\sum_{k=1}^{N} H(\boldsymbol{X}_k) W_B(\boldsymbol{X}_{kB}; \boldsymbol{u}_B, \hat{\boldsymbol{v}}_B) \tag{5.106}$$

估计 ℓ，其中 $\boldsymbol{X}_{kB}$ 是 $\boldsymbol{X}_B$ 的第 k 个样本，

$$W_B(\boldsymbol{X}_B; \boldsymbol{u}_B, \hat{\boldsymbol{v}}_B) = \frac{f_B(\boldsymbol{X}_B; \boldsymbol{u}_B)}{f_B(\boldsymbol{X}_B; \hat{\boldsymbol{v}}_B)}$$

f_B 是 $\boldsymbol{X}_B$ 的概率密度函数。我们把这种估计称为**筛选估计**。

注意，$\boldsymbol{u}$ 和最优参数 $\boldsymbol{v}^*$ 的非筛选重要抽样估计$\hat{\boldsymbol{v}}$可以表示为 $\boldsymbol{u} = (\boldsymbol{u}_B, \boldsymbol{u}_{\bar{B}})$ 和 $\hat{\boldsymbol{v}} = (\hat{\boldsymbol{v}}_B, \hat{\boldsymbol{v}}_{\bar{B}})$，其中 $\boldsymbol{u}_{\bar{B}}$ 和$\hat{\boldsymbol{v}}_B$ 分别表示标准重要抽样估计(5.59)中原来的**非瓶颈**参数向量和估计的引用参数向量。注意，在筛选估计(5.106)中我们自动地设$\hat{\boldsymbol{v}}_{\bar{B}} = \boldsymbol{u}_{\bar{B}}$，理解这一点非常关键。于是，考虑到元素之间的独立性，似然比 $W(\boldsymbol{X})$ 简化为$|B|$个边缘概率密度函数之商的乘积形式，而不是 n 个该类商数的乘积。同时需要注意，如果用瓶颈形式$(\boldsymbol{u}_B, \boldsymbol{v}_B)$代替对应的$(\boldsymbol{u}, \boldsymbol{v})$，式(5.106)中的最优参数向量$\hat{\boldsymbol{v}}_B$ 可以通过求解标准凸 CE 优化问题(5.65)获得。

为方便起见，我们省略 W(即用参数 $\boldsymbol{u}$ 生成 $\boldsymbol{X}_1, \cdots, \boldsymbol{X}_N$)，重写式(5.65)：

$$\max_{\boldsymbol{v}} \hat{D}(\boldsymbol{v}) = \max_{\boldsymbol{v}} \frac{1}{N}\sum_{i=1}^{N} H(\boldsymbol{X}_i) \ln f(\boldsymbol{X}_i; \boldsymbol{v}) \tag{5.107}$$

因为式(5.107)不包含似然比，由式(5.107)求出的参数向量$\hat{\boldsymbol{v}}$应该非常准确。

我们应当在 CE 法和 VM 法中都进行筛选。回顾 CE 法，参数向量$\hat{\boldsymbol{v}}$(和$\hat{\boldsymbol{v}}_B$)通常可以用解析的方法进行更新，尤其当样本分布来自同一个指数分布族的时候。与此对应，在 VM 法中参数的更新通常需要采用数值方法。

在第一阶段，我们采用简单的分类来确定瓶颈参数向量 $\boldsymbol{v}_B^*$ 的大小，也就是说，把 n 维向量$\hat{\boldsymbol{v}}$划分成两个部分，即$\hat{\boldsymbol{v}} = (\hat{\boldsymbol{v}}_B, \hat{\boldsymbol{v}}_{\bar{B}})$，使$\hat{\boldsymbol{v}}_{\bar{B}} \approx \boldsymbol{u}_{\bar{B}}$(分量形式)，而$\hat{\boldsymbol{v}}_B \neq \boldsymbol{u}_B$(分量形式)。注意，我们已经知道，类似于附录中的命题 A.4.2，如果随机向量 $\boldsymbol{X}$ 的各个元素都来自于一个以均值为分布参数的指数分布族，而且如果 $H(\boldsymbol{x})$ 在每个元素 $\boldsymbol{x}$ 上都是单调递增的，那么 $\boldsymbol{v}_B^*$ 的每一个元素都至少与 $\boldsymbol{u}_B$ 中的相应元素一样大。我们把证明留给有兴趣的读者。

下面详细说明基于 CE 的两阶筛选算法，记为 CE-SCR 算法。基于 VM 的 VM-SCR 算法与之相似。在算法的第一阶段，我们特意多次求解同一个优化问题(5.107)，借此我们可以收集统计数据，用于识别 $\boldsymbol{v}_B^*$ 估计值中瓶颈元素的个数。

算法 5.9.1(CE-SCR 两阶筛选算法)

1. 初始化瓶颈元素集为 $B_0=\{1,\cdots,n\}$，设 $t=1$。
2. 由 $f(\boldsymbol{x};\boldsymbol{u})$生成一个样本 $\boldsymbol{X}_1,\cdots,\boldsymbol{X}_N$，求出随机优化问题(5.107)的 CE 解，记为$\hat{\boldsymbol{v}}_t=(\hat{v}_{t1},\cdots,\hat{v}_{tn})$。注意，$\hat{\boldsymbol{v}}_t$ 是一个 n 维参数向量。
3. 对每个元素$\hat{v}_{ti}$，$i=1,\cdots,n$，计算其相对波动：

$$\delta_{ti}=\frac{\hat{v}_{ti}-u_i}{u_i} \tag{5.108}$$

4. 如果 $\delta_{ti}<\delta$，其中 δ 是某个阈值，比如 $\delta=0.1$(注意负数 δ_{ti} 自然满足 $\delta_{ti}<\delta$)，则令$\hat{v}_{ti}=u_i$，也就是把向量 $\boldsymbol{v}$ 的第 i 个元素作为非瓶颈参数，否则将其作为瓶颈参数。令 B_t 为第 t 次迭代时的瓶颈元素集合。
5. 重复步骤 2～4 若干次，比如 d 次，每次都给 t 加 1 并更新集合 B_t。注意集合 B_t，$t=1,\cdots,d$ 序列的大小是非增的。
6. 应用标准 CE 优化问题(5.107)估计最优参数向量$\hat{\boldsymbol{v}}_B$，其中 $B=B_d$。求解式(5.106)就是稀有事件概率 ℓ 的最终估计值。

以下几点非常重要，需要注意：

1. 如上所述，在现有假设下(元素之间相互独立，每一个元素均为以均值为参数的指数分布族，而且 $H(\boldsymbol{x})$是单调递增的)，$\boldsymbol{v}^*$ 的元素与相应的 $\boldsymbol{u}$ 的元素至少是一样大的。考虑到这一点，算法 5.9.1 总是将满足 $\delta_i<0$ 的所有元素识别为非瓶颈元素。
2. 特意把步骤 2～4 重复 d 次，这能更好地确定非瓶颈参数，原因在于这些参数很有可能在它们的原定值 u_i 附近波动，从而使 δ_i 在某次重复中变为负值或者很小。
3. 算法 5.9.1 与其对应的梯度形式相比，其优势在于它对瓶颈元素的识别是以相对于**已知的**原定参数值 u_i 的波动 δ_i(见式(5.108))为基础的，而梯度法依靠的是梯度本身的绝对值。不难发现这种分类方法，即使用所谓的基于$\hat{\boldsymbol{v}}$的分类方法，比使用基于梯度的分类方法更为自然。除此之外，我们通过数值计算发现，它识别的实际瓶颈元素的个数更为准确。

5.9.1.1 数值结果

接下来我们用算法 5.9.1 对例 5.1 中常见的桥接系统进行数值分析，如图 5.5 所示。

该系统包含 $m\times n$ 个用网格连接的桥，所有桥的具体形式如图 5.1 所示。用 $X_{ij1},\cdots,X_{ij5}$表示第(i,j)个桥的各连线的长度，那么经过桥(i,j)的最短路径的长度为

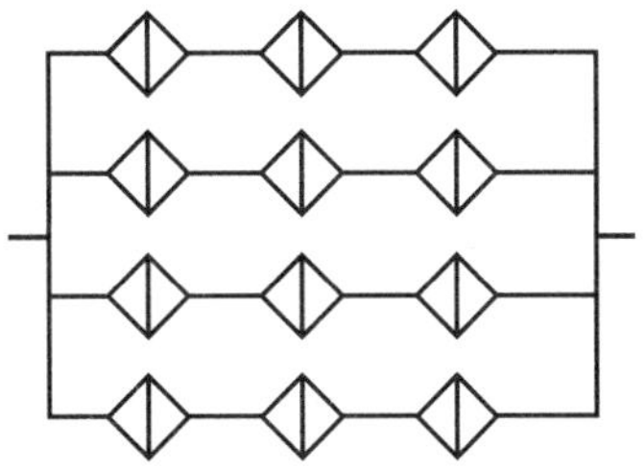

图 5.5　$m\times n$ 阶的桥接系统

$$Y_{ij}=\min\{X_{ij1}+X_{ij4},X_{ij2}+X_{ij5},X_{ij1}+X_{ij3}+X_{ij5},X_{ij2}+X_{ij3}+X_{ij4}\} \tag{5.109}$$

假定我们的目的是估计所有行中最短路径的最大长度 ℓ 的期望值，即

$$\ell=E[H(\boldsymbol{X})]$$

其中

$$H(\boldsymbol{X})=\max\{Y_{11}+\cdots+Y_{1n},\cdots,Y_{m1}+\cdots+Y_{mn}\} \tag{5.110}$$

在进行数值分析时我们假定随机向量 $\boldsymbol{X}$ 的元素 X_{ijk} 是独立的，而且每个元素均服从韦伯分布 $\mathrm{Weib}(\alpha,u)$，即 X_{ijk} 的密度为

$$f(x;\alpha,u)=\alpha u(ux)^{\alpha-1}\mathrm{e}^{-(ux)^{\alpha}}$$

其中 $u=u_{ijk}$。我们讲过，这样的韦伯随机变量可以通过变换 $X=u^{-1}Z^{1/\alpha}$ 生成，其中 Z 是服从 $\mathrm{Exp}(1)$ 分布的随机变量。我们还假定只有 $\boldsymbol{u}$ 是可控的，而 α 的值是固定的并且等于 0.2。我们特意挑选 $\boldsymbol{u}$ 的一些元素作为瓶颈元素，设 $\delta=0.1$。应该认识到，这里的 $\{X_{ijk}\}$ 并**不是**以均值而参数化的。但是，我们把 $1/u_{ijk}$ 作为参数就能利用上述求解框架。特别地，相对波动的计算是关于 $\alpha/\hat{v}_{ijk}$ 和 α/u_{ijk} 的。

表 5.4 给出了应用算法 5.9.1 求解 1×1(单桥)模型(5.110)时的性能值。这里选定 $u_{111}=1$ 和 $u_{112}=1$ 作为瓶颈参数，而其余元素(非瓶颈元素)均设为 2。表 5.4 中的符号如下：

1. Mean、max 和 min $\hat{\ell}$ 分别表示 $\hat{\ell}$ 的 10 次独立估计值的样本均值、样本最大值和样本最小值。

2. RE 表示 $\hat{\ell}$ 的样本相对误差，是 10 次运行的平均值。

3. CPU 表示 10 次运行的平均 CPU 时间，单位为秒。

由表 5.4 的结果可知，对于这种相对较小的模型 CE 和 VM 的性能与其对应的筛选方法 CE-SCR 和 VM-SCR 接近。我们还会看到(见第 8 章)，随着模型复杂度的增加，VM-SCR 比另外 3 种方法更好，尤其相比 CE-SCR。还需注意，对于这个模型来说，CE 和 VM 在第一阶段都正确检测到了两个瓶颈参数。对于一个具有 5 个参数的单桥网络模型,表 5.5 列出了算法 5.9.1 在第一阶段检测出 2 个瓶颈参数的动态计算结果。在表 5.5 中,t 表示第一阶段的重复次数,而 0 和 1 分别表示相应的参数被识别为非瓶颈参数或瓶颈参数。可以发现,重复 2 次之后剩下 4 个瓶颈参数,重复 6 次之后 3 个参数被识别为瓶颈参数,重复 7 次之后过程达到稳定状态,正确检测到 2 个真正的瓶颈参数。

表 5.4　对于单桥模型算法 5.9.1 的运行结果,其中样本大小为 $N=N_1=500$

	CMC	CE	VM	CE-SCR	VM-SCR
Mean $\hat{\ell}$	4.052	3.970	3.734	3.894	3.829
Max $\hat{\ell}$	8.102	4.327	4.201	4.345	4.132
Min $\hat{\ell}$	1.505	3.380	3.395	3.520	3.278
RE	0.519	0.070	0.078	0.076	0.068
CPU	0.00	0.04	0.21	0.05	0.13

表 5.5　对单桥网络运用算法 5.9.1,在第一阶段检测瓶颈参数的典型动态过程

t	u_1	u_2	u_3	u_4	u_5
0	1	1	1	1	1
1	1	1	0	1	1
2	1	1	0	1	1
3	1	1	0	1	0
4	1	1	0	1	0
5	1	1	0	1	0
6	1	1	0	1	0
7	1	1	0	0	0
8	1	1	0	0	0
9	1	1	0	0	0

对于单桥模型,表 5.6 列出了算法 5.9.1 在第二阶段运用 VM 和 VM-SCR 时序列 $\{\hat{v}_t\}$ 的典型演化过程。

可以清楚地看到,在第 3 次迭代后瓶颈参数的值减少了将近 3 倍,而非瓶颈参数在其原定值 $u=2$ 处波动。

对于 3×10 的桥接模型,表 5.7 给出了算法 5.9.1 的性能参数,模型有 6 个瓶颈参数 $u_{111}, u_{112}, u_{211}, u_{212}, u_{311}, u_{312}$,令 $u_{111}=u_{112}=u_{211}=u_{212}=u_{311}=u_{312}=1$,其余(非瓶颈参数)的值等于 2。再次注意,在本例中 CE 和 VM 均找到了 6 个真正的

瓶颈参数。

表 5.6 采用 VM 和 VM-SCR 方法时,序列$\{\hat{v}_t\}$的演化过程

VM						VM-SCR					
t	$\hat{v}_1$	$\hat{v}_2$	$\hat{v}_3$	$\hat{v}_4$	$\hat{v}_5$	t	$\hat{v}_1$	$\hat{v}_2$	$\hat{v}_3$	$\hat{v}_4$	$\hat{v}_5$
	1.000	1.000	2.000	2.000	2.000		1.000	1.000	2	2	2
1	0.537	0.545	0.174	2.107	1.615	1	0.555	0.599	2	2	2
2	0.346	0.349	2.071	1.961	1.914	2	0.375	0.402	2	2	2
3	0.306	0.314	1.990	1.999	1.882	3	0.315	0.322	2	2	2

表 5.7 对于具有 6 个瓶颈参数的 3×10 模型,算法 5.9.1 的性能,样本容量 $N=N_1=1000$

	CMC	CE	VM	CE-SCR	VM-SCR
Mean $\hat{\ell}$	16.16	16.11	14.84	16.12	15.67
Max $\hat{\ell}$	22.65	26.85	16.59	18.72	17.20
Min $\hat{\ell}$	11.13	7.007	12.59	14.63	14.80
RE	0.20	0.34	0.075	0.074	0.049
CPU	0.00	0.49	68.36	0.73	27.54

由表 5.7 的结果可知,在不用筛选法的情况下,原始蒙特卡洛法要好于标准 CE 法,使用筛选法会使 CE 法得到实质性的改进,而 VM-SCR 比其余 4 种方法都好。

在第 8 章处理复杂高维仿真模型的稀有事件概率的估计问题时,我们将介绍更多的筛选法的成功应用,下一节将用筛选法进行案例研究。

5.9.2 案例研究

本节介绍一个案例:应用筛选法对巴西电力系统的所谓组合发电/输电(CONFTRA)可靠性模型[15]进行研究,具体内容基本沿用文献[21]的描述。

CONFTRA 模型的发电系统由 n_g 个发电机组构成,输送系统包含 n_l 条连接负荷/发电节点的线路。假定每一个发电机组和每一条输送线路都处于工作状态(1)或故障状态(0),把它们的状态组合在一起表示为二进制随机向量 $\boldsymbol{X}=(X_1,\cdots,X_{n_g},X_{n_g+1},\cdots,X_{n_g+n_l})$。假定 $X_i\sim \mathrm{Ber}(u_i)$,$i=1,\cdots,n_g+n_l$,而且$\{X_i\}$相互独立,于是联合概率密度函数 $f(\boldsymbol{x};\boldsymbol{u})$可以写为

$$f(\boldsymbol{x};\boldsymbol{u})=\prod_{i=1}^{n_g+n_l} f_i(x_i;u_i),\quad 其中\ f_i(x_i;u_i)=u_i^{x_i}(1-u_i)^{1-x_i},x_i\in\{0,1\} \tag{5.111}$$

对该系统进行分析的基础是线性化的电能流动模型[15]。如果在一个或多个电路中的电流超过它们的最大容量，系统将会过载，我们的目标就是估计系统中的过载电能的期望值(EUE)。对于一个给定的状态向量 $\boldsymbol{x}$，$H(\boldsymbol{x})$表示过载电能，相当于使系统避免过载而必须减少的最低能量。对每一个 $\boldsymbol{x}$，过载电能 $H(\boldsymbol{x})$是由某些线性规划问题求解获得的，具体细节在此并不重要(见文献[15])。EUE 可以写成 $\ell(\boldsymbol{u})=E_{\boldsymbol{u}}[H(\boldsymbol{X})]$，而对应的原始蒙特卡洛估计为 $\hat{\ell}(\boldsymbol{u}) = \frac{1}{N}\sum_{k=1}^{N} H(\boldsymbol{X}_k)$，其中 $\boldsymbol{X}_1,\cdots,\boldsymbol{X}_N$ 是由 $f(\boldsymbol{x};\boldsymbol{u})$得到的随机样本，并且对于每一个 $\boldsymbol{X}_k$，$k=1,\cdots,N$，函数 $H(\boldsymbol{X}_k)$都是由一个线性规划求解获得的。

通常原始蒙特卡洛估计是非常耗时的，需要产生 $H(\boldsymbol{X})$的许多样本以获取 $\ell(\boldsymbol{u})$的一个准确(方差很小)的估计值$\hat{\ell}(\boldsymbol{u})$，这就意味着我们必须多次求解该线性规划问题。

为了加快仿真过程，我们应该使用一个参数化的重要抽样概率密度函数 $f(x;v)$，运用 CE 优化问题(5.65)找到一个“好”的引用向量 $\boldsymbol{v}$，这里我们选择原始参数向量 $\boldsymbol{u}$ 作为(试验)向量 $\boldsymbol{w}$。在得到$\hat{\boldsymbol{v}}$以后，用 $\boldsymbol{w}=\hat{\boldsymbol{v}}$对式(5.65)再迭代一次以得到最终的 $\boldsymbol{v}$。由于 $\boldsymbol{X}$ 的元素是相互独立的，并且属于一个以均值为分布参数的指数分布族，我们可以直接用显性的更新公式(5.69)来求解式(5.65)。

5.9.2.1 数值结果

这里给出 CONFTRA 模型的数值结果，该模型包含 32 台发电机，它们由 38 条线路连接。每一次进行 CE 迭代时样本大小为 $N=500$，最后进行重要抽样估计时样本大小 $N=1000$。

定义重要抽样估计$\hat{\ell}(\boldsymbol{u};\boldsymbol{v})$相对于原始蒙特卡洛估计$\hat{\ell}(\boldsymbol{u})$的效率，即

$$\varepsilon = \frac{\mathrm{Var}_{\boldsymbol{u}}(\hat{\ell}(\boldsymbol{u}))}{\mathrm{Var}_{\boldsymbol{v}}(\hat{\ell}(\boldsymbol{u};\boldsymbol{v}))}$$

表 5.8 列出了原始值 $\boldsymbol{u}_i$ 和求解式(5.65)得到的参考值 $\boldsymbol{v}_i$，编号 1～32 表示发电机，33～70 表示线路。注意，表中只列出了部分线路和发电机，它们对应的 v_i 与 u_i 至少相差 0.001，其中 $i=1,\cdots,n$。

表 5.9 列出了样本容量 N 取不同值时的点估计$\hat{\ell}(\boldsymbol{u})$和$\hat{\ell}(\boldsymbol{u};\boldsymbol{v})$、相应的样本方差、重要抽样估计量$\hat{\ell}(\boldsymbol{u};\boldsymbol{v})$相对于原始蒙特卡洛估计量$\hat{\ell}(\boldsymbol{u})$的效率 ε 的估计值，它们都是 N 的函数。注意，在实验中原始蒙特卡洛估计量用到了所有 N 次重复仿真的结果，而重要抽样估计量仅用了其中 $N-N_1$ 次，而另外 $N_1=1000$ 个样本被用来估计引用参数 $\boldsymbol{v}$。

由表 5.9 中的数据可知，重要抽样估计$\hat{\ell}(\boldsymbol{u};\boldsymbol{v})$比原始蒙特卡洛估计的效果至少提高 18 倍。

表 5.8　原始参数 u_i 和由式(5.65)得到的引用参数 v_i

i	u_i	v_i	i	u_i	v_i
1	0.1000	0.1091	22	0.1200	0.5909
3	0.0200	0.0303	23	0.1200	0.6570
5	0.1000	0.1061	26	0.0100	0.0119
6	0.1000	0.1064	27	0.0100	0.0134
7	0.0200	0.0369	28	0.0100	0.0208
8	0.0200	0.0267	30	0.0400	0.0828
9	0.0400	0.0603	31	0.0400	0.0954
10	0.0400	0.0814	32	0.0800	0.4241
12	0.0500	0.1462	34	0.0011	0.0015
13	0.0500	0.0244	40	0.0011	0.0025
14	0.1500	0.1405	42	0.0040	0.0057
15	0.0200	0.0244	49	0.0877	0.0925
18	0.0200	0.0233	51	0.0013	0.0248
20	0.0400	0.0773	53	0.0013	0.0019
21	0.0400	0.0680	60	0.0013	0.0030

表 5.9　重要抽样估计 $\hat{\ell}(\boldsymbol{u};\boldsymbol{v})$ 相对于原始蒙特卡洛估计 $\hat{\ell}(\boldsymbol{u})$ 的效率 ε 随样本容量 N 的变化情况

N	$\hat{\ell}(\boldsymbol{u})$	$\hat{\ell}(\boldsymbol{u};\boldsymbol{v})$	$\mathrm{Var}_{\boldsymbol{u}}(\hat{\ell}(\boldsymbol{u}))$	$\mathrm{Var}_{\boldsymbol{v}}(\hat{\ell}(\boldsymbol{u};\boldsymbol{v}))$	ε
2000	15.0260	14.4928	4.55	0.100	45.5
4000	14.6215	14.4651	1.09	0.052	21.0
6000	14.0757	14.4861	0.66	0.036	18.3
8000	14.4857	14.4893	0.53	0.027	19.6
10000	14.8674	14.4749	0.43	0.021	20.5
12000	14.7839	14.4762	0.35	0.017	20.6
14000	14.8053	14.4695	0.30	0.015	20.0
16000	15.0781	14.4647	0.28	0.013	21.5
18000	14.8278	14.4607	0.24	0.011	21.8
20000	14.8048	14.4613	0.22	0.010	22.0

表 5.8 表明仅有少量引用参数 v_i 与其对应的原始值 u_i($i=1,\cdots,70$)相差很大，比如 70 个参数里标号为 12，13，22，23 和 32 的参数，称为**瓶颈参数**。这表明，

我们不用求解 70 维的 CE 优化问题(5.65),而只需求解一个 5 维的 CE 优化问题,这些瓶颈元素可以用文献[22]提出的筛选法来有效识别。由于采用了筛选法,我们求解 5 维的 CE 优化问题以代替 70 维的优化问题,其余 65 个参数保持 $v_i = u_i$。在本例中,我们得到了比表 5.9 中其他方法更好的结果,最终的重要抽样估计 $\hat{\ell}(\boldsymbol{u};\boldsymbol{v})$比原始蒙特卡洛估计至少有效 20 倍,原因很明显,65 个非瓶颈元素 $v_i \neq u_i$ 只会通过似然比 W 使重要抽样估计(也对表 5.9 中的数据)产生噪声和不稳定性。

注意,我们用更大规模的电力系统模型进行了类似的实验,发现原始的重要抽样估计$\hat{\ell}(\boldsymbol{u};\boldsymbol{v})$在 $n \geqslant 300$ 时执行效果很不理想,而筛选法对性能产生了巨大的改进。值得一提的是,我们发现运用了筛选法的重要抽样估计$\hat{\ell}(\boldsymbol{u};\boldsymbol{v})$的效率主要取决于瓶颈参数的个数而不是 n。更多的数值研究表明,如果瓶颈参数的个数不超过 100,在 $n \leqslant 1000$ 的情况下重要抽样方法仍然表现得相当稳定。

习题

5.1 考虑积分 $\ell = \int_a^b H(x)\mathrm{d}x = (b-a)E[H(X)]$,其中 $X \sim U(a,b)$。令 $X_1,\cdots,X_N$ 是由均匀分布 $U(a,b)$生成的随机样本,考虑估计 $\hat{\ell} = \frac{1}{N}\sum_{i=1}^{N} H(X_i)$ 和 $\hat{\ell}_1 = \frac{1}{2N}\sum_{i=1}^{N}\{H(X_i) + h(b+a-X_i)\}$。证明:如果 $H(x)$对 x 是单调的,那么

$$\mathrm{Var}(\hat{\ell}_1) \leqslant \frac{1}{2}\mathrm{Var}(\hat{\ell})$$

也就是说,对偶随机变量比原始蒙特卡洛更为准确。

5.2 估计例 5.1 中桥接网络的最短路径的期望长度,分别用原始蒙特卡洛估计(5.8)和对偶估计(5.9),两种情况下样本容量均为 $N=100\ 000$。假定连线 $X_1,\cdots,X_5$ 的长度服从指数分布,均值分别为 1,1,0.5,2,1.5,然后比较所得结果。

5.3 对于一个 $GI/G/1$ 排队系统,到达时间间隔服从 $\mathrm{Exp}(1/2)$分布,服务时间服从 $U(0.5,2)$分布,运用批均值法通过 Lindley 等式来估计队列中稳态等待时间的期望值。仿真的顾客数为 $M=10\ 000$,抛开前 $K=100$ 个顾客的观察值,检验对偶变量法可以把方差减小到什么程度。

5.4 运行例 5.4 的随机最短路径模型并根据 1000 次独立运行的结果来估计性能参数 $\ell = E[H(\boldsymbol{X})]$,并与原始蒙特卡洛方法得到的结果进行比较。将给定的(C_1,C_2,C_3,C_4)作为控制变量的向量,并假定 $X_i \sim \mathrm{Exp}(1)$,$i=1,\cdots,5$。

5.5 一个 $GI/G/1$ 排队系统,到达时间间隔服从 $\mathrm{Exp}(1/2)$分布,服务时间服从

$U(0.5,2)$分布，估计第 4 个顾客在队列中等待时间的期望值。运用 Lindley 等式和控制变量，见例 5.5 的描述。生成 $N=1000$ 个 W_4 的样本值并给出 $E[W_4]$的 95%置信区间。

5.6 证明对任意一对随机变量(U,V)，有

$$\mathrm{Var}(U) = E[\mathrm{Var}(U \mid V)] + \mathrm{Var}(E[U \mid V])$$

(提示：用 $E[U^2]=E[E[U^2 \mid V]]$和 $\mathrm{Var}(X)=E[X^2]-(E[X])^2$)

5.7 令 $R \sim G(p)$并定义 $S_R = \sum_{i=1}^{R} X_i$，其中 $X_1, X_2, \cdots$是一个独立同分布且服从 $\mathrm{Exp}(\lambda)$分布的随机变量序列，它们均与 R 相互独立。

a)证明 $S_R \sim \mathrm{Exp}(\lambda p)$。(提示：最简单的方法就是运用变换法和条件蒙特卡洛法。)

b)对于 $\lambda=1$ 和 $p=1/10$，运用原始蒙特卡洛估计 $P(S_R>10)$，样本容量 $N=1000$。

c)重复 b)，这里运用条件蒙特卡洛估计(5.23)，并与 a)和 b)的结果进行比较。

5.8 考虑习题 5.7 中的随机和 S_R，其中参数 $p=0.25$，$\lambda=1$。应用分层法估计 $P(S_R>10)$，分层对应的事件划分为$\{R=1\}$，$\{R=2\}$，…，$\{R=7\}$和$\{R>7\}$。根据 $N_i=p_i N$ 和式(5.36)中的最优 N_i^* 来分配总数为 $N=10\ 000$ 的样本并比较结果。对于第二种方法，仿真 1000 次来估计标准差$\{\sigma_i\}$。

5.9 证明下列最小化问题

$$\min_{N_1,\cdots,N_m} \sum_{i=1}^{m} \frac{p_i^2 \sigma_i^2}{N_i} \quad \text{满足} \quad N_1 + \cdots + N_m = N$$

的解是由式(5.36)给定的，这也证明了分层抽样定理 5.5.1。

5.10 通过排列蒙特卡洛法，运用算法 5.4.2 和式(5.27)估计例 4.1 中桥接网络的可靠性。考虑两种情况：连线的可靠性分别由 $\boldsymbol{p}=(0.3,0.1,0.8,0.1,0.2)$和 $\boldsymbol{p}=(0.95,0.95,0.95,0.95,0.95)$给定，样本容量为 $N=2000$。

5.11 运用算法 5.4.3 重复习题 5.10，并比较结果。

5.12 算法 5.4.3 涉及最小割集，本题讨论该算法对应的另一个算法，即最小路径问题。在第 5.4.1 节的可靠性模型中，如果 $H(\boldsymbol{x})=1$，则称状态向量 $\boldsymbol{x}$ 为一个**路径向量**。此外，如果对于所有 $\boldsymbol{y}<\boldsymbol{x}$ 都有 $H(\boldsymbol{y})=0$，则把 $\boldsymbol{x}$ 称为**最小路径向量**，相应的集合 $A=\{i: x_i=1\}$称为**最小路径集**，也就是说，最小路径集是一些组件的最小集合，只要它们正常工作就能确保系统正常工作。如果 $A_1,\cdots,A_m$ 表示所有最小路径集，那么当且仅当至少一个最小路径集里的所有元素都能正常工作时，系统才能正常工作。

a)证明

$$H(\boldsymbol{x}) = \max_k \prod_{i \in A_k} x_i = 1 - \prod_{k=1}^{m}(1 - \prod_{i \in A_k} x_i) \tag{5.112}$$

b)定义

$$Y_k = \prod_{i \in A_k} X_i, \quad k = 1, \cdots, m$$

即 Y_k 表示 A_i 里所有元素均正常工作的事件。对 $S = \sum_{k=1}^{m} Y_k$ 应用命题 5.4.1,设计一个与算法 5.4.3 类似的算法估计系统的可靠性 $r = P(S>0)$。

c)在例 4.1 的桥接可靠性网络中测试该算法。

5.13 证明下式(见式(5.45))

$$\min_g \mathrm{Var}_g\left(H(\boldsymbol{X})\frac{f(\boldsymbol{X})}{g(\boldsymbol{X})}\right)$$

的解是

$$g^*(\boldsymbol{x}) = \frac{|H(\boldsymbol{x})| f(\boldsymbol{x})}{\int |H(\boldsymbol{x})| f(\boldsymbol{x}) \mathrm{d}\boldsymbol{x}}$$

5.14 令 $Z \sim N(0,1)$,在重要抽样法中应用下列移位指数抽样概率密度函数

$$g(x) = \mathrm{e}^{-(x-4)}, \quad x \geqslant 4$$

估计 $P(Z>4)$。选择足够大的 N 使准确度至少达到 3 个有效数字并与准确值进行比较。

5.15 证明 VM 优化问题(5.44)等价于对式(5.46)所示的零方差概率密度函数 g^* 与重要抽样密度 g 之间的皮尔逊 χ^2 偏差(见说明 1.14.1)进行最小化。在这种意义上 CE 和 VM 是相似的,只不过 CE 法是最小化 g^* 和 g 之间的 Kullback-Leibler 距离。

5.16 用重要抽样重新求解习题 5.2,其中连线长度服从指数分布,均值分别为 $v_1, \cdots, v_5$。写出确定性的 CE 更新公式并通过 1000 次仿真估计这些参数,其中 $\boldsymbol{w} = \boldsymbol{u}$。

5.17 考虑自然指数族(附录中的式(A.9)),证明式(5.62)在 $\boldsymbol{u} = \boldsymbol{\theta}_0$ 和 $\boldsymbol{v} = \boldsymbol{\theta}$ 的情况下可以简化为

$$E_{\boldsymbol{\theta}_0}\left[H(\boldsymbol{X})\left(\frac{\nabla c(\boldsymbol{\theta})}{c(\boldsymbol{\theta})} + \boldsymbol{t}(\boldsymbol{X})\right)\right] = \boldsymbol{0} \tag{5.113}$$

5.18 作为式(5.113)的一个应用,我们希望估计 $H(\boldsymbol{X})$ 的期望值,其中 $X \sim \mathrm{Exp}(\lambda_0)$,证明相应的 CE 最优参数为

$$\lambda^* = \frac{E_{\lambda_0}[H(X)]}{E_{\lambda_0}[H(X)X]}$$

并与附录中的式(A.15)进行比较,解释如何利用仿真来估计 λ^*。

5.19 令 $X \sim \mathrm{Weib}(\alpha, \lambda_0)$，利用标准似然比方法估计 $\ell = E_{\lambda_0}[H(X)]$，其中由 $\mathrm{Weib}(\alpha, \lambda)$ 生成样本，改变比例参数 λ 但保持比例参数 α 不变。利用式(5.113)和附录中的表 A.1 来证明 λ 的 CE 最优选择是

$$\lambda^* = \left(\frac{E_{\lambda_0}[H(X)]}{E_{\lambda_0}[H(X)X^\alpha]} \right)^{1/\alpha}$$

解释如何利用仿真来估计 λ^*。

5.20 令 $X_1, \cdots, X_n$ 为服从 $\mathrm{Exp}(1)$ 分布的随机变量，$\boldsymbol{X} = (X_1, \cdots, X_n)$，$S(\boldsymbol{X}) = X_1 + \cdots + X_n$，我们希望利用重要抽样法估计 $P(S(\boldsymbol{X}) \geqslant \gamma)$，其中对于所有 i 都有 $X_i \sim \mathrm{Exp}(\theta)$。证明 CE 最优参数 θ^* 是由

$$\theta^* = \frac{E[I_{\{S(\boldsymbol{X}) \geqslant \gamma\}}]}{E[I_{\{S(\boldsymbol{X}) \geqslant \gamma\}} \bar{X}]}$$

给定，其中 $\bar{X} = (X_1 + \cdots + X_n)/n$，$E$ 表示原分布下的期望值，即 $X_i \sim \mathrm{Exp}(1)$。

5.21 考虑习题 5.19，定义 $G(z) = z^{1/\alpha}/\lambda_0$ 和 $\widetilde{H}(z) = H(G(z))$。

a)证明如果 $Z \sim \mathrm{Exp}(1)$，则 $G(Z) \sim \mathrm{Weib}(\alpha, \lambda_0)$。

b)解释如何利用变换似然比方法来估计 ℓ。

c)证明 Z 的 CE 最优参数由

$$\theta^* = \frac{E_\eta[\widetilde{H}(Z) W(Z; 1, \eta)]}{E_\eta[\widetilde{H}(Z) Z W(Z; 1, \eta)]}$$

给定，其中 $W(Z; 1, \eta)$ 是 $\mathrm{Exp}(1)$ 和 $\mathrm{Exp}(\eta)$ 的概率密度函数的比值。

5.22 假定期望性能可以写为 $\ell = \sum_{i=1}^{m} a_i \ell_i$，其中 $\ell_i = \int H_i(\boldsymbol{x}) \mathrm{d}\boldsymbol{x}$，$a_i, i = 1, \cdots, m$ 是已知系数。令 $Q(\boldsymbol{x}) = \sum_{i=1}^{\infty} \alpha_i H_i(\boldsymbol{x})$，对于任意支配 $Q(\boldsymbol{x})$ 的概率密度函数 g，随机变量

$$L = \sum_{i=1}^{m} a_i \frac{H_i(\boldsymbol{X})}{g(\boldsymbol{X})} = \frac{Q(\boldsymbol{X})}{g(\boldsymbol{X})}$$

是 ℓ 的一个无偏估计，其中 $\boldsymbol{X} \sim g$，注意这里只有一个样本。证明当 $g = g^*$ 时，L 实现最小方差，其中

$$g^*(\boldsymbol{x}) = |Q(\boldsymbol{x})| / \int |Q(\boldsymbol{x})| \mathrm{d}\boldsymbol{x}$$

$$\mathrm{Var}_{g^*}(L) = \left(\int |Q(\boldsymbol{x})| \mathrm{d}\boldsymbol{x}\right)^2 - \ell^2$$

5.23 Hit-or-Miss 方法。假定样本性能函数 H 在区间 $[0, b]$ 上有界，比如，对于 $x \in [0, b]$ 有 $0 \leqslant H(x) \leqslant c$。令 $\ell = \int H(x) \mathrm{d}x = bE[H(X)]$，$X \sim U[0, b]$。定义 ℓ 的一个估计

$$\hat{\ell}^h = \frac{bc}{N}\sum_{i=1}^{N} I_{\{Y_i < H(X_i)\}}$$

其中$\{(X_i,Y_i):j=1,\cdots,N\}$是在矩形$[0,b]\times[0,c]$上均匀分布的点序列，如图 5.6 所示。估计$\hat{\ell}^h$ 称为 ***hit-or-miss* 估计**，因为任意一个点(X,Y)是被接受还是拒绝取决于该点是落在图 5.6 中的阴影部分以内还是以外。证明 *hit-or-miss* 估计的方差大于原始蒙特卡洛估计

$$\hat{\ell} = \frac{b}{N}\sum_{i=1}^{N} H(X_i)$$

的方差，式中 $X_1,\cdots,X_N$ 是由 $U[0,b]$得到的一个随机样本。

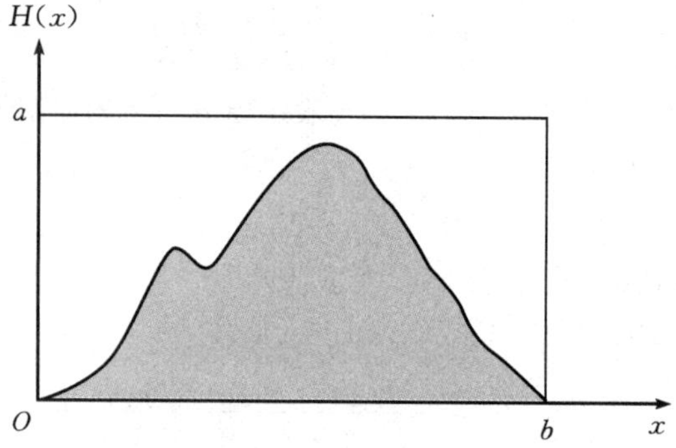

图 5.6　*hit-or-miss* 方法

深入阅读

关于方差减小技术的基础文献可以参考 Kahn 和 Marshal[16] 的文献，还有很多很好的关于蒙特卡洛的教材都有专门章节讲述方差减小技术，比如文献[10]、[13]、[17]、[18]、[20]、[23]、[24]、[26]、[27]和[34]。为了更深入地研究方差减小技术，可以阅读文献[10]和[28]，Asmussen 和 Glynn[2] 针对方差减小和稀有事件仿真问题提出了新的方法。

关于可靠性模型的介绍可以在文献[12]中找到，如果想要了解重尾分布存在时有关方差减小的详细信息，可以参阅文献[1]、[3]、[4]和[7]。

参考文献

1. S. Asmussen. Stationary distributions via first passage times. In J. H. Dshalalow, editor, *Advances in Queueing: Theory, Methods and Open Problems*, pages 79–102, New York, 1995. CRC Press.
2. S. Asmussen and P. W. Glynn. *Stochastic Simulation*. Springer-Verlag, New York, 2007.
3. S. Asmussen and D. P. Kroese. Improved algorithms for rare event simulation with heavy tails. *Advances in Applied Probability*, 38(2), 2006.
4. S. Asmussen, D. P. Kroese, and R. Y. Rubinstein. Heavy tails, importance sampling and cross-entropy. *Stochastic Models*, 21(1):57–76, 2005.
5. S. Asmussen and R. Y. Rubinstein. Complexity properties of steady-state rare-events simulation in queueing models. In J. H. Dshalalow, editor, *Advances in Queueing: Theory, Methods and Open Problems*, pages 429–462, New York, 1995. CRC Press.
6. W. G. Cochran. *Sampling Techniques*. John Wiley & Sons, New York, 3rd edition, 1977.
7. P. T. de Boer, D. P. Kroese, and R. Y. Rubinstein. A fast cross-entropy method for estimating buffer overflows in queueing networks. *Management Science*, 50(7):883–895, 2004.
8. A. Doucet, N. de Freitas, and N. Gordon. *Sequential Monte Carlo Methods in Practice*. Springer-Verlag, New York, 2001.
9. T. Elperin, I. B. Gertsbakh, and M. Lomonosov. Estimation of network reliability using graph evolution models. *IEEE Transactions on Reliability*, 40(5):572–581, 1991.
10. G. S. Fishman. *Monte Carlo: Concepts, Algorithms and Applications*. Springer-Verlag, New York, 1996.
11. S. Gal, R. Y. Rubinstein, and A. Ziv. On the optimality and efficiency of common random numbers. *Math. Comput. Simul.*, 26(6):502–512, 1984.
12. I. B. Gertsbakh. *Statistical Reliability Theory*. Marcel Dekker, New York, 1989.
13. P. Glasserman. *Monte Carlo Methods in Financial Engineering*. Springer-Verlag, New York, 2004.
14. D. Gross and C. M. Harris. *Fundamentals of Queueing Theory*. John Wiley & Sons, New York, 2nd edition, 1985.
15. S. Gunha, M. Pereira, and C. Oliveira L. Pinto. Composite generation and transmission reliability evaluation in large hydroelectric systems. *IEEE Transactions on Power Apparatus and Systems*, 104:2657–2663, 1985.
16. M. Kahn and A. W. Marshall. Methods of reducing sample size in Monte Carlo computations. *Operations Research*, 1:263–278, 1953.
17. J. P. C. Kleijnen. *Statistical Techniques in Simulation, Part 1*. Marcel Dekker, New York, 1974.
18. J. P. C. Kleijnen. Analysis of simulation with common random numbers: A note on Heikes et al. *Simuletter*, 11:7–13, 1976.
19. D. P. Kroese and R. Y. Rubinstein. The transform likelihood ratio method for rare event simulation with heavy tails. *Queueing Systems*, 46:317–351, 2004.
20. A. M. Law and W. D. Kelton. *Simulation Modeling and Analysis*. McGraw-Hill, New York, 3rd edition, 2000.
21. D. Lieber, A. Nemirovski, and R. Y. Rubinstein. A fast Monte Carlo method for evaluation of reliability indices. *IEEE Transactions on Reliability Systems*, 48(3):256–261, 1999.

22. D. Lieber, R. Y. Rubinstein, and D. Elmakis. Quick estimation of rare events in stochastic networks. *IEEE Transaction on Reliability*, 46:254–265, 1997.

23. J. S. Liu. *Monte Carlo Strategies in Scientifi c Computing*. Springer-Verlag, New York, 2001.

24. D. L. McLeish. *Monte Carlo Simulation and Finance*. John Wiley & Sons, New York, 2005.

25. M. F. Neuts. *Matrix-Geometric Solutions in Stochastic Models: An Algorithmic Approach*. Dover Publications, New York, 1981.

26. C. P. Robert and G. Casella. *Monte Carlo Statistical Methods*. Springer, New York, 2nd edition, 2004.

27. S. M. Ross. *Simulation*. Academic Press, New York, 3rd edition, 2002.

28. R. Y. Rubinstein. *Simulation and the Monte Carlo Method*. John Wiley & Sons, New York, 1981.

29. R. Y. Rubinstein and D. P. Kroese. *The Cross-Entropy Method: A Unifi ed Approach to Combinatorial Optimization, Monte Carlo Simulation and Machine Learning*. Springer-Verlag, New York, 2004.

30. R. Y. Rubinstein and R. Marcus. Efficiency of multivariate control variables in Monte Carlo simulation. *Operations Research*, 33:661–667, 1985.

31. R. Y. Rubinstein and B. Melamed. *Modern Simulation and Modeling*. John Wiley & Sons, New York, 1998.

32. R. Y. Rubinstein and A. Shapiro. *Discrete Event Systems: Sensitivity Analysis and Stochastic Optimization Via the Score Function Method*. John Wiley & Sons, New York, 1993.

33. R.Y. Rubinstein, M. Samorodnitsky, and M. Shaked. Antithetic variables, multivariate dependence and simulation of complex stochastic systems. *Management Science*, 31:66–77, 1985.

34. I. M. Sobol. *A Primer for the Monte Carlo Method*. CRC Press, Boca Raton, FL, 1994.

35. W. Whitt. Bivariate distributions with given marginals. *Annals of Statistics*, 4(6):1280–1289, 1976.

第 6 章

马尔可夫链蒙特卡洛

6.1 引言

这一章我们主要介绍一种非常有用的马尔可夫链蒙特卡洛方法(Markov Chain Monte Carlo,MCMC)。这是一种通用的方法,可以从任意一个分布**近似**地产生样本。在第 2.5 节我们讲到,这一点通常很不容易,特别是当随机向量 $\boldsymbol{X}$ 的分量之间不相互独立的时候。MCMC 的另一个优点是,它只要求目标概率密度函数小于某个(归一化)常数。

MCMC 方法是 Metropolis 等人[17]为了解决统计物理学的计算问题而提出的,主要思路是产生一个马尔可夫链,其极限分布等于期望的目标分布。如今对传统的 Metropolis[17]算法有了很多改进和扩展,其中最著名的就是 Hastings[10]提出的方法。现在,任何方法只要能产生一个各态历经的马尔可夫链且其平稳分布等于目标分布,就都称作 **MCMC** 或**马尔可夫链抽样**[19]。最著名的 MCMC 算法是 Metropolis-Hastings 算法和吉布斯抽样器,后者在贝叶斯分析中特别有用。对于离散和连续优化问题,MCMC 抽样是常用的模拟退火法[1]的重要组成部分。

这一章的其余章节安排如下:第 6.2 节介绍经典的 Metropolis-Hastings 算法,它模拟一个马尔可夫链,使其平稳分布等于目标分布。第 6.3 节讨论一个重要而特殊的例子——**hit-and-run 抽样器**。第 6.4 节详细讲述**吉布斯抽样器**,其中底层的马尔可夫链是由条件分布序列构成的。第 6.5 节阐述如何从伊辛和波茨模型推导出的分布进行抽样,这种方法广泛应用于统计力学。而第 6.6 节讲述 MCMC 方法在贝叶斯统计中的应用。在第 6.7 节我们将说明可以把 Metropolis-Hastings 算法和吉布斯抽样器都看作是传统 MCMC 方法的特例,同时讲述切片和可逆跳跃采样器。第 6.8 节讲述基于 MCMC 方法求解多极值函数的全局最小值的经典模拟退火法。最后,在第 6.9 节介绍完美抽样法,它能从目标分布进行精确的抽样,而非近似抽样。

6.2 Metropolis-Hastings 算法

Metropolis-Hastings 算法的主要思想是模拟一个马尔可夫链，使它的平稳分布和目标分布正好相同。

为了介绍 MCMC 方法提出的背景，首先假设我们要产生一个随机变量 X，其值由目标分布 $\{\pi_i\}$ 在 $\mathscr{X}=\{1,\cdots,m\}$ 中产生，其中

$$\pi_i = \frac{b_i}{C}, \quad i \in \mathscr{X} \tag{6.1}$$

假设所有 $\{b_i\}$ 都是严格正的，m 很大，而且归一化常数 $C=\sum_{i=1}^{m} b_i$ 很难计算。根据 Metropolis 等人[17]的文章，我们在 $\mathscr{X}$ 上构造一个马尔可夫链 $\{X_t, t=0,1,\cdots\}$，其状态演变可以根据任意一个转移矩阵 $\boldsymbol{Q}=(q_{ij})$ 来实现，方式如下：

- 当 $X_t=i$ 时，产生一个随机变量 Y 满足 $P(Y=j)=q_{ij}, j\in\mathscr{X}$。因此，$Y$ 是从 $\boldsymbol{Q}$ 的第 i 行的 m 点分布产生的。
- 如果 $Y=j$，令

$$X_{t+1} = \begin{cases} j, & \text{以概率 } \alpha_{ij} = \min\left\{\dfrac{\pi_j q_{ji}}{\pi_i q_{ij}}, 1\right\} = \min\left\{\dfrac{b_j q_{ji}}{b_i q_{ij}}, 1\right\} \\ i, & \text{以概率 } 1-\alpha_{ij} \end{cases}$$

于是 $\{X_t, t=0,1,\cdots\}$ 具有一步转移矩阵 $\boldsymbol{P}=(p_{ij})$，其中

$$p_{ij} = \begin{cases} q_{ij}\alpha_{ij}, & \text{如果 } i \neq j \\ 1-\sum_{k\neq i} q_{ik}\alpha_{ik}, & \text{如果 } i = j \end{cases} \tag{6.2}$$

根据上述 α_{ij} 的定义，很容易证明(见习题 6.1)

$$\pi_i p_{ij} = \pi_j p_{ji}, \quad i,j \in \mathscr{X} \tag{6.3}$$

也就是说，基于**局部平衡方程**(1.38)，该马尔可夫链是时间可逆的并且具有平稳概率 $\{\pi_i\}$。此外，如果该马尔可夫链是不可约且非周期的，那么这个平稳分布也是**极限分布**。注意，这里在产生马尔可夫链的时候没有必要再用式(6.1)中的归一化常数 C。

我们可以直接对上述 MCMC 方法进行扩展，即从任意一个多维的概率密度函数 $f(\boldsymbol{x})$(而非 π_i)产生样本。在这种情况下，用非负的概率转移函数 $q(\boldsymbol{x},\boldsymbol{y})$ 代替之前的 q_{ij}，通常称作**建议**函数或者**辅助**函数。如果将这个函数看作条件概率密度函数，我们同样可以用 $q(\boldsymbol{y}|\boldsymbol{x})$ 代替 $q(\boldsymbol{x},\boldsymbol{y})$。我们把概率 $\alpha(\boldsymbol{x},\boldsymbol{y})$ 称为**接受概率**。Metropolis 算法[17]最初采用的是对称的建议函数，也就是 $q(\boldsymbol{x},\boldsymbol{y})=q(\boldsymbol{y},\boldsymbol{x})$，Hastings 改进了最初的 MCMC 算法，允许采用不对称的建议函数，因此我们把这个算

法叫做 **Metropolis-Hastings 算法**，把对应的马尔可夫链称为 **Metropolis-Hastings 马尔可夫链**。

可以看出，Metropolis-Hastings 算法与接受-拒绝法相似，都是基于试错策略进行反复迭代，具体步骤如下：

算法 6.2.1(Metropolis-Hastings 算法)

给定当前状态 $\boldsymbol{X}_t$：

1. 产生 $\boldsymbol{Y} \sim q(\boldsymbol{X}_t, \boldsymbol{y})$。

2. 产生 $U \sim U(0,1)$，令

$$\boldsymbol{X}_{t+1} = \begin{cases} \boldsymbol{Y}, & \text{如果 } U \leqslant \alpha(\boldsymbol{X}_t, \boldsymbol{Y}) \\ \boldsymbol{X}_t, & \text{否则} \end{cases} \tag{6.4}$$

其中

$$\alpha(\boldsymbol{x}, \boldsymbol{y}) = \min\{\varrho(\boldsymbol{x}, \boldsymbol{y}), 1\} \tag{6.5}$$

$$\varrho(\boldsymbol{x}, \boldsymbol{y}) = \frac{f(\boldsymbol{y})q(\boldsymbol{y}, \boldsymbol{x})}{f(\boldsymbol{x})q(\boldsymbol{x}, \boldsymbol{y})} \tag{6.6}$$

重复步骤 1 和步骤 2，我们得到一个不独立的随机分布变量的序列 $\boldsymbol{X}_1, \boldsymbol{X}_2, \cdots$，当 t 很大时，$\boldsymbol{X}_t$ 的分布近似服从 $f(\boldsymbol{x})$。

由于算法 6.2.1 采用的是接受-拒绝法，其效率取决于接受概率 $\alpha(\boldsymbol{x}, \boldsymbol{y})$。在理想状况下，我们希望 $q(\boldsymbol{x}, \boldsymbol{y})$ 尽可能接近所需的概率分布函数 $f(\boldsymbol{y})$，这意味着需要对 $\alpha(\boldsymbol{x}, \boldsymbol{y})$ 进行极大化，一种常用的方法[19]是将 $q(\boldsymbol{x}, \boldsymbol{y})$ 表示成参数化的形式 $q(\boldsymbol{x}, \boldsymbol{y}; \theta)$，再用随机优化方法以 θ 为变量对其最大化。下面我们考虑一些特殊的 $q(\boldsymbol{x}, \boldsymbol{y})$。

■例 6.1　独立抽样器

当选择的建议函数 $q(\boldsymbol{x}, \boldsymbol{y})$ 关于 $\boldsymbol{x}$ 独立时，也就是说，对于某些概率密度函数 $g(\boldsymbol{y})$ 有 $q(\boldsymbol{x}, \boldsymbol{y}) = g(\boldsymbol{y})$，得到的就是最简单的 Metropolis 型 MCMC 算法。因此，从先前的某个状态 $\boldsymbol{X}$ 开始，其候选状态 $\boldsymbol{Y}$ 从 $g(\boldsymbol{y})$ 产生并按下面的概率决定接受或拒绝：

$$\alpha(\boldsymbol{X}, \boldsymbol{Y}) = \min\left\{\frac{f(\boldsymbol{Y})g(\boldsymbol{X})}{f(\boldsymbol{X})g(\boldsymbol{Y})}, 1\right\}$$

这个过程和第 2 章介绍的原始接受-拒绝法非常类似，其中很重要的一点就是建议分布函数 g 与目标分布函数 f 要非常接近。但是，我们应该注意，与接受-拒绝法相比，独立抽样器生成的样本是**不独立的**。

■例 6.2　均匀抽样

在很多应用中，从离散集合 $\mathscr{L}$ 中均匀抽样是非常重要的，比如第 9 章的计数算法。下面给出一个简单、通用的步骤：在 $\mathscr{L}$ 上定义一个**邻域**结构，只要由此产生

的 Metropolis-Hastings 马尔可夫链是不可约且非周期的，任何邻域结构都是可以的。令 n_x为状态 $\boldsymbol{x}$ 的邻域个数，对于某个建议分布，我们只要以相同的概率选择当前状态 $\boldsymbol{x}$ 的每一个可能邻域即可，即 $q(\boldsymbol{x},\boldsymbol{y})=1/n_x$。因为本例的目标概率分布函数 $f(\boldsymbol{x})$是一个常数，所以接受概率是

$$\alpha(\boldsymbol{x},\boldsymbol{y}) = \min\{n_x/n_y,1\}$$

通过这样的过程，Metropolis-Hastings 马尔可夫链的极限分布就是$\mathscr{L}$上的均匀分布。

■例 6.3　随机游动抽样器

在一个随机游动抽样器中，对于一个给定的当前状态 $\boldsymbol{x}$，建议状态 $\boldsymbol{Y}$ 可以由 $\boldsymbol{Y}=\boldsymbol{x}+\boldsymbol{Z}$ 获得，其中 $\boldsymbol{Z}$ 通常是由一些球对称分布产生的（在连续情况下），比如标准正态分布 $N(\mathbf{0},\boldsymbol{\Sigma})$。注意，在这种情况下建议函数是对称的，于是

$$\alpha(\boldsymbol{x},\boldsymbol{y}) = \min\left\{\frac{f(\boldsymbol{y})}{f(\boldsymbol{x})},1\right\} \tag{6.7}$$

■例 6.4

令随机向量 $\boldsymbol{X}=(X_1,X_2)$具有如下二维概率密度函数：

$$f(\boldsymbol{X}) = c\exp(-(x_1^2x_2^2+x_1^2+x_2^2-8x_1-8x_2)/2) \tag{6.8}$$

其中 $c\approx1/20\ 216.335\ 877$ 是归一化常数，该密度函数如图 6.1 所示。

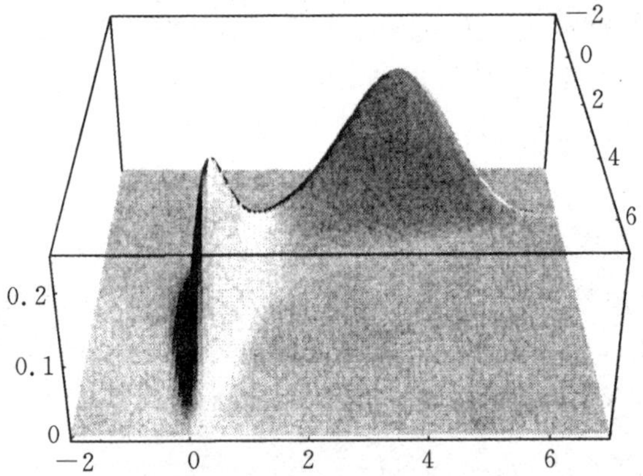

图 6.1　密度 $f(x_1,x_2)$

假设我们希望通过原始蒙特卡洛（CMC）估计量来估计 $\ell=E[X_1]$，即

$$\hat{\ell} = \frac{1}{N}\sum_{t=1}^{N}X_{t1}$$

这里的$\{\boldsymbol{X}_t\}$是利用随机游动抽样器从 $f(\boldsymbol{x})$产生的一个非独立的样本。有一种简单的选取增量 $\boldsymbol{Z}$ 的方法，就是从 $N(0,a^2)$分布（对于某个 $a>0$ 的值）独立地选取 $\boldsymbol{Z}$ 的各个分量。注意，如果 a 选择得太小，比如小于 0.5，样本的分量将会有很强的

正相关性，这将导致出现$\hat{\ell}$较大的方差。另一方面，如果 a 太大，比如说大于 10，则大多数抽样将会被舍去，又会降低效率。应该选择一个适中的 a 值，比如 $a=2$。随机游动采样器可以归纳为：

步骤(随机游动抽样器)

1. 初始化 $\boldsymbol{X}_1=(X_{11},X_{12})$，令 $t=1$。
2. 独立抽取 $Z_1,Z_2\sim N(0,1)$。令 $\boldsymbol{Z}=(Z_1,Z_2)$，$\boldsymbol{Y}=\boldsymbol{X}_t+2\boldsymbol{Z}$，按照式(6.7)计算 $\alpha=\alpha(\boldsymbol{X}_t,\boldsymbol{Y})$。
3. 抽取 $U\sim U(0,1)$。如果 $U<\alpha$，则令 $\boldsymbol{X}_{t+1}=\boldsymbol{Y}$；否则令 $\boldsymbol{X}_{t+1}=\boldsymbol{X}_t$。
4. t 增加 1。如果 $t=N$(抽样大小)则停止；否则回到步骤 2。

我们通过上面的算法产生了 $N=10^5$ 个样本，其中最后几百个抽样如图 6.2 的左边图形所示。可以看出，样本都紧密地围绕着概率密度函数的等值线，这表明抽样在各个区域的分布都是正确的。这在图 6.2 的右边图形中也得到了证实，可以看出 x_1 的直方图和真实的概率密度函数(实线)非常接近。

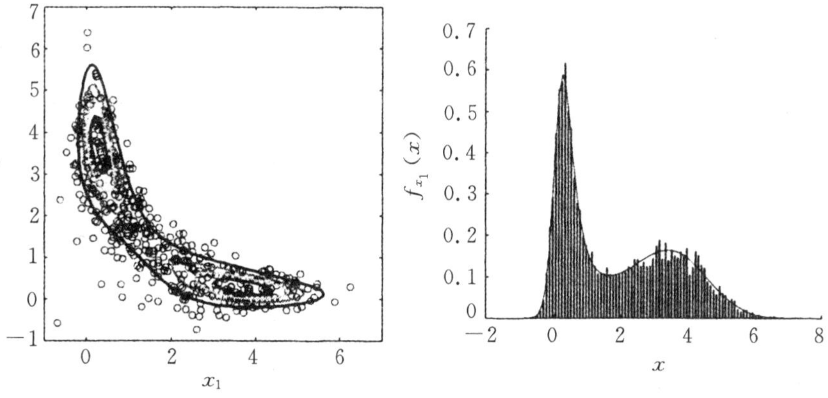

图 6.2　左图是随机游动抽样器产生的样本在 f 的等值线周围的分布情况，右图是 x_1 的直方图和 X_1 的真实密度函数

这里我们得到的估计值为$\hat{\ell}=1.89$，真值是 $E[X_1]\approx1.859\ 97$，我们可以利用式(4.18)计算置信区间，其中 $\widetilde{S}$ 表示渐近方差，当然也可以用第 4.3.2.1 节讲到的批平均法来计算置信区间。图 6.3 给出了(自)协方差函数的估计值$\hat{R}(k)$，$k=0,1,\cdots,400$，可以看出，当 k 到达 100 附近时协方差才能忽略。因此，在用式(4.17)估计$\hat{\ell}$的方差时，不仅需要包含 X_1 的方差 $R(0)$，还需要包含其中的所有非零项。在式(4.17)中对前 400 个协方差值进行累加，可以得到渐近方差为 10.41，由此可以计算出$\hat{\ell}$的相对误差为 0.0185，95%置信区间为(1.82，1.96)。我们采用批均值法，设批次为 500，每个批次的样本大小为 200，可以得到相近的置信区间。

MCMC 是一种通用的方法，可以用于从所有目标分布产生随机样本，而与其

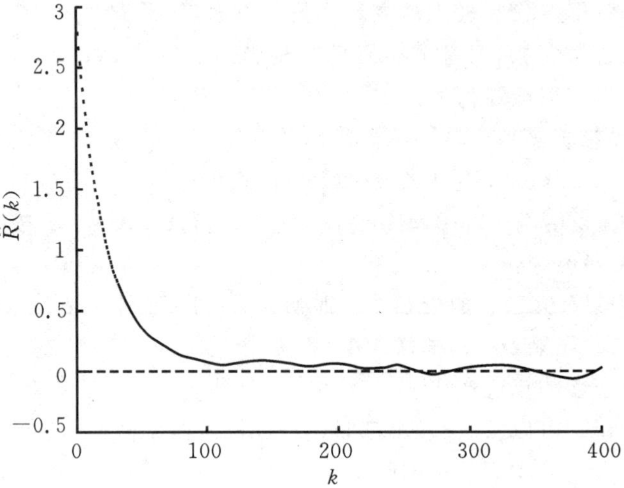

图 6.3　前 400 个 k 值对应的 $\{X_{t1}\}$ 的协方差函数的估计值

维数和复杂度无关。不过，MCMC 方法本身也可能存在一些潜在的问题，比如：

1. 产生的样本通常高度相关。
2. 通常需要消耗相当长的时间，直到底层的马尔可夫链到达稳定状态。
3. 通过 MCMC 抽样得到的估计通常比由目标函数独立抽样得到的估计有更大的方差。为了解决这一问题，人们进行了很多尝试和努力，详见文献[13]和[19]。

说明 6.2.1　这里我们必须强调，虽然在估计任意期望值 $\ell = E_f[H(\boldsymbol{X})]$ 的时候普遍采用 MCMC 方法从 $f(\boldsymbol{x})$ 进行抽样，而估计所用的**实际**目标分布是 $g^*(\boldsymbol{x}) \propto |H(\boldsymbol{x})| f(\boldsymbol{x})$，也就是说，从 $G^*(\boldsymbol{x})$ 抽样得到的估计值的方差最小（在 $H(\boldsymbol{x}) \geqslant 0$ 情况下为零方差）。因此，有一点非常重要，我们需要区分清楚两个问题：一是用 MCMC从一个复杂的概率密度函数 $f(\boldsymbol{x})$ 产生抽样；二是用 MCMC 对某个量进行估计，例如 ℓ 的大小。对于后一个问题，有很多有效的方法可以利用，比如重要抽样，更进一步，通过类似于交叉熵（CE）和变换似然比（TLR）方法，可以获得一个好的重要抽样概率密度函数。

6.3　Hit-and-Run 抽样器

Hit-and-run 抽样器是 Robert Smith[24] 提出的，是**直线抽样器**[2] 类型中一种早期的 MCMC 抽样器。在前面章节中介绍过，抽样器的目的是从 $\mathscr{X} \subset \mathbb{R}^n$ 上的目标分布 $f(\boldsymbol{x})$ 中进行抽样，而直线抽样器则可能只需一步就可到达整个可行域 $\mathscr{X}$。

这里首先介绍早期的 hit-and-run 抽样器在 $\mathbb{R}^n$ 的一个有界开区间 $\mathscr{X}$ 上按均

匀分布进行抽样。每次迭代都从当前点 $\boldsymbol{x}$ 开始，在 n 维超平面上均匀地产生一个**方向向量** $\boldsymbol{d}$，经过点 $\boldsymbol{x}$ 的双向线与 $\mathscr{X}$ 对应的封闭框的交点之间确定了线段 $\mathscr{L}$，下一个点 $\boldsymbol{y}$ 就从 $\mathscr{L}$ 和 $\mathscr{X}$ 的相交部分均匀选取。

图 6.4 说明了 hit-and-run 算法从集合 $\mathscr{X}$（灰色区域）中均匀抽样的过程，该集合位于一个正方形之内。给定 $\mathscr{X}$ 中的一个点 $\boldsymbol{x}$，随机产生一个方向 $\boldsymbol{d}$，由此确定了线段 $\mathscr{L}=uv$，然后利用接受-拒绝法在 $\mathscr{M}=\mathscr{L}\cap\mathscr{X}$ 上均匀地选择一个点 $\boldsymbol{y}$，也就是说，在线段 $\mathscr{L}$ 上均匀选取一个点，只有当该点在 $\mathscr{X}$ 上时才接受它。

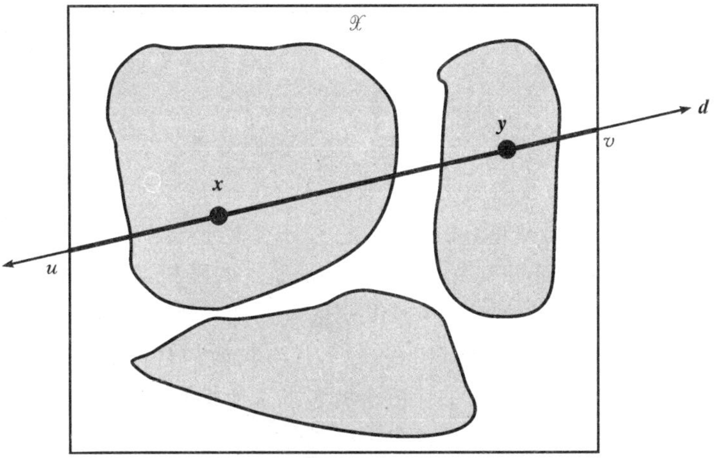

图 6.4　在二维正方形上的 hit-and-run 算法示意图

Smith[24] 证明了 hit-and-run 算法可以在 $\mathbb{R}^n$ 的任意开区间上产生近似均匀分布的点。这种算法有一个很好的性质，就是它可以一步到达集合内的任意一点，也就是说，对集合中的任意邻域的抽样，都有一个严格正的概率。这一性质和对称性对极限分布的推导有着非常重要的意义。Lovasz[14] 证明了 hit-and-run 算法能够以多项式时间 $\mathcal{O}(n^3)$ 在 n 维凸体上产生一个近似均匀分布的样本点，这也是该类抽样算法中公认的最好成绩。他指出，hit-and-run 算法在实践中似乎可以最快地收敛到均匀分布[14,15]，其独特的地方在于，只需要多项式时间就能走出困境，相比之下，**球体游动**算法则需要指数时间[16]。

注意，上面所讲的 hit-and-run 算法是 Metropolis-Hastings 算法 6.2.1 的一个特例，其中建议函数 $q(\boldsymbol{x},\boldsymbol{y})$ 是对称的，而且目标函数 $f(\boldsymbol{x})$ 是一个恒值，因此每个候选点都以概率 1 被接受。为了从一个**一般的**严格正的连续概率密度函数 $f(\boldsymbol{x})$ 产生抽样，我们只需对上述均匀 hit-and-run 算法进行简单修改，在式(6.4)中以概率

$$\alpha(\boldsymbol{x},\boldsymbol{y}) = \min\{f(\boldsymbol{y})/f(\boldsymbol{x}),1\} \tag{6.9}$$

接受候选点 $\boldsymbol{y}$。注意，这里 $q(\boldsymbol{y},\boldsymbol{x})/q(\boldsymbol{x},\boldsymbol{y})$ 等于 1。综上所述，具有上述 Metropolis 接受准则的通用 hit-and-run 算法可以归纳如下[20]：

算法 6.3.1(连续 Hit-and-Run 算法)

1. 初始化 $\boldsymbol{X}_1 \in \mathscr{X}$，令 $t=1$。
2. 在 n 维单位超球面上根据均匀分布产生一个随机方向 $\boldsymbol{d}_t$。
3. 在直线集合

$$\mathcal{M}_t = \{\boldsymbol{x}:\boldsymbol{x} \in \mathscr{X} \text{ and } \boldsymbol{x} = \boldsymbol{X}_t + \lambda \boldsymbol{d}_t, \lambda \in \mathbb{R}\}$$

上均匀地生成一个候选点 $\boldsymbol{Y}=\boldsymbol{X}_t+\lambda\boldsymbol{d}_t$。如果 $\mathcal{M}_t=\varnothing$，则转到步骤 2。

4. 令

$$\boldsymbol{X}_{t+1} = \begin{cases} \boldsymbol{Y}, & \text{以式(6.9)的概率 } \alpha(\boldsymbol{X}_t,\boldsymbol{Y}) \\ \boldsymbol{X}_t, & \text{其他} \end{cases}$$

5. 如果满足结束条件则停止，否则 t 加 1，返回步骤 2。

Hit-and-run 在连续域的应用非常成功，Baumert 等人[4]最近在离散域提出了一个类似的抽样器，即离散 hit-and-run，它在一个网格上产生两个独立的随机游动，形成一个双向路径，这和连续 hit-and-run 产生的随机双向线相似。然后在该路径上随机选取一个可行的离散点当作候选点。随后增加一个 Metropolis 接受-拒绝步骤，则离散 hit-and-run 法可以收敛于任意离散的目标概率密度函数 f。

令 $\mathscr{X}$ 是 $\mathbb{Z}^n$ 的有界子集，即坐标值为整数的 n 维向量集合，它们包含在超矩形 $\mathscr{R}=\{x\in \mathbb{Z}^n: l_i \leqslant x_i \leqslant u_i, i=1,\cdots,n\}$ 之中。下面是离散 hit-and-run 算法。

算法 6.3.2(离散 hit-and-run 算法)

1. 初始化 $\boldsymbol{X}_1 \in \mathscr{X}$，令 $t=1$。
2. 产生一个双向游动，即在 $\mathscr{R}$ 上产生二个独立的最近邻域的随机游动，它们从 $\boldsymbol{X}_t$ 开始，走出 $\mathscr{R}$ 后结束，其中一个随机游动叫做前向游动，另一个叫做后向游动。该双向游动可能有循环，但是其长度有限的概率是**1**。把该双向游动访问过的点序列保存在一个有序的表里，记作 $\mathscr{L}_t$。
3. 在交集 $\mathcal{M}_t=\mathscr{X} \cap \mathscr{L}_t$ 上均匀地生成一个候选点 $\boldsymbol{Y}$。
4. 令

$$\boldsymbol{X}_{t+1} = \begin{cases} \boldsymbol{Y}, & \text{以式(6.9)的概率 } \alpha(\boldsymbol{X}_t,\boldsymbol{Y}) \\ \boldsymbol{X}_t, & \text{其他} \end{cases}$$

5. 如果满足结束条件则停止，否则 t 加 1，返回步骤 2。

图 6.5 是一个离散 hit-and-run 算法的例子，双向游动从 $\boldsymbol{X}$ 点开始在正方形内的离散点上进行。可行域 $\mathscr{X}$ 用三个互不相连的阴影区域表示，候选点 $\boldsymbol{y}$ 是从双向游动经过且从属于 $\mathscr{X}$ 的点中均匀选择并根据 Metropolis 接受概率决定是否予以接受。

文献[4]指出，在很多情况下离散 hit-and-run 算法的收敛速度是高次项为 n^4

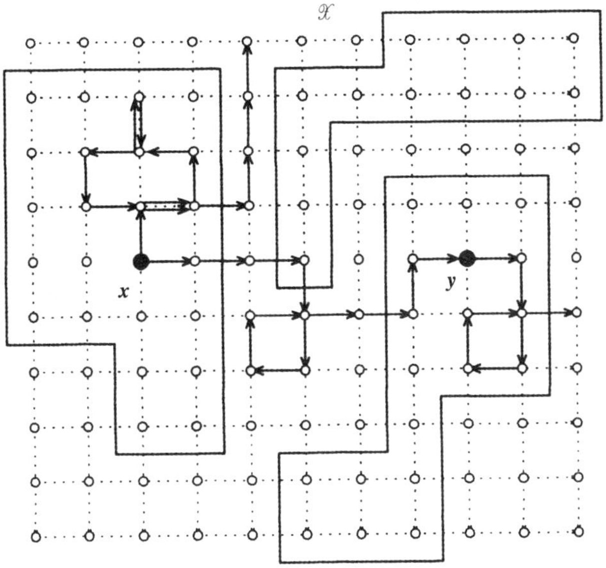

图 6.5　二维双向游动示意图

的多项式，同时也证明了几种双向游动也能收敛到目标分布，其中一种产生候选点的方法称为**球面双向游动**(sphere biwalk)法，不仅收敛于离散的目标概率密度函数，如果有限域的网格变得足够精细，也收敛于连续 hit-and-run[22]。

把 hit-and-run 算法应用到某个优化框架可以得到两个全局优化算法：**hide-and-seek** 算法[20]和改进的 **hit-and-run** 算法[26]，后者在很多实际问题中都有成功的应用，比如复合材料的设计和形状优化，而且可以证明，对于一类二次规划问题，它通常具有多项式复杂度。我们将在第 6.8 节介绍怎样用模拟退火算法将 MCMC 抽样器转变成一个优化算法。

6.4　吉布斯抽样器

吉布斯抽样器(见文献[6])与 Metropolis-Hastings 算法稍有不同，它对产生 n 维随机向量特别适用。Gibbs 抽样器最突出的特点是，以确定或者随机的方式从一系列条件分布构造马尔可夫链。

如果从条件分布抽样比从联合分布抽样简单，则吉布斯抽样更具优势。它的核心思想是将先前分量的一部分进行更新，而另一部分保持不变，这在很多情况下都很有用，比如状态变量是一个随机变量，其取值空间是一般空间而不仅仅是 $\mathbb{R}^n$，参见文献[11]。

假设我们希望从目标概率密度函数 $f(\boldsymbol{x})$ 抽样得到一个随机向量 $\boldsymbol{X}=(X_1,\cdots,$

X_n)，用 $f(x_i|x_1,\cdots,x_{i-1},x_{i+1},\cdots,x_n)$表示在给定其他分量 $x_1,\cdots,x_{i-1},x_{i+1},\cdots,x_n$ 时第 i 个分量 X_i 的条件概率密度函数，那么吉布斯抽样器包括以下迭代步骤。

算法 6.4.1(吉布斯抽样器)

A. 对于一个给定的 $\boldsymbol{X}_t$，按照如下过程产生 $\boldsymbol{Y}=(Y_1,Y_2,\cdots,Y_n)$：

1. 由条件概率密度函数 $f(x_1|X_{t,2},\cdots,X_{t,n})$得出 Y_1。
2. 由 $f(x_i|Y_1,\cdots,Y_{i-1},X_{t,i+1},\cdots,X_{t,n})$，$i=2,\cdots,n-1$ 得出 Y_i。
3. 由 $f(x_n|Y_1,\cdots,Y_{n-1})$得出 Y_n。

B. 令 $\boldsymbol{X}_{t+1}=\boldsymbol{Y}$。

注意，与 Metropolis-Hastings 算法不同，在吉布斯抽样器中**所有**的抽样都被接受了。在第 6.7 节将会看到，在比较温和的条件下通过吉布斯抽样器得到的过程$\{\boldsymbol{X}_t,t=1,2,\cdots\}$的极限分布精确为 $f(\boldsymbol{x})$。另外可以证明，在一些简单条件下有能以几何速度快速收敛到期望的概率密度函数，参见文献[13]和[19]。

■例 6.5　例 6.4(续)

这里我们将说明通过吉布斯抽样器就能简单地从式(6.8)所示的概率密度函数 f 进行采样。把该公式改写为

$$f(x,y)=c_1(y)\exp\left(-\frac{1+y^2}{2}\left(x-\frac{4}{1+y^2}\right)^2\right)$$

其中 $c_1(y)$只依赖于 y，可以看出，给定条件 y，X 的分布是期望值为 $4/(1+y^2)$、方差为 $1/(1+y^2)$的正态分布。给定 x，Y 的条件分布类似。因此，相应的吉布斯抽样器可以描述为以下步骤：

步骤

1. 初始化 X_1 和 Y_1，令 $t=1$。
2. 如果 t 是奇数，产生 $Z\sim N(0,1)$。记 $a=1/(1+Y_t^2)$，令 $Y_{t+1}=4a+Z\sqrt{a}$ 且 $X_{t+1}=X_t$。
3. 如果 t 是偶数，产生 $Z\sim N(0,1)$。记 $a=1/(1+X_t^2)$，令 $X_{t+1}=4a+Z\sqrt{a}$ 且 $Y_{t+1}=Y_t$。
4. t 加 1。如果 $t=N$(样本大小)则停止，否则返回第 2 步。

说明 6.4.1(系统型与随机型吉布斯抽样器)　应该注意，算法 6.4.1 给出的是一个**系统型**吉布斯抽样器，即向量 $\boldsymbol{X}$ 的分量是按照确定的顺序逐个更新的，即 $1,2,\cdots,n,1,2,\cdots$。而**随机**吉布斯抽样器则是随机选择要更新的分量，例如从一个离散的均匀 n 点概率密度函数独立地生成该分量的值。在这种情况下吉布斯抽样器可以看作 Metropolis-Hastings 抽样器的一个特例，换句话说，其转移函数是

$$q(\boldsymbol{x},\boldsymbol{y})=\frac{1}{n}f(y_i\mid x_1,\cdots,x_{i-1},x_{i+1},\cdots,x_n)=\frac{1}{n}\frac{f(\boldsymbol{y})}{\sum_{y_i}f(\boldsymbol{y})}$$

其中 $\boldsymbol{y}=(x_1,\cdots,x_{i-1},y_i,x_{i+1},\cdots,x_n)$。由于 $\sum_{y_i} f(\boldsymbol{y})$ 同样可以写成 $\sum_{x_i} f(\boldsymbol{x})$，于是我们有

$$\varrho(\boldsymbol{x},\boldsymbol{y}) = \frac{f(\boldsymbol{y})q(\boldsymbol{y},\boldsymbol{x})}{f(\boldsymbol{x})q(\boldsymbol{x},\boldsymbol{y})} = \frac{f(\boldsymbol{y})f(\boldsymbol{x})}{f(\boldsymbol{x})f(\boldsymbol{y})} = 1$$

因此在这种情况下接受概率 $\alpha(\boldsymbol{x},\boldsymbol{y})$ 为 1。

下面是吉布斯抽样器的另一个应用案例。

■例 6.6　乘积形式的闭环排队网络

考虑 m 个顾客在一个闭环排队网络的 n 个队列中移动，$X_i(t)$ 表示队列 i 中的顾客数量，$i=1,\cdots,n$，令 $\boldsymbol{X}(t)=(X_1(t),\cdots,X_n(t))$ 且 $\boldsymbol{x}=(x_1,\cdots,x_n)$。众所周知[21]，如果极限

$$\lim_{t\to\infty} P(\boldsymbol{X}(t) = \boldsymbol{x}) = \pi(\boldsymbol{x})$$

存在，则对于指数分布的服务时间，该联合离散概率密度函数 $\pi(\boldsymbol{x})$ 可以写成**乘积的形式**，即

$$\pi(\boldsymbol{x}) = C\prod_{i=1}^{n} f_i(x_i),\ \text{满足} \sum_{i=1}^{n} x_i = m \tag{6.10}$$

其中 $\{f_i(x_i), x_i \geqslant 0\}$ 是已知的离散概率密度函数，而 C 是一个归一化常数。具体例子参见习题 6.11。

常数 C 通常很难计算，为便于计算，记 $S(\boldsymbol{x}) = \sum_{i=1}^{n} x_i$ 且 $\mathscr{X}^* = \{\boldsymbol{x}: S(\boldsymbol{x})=m\}$，则有

$$C^{-1} = \sum_{\boldsymbol{x}\in\mathscr{X}^*} \prod_{i=1}^{n} f_i(x_i) \tag{6.11}$$

这就需要对于集合 $\mathscr{X}^*$ 中的每个 $\boldsymbol{X}$ 估计 n 个概率密度函数的乘积，而该集合中总共有 $|\mathscr{X}^*| = \binom{m+n-1}{n-1}$ 个元素（见习题 6.10），而且元素个数会迅速增大。

接下来将要介绍如何根据吉布斯抽样来计算 C。为了应用吉布斯抽样器，我们在给定其他元素的情况下从 $\boldsymbol{X}_i$ 的条件分布中产生样本。注意，因为 $X_n = m - \sum_{k=1}^{n-1} X_k$，所以只需要产生 $X_1,\cdots,X_{n-1}$ 即可。对于 $i=1,\cdots,n-1$，有

$$f(x_i \mid x_1,\cdots,x_{i-1},x_{i+1},\cdots,x_{n-1}) \propto f_i(x_i) f_n(m - \sum_{k=1}^{n-1} x_i) \tag{6.12}$$

其中 $x_i \in \{0,1,\cdots,m-x_1-\cdots-x_{i-1}-x_{i+1}-\cdots-x_{n-1}\}$。从这些条件概率密度函数中进行抽样通常都能以很高的效率实现，特别是当 $\{f_i\}$ 是一类指数函数时，参见习题 6.11。

现在我们可以近似地从 $\pi(\boldsymbol{x})$进行抽样,直接用来估计归一化常数 C。注意观察:

$$E_{\pi}\left[\frac{1}{\prod_{i=1}^{n} f_i(X_i)}\right] = \sum_{x\in\mathscr{X}^*} \frac{1}{\prod_{i=1}^{n} f_i(x_i)} C\prod_{i=1}^{n} f_i(x_i) = |\mathscr{X}^*| C$$

由此可以得到 C 的一个估计量,并用在 π 抽取的一组随机样本 $\boldsymbol{X}_1,\cdots,\boldsymbol{X}_N$ 中进行:

$$\hat{C} = \binom{m+n-1}{n-1}^{-1} \frac{1}{N}\sum_{k=1}^{N}\prod_{i=1}^{n}\frac{1}{f_i(X_{ki})}$$

其中 X_{ki} 是 $\boldsymbol{X}_k$ 的第 i 个分量。

6.5 伊辛和波茨模型

6.5.1 伊辛模型

伊辛模型是统计力学中最流行、研究最广泛的模型之一,描述理想化磁铁中称为**自旋**的相互作用,发生在二维或三维网格里。在最基本的二维情况下,自旋发生在$\{1,\cdots,n\}\times\{1,\cdots,n\}$的网格中,所有 n^2 个格子中的每一个格子都有 4 个相邻的格子,包括四周边沿上的格子,它们可以“环绕”到网格的另外一边,形成一个环面。如图 6.6 所示,4 个浅灰色格子就是深灰色格子的 4 个相邻格子。

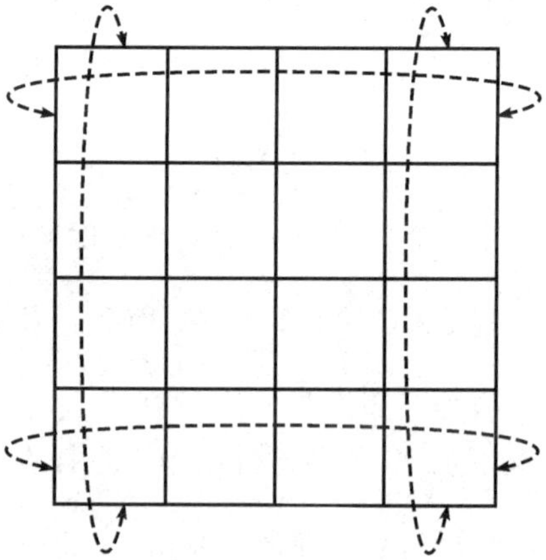

图 6.6　边界格子环绕,深灰色格子的相邻格子是 4 个浅灰色格子

令$\{1,\cdots,n^2\}$是所有格子的集合,每一个自旋可能处于两种状态之一:1 或者 -1。自旋 $\boldsymbol{s}=(s_1,\cdots,s_{n^2})$共有 2^{n^2} 个状态组合,其中每一个组合携带的**总能量**为

$$E(\boldsymbol{s}) = -A\sum_{i\leftrightarrow j} s_i s_j - B\sum_i s_i$$

其中 A 和 B 是常数，在大多数研究中取 $A=1,B=0$，这里也做同样的假设。$\sum_{i\leftrightarrow j}s_is_j$ 和 $\sum_i s_i$ 分别称为**互作用能**和**磁化强度**，符号 $\sum_{i\leftrightarrow j}$ 表示在相邻格子上对 (i,j) 求和。

在热平衡中自旋的分布 π 服从波尔兹曼定律：$\pi(\boldsymbol{s})\propto\exp(-E(\boldsymbol{s})/T)$，其中 T 是一个固定温度。换句话说，我们有

$$\pi(\boldsymbol{s})=\frac{e^{\frac{1}{T}\sum_{i\leftrightarrow j}s_is_j}}{Z}$$

我们把该式称为**配分函数**，其中 Z 是归一化常数。除 Z 以外，我们感兴趣的量还有**自旋的平均能量** $E_\pi[\sum_{i\leftrightarrow j}s_is_j/n^2]$ 和**自旋的平均磁化强度** $E_\pi[\sum_i s_i/n^2]$。只要能有效地从目标分布 π 中抽样，这些量就可以通过蒙特卡洛仿真得到(详见下文)。

图 6.7 给出了在所谓的**临界温度** $T=2/\ln(1+\sqrt{2})\approx 2.269$ 的情况下从 π 抽样得到的一组样本值，黑色代表 1，白色代表 -1，$n=30$。

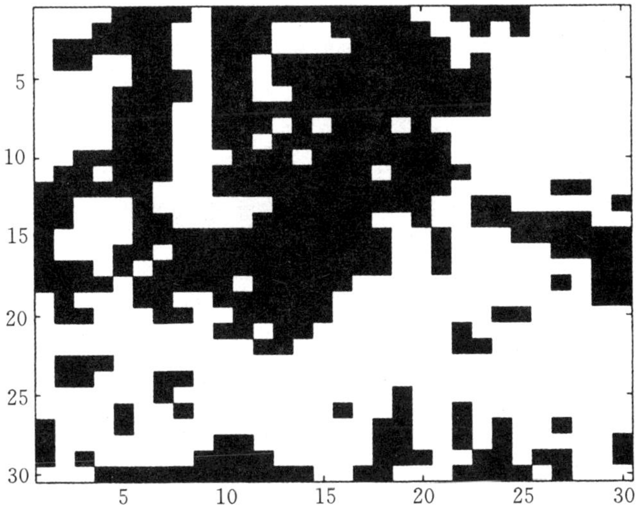

图 6.7　在临界温度的伊辛组合

下面我们将定义**波茨模型**，该模型可以看作是伊辛模型的一般形式。我们也将解释如何从这个扩展模型进行抽样，并着重介绍如何得到图 6.7。

6.5.2　波茨模型

令 $\{1,\cdots,J\}$ 是所有空间位置(格子)的集合，令 ψ_{ij} 是某个表示位置之间相互关系的对称的正函数，比如

$$\psi_{ij}=\begin{cases}\beta(>0), & \text{如果 } i \text{ 和 } j \text{ 相邻}\\ 0, & \text{其他}\end{cases} \tag{6.13}$$

给每个位置 i 标记一个"颜色"x_i，假定有 K 个这样的颜色，记为$\{1,\cdots,K\}$。定义 $\boldsymbol{x}=(x_1,\cdots,x_J)$，其取值空间记为$\mathscr{X}$，在$\mathscr{X}$上定义目标概率密度函数 $f(\boldsymbol{x})\propto \mathrm{e}^{H(\boldsymbol{x})}$，其中

$$H(\boldsymbol{x})=\sum_{i<j}\psi_{ij}I_{\{x_i=x_j\}}$$

定义 $x_i=I_{\{s_i=1\}}$ 并按式(6.13)的形式定义 ψ_{ij}，其中 $\beta=4/T$，可以看出伊辛模型是波茨模型的一个特例。于是

$$\frac{1}{T}\sum_{i\leftrightarrow j}s_is_j=\frac{1}{T}\sum_{i\leftrightarrow j}2\left(I_{\{x_i=x_j\}}-\frac{1}{2}\right)=\sum_{i<j}\psi_{ij}I_{\{x_i=x_j\}}+\text{const}$$

所以 $\pi(\boldsymbol{s})=f(\boldsymbol{x})$。

下面将介绍如何从目标概率密度函数 $f(\boldsymbol{x})$产生样本，为此我们首先定义一个辅助随机变量 Y_{ij}，$1\leqslant i<j\leqslant J$，在 $\boldsymbol{X}=\boldsymbol{x}$ 的条件下$\{Y_{ij}\}$是独立的，而且每一个 Y_{ij} 都均匀地分布在区间$[0,a_{ij}]$上，其中 $a_{ij}=\exp(\psi_{ij}I_{\{x_i=x_j\}})\geqslant 1$。换句话说，在给定 $\boldsymbol{X}=\boldsymbol{x}$ 的条件下 $\boldsymbol{Y}=\{Y_{ij}\}$的条件概率密度为

$$f(\boldsymbol{y}\mid\boldsymbol{x})=\prod_{i<j}\frac{I_{\{y_{ij}\leqslant a_{ij}\}}}{a_{ij}}=\prod_{i<j}I_{\{y_{ij}\leqslant a_{ij}\}}\mathrm{e}^{-H(\boldsymbol{x})}$$

这个公式的意义在于，我们可以将 $\boldsymbol{X}$ 和 $\boldsymbol{Y}$ 的联合概率密度函数简单地表示成

$$f(\boldsymbol{x},\boldsymbol{y})=f(\boldsymbol{x})f(\boldsymbol{y}\mid\boldsymbol{x})\propto\begin{cases}1, & \text{如果 } y_{ij}\leqslant a_{ij}\text{，对所有 } i<j\\ 0, & \text{否则}\end{cases}$$

也就是说，$(\boldsymbol{x},\boldsymbol{y})$是均匀分布的，更重要的是，因为 $f(\boldsymbol{x}\mid\boldsymbol{y})\propto f(\boldsymbol{x},\boldsymbol{y})$，我们可以发现 $\boldsymbol{X}\mid\boldsymbol{y}$ 在集合 $\mathscr{A}=\{\boldsymbol{x}: y_{ij}\leqslant\exp(\psi_{ij}I_{\{x_i=x_j\}})$ 对所有 $i<j\}$上是均匀分布的，这里 $y_{ij}\in[0,1]$或者 $y_{ij}\in(1,\mathrm{e}^{\psi_{ij}}]$。在第一种情况下，对于任意的 $\boldsymbol{x}\in\mathscr{A}$，$x_i$ 和 x_j 可以取所有的颜色，而且分布是均匀的，每一个颜色的可能性都是相等的。但是对于第二种情况，x_i 必须等于 x_j。因此，对于一个给定的 $\boldsymbol{y}$，满足 $y_{ij}>1$ 的位置 $i,j(i<j)$可以聚集成若干组，并且每一个组内的位置都具有相同的颜色。另外，给定 $\boldsymbol{y}$，各组中的颜色是独立的，并且在$\{1,\cdots,K\}$上均匀分布。对于其他剩余位置的颜色，这一结论同样适用，这些位置可以看作处于同一个组内。

所以，我们可以很容易产生 $\boldsymbol{X}\mid\boldsymbol{y}$ 和 $\boldsymbol{Y}\mid\boldsymbol{x}$，用此方法，我们可以用吉布斯抽样器近似地从 $f(\boldsymbol{x},\boldsymbol{y})$中抽样，也就是说，我们反复地从 $f(\boldsymbol{x}\mid\boldsymbol{y})$和 $f(\boldsymbol{y}\mid\boldsymbol{x})$抽样，通过吉布斯抽样器产生$(\boldsymbol{X},\boldsymbol{Y})$，然后忽略 $\boldsymbol{Y}$，最终得到 $f(\boldsymbol{x})$的样本 $\boldsymbol{X}$。

还可以进一步简化。注意，我们不需知道 Y_{ij} 的精确值，只要知道变量 $B_{ij}=I_{\{Y_{ij}\geqslant 1\}}$就足够了。给定 $\boldsymbol{X}=\boldsymbol{x}$，如果 $x_i=x_j$，则 B_{ij} 服从 $\mathrm{Ber}(1-\mathrm{e}^{-\psi_{ij}})$分布，否则 $B_{ij}=0$。由此可以推导出下面的 Swendsen-Wang 算法。

算法 6.5.1(Swendsen-Wang)

1. 给定$\{X_i\}$,对于$1\leqslant i<j\leqslant J$,产生$B_{ij}\sim \mathrm{Ber}(I_{\{X_i=X_j\}}(1-\mathrm{e}^{-\psi_{ij}}))$。
2. 给定$\{B_{ij}\}$,将所有位置分组并从$\{1,\cdots,K\}$中独立并均匀地选择颜色,从而产生$X_i,i=1,\cdots,J$。

说明 6.5.1(数据增强)　上述方法引入了一个**辅助**变量$\boldsymbol{y}$使得$f(\boldsymbol{x})$抽样更加容易,该方法又称为**数据增强法**。第 2.3.3 节中讲到的组合法也可以看作是数据增强法的另一个例子。也就是说,假定我们想从以下混合概率密度函数抽样:

$$f(x)=\sum_{i=1}^{K}p_i f_i(x)$$

令Y是以概率$\{p_i\}$从$\{1,\cdots,K\}$中取值的离散随机变量,用组合法可以很简单地从X和Y的联合概率密度函数中抽样:首先根据$\{p_i\}$选取Y,然后在$Y=i$的条件下对X抽样,也就是从$f_i(x)$抽样,忽略Y就可以得到$f(x)$的样本。

6.6　贝叶斯统计

MCMC 方法的一个主要应用领域是贝叶斯统计。贝叶斯方法的核心是贝叶斯定理,即式(1.6),可以写成概率密度函数的形式

$$f(\boldsymbol{y}\mid\boldsymbol{x})=\frac{f(\boldsymbol{x}\mid\boldsymbol{y})f(\boldsymbol{y})}{\int f(\boldsymbol{x}\mid\boldsymbol{y})f(\boldsymbol{y})\mathrm{d}\boldsymbol{y}}\propto f(\boldsymbol{x}\mid\boldsymbol{y})f(\boldsymbol{y})\tag{6.14}$$

也就是说,对于任意两个随机变量$\boldsymbol{X}$和$\boldsymbol{Y}$,在给定$\boldsymbol{X}=\boldsymbol{x}$的条件下$\boldsymbol{Y}$的条件分布正比于给定$\boldsymbol{Y}=\boldsymbol{y}$时$\boldsymbol{X}$的条件概率密度函数与$\boldsymbol{Y}$的概率密度函数的乘积。注意,在上面的公式中我们没有用f_X、f_Y、$f_{X|Y}$和$f_{Y|X}$的形式,而是用同一个字母f代表$\boldsymbol{X}$、$\boldsymbol{Y}$的概率密度函数和条件概率密度函数。尽管这种特殊的符号形式容易引起混淆,但在贝叶斯分析中是很常用的,在问题的描述上具有很大的价值,因此在后续有关的贝叶斯分析中我们仍将沿用这一符号。

式(6.14)具有重要的意义,尤其在进行贝叶斯参数估计(有时也称贝叶斯学习)时表现得更加明显。下面的例子将会对此做进一步说明。

■例 6.7　投掷硬币与贝叶斯学习

回顾第 1.2 节例 1.1 所述的的随机试验,投掷一枚不均匀的硬币n次。假定投掷结果是$x_1,\cdots,x_n$,其中,如果第i次是正面朝上则$x_i=1$,否则$x_i=0,i=1,\cdots,n$。令p表示正面朝上的概率,我们想要从数据$\boldsymbol{x}=(x_1,\cdots,x_n)$中得到$p$的相关信息,比如构建一个置信区间(CI)。

一种很好的想法是用概率密度$f(p)$来表示有关p的信息,例如,如果我们对p一无所知,那么我们可以在(0,1)区间上均匀地从$f(p)$取值,也就是,$f(p)=1$,

$0 \leqslant p \leqslant 1$。实际上,我们将 p 看作一个随机变量。很明显,数据 $\boldsymbol{x}$ 会影响我们对于 p 的认识,而且,可以通过下面的贝叶斯公式来表示关于 p 的信息:

$$f(p \mid \boldsymbol{x}) \propto f(\boldsymbol{x} \mid p) f(p)$$

我们把密度函数 $f(p)$ 称为**先验密度**,$f(p|\boldsymbol{x})$ 称为**后验密度**,$f(\boldsymbol{x}|p)$ 称为**似然度**或**似然函数**。在这个例子中,给定 p,则 $\{X_i\}$ 是独立的而且服从 Ber(p) 分布,于是

$$f(\boldsymbol{x} \mid p) = \prod_{i=1}^{n} p^{x_i}(1-p)^{1-x_i} = p^s(1-p)^{n-s}$$

其中 $s = x_1 + \cdots + x_n$ 代表总的成功次数。于是,利用均匀先验密度($f(p)=1$)推导出后验概率密度函数

$$f(p \mid \boldsymbol{x}) = cp^s(1-p)^{n-s}$$

这是 Beta$(s+1, n-s+1)$ 分布的概率密度函数,归一化常数为 $c = (n+1)\binom{n}{s}$。

这时,p 的贝叶斯置信区间(CI)可以通过后验概率密度函数的相应分位点得到。例如,在 $n=100, s=1$ 的情况下,p 的左单侧 95% 置信区间为 $[0, 0.0461]$,其中 0.0461 是 Beta(2,100) 分布的 0.95 分位点。至于 p 的估计值,我们通常取使得概率密度函数最大的值,称作概率密度函数的**模**。在这个例子中,模是 0.01,与样本均值一致。图 6.8 给出了本例的后验概率密度函数的曲线。

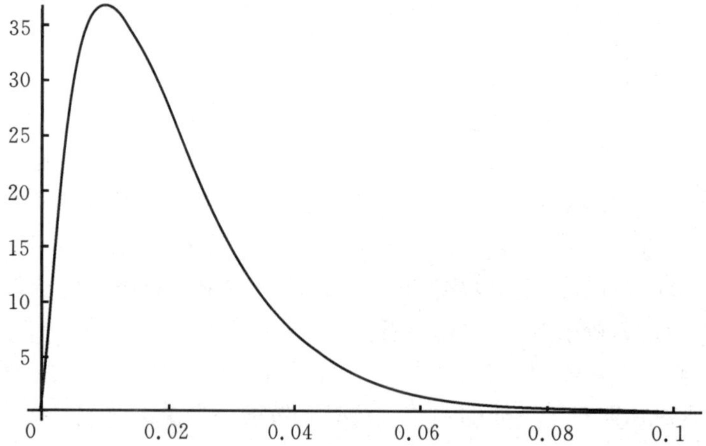

图 6.8 p 的后验概率密度函数,其中 $n=100$ 且 $s=1$

上面的例子可以进一步扩展到更一般的情形,下面介绍 MCMC 方法(特别是吉布斯抽样)在贝叶斯统计中的一种典型应用。这里假定我们要从一个后验密度 $f(\boldsymbol{\theta}|\boldsymbol{x})$ 中抽样,其中数据 $\boldsymbol{x}$ 是给定的(固定的),而 $\boldsymbol{\theta} = (\theta_1, \cdots, \theta_k)$ 是我们感兴趣的参数。假定对于所有的 i 都很容易从 $f(\theta_i | \theta_1, \cdots, \theta_{i-1}, \theta_{i+1}, \cdots, \theta_k, \boldsymbol{x})$ 中抽样,那么我们就可以用吉布斯抽样器从 $f(\boldsymbol{\theta}|\boldsymbol{x})$ 中得到一个样本 Θ。下面我们用 Gelman 等

人[5]的例子说明这种方法的总体思路。

■例 6.8　泊松分布的灾害问题

用随机变量 $X_1,\cdots,X_n$ 表示连续 n 年中每年的灾害次数，假如在某个任意的第 K 年，灾害发生的速度由 λ_1 变为 λ_2，这个 K 通常叫做**变化点**。我们对 λ_i 的先验知识由 $\mathrm{Gamma}(a_i,\eta_i)$分布表示，其中形状参数 a_i 已知，而 η_i 由 $\mathrm{Gamma}(b_i,c_i)$分布决定，其中 b_i 和 c_i 都已知。令 $\boldsymbol{\lambda}=(\lambda_1,\lambda_2)$，$\boldsymbol{\eta}=(\eta_1,\eta_2)$。给定数据 $\boldsymbol{x}=(x_1,\cdots,x_n)$，我们的目标是在给定 $\boldsymbol{x}$ 的情况下从 $\boldsymbol{\theta}=(\lambda_1,\lambda_2,\eta_1,\eta_2,K)$的后验分布进行仿真。

对于该模型，用以下层次结构逐次实现：

1. K 在 $1,\cdots,n$ 上的离散概率密度函数为 $f(K)$。
2. 给定 K，$\{\eta_i\}$是独立的且服从 $\mathrm{Gamma}(b_i,c_i)$分布，$i=1,2$。
3. 给定 K 和 η，$\{\lambda_i\}$是独立的且服从 $\mathrm{Gamma}(a_i,\eta_i)$分布，$i=1,2$。
4. 给定 K、η 和 λ，$\{X_i\}$是独立的且服从 $P(\lambda_1)$分布($i=1,\cdots,K$)和 $P(\lambda_2)$分布($i=K+1,\cdots,n$)。

由第 4 点可以推断

$$
\begin{aligned}
f(\boldsymbol{x}\mid\boldsymbol{\lambda},\boldsymbol{\eta},K)&=\prod_{i=1}^{K}\mathrm{e}^{-\lambda_1}\frac{\lambda_1^{x_i}}{x_i!}\prod_{i=K+1}^{n}\mathrm{e}^{-\lambda_2}\frac{\lambda_2^{x_i}}{x_i!}\\
&=\mathrm{e}^{-\lambda_1 K}\lambda_1^{\sum_{i=1}^{K}x_i}\mathrm{e}^{-\lambda_2(n-K)}\lambda_2^{\sum_{i=K+1}^{n}x_i}\prod_{i=1}^{n}\frac{1}{x_i!}
\end{aligned}
$$

更进一步，根据乘法公式(1.4)，联合概率密度函数写为

$$
\begin{aligned}
f(\boldsymbol{x},\boldsymbol{\lambda},\boldsymbol{\eta},K)\propto{}& f(K)\mathrm{e}^{-\lambda_1 K}\lambda_1^{\sum_{i=1}^{K}x_i}\mathrm{e}^{-\lambda_2(n-K)}\lambda_2^{\sum_{i=K+1}^{n}x_i}\prod_{i=1}^{n}\frac{1}{x_i!}\\
&\times\mathrm{e}^{-\eta_1\lambda_1}\lambda_1^{a_1-1}\eta_1^{a_1}\times\mathrm{e}^{-\eta_2\lambda_2}\lambda_2^{a_2-1}\eta_2^{a_2}\\
&\times\mathrm{e}^{-c_1\eta_1}\eta_1^{b_1-1}c_1^{b_1}\times\mathrm{e}^{-c_2\eta_2}\eta_2^{b_2-1}c_2^{b_2}
\end{aligned}
$$

于是，

$$
f(\lambda_1\mid\lambda_2,\boldsymbol{\eta},K,\boldsymbol{x})\propto\mathrm{e}^{-\lambda_1(K+\eta_1)}\lambda_1^{a_1-1+\sum_{i=1}^{K}x_i}
$$

也就是说，$(\lambda_1\mid\lambda_2,\boldsymbol{\eta},K,\boldsymbol{x})\sim\mathrm{Gamma}(a_1+\sum_{i=1}^{K}x_i,K+\eta_1)$。

用类似的方法可以得到

$$
(\lambda_2\mid\lambda_1,\boldsymbol{\eta},K,\boldsymbol{x})\sim\mathrm{Gamma}(a_2+\sum_{i=K+1}^{n}x_i,n-K+\eta_2)
$$

$$
(\eta_1\mid\boldsymbol{\lambda},\eta_2,K,\boldsymbol{x})\sim\mathrm{Gamma}(a_1+b_1,\lambda_1+c_1)
$$

$$
(\eta_2\mid\boldsymbol{\lambda},\eta_1,K,\boldsymbol{x})\sim\mathrm{Gamma}(a_2+b_2,\lambda_2+c_2)
$$

$$f(K \mid \boldsymbol{\lambda},\boldsymbol{\eta},\boldsymbol{x}) \propto f(K)\mathrm{e}^{-K(\lambda_1+\lambda_2)}(\lambda_1/\lambda_2)^{\sum_{i=1}^{K} x_i}$$

这样就可以用吉布斯抽样对后验概率密度函数 $f(\boldsymbol{\lambda},\boldsymbol{\eta},K|\boldsymbol{x})$进行抽样。

6.7* 其他马尔可夫抽样器

Metropolis-Hastings 和吉布斯抽样器还有很多变型,然而现有的全部 MCMC 算法都可以用下面的框架加以描述。考虑集合 $\mathscr{X}\times\mathscr{Y}$ 上的马尔可夫链 $\{(\boldsymbol{X}_n,\boldsymbol{Y}_n), n=0,1,2,\cdots\}$,其中,$\mathscr{X}$ 是一个目标集合,$\mathscr{Y}$ 是辅助集合。令 $f(\boldsymbol{x})$是目标概率密度函数,马尔可夫链的每次转移都包含两个步骤。第一步根据转移矩阵 $\boldsymbol{Q}$ 实现 $(\boldsymbol{x},\tilde{\boldsymbol{y}})\rightarrow(\boldsymbol{x},\boldsymbol{y})$,第二步根据转移矩阵 $\boldsymbol{R}$ 实现 $(\boldsymbol{x},\boldsymbol{y})\rightarrow(\boldsymbol{x}',\boldsymbol{y}')$,也就是说,马尔可夫链的转移矩阵 $\boldsymbol{P}$ 是 $\boldsymbol{Q}$ 和 $\boldsymbol{R}$ 的乘积 $\boldsymbol{QR}$。这两个步骤如图 6.9 所示,并加以说明。

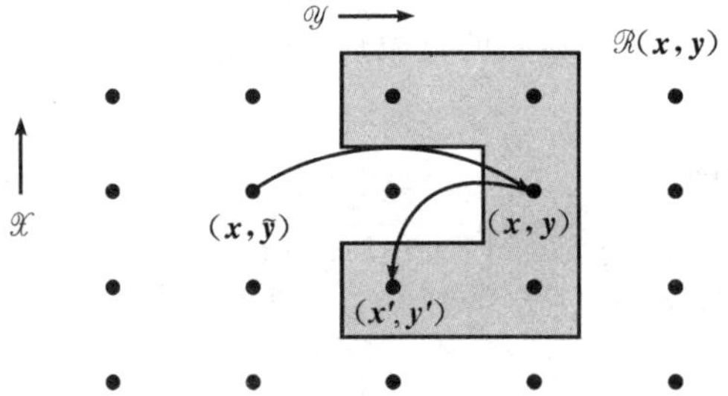

图 6.9 每次马尔可夫转移都包括两个步骤:先步骤 Q 后步骤 R

第一步称作步骤 Q,保持 $\boldsymbol{x}$ 坐标不变,改变 $\boldsymbol{y}$ 坐标。具体来讲,$\boldsymbol{Q}$ 具有 $\boldsymbol{Q}[(\boldsymbol{x},\tilde{\boldsymbol{y}}),(\boldsymbol{x},\boldsymbol{y})]=\boldsymbol{Q}_{\boldsymbol{x}}(\tilde{\boldsymbol{y}},\boldsymbol{y})$的形式,其中 $\boldsymbol{Q}_{\boldsymbol{x}}$ 是 $\mathscr{Y}$ 上的转移矩阵。记 $\boldsymbol{q}_{\boldsymbol{x}}$ 为 $\boldsymbol{Q}_{\boldsymbol{x}}$ 的平稳分布,这里假定其平稳分布存在。

第二步称作步骤 R,由两部分决定:(a)平稳分布 $q_{\boldsymbol{x}}$ 和(b)集合 $\mathscr{X}\times\mathscr{L}$ 的一个邻域结构。我们特别为每个点$(\boldsymbol{x},\boldsymbol{y})$定义一个邻点集合 $\mathscr{R}(\boldsymbol{x},\boldsymbol{y})$,如果$(\boldsymbol{x}',\boldsymbol{y}')$是$(\boldsymbol{x},\boldsymbol{y})$的邻点,则相反$(\boldsymbol{x},\boldsymbol{y})$也是$(\boldsymbol{x}',\boldsymbol{y}')$的邻点。参见图 6.9,其中的阴影区域代表点$(\boldsymbol{x},\boldsymbol{y})$的相邻点集合。这里很关键的一步是把转移矩阵 $\boldsymbol{R}$ 定义为

$$\boldsymbol{R}[(\boldsymbol{x},\boldsymbol{y}),(\boldsymbol{x}',\boldsymbol{y}')] = c(\boldsymbol{x},\boldsymbol{y})f(\boldsymbol{x}')q_{\boldsymbol{x}'}(\boldsymbol{y}'),\text{对于所有的}(\boldsymbol{x}',\boldsymbol{y}') \in \mathscr{R}(\boldsymbol{x},\boldsymbol{y})$$

其中,$c(\boldsymbol{x},\boldsymbol{y}) = \sum_{(\boldsymbol{x}',\boldsymbol{y}')\in\mathscr{R}(\boldsymbol{x},\boldsymbol{y})} f(\boldsymbol{x}')q_{\boldsymbol{x}'}(\boldsymbol{y}')$。注意,当$(\boldsymbol{x},\boldsymbol{y})$和$(\boldsymbol{x}',\boldsymbol{y}')$属于同一个邻点集合时,$c(\boldsymbol{x},\boldsymbol{y})=c(\boldsymbol{x}',\boldsymbol{y}')$。这样选择 $\boldsymbol{Q}$ 和 $\boldsymbol{R}$,可以证明(见习题 6.15)该马尔可夫链具有平稳分布

$$\mu(\boldsymbol{x},\boldsymbol{y}) = f(\boldsymbol{x})q_{\boldsymbol{x}}(\boldsymbol{y}) \tag{6.15}$$

而且,如果这个链是不可约的和非周期的,该分布也是极限分布。特别地,忽略 $\boldsymbol{y}$

坐标，我们可以看到 $\boldsymbol{X}_n$ 的极限概率密度函数就是所需的目标 $f(\boldsymbol{x})$，由此得到下面的广义马尔可夫抽样器[11]。

算法 6.7.1（广义马尔可夫采样器）

从任意一个点 $(\boldsymbol{X}_0, \boldsymbol{Y}_0)$ 开始，重复进行以下过程：

[步骤 Q]给定 $(\boldsymbol{X}_n, \boldsymbol{Y}_n)$，由 $Q_{\boldsymbol{x}}(\boldsymbol{Y}_n, \boldsymbol{y})$ 生成 $\boldsymbol{Y}$。

[步骤 R]给定 $\boldsymbol{Y}$，由 $\boldsymbol{R}[(\boldsymbol{X}_n, \boldsymbol{Y}), (\boldsymbol{x}, \boldsymbol{y})]$ 生成 $(\boldsymbol{X}_{n+1}, \boldsymbol{Y}_{n+1})$。

说明 6.7.1　记 $\mathscr{R}^-(\boldsymbol{x}, \boldsymbol{y}) = \mathscr{R}(\boldsymbol{x}, \boldsymbol{y}) \backslash \{(\boldsymbol{x}, \boldsymbol{y})\}$，重新定义 $\boldsymbol{R}$ 为

$$\boldsymbol{R}[(\boldsymbol{x}, \boldsymbol{y}), (\boldsymbol{x}', \boldsymbol{y}')] = \begin{cases} s(\boldsymbol{x}, \boldsymbol{y}) c(\boldsymbol{x}, \boldsymbol{y}) f(\boldsymbol{x}') q_{\boldsymbol{x}'}(\boldsymbol{y}'), & \text{如果}(\boldsymbol{x}', \boldsymbol{y}') \in \mathscr{R}^-(\boldsymbol{x}, \boldsymbol{y}) \\ 1 - \sum\limits_{(\boldsymbol{z}, \boldsymbol{k}) \in \mathscr{R}^-(\boldsymbol{x}, \boldsymbol{y})} \boldsymbol{R}[(\boldsymbol{x}, \boldsymbol{y}), (\boldsymbol{z}, \boldsymbol{k})], & \text{如果}(\boldsymbol{x}', \boldsymbol{y}') = (\boldsymbol{x}, \boldsymbol{y}) \end{cases} \tag{6.16}$$

则抽样器可以进一步一般化（见文献[11]），其中 s 是任意一个能满足以下两个条件的函数：第一，对于所有 $(\boldsymbol{x}', \boldsymbol{y}') \in \mathscr{R}(\boldsymbol{x}, \boldsymbol{y})$，$s(\boldsymbol{x}, \boldsymbol{y}) = s(\boldsymbol{x}', \boldsymbol{y}')$；第二，上述量确实是概率量。

利用上述广义马尔可夫抽样器框架有可能以简单而统一的方法得到很多不同的抽样器。这里给出两个例子：切片抽样器（slice sampler）和可逆跳抽样器（reversible jump sampler）。

6.7.1　切片抽样器

假定我们希望从概率密度函数

$$f(\boldsymbol{x}) = b \prod_{k=1}^{m} f_k(\boldsymbol{x}) \tag{6.17}$$

产生样本，其中 b 是一个已知或未知常数，$\{f_k\}$ 是已知正函数但并不一定是密度函数。我们采用算法 6.7.1，首先在步骤 Q 中对于一个给定的 $\boldsymbol{X} = \boldsymbol{x}$，从均匀分布 $[0, f_k(\boldsymbol{x})]$ 上独立地抽取每一个分量 Y_k，从而产生向量 $\boldsymbol{Y} = (Y_1, \cdots, Y_m)$，其中 $q_{\boldsymbol{x}}(\boldsymbol{y}) = 1 / \prod_{k=1}^{m} f_k(\boldsymbol{x}) = b / f(\boldsymbol{x})$。然后我们令 $\mathscr{R}(\boldsymbol{x}, \boldsymbol{y}) = \{(\boldsymbol{x}', \boldsymbol{y}) : f_k(\boldsymbol{x}') \geqslant y_k, k = 1, \cdots, m\}$，那么（注意 $f(\boldsymbol{x}') q_{\boldsymbol{x}'}(\boldsymbol{y}) = b$）

$$\boldsymbol{R}[(\boldsymbol{x}, \boldsymbol{y}), (\boldsymbol{x}', \boldsymbol{y})] = \frac{1}{|\mathscr{R}(\boldsymbol{x}, \boldsymbol{y})|}$$

这意味着，在步骤 R 中给定 $\boldsymbol{x}$ 和 $\boldsymbol{y}$，我们均匀地从集合 $\{\boldsymbol{x}' : f_k(\boldsymbol{x}') \geqslant y_k, k = 1, \cdots, m\}$ 中抽取 $\boldsymbol{X}'$。这就是下面要讲的**切片抽样器**。

算法 6.7.2(切片抽样器)

令 $f(\boldsymbol{x})$具有式(6.17)的形式。

1. 初始化 $\boldsymbol{x}_1$,令 $t=1$。
2. 对于 $k=1,\cdots,m$,产生 $U_k\sim U(0,1)$,令 $Y_k=U_k f_k(\boldsymbol{X}_t)$。
3. 从集合$\{\boldsymbol{x}:f_k(\boldsymbol{x})\geqslant Y_k,k=1,\cdots,m\}$均匀抽取 $\boldsymbol{X}_{k+1}$。
4. 如果满足结束条件则停止;否则令 $t=t+1$,回到步骤 2。

■例 6.9 切片抽样器

假设我们要用切片采样器从目标概率密度函数

$$f(x)=c\,\frac{x\mathrm{e}^{-x}}{1+x},\quad x\geqslant 0$$

产生样本,其中 $f_1(x)=x/(1+x)$且 $f_2(x)=\mathrm{e}^{-x}$。

假定在第 t 次迭代中,$X_{t-1}=z$,u_1 和 u_2 是在第 2 步产生的,第 3 步从集合$\{x: f_1(x)/f_1(z)\geqslant u_1, f_2(x)/f_2(z)\geqslant u_2\}$均匀地抽取 X_t,这意味着 x 的边界为 $x\geqslant \frac{u_1 z}{1+z-u_1 z}$且 $x\leqslant z-\ln u_2$。因为 $z>0$,$0\leqslant u_1,u_2\leqslant 1$,后一个边界值大于前一个边界值,所以第 3 步中的抽样区间是$\left(\frac{u_1 z}{1+z-u_1 z},z-\ln u_2\right)$。图 6.10 画出了利用切片抽样器得到的 $N=10^5$ 个样本的直方图和概率密度函数 $f(x)$的真实曲线,可以看出二者是非常接近的。

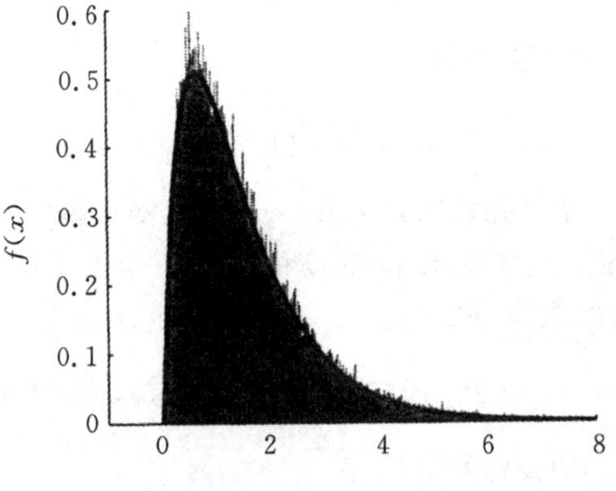

图 6.10 密度函数的曲线与切片抽样器产生的样本直方图

6.7.2 可逆跳抽样器

当目标空间包含不同维数的向量时,可逆跳抽样器[8]是非常有用的,这种情况在贝叶斯推理中需要考虑数据的不同模型时经常出现。

■例 6.10　回归数据

假定数据 $y_1,\cdots,y_n$ 是形如

$$Y_i=\sum_{j=0}^{M}\beta_j u_i^j+\varepsilon_i,\quad \varepsilon_i\sim N(0,1),i=1,\cdots,n \tag{6.18}$$

的独立随机变量$\{Y_i\}$的结果，其中 $u_1,\cdots,u_n$ 是已知变量，$M\in\{0,\cdots,M_{\max}\}$和参数$\{\beta_m\}$未知。令 $\boldsymbol{y}=(y_1,\cdots,y_n)$，$\boldsymbol{\beta}=(\beta_0,\cdots,\beta_M)$。假定$\{\beta_m\}$和 M 的先验概率分布为均匀分布(即分布是常数)，我们可以得到联合概率密度函数

$$f(\boldsymbol{y},m,\boldsymbol{\beta})\propto\exp\left[-\frac{1}{2}\sum_{i=1}^{n}(y_i-\sum_{j=0}^{m}\beta_j u_i^j)^2\right] \tag{6.19}$$

记 $\boldsymbol{x}=(m,\boldsymbol{\beta})$，我们的目标是从后验概率密度函数 $f(\boldsymbol{x}\mid\boldsymbol{y})=f(m,\boldsymbol{\beta}\mid\boldsymbol{y})$进行抽样。这不仅取决于各个参数的有关信息，也取决于哪个模型(由 M 表示)更加合适。应该注意，$\boldsymbol{x}$ 的维数主要取决于 m，所以标准的吉布斯和 Metropolis-Hastings 抽样并不适合。

可逆跳抽样器在一个可跳变(也称**移动**)的集合上在不同维度的空间之间进行跳变。例如，在上述例子中，只允许在维数相差最大为 1 的向量之间跳变，也就是 $\beta_0\to\beta'_0$，$\beta_0\to(\beta'_0,\beta'_1)$，$(\beta_0,\beta_1)\to\beta'_0$，依此类推。

为了按照广义马尔可夫抽样器框架表示可逆跳抽样器，定义$\mathscr{Y}=\mathscr{X}\times\mathcal{M}$，其中$\mathcal{M}$是移动集合，另写一个基本元素$(\boldsymbol{z},m)$，在步骤 Q 中取 $\boldsymbol{Q}_{\boldsymbol{x}}(\cdot,(\boldsymbol{z},m))=p_{\boldsymbol{x}}(m)q_m(\boldsymbol{x},\boldsymbol{z})$，即根据某个离散概率密度函数 $p_{\boldsymbol{x}}(m)$选择 m 的一次移动，比如 $\boldsymbol{x}$ 的维数是减少、增加还是保持不变。然后根据转移函数 $q_m(\boldsymbol{x},\boldsymbol{z})$选择一个新的 $\boldsymbol{z}$。注意，在$(\boldsymbol{z},m)$条件下步骤 Q 的平稳概率密度函数是 $p_{\boldsymbol{x}}(m)q_m(\boldsymbol{x},\boldsymbol{z})$，而步骤 R 中采用的分布是由$\mathscr{R}(\boldsymbol{x},(\boldsymbol{z},m))=\{(\boldsymbol{x},(\boldsymbol{z},m)),(\boldsymbol{z},(\boldsymbol{x},m'))\}$确定，其中 m'是m 的逆向移动，也就是从 $\boldsymbol{z}$ 到 $\boldsymbol{x}$。于是式(6.16)简化为

$$\boldsymbol{R}[(\boldsymbol{x},(\boldsymbol{z},m)),(\boldsymbol{z},(\boldsymbol{x},m'))]=\frac{s(\boldsymbol{x},(\boldsymbol{z},m))}{1+1/\varrho} \tag{6.20}$$

其中$\varrho=\dfrac{f(\boldsymbol{z})p_{\boldsymbol{z}}(m')q_{m'}(\boldsymbol{z},\boldsymbol{x})}{f(\boldsymbol{x})p_{\boldsymbol{x}}(m)q_m(\boldsymbol{x},\boldsymbol{z})}$。取 $s(\boldsymbol{x},(\boldsymbol{z},m))=\min\{1+\varrho,1+1/\varrho\}$，式(6.20)的右边进一步简化为 $\min\{\varrho,1\}$。转移$(\boldsymbol{x},(\boldsymbol{z},m))\to(\boldsymbol{z},(\boldsymbol{x},m'))$可以解释成接受建议的元素 $\boldsymbol{z}$。事实上，$\boldsymbol{Q}$ 常用来根据移动 m 和转移函数 q 产生一个新的元素，而 $\boldsymbol{R}$ 用来根据上面的接受率决定接收或者拒绝该元素。因此可逆跳抽样器可以看作是 Metropolis-Hastings 抽样器的一种一般形式，由此得到下面的算法(需要迭代)。

算法 6.7.3(可逆跳抽样器)

给定当前状态 $\boldsymbol{X}_t$。

1. 产生 $m\sim p\boldsymbol{x}_t(m)$。

2. 产生 $\boldsymbol{Z}\sim q_m(\boldsymbol{X}_t,\boldsymbol{z})$，令 m'是反向移动，也就是从 $\boldsymbol{Z}$ 到 $\boldsymbol{X}_t$。

3. 产生 $U \sim U(0,1)$，令

$$\boldsymbol{X}_{t+1} = \begin{cases} \boldsymbol{Z}, & \text{如果 } U \leqslant \alpha \\ \boldsymbol{X}_t, & \text{否则} \end{cases} \tag{6.21}$$

其中，

$$\alpha = \min\left\{\frac{f(\boldsymbol{Z})\,p_{\boldsymbol{Z}}(m')\,q_{m'}(\boldsymbol{Z},\boldsymbol{X}_t)}{f(\boldsymbol{X}_t)\,p_{\boldsymbol{X}_t}(m)\,q_m(\boldsymbol{X}_t,\boldsymbol{Z})},1\right\} \tag{6.22}$$

说明 6.7.2(维数匹配)　在处理连续随机变量时，非常重要的一点是要确保合理地定义转移密度。假设 $\dim(\boldsymbol{x})=d$ 且 $\dim(\boldsymbol{z})=d'>d$，产生转移 $\boldsymbol{x}\to\boldsymbol{z}$ 的一个可能的方法是：首先根据某个概率密度函数 $g(\boldsymbol{u})$ 产生一个 $(d'-d)$ 维的随机向量 $\boldsymbol{U}$，然后令 $\boldsymbol{z}=\phi(\boldsymbol{x},\boldsymbol{U})$，其中 ϕ 是一个双射函数。这就是**维数匹配**——$(\boldsymbol{x},\boldsymbol{u})$ 的维数必须与 $\boldsymbol{z}$ 的维数匹配。注意，根据式(1.20)，转移概率密度是由 $q(\boldsymbol{x},\boldsymbol{z})=g(\boldsymbol{u})/|J_{(\boldsymbol{x},\boldsymbol{u})}(\phi)|$ 给出的，其中 $|J_{(\boldsymbol{x},\boldsymbol{u})}(\phi)|$ 是 ϕ 在 $(\boldsymbol{x},\boldsymbol{u})$ 的雅可比矩阵行列式的绝对值。

■例 6.11　例 6.10(续)

这里用式(6.18)形式的回归数据 $\boldsymbol{y}=(y_1,\cdots,y_n)$ 来说明可逆跳抽样器，其中 $u_i=(i-1)/20, i=1,\cdots,101, \beta_0=1, \beta_1=0.3, \beta_2=-0.2$。数据如图 6.11 所示。很明显，常数模型($m=0$)不符合这些数据，但也不能确定线性模型($m=1$)和二次型模型($m=2$)是否更加合适。为了评估不同的模型，我们可以用可逆跳抽样器从后验概率密度函数 $f(\boldsymbol{x}\mid\boldsymbol{y})$ 中产生样本，该密度函数可以由式(6.19)的右边部分确定(可能得到一个归一化常数)。下面是一个很基本的实现过程。

步骤：

1. 初始化 $\boldsymbol{X}_1=\boldsymbol{x}=(m',\boldsymbol{\beta}')$，令 $t=1$。
2. 以等概率选择 $m\in\{0,1,2\}$。
3. 从均值为 0、方差为 σ^2 且各分量独立的 $(m+1)$ 维正态概率密度函数 g_m 产生 $\boldsymbol{\beta}$，令 $\boldsymbol{z}=(m,\boldsymbol{\beta})$。
4. 产生 $U\sim U(0,1)$，如果

$$U \leqslant \min\left\{\frac{f(\boldsymbol{z}\mid\boldsymbol{y})\,g_{m'}(\boldsymbol{\beta}')}{f(\boldsymbol{x}\mid\boldsymbol{y})\,g_m(\boldsymbol{\beta})},1\right\}$$

   令 $\boldsymbol{X}_{t+1}=\boldsymbol{z}$，否则令 $\boldsymbol{X}_{t+1}=\boldsymbol{x}$。
5. 如果 $t=N$ 则停止，否则令 $t=t+1, \boldsymbol{x}=(m',\boldsymbol{\beta}')=\boldsymbol{X}_t$，回到第 2 步。

设 $N=10^5, \sigma=2$，上述过程产生了 22 136 个二维向量 $\boldsymbol{\beta}$ 和 77 834 个三维向量 $\boldsymbol{\beta}$，得到模型 1 和模型 2 的后验概率分别为 0.221 和 0.778，而常数模型的后验概率几乎可以忽略(0.000 3)。这说明二次模型最适合。回归参数 $\boldsymbol{\beta}$ 用 $\{\boldsymbol{\beta}_t\}$ 的样本均值来估计，在 $m_t=1$ 或 2 时其值分别近似为(1.874, −0.691)和(1.404, −0.011, −0.143)，对应的回归曲线如图 6.11 所示。

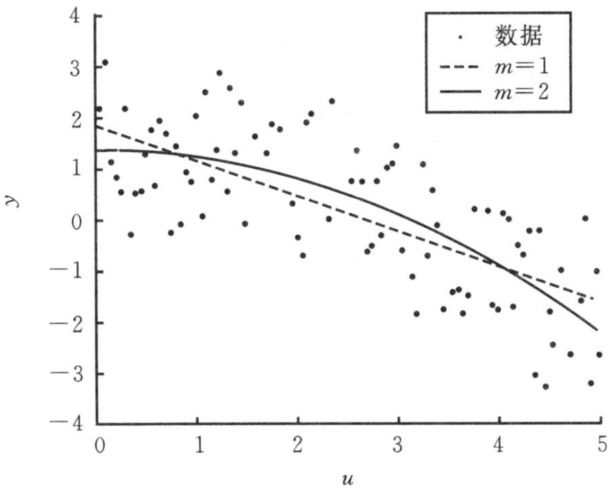

图 6.11　回归数据及其拟合曲线

6.8　模拟退火

基于 MCMC 的**模拟退火**是一个常用的优化方法。该方法用 MCMC 抽样来寻找密度函数 $f(\boldsymbol{x})$的众数($f(\boldsymbol{x})$取最大值的点 $\boldsymbol{x}^*$),还需要定义一组形如 $f_T(\boldsymbol{x})\propto[f(\boldsymbol{x})]^{1/T}$的密度函数,其中参数 T 称为分布的温度。MCMC 抽样用来从 f_{T_k} 抽取连续下降的温度 $T_1,T_2,\cdots$对应的单个分量 $\boldsymbol{X}^{(k)}$,每个分量 $\boldsymbol{X}^{(k)}$ 可以用作下一个链的初始分量。随着温度降低,分布在 f 的全局最大值附近变得陡峭,因此$\{\boldsymbol{X}^{(k)}\}$收敛到一个点。它们也可能收敛到局部最大值,但是仔细挑选后续的温度,这种概率会降低。因此,温度序列或者叫作**退火调度**是该方法成功的一个至关重要的因素。退火调度的一个常见选择是按照等比级数的方式确定温度,即从一个特定的初始化温度开始,在之后的每次迭代中都乘以一个(0,1)区间的**冷却系数**。

模拟退火同样可以用于非概率优化问题。给定一个目标函数 $S(\boldsymbol{x})$,通过密度 $f(\boldsymbol{x})\propto e^{-S(\boldsymbol{x})}$ 或 $f(\boldsymbol{x})\propto e^{S(\boldsymbol{x})}$ 定义一个波尔兹曼分布,分别对应的目标函数使 S 最小或最大。于是寻找波尔兹曼分布的众数就可以得到 S 的全局最优解。这里我们用两个例子解释这个方法,一个基于 Mertopolis-Hastings 抽样器,另一个基于吉布斯抽样器。

■例 6.12　旅行商问题

旅行商问题(TSP)可以用下面的形式表示。考虑一个加权图 G,它有 n 个结点,记为 $1,2,\cdots,n$。结点代表城市,边代表城市之间的道路。每个从 i 到 j 的边都有权重 c_{ij},代表这条路的长度。该问题是要为旅行商寻找一条最短**路径**,他从起点城市开始，访问所有城市且每个城市只访问一次，最后回到起点城市。图 6.12 给出了一个例子，其中粗线代表一条可行路径。

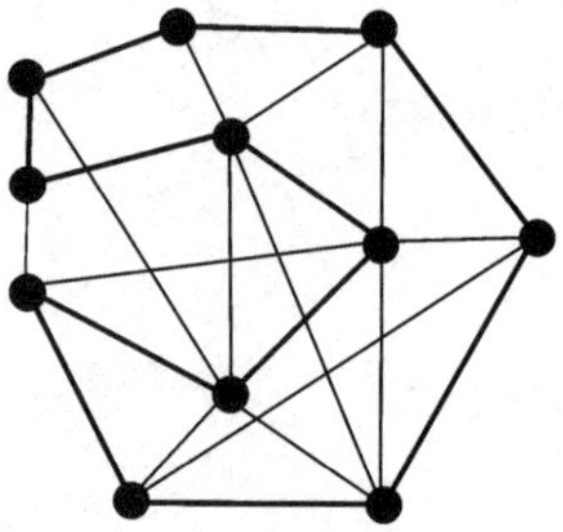

图 6.12　找到访问所有结点的最短路径 $\boldsymbol{x}$

不失一般性，这里假设该图是**完全的**（全部结点都相互连接的），因为如果不是完全的，我们总会增加一些成本（距离）使其为 $+\infty$。令 $\mathscr{X}$ 是所有可行路径的集合，令 $S(\boldsymbol{x})$ 是旅行路径 $\boldsymbol{x}\in\mathscr{X}$ 的总长度。我们可以用一个 $(1,\cdots,n)$ 上的排列表示任意一条路径，例如，对于 $n=4$，排列 $(1,3,2,4)$ 代表路径 $1\to3\to2\to4\to1$。我们在后续叙述中就用对应的排列来定义一条路径。于是目标就是最小化

$$\min_{\boldsymbol{x}\in\mathscr{X}} S(\boldsymbol{x}) = \min_{\boldsymbol{x}\in\mathscr{X}}\left\{\sum_{i=1}^{n-1} c_{x_i,x_{i+1}} + c_{x_n,1}\right\} \tag{6.23}$$

应该注意，$\mathscr{X}$ 中的元素非常多，因为 $|\mathscr{X}|=n!$。

TSP 问题可以按下面的步骤用模拟退火法求解：首先将目标概率密度函数定义为波尔兹曼概率密度函数 $f(\boldsymbol{x})=c\mathrm{e}^{-S(\boldsymbol{x})/T}$。其次在排列空间 $\mathscr{X}$ 上定义一个邻域结构，称作 2-opt。这里，任意一个排列 $\boldsymbol{x}$ 的邻点可以通过下面两个步骤得到：(1)从 $\{1,\cdots,n\}$ 中选择两个不同的点；(2)让路径 $\boldsymbol{x}$ 中这两个点之间的路径反向。例如，如果 $\boldsymbol{x}=(1,2,\cdots,10)$ 而且选中了点 4 和 7，于是 $\boldsymbol{y}=(1,2,3,7,6,5,4,8,9,10)$，见图 6.13。另一个例子是，如果 $\boldsymbol{x}=(6,7,2,8,3,9,10,5,4,1)$ 且选中了 6 和 10，则 $\boldsymbol{y}=(6,7,2,8,3,1,4,5,10,9)$。

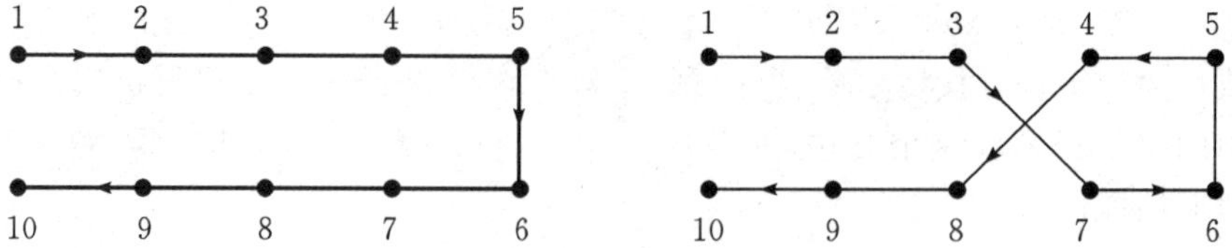

图 6.13　2-opt 邻域结构示例

第三步用 Metropolis-Hastings 算法从目标中抽样。这里我们需要提供一个从 $\boldsymbol{x}$ 到它的一个邻点的转移函数 $q(\boldsymbol{x},\boldsymbol{y})$，通常均匀地选择 2-opt 邻域的两个点。

例如，我们可以这样做：抽取(1，…，n)的一个均匀排列（见第 2.8 节），然后选择这个排列的前两个元素。这里的转移函数是一个常数 $q(\boldsymbol{x},\boldsymbol{y})=q(\boldsymbol{y},\boldsymbol{x})=1/\binom{n}{2}$，于是，本例中的接受概率是

$$\alpha=\min\left\{\frac{f(\boldsymbol{y})}{f(\boldsymbol{x})},1\right\}=\begin{cases}1, & \text{如果 } S(\boldsymbol{y})\leqslant S(\boldsymbol{x})\\ \mathrm{e}^{-(S(\boldsymbol{y})-S(\boldsymbol{x}))/T}, & \text{如果 } S(\boldsymbol{y})>S(\boldsymbol{x})\end{cases} \tag{6.24}$$

逐渐降低温度 T，波尔兹曼分布越来越向全局最小值靠拢。这就形成了如下基于 Metropolis-Hastings 抽样的通用模拟退火算法。

算法 6.8.1（模拟退火：基于 Metropolis-Hastings 抽样）

1. 初始化起始状态 $\boldsymbol{X}_0$ 和温度 T_0，令 $t=0$。
2. 由对称的建议函数 $q(\boldsymbol{X}_t,\boldsymbol{y})$ 生成新的状态 $\boldsymbol{Y}$。
3. 如果 $S(\boldsymbol{Y})<S(\boldsymbol{X}_t)$，令 $\boldsymbol{X}_{t+1}=\boldsymbol{Y}$。如果 $S(\boldsymbol{Y})\geqslant S(\boldsymbol{X}_t)$，产生 $U\sim U(0,1)$。如果 $U\leqslant \mathrm{e}^{-(S(\boldsymbol{Y})-S(\boldsymbol{X}_t))/T_t}$，则令 $\boldsymbol{X}_{t+1}=\boldsymbol{Y}$，否则令 $\boldsymbol{X}_{t+1}=\boldsymbol{X}_t$。
4. 选择一个新的温度 $T_{t+1}\leqslant T_t$，给 t 加 1，回到步骤 2 直到结束。

通常第 4 步选择 $T_{t+1}=\beta T_t$，其中 $\beta<1$ 且很接近 1，比如 $\beta=0.99$。

■例 6.13　*n* 皇后问题

n 皇后问题的目标是在一个 $n\times n$ 的棋牌上以某种方式放置 n 个皇后，使得没有任何一个皇后可以吃掉其他皇后，图 6.14 给出了一个 $n=8$ 的例子。注意，图 6.14 的布局不能解决该问题。从现在开始我们选择 $n=8$ 的例子。注意，棋盘上的每一行有且只能有一个皇后。用 x_i 表示第 i 行皇后的位置，于是每一种布局都可以用一个向量 $\boldsymbol{x}=(x_1,\cdots,x_8)$ 表示，例如 $\boldsymbol{x}=(2,3,7,4,8,5,1,6)$ 对应图 6.14 的布局。在同一个图中还给出了另外两个例子。用函数 $S(\boldsymbol{x})$ 表示皇后之间能互相攻击的次数，它的值就等于能相互攻击的皇后的数量减 1。现在我们可以把问题描述成最小化函数 $S(\boldsymbol{x})$ 的值。观察图 6.14 中的大图，对应布局的 $S(\boldsymbol{x})=2$。注意 S 的最小值是 0，一个最优解是 $\boldsymbol{x}^*=(5,1,8,6,3,7,2,4)$。

下面将介绍如何用基于吉布斯抽样器的模拟退火方法求解这个优化问题。正如上面求解 TSP 问题一样，算法的每一次迭代都包含 2 个步骤：首先用吉布斯抽样器从波尔兹曼概率密度函数 $f(\boldsymbol{x})=\mathrm{e}^{-S(\boldsymbol{x})/T}$ 抽样，然后降温，这就得到下面基于吉布斯抽样的通用模拟退火算法。

算法 6.8.2（模拟退火：基于吉布斯抽样）

1. 初始化起始状态 $\boldsymbol{X}_0$ 和温度 T_0，令 $t=0$。
2. 对于给定的 $\boldsymbol{X}_t$，按照以下三步产生 $\boldsymbol{Y}=(Y_1,Y_2,\cdots,Y_n)$：

   ⅰ. 由条件概率密度函数 $f(x_1\mid X_{t,2},\cdots,X_{t,n})$ 生成 Y_1。

   ⅱ. 由 $f(x_i\mid Y_1,\cdots,Y_{i-1},X_{t,i+1},\cdots,X_{t,n})$ 生成 Y_i，$i=2,\cdots,n-1$。

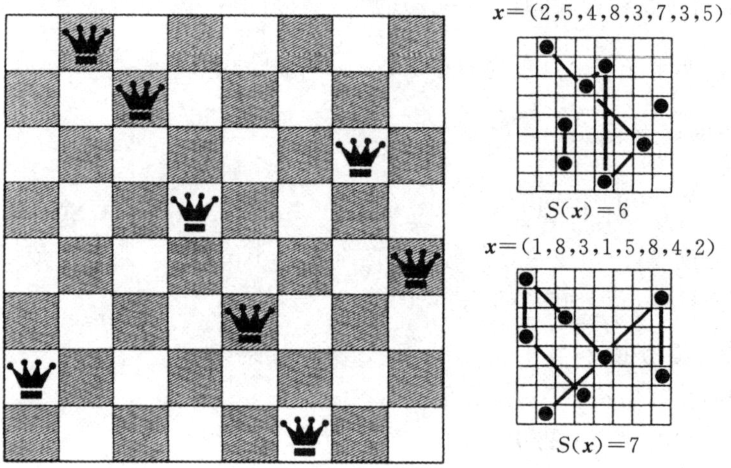

图 6.14　摆放 8 个皇后使得皇后之间不能相互攻击

ⅲ. 由 $f(x_n|Y_1,\cdots,Y_{n-1})$ 生成 Y_n。

3. 令 $\boldsymbol{X}_{t+1}=\boldsymbol{Y}$。

4. 如果 $S(\boldsymbol{X}_t)=0$ 则停止并显示结果，否则选择一个新的温度 $T_{t+1}\leqslant T_t$，t 加 1，回到步骤 2。

注意，在第 2 步每个 Y_i 都是依概率从 $\{1,\cdots,n\}$ 上的离散分布抽得，概率值与 $\mathrm{e}^{-S(\boldsymbol{Z}_1)/T_t},\cdots,\mathrm{e}^{-S(\boldsymbol{Z}_n)/T_t}$ 成比例，其中 $\boldsymbol{Z}_k$ 等于向量 $(Y_1,\cdots,Y_{i-1},k,X_{t,i+1},\cdots,X_{t,n})$。

其他 MCMC 抽样器也可以用于模拟退火法，例如**捉迷藏**算法[20]就运用了一般的 hit-and-run 抽样器（见第 6.3 节）。由 hit-and-run 和离散 hit-and-run 在模拟退火中的应用所推动的研究，已经在冷却调度的理论推导上取得了进展，即冷却调度利用算法运行过程中得到的数值，自适应地对温度进行更新[22,23]。

6.9　完美抽样

回顾这一章的开始，假定要从 $\{1,\cdots,m\}$ 中根据目标分布 $\pi=\{\pi_i\}$ 随机产生一个变量 X。正如以前提到的，MCMC 方法的一个主要缺陷是每个抽样 X_t 只是**渐近地**分布于 π，也就是 $\lim\limits_{t\to\infty}P(X_t=i)=\pi_i$。相反，**完美抽样**是一个能从 π 中产生精确样本的 MCMC 技术。

令 $\{X_t\}$ 是一个状态空间为 $\{1,\cdots,m\}$ 的马尔可夫链，转移矩阵为 $\boldsymbol{P}$，平稳分布为 π。我们希望得到 $\{X_t,t=0,-1,-2,\cdots\}$，其中 X_0 具有指定的分布。我们可以根据 $\boldsymbol{P}$ 的第 X_{-1} 行从 m 点分布抽取 X_0，详见算法 2.7.1。这可以通过反变换法（IT）实现，需要生成一个随机变量 $U_0\sim U(0,1)$。同样，X_{-1} 可以由 X_{-2} 和 $U_{-1}\sim$

$U(0,1)$产生。一般而言，对于任何负时间$-t$，随机变量 X_0 取决于 X_{-t}以及独立随机变量 $U_{-t+1},\cdots,U_0\sim U(0,1)$。

下面考虑马尔可夫链的 m 个相关副本，每个副本从状态 $1,\cdots,m$ 中的每一个状态开始，并使用**相同**的随机数$\{U_i\}$，这与 CRV 方法类似。于是，如果两条路径在某个时刻相交或重合，那么从此以后两条路径将是相同的，我们就说这两条路径是**耦合的**。完美抽样方法的关键在于，如果该链是遍历的(特别是非周期且不可约的)，**则以概率 1 存在一个负时间$-T$，使得所有的 m 条路径在0时刻或0时刻之前就已经重合**。图 6.15 说明了这一现象。

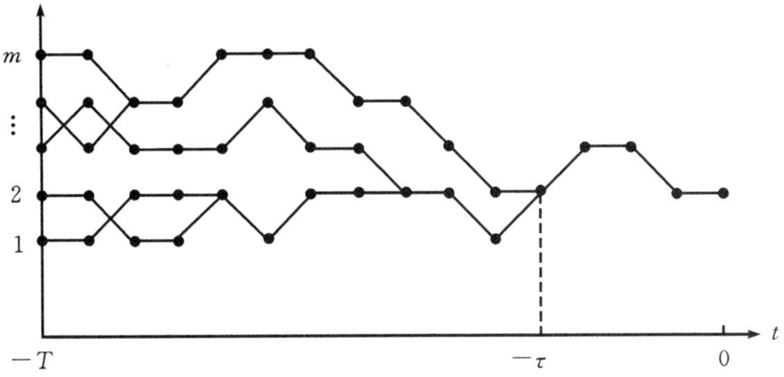

图 6.15　所有马尔可夫链都在$-\tau$时刻重合

令 $\boldsymbol{U}$ 表示由所有 $U_t,t\leqslant 0$ 组成的向量。对于每一个 $\boldsymbol{U}$，我们知道以概率 1 存在一个$-T(\boldsymbol{U})<0$，使得由 $\boldsymbol{U}$ 定义的 m 个耦合链在时间 0 点之前都已经重合。此外，如果我们从$-T$ 时刻开始一个平稳马尔可夫链，使用相同的 $\boldsymbol{U}$，那么在 $t=0$ 时刻该平稳链一定已经与其他链发生重合。因此，m 个链中的任意一个链在 0 时刻都有与平稳链相同的分布 π。

注意，为了构造 T，我们不一定要知道全部 $\boldsymbol{U}$(无限向量)，相反，我们可以从 $t=0$ 向后推导，先得到$\boldsymbol{U}_{-1}$然后检查是否$-T=-1$。如果不相等，再产生$\boldsymbol{U}_{-2}$并检查是否$-T=-2$，依此类推。由此得到下面的算法，最早由 Propp 和 Wilson[18] 提出，称作**过往耦合**。

算法 6.9.1(过往耦合)

1. 产生 $U_0\sim U(0,1)$，令 $\boldsymbol{U}_0=U_0$，$t=-1$。
2. 使用相同的随机向量 $\boldsymbol{U}_{t+1}$，从 t 时刻开始，由每个状态 $1,\cdots,m$ 生成 m 个马尔可夫链。
3. 检验所有链是否都在 0 时刻或之前重合。如果是，返回这些链在 0 时刻共同的值，然后停止；否则产生 $U_t\sim U(0,1)$，令 $\boldsymbol{U}_t=(U_t,\boldsymbol{U}_{t+1})$，$t=t-1$，回到

步骤 2。

尽管完美抽样看起来确实非常完美，它可以从目标分布返回 π 精确的样本而不是近似样本，然而该方法目前的实际应用却非常有限。这是因为该算法非常难，在大多数连续仿真系统中无法使用，而且它比简单的 MCMC 计算量大得多。

习题

6.1 证明局部平衡方程(6.3)对 Metropolis-Hastings 算法成立。

6.2 在应用 MCMC 算法时，很重要的一点是要知道瞬态(或老化)过程什么时候结束，否则第 4.3.2 节所述的稳态统计分析可能不再适用。在实际应用中，通常通过目视检查样本路径的方法进行观察。作为一个例子，运行随机游走抽样器，其正态目标分布为 $N(10,1)$，建议函数为 $Y \sim N(x, 0.01)$，取样本大小 $N=5000$，请大致确定什么时候过程达到稳态。

6.3 协方差函数 $R(t)=\mathrm{Cov}(X_t, X_0)$ 是检验平稳过程 $\{X_t\}$ 的行为的有用工具，该过程可以从 MCMC 仿真获得，见例 6.4。估计习题 6.2 中有关过程的协方差函数并画出结果。在 Matlab 的信号处理工具箱中，这是用 M 函数 xcov.m 实现的。试求 $N(x,\sigma^2)$ 类中不同的建议分布并观察协方差函数如何变化。

6.4 试用目标密度函数 Exp(1) 和建议分布 Exp(λ)，采用不同的值分别实现独立抽样器。与重要性抽样的情形一样，当样本分布与目标分布产生很大差距的时候，会出现错误的结果。在本例中，当 $\lambda>2$ 时会出现这种现象。每次运行时取样本大小为 10^5 而且都从 $x=1$ 开始。

a)对于 $\lambda=0.2, 1, 2$ 和 5，分别画出数据的直方图并与实际的概率密度函数比较。

b)对于上面每一个 λ 值，计算样本平均值并独立运行 20 次，重复这样的计算。画出数据的点图(画在一条直线上)并观察差异。当 $\lambda=5$ 时，可以看到大多数样本平均值都小于 1，低估了真正的期望值 1，但是有一些又明显变大。此外，对于不同的 λ 和 $\lambda=5$，各运行 20 次，观察相应的自协方差函数的行为。

6.5 用目标分布 Exp(1) 实现随机游走抽样，其中 Z(在建议函数 $Y=x+Z$ 中)服从参数为 λ 的双重指数分布。像习题 6.4 一样对不同的 λ 进行研究，比如 $\lambda=0.1, 1, 5, 20$。观察发现本例中随机游走抽样器比独立抽样器具有更加稳定的行为。

6.6 令 $\boldsymbol{X}=(X,Y)^{\mathrm{T}}$ 是一个二元正态分布的随机列向量，其期望向量为 $\boldsymbol{0}=(0,0)^{\mathrm{T}}$，协方差矩阵为

$$\boldsymbol{\Sigma} = \begin{pmatrix} 1 & \varrho \\ \varrho & 1 \end{pmatrix}$$

a)证明$(Y|X=x) \sim N(\varrho x, 1-\varrho^2)$，$(X|Y=y) \sim N(\varrho y, 1-\varrho^2)$。

b)写出一个系统型吉布斯抽样器，从二元正态分布 $N(0,\boldsymbol{\Sigma})$抽取 10^4 个样本，画出$\varrho=0, 0.7$ 和 0.9 时的数据。

6.7 吉布斯抽样器的一个显著特点是算法 6.4.1 中的条件分布包含了足够的信息可以从联合分布中生成一个样本。下面的结果（Hammersley 和 Clifford[9]）表明可以直接用条件概率密度函数来表示联合概率密度函数，即

$$f(x,y) = \frac{f_{Y|X}(y \mid x)}{\int \frac{f_{Y|X}(y \mid x)}{f_{X|Y}(x \mid y)} \mathrm{d}y}$$

证明这一结论并将其推广到 n 维的情形。

6.8 在伊辛模型中，**每个自旋的期望磁化强度**由

$$M(T) = \frac{1}{n^2} E_{\pi_T}\left[\sum_i S_i\right]$$

给出，其中 π_T 是温度 T 时的波尔兹曼分布。对于不同的值 $T \in [0,5]$，用 Swendsen-Wang 算法估计 $M(T)$并观察 $M(T)$图形在临界温度 $T \approx 2.61$ 周围的剧烈变化，其中取 $n=20$ 并使用周期边界。

6.9 运行网页 http://bartok.ucsc.edu/peter/java/ising/keep/ising.html 中 Peter Young 的 Java 程序，更好地理解伊辛模型如何工作。

6.10 在例 6.6 中令 $\mathscr{X}^* = \{\boldsymbol{x}: \sum_{i=1}^{n} x_i = m, x_i \in \{0,\cdots,m\}, i=1,\cdots,n\}$。证明这个集合有$\binom{m+n-1}{n-1}$个元素。

6.11 在一个包含 n 个队列、m 个顾客的简单闭环排队网络模型中，假设服务时间是独立的且服从指数分布，队列 i 的服务率是 μ_i，$i=1,\cdots,n$，顾客在队列 i 接受服务后移动到队列 j 的概率为 p_{ij}，称$\{p_{ij}\}$为**路径概率**。

可以证明（见文献[12]）队列中顾客数量的平稳分布具有式（6.10）的乘积形式，其中 f_i 是$G(1-y_i/\mu_i)$分布的概率密度函数，因此 $f_i(x_i) \propto (y_i/\mu_i)^{x_i}$。这里$\{y_i\}$是一组常数，可以从下列一组**流量平衡**方程求得：

$$y_i = \sum_j y_j p_{ji}, \quad i=1,\cdots,n \tag{6.25}$$

该组方程具有一维解空间。不失一般性，可以把 y_1 设为 1，从而得到唯一解。

现在考虑图 6.16 所示的特殊情形，其中有 $n=3$ 个队列，假定服务率是$\mu_1=2$，$\mu_2=1$ 和 $\mu_3=1$，路径概率在图中给出。

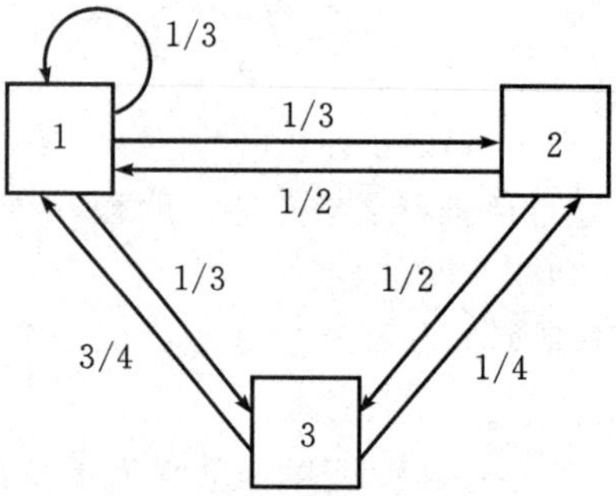

图 6.16 闭环排队网络

a)证明式(6.25)的一个解是$(y_1, y_2, y_3)=(1, 10/21, 4/7)$。

b)对于 $m=50$,确定归一化常数 C。

c)实现例 6.6 中的过程,用 MCMC 估计 C,并将 $m=50$ 时的估计值和准确值进行比较。

6.12 令 $X_1, \cdots, X_n$ 是 $N(\mu, \sigma^2)$分布的随机样本,考虑下列贝叶斯模型

- $f(\mu, \sigma^2)=1/\sigma^2$;
- $(\boldsymbol{x}_i \mid \mu, \sigma) \sim N(\mu, \sigma^2), i=1, \cdots, n$ 是独立的。

注意(μ, σ^2)的先验并**不合适**,也就是说,它本身就不是一个概率密度函数,但是应用贝叶斯公式可以得到一个合适的后验概率密度函数,在某种意义上它包含 μ 和 σ^2 的少量信息。令 $\boldsymbol{x}=(x_1, \cdots, x_n)$代表数据,后验概率密度函数由

$$f(\mu, \sigma^2 \mid \boldsymbol{x}) = (2\pi\sigma^2)^{-n/2} \exp\left\{-\frac{1}{2} \frac{\sum_i (x_i-\mu)^2}{\sigma^2}\right\} \frac{1}{\sigma^2}$$

给出,我们希望用吉布斯抽样器从这个分布抽样。

a)证明$(\mu \mid \sigma^2, \boldsymbol{x}) \sim N(\bar{x}, \sigma^2/n)$,其中 $\bar{x}$ 是样本平均值。

b)证明

$$f(\sigma^2 \mid \mu, \boldsymbol{x}) \propto \frac{1}{(\sigma^2)^{n/2+1}} \exp\left(-\frac{n}{2} \frac{V_\mu}{\sigma^2}\right) \tag{6.26}$$

其中 $V_\mu = \sum_i (x_i-\mu)^2/n$ 是已知 μ 时的经典样本方差,也就是说,$(1/\sigma^2 \mid \mu, \boldsymbol{x}) \sim \text{Gamma}(n/2, nV_\mu/2)$。

c)实现吉布斯抽样器从后验分布中抽样,取 $n=100$。重复运行抽样器 10^5 次,画出 $f(\mu \mid \boldsymbol{x})$和 $f(\sigma^2 \mid \boldsymbol{x})$的直方图,计算这些后验分布的样本平均值并与经典的估计值作比较。

d)证明给定数据时 μ 的真正后验概率密度函数是

$$f(\mu \mid \boldsymbol{x}) \propto ((\mu-\bar{x})^2+V)^{-n/2}$$

其中 $V=\sum_i (x_i-\bar{x})^2/n$。(提示：为了计算积分

$$f(\mu \mid \boldsymbol{x})=\int_0^{\infty} f(\mu,\sigma^2 \mid \boldsymbol{x})\mathrm{d}\sigma^2$$

首先用变量 $t=1/\sigma^2$ 替换，把上式写成 $(2\pi)^{-n/2}\int_0^{\infty} t^{n/2-1}\exp\left(-\frac{1}{2}tc\right)\mathrm{d}t$，其中 $c=nV_\mu$。证明后面的积分式与 $c^{-n/2}$ 成正比。最后进行分解 $V_\mu=(\bar{x}-\mu)^2+V$。)

6.13 假设 $f(\boldsymbol{\theta}|\boldsymbol{x})$ 是某个贝叶斯估计问题的后验概率密度，$\boldsymbol{\theta}$ 表示基于数据 $\boldsymbol{x}$ 的某个回归模型的参数。后验概率密度的一个重要应用是预测其他随机变量的分布，例如，假定某个随机变量 $\boldsymbol{Y}$ 的概率密度函数与 θ 有关，可以表示为条件概率密度 $f(\boldsymbol{y}|\boldsymbol{\theta})$。给定 $\boldsymbol{x}$，则 Y 的预测概率密度函数定义为

$$f(\boldsymbol{y} \mid \boldsymbol{x})=\int f(\boldsymbol{y} \mid \boldsymbol{\theta}) f(\boldsymbol{\theta} \mid \boldsymbol{x})\mathrm{d}\boldsymbol{\theta}$$

这可以看作是基于后验概率密度函数的 $f(\boldsymbol{y}|\boldsymbol{\theta})$ 的期望，因此我们可以使用蒙特卡洛仿真来近似估计 $f(\boldsymbol{y}|\boldsymbol{x})$，即

$$f(\boldsymbol{y} \mid \boldsymbol{x}) \approx \frac{1}{N}\sum_{i=1}^{N} f(\boldsymbol{y} \mid \boldsymbol{\theta}_i)$$

其中样本 $\{\boldsymbol{\theta}_i, i=1,\cdots,N\}$ 是从 $f(\boldsymbol{\theta}|\boldsymbol{x})$ 中得到的，比如用 MCMC 方法抽样。

下面是一个具体的例子：假定一组独立的测量数据为 −0.4326，−1.6656，0.1253，0.2877，−1.1465，是从某个 $N(\mu,\sigma^2)$ 分布得到的。定义 $\boldsymbol{\theta}=(\mu,\sigma^2)$，令 $Y\sim N(\mu,\sigma^2)$ 是一个新的测量参数。利用样本 $\theta_1,\cdots,\theta_N$ 估计预测概率密度函数 $f(y|\boldsymbol{x})$，这些样本可以通过习题 6.12 的吉布斯抽样器得到。令 $N=10\ 000$，将其与常用的期望为 $\bar{x}$（样本均值）、方差为 S^2（样本方差）的高斯概率密度函数进行比较。

6.14 在**零膨胀泊松**(ZIP)模型中，假定随机数据 $X_1,\cdots,X_n$ 具有 $X_i=R_iY_i$ 的形式，其中 $\{Y_i\}$ 服从 $P(\lambda)$ 分布，而 $\{R_i\}$ 服从 $\mathrm{Ber}(p)$ 分布，它们相互独立。给定一个结果 $\boldsymbol{x}=(x_1,\cdots,x_n)$，目标是估计 λ 和 p。考虑下列贝叶斯模型：

- $p\sim U(0,1)$（p 的先验）；
- $(\lambda|p)\sim \mathrm{Gamma}(a,b)$（$\lambda$ 的先验）；
- $(r_i|p,\lambda)\sim \mathrm{Ber}(p)$ 是独立的（从上面模型得到）；
- $(x_i|\boldsymbol{r},\lambda,p)\sim P(\lambda r_i)$ 是独立的（从上面模型得到）。

其中 $\boldsymbol{r}=(r_1,\cdots,r_n)$，$a$ 和 b 是已知参数。因此，

$$f(\boldsymbol{x},\boldsymbol{r},\lambda,p)=\frac{b^a\lambda^{a-1}\mathrm{e}^{-b\lambda}}{\Gamma(a)}\prod_{i=1}^{n}\frac{\mathrm{e}^{-\lambda r_i}(\lambda r_i)^{x_i}}{x_i!}p^{r_i}(1-p)^{1-r_i}$$

我们希望用吉布斯抽样器从后验概率密度函数 $f(\lambda,p,\boldsymbol{r}|\boldsymbol{x})$ 中抽样。

a)证明

1. $(\lambda \mid p,\boldsymbol{r},\boldsymbol{x}) \sim \text{Gamma}(a+\sum_i x_i, b+\sum_i r_i)$

2. $(p \mid \lambda,\boldsymbol{r},\boldsymbol{x}) \sim \text{Beta}(1+\sum_i r_i, n+1-\sum_i r_i)$

3. $(r_i|\lambda,p,\boldsymbol{x})\sim\text{Ber}\left(\dfrac{p\mathrm{e}^{-\lambda}}{p\mathrm{e}^{-\lambda}+(1-p)I_{\{x_i=0\}}}\right)$

b)令参数 $p=0.3$,$\lambda=2$,对 ZIP 模型产生一个大小为 $n=100$ 的随机样本。

c)实现吉布斯抽样器,从后验分布产生一个大的样本(非独立的),利用这些数据构造 p 和 λ 的 95%贝叶斯置信区间。最后将结果与真实值进行比较,真值使用 b)中的数值。

6.15* 证明式(6.15)中的 μ 满足局部平衡方程

$$\mu(\boldsymbol{x},\boldsymbol{y})\boldsymbol{R}[(\boldsymbol{x},\boldsymbol{y}),(\boldsymbol{x}',\boldsymbol{y}')] = \mu(\boldsymbol{x}',\boldsymbol{y}')\boldsymbol{R}[(\boldsymbol{x}',\boldsymbol{y}'),(\boldsymbol{x},\boldsymbol{y})]$$

于是称 μ 是关于 $\boldsymbol{R}$ 平稳,即 $\mu\boldsymbol{R}=\mu$。证明 μ 是关于 $\boldsymbol{Q}$ 平稳的,最后证明 μ 也是关于 $\boldsymbol{P}=\boldsymbol{Q}\boldsymbol{R}$ 平稳的。

6.16* 这里要证明吉布斯抽样器是广义马尔可夫抽样器的一个特例。令$\mathscr{Y}$是指标 $\{1,\cdots,n\}$的集合,在步骤 Q 中定义

$$\boldsymbol{Q}_x(y,y') = \begin{cases} 1, & \text{如果 } y'=y+1 \text{ 或 } y'=1, y=n \\ 0, & \text{其他} \end{cases}$$

令可能的转移的集合$\mathscr{R}(\boldsymbol{x},y)$就是向量$\{(\boldsymbol{x}',y)\}$的集合,使得 $\boldsymbol{x}'$的所有坐标都与 $\boldsymbol{x}$ 的坐标相同,除了第 y 个坐标有可能不同以外。

a)证明 $\boldsymbol{Q}_x$ 的平稳分布为 $q_x(y)=1/n$,$y=1,\cdots,n$。

b)证明

$$\boldsymbol{R}[(\boldsymbol{x},y),(\boldsymbol{x}',y)] = \frac{f(\boldsymbol{x}')}{\sum\limits_{(\boldsymbol{z},y)\in\mathscr{R}(\boldsymbol{x},y)} f(\boldsymbol{z})}, \quad \text{其中}(\boldsymbol{x}',y)\in\mathscr{R}(\boldsymbol{x},y)$$

c)与算法 6.4.1 比较。

6.17* 证明 Metropolis-Hastings 算法是广义马尔可夫抽样器的一个特例。(提示:令辅助集合$\mathscr{Y}$是目标集合$\mathscr{X}$的一个副本,令 $\boldsymbol{Q}_x$ 为 Metropolis-Hastings 算法的转移函数,即 $\boldsymbol{Q}_x(\cdot,\boldsymbol{y})=q(\boldsymbol{x},\boldsymbol{y})$,定义$\mathscr{R}(\boldsymbol{x},\boldsymbol{y})=\{(\boldsymbol{x},\boldsymbol{y}),(\boldsymbol{y},\boldsymbol{x})\}$。利用马尔可夫可逆跳抽样器中同样的参数(见式(6.20))完成证明。

6.18 Barker 和 Hastings 的 MCMC 算法与系统型 Metropolis 抽样器唯一的不同在于,他们定义的接受率 $\alpha(\boldsymbol{x},\boldsymbol{y})$分别为 $f(\boldsymbol{y})/(f(\boldsymbol{x})+f(\boldsymbol{y}))$和 $s(\boldsymbol{x},\boldsymbol{y})/(1+1/\varrho(\boldsymbol{x},\boldsymbol{y}))$,而不是 $\min\{f(\boldsymbol{y})/f(\boldsymbol{x}),1\}$。这里$\varrho(\boldsymbol{x},\boldsymbol{y})$用式(6.6)定义,$s$ 是任意对称的函数,满足 $0\leqslant\alpha(\boldsymbol{x},\boldsymbol{y})\leqslant 1$。证明它们都是广义马尔可夫抽样器的特例。(提示:令$\mathscr{Y}=\mathscr{X}$。)

6.19 实现模拟退火算法求解例 6.13 讲述的 n 皇后问题,你能得到多少个解?

6.20 实现基于 Metropolis-Hastings 的模拟退火法,求解例 6.12 的 TSP 问题。运行该算法求解下面网站给出的一些测试问题:http://www.iwr.uni-heidelberg.de/groups/comopt/software/TSPLIB95/。

6.21 写出基于随机游走抽样器的模拟退火算法,使函数

$$S(x)=\left|\frac{\sin^8(10x)+\cos^5(5x+1)}{x^2-x+1}\right|, x\in\mathbb{R}$$

最大化。使用一个 $N(\mu,\sigma^2)$ 建议函数,给定当前状态 x,从 $x=0$ 开始。对于不同的 σ 值和不同的退火调度,画出当前最好的函数值与评价 S 的次数的关系图,多次重复该实验,分析哪些设置效果最好。

延伸阅读

MCMC 是统计计算和贝叶斯分析的主要工具之一。文献[19]对 MCMC 技术进行了深入的讨论,文献[7]讨论了实际应用。关于 MCMC 在贝叶斯分析中的更多应用可以参考文献[5],模拟退火的经典参考资料是文献[1],在文献[25]中可以找到更多通用的全局搜索算法。文献[3]是一篇很有影响力的关于马尔可夫链的平稳性检验的论文,它和完美抽样密切相关。

参考文献

1. E. H. L. Aarts and J. H. M. Korst. *Simulated Annealing and Boltzmann Machines*. John Wiley & Sons, Chichester, 1989.
2. D. J. Aldous and J. Fill. *Reversible Markov Chains and Random Walks on Graphs*. In preparation. `http://www.stat.berkeley.edu /users/aldous/book.html`, 2007.
3. S. Asmussen, P. W. Glynn, and H. Thorisson. Stationary detection in the initial transient problem. *ACM Transactions on Modeling and Computer Simulation*, 2(2):130–157, 1992.
4. S. Baumert, A. Ghate, S Kiatsupaibul, Y. Shen, R. L. Smith, and Z. B. Zabinsky. A discrete hit-and-run algorithm for generating multivariate distributions over arbitrary finite subsets of a lattice. Technical report, Department of Industrial and Operations Engineering, University of Michigan, Ann Arbor, 2006.
5. A. Gelman, J. B. Carlin, H. S. Stern, and D. B. Rubin. *Bayesian Data Analysis*. Chapman & Hall, New York, 2nd edition, 2003.
6. S. Geman and D. Geman. Stochastic relaxation, Gibbs distribution and the Bayesian restoration of images. *IEEE Transactions on PAMI*, 6:721–741, 1984.
7. W.R. Gilks, S. Richardson, and D. J. Spiegelhalter. *Markov Chain Monte Carlo in Practice*. Chapman & Hall, New York, 1996.
8. P. J. Green. Reversible jump Markov chain Monte Carlo computation and Bayesian model determination. *Biometrika*, 82(4):711–732, 1995.
9. J. Hammersley and M. Clifford. Markov fields on finite graphs and lattices. Unpublished manuscript, 1970.

10. W. K. Hastings. Monte Carlo sampling methods using Markov chains and their applications. *Biometrika*, 57:92–109, 1970.

11. J. M. Keith, D. P. Kroese, and D. Bryant. A generalized Markov chain sampler. *Methodology and Computing in Applied Probability*, 6(1):29–53, 2004.

12. F. P. Kelly. *Reversibility and Stochastic Networks*. Wiley, Chichester, 1979.

13. J. S. Liu. *Monte Carlo Strategies in Scientifi c Computing*. Springer-Verlag, New York, 2001.

14. L. Lovász. Hit-and-run mixes fast. *Mathematical Programming*, 86:443–461, 1999.

15. L. Lovász and S. S. Vempala. Hit-and-run is fast and fun. Technical report, Microsoft Research, SMS-TR, 2003.

16. L. Lovász and S. Vempala. Hit-and-run from a corner. *SIAM Journal on Computing*, 35(4):985–1005, 2006.

17. M. Metropolis, A. W. Rosenbluth, M. N. Rosenbluth, A. H. Teller, and E. Teller. Equations of state calculations by fast computing machines. *Journal of Chemical Physics*, 21:1087–1092, 1953.

18. J. G. Propp and D. B. Wilson. Exact sampling with coupled Markov chains and applications to statistical mechanics. *Random Structures and Algorithms*, 1 & 2:223–252, 1996.

19. C. P. Robert and G. Casella. *Monte Carlo Statistical Methods*. Springer, New York, 2nd edition, 2004.

20. H. E. Romeijn and R. L. Smith. Simulated annealing for constrained global optimization. *Journal of Global Optimization*, 5:101–126, 1994.

21. S. M. Ross. *Simulation*. Academic Press, New York, 3rd edition, 2002.

22. Y. Shen. *Annealing Adaptive Search with Hit-and-Run Sampling Methods for Stochastic Global Optimization Algorithms*. PhD thesis, University of Washington, 2005.

23. Y. Shen, S. Kiatsupaibul, Z. B. Zabinsky, and R. L. Smith. An analytically derived cooling schedule for simulated annealing. *Journal of Global Optimization*, 38(3):333–365, 2007.

24. R. L. Smith. Efficient Monte Carlo procedures for generating points uniformly distributed over bounded regions. *Operations Research*, 32:1296–1308, 1984.

25. Z. B. Zabinsky. *Stochastic Adaptive Search for Global Optimization*. Kluwer Academic Publishers, Dordrecht, 2003.

26. Z. B. Zabinsky, R. L. Smith, J. F. McDonald, H. E. Romeijn, and D. E. Kaufman. Improving hit-and-run for global optimization. *Journal of Global Optimization*, 3:171–192, 1993.

第 7 章

灵敏度分析和蒙特卡洛优化

7.1 引言

在第 3 章讨论过，在科学和工程中很多真实的复杂系统可以用**离散事件系统**建模，这类系统的行为可以通过一系列离散事件来表示，而事件导致系统从一个状态变化到另一个状态，例如交通系统、柔性制造系统、计算机通信系统、库存系统、生产线、关联生命期系统、PERT 网络和流体网络。一个离散事件系统可以分成**静态的**和**动态的**两类，前一类叫做**离散事件静态系统**(DESS)，后一类叫做**离散事件动态系统**(DEDS)。二者的主要区别在于 DESS 的状态不随时间的推移而变化，而 DEDS 会发生变化。PERT 网络是一种典型的 DESS，网络中的最短路径是其样本性能之一。排队网络是一种典型的 DEDS，比如第 3.3.1 节的 Jackson 网络，延迟(顾客等待时间)是这类网络的一个样本性能指标。在这一章我们主要研究 DESS，想要深入学习 DESS 和 DEDS，可以参阅文献[11]，[16]和[20]。

由于系统的复杂性，离散事件系统的性能评估通常用仿真方法进行评估，而且经常表示成性能函数或响应函数 $\ell(\boldsymbol{u})=E_{\boldsymbol{u}}[H(\boldsymbol{X})]$ 的估计，其中样本性能函数 $H(\boldsymbol{X})$ 的分布取决于控制参数或引用参数 $\boldsymbol{u}\in\mathscr{V}$。**灵敏度分析**主要是估计响应函数 $\ell(\boldsymbol{u})$ 对参数向量 $\boldsymbol{u}$ 的灵敏度(梯度、Hessians 矩阵等)，其基础是得分函数和 Fisher 信息。灵敏度分析对系统设计和决策具有指导作用，同时在选择系统参数、优化性能指标等方面也发挥着重要的作用。

我们用下面的例子来说明：

1. **随机网络**。人们可能希望用灵敏度分析的方法，在某些约束条件下求解网络连接参数使得网络中的平均最短路径最小化。PERT 网络和流网络是常见的例子。对于 PERT 网络，输入变量和输出变量可以分别表示活动持续时间和最小项目周期；而对于流网络，它们可以表示流容量和最大流容量。
2. **交通灯系统**。这里的性能指标可能是车辆从指定起点运行到指定终点期间的平均等待时间，或者车辆在某个指定的十字路口等待绿灯的平均数目。

灵敏度和决策变量可能是车辆到达十字路口的平均到达率和红绿灯的变化频率。以下是一些我们感兴趣的有关性能的问题：

a)如果车辆在某个十字路口的到达率增加或降低10%～15%,那么车辆的平均等待时间如何变化？如果系统增加一个或几个交通灯,会对系统有什么影响？

b)哪个参数是导致瓶颈(系统中堵塞严重的地方)的最重要的参数,怎样才能最有效地避免或者消除这些瓶颈？

c)在某些约束下,怎样才能让系统的平均等待时间最小化？

我们把参数划分为所谓的**分布**灵敏度参数和**结构**灵敏度参数。对前一种情况,我们关注的是期望性能

$$\ell(\boldsymbol{u}) = E_{\boldsymbol{u}}[H(\boldsymbol{X})] = \int H(\boldsymbol{x}) f(\boldsymbol{x};\boldsymbol{u})\mathrm{d}\boldsymbol{x} \tag{7.1}$$

对概率密度函数 $f(\boldsymbol{x};\boldsymbol{u})$中的参数向量 $\boldsymbol{u}$ 的敏感度,而对后一种情况,我们感兴趣的是期望性能

$$\ell(\boldsymbol{u}) = E[H(\boldsymbol{X};\boldsymbol{u})] = \int H(\boldsymbol{x};\boldsymbol{u}) f(\boldsymbol{x})\mathrm{d}\boldsymbol{x} \tag{7.2}$$

对样本性能 $H(\boldsymbol{x};\boldsymbol{u})$中的参数向量 $\boldsymbol{u}$ 的敏感度。例如,对于一个 $GI/G/1$ 队列,在第一种情况下 $\boldsymbol{u}$ 可能是到达率向量和服务率向量,而在第二种情况下,$\boldsymbol{u}$ 可能是缓冲区的容量。注意,参数向量 $\boldsymbol{u}$ 通常既包括分布参数也包括结构参数,在这种情况下,我们用函数

$$\ell(\boldsymbol{u}) = E_{\boldsymbol{u}_1}[H(\boldsymbol{X};\boldsymbol{u}_2)] = \int H(\boldsymbol{x};\boldsymbol{u}_1) f(\boldsymbol{x};\boldsymbol{u}_2)\mathrm{d}\boldsymbol{x} \tag{7.3}$$

表示,其中 $\boldsymbol{u}=(\boldsymbol{u}_1,\boldsymbol{u}_2)$。注意,式(7.1)和(7.2)中的 $\ell(\boldsymbol{u})$可以看作式(7.3)中的 $\ell(\boldsymbol{u})$的一个特例,其中相应的向量 $\boldsymbol{u}_1$ 或 $\boldsymbol{u}_2$ 的维数可能为0。

■例 7.1

令 $H(\boldsymbol{X};u_3,u_4)=\max\{X_1+u_3,X_2+u_4\}$,其中 $\boldsymbol{X}=(X_1,X_2)$是一个各分量相互独立的二维向量,$X_i\sim f_i(X;u_i)$,$i=1,2$。在这种情况下,u_1 和 u_2 是分布参数而 u_3 和 u_4 是结构参数。

考虑由式(7.3)构造的一个最小化问题

$$\begin{array}{lll} & \text{最小化} & \ell_0(\boldsymbol{u}) = E_{\boldsymbol{u}_1}[H_0(\boldsymbol{X};\boldsymbol{u}_2)], \qquad \boldsymbol{u}\in\mathscr{V} \\ (\mathrm{P}_0) & \text{满足：} & \ell_j(\boldsymbol{u}) = E_{\boldsymbol{u}_1}[H_j(\boldsymbol{X};\boldsymbol{u}_2)] \leqslant 0, \quad j=1,\cdots,k \\ & & \ell_j(\boldsymbol{u}) = E_{\boldsymbol{u}_1}[H_j(\boldsymbol{X};\boldsymbol{u}_2)] = 0, \quad i=k+1,\cdots,M \end{array} \tag{7.4}$$

其中 $H_j(\boldsymbol{X})$是第 j 个样本性能,是概率密度函数为 $f(\boldsymbol{x};\boldsymbol{u}_1)$的输入向量 $\boldsymbol{X}\in\mathbb{R}^n$ 产生的结果,$\boldsymbol{u}=(\boldsymbol{u}_1,\boldsymbol{u}_2)$是某个参数集 $\mathscr{V}\subset\mathbb{R}^m$ 上的决策参数向量。

如果目标函数 $\ell_0(\boldsymbol{u})$和约束函数 $\ell_j(\boldsymbol{u})$能够解析地求出,(P_0)就变成一个标准

的非线性规划问题,可以用解析法求解,也可以用求解标准非线性规划问题的数值方法求解。例如马尔可夫排队系统的优化就属于这一范畴。然而,这里我们假定(P_0)中的目标函数和部分约束函数不能解析地求出(通常由于系统的复杂性),这个时候我们就要借助于随机优化方法,特别是蒙特卡洛优化方法。

本章其余部分安排如下:第 7.2 节讲述 DESS 关于分布参数的灵敏度分析,我们将介绍著名的**得分函数**(SF)方法。第 7.3 节介绍当把期望值 $E_{\boldsymbol{u}_1}[H_j(\boldsymbol{X},\boldsymbol{u}_2)]$换成相应的样本平均值时求解$(P_0)$规划的仿真优化方法。与解析法对应,这种基于仿真的求解(P_0)的方法称为原规划(P_0)的**随机等效方法**。我们的重点将放在无约束规划(P_0)的随机等效问题。我们将展示仅仅依靠一次仿真,随机等效方法就能相当有效地近似(P_0)的未知的真实最优解。我们的这些结果是在文献[15,17,18]基础上得出的,它们建立了随机等效方法的理论基础。有趣的是,Geyer 和 Thompson[2] 于 1995 年独立地发现了随机等效方法,他们用该方法对一般规划(P_0)的一个特殊的无约束情形进行统计推理。第 7.4 节介绍 DEDS 的灵敏度分析和基于仿真的优化方法,特别强调关于马尔可夫链的分布参数的灵敏度分析,其中用到了动态的得分函数方法。要想更加全面深入地学习 DEDS 的灵敏度分析和优化方法,包括各种类型的排队模型和库存模型,请参考文献[16]。

7.2 离散事件静态系统灵敏度分析的得分函数方法

这一节我们介绍著名的**得分函数方法**及其在 DESS 灵敏度分析中的应用。SF 方法的目标是估计 $\ell(\boldsymbol{u})$关于分布参数向量 $\boldsymbol{u}$ 的梯度和高阶导数,这里 $\ell(\boldsymbol{u})$是期望性能函数,由下式给出,见式(7.1):

$$\ell(\boldsymbol{u}) = E_{\boldsymbol{u}}[H(\boldsymbol{X})]$$

其中 $\boldsymbol{X} \sim f(\boldsymbol{x};\boldsymbol{u})$。下面将会看到,SF 方法通过对一个 DESS 的**单次仿真运行**(实验),就能估计该系统的**所有**灵敏度参数(梯度、Hessian 矩阵等),系统可以具有数十甚至常常数百个参数变量,参见文献[16]。

首先考虑 $\boldsymbol{u}$ 是标量的情形(因此用 u 替换 $\boldsymbol{u}$)。假设参数集$\mathscr{V}$是实轴上的开区间,同时假设对于所有 $\boldsymbol{x}$,概率密度函数 $f(\boldsymbol{x};u)$对 u 连续可导并且存在一个可积函数 $h(\boldsymbol{x})$,使得

$$\left| H(\boldsymbol{x}) \frac{\mathrm{d}f(\boldsymbol{x};u)}{\mathrm{d}u} \right| \leqslant h(\boldsymbol{x}) \tag{7.5}$$

对于所有 $u \in \mathscr{V}$都成立。因此在一般条件下[18]式中的求导和期望(积分)符号可以互换,于是 $\ell(u)$的导数就变成了

$$\frac{\mathrm{d}\ell(u)}{\mathrm{d}u} = \frac{\mathrm{d}}{\mathrm{d}u}\int H(\boldsymbol{x}) f(\boldsymbol{x};u)\mathrm{d}\boldsymbol{x} = \int H(\boldsymbol{x}) \frac{\mathrm{d}f(\boldsymbol{x};u)}{\mathrm{d}u}\mathrm{d}\boldsymbol{x}$$

$$= \int H(\boldsymbol{x}) \frac{\frac{\mathrm{d}f(\boldsymbol{x};u)}{\mathrm{d}u}}{f(\boldsymbol{x};u)} f(\boldsymbol{x};u)\mathrm{d}\boldsymbol{x} = E_u\left[H(\boldsymbol{X}) \frac{\mathrm{d}\ln f(\boldsymbol{X};u)}{\mathrm{d}u}\right]$$
$$= E_u[H(\boldsymbol{X})\, \mathcal{S}(u;\boldsymbol{X})]$$

其中

$$\mathcal{S}(u;\boldsymbol{x}) = \frac{\mathrm{d}\ln f(\boldsymbol{x};u)}{\mathrm{d}u}$$

就是**得分函数**(SF),可以看成给定 $\boldsymbol{x}$ 时关于 u 的函数,见式(1.64)。

下面考虑多维的情况。我们采用类似的符号将 $\ell(\boldsymbol{u})$ 的梯度和高阶导数表示成下面的形式:

$$\nabla^k \ell(\boldsymbol{u}) = E_{\boldsymbol{u}}[H(\boldsymbol{X})\, \mathcal{S}^{(k)}(\boldsymbol{u};\boldsymbol{X})] \tag{7.6}$$

其中

$$\mathcal{S}^{(k)}(\boldsymbol{u};\boldsymbol{x}) = \frac{\nabla^k f(\boldsymbol{x};\boldsymbol{u})}{f(\boldsymbol{x};\boldsymbol{u})} \tag{7.7}$$

是 $\boldsymbol{k}$ **阶得分函数**,$k=0,1,2,\cdots$。特别地,根据定义,$\mathcal{S}^{(0)}(\boldsymbol{u};\boldsymbol{x})=1$,$\mathcal{S}^{(1)}(\boldsymbol{u};\boldsymbol{x})=\mathcal{S}(\boldsymbol{u};\boldsymbol{x})=\nabla\ln f(\boldsymbol{x};\boldsymbol{u})$,而$\mathcal{S}^{(2)}(\boldsymbol{u};\boldsymbol{x})$可以表示成

$$\begin{aligned}\mathcal{S}^{(2)}(\boldsymbol{u};\boldsymbol{x}) &= \nabla\, \mathcal{S}(\boldsymbol{u};\boldsymbol{x}) + \mathcal{S}(\boldsymbol{u};\boldsymbol{x})\, \mathcal{S}(\boldsymbol{u};\boldsymbol{x})^{\mathrm{T}} \\ &= \nabla^2 \ln f(\boldsymbol{x};\boldsymbol{u}) + \nabla\ln f(\boldsymbol{x};\boldsymbol{u})\, \nabla\ln f(\boldsymbol{x};\boldsymbol{u})^{\mathrm{T}}\end{aligned} \tag{7.8}$$

这里$\nabla\ln f(\boldsymbol{x};\boldsymbol{u})^{\mathrm{T}}$ 表示 $\ln f(\boldsymbol{x};\boldsymbol{u})$的偏导数的列向量$\nabla\ln f(\boldsymbol{x};\boldsymbol{u})$的转置。注意,所有偏导数都是关于参数向量 $\boldsymbol{u}$ 的分量进行的。

根据式(7.6)计算附录中表 A.1 列出的常用分布的得分函数$\mathcal{S}(\boldsymbol{u};x)$,见表 7.1。我们用 $\boldsymbol{u}$ 表示每个分布的常用参数,例如,对于 Gamma(α,λ)和 $N(\mu,\sigma^2)$分布,我们分别用 $\boldsymbol{u}=(\alpha,\lambda)$和 $\boldsymbol{u}=(\mu,\sigma)$表示。

表 7.1 常用分布的得分函数

分布	$f(x;\boldsymbol{u})$	$\mathcal{S}(\boldsymbol{u};x)$
Exp(λ)	$\lambda \mathrm{e}^{-\lambda x}$	$\lambda^{-1}-x$
Gamma(α,λ)	$\frac{\lambda^\alpha x^{\alpha-1}\mathrm{e}^{-\lambda x}}{\Gamma(\alpha)}$	$\left(\ln(\lambda x)-\frac{\Gamma'(\alpha)}{\Gamma(\alpha)},\alpha\lambda^{-1}-x\right)$
$N(\mu,\sigma^2)$	$\frac{1}{\sigma\sqrt{2\pi}}\mathrm{e}^{-\frac{1}{2}\left(\frac{x-\mu}{\sigma}\right)^2}$	$(\sigma^{-2}(x-\mu),-\sigma^{-1}+\sigma^{-3}(x-\mu)^2)$
Weib(α,λ)	$\alpha\lambda(\lambda x)^{\alpha-1}\mathrm{e}^{-(\lambda x)^\alpha}$	$(\alpha^{-1}+\ln(\lambda x)[1-(\lambda x)^\alpha],\frac{\alpha}{\lambda}[1-(\lambda x)^\alpha])$
Bin(n,p)	$\binom{n}{x}p^x(1-p)^{n-x}$	$\frac{x-np}{p(1-p)}$
$P(\lambda)$	$\frac{\lambda^x \mathrm{e}^{-\lambda}}{x!}$	$\frac{x}{\lambda}-1$
$G(p)$	$p(1-p)^{x-1}$	$\frac{1-px}{p(1-p)}$

一般来说，$\nabla^k \ell(\boldsymbol{u}), k=0,1,\cdots$ 的值不能解析地求出，这是因为无法解析地得到响应 $\ell(\boldsymbol{u})$。但是，它们可以通过仿真估计出来，即

$$\widehat{\nabla^k \ell}(\boldsymbol{u}) = \frac{1}{N}\sum_{i=1}^{N} H(\boldsymbol{X}_i)\, \mathcal{S}^{(k)}(\boldsymbol{u};\boldsymbol{X}_i) \tag{7.9}$$

由此不难看出，函数 $\ell(\boldsymbol{u})$ 及其**所有的**灵敏度 $\nabla^k \ell(\boldsymbol{u})$ 都可以通过**单次**仿真估计出来，因为在式(7.6)中，它们都可以表示成关于同一个概率密度函数 $f(\boldsymbol{x};\boldsymbol{u})$ 的期望。

我们用下面的两个玩具例子详细说明 $\nabla \ell(\boldsymbol{u})$ 的估计方法，两个例子仅仅用于演示，实际上它们的 $\nabla^k \ell(\boldsymbol{u})$ 都可以解析地求出。

■例 7.2

令 $H(\boldsymbol{X})=X, X\sim \text{Ber}(p=u)$，其中 $u\in[0,1]$。用表 7.1 中的 $\text{Ber}(1,p)$ 分布，我们就可以很快地找到 $\nabla \ell(u)$ 的估计量

$$\widehat{\nabla \ell}(u) = \frac{1}{N}\sum_{i=1}^{N} X_i \frac{X_i-u}{u(1-u)} = \frac{1}{uN}\sum_{i=1}^{N} X_i \approx 1 \tag{7.10}$$

其中 $X_1,\cdots,X_N$ 是 $\text{Ber}(u)$ 的随机抽样。在第二个等式中，我们用到了本例的一个特例 $X_i^2=X_i$。在式(7.10)中约等号是根据大数定理得到的。

假设 $u=\frac{1}{2}$，同时假设我们从 $\text{Ber}\left(\frac{1}{2}\right)$ 抽取了大小为 $N=20$ 的样本，得到以下数值

$$\{x_1,\cdots,x_{20}\} = \{0,1,0,0,1,0,0,1,1,1,0,1,0,1,1,0,1,0,1,1\}$$

从式(7.10)我们可以看出，样本导数是 $\widehat{\nabla \ell}\left(\frac{1}{2}\right)=1.1$，而真实值是 $\nabla \ell\left(\frac{1}{2}\right)=1$。

■例 7.3

令 $H(\boldsymbol{X})=X, X\sim \text{Exp}(\lambda=u)$，这也是一个演示性的玩具例子，$\nabla \ell(u)=-1/u^2$。从表 7.1 中可以查到 $\mathcal{S}(u;x)=u^{-1}-x$，因此

$$\widehat{\nabla \ell}(u) = \frac{1}{N}\sum_{i=1}^{N} X_i(u^{-1}-X_i) \approx -\frac{1}{u^2} \tag{7.11}$$

是 $\ell(u)$ 的一个估计量，其中 $X_1,\cdots,X_n$ 是 $\text{Exp}(u)$ 的随机抽样。

■例 7.4　例 7.1(续)

如前所述，令 $H(\boldsymbol{X};u_3,u_4)=\max\{X_1+u_3, X_2+u_4\}$，其中 $\boldsymbol{X}=(X_1,X_2)$ 是一个二维向量，两个分量相互独立，$X_i\sim f_i(X;u_i), i=1,2$。假定我们要估计关于分布参数向量 $\boldsymbol{u}_1=(u_1,u_2)$ 的 $\nabla \ell(\boldsymbol{u}_1)$，有

$$\widehat{\nabla \ell}(\boldsymbol{u}_1) = \frac{1}{N}\sum_{i=1}^{N} H(\boldsymbol{X}_i;u_3,u_4)\, \mathcal{S}(\boldsymbol{u}_1;\boldsymbol{X}_i)$$

其中 $\mathcal{S}(\boldsymbol{u}_1;\boldsymbol{X}_i)$ 是列向量 $(\mathcal{S}(u_1;X_{1i}), \mathcal{S}(u_2;X_{2i}))^{\mathrm{T}}$。

接下来我们对于不同的 $\boldsymbol{u}$ 值应用重要抽样技术来估计灵敏度 $\nabla^k\ell(\boldsymbol{u})=\mathbb{E}_{\boldsymbol{u}}[H(\boldsymbol{X})\mathcal{S}^{(k)}(\boldsymbol{u};\boldsymbol{X})]$。为此，令 $g(x)$ 是重要抽样密度函数，同样假定对于所有 $\boldsymbol{u}\in\mathscr{V}$，$g(\boldsymbol{x})$ 的支集包含 $H(\boldsymbol{x})f(\boldsymbol{x};\boldsymbol{u})$ 的支集，因此 $\nabla^k\ell(\boldsymbol{u})$ 可以写成

$$\nabla^k\ell(\boldsymbol{u})=\mathbb{E}_g[H(\boldsymbol{X})\,\mathcal{S}^{(k)}(\boldsymbol{u};\boldsymbol{X})W(\boldsymbol{X};\boldsymbol{u})] \tag{7.12}$$

其中

$$W(\boldsymbol{x};\boldsymbol{u})=\frac{f(\boldsymbol{x};\boldsymbol{u})}{g(\boldsymbol{x})} \tag{7.13}$$

是 $f(\boldsymbol{x};\boldsymbol{u})$ 与 $g(\boldsymbol{x})$ 的似然比。$\nabla^k\ell(\boldsymbol{u})$ 的似然比估计量可以写成

$$\widehat{\nabla^k\ell}(\boldsymbol{u})=\frac{1}{N}\sum_{i=1}^{N}H(\boldsymbol{X}_i)\,\mathcal{S}^{(k)}(\boldsymbol{u};\boldsymbol{X}_i)W(\boldsymbol{X}_i;\boldsymbol{u}) \tag{7.14}$$

其中 $\boldsymbol{X}_1,\cdots,\boldsymbol{X}_N$ 是 $g(\boldsymbol{x})$ 的随机样本。注意，对于**所有**的 $\boldsymbol{u}$，$\widehat{\nabla^k\ell}(\boldsymbol{u})$ 是 $\nabla^k\ell(\boldsymbol{u})$ 的无偏估计，这就意味着改变 $\boldsymbol{u}$ 并保持 g 不变，理论上我们通过**单次仿真**就能无偏地估计整个**响应曲面** $\{\nabla^k\ell(\boldsymbol{u}),\boldsymbol{u}\in\mathscr{V}\}$。通常，在选择重要抽样的分布时保持与原来的分布具有**相同**的分布类型，也就是说，对于某些 $\boldsymbol{v}\in\mathscr{V}$，令 $g(\boldsymbol{x})=f(\boldsymbol{x};\boldsymbol{v})$。从现在开始，如果没有特别说明，我们都假定 $g(\boldsymbol{x})=f(\boldsymbol{x};\boldsymbol{v})$，也就是说，假定重要抽样的概率密度函数与原来的概率密度函数 $f(\boldsymbol{x};\boldsymbol{u})$ 都在同一个参数化家族。对于一个给定的 $\boldsymbol{v}$，我们用 $\hat{\ell}(\boldsymbol{u};\boldsymbol{v})$ 表示 $\ell(\boldsymbol{u})$ 的似然比估计量，即

$$\hat{\ell}(\boldsymbol{u};\boldsymbol{v})=\frac{1}{N}\sum_{i=1}^{N}H(\boldsymbol{X}_i)W(\boldsymbol{X}_i;\boldsymbol{u},\boldsymbol{v}) \tag{7.15}$$

其中 $W(\boldsymbol{x};\boldsymbol{u},\boldsymbol{v})=f(\boldsymbol{x};\boldsymbol{u})/f(\boldsymbol{x};\boldsymbol{v})$。类似地，用 $\widehat{\nabla^k\ell}(\boldsymbol{u};\boldsymbol{v})$ 表示式(7.14)的估计量，那么(见习题 7.4)

$$\widehat{\nabla^k\ell}(\boldsymbol{u},\boldsymbol{v})=\nabla^k\hat{\ell}(\boldsymbol{u},\boldsymbol{v})=\frac{1}{N}\sum_{i=1}^{N}H(\boldsymbol{X}_i)\,\mathcal{S}^{(k)}(\boldsymbol{u};\boldsymbol{X}_i)W(\boldsymbol{X}_i;\boldsymbol{u},\boldsymbol{v}) \tag{7.16}$$

因此，灵敏度的估计量可以简单地理解为估计量的灵敏度。

接下来我们应用重要抽样求解之前的两个玩具例子 7.2 和 7.3，看看怎样通过对重要抽样概率密度函数 $f(\boldsymbol{x};\boldsymbol{v})$ 的一次仿真，就能同时对不同的 $\boldsymbol{u}$ 值估计 $\nabla^k\ell(\boldsymbol{u})$。

■例 7.5　例 7.2(续)

我们继续考虑伯努利分布的例子：令 $H(\boldsymbol{X})=X$ 且 $X\sim\mathrm{Ber}(u)$。假定重要抽样分布是 $\mathrm{Ber}(v)$，即

$$g(\boldsymbol{x})=f(x;v)=v^x(1-v)^{1-x},\quad x=0,1$$

利用重要抽样可以将 $\nabla^k\ell(u)$ 写成

$$\nabla^k\ell(u)=\mathbb{E}_v\left[X\frac{u^X(1-u)^{1-X}}{v^X(1-v)^{1-X}}\,\mathcal{S}^{(k)}(u;X)\right]$$

其中 $X \sim \mathrm{Ber}(v)$。回顾 $\mathrm{Ber}(1,u)$的得分函数，我们有$\mathcal{S}(u;x)=\dfrac{x-u}{u(1-u)}$。相应地，$\nabla^k \ell(u)$的似然比估计量为

$$\widehat{\nabla^k \ell}(u;v)=\frac{1}{N}\sum_{i=1}^{N} X_i \frac{u^{X_i}(1-u)^{1-X_i}}{v^{X_i}(1-v)^{1-X_i}} \mathcal{S}^{(k)}(u;X_i) = \frac{u}{v}\frac{1}{N}\sum_{i=1}^{N} X_i \mathcal{S}^{(k)}(u;X_i) \tag{7.17}$$

其中 $X_1,\cdots,X_n$ 是 $\mathrm{Ber}(v)$的一个随机样本。在第二个等式里，我们用到了 X_i 的值是 0 或者 1 这一事实。对于 $k=0$，很容易得到

$$\hat{\ell}(u;v)=\frac{u}{v}\frac{1}{N}\sum_{i=1}^{N} X_i$$

这也可以直接从式(7.15)得到。对于 $k=1$，我们有

$$\widehat{\nabla \ell}(u;v)=\frac{u}{v}\frac{1}{N}\sum_{i=1}^{N} X_i \frac{X_i-u}{u(1-u)}=\frac{1}{v}\frac{1}{N}\sum_{i=1}^{N} X_i \tag{7.18}$$

这是$\hat{\ell}(u;v)$的导数，由式(7.16)可以看到。注意，在 $v=u$ 的特殊情况下，似然比估计量$\hat{\ell}(u;u)$和$\widehat{\nabla \ell}(u;u)$分别简化成了原始蒙特卡洛(CMC)估计量 $\dfrac{1}{N}\sum_{i=1}^{N} X_i$（样本均值）和之前推导的得分函数估计量(7.10)。举一个简单的例子：假定从 $\mathrm{Ber}(v=1/2)$抽取大小为 $N=20$ 的一个样本，得到

$$\{x_1,\cdots,x_{20}\}=\{0,1,0,0,1,0,0,1,1,1,0,1,0,1,1,0,1,0,1,1\}$$

假定我们希望用这个样本**同时**估计 $u=1/4$ 和 $u=1/10$ 时，$\ell(u)=E_u[X]$和$\nabla \ell(u)$的值，很容易得到

$$\hat{\ell}(u=1/4;v=1/2)=\frac{1/4}{1/2}\frac{11}{20}=\frac{11}{40}$$

$$\hat{\ell}(u=1/10;v=1/2)=\frac{1/10}{1/2}\frac{11}{20}=\frac{11}{100}$$

对于 $u=1/4$ 和 $1/10$，$\widehat{\nabla \ell}(u;v)=11/10$。

■例 7.6　例 7.3(续)

下面我们回到第二个玩具例子，考虑对于不同的 u 值同时估计$\nabla^k \ell(u)$，即 $H(X)=X$ 且 $X \sim \mathrm{Exp}(u)$。选择重要抽样分布

$$g(x)=f(x;v)=v\mathrm{e}^{-vx}, \quad x>0, v>0$$

利用式(7.14)我们可以将$\nabla^k \ell(u)$表示为

$$\nabla^k \ell(u)=E_v\left[X \frac{u\,\mathrm{e}^{-uX}}{v\,\mathrm{e}^{-vX}} \mathcal{S}^{(k)}(u;X)\right]$$

其中 $X \sim \mathrm{Exp}(v)$，$\mathcal{S}(u;x)=\dfrac{1-ux}{u}$(见表 7.1)。$\nabla^k \ell(u)$的样本平均估计量是(见式

(7.14))

$$\widehat{\nabla^k \ell}(u;v) = \frac{1}{N}\sum_{i=1}^{N} X_i \frac{u\mathrm{e}^{-uX_i}}{v\mathrm{e}^{-vX_i}} \mathcal{S}^{(k)}(u;X_i) \tag{7.19}$$

其中 $X_1,\cdots,X_N$ 是 $\mathrm{Exp}(v)$的随机抽样。对于 $k=0$ 我们有

$$\hat{\ell}(u;v) = \frac{1}{N}\sum_{i=1}^{N} X_i \frac{u\mathrm{e}^{-uX_i}}{v\mathrm{e}^{-vX_i}} \approx \frac{1}{u}$$

而对于 $k=1$ 我们得到

$$\widehat{\nabla \ell}(u;v) = \frac{1}{N}\sum_{i=1}^{N} X_i \frac{u\mathrm{e}^{-uX_i}}{v\mathrm{e}^{-vX_i}} \frac{1-uX_i}{u} \approx -\frac{1}{u^2} \tag{7.20}$$

这是$\hat{\ell}(u;v)$的导数,由式(7.16)可以看到。注意,在 $v=u$ 的特殊情况下,重要抽样估计$\hat{\ell}(u;u)$和$\widehat{\nabla \ell}(u;u)$分别简化为样本均值估计量(CMC 估计)和 SF 估计量(7.11)。

对于给定的重要抽样概率密度函数 $f(\boldsymbol{x};\boldsymbol{v})$,通过**单次仿真**就能同时估计**多个 $\boldsymbol{u}$ 值**对应的灵敏度$\nabla^k \ell(\boldsymbol{u})$,$k=1,2,\cdots$。算法如下:

算法 7.2.1

1. 从重要抽样概率密度函数 $f(\boldsymbol{x};\boldsymbol{v})$产生一个样本 $\boldsymbol{X}_1,\cdots,\boldsymbol{X}_N$,该密度函数必须事先选择。
2. 对于给定的参数值 $\boldsymbol{u}$,计算样本性能 $H(\boldsymbol{X}_i)$及其得分函数$\mathcal{S}^{(k)}(\boldsymbol{u};\boldsymbol{X}_i)$,$i=1,\cdots,N$。
3. 根据式(7.16)计算$\widehat{\nabla^k \ell}(\boldsymbol{u};\boldsymbol{v})$。

从算法 7.2.1 可以看出,我们只需应用式(7.16)就可以估计灵敏度$\nabla^k \ell(\boldsymbol{u})$,$k=1,2,\cdots$,其中需要从重要抽样概率密度函数 $f(\boldsymbol{x};\boldsymbol{v})$得到样本 $\boldsymbol{X}_1,\cdots,\boldsymbol{X}_N$ 并计算性能 $H(\boldsymbol{X}_i)$与得分函数$\mathcal{S}^{(k)}(\boldsymbol{u};\boldsymbol{X}_i)$。

$\nabla^k \ell(\boldsymbol{u})$的置信区间可以由标准的统计方法得到。特别地(见文献[18]和第 1.10 节),$N^{1/2}[\widehat{\nabla^k \ell}(\boldsymbol{u};\boldsymbol{v})-\nabla^k \ell(\boldsymbol{u})]$收敛于一个多变量正态随机向量,其均值为 0,协方差矩阵为

$$\mathrm{Cov}_{\boldsymbol{v}}(H\,\mathcal{S}^{(k)}W) = E_{\boldsymbol{v}}[H^2W^2\,\mathcal{S}^{(k)}\,\mathcal{S}^{(k)\mathrm{T}}] - [\nabla^k \ell(\boldsymbol{u})][\nabla^k \ell(\boldsymbol{u})]^{\mathrm{T}} \tag{7.21}$$

其中使用缩写 $H=H(\boldsymbol{X})$,$\mathcal{S}^{(k)}=\mathcal{S}^{(k)}(\boldsymbol{u};\boldsymbol{x})$和 $W=W(\boldsymbol{X};\boldsymbol{u},\boldsymbol{v})$。为了方便,我们以后将使用这些缩写,同时把$\mathcal{S}^{(1)}$进一步缩写成$\mathcal{S}$。

特别地,当 $k=0$ 时,在重要抽样密度为 $f(\boldsymbol{x};\boldsymbol{v})$的情况下,$\hat{\ell}(\boldsymbol{u};\boldsymbol{v})$的方差可以写成

$$\mathrm{Var}(\hat{\ell}(\boldsymbol{u};\boldsymbol{v})) = E_{\boldsymbol{v}}[H^2W^2] - \ell^2(\boldsymbol{u}) \tag{7.22}$$

很明显,现在的关键问题是如何选取一个好的重要抽样概率密度函数,从而保证 $\ell(\boldsymbol{u})$和$\nabla\ell(\boldsymbol{u})$的低方差估计。下面我们将会看到,这并不是一个简单的问题。

我们从$\hat{\ell}(\boldsymbol{u};\boldsymbol{v})$的方差开始，说明对于式(A.9)所示的指数型分布，我们可以明确地推导出该方差。特别注意，我们用$\boldsymbol{\theta}$替换$\boldsymbol{u}$，用$\boldsymbol{\eta}$替换$\boldsymbol{v}$，于是得到

$$\begin{aligned} E_{\boldsymbol{\eta}}[H^2(\boldsymbol{X})W^2(\boldsymbol{X};\boldsymbol{\theta},\boldsymbol{\eta})] &= E_{\boldsymbol{\theta}}[H^2(\boldsymbol{X})W(\boldsymbol{X};\boldsymbol{\theta},\boldsymbol{\eta})] \\ &= \int H^2(\boldsymbol{x})\frac{c(\boldsymbol{\theta})}{c(\boldsymbol{\eta})}\mathrm{e}^{(\boldsymbol{\theta}-\boldsymbol{\eta})\cdot t(\boldsymbol{x})}c(\boldsymbol{\theta})\mathrm{e}^{\boldsymbol{\theta}\cdot t(\boldsymbol{x})}h(\boldsymbol{x})\mathrm{d}\boldsymbol{x} \\ &= \frac{c^2(\boldsymbol{\theta})}{c(\boldsymbol{\eta})}\int H^2(\boldsymbol{x})\mathrm{e}^{(2\boldsymbol{\theta}-\boldsymbol{\eta})\cdot t(\boldsymbol{x})}h(\boldsymbol{x})\mathrm{d}\boldsymbol{x} \qquad (7.23) \\ &= \frac{c^2(\boldsymbol{\theta})}{c(\boldsymbol{\eta})c(2\boldsymbol{\theta}-\boldsymbol{\eta})}E_{2\boldsymbol{\theta}-\boldsymbol{\eta}}[H^2(\boldsymbol{X})] \\ &= E\boldsymbol{\eta}[W^2(\boldsymbol{X};\boldsymbol{\theta},\boldsymbol{\eta})]E_{2\boldsymbol{\theta}-\boldsymbol{\eta}}[H^2(\boldsymbol{X})] \end{aligned}$$

注意$E_{\boldsymbol{\eta}}[W^2(\boldsymbol{X};\boldsymbol{\theta},\boldsymbol{\eta})]=E_{\boldsymbol{\theta}}[W(\boldsymbol{X};\boldsymbol{\theta},\boldsymbol{\eta})]$。

表 7.2 列出了表 A.1 和表 7.1 中常见的指数型分布的期望值$E_v[W^2(X;u,v)]$。注意，在表 7.2 中我们只改变了一个参数，就是将u变为v。$E_v[W^2(X;u,v)]$是通过式(A.9)和式(7.23)计算出来的。特别地，我们首先将式(A.9)的表达式重新参数化，即用$\theta=\Psi(u)$和$\eta=\Psi(v)$改变参数，然后计算

$$E_\eta[W^2(X;\theta,\eta)]=\frac{c^2(\theta)}{c(\eta)c(2\theta-\eta)} \qquad (7.24)$$

最后再把u和v代回去得到所需的$E_v[W^2(X;u,v)]$。

表 7.2　常用分布的 $E_v[W^2]$

分布	$f(x;u)$	$\theta=\Psi(u)$	$c(\theta)$	$E_v[W^2(X;u,v)]$
Gamma(α,u)	$\frac{u^\alpha x^{\alpha-1}\mathrm{e}^{-ux}}{\Gamma(\alpha)}$	$-u$	$\frac{(-\theta)^\alpha}{\Gamma(\alpha)}$	$\left(\frac{u^2}{v(2u-v)}\right)^\alpha$
$\mathrm{N}(u,\sigma^2)$	$\frac{1}{\sigma\sqrt{2\pi}}\mathrm{e}^{-\frac{1}{2}\left(\frac{x-u}{\sigma}\right)^2}$	$\frac{u}{\sigma^2}$	$\frac{\mathrm{e}^{-\frac{1}{2}\theta^2\sigma^2}}{\sigma\sqrt{2\pi}}$	$\mathrm{e}^{\left(\frac{u-v}{\sigma}\right)^2}$
Weib(α,u)	$\alpha u(ux)^{\alpha-1}\mathrm{e}^{-(ux)^\alpha}$	$-u^\alpha$	$\alpha\theta$	$\frac{(u/v)^{2\alpha}}{2(u/v)^\alpha-1}$
Bin(n,u)	$\binom{n}{x}u^x(1-u)^{n-x}$	$\ln\left(\frac{u}{1-u}\right)$	$(1+\mathrm{e}^\theta)^{-n}$	$\left(\frac{u^2-2uv+v}{(1-u)v}\right)^n$
$P(u)$	$\frac{u^x\mathrm{e}^{-u}}{x!}$	$\ln u$	$\mathrm{e}^{-\mathrm{e}^\theta}$	$\mathrm{e}^{\frac{(u-v)^2}{v}}$
G(u)	$u(1-u)^{x-1}$	$\ln(1-u)$	$1-\mathrm{e}^\theta$	$\frac{u^2(v-1)}{v(u^2-2u+v)}$

现在我们考虑概率密度函数 Gamma(α,u)。很容易看出，为了让估计值$\hat{\ell}(u;v)$有意义($\mathrm{Var}(\hat{\ell}(u;v))<\infty$)，必须保证$2u-v>0$($v<2u$)；否则，$W$会使重要抽样估计$\hat{\ell}(u;v)$的方差“爆炸”。文献[18]对此进行了更加详细的分析(也可以参见附录中的命题 A.4.2)，结果显示，在这种情况下，v的选择应该小于u，而不是小于

$2u$,这是由于最优重要抽样概率密度函数 $f(x;v^*)$较原来的概率密度函数 $f(x;u)$有一个“胖”尾巴。对于$\nabla^k \ell(\boldsymbol{u})$的估计量和其他指数型分布,也有类似的结论。

下面考虑多维的情况 $\boldsymbol{X}=(X_1,\cdots,X_n)$。假定$\{X_i\}$是独立的且 $X_i \sim \text{Exp}(u_i)$。在这种情况下不难得出(见习题 7.3)

$$E_{\boldsymbol{v}}[W^2] = E_{\boldsymbol{u}}[W] = \prod_{k=1}^{n} \frac{1}{1-\delta_k^2} \tag{7.25}$$

其中 $\delta_k=(u_k-v_k)/u_k, k=1,\cdots,n$,是 u_k 中的相对扰动。对于 δ_k 不依赖于 k,也就是 $\delta_k=\delta, k=1,\cdots,n$ 的特殊情况,我们得到

$$\text{Var}_v(HW) = (1-\delta^2)^{-n} E_{2u-v}[H^2] - \ell^2 \tag{7.26}$$

这里需要强调,对于一个固定的 δ(即 $v<2u$,对应的 $\delta<1$),HW 的方差随 n 以指数增长。如果 δ 的值很小,式(7.26)右边的第一项可以近似成

$$(1-\delta^2)^{-n} = \exp\{-n\ln(1-\delta^2)\} \approx \exp\{n\delta^2\}$$

式中用到了这样一个事实:对于一个很小的 x,可以使用 $\ln(1+x)\approx x$。这表明,为了把 HW 的方差控制到足够小,$n\delta^2$ 的值就不能太大。也就是说,随着 n 增大,δ^2 应该满足

$$\delta^2 = \mathcal{O}(n^{-1}) \tag{7.27}$$

文献[18]表明,对于一般分布,特别是指数分布,类似于式(7.27)的假设必须满足。

式(7.27)与所谓的**信任域**有关,也就是说,在该区域可以信任似然比估计量 $\widehat{\nabla^k \ell}(\boldsymbol{u};\boldsymbol{v})$能够给$\nabla^k \ell(\boldsymbol{u})$一个足够好的估计。例如我们考虑一种情况:对于所有的 i 和 $n=100, u_i=u, v_i=v$。可以看出,当 δ 不超过 0.1,即 u 的相对扰动在 10% 以内时,估计值 $\ell(u;v)$表现得相当不错。对于大的相对扰动,$E_v[W^2]$使估计量的方差变得特别大。类似的结论也同样适用于 $\ell(\boldsymbol{u})$的导数。

综上所述,似然比 W 可能存在不稳定行为,而且随着维数 n 的增加,信任域急速下降(见式(7.27))。由于这些负面的结论,在高维情况下使用重要抽样对$\nabla^k \ell(\boldsymbol{u}), k\geqslant 0$ 进行估计的空间并不大。对于这类问题,我们建议用式(7.9)的得分函数估计量(公式中不包含似然比 W 项)作为真实$\nabla^k \ell(\boldsymbol{u})$的估计。对于低维问题,比如 $n\leqslant 10$,恰当地选择信任域,比如偏离原始参数向量 $\boldsymbol{u}$ 的相对扰动 δ 不超过 10%~20%,我们仍然可以采用重要抽样估计量(7.14)对$\nabla^k \ell(\boldsymbol{u})$进行估计。即使在这种情况下,为了保证重要抽样估计不会退化,有一点非常关键,即选择一个引用参数向量 $\boldsymbol{v}$,使得对应的重要抽样概率密度函数 $f(\boldsymbol{x};\boldsymbol{v})$比原来的概率密度函数 $f(\boldsymbol{x};\boldsymbol{u})$多了一个“胖”尾巴,参考附录第 A.4 节。

7.3 离散事件静态系统的仿真优化

考虑式(7.4)的优化问题(P_0),假定目标函数

$$\ell_0(\boldsymbol{u}) = E_{\boldsymbol{u}_1}[H_0(\boldsymbol{X};\boldsymbol{u}_2)]$$

和约束函数

$$\ell_j(\boldsymbol{u}) = E_{\boldsymbol{u}_1}[H_j(\boldsymbol{X};\boldsymbol{u}_2)]$$

都没有解析形式。为了求解(P_0)，我们必须采取基于仿真的优化方法，利用平均样本的形式$\hat{\ell}_0(\boldsymbol{u})$和$\hat{\ell}_j(\boldsymbol{u})$分别代替 $\ell_0(\boldsymbol{u})$和 $\ell_j(\boldsymbol{u})$，其中参数向量 $\boldsymbol{u}=(\boldsymbol{u}_1,\boldsymbol{u}_2)$可能包含分布参数和结构参数。

下面我们介绍基于仿真的方法求解(P_0)类问题的一般步骤，重点是如何通过**一次仿真运行**就能估计出问题(P_0)的最优解 $\boldsymbol{u}^*$。假定从概率密度函数 $f(\boldsymbol{x};\boldsymbol{u}_1)$中得到一组随机样本 $\boldsymbol{X}_1,\cdots,\boldsymbol{X}_N$，思考下面两种情形。

案例 A：下面两项中有任意一项成立：

1. 储存长样本 $\boldsymbol{X}_1,\cdots,\boldsymbol{X}_N$ 及其对应的序列$\{\hat{\ell}_j(\boldsymbol{u})\}$有很高的代价。
2. 不能同时计算不同 $\boldsymbol{u}$ 值对应的样本性能$\hat{\ell}_j(\boldsymbol{u})$，但是我们可以把控制向量 $\boldsymbol{u}$ 设置成任何想要的$\boldsymbol{u}^{(t)}$值，然后计算 $\boldsymbol{u}=\boldsymbol{u}^{(t)}$时随机变量$\hat{\ell}_j(\boldsymbol{u}^{(t)})$及其(经常需要)导数(梯度)$\widehat{\nabla \ell_j}(\boldsymbol{u})$。

案例 B：下面两项都成立：

1. 很容易计算和存储整个样本 $\boldsymbol{X}_1,\cdots,\boldsymbol{X}_N$。
2. 给定一个样本 $\boldsymbol{X}_1,\cdots,\boldsymbol{X}_N$，对于任意所需的值 $\boldsymbol{u}$，很容易计算样本性能$\hat{\ell}_j(\boldsymbol{u})$。

从面向应用的角度分析，案例 A 和案例 B 的主要区别是，前者与**在线优化**有关，也叫做**随机近似**，而后者与**离线优化**有相，叫做**随机等效优化**或**样本均值近似**。关于随机近似和随机等效优化方法，请分别参考文献[10]和[18]。

下面两节分别介绍随机近似和随机等效方法。

7.3.1 随机近似

随机近似源自 Robbins 和 Monro[13] 以及 Kiefer 和 Wolfowitz[7] 的开创性论文。后两个作者解决的是形如

$$\min_{\boldsymbol{u}} \ell(\boldsymbol{u}), \quad \boldsymbol{u} \in \mathscr{V} \tag{7.28}$$

的**光滑凸**问题的在线最小化问题，其中假设可行集$\mathscr{V}$是凸的，而且可以计算出任意事先确定的一个点 $\boldsymbol{u}\in\mathscr{V}$处的真实梯度$\nabla\ell(\boldsymbol{u})$的估计值$\widehat{\nabla \ell}(\boldsymbol{u})$。在本章主要介绍在基于仿真的优化方法的背景下，我们应用随机近似方法求解该问题。

随机近似优化方法用下面的递推公式在 $\boldsymbol{u}$ 处进行反复迭代：

$$\boldsymbol{u}^{(t+1)} = \Pi_{\mathscr{V}}(\boldsymbol{u}^{(t)} - \beta_t \widehat{\nabla \ell}(\boldsymbol{u}^{(t)})) \tag{7.29}$$

其中 $\beta_1,\beta_2,\cdots$是一个正的步长序列，$\Pi_{\mathscr{V}}$代表集合$\mathscr{V}$上的投影，即 $\Pi_{\mathscr{V}}(\boldsymbol{u})$是$\mathscr{V}$中最接近 $\boldsymbol{u}$ 的点，投影 $\Pi_{\mathscr{V}}$需要保证产生的点$\{\boldsymbol{u}^{(t)}\}$的可行性。如果问题没有约束，即

可行集$\mathscr{Y}$与整个空间一致，那么该投影是同一个映射，可以从式(7.29)中忽略。

容易看出，式(7.29)代表了一个**梯度下降**的过程，其中真实的梯度值由它们的估计值代替。事实上，如果梯度的真实值$\nabla \ell(\boldsymbol{u}^{(t)})$可以得到，那么$-\nabla \ell(\boldsymbol{u}^{(t)})$就表示在点$\boldsymbol{u}^{(t)}$处的最速下降方向。这可以保证在$\nabla \ell(\boldsymbol{u}^{(t)}) \neq 0$的情况下，沿着这个方向移动，目标函数的值会下降，也就是说，对于足够小的$\beta > 0$，$\ell(\boldsymbol{u}^{(t)} - \beta \nabla \ell(\boldsymbol{u}^{(t)})) < \ell(\boldsymbol{u}^{(t)})$。式(7.29)表示的迭代过程清楚地体现了用梯度的估计值代替真实值的思想，还应注意，在计算每个$\widehat{\nabla \ell}(\boldsymbol{u}^{(t)})$，$t=1,2,\cdots$时，需要生成新的随机样本$\boldsymbol{X}_1,\cdots,\boldsymbol{X}_N$。

下面我们以例7.1中的模型为例，介绍$\nabla \ell(\boldsymbol{u})$的其他估计量$\widehat{\nabla \ell}(\boldsymbol{u})$。

■例7.7　例7.1(续)

与例7.1一样，令$H(\boldsymbol{X};u_3,u_4)=\max\{X_1+u_3,X_2+u_4\}$，其中$\boldsymbol{X}=(X_1,X_2)$是一个各分量相互独立的二维向量，$X_i \sim f_i(X;u_i)$，$i=1,2$。假定我们希望估计四维向量$\nabla \ell(\boldsymbol{u})$，其中$\ell(\boldsymbol{u})=E_{\boldsymbol{u}_1}[H(\boldsymbol{X};\boldsymbol{u}_2)]$，$\boldsymbol{u}=(\boldsymbol{u}_1,\boldsymbol{u}_2)=(u_1,u_2,u_3,u_4)$，与分布参数向量$\boldsymbol{u}_1=(u_1,u_2)$和结构参数向量$\boldsymbol{u}_2=(u_3,u_4)$都有关。

下面我们为$\nabla \ell(\boldsymbol{u})$构造三个其他形式的估计量，分别称作：(a)**直接**估计量，(b)**逆变换**估计量和(c)**推出**(push-out)估计量。关于这些估计量的更多细节和应用在文献[16]中给出。

(a)$\nabla \ell(\boldsymbol{u})$的**直接估计量**：我们有

$$\ell(\boldsymbol{u}) = E_{\boldsymbol{u}_1}[H(\boldsymbol{X};\boldsymbol{u}_2)] \tag{7.30}$$

$$\frac{\partial \ell(\boldsymbol{u})}{\partial u_1} = E_{\boldsymbol{u}_1}[H(\boldsymbol{X};\boldsymbol{u}_2)\,\nabla \ln f_1(X_1;u_1)] \tag{7.31}$$

$$\frac{\partial \ell(\boldsymbol{u})}{\partial u_3} = E_{\boldsymbol{u}_1}\left[\frac{\partial H(\boldsymbol{X};\boldsymbol{u}_2)}{\partial u_3}\right] \tag{7.32}$$

$\partial \ell(\boldsymbol{u})/\partial u_2$和$\partial \ell(\boldsymbol{u})/\partial u_4$类似。这里

$$\frac{\partial H(\boldsymbol{X};\boldsymbol{u}_2)}{\partial u_3} = \begin{cases} 1, & \text{如果 } X_1 + u_3 > X_2 + u_4 \\ 0, & \text{其他} \end{cases} \tag{7.33}$$

和$\partial H(\boldsymbol{X};\boldsymbol{u}_2)/\partial u_4$类似。$\partial \ell(\boldsymbol{u})/\partial u_i$，$i=1,\cdots,4$的样本估计量可以**直接**从它们的期望值对应的样本性能值得到，因此叫做**直接估计量**。例如，$\partial \ell(\boldsymbol{u})/\partial u_3$的估计可以写成

$$\widehat{\nabla \ell}_3^{(1)}(\boldsymbol{u}) = \frac{1}{N}\sum_{i=1}^{N} \frac{\partial H(\boldsymbol{X}_i;\boldsymbol{u}_2)}{\partial u_3} \tag{7.34}$$

其中$\boldsymbol{X}_1,\cdots,\boldsymbol{X}_N$是$f(\boldsymbol{x};\boldsymbol{u}_1)=f_1(x_1;u_1)f_2(x_2;u_2)$的样本，其他$\partial \ell(\boldsymbol{u})/\partial u_i$估计$\widehat{\nabla \ell}_i^{(1)}(\boldsymbol{u})$的情况也类似，$i=1,2,4$。

(b)$\nabla \ell(\boldsymbol{u})$的**逆变换估计量**：使用逆变换$X_i = F_i^{-1}(Z_i;u_i)$，其中$Z_i \sim U(0,1)$，$i=1,2$，可以将$H(\boldsymbol{X};\boldsymbol{u}_2)$写成

$$\breve{H}(\boldsymbol{Z};\boldsymbol{u}) = \max\{F_1^{-1}(Z_1;u_1)+u_3, F_2^{-1}(Z_2;u_2)+u_4\}$$

其中 $\mathbf{Z}=(Z_1,Z_1)$。于是期望性能 $\ell(\boldsymbol{u})$ 和梯度 $\nabla\ell(\boldsymbol{u})$ 可以分别写成

$$\ell(\boldsymbol{u}) = E_{\mathsf{U}}[\breve{H}(\boldsymbol{Z};\boldsymbol{u})]$$

和

$$\nabla\ell(\boldsymbol{u}) = E_{\mathsf{U}}[\nabla\breve{H}(\boldsymbol{Z};\boldsymbol{u})]$$

这里 U 表示均匀分布。容易看出，在逆变换的参数设置中，所有4个参数 u_1,u_2,u_3,u_4 都变成了**结构**参数。把基于逆变换方法的 $\nabla\ell(\boldsymbol{u})$ 估计量记为 $\widehat{\nabla\ell}^{(2)}(\boldsymbol{u})$，有

$$\widehat{\nabla\ell}^{(2)}(\boldsymbol{u}) = \frac{1}{N}\sum_{i=1}^{N}\nabla\breve{H}(\boldsymbol{Z}_i;\boldsymbol{u}) \tag{7.35}$$

其中 $\breve{H}(\boldsymbol{Z};\boldsymbol{u})$ 的偏导数可以类似地用式(7.33)得到。注意，在 $F_1^{-1}(z_2;u_1)+u_2=F_2^{-1}(z_2;u_2)+u_4$ 的断点处，$\breve{H}(\boldsymbol{Z};\boldsymbol{u})$ 的一阶导数是分段连续的。

(c) $\nabla\ell(\boldsymbol{u})$ 的**推出估计量**：定义下面两个随机变量：$\widetilde{X}_1=X_1+u_3$ 和 $\widetilde{X}_2=X_2+u_4$。这样一来，原来的样本性能 $H(\boldsymbol{X};u_3,u_4)=\max\{X_1+u_3,X_2+u_4\}$ 可以写成 $\widetilde{H}(\widetilde{\boldsymbol{X}})=\max\{\widetilde{X}_1,\widetilde{X}_2\}$，而原来的期望值 $\ell(\boldsymbol{u})$ 可以写成

$$\ell(\boldsymbol{u}) = E_{\tilde{f}}[\widetilde{H}(\widetilde{\boldsymbol{X}})] = E_{\tilde{f}}[\max\{\widetilde{X}_1,\widetilde{X}_2\}] \tag{7.36}$$

这里 $\tilde{f}$ 是 $\widetilde{\boldsymbol{X}}$ 的概率密度函数，因此 $\tilde{f}(\boldsymbol{x};\boldsymbol{u})=f_1(x_1-u_3;u_1)f_2(x_2-u_4;u_2)=\tilde{f}_1(x;u_1,u_3)\tilde{f}_2(x;u_2,u_4)$。在这种情况下，我们称 $H(\cdot)$ 中原来的结构参数 u_3 和 u_4 被"推出"到了概率密度函数 $\tilde{f}$ 中。

举个例子，假设 $X_j\sim\mathrm{Exp}(u_j)$，$j=1,2$，于是 $\widetilde{X}_1=X_1+u_3$ 的累积分布函数 $\widetilde{F}_1(x)$ 和 $\widetilde{X}_2=X_2+u_4$ 的累积分布函数 $\widetilde{F}_2(x)$ 可以分别写成

$$\widetilde{F}_1(x) = P(\widetilde{X}_1\leqslant x) = P(X_1\leqslant x-u_3) = F_1(x-u_3)$$

和

$$\widetilde{F}_2(x) = P(\widetilde{X}_2\leqslant x-u_4) = F_2(x-u_4)$$

很明显，

$$\tilde{f}_1(x;u_1,u_3) = \begin{cases} u_1\mathrm{e}^{-u_1(x-u_3)}, & x\geqslant u_3 \\ 0, & \text{其他} \end{cases} \tag{7.37}$$

和

$$\tilde{f}_2(x;u_2,u_4) = \begin{cases} u_2\mathrm{e}^{-u_2(x-u_4)}, & x\geqslant u_4 \\ 0, & \text{其他} \end{cases} \tag{7.38}$$

很容易看出，在表达式(7.36)中4个参数 $u_1,\cdots,u_4$ 都是分布参数。因此，为了估计 $\nabla^k\ell(\boldsymbol{u})$，我们可以应用得分函数(SF)法。具体地讲，梯度

$$\nabla\ell(\boldsymbol{u}) = E_{\tilde{f}}[\max\{\widetilde{X}_1,\widetilde{X}_2\}\nabla\ln\tilde{f}(\widetilde{\boldsymbol{X}};\boldsymbol{u})]$$

可以用

$$\widehat{\nabla \ell}^{(3)}(\boldsymbol{u})=\frac{1}{N}\sum_{i=1}^{N}\max\{\widetilde{X}_{1i},\widetilde{X}_{2i}\}\ \nabla\ln\widetilde{f}(\widetilde{\boldsymbol{X}}_i;\boldsymbol{u}) \tag{7.39}$$

估计。回顾函数$\partial H(\boldsymbol{X};\boldsymbol{u}_1)/\partial u_1$ 和$\partial H(\boldsymbol{X};u_1)/\partial u_2$ 的值都是分段常数(见式(7.33)),而$\partial^2 H(\boldsymbol{X};\boldsymbol{u}_1)/\partial u_1^2$ 和$\partial^2 H(\boldsymbol{X};\boldsymbol{u}_1)/\partial u_2^2$ 几乎在任何位置都不存在,因此在式(7.30)的推导中相应的二阶导数算子就不能与期望算子互换位置。相反,只要$f_1(x_1-u_3;u_1)$和 $f_2(x_2-u_4;u_2)$是光滑的,式(7.36)表示的变换后的函数 $\ell(\boldsymbol{u})$及其样本表达式$\widehat{\nabla \ell}^{(3)}(\boldsymbol{u})$对 $\boldsymbol{u}$ 是处处可导的。因此,由于 $\widetilde{f}(\boldsymbol{x};\boldsymbol{u})$的平滑性,推出估计量方法可以使原本**不平滑**的性能指标 $H(\cdot)$变得**平滑**。

现在我们回到随机优化。从下面的定理 7.3.1 我们可以看到,从某个固定的初始值 $\boldsymbol{u}^{(1)}$ 开始,在某些合理的假设下,序列$\{\boldsymbol{u}^{(t)}\}$在$\boldsymbol{\gamma}$上随 t 渐近收敛到目标函数 $\ell(\boldsymbol{u})$ 的最小值 $\boldsymbol{u}^*$。为了保证收敛性,在步长上通常要加入下面两个条件:(a) $\sum_{t=1}^{\infty}\beta_t=\infty$ 和(b) $\sum_{t=1}^{\infty}\beta_t^2<\infty$,比如可以取 $\beta_t\equiv c/t, c>0$。有很多关于随机优化的收敛性和收敛速度的定理,下面我们从文献[10]选择一个简单的例子予以介绍。

定理 7.3.1 假定 ℓ 是光滑且严格凸的,也就是

$$\ell(\boldsymbol{u}+\boldsymbol{h})\geqslant \ell(\boldsymbol{u})+[\nabla\ell(\boldsymbol{u})]^{\mathrm{T}}\boldsymbol{h}+\frac{\beta}{2}\boldsymbol{h}^{\mathrm{T}}\boldsymbol{h},\quad \beta>0 \tag{7.40}$$

进一步假设随机梯度向量$\widehat{\nabla \ell}(\boldsymbol{u})$的误差的二阶矩是有界的,即

$$E[\|\ \widehat{\nabla \ell}(\boldsymbol{u})-\nabla\ell(\boldsymbol{u})\ \|^2]\leqslant C^2<\infty$$

则对于任意一个(确定的)满足

$$\sum_{t=1}^{\infty}\beta_t=\infty,\quad \sum_{t=1}^{\infty}\beta_t^2<\infty$$

的正序列$\{\beta_t\}$,向量 $\boldsymbol{u}^{(t)}$ 在均方值意义上渐近收敛到 $\boldsymbol{u}^*$(使 $\ell(\boldsymbol{u})$取极小值的决策变量)。更进一步,如果 $\beta_t=c/t$,其中 c 是一个适当的常数(给定的 c 是否合适只取决于 β 是否满足式(7.40)),那么对于所有的 t 都有如下界限:

$$E[\|\ \boldsymbol{u}^{(t)}-\boldsymbol{u}^*\ \|^2]\leqslant\frac{A(\beta,c)}{t}\|\ \boldsymbol{u}^{(1)}-\boldsymbol{u}^*\ \|^2$$

和

$$E[\ell(\boldsymbol{u}^{(t)})-\ell(\boldsymbol{u}^*)]\leqslant \mathcal{O}(1/t)$$

其中 $A(\beta,c)$是由 β 和 c 决定的常数。

随机近似方法具有突出的特点,它很简单,而且在投影 $\Pi_{\boldsymbol{\gamma}}(\cdot)$容易计算的情况下很容易实现。但是,它仍然有致命的缺点,应用中最关键的问题是步长$\{\beta_t\}$的选择。小的步长会导致找到最优解的速度变慢,而大的步长会使迭代出现"Z 字形曲折",而且,迭代过程开始时的几个错误步骤需要很多次迭代才能修正。比如,算

法对步长规则 $\beta_t = c/t$ 中的常数 c 的选择非常敏感,因此人们提出了各种步长选择规则来选择合适的步长大小。随机近似方法的另外一个弊端是它缺少一个好的停止规则,而且有时对于相对简单的线性约束也很难处理。

7.3.2 随机等效方法

随机等效方法的基本思想是:将确定性规划问题(P_0)中的所有期望函数用它们对应的样本平均值等效地替换,然后用标准的数学规划方法求解,这样得到的最优解就是对应于原规划问题(P_0)的真正最优解的一个估计量。

如果没有特别说明,这里考虑无约束的规划问题

$$\min_{\boldsymbol{u}\in\mathscr{V}} \ell(\boldsymbol{u}) = \min_{\boldsymbol{u}\in\mathscr{V}} E_{\boldsymbol{u}_1}[H(\boldsymbol{X};\boldsymbol{u}_2)] \tag{7.41}$$

一般约束规划在文献[18]中讨论。

假定$\mathscr{V}$是一个开集,$\ell(\boldsymbol{u})$在$\mathscr{V}$上连续可导,那么根据一阶必要条件,$\ell(\boldsymbol{u})$的梯度在最优解 $\boldsymbol{u}^*$ 处必须为 0,于是最优解 $\boldsymbol{u}^*$ 可以通过求解下面的方程得到:

$$\nabla\ell(\boldsymbol{u}) = \boldsymbol{0}, \quad \boldsymbol{u}\in\mathscr{V} \tag{7.42}$$

利用重要抽样概率密度函数 $f(\boldsymbol{x};\boldsymbol{v}_1)$,可以写出式(7.41)的随机等效形式

$$\min_{\boldsymbol{u}\in\mathscr{V}} \hat{\ell}(\boldsymbol{u};\boldsymbol{v}_1) = \min_{\boldsymbol{u}\in\mathscr{V}} \frac{1}{N}\sum_{i=1}^{N} H(\boldsymbol{X}_i;\boldsymbol{u}_2)W(\boldsymbol{X}_i;\boldsymbol{u}_1,\boldsymbol{v}_1) \tag{7.43}$$

其中 $\boldsymbol{X}_1,\cdots,\boldsymbol{X}_N$ 是重要抽样概率密度函数 $f(\boldsymbol{x};\boldsymbol{v}_1)$的随机样本,并且

$$W(\boldsymbol{x};\boldsymbol{u}_1,\boldsymbol{v}_1) = \frac{f(\boldsymbol{x};\boldsymbol{u}_1)}{f(\boldsymbol{x};\boldsymbol{v}_1)}$$

进一步假定$\hat{\ell}(\boldsymbol{u};\boldsymbol{v}_1)$在$\mathscr{V}$上是连续可导的,式(7.43)的最优解可以通过求解方程组

$$\widehat{\nabla\ell}(\boldsymbol{u};\boldsymbol{v}_1) = \nabla\hat{\ell}(\boldsymbol{u};\boldsymbol{v}_1) = \boldsymbol{0}, \quad \boldsymbol{u}\in\mathscr{V} \tag{7.44}$$

来估计,而该方程组本身就可以看成是确定性方程组(7.42)的一个随机的、等效的方程组。因此,这里可以简单地用似然比估计量$\hat{\ell}(\boldsymbol{u};\boldsymbol{v}_1)$的梯度作为 ℓ 在 $\boldsymbol{u}$ 处的梯度的一个估计量,见式(7.16)。

注意,式(7.44)可以写成

$$\begin{aligned}\nabla\hat{\ell}(\boldsymbol{u};\boldsymbol{v}_1) = &\frac{1}{N}\sum_{i=1}^{N}\{H(\boldsymbol{X}_i;\boldsymbol{u}_2)\nabla\ln f(\boldsymbol{X}_i;\boldsymbol{u}_1)W(\boldsymbol{X}_i;\boldsymbol{u}_1,\boldsymbol{v}_1) \\ &+ \nabla H(\boldsymbol{X}_i;\boldsymbol{u}_2)W(\boldsymbol{X}_i;\boldsymbol{u}_1,\boldsymbol{v}_1)\} = \boldsymbol{0}, \quad \boldsymbol{u}\in\mathscr{V}\end{aligned} \tag{7.45}$$

回顾以前的内容,我们可以把上面的问题看作原(或期望)问题(7.41)的一个简单的样本均值近似。函数$\hat{\ell}(\boldsymbol{u};\boldsymbol{v}_1)$依赖于对应的样本 $\boldsymbol{X}_1,\cdots,\boldsymbol{X}_N$,在这个意义上,它也是随机的。然而需要注意,一旦样本产生,$\hat{\ell}(\boldsymbol{u};\boldsymbol{v}_1)$就变成了确定性函数,对于给定参数 $\boldsymbol{u}$ 的一个值,它的值和导数都可以计算出来。于是问题(7.43)就变成了一个确定性优化问题,可以用合适的确定性优化算法来求解。例如,在无约束条件下可以采用最速下降法求解,即

$$\boldsymbol{u}^{(t+1)} = \Pi_{\mathscr{V}}(\boldsymbol{u}^{(t)} - \beta_t \nabla \hat{\ell}(\boldsymbol{u}^{(t)};\boldsymbol{v}_1)) \tag{7.46}$$

其中步长 β_t 由线性搜索得到，比如

$$\beta_t \equiv \underset{\beta}{\operatorname{argmin}}\{\hat{\ell}(\boldsymbol{u}^{(t)} - \beta \nabla \hat{\ell}(\boldsymbol{u}^{(t)};\boldsymbol{v}_1);\boldsymbol{v}_1)\}$$

如前所述，$\Pi_{\mathscr{V}}$ 代表在集合 $\mathscr{V}$ 上的投影。注意，这种方法和随机近似算法(7.29)有三点不同：

1. 步长 β_t 由线性搜索计算得到，而不是事先指定。

2. 同一个样本 $\boldsymbol{X}_1,\cdots,\boldsymbol{X}_N$ 适用于所有的 $\nabla \hat{\ell}(\boldsymbol{u}^{(t)};\boldsymbol{v}_1)$。

3. 与式(7.29)的随机优化相比，式(7.46)所用的样本容量 N 要适当大一些。

接下来我们考虑规划问题(7.41)的一个特例，其中决策变量 $\boldsymbol{u}$ 是一个分布参数向量，也就是说，我们考虑的规划问题是

$$\min_{\boldsymbol{u}\in\mathscr{V}} \ell(\boldsymbol{u}) = \min_{\boldsymbol{u}\in\mathscr{V}} E_{\boldsymbol{u}}[H(\boldsymbol{X})] \tag{7.47}$$

我们用得分函数法估计规划问题(7.47)的最优解 $\boldsymbol{u}^*$，式(7.43)可以简化成

$$\min_{\boldsymbol{u}\in\mathscr{V}} \hat{\ell}(\boldsymbol{u};\boldsymbol{v}) = \min_{\boldsymbol{u}\in\mathscr{V}} \frac{1}{N}\sum_{i=1}^{N} H(\boldsymbol{X}_i)W(\boldsymbol{X}_i;\boldsymbol{u},\boldsymbol{v}) \tag{7.48}$$

其中 $\boldsymbol{X}_1,\cdots,\boldsymbol{X}_N$ 是由重要抽样概率密度函数 $f(\boldsymbol{x};\boldsymbol{v})$ 得到的一个随机样本，而且

$$W(\boldsymbol{x};\boldsymbol{u},\boldsymbol{v}) = \frac{f(\boldsymbol{x};\boldsymbol{u})}{f(\boldsymbol{x};\boldsymbol{v})}$$

参照式(7.45)，我们得到

$$\frac{1}{N}\sum_{i=1}^{N} H(\boldsymbol{X}_i)\nabla \ln f(\boldsymbol{X}_i;\boldsymbol{u})W(\boldsymbol{X}_i;\boldsymbol{u},\boldsymbol{v}) = \boldsymbol{0}, \quad \boldsymbol{u}\in\mathscr{V} \tag{7.49}$$

说明 7.3.1 应该特别注意，在基于似然比方法解决随机等效问题(7.48)时，信任域变得至关重要，特别是以下两个要求必须满足：

(a)必须仔细挑选引用参数向量 $\boldsymbol{v}$，也就是说，重要抽样概率密度函数 $f(\boldsymbol{x};\boldsymbol{v})$ 必须较原来的概率密度函数 $f(\boldsymbol{x};\boldsymbol{u})$ 有一个“更胖”尾巴(也可参见附录的 A.4 节)，否则似然比 $W(\boldsymbol{x};\boldsymbol{u},\boldsymbol{v})$ 很可能发生退化。

(b)所有可能的 $\boldsymbol{v}$ 值的信任域 $\mathscr{V}$ 应该事先知道，而且 $\mathscr{V}$ 的选择不能太宽，特别地，它要满足式(7.27)。如果域 $\mathscr{V}$ 太宽，似然比 $W(\boldsymbol{x};\boldsymbol{u},\boldsymbol{v})$ 会使式(7.48)中估计量的方差“爆炸”。这种情况下，应该用其他方法(不需要似然比项的方法)，比如最速下降法(7.46)。常见的替代方法是最速下降法和随机近似法。

■例 7.8 随机最短路径

考虑例 5.14 中的随机最短路径问题，假定分量 $\{X_i\}$ 是独立的且 $X_i \sim \mathrm{Exp}(u_i^{-1})$，$i=1,\cdots,5$，其中 $\boldsymbol{u}=(1,2,u,4,5)$，$u>0$ 未知。假定我们的目标是解决下面的规划问题：

$$\min_{u\in\mathscr{V}}\ell(u)=\min_{u\in\mathscr{V}}[3.1-E_u[S(\boldsymbol{X})]+0.1u] \tag{7.50}$$

其中$\mathscr{V}=\{u:1\leqslant u\leqslant 4\}$，$S(\boldsymbol{X})=\min\{X_1+X_4,X_1+X_3+X_5,X_2+X_3+X_4,X_2+X_5\}$代表最短路径的长度。虽然对函数 $\ell(u)$很难准确求解，但是可以简单地用蒙特卡洛仿真进行估计，从而产生一个有“噪声”的函数$\hat{\ell}(u)$。图 7.1 画出了各种不同的 u 值对应的估计值和置信区间，每个估计的样本大小为 $N=50\ 000$。可以看出最小值大约位于区间[1,2]之内，记作 u^*。

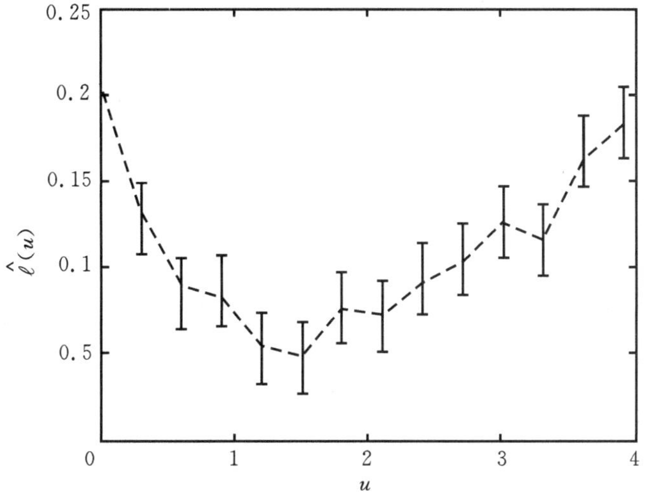

图 7.1　关于 u 的$\ell(u)$最小化。估计值和 95%置信区间表明最小值位于 1 和 2 之间

为了用随机等效方法找到 u^*，我们采用下面的步骤。首先，$\ell(u)$的导数满足

$$\begin{aligned}\nabla\ell(u)&=\frac{1}{10}-E_v[S(\boldsymbol{X})\,\mathcal{S}(u;\boldsymbol{X})W(\boldsymbol{x};u,v)]\\&=\frac{1}{10}-E_v\left[S(\boldsymbol{X})\,\frac{X_3-u}{u^2}\,\frac{v}{u}\mathrm{e}^{-X_3(u^{-1}-v^{-1})}\right]\end{aligned}$$

其中得分函数$\mathcal{S}(u;\boldsymbol{X})$由

$$\mathcal{S}(u;\boldsymbol{X})=\frac{\partial}{\partial u}\ln(u^{-1}\mathrm{e}^{-X_3/u})=\frac{X_3-u}{u^2} \tag{7.51}$$

给出，因此$\nabla\ell(u)=0$ 的随机等效形式为

$$\widehat{\nabla\ell}(u;v)=\frac{1}{10}-\frac{v}{N}\sum_{i=1}^{N}\mathcal{S}(\boldsymbol{X}_i)\,\frac{X_{3i}-u}{u^3}\mathrm{e}^{-X_{3i}(u^{-1}-v^{-1})}=0$$

其中 $\boldsymbol{X}_1,\cdots,\boldsymbol{X}_N$ 是在参数 v 下的仿真结果。这里，v 的选择**至关重要**，文献[16]中提出了以下方法用来选择一个“好”的参数 v。首先对 v 增加一些约束，即 $u_1\leqslant v\leqslant v_2$，反映我们对最优 u^* 的先验知识(在 v_1 和 v_2 之间)。在这个例子中，由于$\mathscr{V}=\{u:1\leqslant u\leqslant 4\}$，因此我们取 $v_1=1,v_2=4$。一旦确定了这个约束，我们就从这个区

间取 v,使得对应分布的尾巴尽可能“胖”一些,以确保得到正常的似然比。在这种情况下,表示参数取 $v=4$。

图 7.2 中的实线是函数$\widehat{\nabla \ell}(u;v)$随 u 变化的曲线,该曲线是在 $v=4$ 时从大小为 $N=50\ 000$ 的样本中直接得到的。回想一下,根据定义$\nabla\ell(u^*)=0$,我们把符合$\widehat{\nabla \ell}(\widehat{u^*};v)=0$ 的$\widehat{u^*}$ 作为 u^* 的一个估计,这可以由标准求根程序得到,比如 Matlab 的 fzero 函数。在这个例子中可以得到$\widehat{u^*}=1.37$。

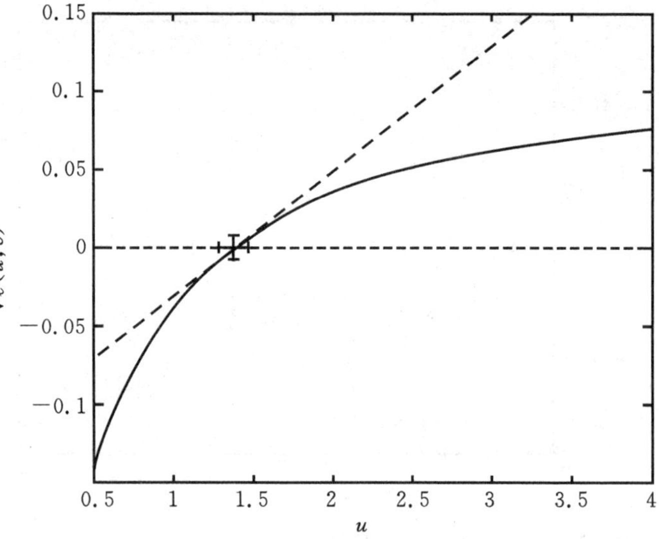

图 7.2 u^* 的估计值及 95%置信区间,该估计值是由$\widehat{\nabla \ell}(u;v)$的平方根得到的

接下来我们将要介绍如何从$\nabla\ell(u^*)$的置信区间构造 u^* 的置信区间。为了表示方便,用 $g(u)$代表$\nabla\ell(u)$,用$\hat{g}(u)$代表它的估计值$\widehat{\nabla \ell}(u;v)$,同时假设 $g(u)$和$\hat{g}(u)$都是单调增的。因为$\hat{g}(u)$具有

$$\hat{g}(u)=\frac{1}{10}-\frac{1}{N}\sum_{i=1}^{N}Z_i$$

的形式,其中$\{Z_i\}$是独立同分布的随机变量,因此 $g(u^*)=0$ 的近似$(1-\alpha)$的置信区间可以表示为$(-C,C)$,其中 $C=z_{1-\alpha/2}S_Z/\sqrt{N}$,而 S_Z 是$\{Z_i\}$的样本标准差,$z_{1-\alpha/2}$是标准正态分布的 $1-\alpha/2$ 分位点。相应地,u^* 的近似$(1-\alpha)$置信区间为$(g^{-1}(-C),g^{-1}(C))$。对于较小的 C,有 $g^{-1}(C)\approx u^*+C/g'(u^*)$,其中 g'是 g 的导数,也就是 ℓ 的二阶导数,可以由下式给出:

$$g'(u)=\nabla^2\ell(u)=-E_v\left[S(\boldsymbol{X})\ \frac{2u^2-4uX_3+X_3^2}{u^4}\ \frac{v}{u}\mathrm{e}^{-X_3(u^{-1}-v^{-1})}\right]$$

这可以用随机等效法进行估计,使用的样本与计算$\hat{g}(u)$的样本相同。事实上,

$g'(u)$的估计值就是$\hat{g}$在点 u 的导数，因此 u^* 的近似$(1-\alpha)$置信区间就是$\widehat{u^*} \pm C/\hat{g}'(\widehat{u^*})$，这可以从图 7.2 看出，其中虚线表示$\hat{g}(u)$在点$(\hat{u},0)$处的切线，而 $g(\hat{u})$和 u^* 的 95%置信区间分别画成了垂直线段和水平线段。这两个置信区间的具体值是(−0.0075,0.0075)和(1.28,1.46)。

最后需要强调，仿真运行的参数 v 要大于 u^*，这一点非常重要。这从图 7.3 中就能明显看出，其中分别画出了在 $v=0.5$ 和 $v=4$ 时仿真重复运行 10 次所对应的$\hat{g}(u)$的曲线。

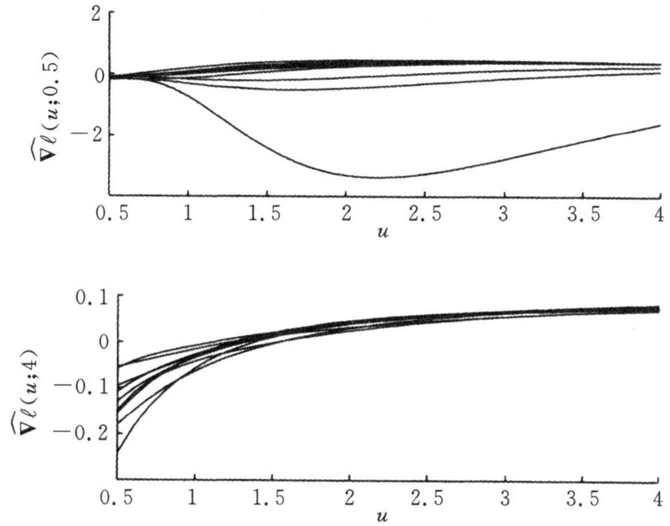

图 7.3 在 $v=0.5$ 和 $v=4$ 两个条件下仿真 10 次对应的$\widehat{\boldsymbol{\nabla}\ell}(u;v)$

在第一种情况下估计值 $g(u)=\widehat{\boldsymbol{\nabla}\ell}(u;v)$的波动很大，而在第二种情况下保持稳定，因此，在 $v=0.5$ 时不能可靠地估计出 u^*，而在 $v=4$ 时就不存在这种问题。注意，这与前面反复提到的重要抽样分布应该有一个比目标分布更重的尾巴的一般原则一致。特别是在 $v=4$ 时 X_3 的概率密度函数比在 $v=u^*$ 时的尾巴重，而在 $v=0.5$ 时则刚好相反。

一般来说，令$\hat{\ell}^*$和$\widehat{\boldsymbol{u}^*}$分别代表样本均值问题(7.48)的最优目标值和最优解，根据大数定理，$\hat{\ell}(\boldsymbol{u};\boldsymbol{v})$在 $N\to\infty$时以概率 1 收敛到 $\ell(\boldsymbol{u})$。从文献[18]可以看出，在一般较弱的条件下$\hat{\ell}^*$和$\widehat{\boldsymbol{u}^*}$以概率 1 分别收敛到对应的原问题(7.47)的最优目标值和最优解，即$\hat{\ell}^*$和$\widehat{\boldsymbol{u}^*}$分别是对应的真值 ℓ^* 和 $\boldsymbol{u}^*$ 的一致估计。另外，文献[18]还讨论了中心极限定理并据此建立了二元组$(\ell^*,\boldsymbol{u}^*)$的有效的置信区间。下面的定理总结了无约束规划的最优解$\widehat{\boldsymbol{u}^*}$的统计特征，在文献[18]中还可以找到有

关无约束规划和约束规划两类问题的详细讨论和证明。

定理 7.3.2 令 $\boldsymbol{u}^*$ 为 $\ell(\boldsymbol{u})$在$\mathscr{V}$上的唯一最小解。

A. 假设

1. 集合$\mathscr{V}$是紧的。

2. 几乎对每一个 $\boldsymbol{x}$，函数 $f(\boldsymbol{x};\cdot)$在$\mathscr{V}$上都是连续的。

3. 函数族$\{|H(\boldsymbol{x})f(\boldsymbol{x};\boldsymbol{u})|, \boldsymbol{u}\in\mathscr{V}\}$受限于一个可积函数 $h(\boldsymbol{X})$，即

$$|H(\boldsymbol{x})f(\boldsymbol{x};\boldsymbol{u})| \leqslant h(\boldsymbol{X}), \text{对于所有 } \boldsymbol{u}\in\mathscr{V}$$

那么，当 $N\to\infty$ 时，式(7.48)的最优解$\widehat{\boldsymbol{u}^*}$ 以概率 1 收敛到 $\boldsymbol{u}^*$。

B. 进一步假设

1. $\boldsymbol{u}^*$ 是$\mathscr{V}$的一个内点。

2. 几乎对每一个 $\boldsymbol{x}$，函数 $f(\boldsymbol{x};\cdot)$在 $\boldsymbol{u}^*$ 的一个邻域 $\mathscr{U}$ 内是二阶连续可导的，且函数族$\{\|H(\boldsymbol{x})\nabla^k f(\boldsymbol{x};\boldsymbol{u})\| : \boldsymbol{u}\in\mathscr{U}, k=1,2\}$（其中 $\|\boldsymbol{x}\|=(x_1^2+\cdots+x_n^2)^{1/2}$）受限于一个可积函数。

3. 矩阵

$$\boldsymbol{B} = E_{\boldsymbol{v}}[H(\boldsymbol{X})\,\nabla^2 W(\boldsymbol{X};\boldsymbol{u}^*,\boldsymbol{v})] \tag{7.52}$$

是非奇异阵。

4. 向量 $H(\boldsymbol{X})\nabla W(\boldsymbol{X};\boldsymbol{u}^*,\boldsymbol{v})$的协方差矩阵

$$\boldsymbol{\Sigma} = E_{\boldsymbol{v}}[H^2(\boldsymbol{X})\,\nabla W(\boldsymbol{X};\boldsymbol{u}^*,\boldsymbol{v})(\nabla W(\boldsymbol{X};\boldsymbol{u}^*,\boldsymbol{v}))^{\mathrm{T}}] - \nabla\ell(\boldsymbol{u}^*)(\nabla\ell(\boldsymbol{u}^*))^{\mathrm{T}}$$

那么，随机向量 $N^{1/2}(\widehat{\boldsymbol{u}^*}-\boldsymbol{u}^*)$在分布上收敛到一个正态随机向量，其均值为 0，协方差矩阵为

$$\boldsymbol{B}^{-1}\boldsymbol{\Sigma}\boldsymbol{B}^{-1} \tag{7.53}$$

估计量 $N^{1/2}(\widehat{\boldsymbol{u}^*}-\boldsymbol{u}^*)$的渐近效率取决于式(7.53)表示的协方差矩阵。在定理 7.3.2 的假设条件下，该协方差矩阵可以用 $\hat{\boldsymbol{B}}^{-1}\hat{\boldsymbol{\Sigma}}\hat{\boldsymbol{B}}^{-1}$来一致估计，其中

$$\hat{\boldsymbol{B}} = \frac{1}{N}\sum_{i=1}^{N} H(\boldsymbol{X}_i)\,\nabla^2 W(\boldsymbol{X}_i;\widehat{\boldsymbol{u}^*},\boldsymbol{v}) \tag{7.54}$$

而且

$$\hat{\boldsymbol{\Sigma}} = \frac{1}{N}\sum_{i=1}^{N} H^2(\boldsymbol{X}_i)\,\nabla W(\boldsymbol{X}_i;\hat{\boldsymbol{u}},\boldsymbol{v})(\nabla W(\boldsymbol{X}_i;\widehat{\boldsymbol{u}^*},\boldsymbol{v}))^{\mathrm{T}} - \widehat{\nabla\ell}(\widehat{\boldsymbol{u}^*};\boldsymbol{v})(\widehat{\nabla\ell}(\widehat{\boldsymbol{u}^*};\boldsymbol{v}))^{\mathrm{T}} \tag{7.55}$$

分别是矩阵 $\boldsymbol{B}$ 和 $\boldsymbol{\Sigma}$ 的一致估计。可以看到，这些矩阵可以用与估计量$\widehat{\boldsymbol{u}^*}$ 相同的样本$\{\boldsymbol{X}_1,\cdots,\boldsymbol{X}_N\}$进行估计。同时也可以看到，矩阵 $\boldsymbol{B}$ 与 Hessian 矩阵$\nabla^2\ell(\boldsymbol{u}^*)$完全一致，而且与重要抽样参数向量 $\boldsymbol{v}$ 的选择无关。

尽管上述定理只是针对分布参数的情况推导的，类似的讨论也适用于随机等效问题(7.43)，包括分布参数向量和结构参数向量分别为 $\boldsymbol{u}_1$ 和 $\boldsymbol{u}_2$ 的情形。

基于以上对估计量 $\hat{\ell}^*$ 和 $\widehat{\boldsymbol{u}^*}$ 的统计推导，我们可以指定停止规则，对得到的解进行有效性分析和误差分析。特别地，Shapiro[19] 的研究表明，如果函数 $\ell(\boldsymbol{u})$ 是二阶可导的，在随机近似方法中采用一个**渐近的最优步长**，那么，上述随机等效方法产生的估计量渐近收敛于原问题的最优解的速度与随机近似方法相同。另外，Kleywegt、Shapiro 和 Homen de Mello[9] 的工作表明，如果底层所用的概率分布是离散的，而 $\ell(\boldsymbol{u})$ 是分段线性且凸的，则随机等效方法（也叫**样本路径方法**）以概率 1 得到一个精确的最优解。关于基于仿真的优化方法的最新进展请参见 Kleywegt 和 Shapiro 的文献[8]。

下面的例子将解决 $\ell(\boldsymbol{u})$ 的无约束最小值问题，其中 $\boldsymbol{u}=(\boldsymbol{u}_1,\boldsymbol{u}_2)$，同时包括分布参数向量和结构参数向量。

■例 7.9　例 7.1 和例 7.7（续）

考虑函数

$$\ell(\boldsymbol{u}) = E_{\boldsymbol{u}_1}[H(\boldsymbol{X};\boldsymbol{u}_2)] + \boldsymbol{b}^{\mathrm{T}}\boldsymbol{u}$$

的最小化问题，其中

$$H(\boldsymbol{X};u_3,u_4) = \max\{X_1+u_3, X_2+u_4\} \tag{7.56}$$

$\boldsymbol{u}=(\boldsymbol{u}_1,\boldsymbol{u}_2)$，$\boldsymbol{u}_1=(u_1,u_2)$，$\boldsymbol{u}_2=(u_3,u_4)$，$\boldsymbol{X}=(X_1,X_2)$ 是一个各分量相互独立的二维向量，$X_i \sim f_i(x;u_i)$，$i=1,2$，满足 $X_i \sim \mathrm{Exp}(u_i)$，$\boldsymbol{b}=(b_1,\cdots,b_4)$ 是一个成本向量。

为了找到最优解 $\boldsymbol{u}^*$ 的一个估计值，我们可以参照例 7.7 的方式，分别采用 $\nabla\ell(\boldsymbol{u})$ 的直接估计量、逆变换估计量和推出估计量进行估计。特别地，我们定义一个类似于式(7.44)的非线性方程组，它可以根据 $\nabla\ell(\boldsymbol{u})$ 的直接估计量、逆变换估计量和推出估计量产生。注意，每个这样的估计量都有一个适当的似然比函数 $W(\cdot)$。

(a) $\nabla\ell(\boldsymbol{u})$ 的**直接估计量**：在这种情况下，

$$W(\boldsymbol{X};\boldsymbol{u}_1,\boldsymbol{v}_1) = \frac{f_1(X_1;u_1)f_2(X_2;u_2)}{f_1(X_1;v_1)f_2(X_2;v_2)}$$

其中 $\boldsymbol{X} \sim f_1(x_1;v_1)f_2(x_2;v_2)$，$\boldsymbol{v}_1=(v_1,v_2)$。使用上述似然比，式(7.31)和式(7.32)可以分别写成

$$\frac{\partial\ell(\boldsymbol{u})}{\partial u_1} = E_{\boldsymbol{v}_1}[H(\boldsymbol{X};\boldsymbol{u}_2)W(\boldsymbol{X};\boldsymbol{u}_1,\boldsymbol{v}_1)\nabla\ln f_1(X_1;u_1)] + b_1 \tag{7.57}$$

和

$$\frac{\partial\ell(\boldsymbol{u})}{\partial u_3} = E_{\boldsymbol{v}_1}\left[\frac{\partial H(\boldsymbol{X};\boldsymbol{u}_2)}{\partial u_3}W(\boldsymbol{X};\boldsymbol{u}_1,\boldsymbol{v}_1)\right] + b_3 \tag{7.58}$$

$\partial\ell(\boldsymbol{u})/\partial u_2$ 和 $\partial\ell(\boldsymbol{u})/\partial u_4$ 类似。类似于式(7.34)，$\partial\ell(\boldsymbol{u})/\partial u_3$ 的重要抽样估计量可以写成

$$\widehat{\nabla \ell}_3^{(1)}(\boldsymbol{u};\boldsymbol{v}_1) = \frac{1}{N}\sum_{i=1}^{N} \frac{\partial H(\boldsymbol{X}_i;\boldsymbol{u}_2)}{\partial u_3} W(\boldsymbol{X}_i;\boldsymbol{u}_1,\boldsymbol{v}_1) + b_3 \tag{7.59}$$

其中 $\boldsymbol{X}_1,\cdots,\boldsymbol{X}_N$ 是 $f(\boldsymbol{x};\boldsymbol{v}_1)=f_1(x_1;v_1)f_2(x_2;v_2)$ 的一个随机样本，其余 $\partial\ell(\boldsymbol{u})/\partial u_i(i=1,2,4)$ 的重要抽样估计量 $\widehat{\nabla \ell}_i^{(1)}(\boldsymbol{u};\boldsymbol{v}_1)$ 用类似的方法得到。在此基础上，最优解 $\boldsymbol{u}^*$ 的估计值可以通过解下面的四维非线性方程组得到

$$\widehat{\nabla \ell}^{(1)}(\boldsymbol{u}) = \boldsymbol{0}, \quad \boldsymbol{u} \in \mathscr{V} \tag{7.60}$$

其中 $\widehat{\nabla \ell}^{(1)}=(\widehat{\nabla \ell}_1^{(1)},\cdots,\widehat{\nabla \ell}_4^{(1)})$。

(b) $\boldsymbol{\nabla}\ell(\boldsymbol{u})$ 的**逆变换估计量**：考虑式(7.35)，最优解 $\boldsymbol{u}^*$ 的估计值可以通过求解下面类似于式(7.60)的四维非线性方程组得到：

$$\widehat{\nabla \ell}^{(2)}(\boldsymbol{u}) = \boldsymbol{0}, \quad \boldsymbol{u} \in \mathscr{V} \tag{7.61}$$

这里

$$\widehat{\nabla \ell}^{(2)}(\boldsymbol{u}) = \frac{1}{N}\sum_{i=1}^{N} \nabla \breve{H}(\boldsymbol{Z}_i;\boldsymbol{u}) + \boldsymbol{b}$$

其中 $\boldsymbol{Z}_1,\cdots,\boldsymbol{Z}_N$ 是各分量相互独立的二维均匀分布概率密度函数的一个随机样本，也就是 $\boldsymbol{Z}=(Z_1,Z_2)$，$Z_j\sim U(0,1)$，$j=1,2$。另外，也可以用逆变换似然比方法(ITLR)来估计 $\boldsymbol{u}^*$，在这种情况下，该四维非线性方程组与式(7.61)类似，可以写成

$$\widetilde{\nabla \ell}^{(2)}(\boldsymbol{u}) = \boldsymbol{0}, \quad \boldsymbol{u} \in \mathscr{V} \tag{7.62}$$

这里

$$\widetilde{\nabla \ell}^{(2)}(\boldsymbol{u}) = \frac{1}{N}\sum_{i=1}^{N} \nabla \breve{H}(\boldsymbol{X}_i;\boldsymbol{u}) W(\boldsymbol{X}_i;\boldsymbol{\theta}) + \boldsymbol{b}$$

$$W(\boldsymbol{X}_i;\boldsymbol{\theta}) = \frac{1}{h_1(X_{1i};\theta_1)h_2(X_{2i};\theta_2)}$$

其中 $\boldsymbol{\theta}=(\theta_1,\theta_2)$，$\boldsymbol{X}=(X_1,X_2)\sim h_1(x_1;\theta_1)h_2(x_2;\theta_2)$，例如我们可以取 $h_i(x;\theta_i)=\theta_i x^{\theta_i-1}$，$i=1,2$，即 $h_i(\cdot)$ 是一个贝塔分布的概率密度函数。

(c) $\boldsymbol{\nabla}\ell(\boldsymbol{u})$ 的**推出估计量**：考虑式(7.39)，最优解 $\boldsymbol{u}^*$ 的估计可以通过求解下面四维非线性方程组得到：

$$\widehat{\nabla \ell}^{(3)}(\boldsymbol{u};\boldsymbol{v}) = \boldsymbol{0}, \quad \boldsymbol{u} \in \mathscr{V} \tag{7.63}$$

其中

$$\widehat{\nabla \ell}^{(3)}(\boldsymbol{u};\boldsymbol{v}) = \frac{1}{N}\sum_{i=1}^{N} \max\{\widetilde{X}_{1i},\widetilde{X}_{2i}\} W(\widetilde{\boldsymbol{X}}_i;\boldsymbol{u},\boldsymbol{v})\, \boldsymbol{\nabla}\ln\widetilde{f}(\widetilde{\boldsymbol{X}}_i;\boldsymbol{u}) + \boldsymbol{b}$$

$$W(\widetilde{\boldsymbol{X}}_i;\boldsymbol{u},\boldsymbol{v}) = \frac{f_1(X_1-u_3;u_1)f_2(X_2-u_4;u_2)}{f_1(X_1-v_3;v_1)f_2(X_2-v_4;v_2)}$$

$\widetilde{\boldsymbol{X}}_i\sim\widetilde{f}(\boldsymbol{x})=f_1(x_1-v_3;v_1)f_2(x_2-v_4;v_2)$。

最后我们回到一般的规划问题(P_0)的随机等效方法。根据前面的讨论，可以

写成

$$
(\hat{\mathrm{P}}_N)\quad \begin{aligned} &\min \hat{\ell}_0(\boldsymbol{u};\boldsymbol{v}_1), \quad \boldsymbol{u} \in \mathscr{V} \\ &约束:\hat{\ell}_j(\boldsymbol{u};\boldsymbol{v}_1) \leqslant 0, \; j = 1,\cdots,k \\ &\hat{\ell}_j(\boldsymbol{u};\boldsymbol{v}_1) = 0, \; j = k+1,\cdots,M \end{aligned} \tag{7.64}
$$

这里

$$
\hat{\ell}_j(\boldsymbol{u};\boldsymbol{v}_1) = \frac{1}{N}\sum_{i=1}^{N} H_j(\boldsymbol{X}_i;\boldsymbol{u}_2)W(\boldsymbol{X}_i;\boldsymbol{u}_1,\boldsymbol{v}_1), \; j = 0,1,\cdots,M \tag{7.65}
$$

其中 $\boldsymbol{X}_1,\cdots,\boldsymbol{X}_N$ 是重要抽样概率密度函数 $f(\boldsymbol{x};\boldsymbol{v}_1)$ 的一个随机样本，这里我们把 $\{\hat{\ell}_j(\boldsymbol{u};\boldsymbol{v}_1)\}$ 看作 $\boldsymbol{u}$ 的函数而非 $\boldsymbol{u}$ 取某个固定值时的估计量。

另外注意，一旦生成了样本 $\boldsymbol{X}_1,\cdots,\boldsymbol{X}_N$，函数 $\hat{\ell}_j(\boldsymbol{u};\boldsymbol{v}_1)$，$j=1,\cdots,M$ 就可以通过函数 $\{H_j(\boldsymbol{X}_i;\boldsymbol{u}_2)\}$ 和 $W(\boldsymbol{X}_i;\boldsymbol{u}_1,\boldsymbol{v}_1)$ **明确**地确定下来。更进一步，假设对于任意的 $\boldsymbol{u}$，通过一次仿真就可以计算出对应的梯度 $\nabla\hat{\ell}_j(\boldsymbol{u};\boldsymbol{v}_1)$，那么最优化问题 $(\hat{\mathrm{P}}_N)$ 就可以通过标准的数学规划方法求解，由此得出的规划问题 $(\hat{\mathrm{P}}_N)$ 的最优函数值和最优决策向量就分别是原规划问题 (P_0) 的最优解 ℓ^* 和 $\boldsymbol{u}^*$ 的估计量。有一点非常重要，这个方法之所以可行是基于这样的事实：一旦产生了样本 $\boldsymbol{X}_1,\cdots,\boldsymbol{X}_N$，只要样本函数 $\{H_j(\boldsymbol{X};\boldsymbol{u}_2)\}$ 对于任意的 $\boldsymbol{u}_2$ 都能明确地求出来，那么函数 $\hat{\ell}_j(\boldsymbol{u})$，$j=1,\cdots,M$ 就能非常明确地求出来。回顾一下，如果 $\{H_j(\boldsymbol{X};\boldsymbol{u}_2)\}$ 只对一些事先确定的 $\boldsymbol{u}_2$ 才能求得出来，而不是同时对于所有的 $\boldsymbol{u}_2$ 都能求得出来，那我们就可以采用随机近似算法而不是随机等效算法。注意，在 $\{H_j(\cdot)\}$ 与 $\boldsymbol{u}_2$ 无关的情况下，只要规划问题 $(\hat{\mathrm{P}}_N)$ 的信任域不超过式(7.27)定义的条件，我们就可以利用得分函数(SF)方法来求解规划问题 $(\hat{\mathrm{P}}_N)$（通过一次仿真运行）。如果不是这种情况，就需要用梯度类迭代方法，其中不涉及似然比。

通过随机等效问题 $(\hat{\mathrm{P}}_N)$ 估计原规划问题 (P_0) 的最优解 $\boldsymbol{u}^*$ 的算法可以总结如下：

算法 7.3.1($\boldsymbol{u}^*$ 的估计)

1. 从 $f(\boldsymbol{x};\boldsymbol{v}_1)$ 产生一个随机样本 $\boldsymbol{X}_1,\cdots,\boldsymbol{X}_N$。
2. 通过仿真计算函数 $H_j(\boldsymbol{X}_i;\boldsymbol{u}_2)$，$j=1,\cdots,M$，$i=1,\cdots,N$。
3. 利用标准的数学规划方法求解规划问题 $(\hat{\mathrm{P}}_N)$。
4. 返回 $\hat{\mathrm{P}}_N$ 的最优解 $\widehat{\boldsymbol{u}^*}$ 作为 u^* 的估计值。

算法 7.3.1 的第 3 步通常需要调用数值迭代过程，也就是要求对于参数向量 $\boldsymbol{u}$ 的多个取值，依次计算函数 $\hat{\ell}_j(\boldsymbol{u})$，$j=1,\cdots,M$ 的值及其梯度(也可能包括 Hessian 矩阵)。我们对一个包含多达 100 个决策变量的离散事件静态系统进行深入的仿真研究，结果表明，只要规划问题 $(\hat{\mathrm{P}}_N)$ 是凸的(参见文献[18]和附录)，信任域不是太大，而且样本大小 N 非常大（数量级大约为 1000 或更多），那么规划问题（$\hat{\mathrm{P}}_N$）的最优解 $\widehat{\boldsymbol{u}^*}$ 就是真正最优解 $\boldsymbol{u}^*$ 的一个可靠估计。

7.4 离散事件动态系统的灵敏度分析

设 $\boldsymbol{X}_1,\boldsymbol{X}_2,\cdots$ 是一个 m 维随机向量的输入序列，对应的输出过程为 $\{H_t,t=0,1,2,\cdots\}$，H_t 表示函数 $H_t=H_t(\boldsymbol{X}_t)$，向量 $\boldsymbol{X}_t=(X_1,X_2,\cdots,X_t)$ 表示截止时刻 t 的历史输入过程。令 $\boldsymbol{X}_t$ 的概率密度函数为 $f_t(\boldsymbol{x}_t;\boldsymbol{u})$，它与参数向量 $\boldsymbol{u}$ 有关。假定 $\{H_t\}$ 是一个再生过程，更新周期的长度是 τ，两个典型的例子是遍历马尔可夫链和 $GI/G/1$ 系统中的等待时间过程。在这两种情况下（见第 4.3.2.2 节），期望的稳态性能 $\ell(\boldsymbol{u})$ 可以写成

$$\ell(\boldsymbol{u}) = \frac{E_{\boldsymbol{u}}[R]}{E_{\boldsymbol{u}}[\tau]} = \frac{E_{\boldsymbol{u}}[\sum_{t=1}^{\tau} H_t(\boldsymbol{X}_t)]}{E_{\boldsymbol{u}}[\tau]} \tag{7.66}$$

其中 R 是一个周期内的收益。这是一个静态模型，这里介绍如何仅仅通过**一次仿真**就能估计出不同 $\boldsymbol{u}$ 值对应的性能 $\ell(\boldsymbol{u})$ 及其各阶导数 $\nabla^k\ell(\boldsymbol{u})$，$k=1,2,\cdots$。

首先考虑当 $\{X_i\}$ 是独立同分布且概率密度函数为 $f(x;\boldsymbol{u})$ 时 $\ell_R(\boldsymbol{u})=E_{\boldsymbol{u}}[R]$ 的估计，因此 $f_t(\boldsymbol{x}_t) = \prod_{i=1}^{t} f(x_i)$。令 $g(x)$ 是任意一个重要抽样概率密度函数，并令 $g_t(\boldsymbol{x}_t) = \prod_{i=1}^{t} g(x_i)$，下面我们证明 $\ell_R(\boldsymbol{u})$ 可以表示为

$$\ell_R(\boldsymbol{u}) = E_g[\sum_{t=1}^{\tau} H_t(\boldsymbol{X}_t) W_t(\boldsymbol{X}_t;\boldsymbol{u})] \tag{7.67}$$

其中 $\boldsymbol{X}_t \sim g_t(\boldsymbol{x}_t)$，$W_t(\boldsymbol{X}_t;\boldsymbol{u}) = f_t(\boldsymbol{x}_t;\boldsymbol{u})/g_t(\boldsymbol{x}_t) = \prod_{j=1}^{t} f(X_j;\boldsymbol{u})/g(X_j)$。进一步，我们有

$$\sum_{t=1}^{\tau} H_t = \sum_{t=1}^{\infty} H_t I_{\{\tau\geqslant t\}} \tag{7.68}$$

因为 $\tau \sim \tau(\boldsymbol{X}_t)$ 完全是由 $\boldsymbol{X}_t$ 决定的，因此指标 $I_{\{\tau\geqslant t\}}$ 可以看作 $\boldsymbol{x}_t$ 的函数，可以写成 $I_{\{\tau\geqslant t\}}(\boldsymbol{x}_t)$。相应地，$H_t I_{\{\tau\geqslant t\}}$ 的期望是

$$\begin{aligned} E_{\boldsymbol{u}}[H_t I_{\{\tau\geqslant t\}}] &= \int H_t(\boldsymbol{x}_t) I_{\{\tau\geqslant t\}}(\boldsymbol{x}_t) f_t(\boldsymbol{x}_t;\boldsymbol{u})\mathrm{d}\boldsymbol{x}_t \\ &= \int H_t(\boldsymbol{x}_t) I_{\{\tau\geqslant t\}}(\boldsymbol{x}_t) W_t(\boldsymbol{x}_t;\boldsymbol{u}) g_t(\boldsymbol{x}_t)\mathrm{d}\boldsymbol{x}_t \\ &= E_g[H_t(\boldsymbol{X}_t) I_{\{\tau\geqslant t\}}(\boldsymbol{X}_t) W_t(\boldsymbol{X}_t;\boldsymbol{u})] \end{aligned} \tag{7.69}$$

联合式(7.68)和式(7.69)就能得到式(7.67)的结果。在 $H_t\equiv 1$ 的特殊情况

下，把 $W_t(\boldsymbol{X}_t;\boldsymbol{u})$ 简写为 W_t，式(7.67)简化为

$$E_{\boldsymbol{u}}[\tau]=E_g[\sum_{t=1}^{\tau}W_t]$$

式(7.67)的导数也可以表示成类似的形式。特别地，标准的正则条件确保了微分算子与期望算子可以互换，于是有

$$\nabla^k\ell_R(\boldsymbol{u})=E_g[\sum_{t=1}^{\tau}H_t\nabla^kW_t]=E_g[\sum_{t=1}^{\tau}H_t\,\mathcal{S}_t^{(k)}W_t] \tag{7.70}$$

其中$\mathcal{S}_t^{(k)}$ 是 $f_t(\boldsymbol{x}_t;\boldsymbol{u})$对应的 k 阶得分函数，类似于式(7.7)。

现在，设$\{X_{11},\cdots,X_{\tau_1 1},\cdots,X_{1N},\cdots,X_{\tau_N N}\}$是由概率密度函数 $g(x)$生成的 N 个再生周期的样本，依据式(7.70)，我们可以通过**一次仿真运行**对$\nabla^k\ell_R(\boldsymbol{u})$进行估计，$k=1,2,\cdots$，即

$$\widehat{\nabla^k\ell_R}(\boldsymbol{u})=\frac{1}{N}\sum_{i=1}^{N}\sum_{t=1}^{\tau_i}H_{ti}\,\mathcal{S}_{ti}^{(k)}W_{ti} \tag{7.71}$$

其中 $W_{ti}=\prod_{j=1}^{t}\dfrac{f(X_{ji};\boldsymbol{u})}{g(X_{ji})}$，$X_{ji}\sim g(x)$。注意，这里$\widehat{\nabla^k\ell_R}(\boldsymbol{u})=\nabla^k\widehat{\ell_R}(\boldsymbol{u})$。对于$g(\boldsymbol{x})=f(\boldsymbol{x};\boldsymbol{u})$这一特殊情形，当使用原来的概率密度函数 $f(\boldsymbol{x};\boldsymbol{u})$时，我们有

$$\nabla^k\ell_R(\boldsymbol{u})=E_{\boldsymbol{u}}[\sum_{t=1}^{\tau}H_t\,\mathcal{S}_t^{(k)}] \tag{7.72}$$

对于 $k=1$，将$\mathcal{S}_t^{(1)}$ 写为$\mathcal{S}_t$，得分函数过程$\{\mathcal{S}_t\}$为

$$\mathcal{S}_t=\sum_{j=1}^{t}\nabla\ln f(X_j;\boldsymbol{u}) \tag{7.73}$$

■例 7.10

令 $\boldsymbol{X}\sim G(p)$，即 $f(x;p)=p(1-p)^{x-1}$，$x=1,2,\cdots$，于是(见表 7.1)

$$\mathcal{S}_t=\frac{\partial}{\partial p}\ln f_t(\boldsymbol{X}_t;p)=\frac{t-p\sum_{j=1}^{t}X_j}{p(1-p)}$$

■例 7.11

令 $\boldsymbol{X}\sim\mathrm{Gamma}(\alpha,\lambda)$，即 $f(x;\lambda,\alpha)=\dfrac{\lambda^\alpha x^{\alpha-1}\mathrm{e}^{-\lambda x}}{\Gamma(\alpha)}(x>0)$。假设我们需要求解关于 λ 的灵敏度，则

$$\mathcal{S}_t=\frac{\partial}{\partial\lambda}\ln f_t(\boldsymbol{X}_t;\lambda,\alpha)=t\alpha\lambda^{-1}-\sum_{i=1}^{t}X_i$$

现在我们回到 $\ell(\boldsymbol{u})=E_{\boldsymbol{u}}[R]/E_{\boldsymbol{u}}[\tau]$及其灵敏度的估计问题。在 $H_t\equiv1$ 时，$\tau=\sum_{t=1}^{\tau}1$ 可以看作式(7.67)的一个特例，考虑到式(7.70)，我们可以把 $\ell(\boldsymbol{u})$写成

$$\ell(\boldsymbol{u})=\frac{E_g\left[\sum_{t=1}^{\tau}H_tW_t\right]}{E_g\left[\sum_{t=1}^{\tau}W_t\right]} \tag{7.74}$$

对式(7.74)直接求导，可以把$\nabla\ell(\boldsymbol{u})$写成

$$\nabla\ell(\boldsymbol{u})=\frac{E_g\left[\sum_{t=1}^{\tau}H_t\nabla W_t\right]}{E_g\left[\sum_{t=1}^{\tau}W_t\right]}-\frac{E_g\left[\sum_{t=1}^{\tau}H_tW_t\right]}{E_g\left[\sum_{t=1}^{\tau}W_t\right]}\cdot\frac{E_g\left[\sum_{t=1}^{\tau}\nabla W_t\right]}{E_g\left[\sum_{t=1}^{\tau}W_t\right]} \tag{7.75}$$

注意观察，$W_t=W_t(\boldsymbol{X}_t;\boldsymbol{u})$是$\boldsymbol{u}$的函数而$H_t=H_t(\boldsymbol{X}_t)$不是。进一步观察，上式中$\nabla W_t=W_t\,\mathcal{S}_t$对所关注的参数的高阶偏导数可以从式(7.75)获得。利用式(7.74)和(7.75)，我们可以对所有的$\boldsymbol{u}$值估计$\ell(\boldsymbol{u})$和$\nabla\ell(\boldsymbol{u})$，分别为

$$\hat{\ell}(\boldsymbol{u})=\frac{\sum_{i=1}^{N}\sum_{t=1}^{\tau_i}H_{ti}W_{ti}}{\sum_{i=1}^{N}\sum_{t=1}^{\tau_i}W_{ti}} \tag{7.76}$$

和

$$\widehat{\nabla\ell}(\boldsymbol{u})=\frac{\sum_{i=1}^{N}\sum_{t=1}^{\tau_i}H_{ti}W_{ti}\,\mathcal{S}_{ti}}{\sum_{i=1}^{N}\sum_{t=1}^{\tau_i}W_{ti}}-\frac{\sum_{i=1}^{N}\sum_{t=1}^{\tau_i}H_{ti}W_{ti}}{\sum_{i=1}^{N}\sum_{t=1}^{\tau_i}W_{ti}}\cdot\frac{\sum_{i=1}^{N}\sum_{t=1}^{\tau_i}W_{ti}\,\mathcal{S}_{ti}}{\sum_{i=1}^{N}\sum_{t=1}^{\tau_i}W_{ti}} \tag{7.77}$$

高阶导数也类似。再次注意，在这种情况下$\widehat{\nabla\ell}(\boldsymbol{u})=\nabla\hat{\ell}(\boldsymbol{u})$。下面是用一次仿真估计梯度$\nabla\ell(\boldsymbol{u})$在不同$\boldsymbol{u}$值时的算法。

算法 7.4.1($\nabla\ell(\boldsymbol{u})$的估计)

1. 从$g(x)$产生一个随机样本$\{X_1,\cdots,X_T\}$，其中$T=\sum_{i=1}^{N}\tau_i$。
2. 计算输出过程$\{H_t\}$和$\{\nabla W_t\}=\{W_t\,\mathcal{S}_t\}$。
3. 根据式(7.77)计算$\widehat{\nabla\ell}(\boldsymbol{u})$。

类似于第 4 章的标准再生估计量，灵敏度$\nabla^k\ell(\boldsymbol{u}),k=0,1$的置信区间可以利用得分函数估计量$\nabla^k\hat{\ell}(\boldsymbol{u}),k=0,1$得到。这一问题留给读者当作练习。

■例 7.12　等待时间

$GI/G/1$队列的等待时间过程是由间隔时间序列$\{A_t\}$和服务时间序列$\{S_t\}$驱动的，通过 Lindley 等式可以得到

$$H_t=\max\{H_{t-1}+S_t-A_t,0\},\quad t=1,2,\cdots \tag{7.78}$$

其中$H_0=0$，见式(4.30)和习题 5.3。记$X_t=(S_t,A_t)$，$\{X_t,t=1,2,\cdots\}$是独立同

分布的，过程$\{H_t, t=0,1,\cdots\}$是一个再生过程，每当 $H_t=0$ 时再生。令 $\tau>0$ 表示第一次再生的时间，用 H 表示稳态等待时间，我们希望估计稳态性能

$$\ell = E[H] = \frac{E[\sum_{t=1}^{\tau} H_t]}{E[\tau]}$$

具体地，我们考虑 $S \sim \text{Exp}(\mu)$，$A \sim \text{Exp}(\lambda)$，而且 S 和 A 相互独立的情况。在这种情况下，H 是 $M/M/1$ 队列的稳态等待时间，而且在 $\mu>\lambda$ 时 $E[H]=\lambda/(\mu(\mu-\lambda))$，参见文献[5]。假设我们用服务率 $\tilde{\mu}$ 进行仿真，希望使用同一仿真结果对 $\ell(\mu)=E[H]$在不同 μ 值处进行估计。令$(S_1, A_1), \cdots, (S_\tau, A_\tau)$分别表示第一个周期的服务时间和间隔时间，于是，对于第一个周期，有

$$W_t = W_{t-1} \frac{\mu e^{-\mu S_t}}{\tilde{\mu} e^{-\tilde{\mu} S_t}}, \quad t = 1,2,\cdots,\tau \quad (W_0 = 1)$$

$$\mathcal{S}_t = \mathcal{S}_{t-1} + \frac{1}{\mu} - S_t, \quad t = 1,2,\cdots,\tau \quad (\mathcal{S}_0 = 0)$$

H_t 由式(7.78)给定。根据这些条件，$\sum_{t=1}^{\tau} H_t W_t$，$\sum_{t=1}^{\tau} W_t$，$\sum_{t=1}^{\tau} W_t \mathcal{S}_t$ 和 $\sum_{t=1}^{\tau} H_t W_t \mathcal{S}_t$ 都可以计算出来。对后续周期重复这些计算，我们可以用式(7.76)和(7.77)分别估计出 $\ell(\mu)$和$\nabla\ell(\mu)$。图 7.4 给出了当 $1.5 \leqslant \mu \leqslant 5.5$ 时仅用一次仿真运行 $N=10^5$ 个周期得到的估计值和真值。仿真中服务率为 $\tilde{\mu}=2$，到达率为 $\lambda=1$。可以看出，$\ell(\mu)$和$\nabla\ell(\mu)$在整个区间内都得到了准确的估计。注意，当 $\mu<2$ 时，$\ell(\mu)$的置信区间迅速变宽；而在 $\mu=1.5$ 以下，不应该再进行估计，因为此时重要抽样失效，从而得到不可靠的估计。

尽管式(7.76)和(7.77)是在$\{X_i\}$是独立同分布的条件下推导出来的，但大部分理论很容易被修改成适于处理非独立的情形，例如，我们考虑一种情况，其中 $X_1, X_2, \cdots$构成了一个遍历马尔可夫链，R 具有如下形式：

$$R = \sum_{t=1}^{\tau} c_{X_{t-1}, X_t} \tag{7.79}$$

其中 c_{ij} 是从状态 i 到状态 j 的成本，而 R 代表一个长度为 τ 的周期内发生的成本。令 $\boldsymbol{P}=(p_{ij})$是马尔可夫链的一步转移矩阵，与式(7.67)的推导类似，令 $H_t = c_{X_{t-1}, X_t}$，我们看到

$$E_{\boldsymbol{P}}[R] = E_{\widetilde{\boldsymbol{P}}}[\sum_{t=1}^{\tau} H_t W_t]$$

其中 $\widetilde{\boldsymbol{P}}=(\widetilde{p}_{ij})$是另一个转移矩阵，

$$W_t = W_t(\boldsymbol{X}_t; \boldsymbol{P}, \widetilde{\boldsymbol{P}}) = \prod_{K=1}^{t} \frac{p_{X_{k-1}, X_k}}{\widetilde{p}_{X_{k-1}, X_k}}$$

是似然比。$\boldsymbol{X}_t$ 的概率密度函数由下式给出：

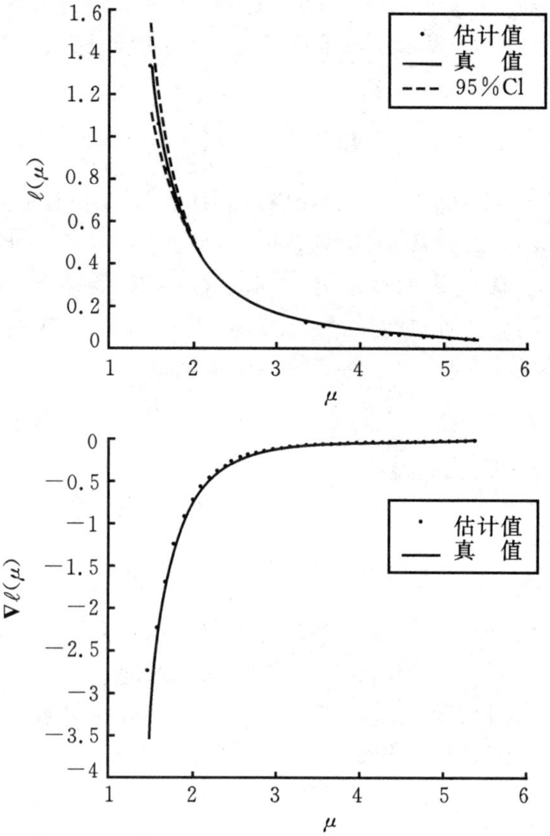

图 7.4 稳态等待时间及其导数的估计值和真值随 μ 的变化曲线

$$f_t(\boldsymbol{x}_t;\boldsymbol{P}) = \prod_{K=1}^{t} p_{X_{k-1},X_k}$$

得分函数同样可以通过对概率密度函数的对数求导获得。因为 $E_{\boldsymbol{P}}[\tau] = E_{\widetilde{\boldsymbol{P}}}[\sum_{t=1}^{\tau} W_t]$，以 $\widetilde{\boldsymbol{P}}$ 为转移矩阵运行一次仿真，就可以同时对多个 $\boldsymbol{P}$ 值对应的长期平均成本 $\ell(\boldsymbol{P})=E_{\boldsymbol{P}}[R]/E_{\boldsymbol{P}}[\tau]$ 及其导数分别用式(7.76)和(7.77)进行估计。

■例 7.13　马尔可夫链:例 4.8(续)

我们再次考虑一个两状态马尔可夫链，其转移矩阵 $\boldsymbol{P}=(p_{ij})$ 和代价矩阵 $\boldsymbol{C}$ 分别是

$$\boldsymbol{P} = \begin{pmatrix} p_1 & 1-p_1 \\ p_2 & 1-p_2 \end{pmatrix} = (\boldsymbol{p} \quad \boldsymbol{1}-\boldsymbol{p})$$

和

$$\boldsymbol{C}=\begin{pmatrix}0 & 1\\ 2 & 3\end{pmatrix}$$

其中 $\boldsymbol{p}$ 表示向量 $(p_1,p_2)^{\mathrm{T}}$。我们的目的是在 $\widetilde{\boldsymbol{P}}=\left(\frac{1}{2},\frac{1}{5}\right)^{\mathrm{T}}$ 的条件下，利用式(7.76)和(7.77)通过一次仿真同时对多个 $\boldsymbol{p}$ 值估计 $\ell(\boldsymbol{p})$ 和 $\nabla\ell(\boldsymbol{p})$。与例 4.8 一样，假设从状态 1 开始，我们得到的样本轨迹是 $(x_0,x_1,x_2,\cdots,x_{10})=(1,2,2,2,1,2,1,1,2,2,1)$，其中包括 4 个周期，周期长度分别是 $\tau_1=4,\tau_2=2,\tau_3=1,\tau_4=3$，而对应的转移概率分别是 $(p_{12},p_{22},p_{22},p_{21})$，$(p_{12},p_{21})$，$(p_{11})$，$(p_{12},p_{22},p_{21})$。第一个周期的成本由式(7.79)给出。考虑以下两种情况：(1) $\boldsymbol{P}=\widetilde{\boldsymbol{P}}=\left(\frac{1}{2},\frac{1}{5}\right)^{\mathrm{T}}$ 和(2) $\boldsymbol{P}=\left(\frac{1}{5},\frac{1}{2}\right)^{\mathrm{T}}$。这两种情况的转移矩阵是

$$\widetilde{\boldsymbol{P}}=\begin{pmatrix}\frac{1}{2} & \frac{1}{2}\\ \frac{1}{5} & \frac{4}{5}\end{pmatrix}\text{和}\ \boldsymbol{P}=\begin{pmatrix}\frac{1}{5} & \frac{4}{5}\\ \frac{1}{2} & \frac{1}{2}\end{pmatrix}$$

注意，第一种情况涉及原来的马尔可夫链。

在第一个周期，发生的成本是 $H_{11}=1,H_{21}=3,H_{31}=H_{41}=2$。在第(2)种情况下似然比是 $W_{11}=\frac{p_{12}}{\tilde{p}_{12}}=\frac{8}{5}$，$W_{21}=W_{11}\frac{p_{22}}{\tilde{p}_{22}}=1$，$W_{31}=W_{21}\frac{p_{22}}{\tilde{p}_{22}}=\frac{5}{8}$，$W_{41}=W_{31}\frac{p_{21}}{\tilde{p}_{21}}=\frac{25}{16}$，而在第(1)种情况下它们都是 1。接下来我们推导关于 p_1 和 p_2 的得分函数(在第一个周期内)。注意

$$f_4(\boldsymbol{x}_4;\boldsymbol{p})=p_{12}p_{22}^2p_{21}=(1-p_1)(1-p_2)^2p_2$$

于是，在第(2)种情况下，

$$\frac{\partial}{\partial p_1}\ln f_4(\boldsymbol{x}_4;\boldsymbol{p})=\frac{-1}{1-p_1}=-\frac{5}{4}$$

$$\frac{\partial}{\partial p_2}\ln f_4(\boldsymbol{x}_4;\boldsymbol{p})=\frac{-2}{1-p_2}+\frac{1}{p_2}=-2$$

由此得到在第一个周期 $t=4$ 时刻的得分函数是 $\mathbf{s}_{41}=\left(-\frac{5}{4},-2\right)$。同样地，$\mathbf{s}_{31}=\left(-\frac{5}{4},-4\right)$，$\mathbf{s}_{21}=\left(-\frac{5}{4},-2\right)$，$\mathbf{s}_{11}=\left(-\frac{5}{4},0\right)$。用同样的方法可以推导出其他周期的数值，结果如表 7.3 所示。

在式(7.76)和(7.77)中带入这些值，读者可以验证 $\ell(\tilde{\boldsymbol{p}})=1.8$，$\ell(\boldsymbol{p})\approx1.81$，$\widehat{\nabla\ell}(\tilde{\boldsymbol{p}})=(-0.52,-0.875)$，$\widehat{\nabla\ell}(\boldsymbol{p})\approx(0.22,-1.23)$。

表 7.3 成本、似然比和得分函数的结果

i	H_{ti}	W_{ti}(情况 2)	$\mathcal{S}_{ti}$(情况 1)	$\mathcal{S}_{ti}$(情况 2)
1	1,3,3,2	$\frac{8}{5},1,\frac{5}{8},\frac{25}{16}$	$(-2,0),(-2,-\frac{5}{4}),(-2,-\frac{5}{2}),(-2,\frac{5}{2})$	$(-\frac{5}{4},0),(-\frac{5}{4},-2),(-\frac{5}{4},-4),(-\frac{5}{4},-2)$
2	1,2	$\frac{8}{5},4$	$(-2,0),(-2,5)$	$(-\frac{5}{4},0),(-\frac{5}{4},2)$
3	0	$\frac{2}{5}$	$(2,0)$	$(5,0)$
4	1,3,2	$\frac{8}{5},1,\frac{5}{2}$	$(-2,0),(-2,-\frac{5}{4}),(-2,\frac{15}{4})$	$(-\frac{5}{4},0),(-\frac{5}{4},-2),(-\frac{5}{4},0)$

习题

7.1 考虑无约束极小化问题

$$\min_u \ell(u) = \min_u \left\{ E_u[X] + \frac{b}{u} \right\}, \quad u \in (0,1) \tag{7.80}$$

其中 $X \sim \mathrm{Ber}(u)$。

a)证明$\boldsymbol{\nabla}\ell(\boldsymbol{u})=0$ 的随机等效问题可以写成(见式(7.18))

$$\widehat{\boldsymbol{\nabla}\ell}(u) = \boldsymbol{\nabla}\hat{\ell}(u;v) = \frac{1}{v}\frac{1}{N}\sum_{i=1}^{N} X_i - \frac{b}{u^2} = 0 \tag{7.81}$$

其中 $\boldsymbol{X}_1,\cdots,\boldsymbol{X}_N$ 是 $\mathrm{Ber}(v)$的随机样本。

b)假设样本{0,1,0,0,1,0,0,1,1,1,0,1,0,1,1,0,1,0,1,1}是从 $\mathrm{Ber}(v=1/2)$产生的,证明最优解 u^* 可以用下式估计:

$$\widehat{u^*} = \left(\frac{b}{1.1}\right)^{1/2}$$

7.2 考虑无约束的最小化问题

$$\min_u \ell(u) = \min_u \{E_u[X] + bu\}, \quad u \in (0.5, 2.0) \tag{7.82}$$

其中 $X \sim \mathrm{Exp}(u)$。证明$\boldsymbol{\nabla}\ell(u) = -\frac{1}{u^2} + b = 0$ 的随机等效公式可以写成(见式(7.20))

$$\boldsymbol{\nabla}\hat{\ell}(u;v) = \frac{1}{N}\sum_{i=1}^{N} X_i \frac{\mathrm{e}^{-uX_i}(1-uX_i)}{v\mathrm{e}^{-vX_i}} + b = 0 \tag{7.83}$$

其中 $X_1,\cdots,X_n$ 是 Exp(v)的随机样本。

7.3 证明式(7.25)。

7.4 证明$\nabla^k W(\boldsymbol{x};\boldsymbol{u},\boldsymbol{v})=\mathcal{S}^{(k)}(\boldsymbol{u};\boldsymbol{x})W(\boldsymbol{x};\boldsymbol{u},\boldsymbol{v})$并进一步证明式(7.16)。

7.5 令 $X_i \sim N(u_i,\sigma_i^2)$，$i=1,\cdots,n$ 是独立的随机变量，假设我们只对关于 $\boldsymbol{u}=(u_1,\cdots,u_n)$的灵敏度感兴趣，证明对于 $i=1,\cdots,n$，

$$E_{\boldsymbol{v}}[W^2] = \exp\left(\sum_{i=1}^{n}\frac{(u_i-v_i)^2}{\sigma_i^2}\right)$$

且

$$[\mathcal{S}^{(1)}(\boldsymbol{u};\boldsymbol{X})]_i = \sigma_i^{-2}(x_i-u_i)$$

7.6 假设随机向量 $\boldsymbol{X}$ 的分量 X_i，$i=1,\cdots,n$ 是独立的，并且服从指数类分布，即

$$f_i(x_i;\boldsymbol{u}_i) = c_i(\boldsymbol{u}_i)\mathrm{e}^{b_i(\boldsymbol{u}_i)t_i(x_i)}h_i(x_i)$$

其中 $b_i(\boldsymbol{u}_i)$，$t_i(x_i)$和 $h_i(x_i)$是实值函数，$c_i(\boldsymbol{u}_i)$是归一化常数，那么 $\boldsymbol{X}$ 对应的概率密度函数由

$$f(\boldsymbol{x};\boldsymbol{u}) = c(\boldsymbol{u})\exp\left(\sum_{i=1}^{n}b_i(\boldsymbol{u}_i)t_i(x_i)\right)h(\boldsymbol{x})$$

给出，其中 $\boldsymbol{u}=(\boldsymbol{u}_1^{\mathrm{T}},\cdots,\boldsymbol{u}_n^{\mathrm{T}})$，$c(\boldsymbol{u}) = \prod_{i=1}^{n}c_i(\boldsymbol{u}_i)$，$h(\boldsymbol{x}) = \prod_{i=1}^{n}h_i(x_i)$。

a)证明 $\mathrm{Var}_{\boldsymbol{v}}(HW)=\dfrac{c(\boldsymbol{u})^2}{c(\boldsymbol{v})c(\boldsymbol{w})}E_{\boldsymbol{w}}[H^2]-\ell(\boldsymbol{u})^2$，其中 $\boldsymbol{w}$ 由 $b_i(\boldsymbol{w}_i)=2b_i(\boldsymbol{u}_i)-b_i(\boldsymbol{v}_i)$，$i=1,\cdots,n$ 确定。

b)证明 $E_{\boldsymbol{v}}[H^2W^2]=E_{\boldsymbol{v}}[W^2]E_{\boldsymbol{w}}[H^2]$。

7.7 考虑指数概率密度函数 $f(x;u)=u\exp(-ux)$。证明如果 $H(x)$是一个单调增函数，则期望性能 $\ell(u)=E_u[H(X)]$是关于 $u\in(0,\infty)$的一个单调减的凸函数。

7.8 令 $X\sim N(u,\sigma^2)$，假设 σ 已知且固定，给定一个 u，考虑方程

$$\mathcal{L}(v) = E_v[H^2W^2]$$

a)证明如果对于所有的 $u\in\mathbb{R}$ 都有 $E_u[H^2]<\infty$，那么$\mathcal{L}(v)$是凸的且在$\mathbb{R}$上连续。进一步证明如果对于任意的 u 都有 $E_{u_n}[H^2]>0$，那么$\mathcal{L}(v)$在$\mathbb{R}$上有一个唯一的最小解 v^*。

b)证明如果 $H^2(x)$在$\mathbb{R}$上是单调增的，则 $v^*>u$。

7.9 令 $X\sim N(u,\sigma^2)$，假设 u 已知，我们考虑参数 σ。注意，指数类分布的这种表示形式不是式(A.9)所示的规范形式，用 $\theta=\sigma^{-2}$ 进行参数替换以后就变成了规范形式，其中 $t(x)=-(x-u)^2/2$，$c(\theta)=(2\pi)^{-1/2}\theta^{1/2}$。

a)证明如果 $0<\eta<2\theta$，则

$$E_\eta[W^2] = \frac{\theta}{\eta^{1/2}(2\theta-\eta)^{1/2}}$$

b)证明对于某个给定的 θ,如果期望 $E_\eta[H^2]$对于所有的 $\eta\in(0,2\theta)$都是有限的,而且当 η 趋于 0 或者 2θ 时该期望不趋于 0,则函数

$$\mathcal{L}(\eta) = E_\eta[H^2W^2]$$

在区间$(0,2\theta)$上有唯一的最小解 η^*(注意,这意味着引用参数 σ 对应的最优值$\sigma^* = \eta^{*-1/2}$也是唯一的)。

c)证明如果 $H^2(x)$在$\mathbb{R}$上是严格凸的,则 $\eta^* < \theta$(注意这意味着 $\sigma^* > \sigma$)。

7.10 考虑性能指标

$$H(X_1, X_2; u_3, u_4) = \min\{\max(X_1, u_3), \max(X_2, u_4)\}$$

其中 X_1 和 X_2 分别有连续的密度函数 $f(x_1;u_1)$和 $f(x_2;u_2)$。如果令 $Y_1 = \max(X_1, u_3)$, $Y_2 = \max(X_2, u_4)$,则上式可以写成 $\min(Y_1, Y_2)$。Y_1 和 Y_2 以非零概率取 u_3 和 u_4,因此随机向量 $\boldsymbol{Y}=(Y_1, Y_2)$在点$(u_3, u_4)$处没有密度函数,这是因为它的分布是由一个连续分布和一个离散分布混合而成的。所以推出方法在这种条件下就会失效。为了解决这一问题,我们进行一些变换。首先将 Y_1 和 Y_2 写成

$$Y_1 = u_3 \max\left(\frac{X_1}{u_3}, 1\right), \quad Y_2 = u_4 \max\left(\frac{X_2}{u_4}, 1\right)$$

接着用随机向量 $\widetilde{\boldsymbol{X}}=(\widetilde{X}_1, \widetilde{X}_2)$代替 $\boldsymbol{X}=(X_1, X_2)$,其中

$$\widetilde{X}_1 = \max\left(\frac{X_1}{u_3}, 1\right), \quad \widetilde{X}_2 = \max\left(\frac{X_2}{u_4}, 1\right)$$

证明如果 $\widetilde{X}_1$ 和 $\widetilde{X}_2$ 都大于 1,那么随机向量 $\widetilde{\boldsymbol{X}}=(\widetilde{X}_1, \widetilde{X}_2)$的密度函数是关于变量$(u_3, u_4)$可导的。

7.11 Delta 方法。令 $\boldsymbol{X}=(X_1, \cdots, X_n)$和 $\boldsymbol{Y}=(Y_1, Y_2, \cdots, Y_m)$是随机(列)向量,其中 $\boldsymbol{Y}=\boldsymbol{g}(\boldsymbol{X})$是从$\mathbb{R}^n$ 到$\mathbb{R}^m$ 的映射。令 $\boldsymbol{\Sigma_X}$ 和 $\boldsymbol{\Sigma_Y}$ 代表相应的协方差矩阵,假设 $\boldsymbol{X}$ 接近其平均值$\boldsymbol{\mu}$。$\boldsymbol{g}$ 在 $\boldsymbol{\mu}$ 附近的一阶泰勒展开式为

$$\boldsymbol{Y} \approx \boldsymbol{g}(\boldsymbol{\mu}) + \boldsymbol{J}_{\boldsymbol{\mu}}(\boldsymbol{g})(\boldsymbol{X} - \boldsymbol{\mu})$$

其中 $\boldsymbol{J}_{\boldsymbol{\mu}}(\boldsymbol{g})$是 $\boldsymbol{g}$ 在 $\boldsymbol{\mu}$ 点的 Jacobi 矩阵(该矩阵的第(i,j)项是偏导数$\partial g_i / \partial x_j$)。利用以上假设证明

$$\boldsymbol{\Sigma_Y} \approx \boldsymbol{J}_{\boldsymbol{\mu}}(\boldsymbol{g})\boldsymbol{\Sigma_X}\boldsymbol{J}_{\boldsymbol{\mu}}(\boldsymbol{g})^{\mathrm{T}}$$

这就是统计学中的 **delta 方法**。

延伸阅读

得分函数(SF)方法在仿真领域的研究开始于 20 世纪 60 年代晚期,分别被独立地发现。对 SF 的研究最早见于 1968 年 Aleksandrov、Sysoyev 和 Shemeneva[1]以及 1969 年 Rubinstein[14]的工作。受 Ho、Eyler 和 Chien[6]于 1979 年在**无穷小扰动分析**(IPA)方面的开创性文章启发,在 20 世纪 80 年代末期,Glynn[4]在 1990 年、Reiman 和 Weiss[12]在 1989 年分别独立地在 SF 方法方面有了新的发现,他们

把这种方法称为**似然比方法**。从那时起，IPA 和 SF 方法经过数十年的演化和发展，现在已经接近成熟，参见 Glasserman[3]、Pflug[11]、Rubinstein、Shapiro[18]以及 Spall[20]的文献。

据我们所知，仿真领域的随机等效方法最早是由 Rubinstein 在其博士论文[14]中首次提出的，用于估计一个复杂的仿真优化模型的最优参数。得到的数值结果表明，**离线**随机等效方法产生的估计值好于标准的**在线**随机近似方法。关于随机等效方法和随机近似方法的最新研究进展，请参见文献[15]。Alexander Shapiro 的贡献在于发展了随机规划方法，特别是随机等效方法，相关资料请参见 Shapiro 的文章[19]和[17,18]。正如之前所说，Geyer 和 Thompson[2]分别在 20 世纪 90 年代早期独立地发现了随机等效方法，并将其应用于一个特别的无约束情况下的统计推理。

参考文献

1. V. M Aleksandrov, V. I. Sysoyev, and V. V. Shemeneva. Stochastic optimization. *Engineering Cybernetics*, 5:11–16, 1968.
2. C. J. Geyer and E. A. Thompson. Annealing Markov chain Monte-Carlo with applications to ancestral inference. *Journal of the American Statistical Association*, 90:909–920, 1995.
3. P. Glasserman. *Gradient Estimation via Perturbation Analysis*. Kluwer, Norwell, Mass., 1991.
4. P. W. Glynn. Likelihood ratio gradient estimation for stochastic systems. *Communications of the ACM*, 33(10):75–84, 1990.
5. D. Gross and C. M. Harris. *Fundamentals of Queueing Theory*. John Wiley & Sons, New York, 2nd edition, 1985.
6. Y. C. Ho, M. A. Eyler, and T. T. Chien. A gradient technique for general buffer storage design in a serial production line. *International Journal on Production Research*, 17(6):557–580, 1979.
7. J. Kiefer and J. Wolfowitz. Stochastic estimation of the maximum of regression function. *Annals of Mathematical Statistics*, 23:462–466, 1952.
8. A. J. Kleywegt and A. Shapiro. Stochastic optimization. In G. Salvendy, editor, *Handbook of Industrial Engineering*, pages 2625–2650, New York, 2001. John Wiley & Sons.
9. A. J. Kleywegt, A. Shapiro, and T. Homem de Mello. The sample average approximation method for stochastic discrete optimization. *SIAM Journal on Optimization*, 12:479–502, 2001.
10. H. J. Kushner and D. S. Clark. *Stochastic Approximation Methods for Constrained and Unconstrained Systems*. Springer-Verlag, New York, 1978.
11. G. Ch. Pflug. *Optimization of Stochastic Models*. Kluwer, Boston, 1996.
12. M. I. Reiman and A. Weiss. Sensitivity analysis for simulations via likelihood ratios. *Operations Research*, 37(5):830–844, 1989.
13. H. Robbins and S. Monro. Stochastic approximation methods. *Annals of Mathematical Statistics*, 22:400–407, 1951.

14. R. Y. Rubinstein. *Some Problems in Monte Carlo Optimization*. PhD thesis, University of Riga, Latvia, 1969.

15. R. Y. Rubinstein. *Monte Carlo Optimization Simulation and Sensitivity of Queueing Network*. John Wiley & Sons, New York, 1986.

16. R. Y. Rubinstein and B. Melamed. *Modern Simulation and Modeling*. John Wiley & Sons, New York, 1998.

17. R. Y. Rubinstein and A. Shapiro. Optimization of static simulation models by the score function method. *Mathematics and Computers in Simulation*, 32:373–392, 1990.

18. R. Y. Rubinstein and A. Shapiro. *Discrete Event Systems: Sensitivity Analysis and Stochastic Optimization via the Score Function Method*. John Wiley & Sons, New York, 1993.

19. A. Shapiro. Simulation based optimization: convergence analysis and statistical inference. *Stochastic Models*, 12:425–454, 1996.

20. J. C. Spall. *Introduction to Stochastic Search and Optimization: Estimation, Simulation, and Control*. John Wiley & Sons, New York, 2003.

第 8 章

交叉熵方法

8.1 简介

交叉熵(CE)方法[31]是解决估计问题和优化问题的一种比较新的蒙特卡洛方法。在解决估计问题时,CE 方法提供了一种有效的途径,用于寻找一般问题的最优重要抽样分布。如果把优化问题表示为估计问题,则 CE 方法就变成了一种通用而有效的搜索算法。这种方法是基于一个简单的迭代过程,每一次迭代包含两个阶段:(a)按照某个指定的机制产生一个随机的样本数据(轨道、向量等);(b)在此数据的基础上更新随机机制的参数,从而在下一次迭代中产生一个更好的样本。

CE 方法起源于一种基于**方差最小化**(VM)[26]的稀有事件估计算法,该算法很快就被改进为一种适用于稀有事件估计和组合优化的有效算法[27],原来的 VM 程序被一个类似的 CE 最小化程序所代替。本章我们将对 CE 方法进行简单的介绍,如需全面深入的了解,请参考文献[31]。

本章后续部分安排如下:第 8.2 节介绍用于稀有事件概率估计的一般 CE 算法。第 8.3 节介绍求解组合优化问题时对该算法的改进,还将讨论 CE 算法在最大割和旅行商等几个经典问题中的应用,并用数值结果说明该算法的性能。最后,第 8.7 节和第 8.8 节用 CE 方法分别求解连续和随机优化问题。

8.2 对稀有事件概率的估计

本节我们用 CE 方法对小概率事件进行有效的估计,特别地,对于某个确定的水平 γ,我们考虑

$$\ell = P_{\boldsymbol{u}}(S(\boldsymbol{X}) \geqslant \gamma) = E_{\boldsymbol{u}}[I_{\{S(\boldsymbol{X}) \geqslant \gamma\}}] \tag{8.1}$$

的估计。这里 $S(\boldsymbol{X})$是样本性能,$\boldsymbol{X}$ 是概率密度函数(pdf)为 $f(\cdot;\boldsymbol{u})$的随机向量,而 $f(\cdot;\boldsymbol{u})$属于某个参数化分布族$\{f(\cdot;\boldsymbol{v}),\boldsymbol{v}\in\boldsymbol{\mathscr{V}}\}$,并且假设$\{S(\boldsymbol{X})\geqslant\gamma\}$是一个稀有事件。我们用似然比估计量

$$\hat{\ell} = \frac{1}{N}\sum_{k=1}^{n} I_{\{S(\boldsymbol{X}_k)\geqslant\gamma\}} W(\boldsymbol{X}_k;\boldsymbol{u},\boldsymbol{v}) \tag{8.2}$$

估计 ℓ 的值(见式(5.59))。这里,$\boldsymbol{X}_1,\cdots,\boldsymbol{X}_N$ 是来自 $f(\boldsymbol{x};\boldsymbol{v})$ 的一个随机样本,而 $W(\boldsymbol{X}_k;\boldsymbol{u},\boldsymbol{v})=f(\boldsymbol{X}_k;\boldsymbol{u})/f(\boldsymbol{X}_k;\boldsymbol{v})$ 是似然比。

■例 8.1 随机最短路径

我们回到例 5.14(又见例 5.1),其目的是有效估计图 8.1 所示网络中节点 A 到节点 B 的最短路径长度至少为 γ 的概率 ℓ。假设连线的随机长度 $X_1,\cdots,X_5$ 是相互独立的,分别服从均值为 $u_1,\cdots,u_5$ 的指数分布。

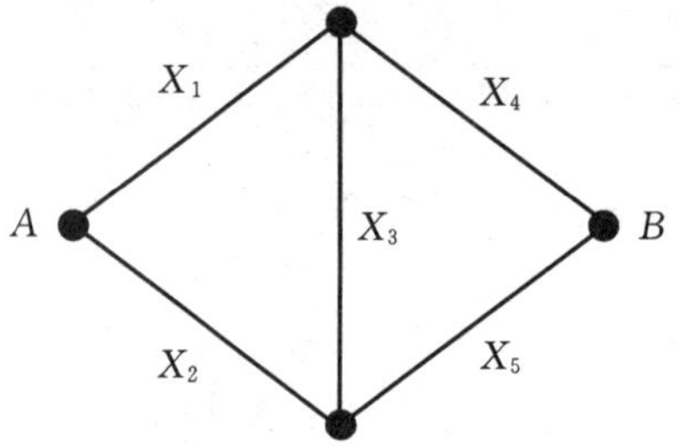

图 8.1 从 A 到 B 的最短路径

定义 $\boldsymbol{X}=(X_1,\cdots,X_5)$,$\boldsymbol{u}=(u_1,\cdots,u_5)$ 以及

$$S(\boldsymbol{X}) = \min\{X_1+X_4, X_1+X_3+X_5, X_2+X_5, X_2+X_3+X_4\}$$

这样,该问题就转换成了式(8.1)定义的框架。我们在例 5.14 中提到,从可能**不同于**原分布的指数分布中独立抽取 $X_1,\cdots,X_5$,就可以用式(8.2)来估计式(8.1),也就是说,$\boldsymbol{X}_i\sim \text{Exp}(v_i^{-1})$ 而不是 $\boldsymbol{X}_i\sim\text{Exp}(u_i^{-1})$,$i=1,\cdots,5$,相应的似然比由式(5.73)给出。

最关键的问题是,在仿真计算量给定的情况下,如何选择向量 $\boldsymbol{v}=(v_1,\cdots,v_5)$ 才能得到 ℓ 的最准确的估计。在例 5.14 中,我们这样解决这一问题:首先选择一个等于 $\boldsymbol{u}$ 的初始向量 $\boldsymbol{w}$,然后应用 CE 更新公式(5.69),有时可能需要用该公式反复迭代。这种方法之所以可行,是因为事件 $\{S(\boldsymbol{X})\geqslant\gamma\}$ 并**不稀有**。但是,在本例中不能直接应用式(5.69),这是因为对于稀有事件,该式会以很高的概率返回不定式 0/0。为了克服这一问题,我们采用另一种方法来选择一个好的 $\boldsymbol{v}$,即采用一个**两阶段**过程**对水平 γ 和引用参数 $\boldsymbol{v}$ 都给予更新**。用 CE 方法对稀有事件进行仿真的一个重要优势就是,这种方法能够快速、准确地估计最优参数向量 $\boldsymbol{v}^*$。

我们回到一般情形。在第 5.6 节可以看到,对于形如式(8.1)的估计问题,理想的(方差为 0)重要抽样密度函数由

$$g^*(\boldsymbol{x}) = \frac{f(\boldsymbol{x};\boldsymbol{u})I_{\{S(\boldsymbol{x})\geqslant\gamma\}}}{\ell}$$

给出，这是给定 $S(\boldsymbol{X})\geqslant\gamma$ 时 $\boldsymbol{X}$ 的条件概率密度函数。CE 方法的本质是，利用 Kullback-Leibler CE 距离表示接近度，得到一个尽可能接近最优的重要抽样分布。对于一组参数化的密度函数 $\{f(\boldsymbol{x};\boldsymbol{v}),\boldsymbol{v}\in\boldsymbol{\mathscr{V}}\}$，这意味着最优的引用参数 $\boldsymbol{v}^*$ 为

$$\boldsymbol{v}^* = \underset{\boldsymbol{v}\in\boldsymbol{\mathscr{V}}}{\arg\max}\, E_{\boldsymbol{u}}\left[I_{\{S(\boldsymbol{X})\geqslant\gamma\}}\ln f(\boldsymbol{X};\boldsymbol{v})\right] \tag{8.3}$$

理论上我们可以用

$$\underset{\boldsymbol{v}\in\boldsymbol{\mathscr{V}}}{\arg\max}\,\frac{1}{N}\sum_{k=1}^{N} I_{\{S(\boldsymbol{X}_k)\geqslant\gamma\}}\ln f(\boldsymbol{X}_k;\boldsymbol{v}) \tag{8.4}$$

估计 $\boldsymbol{v}^*$，其中 $\boldsymbol{X}_1,\cdots,\boldsymbol{X}_N\sim f(\cdot;\boldsymbol{u})$，即利用式(8.3)的随机等效形式。但是，我们在例 8.1 中已经提到，如果$\{S(\boldsymbol{X})\geqslant\gamma\}$是 $f(\cdot;\boldsymbol{u})$下的一个稀有事件，这就没有任何意义，因为上面求和表达式中的所有指标项很可能都是 0。

为了避免这个问题，我们采用一种多水平方法，在对 γ_t 和 $\boldsymbol{v}_t$ 同时进行迭代的时候产生引用参数序列$\{\boldsymbol{v}_t,t\geqslant0\}$和水平序列$\{\gamma_t,t\geqslant1\}$。最终的目的是经过一定数量的迭代后，获得一个接近 $\boldsymbol{v}^*$ 的 $\boldsymbol{v}_t$，然后在估计 ℓ 时在重要抽样密度函数 $f(\cdot;\boldsymbol{v}_t)$中使用参数 $\boldsymbol{v}_t$。

我们从 $\boldsymbol{v}_0=\boldsymbol{u}$ 开始。设ϱ是一个不太小的数，比如 $10^{-2}\leqslant\varrho\leqslant10^{-1}$。在第一次迭代中，我们选择 $\boldsymbol{v}_1$ 作为估计 $P_{\boldsymbol{u}}(S(\boldsymbol{X})\geqslant\gamma_1)$的最优参数值，其中 γ_1 是 $S(\boldsymbol{X})$的$(1-\varrho)$分位点，也就是说，γ_1 是满足

$$P_{\boldsymbol{u}}(S(\boldsymbol{X})\geqslant\gamma_1)\geqslant\varrho$$

的最大实数。因此，如果我们用参数 $\boldsymbol{u}$ 进行仿真，那么就很可能以大约ϱ的概率达到水平 γ_1，这样我们就能通过蒙特卡洛仿真同时估计出 γ_1 和 v_1。也就是说，我们用 $f(\cdot;\boldsymbol{u})$的一个随机样本 $\boldsymbol{X}_1,\cdots,\boldsymbol{X}_N$ 就能估计 γ_1，过程如下：对于所有 i 值计算性能 $S(\boldsymbol{X}_i)$，按照从小到大的顺序进行排序：$S_{(1)}\leqslant\cdots\leqslant S_{(N)}$，然后通过样本的$(1-\varrho)$分位点$\hat{\gamma}_1=S_{(\lceil(1-\varrho)N\rceil)}$估计 γ_1，其中$\lceil a\rceil$表示大于或者等于 a 的最小整数(即所谓的**向上取整**)。引用参数 $\boldsymbol{v}_1$ 用式(8.4)进行估计，其中用 γ_1 的估计值代替 γ。注意，这里我们使用了**相同的**样本去估计 γ_1 和 $\boldsymbol{v}_1$，这意味着 $\boldsymbol{v}_1$ 是在$\lceil\varrho N\rceil$个最优样本的基础上估计的，即那些满足 $S(\boldsymbol{X}_i)$大于或者等于$\hat{\gamma}_1$ 的样本 $\boldsymbol{X}_i$。这样，在第一次迭代中这些样本就形成了一组**精英样本**，用 N^e 表示精英样本的数量。

在随后的迭代中，我们重复这些步骤，即从 $\boldsymbol{v}_0=\hat{\boldsymbol{v}}_0=\boldsymbol{u}$ 开始，经历以下两个更新阶段：

1. γ_t 的自适应更新。对于一个固定的 $\boldsymbol{v}_{t-1}$，令 γ_t 为 $\boldsymbol{v}_{t-1}$时 $S(\boldsymbol{X})$的$(1-\varrho)$分位点。为了估计 γ_t，从 $f(\cdot;\hat{\boldsymbol{v}}_{t-1})$抽取一个随机样本 $\boldsymbol{X}_1,\cdots,\boldsymbol{X}_N$，计算样本的$(1-\varrho)$分位点$\hat{\gamma}_t$。

2. $\boldsymbol{v}_t$ 的自适应更新。对于固定的 γ_t 和 $\boldsymbol{v}_{t-1}$，用下式推导 $\boldsymbol{v}_t$：

$$\boldsymbol{v}_t = \underset{\boldsymbol{v}\in\boldsymbol{\mathscr{V}}}{\arg\max}\, E_{\boldsymbol{v}_{t-1}}\left[I_{\{S(\boldsymbol{X})\geqslant\gamma_t\}}W(\boldsymbol{X};\boldsymbol{u},\boldsymbol{v}_{t-1})\ln f(\boldsymbol{X};\boldsymbol{v})\right] \tag{8.5}$$

式(8.5)的随机等效形式为：给定$\hat{\gamma}_t$和$\hat{\boldsymbol{v}}_{t-1}$，用下式推导$\hat{\boldsymbol{v}}_t$：

$$\hat{\boldsymbol{v}}_t = \underset{\boldsymbol{v}\in\mathscr{V}}{\arg\max}\ \frac{1}{N}\sum_{\boldsymbol{X}_k\in\varepsilon_t} W(\boldsymbol{X}_k;\boldsymbol{u},\hat{\boldsymbol{v}}_{t-1})\ln f(\boldsymbol{X}_k;\boldsymbol{v}) \tag{8.6}$$

其中ε_t是第t次迭代的**精英样本集合**，即满足$S(\boldsymbol{X}_k)\geqslant\hat{\gamma}_t$的$\boldsymbol{X}_k$。

当迭代进行到某个次数T，对应的水平$\hat{\gamma}_T$至少为γ时，迭代过程结束，这时可以使用γ的初始值，不会得到过少的样本。然后将$\hat{\gamma}_T$重置为γ，重置对应的精英集合，再次利用式(8.6)计算最终的引用参数$\hat{\boldsymbol{v}}^*$，将其代入式(8.2)估计ℓ。

综上所述，用于稀有事件概率估计的CE算法可以总结如下：

算法 8.2.1(稀有事件估计的 CE 主算法)

1. 令$\hat{\boldsymbol{v}}_0=\boldsymbol{u}$，$N^e=\lceil(1-\varrho)N\rceil$，$t=1$(迭代次数)。
2. 根据概率密度函数$f(\cdot;\hat{\boldsymbol{v}}_{t-1})$生成随机样本$\boldsymbol{X}_1,\cdots,\boldsymbol{X}_N$。对所有的$i$值计算性能$S(\boldsymbol{X}_i)$，对其从小到大排序得到$S_{(1)}\leqslant\cdots\leqslant S_{(N)}$。令$\hat{\gamma}_t$是这些性能的样本$(1-\varrho)$分位点，即$\hat{\gamma}_t=S_{(N^e)}$。如果$\hat{\gamma}_t>\gamma$，将$\hat{\gamma}_t$重置为$\gamma$。
3. 使用**相同**的样本$\boldsymbol{X}_1,\cdots,\boldsymbol{X}_N$求解随机规划(8.6)。
4. 如果$\hat{\gamma}_t<\gamma$，令$t=t+1$并返回步骤2重新迭代，否则执行步骤5。
5. 令T为最终的迭代次数，根据概率密度函数$f(\cdot;\hat{\boldsymbol{v}}_T)$生成样本$\boldsymbol{X}_1,\cdots,\boldsymbol{X}_{N_1}$，用式(8.2)估计$\ell$。

说明 8.2.1

在一般的实际应用中，步骤2～4的样本容量N可以小于步骤5中的最终样本容量N_1。

注意，算法8.2.1将估计小概率ℓ的复杂问题分解成一系列简单的问题，即基于ϱ生成一系列参数对$\{(\hat{\gamma}_t,\hat{\boldsymbol{v}}_t)\}$，我们把$\varrho$称为**稀有性参数**。文献[31]讨论了算法8.2.1的收敛性，在文献[6]和[21]中也可以找到CE方法收敛性的证明。

说明 8.2.2(极大似然估计量)

形如式(8.6)的优化问题在统计学中经常出现。特别地，如果忽略公式中的W项——这在CE优化中十分重要，我们可以将式(8.6)写成

$$\hat{\boldsymbol{v}}_t = \underset{\boldsymbol{v}}{\arg\max}\prod_{\boldsymbol{X}_k\in\varepsilon_t} f(\boldsymbol{X}_k;\boldsymbol{v})$$

其中的乘积部分就是精英样本的联合密度函数，因此$\hat{\boldsymbol{v}}_t$的选择就是要使精英样本的联合密度最大化。我们把该联合密度函数称为**似然函数**，它可以看作参数$\boldsymbol{v}$的函数而非数据$\{\varepsilon_t\}$的函数。也就是说，$\hat{\boldsymbol{v}}_t$是$\boldsymbol{v}$的基于精英样本的极大似然估计量(使似然函数最大)。如果保留W项，则更新方程的形式类似。回顾第5.6节，对于指数类分布，$\hat{\boldsymbol{v}}_t$的更新规则可以解析地推导出来，也可以参考附录第A.3节。

为了更好地理解CE算法，我们这里也给出其**确定性**的形式。

算法 8.2.2(CE 算法的确定性版本)

1. 定义 $\boldsymbol{v}_0=\boldsymbol{u}$,令 $t=1$。

2. 计算 γ_t:

$$\gamma_t = \max\{s: P_{\boldsymbol{v}_{t-1}}(S(\boldsymbol{X}) \geqslant s) \geqslant \varrho\} \tag{8.7}$$

如果 $\gamma_t>\gamma$,将 γ_t 重置为 γ。

3. 计算 $\boldsymbol{v}_t$(见式(8.5)):

$$\boldsymbol{v}_t = \arg\max_{\boldsymbol{v}} E_{\boldsymbol{v}_{t-1}}[I_{S(\boldsymbol{X})\geqslant\gamma_t} W(\boldsymbol{X};\boldsymbol{u},\boldsymbol{v}_{t-1})\ln f(\boldsymbol{X};\boldsymbol{v})] \tag{8.8}$$

4. 如果 $\gamma_t=\gamma$ 则停止,否则令 $t=t+1$,并从步骤 2 重复。

注意:与算法 8.2.1 比较,算法 8.2.2 不需要步骤 5。

为了进一步理解算法 8.2.1,以下我们利用几个简单例子一步一步加以说明。

■例 8.2　指数分布

回顾例 5.8、5.10 和 5.12,它们的目的都是通过蒙特卡洛仿真估计概率 $\ell=P_u(X\geqslant\gamma)$,其中 $X\sim\text{Exp}(u^{-1})$。假设 γ 远大于 u,这样 $\ell=\mathrm{e}^{-\gamma/u}$ 就是一个稀有事件概率。式(8.6)所示的 $\hat{v}_t$ 的更新方程可以写为

$$\sum_{X_k\in\varepsilon_t} W_k \ln(v^{-1}\mathrm{e}^{-X_k/v}) = -\sum_{X_k\in\varepsilon_t} W_k \ln v - \sum_{X_k\in\varepsilon_t} W_k \frac{X_k}{v}$$

的优化问题,其中 $W_k=\mathrm{e}^{-X_k(u^{-1}-v^{-1})}v/u$。为了求右侧表达式的最大值,我们求导并使导数等于 0:

$$-\sum_{X_k\in\varepsilon_t}\frac{W_k}{v}+\sum_{X_k\in\varepsilon_t}\frac{W_kX_k}{v^2}=0$$

求解 v 得到 $\hat{v}_t$,即

$$\hat{v}_t=\frac{\sum_{X_k\in\varepsilon_t} W_kX_k}{\sum_{X_k\in\varepsilon_t} W_k} \tag{8.9}$$

也就是说,$\hat{v}_t$ 正好是精英样本以似然比为权重的加权平均值。注意,当忽略权重项 $\{W_k\}$ 时,根据说明 8.2.2,对于 $\text{Exp}(v^{-1})$ 分布,我们只需用基于精英样本的最大似然估计量对 v 进行估计。同时还需要注意,更新公式(8.9)可以由式(5.69)直接推导。类似地,**确定性**更新公式(8.8)可以写为

$$v_t=\frac{E_{\boldsymbol{u}}[I_{\{X\geqslant\gamma_t\}}X]}{E_{\boldsymbol{u}}[I_{\{X\geqslant\gamma_t\}}]}=E_{\boldsymbol{u}}[X\mid X\geqslant\gamma_t]=u+\gamma_t$$

其中 γ_t 是 $\text{Exp}(v_{t-1}^{-1})$ 分布的 $(1-\varrho)$ 分位数,这样就有 $\gamma_t=-v_{t-1}\ln\varrho$。

具体讲,我们假设 $u=1,\gamma=32$,对应的 $\ell\approx1.2710^{-14}$。表 8.1 给出了 $\hat{\gamma}_t$ 和 $\hat{v}_t$ 的演化过程,其中 $\varrho=0.05$,所有的样本大小为 $N=1000$。注意,迭代次数 $t=0$ 对应于期望为 $u=1$ 的原指数概率密度函数,而迭代次数 $t=1,2,3$ 则分别对应于期

望为$\hat{v}_t$,$t=1,2,3$ 的指数概率密度函数。图 8.2 说明了迭代过程,我们可以看到算法 8.2.1 经过 3 次迭代达到了最后的水平$\hat{\gamma}_3=32$。在第 3 次迭代中,精英样本的最低值 $S_{(N^e)}$ 事实上是大于 32 的,所以在算法的最后一次迭代的步骤 2 中,我们取$\hat{\gamma}_3=\gamma=32$,而对应的引用参数$\hat{v}_3$ 的计算值为 32.82。注意,参数$\hat{v}_t$ 和参数$\hat{\gamma}_t$ 都是逐渐增加的,而且每次迭代都使指数分布的概率密度函数的尾部有所抬升。

算法 8.2.1 的最后一个步骤是调用似然比估计量(8.2)去估计 ℓ,使用的样本容量 N_1 通常比 N 大。

表 8.1 $\hat{\gamma}_t$ 和$\hat{v}_t$ 的演化,其中$\varrho=0.05$,$\gamma=32$,使用了 $N=1000$ 个样本

t	$\hat{\gamma}_t$	$\hat{v}_t$
0	—	1.00
1	2.91	3.86
2	11.47	12.46
3	32.00	32.82

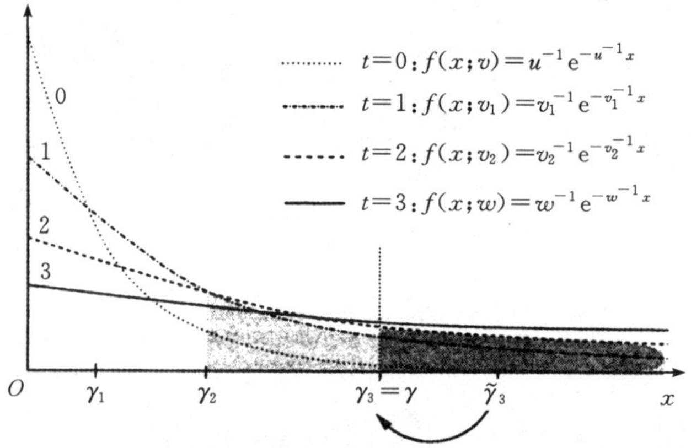

图 8.2 算法 8.2.1 的实现,其中包含三个水平,每一个阴影区域的面积都是ϱ

■例 8.3 退化

当 γ 是 $S(\boldsymbol{x})$的最大值的时候,算法 8.2.1 中 γ 不可能被"超越",因此 γ_t 不需要重置为γ。在这种情况下,抽样概率密度函数有可能**退化**成**原子**概率密度函数,其所有质量都集中在使 $S(\boldsymbol{x})$最大化的点 $\boldsymbol{x}$ 上。例如,假设我们用 Beta$(v,1)$,$v\geqslant 1$ 作为重要抽样分布,原始参数为 $u=1$(对应于均匀分布),并假设 $S(X)=X$,$\gamma=1$。我们发现 v 的更新公式

$$\sum_{X_k\in\varepsilon_k} W_k \ln(vX_k{}^{v-1}) = \sum_{X_k\in\varepsilon_k} W_k \ln v + \sum_{X_k\in\varepsilon_k} W_k (v-1)\ln X_k$$

是优化问题的解,其中 $W_k=1/(vX_k^{v-1})$,因此有

$$\hat{v}_t = \frac{\sum_{X_k \in \varepsilon_k} W_k}{-\sum_{X_k \in \varepsilon_k} W_k \ln X_k}$$

表 8.2 和图 8.3 给出了$\varrho=0.8$ 和 $N=1000$ 时 CE 算法中参数的演化过程，从中可以看出，$\hat{\gamma}_t$ 快速地增加到 γ，抽样概率密度函数退化成原子密度函数，在点 1 处集中了所有的质量。

表 8.2　分布为 Beta(v,1)时$\hat{\gamma}_t$ 和$\hat{v}_t$ 的演化，其中$\varrho=0.8$，$\gamma=1$，使用了 $N=1000$ 个样本

t	$\hat{\gamma}_t$	$\hat{v}_t$	t	$\hat{\gamma}_t$	$\hat{v}_t$
0	—	1.0	5	0.896	31.2
1	0.207	1.7	6	0.949	74.3
2	0.360	3.1	7	0.979	168.4
3	0.596	6.4	8	0.990	396.5
4	0.784	14.5	9	0.996	907.7

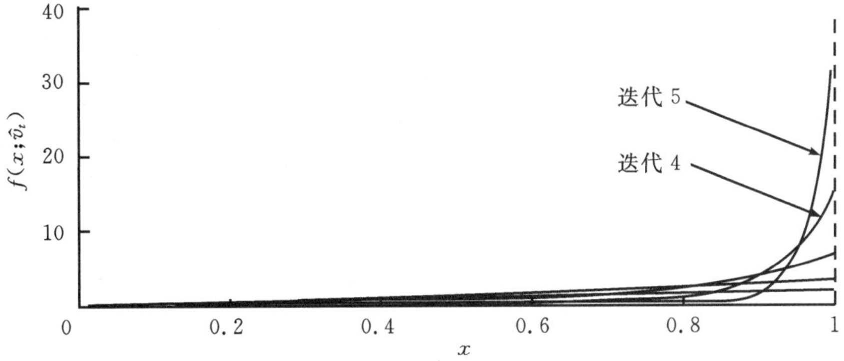

图 8.3　抽样分布的退化

■例 8.4　投掷硬币

考虑投掷 n 个均匀硬币的实验，我们可以用 n 个独立的伯努利随机变量 $X_1,\cdots,X_n$ 来描述这个实验，每个变量的成功参数为 1/2。记 $\boldsymbol{X}=(X_1,\cdots,X_n)\sim\text{Ber}(\boldsymbol{u})$，其中 $\boldsymbol{u}=(1/2,\cdots,1/2)$是成功概率的向量。注意 $\boldsymbol{X}$ 的范围(可取数值的集合)包含 2^n 个元素。假设我们对 $\ell=P_{\boldsymbol{u}}(S(\boldsymbol{X})\geqslant\gamma)$的估计感兴趣，其中 $S(\boldsymbol{X})=\sum_{k=1}^{n}X_k$，我们计划采用分布为 $\boldsymbol{X}\sim\text{Ber}(\boldsymbol{p})$的重要抽样方法，其中 $\boldsymbol{p}$ 是一个取值可能不同的参数向量 $\boldsymbol{p}=(p_1,\cdots,p_n)$。考虑以下两种情况：(a)$\gamma=(n+1)/2$($n$ 为奇数)；(b)$\gamma=n$。不难看出，对于(a)和(b)两种情况，最优的重要抽样参数向量分别为 $\boldsymbol{p}^*=$

$(1/2,\cdots,1/2)$和 $\boldsymbol{p}^*=(1,\cdots,1)$，相应的概率分别为 $\ell=\frac{1}{2}$ 和 $\ell=\frac{1}{2^n}$。注意，在第一种情况下，ℓ 不是一个稀有事件的概率，而第二种情况是稀有事件的概率（当 n 很大的时候）。同时需要注意，在第二种情况下，$\mathrm{Ber}(\boldsymbol{p}^*)$相当于一个**退化的**分布，在点$(1,1,\cdots,1)$处集中了其所有的概率质量。

因为$\{\mathrm{Ber}(\boldsymbol{p})\}$是一个以均值为参数的指数类分布族，因此，直接从式(5.69)就能推导出算法 8.2.1 在第 t 次迭代中 $\boldsymbol{p}$ 的更新公式，正好与式(8.9)一致，写为

$$\hat{p}_{t,i}=\frac{\sum\limits_{\boldsymbol{X}_k\in\varepsilon_t}W_kX_{ki}}{\sum\limits_{\boldsymbol{X}_k\in\varepsilon_t}W_k},i=1,\cdots,n \tag{8.10}$$

其中 X_{ki} 是第 k 个样本向量 $\boldsymbol{X}_k\sim\mathrm{Ber}(\hat{\boldsymbol{p}}_{t-1})$的第 i 个分量，W_k 是对应的似然比：

$$W_k=\prod_{i=1}^{n}{q_i}^{X_{ki}}{r_i}^{1-X_{ki}}$$

其中 $q_i=p_{0,i}/\hat{p}_{t-1,i}$，$r_i=(1-p_{0,i})/(1-\hat{p}_{t-1,i})$，$i=1,\cdots,n$。因此，实际上就是把第 i 个概率更新为精英样本中所有向量的第 i 个位置上 1 的个数的加权平均值。

接下来我们将用这个简单的投抛硬币的例子说明稀有事件的概率估计与组合优化之间的关系。

说明 8.2.3

有一点非常重要，在我们应用确定性 CE 算法 8.2.2 解决任何稀有事件类型的问题时，如果底层所用的分布是一般的分布，而且**事先没有指定** γ，那么算法会一直迭代下去，直到达到某个 γ 才会停止，记为 γ_*（不一定是真正的最优 γ^*），此时，对应的重要抽样概率密度函数 $f(\boldsymbol{x};\boldsymbol{v}_*)$将会**退化**。对于上述投掷硬币的例子中的情况(b)，我们通常会得到 $\gamma_*=\gamma^*=n$。在随机而非确定性的意义下，算法 8.2.1 具有类似的表现。更准确地说，对于一般的概率密度函数，而且事先没有指定 γ，它将会产生一个二元组$(\hat{\gamma}_T,\hat{\boldsymbol{v}}_T)$，相应的概率密度函数 $f(\boldsymbol{x};\hat{\boldsymbol{v}}_T)$通常也会退化。因此，算法 8.2.2 和 8.2.1 的这一特性对下一章处理组合优化问题具有重要的作用。如前所述，可以把一个组合优化问题看作稀有事件的估计问题。如果事先没有指定 γ，那么算法则一直在 γ 上迭代，最终得到的最优重要抽样概率密度函数 $f(\boldsymbol{x};\boldsymbol{v}^*)$是一个退化函数，并且与确定性稀有事件算法 8.2.2 产生的概率密度函数一致。

在下一个例子中，我们将说明算法 8.2.1 在估计 $\ell=P(S(\boldsymbol{X})\geqslant\gamma)$的经典静态仿真问题中的行为。注意，式(8.2)中 ℓ 的似然比估计量$\hat{\ell}$的形式为 $\hat{\ell}=N^{-1}\sum\limits_{k=1}^{n}Z_k$。我们用相对误差(RE)来表示估计量的效率（回顾式(4.10)），定义为

$$\mathrm{RE}=\mathrm{Var}(\hat{\ell})^{1/2}/E[\hat{\ell}]$$

并用 $S/(\hat{\ell}\sqrt{N})$ 进行估计，其中

$$S^2 = N^{-1}\sum_{k=1}^{N} Z_k^2 - \hat{\ell}^2$$

是 $\{Z_i\}$ 的样本方差。假设估计量具有渐近正态性，则置信区间可以用标准方法得到。例如，ℓ 的 95% 相对置信区间为

$$\hat{\ell} \pm 1.96\,\hat{\ell}\,\mathrm{RE}$$

■例 8.5　随机最短路径：例 8.1(续)

继续考虑图 8.1 的随机最短路径。我们选取与例 5.14 中相同的初始参数向量 $\boldsymbol{u}=(1,1,0.3,0.2,0.1)$，估计最小路径长度大于 $\gamma=6$ 的概率 ℓ。注意，在例 5.14 中取 $\gamma=1.5$，这时事件不是稀有事件。

用原始蒙特卡洛方法(CMC)，使用的样本数为 10^8——这需要非常大的仿真计算量，得到的估计值为 8.01×10^{-6}，相对误差的估计值为 0.035。

为了应用算法 8.2.1 解决这个问题，我们需要对引用参数 $\boldsymbol{v}=(v_1,\cdots,v_5)$ 建立更新规则。因为分量 $X_1,\cdots,X_5$ 是相互独立的，而且服从以均值为参数的指数类分布，因此，更新公式可以由式(5.69)直接导出，即

$$\hat{v}_{t,i} = \frac{\sum_{k=1}^{N} I_{\{S(\boldsymbol{X}_k)\geqslant\hat{\gamma}_t\}} W(\boldsymbol{X}_k;\boldsymbol{u},\hat{\boldsymbol{v}}_{t-1}) X_{ki}}{\sum_{k=1}^{N} I_{\{S(\boldsymbol{X}_k)\geqslant\hat{\gamma}_t\}} W(\boldsymbol{X}_k;\boldsymbol{u},\hat{\boldsymbol{v}}_{t-1})},\quad i=1,\cdots,5 \tag{8.11}$$

其中 $W(\boldsymbol{X};\boldsymbol{u},\boldsymbol{v})$ 由式(5.73)给出。

我们用算法 8.2.1 进行了各种实验，其中稀有性参数 $\varrho=0.1$，算法步骤 2～4 中的样本容量为 $N=10^3$，最终的样本容量为 $N_1=10^5$。表 8.3 列出了 CE 算法中步骤 1～4 的结果，从中可以看出，经过 5 次迭代达到了水平 $\gamma=6$。

表 8.3　序列 $\{\hat{\gamma}_t,\hat{\boldsymbol{v}}_t\}$ 的收敛性

t	$\hat{\gamma}_t$			$\hat{\boldsymbol{v}}_t$		
0	—	1.0000	1.0000	0.3000	0.2000	0.1000
1	1.1656	1.9805	2.0078	0.3256	0.2487	0.1249
2	2.1545	2.8575	3.0006	0.2554	0.2122	0.0908
3	3.1116	3.7813	4.0858	0.3017	0.1963	0.0764
4	4.6290	5.2803	5.6542	0.2510	0.1951	0.0588
5	6.0000	6.7950	6.7094	0.2882	0.1512	0.1360

在 CE 算法的步骤 5 中利用估计的最优参数向量 $\hat{\boldsymbol{v}}_5=(6.7950,6.7094,0.2882,0.1512,0.1360)$，得到的估计值为 7.85×10^{-6}，相对误差的估计值为

0.035，这与使用了 10^8 个样本的 CMC 方法得到的结果相同，但是如果在一台 1500 MHz 的计算机上用 Matlab 进行计算，CMC 方法至少需要一个小时的计算时间，而应用 CE 算法 1 秒钟就能完成。由此我们看到，利用以上算法就能显著地减少仿真计算量。

表 8.4 给出了算法 8.2.1 在求解上述随机最短路径模型时的性能，这次我们用 $\text{Weib}(\alpha_i,\lambda_i)$ 随机变量代替原来的指数随机变量，$\alpha_i=0.2$ 和 $\lambda_i=u_i^{-1}$，$i=1,\cdots,5$，$\{u_i\}$ 与先前的定义相同，即 $\boldsymbol{u}=(1,1,0.3,0.2,0.1)$。

表 8.4 使用 TLR 方法估计最优参数 $\boldsymbol{v}^*$ 时 $\hat{\boldsymbol{v}}_t$ 的演化，$\alpha=0.2$。概率的估计值为 $\hat{\ell}=3.30\times10^{-6}$，RE=0.03

t	$\hat{\gamma}_t$	$\hat{v}_{1t}$	$\hat{v}_{2t}$	$\hat{v}_{3t}$	$\hat{v}_{4t}$	$\hat{v}_{5t}$
0	—	1	1	1	1	1
1	3.633	2.0367	2.1279	0.9389	1.3834	1.4624
2	100.0	3.2690	3.3981	1.1454	1.3674	1.2939
3	805.3	4.8085	4.7221	0.9660	1.1143	0.9244
4	5720	6.6789	6.7252	0.6979	0.9749	1.0118
5	10000	7.5876	7.8139	1.0720	1.3151	1.2252

形状参数 α 小于 1 的威布尔分布是**重尾**(heavy-tailed)分布的一个典型例子。我们用变换似然比(TLR)方法(见第 5.8 节)估计 $\gamma=10\ 000$ 时的 ℓ，特别地，我们首先令 $X_k=u_kZ_k^{1/\alpha}$(见式(5.98))，其中 $Z_k\sim\text{Exp}(1)$，然后在 $\{Z_k\}$ 上使用重要抽样，把 Z_k 的均值从 1 改为 v_k，$k=1,\cdots,5$。相应的更新公式也具有式(8.11)所示的形式，即

$$\hat{v}_{t,i}=\frac{\sum_{k=1}^{N}I_{\{\widetilde{S}(\boldsymbol{Z}_k)\geqslant\hat{\gamma}_t\}}\widetilde{W}(\boldsymbol{Z}_k;\boldsymbol{1},\hat{\boldsymbol{v}}_{t-1})Z_{ki}}{\sum_{k=1}^{N}I_{\{\widetilde{S}(\boldsymbol{Z}_k)\geqslant\hat{\gamma}_t\}}\widetilde{W}(\boldsymbol{Z}_k;\boldsymbol{1},\hat{\boldsymbol{v}}_{t-1})},\quad i=1,\cdots,5$$

其中 $\widetilde{W}(\boldsymbol{Z}_k;\boldsymbol{1},\boldsymbol{v})$ 是似然比，$\widetilde{S}(\boldsymbol{Z})=S(\boldsymbol{X})$。注意，这里初始参数是 $\boldsymbol{1}=(1,1,1,1,1)$，而不是(1,1,0.3,0.2,0.1)。除了 TLR 算法，我们也可以用标准的 CE 算法，其中分量从 $\{\text{Weib}(\alpha_i,v_i^{-1})\}$ 抽样，并对 $\{v_i\}$ 进行相应地更新，获得的结果与应用 TLR 方法得到的结果相似(包括估计值与相对误差)。TLR 是重要抽样仿真的一个非常方便的方法，应用相当普遍，但是它并不能更多地减小方差，见习题 8.5 和 8.6。

8.2.1 求根问题

在很多应用中，我们需要估计的并非是 ℓ 本身，而是在给定 ℓ 的情况下估计非线性方程

$$P_{\boldsymbol{u}}(S(\boldsymbol{X}) \geqslant \gamma) = E_{\boldsymbol{u}}[I_{\{S(\boldsymbol{X}) \geqslant \gamma\}}] = \ell \tag{8.12}$$

的**根** γ，我们称这种问题为**求根**问题。

利用 $E_{\boldsymbol{u}}[I_{\{S(\boldsymbol{X}) \geqslant \gamma\}}]$的样本等效形式，我们可以得到式(8.12)中 γ 的一个估计，比如采用随机近似方法，见第 7 章和文献[32]。同样地，我们也可以利用 CE 方法得到 γ，思路是获得一个好的试验向量$\hat{\boldsymbol{v}}_T$，使得满足方程

$$\frac{1}{N_1}\sum_{k=1}^{N_1} I_{\{S(\boldsymbol{X}_k) \geqslant \hat{\gamma}\}} W(\boldsymbol{X}_k;\boldsymbol{u},\hat{\boldsymbol{v}}_T) \leqslant \ell \tag{8.13}$$

的最小$\hat{\gamma}$值可以当作 γ 的一个估计值。特别地，主算法 8.2.1 可以修改成如下形式。

算法 8.2.3(求根算法)

1. 定义$\hat{\boldsymbol{v}}_0 = \boldsymbol{u}$，$N^e = \lceil (1-\varrho)N \rceil$，令 $t=1$。
2. 从密度函数 $f(\cdot;\hat{\boldsymbol{v}}_{t-1})$生成一个随机样本 $\boldsymbol{X}_1,\cdots,\boldsymbol{X}_N$。
3. 计算 $S(\boldsymbol{X}_1),\cdots,S(\boldsymbol{X}_N)$，按照从小到大的顺序排序，即 $S_{(1)} \leqslant \cdots \leqslant S_{(N)}$。令 $\hat{\gamma}_t = S_{(N^e)}$。
4. 计算 $\hat{\ell}_t = \max\{\ell, \frac{1}{N}\sum_{k=1}^{N} I_{\{S(\boldsymbol{X}_k) \geqslant \hat{\gamma}_t\}} W(\boldsymbol{X}_k;\boldsymbol{u},\hat{\boldsymbol{v}}_{t-1})\}$。
5. 通过式(8.6)和**相同**的样本 $\boldsymbol{X}_1,\cdots,\boldsymbol{X}_N$ 确定$\hat{\boldsymbol{v}}_t$。
6. 如果$\hat{\ell}_t = \ell$，转到步骤 7；否则令 $t=t+1$ 并返回步骤 2。
7. 通过式(8.13)和样本 $\boldsymbol{X}_1,\cdots,\boldsymbol{X}_{N_1} \sim f(\cdot;\hat{\boldsymbol{v}}_T)$估计 γ，其中 T 为最后的迭代次数。

8.2.2　稀有事件的筛选方法

这里，我们将说明第 5.9 节介绍的筛选方法在形如

$$\ell = P_{\boldsymbol{u}}(S(\boldsymbol{X}) \geqslant \gamma) = E_{\boldsymbol{u}}[I_{\{S(\boldsymbol{X}) \geqslant \gamma\}}]$$

的稀有事件概率估计中的应用。与第 5.9 节一样，我们假设 $\boldsymbol{X}$ 的分量是相互独立的，即每个分量都服从参数为均值的一维指数分布，并且 $S(\boldsymbol{x})$(从而 $H(\boldsymbol{x}) = I_{\{S(\boldsymbol{x}) \geqslant \gamma\}}$)在 $\boldsymbol{x}$ 的每个分量上都是单调增的。特别地，我们将给出两阶段算法 5.9.1 的改进形式。

跟算法 5.9.1 一样，改进算法的第一阶段的主要思想是确定瓶颈参数而不涉及似然比。有人可能会疑惑这个想法的可能性，因为稀有事件概率 ℓ 的估计本质上就是基于似然比的。实际上其中的技巧就是在执行第一个阶段(筛选部分)时，用某个使 $\ell_0 = P_{\boldsymbol{u}}(S(\boldsymbol{X}) \geqslant \gamma_0)$**不是**稀有事件概率的 γ_0 代替 γ，例如 $10^{-2} \leqslant \ell_0 \leqslant 10^{-1}$。当 γ_0 确定后，第一阶段的执行就和算法 5.9.1 的第一阶段相似，这样就简化成了从式(8.4)寻找最优参数向量 $\boldsymbol{v}_0^*$ 的估计量$\hat{\boldsymbol{v}}_0$，其中的 γ 由 γ_0 代替。注意，式(8.4)中并没有包含似然比 $W(\boldsymbol{X};\boldsymbol{u},\boldsymbol{w})$，更要注意，$\boldsymbol{v}_0^*$ 的分量至少要与 $\boldsymbol{u}$ 中的对

应分量元素一样大，这样我们就可以按照相对波动 $\boldsymbol{\delta}_i=\dfrac{\hat{v}_i-u_i}{u_i}, i=1,\cdots,n$ 来区分瓶颈和非瓶颈参数。这就是筛选算法的核心。

下面就是适用于稀有事件的两阶段筛选 CE-SCR 算法 5.9.1 的改进版本，我们使用与第 5.9.1 节相同的符号。

算法 8.2.4(两阶段筛选 CE-SCR 算法)

1. 初始化瓶颈元素集合为 $B_0=\{1,\cdots,n\}$，令 $t=1$。
2. 从 $f(\boldsymbol{x};\boldsymbol{u})$ 生成样本 $\boldsymbol{X}_1,\cdots,\boldsymbol{X}_N$，计算 $\hat{\gamma}_0$ 和样本性能 $\{S(\boldsymbol{X}_i)\}$ 的 $(1-\varrho)$ 的样本分位点。
3. 从 $f(\boldsymbol{x};\boldsymbol{u})$ 生成一个不同的样本 $\boldsymbol{X}_1,\cdots,\boldsymbol{X}_N$，求出随机规划(5.107)的 CE 解，其中 $\gamma=\gamma_0$，把该解用 $\hat{\boldsymbol{v}}_t=(\hat{v}_{t1},\cdots,\hat{v}_{tn})$ 表示。注意，$\hat{\boldsymbol{v}}_t$ 是一个 n 维参数向量。
4. 计算每一个分量 $\hat{v}_{ti}, i=1,\cdots,n$ 的相对扰动
$$\delta_{ti}=\frac{\hat{v}_{ti}-u_i}{u_i} \tag{8.14}$$
5. 如果 $\delta_{ti}<\delta$，其中 δ 是一个阈值，例如 $\delta=0.1$(注意，负的 δ_{ti} 自然满足 $\delta_{ti}<\delta$)，则设置 $\hat{v}_{ti}=u_i$，即确定向量 $\boldsymbol{v}$ 的第 i 个分量为非瓶颈参数，否则它就是一个瓶颈参数。令 B_t 表示第 t 次迭代中瓶颈参数的集合。
6. 重复步骤 3～5 次，假定重复 d 次，每一次重复都让 t 增加 1 并且更新集合 B_t。注意，集合序列 $B_t, t=1,\cdots,d$ 是非增序列。
7. 应用标准 CE 算法估计最优参数向量 $\boldsymbol{v}_B$，令 $B=B_d$。计算式(5.106)，即
$$\hat{\ell}_B=\frac{1}{N}\sum_{k=1}^{N} I_{\{S(\boldsymbol{X}_k)\geqslant\gamma\}} W_B(\boldsymbol{X}_{kB};\boldsymbol{u}_B,\hat{\boldsymbol{v}}_B)$$
这就是稀有事件概率 ℓ 的估计值。

8.2.2.1 数值结果

下面，我们对图 5.5 所示的 $m\times n$ 桥梁系统用算法 8.2.4 进行数值研究，我们感兴趣的是图的最短路径长度 $S(\boldsymbol{X})$ 大于或者等于 γ 的概率，即估计稀有事件概率 $\ell=P(S(\boldsymbol{X})\geqslant\gamma)$，其中
$$S(\boldsymbol{X})=\min\{Y_{11}+\cdots+Y_{1n},\cdots,Y_{m1}+\cdots+Y_{mn}\}$$
Y_{ij} 由式(5.109)定义。注意，式(5.110)中的“max”在这里用“min”代替。假设随机变量 X_{ijk} 服从 $\mathrm{Exp}(u_{ijk})$ 分布。必须注意，在第 5.9.1 节的数值例子中，$\{X_{ijk}\}$ 并**不是**以均值作为参数的，在上文所述的比较相对扰动时需要用 $1/u_{ijk}$ 和 $1/\hat{v}_{ijk}$。同样的道理，与瓶颈元素相对应的参数值应该**小于**非瓶颈元素的参数值。与第 5.9 节一样，我们有意在模型中选取(提前)一些元素作为瓶颈参数。

表 8.5 列出了算法 8.2.4 在求解一个 2×2 模型时的性能，其中有 8 个瓶颈参数，$\varrho=0.1$，$\gamma=6$，样本空间大小分别为 $N=50\ 000$ 和 $N_1=500\ 000$。特别地，我们设置瓶颈参数 u_{111}，u_{112}，u_{121}，u_{122}，u_{211}，u_{212}，u_{221}，u_{222} 为 1，其余的 12 个参数为 4。

表 8.5　求解 2×2 模型时算法 8.2.4 的性能。我们令 $\varrho=0.1$，$\gamma=6$，$N=50\ 000$，$N_1=500\ 000$

	CE	VM	CE-SCR	VM-SCR
Mean $\hat{\ell}$	2.92×10^{-8}	2.96×10^{-8}	2.88×10^{-8}	2.81×10^{-8}
Max $\hat{\ell}$	3.93×10^{-8}	3.69×10^{-8}	3.56×10^{-8}	3.29×10^{-8}
Min $\hat{\ell}$	2.46×10^{-8}	2.65×10^{-8}	2.54×10^{-8}	2.45×10^{-8}
RE	0.166	0.102	0.109	0.077
CPU	6.03	9.31	6.56	9.12

从表 8.5 的结果可以看出，对于这个相对比较小的模型，CE 算法和 VM 算法的性能与其对应的筛选法相似。我们将进一步看到，随着复杂度的增加，VM-SCR 比其他三种方法更好，特别是 CE-SCR。

表 8.6 给出了在求解上述 2×2 模型时算法 8.2.4 在第一阶段识别瓶颈参数时的典型动态过程，模型中含有 20 个参数，其中 8 个是瓶颈参数。与表 5.5 类似，表 8.6 中的 0 和 1 分别表示哪些参数被检测为非瓶颈参数或瓶颈参数，t 表示算法在第一阶段的迭代次数。

表 8.6　在算法 8.2.4 的第一阶段检测瓶颈参数的典型动态过程

t	u_{111}	u_{112}	u_{113}	u_{114}	u_{115}	u_{121}	u_{122}	u_{123}	u_{124}	u_{125}
0	1	1	1	1	1	1	1	1	1	1
1	1	1	1	0	0	1	1	1	0	0
2	1	1	0	0	0	1	1	0	0	0
3	1	1	0	0	0	1	1	0	0	0
4	1	1	0	0	0	1	1	0	0	0
5	1	1	0	0	0	1	1	0	0	0
t	u_{211}	u_{212}	u_{213}	u_{214}	u_{215}	u_{221}	u_{222}	u_{223}	u_{224}	u_{225}
0	1	1	1	1	1	1	1	1	1	1
1	1	1	1	0	0	1	1	0	1	1
2	1	1	1	0	0	1	1	0	1	1
3	1	1	0	0	0	1	1	0	0	0
4	1	1	0	0	0	1	1	0	0	0
5	1	1	0	0	0	1	1	0	0	0

容易看出，在第一次迭代后有 13 个瓶颈参数，在第二次迭代后有 11 个瓶颈参

数，在第三次迭代后，过程稳定，检测出 8 个真正的瓶颈参数。

对于上述 2×2 模型，表 8.7 给出了采用 VM 方法和 VM-SCR 方法时参数序列$\{(\hat{\gamma}_t,\hat{\boldsymbol{v}}_t)\}$的典型演化过程。从表中我们可以看出，瓶颈元素减少了三倍以上，而非瓶颈元素在初始值 4 周围波动。

表 8.7 采用 VM 方法和 VM-SCR 方法时序列$\{\hat{\boldsymbol{v}}_t\}$的演化过程

VM						VM-SCR					
t	$\hat{v}_{111}$	$\hat{v}_{112}$	$\hat{v}_{113}$	$\hat{v}_{114}$	$\hat{v}_{115}$	t	$\hat{v}_{111}$	$\hat{v}_{112}$	$\hat{v}_{113}$	$\hat{v}_{114}$	$\hat{v}_{115}$
0	1.000	1.000	4.000	4.000	4.000	0	1.000	1.000	4	4	4
1	0.759	0.771	3.944	3.719	3.839	1	0.760	0.771	4	4	4
2	0.635	0.613	3.940	3.681	3.734	2	0.638	0.605	4	4	4
3	0.524	0.517	4.060	3.297	3.608	3	0.506	0.491	4	4	4
4	0.443	0.415	3.370	3.353	3.909	4	0.486	0.447	4	4	4
5	0.334	0.332	3.689	3.965	4.250	5	0.402	0.371	4	4	4
6	0.378	0.365	3.827	3.167	4.188	6	0.348	0.317	4	4	4
7	0.357	0.358	3.881	4.235	4.929	7	0.375	0.347	4	4	4
8	0.285	0.271	4.011	2.982	4.194	8	0.285	0.298	4	4	4
9	0.287	0.301	3.249	2.879	3.409	9	0.288	0.254	4	4	4

下面我们考虑一个更大的模型，比如 3×10 模型，其中把 $u_{111}, u_{112}, u_{211}, u_{212}, u_{311}, u_{312}$选作瓶颈参数，令它们的值等于 1，而其余的参数设为 4。表 8.8 列出了 $\varrho=0.1, \gamma=6, N=N_1=400\ 000$ 时算法 8.2.4 的性能。在这种情况下，CE 和 VM 方法都能找到 6 个真正的瓶颈参数。注意，VM-SCR 是四种方法中最精确的一种，CE 方法则低估了 ℓ 的值。因此，对于这个相对较大的模型，没有筛选的 CE 方法受到似然比退化的影响，其中包含了一个 150 项的乘积项。

表 8.8 求解 3×10 模型时算法 8.2.4 的性能，其中有 6 个瓶颈参数，我们令$\varrho=0.1, \gamma=6, N=N_1=400\ 000$

	CE	VM	CE-SCR	VM-SCR
Mean $\hat{\ell}$	2.44×10^{-8}	5.34×10^{-8}	5.28×10^{-8}	5.17×10^{-8}
Max $\hat{\ell}$	5.82×10^{-8}	7.18×10^{-8}	8.34×10^{-8}	6.93×10^{-8}
Min $\hat{\ell}$	4.14×10^{-15}	2.76×10^{-8}	2.74×10^{-8}	4.32×10^{-8}
RE	0.05	0.28	0.33	0.15
CPU	247	482	303	531

8.3 求解优化的 CE 方法

在这一节我们将说明怎样运用 CE 方法求解优化问题。假设我们希望在某个集合 $\mathscr{X}$ 上最大化一个函数 $S(\boldsymbol{x})$，我们用 γ^* 表示最大值，于是

$$\gamma^* = \max_{x \in \mathscr{X}} S(\boldsymbol{x}) \tag{8.15}$$

根据 $\mathscr{X}$ 是离散或者连续的，我们把该问题称为**离散**优化问题或**连续**优化问题。如果一个优化问题既包括离散变量，也包含连续变量，则被称为**混合**优化问题。离散优化问题有时也称为**组合优化问题**，这也是本节讨论的重点。

CE 方法是求解优化问题的一种新方法，它将原始问题(8.15)转化为一个**稀有事件概率的估计问题**。如此一来，CE 方法旨在寻找一个最优的参数化抽样分布，即 $\mathscr{X}$ 上的一个概率分布，而不是直接寻找最优解。为此，我们针对不同的水平 $\gamma \in \mathbb{R}$，在 $\mathscr{X}$ 上定义一个指示函数集合 $\{I_{\{S(\boldsymbol{x}) \geqslant \gamma\}}\}$，接着令 $\{f(\cdot;\boldsymbol{v}), \boldsymbol{v} \in \mathscr{V}\}$ 为 $\mathscr{X}$ 上以实值向量 $\boldsymbol{v}$ 为参数的一组概率密度函数族。对于一个给定的 $\boldsymbol{u} \in \mathscr{V}$，我们把问题(8.15)与稀有事件概率

$$\ell(\gamma) = P_{\boldsymbol{u}}(S(\boldsymbol{X}) \geqslant \gamma) = E_{\boldsymbol{u}}[I_{\{S(\boldsymbol{x}) \geqslant \gamma\}}] \tag{8.16}$$

的估计问题联系起来，其中 $P_{\boldsymbol{u}}$ 是一个概率测度，在该测度下随机状态 $\boldsymbol{X}$ 有一个离散概率密度函数 $f(\cdot;\boldsymbol{u})$，$E_{\boldsymbol{u}}$ 表示相应的期望值算子。我们称估计问题(8.16)为**关联随机问题**。

CE 方法在优化中的主要目的是产生一个概率密度函数序列 $f(\cdot;\hat{\boldsymbol{v}}_0)$，$f(\cdot;\hat{\boldsymbol{v}}_1)$，…，最终收敛到一个退化测度(即 Dirac 测度)，也就是将所有的概率质量分配给一个单一的状态 $\boldsymbol{x}_T$，根据定义，这一点的函数值要么是最优值，要么非常接近最优值。理解这一点非常重要。

一旦定义了关联随机问题，我们就运用算法 8.2.1 求解稀有事件估计问题，事先不用指定 γ 值，从而求出式(8.15)的最优解 $\boldsymbol{x}^*$ 的近似值。如果 $\hat{\gamma}^*$ 接近于 γ^*，则 $f(\cdot;\hat{\boldsymbol{v}}_T)$将它的绝大多数概率质量赋予接近 $\boldsymbol{x}^*$。因此从该分布得到的任意抽样 $\boldsymbol{X}$，都可以作为最优解 $\boldsymbol{x}^*$ 的一个近似值，同时相应的函数值也可以作为式(8.15)的真实最优解 γ^* 的近似值。

为了更深入地了解组合优化和稀有事件估计之间的关系，我们再次考虑例 8.4 的投掷硬币问题，但是，这次是从优化的角度，而不是从估计的角度。对于**所有真正的组合优化问题**来说，这也是最精彩的部分，比如下一节将要讨论的最大割问题和 TSP 问题。需要注意，与下面的玩具例子相比，这些例子中只有样本函数 $S(\boldsymbol{X})$和轨迹生成算法有所不同，而更新序列$\{(\gamma_t, \boldsymbol{v}_t)\}$始终由**同样**的原理确定。

■例 8.6　投掷 n 枚硬币:例 8.4 续

假设我们要最大化

$$S(\boldsymbol{x}) = \sum_{i=1}^{n} x_i$$

其中对于所有的 $i=1,\cdots,n$，$x_i=0$ 或 1。很明显，式(8.15)的最优解为 $\boldsymbol{x}^*=(1,\cdots,1)$。为了把确定性规划问题(8.15)转化为一般的随机形式，最简单的方法是将每个元素 x_i，$i=1,\cdots,n$ 与一个 Bernoulli 随机变量 X_i，$i=1,\cdots,n$ 关联起来。为简单起见，假设所有的$\{\boldsymbol{X}_i\}$都是独立的，而且每个元素 i 的成功率都为 1/2。如此，关联随机问题(8.16)就变成了一个稀有事件估计问题。考虑到只有一个解 $\boldsymbol{x}^*=(1,\cdots,1)$，我们使用 CMC 方法可以得到 $\ell(\gamma^*)=1/|\mathscr{X}|$，其中 $|\mathscr{X}|=2^n$，当 n 很大时，这是一个非常小的概率。如果不用 CMC，我们也可以用重要抽样估计 $\ell(\gamma)$，此时 $X_i\sim\text{Ber}(p_i)$，$i=1,\cdots,n$。

很明显，接下来的步骤是应用算法 8.2.1 求解式(8.16)，事先不固定 γ。在说明 8.2.3 中提到，CE 算法 8.2.1 可以看作确定性 CE 算法 8.2.2 的一个随机等效算法，而后者会一直迭代，直到达到一个局部极大值。因此，我们将获得一个收敛于局部最大值或全局最大值的序列$\{\hat{\gamma}_t\}$，这可以看作真实最优解 γ^* 的一个估计值。

总的来说，为了求解一个组合优化问题，我们应该应用 CE 算法 8.2.1 求解稀有事件估计问题，事先不指定 γ。这样，求解优化的 CE 算法可以看作算法 8.2.1 的改进版本。特别地，仿照算法 8.2.1，我们选择一个不是非常小的ϱ，比如$\varrho=10^{-2}$，初始化参数向量 $\boldsymbol{u}$，令 $\boldsymbol{v}_0=\boldsymbol{u}$，进行如下步骤。

1. **自适应更新 $\boldsymbol{\gamma}_t$**。对于一个给定的 $\boldsymbol{v}_{t-1}$，令 γ_t 为 $S(\boldsymbol{X})$在 $\boldsymbol{v}_{t-1}$时的$(1-\varrho)$分位点。与以前一样，从 $f(\cdot;\boldsymbol{v}_{t-1})$抽取随机样本 $\boldsymbol{X}_1,\cdots,\boldsymbol{X}_N$，计算 γ_t 的估计值 $\hat{\gamma}_t$，然后估计性能的$(1-\varrho)$分位点:
$$\hat{\gamma}_t = S_{(\lceil(1-\varrho)N\rceil)} \tag{8.17}$$
2. **自适应更新 $\boldsymbol{v}_t$**。对于给定的 γ_t 和 $\boldsymbol{v}_{t-1}$，从规划
$$\max_{\boldsymbol{v}} D(\boldsymbol{v}) = \max_{\boldsymbol{v}} E_{\boldsymbol{v}_{t-1}}\left[I_{\{S(\boldsymbol{X})\geqslant\gamma_t\}}\ln f(\boldsymbol{X};\boldsymbol{x})\right] \tag{8.18}$$
的解可以算出 $\boldsymbol{v}_t$。
下式是(8.18)的随机等效形式，对于给定的$\hat{\gamma}_t$ 和$\hat{\boldsymbol{v}}_{t-1}$，从规划
$$\max_{\boldsymbol{v}} \hat{D}(\boldsymbol{v}) = \max_{\boldsymbol{v}} \frac{1}{N}\sum_{i=1}^{N} I_{\{S(\boldsymbol{X}_k)\geqslant\hat{\gamma}_t\}}\ln f(\boldsymbol{X}_k;\boldsymbol{v}) \tag{8.19}$$
的解可以算出$\hat{\boldsymbol{v}}_t$。

有一点非常重要:与式(8.5)和式(8.6)(针对稀有事件问题)不同，我们看到式(8.18)和式(8.19)**不包含似然比项** W。这是因为在稀有事件问题中，初始(标称)参数 $\boldsymbol{u}$ 是事前指定的，是估计问题的一个重要部分。相反地，在关联随机问题中初

始参考向量 $\boldsymbol{u}$ 是相当随意的。实际上，去掉 W 项以后，我们在每一次迭代 t 中都能有效地估计出 CE 方法的最优引用参数向量 $\boldsymbol{v}_t$，使稀有事件概率 $P_{\boldsymbol{v}_t}(S(\boldsymbol{X})\geqslant\gamma_t)\geqslant P_{\boldsymbol{v}_{t-1}}(S(\boldsymbol{X})\geqslant\gamma_t)$，即使在高维问题中也是如此。

说明 8.3.1(平滑更新)　除了直接通过求解式(8.19)的方法更新参数向量 $\boldsymbol{v}$ 以外，我们还可以使用以下**平滑**公式

$$\hat{\boldsymbol{v}}_t = \alpha\tilde{\boldsymbol{v}}_t + (1-\alpha)\,\hat{\boldsymbol{v}}_{t-1} \tag{8.20}$$

其中 $\tilde{\boldsymbol{v}}_t$ 是求解式(8.19)得到的参数向量，α 称为**平滑参数**，一般地，$0.7<\alpha\leqslant 1$。很明显，当 $\alpha=1$ 时，就是原来的更新规则。使用式(8.20)的平滑更新代替原来的更新规则，有以下两个原因：(a)平滑 $\hat{\boldsymbol{v}}_t$ 的值；(b)减少最初几次迭代中 $\hat{\boldsymbol{v}}_t$ 的一些元素 $\hat{\boldsymbol{v}}_{t,i}$ 为 0 或者 1 的可能。当 $\hat{\boldsymbol{v}}_t$ 是**概率**向量或矩阵时，这一点尤为重要。注意，当 $0<\alpha\leqslant 1$ 时，总有 $\hat{v}_{t,i}>0$，而当 $\alpha=1$ 时，对于某些下标 i 可能会有(甚至在第一次迭代时) $\hat{v}_{t,i}=0$ 或者 $\hat{v}_{t,i}=1$，从而导致算法收敛到一个错误的解。

对算法 8.2.1 稍加改进，引入参数向量 $\boldsymbol{v}$ 的平滑更新方法，得到 CE 优化主算法，总结如下：

算法 8.3.1(CE 优化主算法)

1. 选择一个初始参数向量 $\boldsymbol{v}_0=\hat{\boldsymbol{v}}_0$，令 $t=1$(水平计数)。
2. 从密度函数 $f(\cdot;\boldsymbol{v}_{t-1})$ 产生样本 $\boldsymbol{X}_1,\cdots,\boldsymbol{X}_N$，根据式(8.17)计算性能的样本 $(1-\varrho)$ 分位点 $\hat{\gamma}_t$。
3. 使用**相同**的样本 $\boldsymbol{X}_1,\cdots,\boldsymbol{X}_N$ 求解随机优化问题(8.19)，用 $\tilde{\boldsymbol{v}}_t$ 表示解。
4. 应用式(8.20)平滑向量 $\tilde{\boldsymbol{v}}_t$。
5. 如果满足结束条件则停止；否则，令 $t=t+1$，返回步骤 2。

说明 8.3.2(最小化)　如果求 $S(\boldsymbol{x})$ 的**最小化**而非最大化，可以简单地将不等式"$\geqslant$"变为"$\leqslant$"，并把求取 $(1-\varrho)$ 分位点换成 ϱ 分位点，也可以变成最大化 $-S(\boldsymbol{x})$。

我们可以用其他停止准则，例如，如果对某个 $t\geqslant d$，比如 $d=5$，有

$$\hat{\gamma}_t = \hat{\gamma}_{t-1} = \cdots = \hat{\gamma}_{t-d} \tag{8.21}$$

则停止。我们也可以把

$$\tilde{\gamma}_T = \max_{0\leqslant s\leqslant T}\hat{\gamma}_s \tag{8.22}$$

当作 γ^* 的另一种估计。

注意，初始向量 $\hat{\boldsymbol{v}}_0$、样本大小 N、停止参数 d 以及数字 ϱ 必须提前确定，算法的其余部分是"自适应"的。还需注意，类似于模拟退火算法，这里的 γ_t 可以看作"退火温度"。不同的是，模拟退火算法的冷却机制是提前选择的，而 CE 算法是以自适应的方式更新的。

■例 8.7 掷硬币:例 8.6(续)

在本例中,随机向量 $\boldsymbol{X}=(X_1,\cdots,X_n)\sim \mathrm{Ber}(\boldsymbol{p})$,参数向量 $\boldsymbol{v}$ 是 $\boldsymbol{p}$。所以,概率密度函数为

$$f(\boldsymbol{X};\boldsymbol{p}) = \prod_{i=1}^{n} p_i^{X_i}(1-p_i)^{1-X_i}$$

而且,由于每个 X_i 只能为 0 或者 1,

$$\frac{\partial}{\partial p_i}\ln f(\boldsymbol{X};\boldsymbol{p}) = \frac{X_i}{p_i} - \frac{1-X_i}{1-p_i} = \frac{1}{(1-p_i)p_i}(X_i - p_i)$$

令 p_i 的一阶导数等于 0,其中 $i=1,\cdots,n$,我们可以求出式(8.19)的最优参数向量 $\boldsymbol{p}$,即

$$\frac{\partial}{\partial p_i}\sum_{k=1}^{N} I_{\{S(\boldsymbol{X}_k)\geqslant\gamma\}}\ln f(\boldsymbol{X}_k;\boldsymbol{p}) = \frac{1}{(1-p_i)p_i}\sum_{i=1}^{N} I_{\{S(\boldsymbol{X}_k)\geqslant\gamma\}}(X_{ki}-p_i) = 0$$

因此,我们有

$$p_i = \frac{\sum_{k=1}^{N} I_{\{S(\boldsymbol{X}_k)\geqslant\gamma\}}X_{ki}}{\sum_{k=1}^{N} I_{\{S(\boldsymbol{X}_k)\geqslant\gamma\}}} \tag{8.23}$$

该式类似于更新公式(8.10),只是 W 项有所不同。实际上,对于所有的由均值参数化的一维指数分布,更新公式(8.23)都成立,见式(5.69)。还应注意的是,仅仅使用精英样本,参数只是通过它们的最大似然比估计量进行更新,见说明 8.2.2。

原则上,算法 8.3.1 可以应用于任何离散的和连续的优化问题,然而,对于每个问题,需要考虑两个关键的措施:

1. 我们需要指定如何产生样本,也就是说,我们需要定义密度函数族 $\{f(\cdot;\boldsymbol{v})\}$。
2. 我们需要基于 CE 最小化问题(8.19)更新参数向量 $\boldsymbol{v}$,这对所有的优化问题都是相同的。

总之,有许多方法从 $\mathscr{X}$ 生成样本,但有时不能立刻说清楚哪种方法能够得到更好的结果或者更简单的更新公式。

说明 8.3.3(参数选择) 样本大小 N 和稀有参数 ϱ 的选择取决于关联随机问题的大小和参数的数量。典型的取值是 $\varrho=0.1$ 或 $\varrho=0.01$,$N=cK$,其中 K 是需要估计或更新的参数的数量,c 是介于 1 和 10 之间的常数。

与算法 8.2.2 类似,我们也提出算法 8.3.1 的确定性形式,如以下所述。

算法 8.3.2(确定性 CE 优化算法)

1. 选择 $\boldsymbol{v}_0$ 的值,令 $t=1$。
2. 计算 γ_t

$$\gamma_t = \max\{s: P_{v_{t-1}}(S(\boldsymbol{X}) \geqslant s) \geqslant \varrho\} \tag{8.24}$$

3. 计算 $\boldsymbol{v}_t$

$$\boldsymbol{v}_t = \arg\max_{\boldsymbol{v}} E_{v_{t-1}}[I_{\{S(\boldsymbol{X})\geqslant\gamma_t\}} \ln f(\boldsymbol{X};\boldsymbol{v})] \tag{8.25}$$

4. 如果对于某个 $t \geqslant d$，比如 $d=5$，有

$$\gamma_t = \gamma_{t-1} = \cdots = \gamma_{t-d} \tag{8.26}$$

则停止(令 T 表示最后一次迭代)；否则，令 $t=t+1$ 并重复步骤 2。

说明 8.3.4　注意，在第 5.6 节讨论过，我们可以最小化估计量的方差，而不是 CE 距离。我们也提到，使用 CE 的主要原因是，对于指数族分布，参数可以解析地更新，而不像 VM 过程那样用数值方法进行更新。

下面我们介绍几个 CE 方法在组合优化中的应用，比如最大割、二分划和 TSP 问题。我们用几个案例的数值结果说明 CE 方法的效率及其快速收敛性。至于 CE 方法的其他应用，可见文献[31]和本章末尾的参考文献列表。

8.4　最大割问题

最大割问题可以这样描述：给定图 $G=G(V,E)$，其节点集为 $V=\{1,\cdots,n\}$，节点之间的边集为 E，将图的节点分割成两个任意的子集 V_1 和 V_2，使得从一个子集到另一个子集的边的权重(代价)c_{ij} 的总和最大化。注意，某些 c_{ij} 可能为 0，这表示从 i 到 j 实际上没有边存在。

例如，考虑图 8.4，相应的代价矩阵 $\boldsymbol{C}=(c_{ij})$ 为

$$\boldsymbol{C} = \begin{pmatrix} 0 & 2 & 2 & 5 & 0 \\ 2 & 0 & 1 & 0 & 3 \\ 2 & 1 & 0 & 4 & 2 \\ 5 & 0 & 4 & 0 & 1 \\ 0 & 3 & 2 & 1 & 0 \end{pmatrix} \tag{8.27}$$

这里，割 $\{\{1,5\},\{2,3,4\}\}$ 的代价为

$$c_{12} + c_{13} + c_{14} + c_{52} + c_{53} + c_{54} = 2+2+5+3+2+1 = 15$$

一个割可以简单地用相应的**割向量** $\boldsymbol{x}=(x_1,\cdots,x_n)$ 表示，其中 $x_i=1$ 表示节点 i 属于值为 1 的同一个划分，否则值为 0。例如，图 8.4 中的割可以用割向量(1,0,0,0,1)表示。对于每一个割向量 $\boldsymbol{x}$，令 $\{V_1(\boldsymbol{x}),V_2(\boldsymbol{x})\}$ 表示 V 的划分，其中 $V_1(\boldsymbol{x})$ 是下标集 $\{i: x_i=1\}$。如果没有事先确定，我们令 $x_1=1\in V_1$。

设 $\mathscr{X}$ 为所有割向量 $\boldsymbol{x}=(1,x_2,\cdots,x_n)$ 的集合，$S(\boldsymbol{x})$ 为相应割的代价，有

$$S(\boldsymbol{x}) = \sum_{i\in V_1(\boldsymbol{x}),\, j\in V_2(\boldsymbol{x})} c_{ij} \tag{8.28}$$

容易看出，割向量的总数为

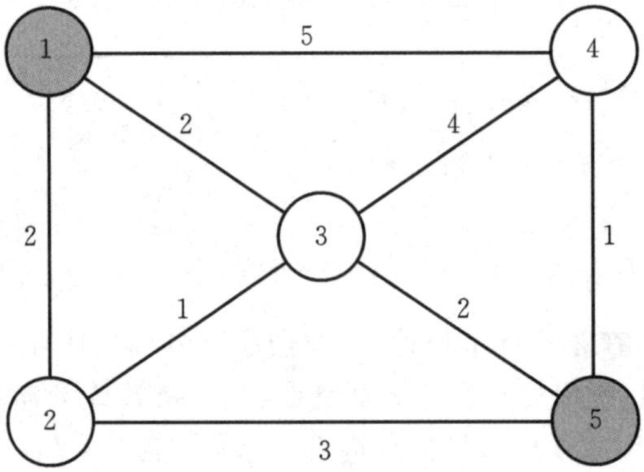

图 8.4 割为{{1,5},{2,3,4}}的六节点网络

$$|\mathscr{X}| = 2^{n-1} \tag{8.29}$$

我们假设下文的图都是**无向的**，而对于一个有向图，割$\{V_1,V_2\}$的代价包括从 V_1 到 V_2 的边的代价和从 V_2 到 V_1 的边的代价。在这种情况下，一个割向量 $\boldsymbol{x}$ 对应的代价为

$$S(\boldsymbol{x}) = \sum_{i\in V_1(\boldsymbol{x}),j\in V_2(\boldsymbol{x})} (c_{ij} + c_{ji}) \tag{8.30}$$

下面，我们产生随机割并利用 CE 算法 8.3.1 更新相应的参数。产生割向量最自然、最简单的方法是，令 $X_2,\cdots,X_n$ 为独立的 Bernoulli 随机变量，其成功率分别为 $p_2,\cdots,p_n$。

算法 8.4.1(生成随机割)

1. 从各分量相互独立的 $\mathrm{Ber}(\boldsymbol{p})$分布产生一个 n 维的随机向量 $\boldsymbol{X}=(X_1,\cdots,X_n)$，其中 $\boldsymbol{p}=(1,p_2,\cdots,p_n)$。
2. 构造 V 的划分$\{V_1(\boldsymbol{X}),V_2(\boldsymbol{X})\}$，并按照式(8.28)计算性能 $S(\boldsymbol{X})$。

$\hat{p}_{t,i}$的更新公式与例 8.7 相同，即式(8.23)。

下面举例一步一步说明确定性 CE 算法 8.3.2 的应用。如果问题规模比较小，所有计算都能解析求解，则可以直接利用更新规则(8.24)和(8.25)，而不需要它们的随机等效公式。

■例 8.8 算法 8.3.2 的举例

考虑图 8.4 所示的五节点图，16 个可能的割向量(见式(8.29))和相应的割值见表 8.9。

可以看出本例的最优割向量为 $\boldsymbol{X}^*=(1,0,1,0,1)$，对应的 $S(\boldsymbol{x}^*)=\gamma^*=16$。

下面我们用确定性 CE 算法 8.3.2 求解最大割问题。设$\varrho=10^{-1}$，$\boldsymbol{p}_0=(1,1/2,1/2,1/2,1/2)$，迭代两次后，参数向量 $\boldsymbol{p}_0,\boldsymbol{p}_1,\cdots$收敛于最优 $\boldsymbol{p}^*=(1,0,1,0,1)$。

表 8.9　例 8.8 的 16 个可能的割向量

$\boldsymbol{X}$	V_1	V_2	$S(\boldsymbol{X})$
(1,0,0,0,0)	{1}	{2,3,4,5}	9
(1,1,0,0,0)	{1,2}	{3,4,5}	11
(1,0,1,0,0)	{1,3}	{2,4,5}	14
(1,0,0,1,0)	{1,4}	{2,3,5}	9
(1,0,0,0,1)	{1,5}	{2,3,4}	15
(1,1,1,0,0)	{1,2,3}	{4,5}	14
(1,1,0,1,0)	{1,2,4}	{3,5}	11
(1,1,0,0,1)	{1,2,5}	{3,4}	11
(1,0,1,1,0)	{1,3,4}	{2,5}	6
(1,0,1,0,1)	{1,3,5}	{2,4}	16
(1,0,0,1,1)	{1,4,5}	{2,3}	13
(1,1,1,1,0)	{1,2,3,4}	{5}	6
(1,1,1,0,1)	{1,2,3,5}	{4}	10
(1,1,0,1,1)	{1,2,4,5}	{3}	9
(1,0,1,1,1)	{1,3,4,5}	{2}	6
(1,1,1,1,1)	{1,2,3,4,5}	∅	0

迭代 1

在第一次迭代的第一步，根据以下公式确定 γ_1：

$$\gamma_t = \max\{\gamma \text{ s.t. } E_{\boldsymbol{p}_{t-1}}[I_{\{S(\boldsymbol{X})\geqslant\gamma\}}] \geqslant 0.1\} \tag{8.31}$$

可以看到，在参数向量为 $\boldsymbol{p}_0$ 的条件下，$S(\boldsymbol{X})$ 以概率{1/16,3/16,3/16,1/16,3/16,1/16,2/16,1/16,1/16}在{0,6,9,10,11,13,14,15,16}中取值。因此我们得到 $\gamma_1=15$。在第二步中，需要求解

$$\boldsymbol{p}_t = \arg\max_{\boldsymbol{p}} E_{\boldsymbol{p}_{t-1}}[I_{\{S(\boldsymbol{X})\geqslant\gamma_t\}} \ln f(\boldsymbol{X};\boldsymbol{p})] \tag{8.32}$$

其解为

$$p_{t,i} = \frac{E_{\boldsymbol{p}_{t-1}}[I_{\{S(\boldsymbol{X})\geqslant\gamma_t\}} X_i]}{E_{\boldsymbol{p}_{t-1}}[I_{\{S(\boldsymbol{X})\geqslant\gamma_t\}}]}$$

仅有两个向量 $\boldsymbol{X}$ 使 $S(x)\geqslant 15$，即(1,0,0,0,1)和(1,0,1,0,1)，在 $\boldsymbol{p}_0$ 时概率均为1/16。因此，

$$p_{1,i} = \begin{cases} \dfrac{2/16}{2/16} = 1, & i = 1,5 \\[2ex] \dfrac{1/16}{2/16} = \dfrac{1}{2}, & i = 3 \\[2ex] \dfrac{0}{2/16} = 0, & i = 4,2 \end{cases}$$

迭代 2

在第二次迭代中，$S(\boldsymbol{X})$以 1/2 的概率取 15 或 16。再次用式(8.31)和(8.32)分别得到最优 $\gamma_2=16$ 和最优 $\boldsymbol{p}_2=(1,0,1,0,1)$。

说明 8.4.1(其他停止规则) 注意，停止规则(8.21)是以序列$\{\hat{\gamma}_t\}$收敛到 γ^* 的收敛性为基础的，当序列$\{\hat{\gamma}_t\}$不再改变时，算法 8.3.1 停止。另一种停止规则是，当序列$\{\hat{\boldsymbol{p}}_t\}$非常接近一个退化值时则停止，例如，对于所有 i，如果 $\min\{\hat{p}_i, 1-\hat{p}_i\}<\varepsilon$ 则停止，其中 ε 是一个很小的数字。

表 8.10 是 CE 算法求解最大割问题的 Matlab 代码，代价矩阵为式(8.27)。必须注意的是，尽管这里所讲的最大割问题的规模相对较小，但是，实际上对于由成百上千个节点组成的高维最大割问题，可以用相同的 CE 算法解决。

表 8.10 求解最大割问题的 Matlab CE 程序，代价矩阵为(8.27)

```
global C;
C= [ 0  2  2  5  0;                          % 代价矩阵
     2  0  1  0  3;
     2  1  0  4  2;
     5  0  4  0  1;
     0  3  2  1  0];
m=5;N=100;Ne=10;eps=10^-3;p=1/2 * ones(1,m);p(1)=1;
while max(min(p,1-p))>eps
    x=(rand(N,m)<ones(N,1) * p);             % 产生割向量
    SX=S(x);
    sortSX=sortrows([x SX],m+1);
    p=mean(sortSX(N-Ne+1:N,1:m))             % 更新参数
end

function perf=S(x)                           % 性能函数
global C;
N=size(x,1);
for i=1:N
    V1=find(x(i,:));                         % {V1,V2}是一种划分
    V2=find(~x(i,:));
perf(i,1)=sum(sum(C(V1,V2)));                % 割的大小
end
```

■例 8.9　十二面体的最大切割

为了进一步说明 CE 算法求解最大割问题的执行过程，我们考虑图 8.5 所示的十二面体。假设所有边的代价均为 1，我们希望把节点集合分割为两个子集（把节点涂为黑色和白色），使得横跨割的代价最大，割的代价由式(8.28)给出。虽然这个问题表现出明显的对称性，但是事先并不知道具体的解是什么。

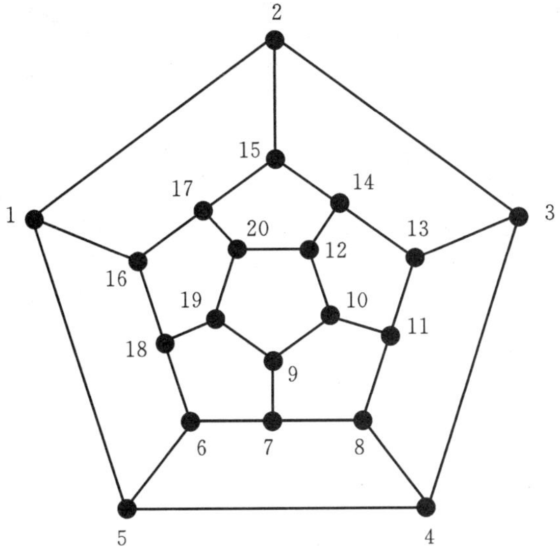

图 8.5　十二面体

取 $N=200, \varrho=0.1$，CE 算法的执行过程如图 8.6 所示。

从图中可以观察到，概率向量 $\hat{\boldsymbol{p}}_t$ 很快(8 次迭代)收敛到一个退化向量——对应解(对这一特殊的例子) $\boldsymbol{x}^* =(1,0,1,1,0,0,1,0,0,1,1,0,0,1,0,0,1,1,1,0)$。因此，$\boldsymbol{V}_1^* =\{1,3,4,7,10,11,14,17,18,19\}$。这一结果需要进行大约 1600 次函数计算，相比而言，如果所有割向量都被枚举一遍，就需要 $2^{19}-1\approx 5\times 10^5$ 次计算。最大值为 24。有趣的是，由于对称性，事实上有很多最优解。我们发现，每一次运行时，CE 算法都“聚焦”在众多解中的一个解上(并不总是同一个解)。

具有 r 个分区的最大割问题

我们很容易把最大割过程推广到其他情形，即把节点集 V 分割成 $r>2$ 个子集 $\{V_1,\cdots,V_r\}$，使得从子集 V_a 到子集 V_b，$a,b=1,\cdots,r(a<b)$ 的所有边的权重总和最大，于是，对于每一个划分 $\{V_1,\cdots,V_r\}$，目标函数值为

$$\sum_{a=1}^{r}\sum_{b=a+1}^{r}\sum_{i\in V_a, j\in V_b} c_{ij}$$

在这种情况下，我们可以沿用算法 8.3.1 的基本步骤，其中用独立的 r 点分布

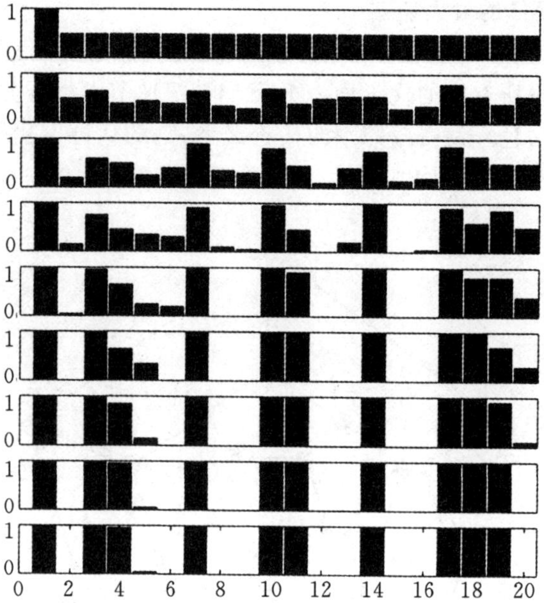

图 8.6 CE 算法求解十二面体最大割问题的执行过程

代替独立的伯努利分布，用公式

$$\hat{p}_{t,ij} = \frac{\sum\limits_{\boldsymbol{X}_k \in \mathscr{E}_t} I_{\{X_{ki}=j\}}}{|\mathscr{E}_t|} \tag{8.33}$$

更新概率。

8.5 分区问题

分区问题与最大割问题相似，唯一的区别是每一个分区的**大小**都是事先**固定**的，这对路径的生成有影响。例如，考虑一个分区问题，将 V 分割为两个相等的集合，这里假设 n 为偶数，我们可以直接用算法 8.4.1 来进行随机割的生成，即产生 $\boldsymbol{X} \sim \text{Ber}(\boldsymbol{p})$并**拒绝**大小不等的划分，但是这种方法的效率非常低。直接从给定 $X_1 + \cdots + X_n = n/2$ 的**条件**分布 $\boldsymbol{X} \sim \text{Ber}(\boldsymbol{p})$进行抽样，能够提高速度。参数 $\boldsymbol{p}$ 的更新与以前完全一样。遗憾的是，从条件伯努利分布为随机变量抽样不像从独立伯努利分布抽样那么直接，有一种很有用的技术就是所谓的制图法，我们在附录第 A. 2 节给出了这种方法的计算机代码。

下面我们介绍一个生成随机二分区$\{V_1, V_2\}$的简单方法，其中 V_1 中正好有 m 个元素，而 V_2 中有 $n-m$ 个元素。这种方法在实际应用中非常好用，把算法推广

到 r 个分区的情形也十分简单。

这种算法需要在$(1,\cdots,n)$的所有排列的空间上，均匀地产生随机排列 $\Pi=(\Pi_1,\cdots,\Pi_n)$，这可以用算法 2.8.2 实现。我们先以一个五节点网络为例说明我们的算法。假设 $m=2, m-n=3$，给定向量 $\boldsymbol{p}=(p_1,\cdots,p_5)$。

■例 8.10　对于 $m=2, n=5$ 生成一个二分区

1. 生成$(1,\cdots,5)$的一个随机排列 $\Pi=(\Pi_1,\cdots,\Pi_5)$，其均匀地分布在所有 5! 个排列的空间上。令$(\pi_1,\cdots,\pi_5)$为其中一个具体的输出，假如$(\pi_1,\cdots,\pi_5)=(3,5,1,2,4)$，这意味着我们按照 $\mathrm{Ber}(p_3)$，$\mathrm{Ber}(p_5)$，$\mathrm{Ber}(p_1)$，…的顺序抽取独立伯努利随机变量的值。
2. 给定 $\Pi=(\pi_1,\cdots,\pi_5)$和向量 $\boldsymbol{p}=(p_1,\cdots,p_5)$，分别从 $\mathrm{Ber}(p_{\pi_1})$，$\mathrm{Ber}(p_{\pi_2})$，…生成独立伯努利随机变量的值，直到**正好**生成 $m=2$ 个 1 或者 $n-m=3$ 个 0。注意，一般而言，抽样个数是一个随机变量，其取值在 $\min\{m, m-n\}$ 到 n 之间。为具体说明，我们假设前 4 个独立伯努利抽样（从以上 $\mathrm{Ber}(p_3)$，$\mathrm{Ber}(p_5)$，$\mathrm{Ber}(p_1)$，$\mathrm{Ber}(p_2)$抽样）产生的结果为$(0,0,1,0)$。由于已经生成了 3 个 0，我们可以令 $X_4\equiv 1$，于是$\{V_1(\boldsymbol{X}), V_2(\boldsymbol{X})\}=\{(1,4),(2,3,5)\}$就可以看作一个期望的划分。
3. 如果在上一步生成了 $m=2$ 个 1，则令其余 3 个元素为 0。否则，如果生成了 3 个 0，则令其余 2 个元素为 1。这样 $\boldsymbol{X}=(X_1,\cdots,X_n)$就是最终的分区向量，由此构造 V 的分区$\{V_1(\boldsymbol{X}), V_2(\boldsymbol{X})\}$。

根据这个例子，随机分区生成算法可以描述如下。

算法 8.5.1（随机分区生成算法）

1. 生成$(1,\cdots,n)$的一个随机排列 $\Pi=(\Pi_1,\cdots,\Pi_n)$，其均匀分布在所有 $n!$ 个排列的空间上。
2. 给定 $\Pi=(\pi_1,\cdots,\pi_n)$，分别从 $\mathrm{Ber}(p_{\pi_1})$，$\mathrm{Ber}(p_{\pi_2})$，…独立地生成伯努利随机变量 $X_{\pi_1}, X_{\pi_2},\cdots$的值，直到生成 m 个 1 和 $n-m$ 个 0。
3. 如果在上一步生成了 m 个 1，则令其余元素为 0；否则，如果生成了 $n-m$ 个 0，则令其余元素为 1。记 $\boldsymbol{X}=(X_1,\cdots,X_n)$为最终的分区向量。
4. 构造 V 的分区$\{V_1(\boldsymbol{X}), V_2(\boldsymbol{X})\}$并根据式(8.28)计算性能 $S(\boldsymbol{X})$。

这里，参考向量 $\boldsymbol{p}$ 的更新公式与式(8.10)完全相同。

8.5.1　计算复杂度的经验估计

最后，我们讨论算法 8.3.1 用于最大割问题和分区问题时的计算复杂度，这可以定义为

$$\kappa_n = T_n(N_n G_n + U_n) \tag{8.34}$$

这里 T_n 是算法 8.3.1 在停止之前所需的总迭代次数，N_n 是样本大小，即每次迭代中产生的最大割和分区总数，G_n 是算法 8.3.1 生成大小为 n 的随机伯努利向量的代价，$U_n=\mathcal{O}(N_n n^2)$ 是更新元组 $(\hat{\gamma}_t,\hat{\boldsymbol{p}}_t)$ 的代价，这是因为用式(8.28)计算 $S(\boldsymbol{X})$ 的复杂度为 $\mathcal{O}(n^2)$。

对于式(8.49)的模型，我们发现，如果 $100\leqslant n\leqslant 1000$，则 $T_n=\mathcal{O}(\ln n)$。对于最大割问题，如果我们取 $n\leqslant N_n\leqslant 10n$，$G_n$ 为 $\mathcal{O}(n)$，则得到 $\kappa_n=\mathcal{O}(n^3\ln n)$。在我们的实验中，我们观察到的复杂度更像是

$$\kappa_n = \mathcal{O}(n\ln n)$$

分区问题具有相似的计算特征。需要注意的是，这些经验复杂度结果仅适用于代价矩阵为式(8.49)的模型。

8.6 旅行商问题

CE 方法也可以用于求解旅行商问题(TSP)。回顾例 6.12，其中有更详细的描述，目标是在图 G 中找到经过所有节点的最短路径。与例 6.12 一样，我们假设该图是完全连通的，每一条路径可以描述成 $(1,\cdots,n)$ 的一个排列 $\boldsymbol{x}=(x_1,\cdots,x_n)$。不失一般性，我们可以令 $x_1=1$，因此所有可能的路径集合 $\mathscr{X}$ 的基数为 $|\mathscr{X}|=(n-1)!$。令 $S(\boldsymbol{x})$ 为路径 $\boldsymbol{x}\in\mathscr{X}$ 的总长度，$\boldsymbol{C}=(c_{ij})$ 为代价矩阵。于是，我们的目标是求解

$$\min_{\boldsymbol{x}\in\mathscr{X}} S(\boldsymbol{x}) = \min_{\boldsymbol{x}\in\mathscr{X}}\left\{\sum_{i=1}^{n-1} c_{x_i,x_{i+1}} + c_{x_n,1}\right\} \tag{8.35}$$

为了应用 CE 算法，我们需要定义一个参数化的随机机制来产生随机路径。如前所述，参数的更新公式仍然沿用 CE 最小化方法中的公式。

为了清楚地解释如何产生路径以及如何更新参数，我们把式(8.35)转换为一个等效的最小化问题。令

$$\widetilde{\mathscr{X}} = \{(x_1,\cdots,x_n): x_1 = 1, x_i \in \{1,\cdots,n\}, i = 2,\cdots,n\} \tag{8.36}$$

为路径向量的集合，其中的每一条路径都从节点 1 出发且可以多次访问同一个城市。注意 $|\widetilde{\mathscr{X}}|=n^{n-1}$ 且 $\mathscr{X}\subset\widetilde{\mathscr{X}}$。例如，当 $n=4$ 时，有 $\boldsymbol{x}=(1,3,1,3)\in\widetilde{\mathscr{X}}$，对应的路径为 $1\to3\to1\to3\to1$。在 $\widetilde{\mathscr{X}}$ 上定义函数 $\widetilde{S}$，如果 $\boldsymbol{x}\in\mathscr{X}$，则 $\widetilde{S}(\boldsymbol{x})=S(\boldsymbol{x})$，否则 $\widetilde{S}(\boldsymbol{x})=\infty$。于是，很明显式(8.35)等价于最小化问题

$$\min \widetilde{S}(\boldsymbol{x}),\text{在 } \boldsymbol{x} \in \mathscr{X} \text{ 上} \tag{8.37}$$

在 $\overline{\mathscr{X}}$ 上产生随机路径 $\boldsymbol{X}=(X_1,\cdots,X_n)$ 的一种简单方法是在图 G 上使用马尔可夫链，从节点 1 出发，在 n 步之后停止。$\boldsymbol{P}=(p_{ij})$ 表示马尔可夫链的一步转移矩阵。假设 $\boldsymbol{P}$ 的对角线元素都为 0，而所有其他元素都是严格正的，$\boldsymbol{P}$ 是 $n\times n$ 的随机

矩阵。

$\boldsymbol{X}$ 的概率密度函数 $f(\cdot;\boldsymbol{P})$ 以矩阵 $\boldsymbol{P}$ 为参数，其对数形式为

$$\ln f(\boldsymbol{x};\boldsymbol{P}) = \sum_{r=1}^{n}\sum_{i,j} I_{\{\boldsymbol{x}\in\widetilde{\mathscr{X}}_{ij}(r)\}}\ln p_{ij}$$

其中 $\widetilde{\mathscr{X}}_{ij}(r)$ 表示第 r 次转移是从节点 i 到节点 j 的 $\widetilde{\mathscr{X}}$ 中所有路径的集合。这样修改后，优化问题的更新规则可以沿用式(8.18)的更新规则，只需将其中的 $\{S(\boldsymbol{X}_i)\geqslant\gamma_t\}$ 替换为 $\{\widetilde{S}(\boldsymbol{X}_i)\leqslant\gamma_t\}$，条件是 $\boldsymbol{P}$ 的每一行的和为 1。使用拉格朗日乘子 $u_1,\cdots,u_n$，可以得到最大化问题。

$$\max_{\boldsymbol{P}}\min_{u_1,\cdots,u_n}\left\{E_{\boldsymbol{P}}\left[I_{\{\widetilde{S}(\boldsymbol{X})\leqslant\gamma\}}\ln f(\boldsymbol{X};\boldsymbol{P})\right]+\sum_{i=1}^{n}u_i\left(\sum_{j=1}^{n}p_{ij}-1\right)\right\} \tag{8.38}$$

对括号内的表达式关于 p_{ij} 求导，对于所有 $j=1,\cdots,n$，得到

$$\frac{E_{\boldsymbol{P}}\left[I_{\{\widetilde{S}(\boldsymbol{X})\leqslant\gamma\}}\sum_{r=1}^{n}I_{\{\boldsymbol{X}_k\in\widetilde{\mathscr{X}}_{ij}(r)\}}\right]}{p_{ij}}+u_i=0 \tag{8.39}$$

对 $j=1,\cdots,n$ 进行求和，得到 $E_{\boldsymbol{P}}\left[I_{\{\widetilde{S}(\boldsymbol{X})\leqslant\gamma\}}\sum_{r=1}^{n}I_{\{\boldsymbol{X}_k\in\widetilde{\mathscr{X}}_{i}(r)\}}\right]=-u_i$，其中 $\widetilde{\mathscr{X}}_i(r)$ 表示第 r 次转移是从节点 i 出发的路径集合。因此，最优 p_{ij} 由

$$p_{ij}=\frac{E_{\boldsymbol{P}}\left[I_{\{\widetilde{S}(\boldsymbol{X})\leqslant\gamma\}}\sum_{r=1}^{n}I_{\{\boldsymbol{X}_k\in\widetilde{\mathscr{X}}_{ij}(r)\}}\right]}{E_{\boldsymbol{P}}\left[I_{\{\widetilde{S}(\boldsymbol{X})\leqslant\gamma\}}\sum_{r=1}^{n}I_{\{\boldsymbol{X}_k\in\widetilde{\mathscr{X}}_{i}(r)\}}\right]} \tag{8.40}$$

给出，对应的估计量为

$$\hat{p}_{ij}=\frac{\sum_{k=1}^{N}I_{\{\widetilde{S}(\boldsymbol{X}_k)\leqslant\gamma\}}\sum_{r=1}^{n}I_{\{\boldsymbol{X}_k\in\widetilde{\mathscr{X}}_{ij}(r)\}}}{\sum_{k=1}^{N}I_{\{\widetilde{S}(\boldsymbol{X}_k)\leqslant\gamma\}}\sum_{r=1}^{n}I_{\{\boldsymbol{X}_k\in\widetilde{\mathscr{X}}_{i}(r)\}}} \tag{8.41}$$

我们可以这样简单地解释该公式：为了更新 p_{ij}，我们简单地计算从 i 到 j 的转移发生的总次数中，那些总长度小于或等于 γ 的路径所占的比例。

针对问题(8.37)我们在**理论上**可以这样产生样本并更新参数：通过转移矩阵为 $\boldsymbol{P}$ 的马尔可夫过程生成路径并使用更新公式(8.41)。然而**实际上**，我们从不用这种方法产生路径，因为绝大多数路径会不止一次访问同一个城市，而非仅仅一次，因此它们的 $\widetilde{S}$ 值是∞，也就是说，大多数路径不是我们需要的路径。为了避免生成不相关的路径，我们按下面的步骤进行。

算法 8.6.1(使用节点转移生成轨迹)

1. 定义 $\boldsymbol{P}^{(1)}=\boldsymbol{P}$，$X_1=1$，令 $k=1$。

2. 由 $\boldsymbol{P}^{(k)}$ 求 $\boldsymbol{P}^{(k+1)}$：首先令 $\boldsymbol{P}^{(k)}$ 的第 X_k 列为 0，然后对列归一化使每一行的和

为 1。从 $\boldsymbol{P}^{(k)}$ 的第 X_k 行所形成的分布生成 X_{k+1}。

3. 如果 $k=n-1$ 则停止，否则令 $k=k+1$，重复步骤 2。

Radislav Vaisman 给出了上述算法的一个快速实现，其复杂度为$\mathcal{O}(n^2)$。这里 i 表示当前访问的节点，用$(b_1,\cdots,b_n)$记录已经访问的节点的状态：如果节点 i 已经被访问则 $b_i=1$，否则 $b_i=0$。下面是具体的步骤。

步骤（轨迹的快速生成）

1：Let $t=1, b_1, b_j=0$, for all $j\neq 1, i=1$, and $X_1=1$

2：Generate $U\sim U(0,1)$, and let $R=U\sum_{j=1}^{n}(1-b_j)p_{ij}$

3：Let sum=0 and $j=0$

4：*while* sum $<R$ do

5：　　$j=j+1$

6：　　if $b_j=0$

7：　　　　sum=sum+p_{ij}

8：　　end

9：end

10：Set $t=t+1, X_t=j, b_j=1$ and $i=j$

11：if $t=n$

12：　　stop

13：else return to 2

14：end

有一点非常重要，这里 p_{ij} 的更新规则保持不变。应用算法 8.6.1，我们只产生满足要求的**路径**，从而也只是使原来的轨迹生成过程**加速**。也就是说，每个轨迹只会访问每个城市一次，从 i 到 j 的转移最多发生一次。因此，

$$\widetilde{\mathscr{X}}_{ij}(r)=\widetilde{\mathscr{X}}_{i}(r)=\varnothing, r\geqslant 2$$

p_{ij} 的更新规则可以写成

$$\hat{p}_{ij}=\frac{\sum_{k=1}^{N} I_{\{S(\boldsymbol{X}_k)\leqslant\gamma\}} I_{\{\boldsymbol{X}_k\in\mathscr{X}_{ij}\}}}{\sum_{k=1}^{N} I_{\{S(\boldsymbol{X}_k)\leqslant\gamma\}}} \tag{8.42}$$

其中 $\mathscr{X}_{ij}$ 是从 i 到 j 的转移形成的路径集合。该式的含义与式(8.41)的解释相同。

对于初始矩阵 $\hat{\boldsymbol{P}}_0$，如果所有城市全部相连，我们只需简单地让所有非对角线元素的值等于 $1/(n-1)$。

注意，应该按说明 8.3.3 说述的方法选择 ϱ 和 α，TSP 的样本大小应该为 $N=cn^2$，其中 $c>1$，比如 $c=5$。

■例 8.11 Hammersley 点上的旅行商问题

为了更清楚地说明 CE 方法在 TSP 中的应用，我们考虑通过一组 **Hammersley** 点的最短路径问题（在欧氏距离意义下）。这些点构成了一组低差异序列，以一种伪随机而有序的方式分布在一个 d 维单位立方体上。为了找到 2^5 个 5 阶的二维 Hammersley 点，首先用二进制小数 $x=0.x_1x_2\cdots x_5$ 构建 x 坐标，然后对 x 的二进制数反向得到相应的 y 坐标。例如，如果 $x=0.110\ 00$（二进制），即 $x=1/2+1/4=3/4$（十进制），则 $y=0.000\ 11$，即 $y=3/32$（十进制）。据此，依据 y 增加顺序排列，Hammersley 点分别为

{(0,0),(16,1),(8,2),(24,3),(4,4),(20,5),(12,6),(28,7),(2,8),(18,9),(10,10),(26,11),(6,12),(22,13),(14,14),(30,15),(1,16),(17,17),(9,18),(25,19),(5,20),(21,21),(13,22),(29,23),(3,24),(19,25),(11,26),(27,27),(7,28),(23,29),(15,30),(31,31)}/32

表 8.11 和图 8.7 给出了 CE 算法应用于 Hammersley TSP 问题时的表现。特别地，表 8.11 描述了$\hat{\gamma}_t$ 和 S_t^b 的演进过程，它们分别表示在迭代 t 次时的最大精

表 8.11 求解 Hammersley TSP 时 CE 算法的演化进程

t	S_t^b	$\hat{\gamma}_t$	t	S_t^b	$\hat{\gamma}_t$
1	11.0996	13.2284	16	5.95643	6.43456
2	10.0336	11.8518	17	5.89489	6.31772
3	9.2346	10.7385	18	5.83683	6.22153
4	8.27044	9.89423	19	5.78224	6.18498
5	7.93992	9.18102	20	5.78224	6.1044
6	7.54475	8.70609	21	5.78224	6.0983
7	7.32622	7.27284	22	5.78224	6.06036
8	6.63646	7.94316	23	5.78224	6.00794
9	6.63646	7.71491	24	5.78224	5.91265
10	6.61916	7.48252	25	5.78224	5.86394
11	6.43016	7.25513	26	5.78224	5.86394
12	6.20255	7.07624	27	5.78224	5.83645
13	6.14147	6.95727	28	5.78224	5.83645
14	6.12181	6.76876	29	5.78224	5.83645
15	6.02328	6.58972	—	—	—

英值及目前遇到的最优值。同样，图 8.7 说明了转移矩阵 $\boldsymbol{P}_t$ 的演进过程。这里其元素初值为 $p_{0,ij}(i \neq j)$ 全部设置为 $1/(n-1)=1/31$，对角元素为 0。我们使用的样本大小为 $N=5n^2=5120$，稀有性参数$\varrho=0.03$，平滑参数 $\alpha=0.7$。如果在连续 3 次迭代中发现$\hat{\gamma}_t$ 不再改善时，则算法停止。

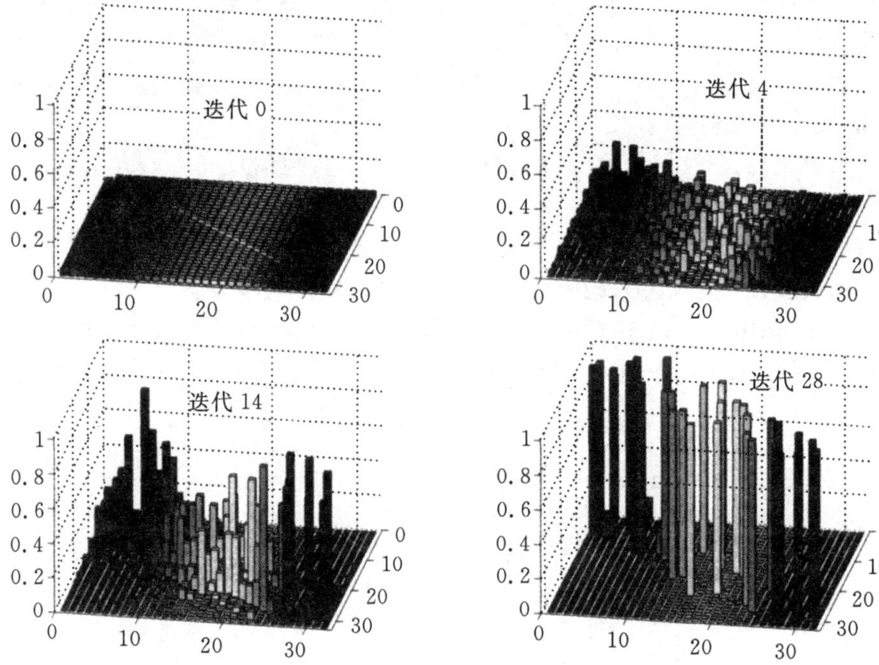

图 8.7　求解 Hammersley TSP 时 CE 算法中 $\boldsymbol{P}_t$ 的演变过程

Hammersley 问题的最优路径长度为 $\gamma^*=5.782\ 24$(有四舍五入)，这与表 8.11 中的$\hat{\gamma}_{29}$重合，相应的解(最优路径)是(1,5,9,17,13,11,15,18,22,26,23,19,21,25,29,27,31,30,32,28,24,20,16,8,12,14,10,6,4,2,7,3)，如图 8.8 所示。此外，还有几个其他的最优路径(见习题 8.13)，但是都包含一条通过点(10,10)/32，(14,14)/32，(17,17)/32 和(21,21)/32 的直线。

8.6.1　不完全图

在不完全图上求解 TSP 的最简单的方法是，增加额外的连接使得原图变成完全的图，而这些连接的代价无穷大，这在例 6.12 做过说明。然而，如果代价矩阵中许多项都是无穷大，则算法 8.6.1 中生成的大多数路径最初都是无效的(得到的长度为∞)。有一个选择 $\boldsymbol{P}_0=(p_{0,ij})$的好办法是对于没有直接连接的一对节点分配较小的初始概率。特别地，令 d_i 为节点 i 的**度**，即矩阵 $\boldsymbol{C}$ 的第 i 行中有限项的个

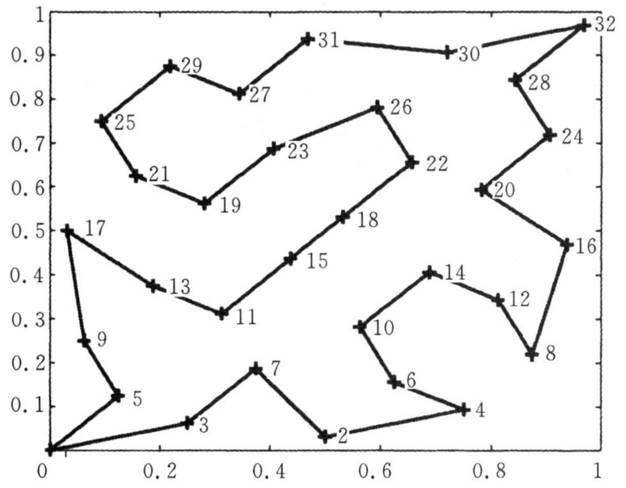

图 8.8　通过 Hammersley 点的一个最优路径

数。于是,我们可以按以下步骤处理:

1. 如果 $c_{ij}=\infty$,设 $p_{0,ij}$ 为 $\dfrac{1-\delta}{d_i}$,其中 δ 是一个很小的数,比如 $\delta=0.1$。设剩余元素为 ε, $p_{0,ii}=0$ 除外。由于 $\boldsymbol{P}_0$ 中每一行的和为 1,于是我们有 $\varepsilon=\dfrac{\delta}{n-d_i-1}$。

2. 在 CE 算法 8.3.1 的**所有迭代**中保持上述 $p_{0,ij}=\varepsilon=\dfrac{\delta}{n-d_i-1}$。

由于 δ 是矩阵 $\boldsymbol{C}$ 中第 i 行∞元素对应的所有 $p_{t,ij}$ 的总和,又因为所有这些 $p_{t,ij}$ 彼此相等(ε),因此我们仅用一个 d_i+1 点分布,就能从每个状态 i 产生一个转移,而不用$\hat{\boldsymbol{P}}_t$ 第 i 行所形成的 n 点分布。实际上,如果我们重新标记这行元素,使得前面 d_i 项对应现有连接,而后面 $n-d_i-1$ 项对应不存在的连接,那么我们就可以得到以下产生转移的快速算法。

算法 8.6.2(产生转移的快速步骤)

1. 产生一个随机变量 $U\sim U(0,1)$。
2. 如果 $U\leqslant 1-\delta$,从离散的 d_i 点概率密度函数产生下一个转移,其概率为 $p_{t,ij}/(1-\delta)$, $j=1,\cdots,d_i$。
3. 如果 $U>1-\delta$,在点 $d_i+1,\cdots,n-1$ 上均匀地抽取一个离散随机变量的值 Z,从而产生下一个转移(这些点对应于矩阵 $\boldsymbol{C}$ 的第 i 行中的∞元素)。

值得注意的是,$\boldsymbol{P}_0$ 中取值较小的元素对应矩阵 $\boldsymbol{C}$ 中的无穷大项,在历次迭代中应该保持不变,而不必更新。如此以来,在生成轨迹时可以得到显著的加速。

8.6.2 节点位置

现在我们介绍另外一种由 Margolin[20] 提出的轨迹生成算法，称为**节点位置算法**。算法 8.6.1 产生从节点到节点的**转移**（基于转移矩阵 $\boldsymbol{P}=(p_{ij})$）。与此不同，在以下算法 8.6.3 中，采用一个类似的矩阵

$$\boldsymbol{P}=\begin{pmatrix} p_{(1,1)} & p_{(1,2)} & \cdots & p_{(1,n)} \\ p_{(2,1)} & p_{(2,2)} & \cdots & p_{(2,n)} \\ \vdots & \vdots & \vdots & \vdots \\ p_{(n,1)} & p_{(n,2)} & \cdots & p_{(n,n)} \end{pmatrix} \tag{8.43}$$

产生节点放置。

特别地，$p_{(i,j)}$ 对应于在 n 个城市的旅程中节点 i 在第 j 个位置被访问的概率，也就是说，$p_{(i,j)}$ 可以被看作是在 n 个城市的路径中城市（节点）i 被安排在第 j 个位置被访问的概率。更严格地说，**节点位置向量**是一个向量 $\boldsymbol{y}=(y_1,\cdots,y_n)$，$y_i$ 表示节点 i 在路径 $\boldsymbol{x}=(x_1,\cdots,x_n)$ 中的位置。对于所有的节点 $i,j\in\{1,\cdots,n\}$，其确切的含义是

$$y_i=j \iff x_j=i \tag{8.44}$$

例如，在一个 6 节点网络中，节点位置向量 $\boldsymbol{y}=(3,4,2,6,5,1)$ 唯一地确定了路径为 $\boldsymbol{x}=(6,3,1,2,5,4)$。每一个节点位置 $\boldsymbol{y}$ 的性能可以定义为 $\overline{S}(\boldsymbol{y})=S(\boldsymbol{x})$，其中 $\boldsymbol{x}$ 是 $\boldsymbol{y}$ 对应的唯一路径。

算法 8.6.3（使用节点位置生成轨迹）

1. 定义 $\boldsymbol{P}^{(1)}=\boldsymbol{P}$，令 $k=1$。
2. 从 $\boldsymbol{P}^{(k)}$ 的第 k 行所形成的分布中产生 Y_k。首先设置 $\boldsymbol{P}^{(k)}$ 的第 Y_k 项等于 0，然后对行归一化使每一行的和为 1，从而从 $\boldsymbol{P}^{(k)}$ 获得矩阵 $\boldsymbol{P}^{(k+1)}$。
3. 如果 $k=n$ 则停止，否则令 $k=k+1$ 并返回到步骤 2。
4. 通过式(8.44)确定旅行路径并根据式(8.35)估计路径长度。

很容易看到，$p_{(i,j)}$ 的更新公式现在变为

$$\hat{p}_{(i,j)}=\frac{\sum_{k=1}^{N} I_{\{\overline{S}(\boldsymbol{Y}_k)\leqslant\gamma\}} I_{\{Y_{ki}=j\}}}{\sum_{k=1}^{N} I_{\{\overline{S}(\boldsymbol{Y}_k)\leqslant\gamma\}}} \tag{8.45}$$

在我们对 TSP 及其他问题的仿真结果中并没有表明算法 8.6.1 或算法 8.6.3 相比于 CE 主算法 8.3.1 在效率（速度和准确性）上具有明显优势。

8.6.3 案例研究

为了说明 CE 算法的精确性和鲁棒性，我们将该算法应用于 TSP 库中的一些

基准测试问题，TSP 库的地址是

http://www.iwr.uni-heidelberg.de/groups/comopt/software/TSPLIB95/tsp/

在所有例子中选择**相同**的 CE 参数：$\varrho=0.03$，$\alpha=0.7$，$N=5n^2$，我们使用参数 $d=3$ 的停止规则(8.21)。

从这个库中选择一些**对称的** TSP 问题，表 8.12 给出了算法 8.3.1 的运行结果。为了研究这些解的可变性，每个问题重复 10 次。表中 min、mean 和 max 分别表示最小值(即最优值)、平均值以及最优值的 10 个估计值中的最大值，真正的最优值记为 γ^*。

最后两列还给出了平均 CPU 时间(单位为秒)及平均迭代次数。问题的大小(节点数)在其名称中指明，例如 st70 有 $n=70$ 个节点。对于**非对称**的情况，可以在文献[31]的表 2.5 中找到相似的案例研究。

表 8.12　TSP 的案例研究

列	γ^*	min	mean	max	CPU/s	$\bar{T}$
burma14	3323	3323	3325.6	3336	0.14	12.4
ulysses16	6859	6859	6864.0	6870	0.21	14.1
ulysses22	7013	7013	7028.9	7069	1.18	22.1
bayg29	1610	1610	1628.6	1648	4.00	28.2
bays29	2020	2020	2030.9	2045	3.83	27.1
dantzig42	699	706	717.7	736	19.25	38.4
eil51	426	428	433.9	437	65.0	63.35
berlin52	7542	7618	7794.0	8169	64.55	59.9
st70	675	716	744.1	765	267.5	83.7
eil76	538	540	543.5	547	467.3	109.0
pr76	108159	109882	112791.0	117017	375.3	88.9

最后，需要强调的是，CE 非常适合并行计算，并行计算能够使整个过程加速几乎 r 倍，其中 r 是并行处理器的数量。

有人可能会问，为什么 CE 算法 8.2.1 采用如此简单的更新规则和非常任意的参数 α 和 ρ，就能在组合优化问题中表现得这么好。一个合理的解释就是组合优化问题的目标函数 S 通常都接近于逐项相加，例如式(8.35)所示的 TSP 问题的目标函数 S。对于其他优化问题(比如复杂多极值连续函数的优化)，我们需要更加仔细、更加保守地选择参数 α 和 ρ。

8.7 连续优化

这里我们将简单讨论如何运用 CE 方法求解连续优化问题。令 $S(\boldsymbol{x})$ 为 $\mathbb{R}^n$ 上的一个实值函数,为了利用 CE 方法最大化该函数,我们必须指定一个参数化的分布族,以便在 $\mathbb{R}^n$ 中产生样本。这个分布族必须(至少在有限的情况下)包括一个退化分布,能够在最优解处集中其所有的概率质量。一个简单的选择是使用多元正态分布,其参数为均值向量 $\boldsymbol{\mu}=(\mu_1,\cdots,\mu_n)$ 和协方差矩阵 $\boldsymbol{\Sigma}$。如果选择一个对角协方差矩阵,即 $\boldsymbol{X}$ 的元素都是独立的,那么 CE 更新公式就会变得特别容易。特别地,记 $\{\mu_i\}$ 和 $\{\sigma_i\}$ 分别为元素的均值和标准差,则更新公式为(见习题 8.17)

$$\hat{\mu}_{t,i}=\frac{\sum_{\boldsymbol{X}_k\in\mathscr{E}_t} X_{ki}}{|\mathscr{E}_t|},\quad i=1,\cdots,n \tag{8.46}$$

$$\hat{\sigma}_{t,i}=\sqrt{\frac{\sum_{\boldsymbol{X}_k\in\mathscr{E}_t}(X_{ki}-\hat{\mu}_{t,i})^2}{|\mathscr{E}_t|}},\quad i=1,\cdots,n \tag{8.47}$$

其中 X_{ki} 是 $\boldsymbol{X}_k$ 的第 i 个元素,$\boldsymbol{X}_1,\cdots,\boldsymbol{X}_n$ 是 $N(\hat{\mu}_{t-1},\hat{\boldsymbol{\Sigma}}_{t-1})$ 的一个随机样本。换句话说,均值和标准差只需简单地用相应的极大似然估计量进行更新,而相应的精英样本为 $\mathscr{E}_t=\{\boldsymbol{X}_k:S(\boldsymbol{X}_k)\geqslant\hat{\gamma}_t\}$。

■例 8.12　峰值函数

Matlab 的峰值函数

$$S(\boldsymbol{x})=3(1-x_1)^2\exp(-(x_1^2)-(x_2+1)^2)-10(x_1/5-x_1^3-x_2^5)\exp(-x_1^2-x_2^2)-1/3\exp(-(x_1+1)^2-x_2^2)$$

具有多个局部最大值。在附录第 A.5 节,我们给出了 CE 算法 8.3.1 的一段简单的 Matlab 代码用于求解该函数的全局最大值,它近似为 $\gamma^*=8.106\ 213\ 59$,是在点 $x^*=(-0.009\ 315\ 1,1.581\ 363)$ 处获得的。μ 的初始值的选择并不重要,但是标准差的初始值应该选择得足够大,以确保最初从有关区域的抽样接近于均匀抽样。当抽样分布的所有标准差小于某个足够小的值 ε 时,CE 算法停止。

图 8.9 给出了每一次迭代 t 中精英样本对应的最差值和最好值即 $\hat{\gamma}_t$ 和 S_t^* 的演化过程。我们可以看到这些值迅速收敛到最优值 γ^*。

说明 8.7.1(注入法)　在使用 CE 方法求解具有很多约束和很多局部最优解的实际优化问题时,有时需要防止抽样分布收缩得过快,下面的**注入法**[3]是一种简单而有效的方法。令 S_t^* 表示在第 t 次迭代找到的最优结果,令 σ_t^* 表示在第 t 次迭代时的最大标准差(在正态分布的情况下)。如果 σ_t^* 充分小,$|S_t^*-S_{t-1}^*|$ 也很小,则给每个标准差增加一个很小的值,比如常数 δ 或者值 $c\,|S_t^*-S_{t-1}^*|$,这里 δ 和 c 是

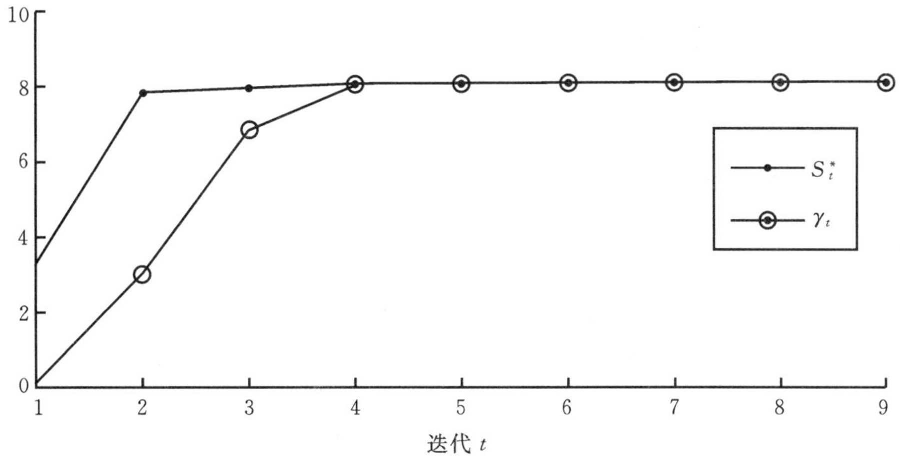

图 8.9　求解峰值函数时 CE 算法的演进过程

固定的值。在使用这种带注入的 CE 方法时，在注入实施指定次数后，原来的停止规则将会使求解进程停止。

8.8　随机优化

CE 算法 8.3.1 有一个非常可贵的优点，它能很容易地处理随机优化问题，也就是，目标函数 $S(\boldsymbol{x})$受到噪声影响的情形。我们用$\hat{S}(\boldsymbol{x})$表示这样一个随机函数。我们假设对于每一个 $\boldsymbol{x}$，我们能够得到$\hat{S}(\boldsymbol{x})$的一个结果，例如，生成一个额外的随机向量 $\boldsymbol{Y}$，其分布可能依赖于 $\boldsymbol{x}$。

随机优化的一个典型例子就是基于仿真的优化[32]。**缓冲区分配问题**是一个经典的例子，其目标是在生产线的 m 个机器之间的 $m-1$ 个“格位”（存储区）中分配 n 个缓冲空间，以优化某个性能指标，比如稳态产量。该性能指标通常不能解析地得到，因此必须通过仿真来估计。文献[31]详细描述了缓冲区分配问题以及如何用 CE 方法求解该问题。

另一个例子是随机 TSP，其代价矩阵(c_{ij})是随机的，在这里用$\boldsymbol{Y}=(Y_{ij})$表示，可以把 Y_{ij} 看成是从城市 i 到城市 j 的随机时间。路径 $\boldsymbol{x}=(x_1,\cdots,x_n)$的总代价为

$$\hat{S}(\boldsymbol{x}) = \sum_{i=1}^{n-1} Y_{x_i,x_{i+1}} + Y_{x_n,x_1} \tag{8.48}$$

我们假设 $E[Y_{ij}]=c_{ij}$。

用于求解确定性函数 $S(\boldsymbol{x})$的 CE 优化主算法 8.3.1 对随机函数$\hat{S}(\boldsymbol{x})$也是有效的。文献[31]对算法 8.3.1 的随机算法进行了大量的数值研究，结果显示其表

现非常好，这是因为它在优化过程中有效地**过滤**了$\hat{S}(\boldsymbol{x})$中的噪声成分。然而，为了获得组合优化问题的最优解的可靠估计，我们需要在算法 8.3.1 的每次迭代中把样本大小 N 增加 2 至 5 倍。很明显，随着噪声"能力"的增加，样本的增加倍数还要提高。

■例 8.13　随机 TSP

以表 8.12 的第一个测试用例 burma14 为例，我们给代价矩阵添加一些均匀噪声。例如，假设从城市 i 到 j 的代价为 $Y_{ij} \sim U(c_{ij}-8, c_{ij}+8)$，其中 c_{ij} 是确定性情况下的代价。于是期望代价为 $E[Y_{ij}]=c_{ij}$，路径 x 的总代价$\hat{S}(\boldsymbol{x})$由式(8.48)给出。在求解未知 $S(\boldsymbol{x})=E[\hat{S}(\boldsymbol{x})]$的优化问题时，CE 算法与确定性情形完全相同，只是用$\hat{S}(\boldsymbol{x})$代替 $S(\boldsymbol{x})$，并应用一个与式(8.21)不同的停止规则。这里是一个简单的停止规则：对于所有的 i 和 j，当转移概率 $\hat{p}_{t,ij}$ 满足 $\min(\hat{p}_{t,ij}, 1-\hat{p}_{t,ij})<\varepsilon$ 时停止，这与说明 8.4.1 中所讲的方法类似。我们重复实验 10 次，样本大小是确定性情形的两倍，即 $N=10n^2$。在以上停止准则中我们取 $\varepsilon=0.02$，其他参数在第 8.6.3 节已有描述，这里保持不变。最终 CE 方法找到最优解 8 次，这与确定性情形不相上下。

图 8.10 显示了精英样本对应的最差性能($\hat{\gamma}_t$)的演化过程，对于确定性情形与随机情形分别表示为$\hat{\gamma}_{1t}$和$\hat{\gamma}_{2t}$。

我们看到，在两种情况下水平$\hat{\gamma}_t$ 都能迅速下降。然而值得注意的是，虽然算法在确定性情形和随机情形下都能收敛到最优解，但在随机情形下的$\{\hat{\gamma}_{2t}\}$并没有收敛到 $\gamma^*=3323$，这与确定性情况下的$\{\hat{\gamma}_{1t}\}$有所不同。这是因为后者最终估计

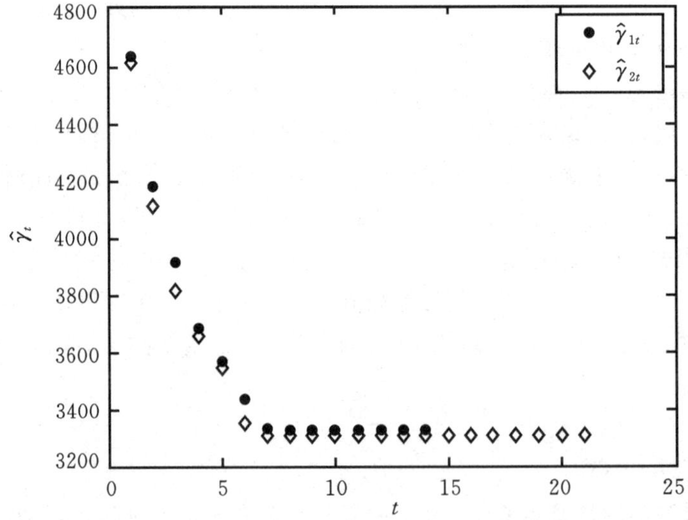

图 8.10　确定性 TSP 和随机 TSP 的精英样本的最差性能的演化过程

的是确定性 $S(\boldsymbol{x}^*)$的$(1-\varrho)$分位点，而前者估计的是$\hat{S}(\boldsymbol{x}^*)$的$(1-\varrho)$分位点，它是随机的。为了估计随机情况下的 $S(\boldsymbol{x}^*)$，我们需要取$\hat{S}(\boldsymbol{x}_T)$的样本平均值，其中 $\boldsymbol{x}_T$ 是在最后一次迭代中找到的解。

习题

8.1 在例 8.2 中，说明在估计 $P(X\geqslant 32)$时，真正的 CE 最优参数为 $v^*=33$。

8.2 写一段 CE 程序重现例 8.2 中的表 8.1。用重要抽样估计 ℓ，其中使用最终的引用参数$\hat{v}_3$，样本大小为 $N_1=10^6$。估计其相对误差，给出一个近似 95%的置信区间，检验 ℓ 的真值是否包含在该区间内。

8.3 在例 8.2 中计算重要抽样估计量$\hat{\ell}$在使用 CE 最优参数 $v^*=33$ 时的相对误差，并与习题 8.2 的相对误差进行比较。如果使用 CMC 方法估计 ℓ，为了得到相同的相对误差，需要多少样本？

8.4 实现 CE 算法 8.2.1，求解例 8.5 中的随机最短路径问题并重现表 8.3。

8.5 适当修改习题 8.4 所用的程序，使其支持韦伯分布的长度，重现表 8.4。取 $\alpha=5$，$\gamma=2$，其他参数保持不变，制作一张新表。

8.6 应用标准的 CE 方法制作一张类似于表 8.4 的表格，其中用 $\mathsf{Weib}(a,v_i^{-1})$作为第 i 个元素的重要抽样分布，用式(8.6)更新$\{v_i\}$。

8.7 重新考虑例 8.5 的随机最短路径问题，这里原定参数取 $\boldsymbol{u}=(0.25,0.5,0.1,0.3,0.2)$。实现求根算法 8.2.3 估计水平 γ，其概率 ℓ 等于 10^{-5}。同样，求 γ 的 95%置信区间，比如用 Bootstrap 方法。

8.8 修改表 8.10 中最大割程序的代价矩阵，将其应用到例 8.9 的十二面体最大割问题中，求解多个最优解并找出总共有多少个这样的解，这里不考虑五边对称性。

8.9 考虑最大割问题，其对称的代价矩阵为

$$\boldsymbol{C}=\begin{pmatrix} Z_{11} & B_{12} \\ B_{21} & Z_{22} \end{pmatrix} \tag{8.49}$$

这里 Z_{11}是一个 $m\times m(m<n)$的对称矩阵，其中所有上对角元素由 $U(a,b)$分布产生(所有下对角元素根据对称性取值)，Z_{22}是一个$(n-m)\times(n-m)$对称矩阵，与 Z_{11}用同样的方式产生，所有其他元素均为 c，对角线元素均为 0。

a)证明如果 $c>b(n-m)/m$，则最优割为 $V^*=\{\{1,\cdots,m\},\{m+1,\cdots,n\}\}$。

b)证明割的最优值为 $\gamma^*=cm(n-m)$。

c)一个网络具有 $n=400$ 个节点，$m=200$，针对该网络的最大割问题，实现并运行 CE 算法。从 $U(0,1)$分布产生 Z_{11}和 Z_{22}，取 $c=1$。关于 CE 参数，取 $N=1000$，$\varrho=0.1$。列出每次迭代中精英样本的最好值、最差值以及欧氏

距离 $\| \hat{\boldsymbol{p}}_t - \boldsymbol{p}^* \| = \sqrt{(\hat{p}_{t,i} - p_i^*)^2}$，该距离用于度量参考向量与最优参考向量 $\boldsymbol{p}^* = (1,1,\cdots,1,0,0,\cdots,0)$ 之间的距离。

8.10 考虑一个代价矩阵为 $\boldsymbol{C} = (c_{ij})$ 的 TSP 问题，其中对于所有 $i=1,2,\cdots,n-1$ 有 $c_{i,i+1}=1, c_{n,1}=1$，其余元素 $c_{ij} \sim U(a,b)(j \neq i+1, 1 < a < b)$，$c_{ii} \equiv 0$。

a)验证最优排列或路径为 $\boldsymbol{x}^* = (1,2,3,\cdots,n)$，其最小值为 $\gamma^* = n$。

b)以 $n=30$ 为例，实现 CE 算法求解该 TSP 问题，将结果制成一张表格，列出每次迭代时精英样本的最好值、最差值以及

$$p_t^{mm} = \min_{1 \leqslant i \leqslant n} \max_{1 \leqslant j \leqslant n} \hat{p}_{t,ij}$$

其中 $t=1,2,\cdots$，对应于第 t 次迭代中矩阵 $\hat{\boldsymbol{P}}_t$ 的元素的极小极大值(即 min, max)。计算中采用 $d=3, \varrho=0.01, N=4500, \alpha=0.7$。另外，跟踪全部最优解。

8.11 采用 URL 即 http://www.iwr.uni-heidelberg.de/groups/comopt/software/TSPLIB95/atsp/上的数据，运行算法 8.3.1，画出一张类似于表 8.12 的表格。

8.12 自己选择一个 TSP，验证以下关于 CE 参数的说法：

a)减少 ϱ 或者增加 α，收敛速度更快，但是可能陷入一个局部最小值。

b)为了防止收敛到局部最小值，如果减少 ϱ，就需要同时减少 α，反之亦然。

c)增加样本大小 N，我们可以同时减少 ϱ 或者(并)增加 α。

8.13 找出例 8.11 的 Hammersley TSP 有多少个最优解。

8.14 考虑一个具有 n 个节点的完全图，从节点 i 到节点 j 的每条边都有一个相应的代价 c_{ij}。**最长路径问题**的目标是，找到从某个**源节点**到某个**汇节点**的自回避路径中最长的路径。

a)假设源节点是 1，汇节点是 n，描述类似于 TSP 的最长路径问题。主要区别在于最长路径问题中的路径可以有不同长度。

b)设计一个路径生成机制和相应的 CE 更新规则。

c)针对最长路径问题，实现 CE 算法并应用到一个测试问题。

8.15 写一段 CE 程序求解八皇后问题，布局的表示方式 $\boldsymbol{X} = (X_1, \cdots, X_8)$ 与例 6.13 相同。产生布局的方法是直接用概率向量 $(p_{i1}, \cdots, p_{i8})(i=1,\cdots,8)$ 独立抽取 X_i。取 $N=500, \alpha=0.7, \varrho=0.1$。

8.16 在**排列流水生产问题**(PFSP)中，有 n 个工件需要在 m 个机器上以同样的顺序进行加工，目标是找到工件的排列顺序从而最小化**总加工时间**，即在机器 m 上最后一个工件的完成时间。令 $t(i,j)$ 表示工件 i 在机器 j 上的处理时间，用 $\boldsymbol{x} = (x_1, \cdots, x_n)$ 表示工件的排列顺序，则工件 i 在机器 j 上的完成时间 $C(x_i, j)$ 可以用如下方法计算：

$$C(x_1,1)=t(x_1,1)$$
$$C(x_i,1)=C(x_{i-1},1)+t(x_i,1),\ \forall i=2,\cdots,n$$
$$C(x_1,j)=C(x_1,j-1)+t(x_1,j),\ \forall j=2,\cdots,m$$
$$C(x_i,j)=\max\{C(x_{i-1},j),C(x_i,j-1)\}+t(x_i,j),$$
$$\text{对所有 } i=2,\cdots,n;j=2,\cdots,m$$

目标是最小化 $S(\boldsymbol{x})=C(x_n,m)$。PFSP 的轨迹生成类似于 TSP。

(a)实现 CE 算法求解该问题。

(b)从网上找一个基准测试问题,运行该算法进行求解,比如 http://ina2.eivd.ch/collaborateurs/etd/problemes.dir/ordon nancement.dir/ordonnancement.html。

8.17 验证更新公式(8.46)和(8.47)。

8.18 绘制 Matlab 峰值函数,验证它有三个局部最大值。

8.19 用附录第 A.5 节中的 CE 程序最大化函数 $S(x)=\mathrm{e}^{-(x-2)^2}+0.8\mathrm{e}^{-(x+2)^2}$。在同一图中绘制正态采样密度序列以检验算法的收敛性。

8.20 用 CE 方法来最小化**三角函数**

$$S(\boldsymbol{x})=1+\sum_{i=1}^{n}8\sin^2(\eta(x_i-x_i^*)^2)+6\sin^2(2\eta(x_i-x_i^*)^2)+\mu(x_i-x_i^*)^2 \tag{8.50}$$

其中 $\eta=7,\mu=1,x_i^*=0.9,i=1,\cdots,n$。在 $\boldsymbol{x}^*=(0.9,\cdots,0.9)$处得到全局最小值 $\gamma^*=1$。画出这个函数的曲线图和密度图,用表格列出该算法的演化过程。

8.21 Rosenbrock 函数(n 维)是连续优化的一个著名的测试实例,

$$S(\boldsymbol{x})=\sum_{i=1}^{n-1}100(x_{i+1}-x_i^2)^2+(x_i-1)^2 \tag{8.51}$$

函数在 $\boldsymbol{x}^*=(1,1,\cdots,1)$处有一个全局最小值 $\gamma^*=0$。实现 CE 算法来最小化这个函数,维数分别为 $n=2,5,10,20$,观察注入法(见说明 8.1.7)是如何影响算法的准确性和速度。

8.22 假设式(8.15)中的 $\mathscr{X}$ 是由以下不等式组定义的区域(可能非线性):

$$G_i(\boldsymbol{x})\leqslant 0,\quad i=1,\cdots,L \tag{8.52}$$

用**比例惩罚**法求解约束优化时,按如下方法修改目标函数:

$$\widetilde{S}(\boldsymbol{x})=S(\boldsymbol{x})+\sum_{i=1}^{L}P_i(\boldsymbol{x}) \tag{8.53}$$

其中 $P_i(\boldsymbol{x})=G_i\max(G_i(\boldsymbol{x}),0)$,而且 $C_i>0$ 表示第 i 个罚项的重要性或代价。很明显,一旦用式(8.53)代替 S,把式(8.15)和(8.52)组成的约束优化问题转化为无约束问题(8.15),我们就可以用算法 8.3.1 求解。

对于维数为 10、满足以下约束条件的 Rosenbrock 函数,应用比例惩罚法求解其约束最小化问题,列出每种情况下用 CE 方法获得的最小值(如有必要,可以用注入法)和 CPU 时间。在所有实验中,停止准则中 $\varepsilon=10^{-3}$(如果所有标准差小于 ε 则停止),$C=1000$。重复实验 10 次,检验是否真的能够找到一个全局最小值。

(a) $\sum_{j=1}^{10} x_j \leqslant -8$

(b) $\sum_{j=1}^{10} x_j \geqslant 15$

(c) $\sum_{j=1}^{10} x_j \leqslant -8, \sum_{j=1}^{10} x_j^2 \geqslant 15$

(d) $\sum_{j=1}^{10} x_j \geqslant 15, \sum_{j=1}^{10} x_j^2 \leqslant 22.5$

8.23 用 CE 方法最小化函数

$$S(\boldsymbol{x}) = 1000 - x_1^2 - 2x_2^2 - x_3^2 - x_1x_2 - x_1x_3$$

约束条件为 $x_j \geqslant 0, j=1,2,3$,并且

$$8x_1 + 14x_2 + 7x_3 - 56 = 0$$

$$x_1^2 + x_2^2 + x_3^2 - 25 = 0$$

首先,用 x_1 表示 x_2 和 x_3,从而消除这两个变量。注意,这一对变量(x_2,x_3)有两种不同的表达式。在 CE 算法中,首先根据正态分布在截取的区间 $[0,5]$ 上抽取 X_1,从而产生样本 $\boldsymbol{X}$。然后以相同的概率选择第一个表达式或者第二个表达式,作为(X_2,X_3)表达式。验证最优解近似为 $\boldsymbol{x}^*=(3.51, 0.217, 3.55)$,其中 $S(\boldsymbol{x}^*)=961.7$。计算解及其最优值,保留 7 个有效位。

8.24 给习题 8.19 的目标函数增加 $U(-0.1,0.1)$,$N(0,0.01)$ 和 $N(0,1)$ 噪声,设计适当的停止规则,比如基于 $\hat{\sigma}_t$ 的值。对于每一种情况,观察 $\hat{\gamma}_t$,$\hat{\mu}_t$ 和 $\hat{\sigma}_t$ 如何变化。

8.25 给 Matlab 峰值函数增加 $N(0,1)$ 噪声并用 CE 算法求解全局最大值,画出等高线图和均值向量 $\{\hat{\boldsymbol{\mu}}_t\}$ 的路径,从 $\hat{\boldsymbol{\mu}}_0=(1.3,-2.7)$ 开始并取 $N=200$,$\rho=0.1$。当所有的标准差都小于 $\varepsilon=10^{-3}$ 时停止。在一张图中画出 CE 算法在每次迭代时精英样本的最差值和最好值的变化情况($\hat{\gamma}_t$ 和 S_t^*)。另外,估计并绘制每次迭代在 $\hat{\boldsymbol{\mu}}_t$ 处的随机目标函数。注意观察,与确定性情形不同,因为噪声的存在,$\{\hat{\gamma}_t\}$ 和 $\{S_t^*\}$ 并不收敛于 γ^*,但是 $S(\hat{\boldsymbol{\mu}}_t)$ 最终仍在最优值 γ^* 附近波动。更重要的是,注意观察均值 $\{\hat{\boldsymbol{\mu}}_t\}$ 并不收敛到最优的 $\boldsymbol{x}^*$。

8.26 为习题 8.10 中的 TSP 选择一个特定的实例(代价矩阵),设式(8.48)中从 i 到 j 的随机代价 Y_{ij} 服从 $\mathrm{Exp}(c_{ij}^{-1})$ 分布,于是 TSP 变成了**随机的**。应用 CE

算法 8.3.1 求解该随机问题并将结果与相应的确定性情形进行比较，在图中画出算法的演进情况，同时绘制最大距离 $\max_{i,j}|\hat{p}_{t,ij}-p_{ij}^*|$ 作为 t 的函数的变化曲线。

深入阅读

在复杂随机网络中，CE 方法是一种被开创性地用于稀有事件的概率估计的自适应算法[26]。最初它是基于方差最小化的，人们很快发现，这种技术(使用 CE 而非 VM)不仅可以用于估计，也可以用于优化[27,28]。

文献[8]是 CE 方法的一个很好的教程，浅显易懂，而且在文献[31]中可以找到更加全面、深入的讲解。在 2005 年，期刊《运筹学年报》(*Annals of Operations Research*)用整卷(134)的篇幅专题讨论 CE 方法。CE 主页是 http://www.cemethod.org，里面包含许多很有特色的链接、文章、参考文献、教程和计算机程序。

CE 方法可以应用到许多领域，包括缓冲区分配[1]、电信系统的排队模型[7,9]、控制和导航[10]、信号检测[18]、DNA 序列比对[12]、调度与车辆路径规划[4]、强化学习[19,22]、项目管理[5]和重尾分布[2,16]等。文献[28]、[29]和[30]中包含更多在经典组合优化问题中的应用。对应的连续问题在文献[15]中有所讨论，而在聚类分析中的应用则在文献[3]和[17]中描述。在可靠性系统和网络设计方面，各种 CE 估计和随机优化等问题可以在文献[11]、[13]、[14]、[23]、[24]和[25]中找到。收敛问题在文献[6]、[21]和[31]的第 3.5 节进行了讨论。

概率集方法是一种与 CE 密切相关的方法，是由 David Wolpert 博士与他的合作者共同完成的。这个方法以信息论为桥梁，把博弈论、统计物理和分布式优化联系起来，见文献[33,34]。

参考文献

1. G. Alon, D. P. Kroese, T. Raviv, and R. Y. Rubinstein. Application of the cross-entropy method to the buffer allocation problem in a simulation-based environment. *Annals of Operations Research*, 134:137–151, 2005.
2. S. Asmussen, D. P. Kroese, and R. Y. Rubinstein. Heavy tails, importance sampling and cross-entropy. *Stochastic Models*, 21(1):57–76, 2005.
3. Z. Botev and D. P. Kroese. Global likelihood optimization via the cross-entropy method, with an application to mixture models. In R. G. Ingalls, M. D. Rossetti, J. S. Smith, and B. A. Peters, editors, *Proceedings of the 2004 Winter Simulation Conference*, pages 529–535, Washington, DC, December 2004.
4. K. Chepuri and T. Homem de Mello. Solving the vehicle routing problem with stochastic demands using the cross entropy method. *Annals of Operations Research*, 134(1):153–181, 2005.

5. I. Cohen, B. Golany, and A. Shtub. Managing stochastic finite capacity multi-project systems through the cross-entropy method. *Annals of Operations Research*, 134(1):183–199, 2005.

6. A. Costa, J. Owen, and D. P. Kroese. Convergence properties of the cross-entropy method for discrete optimization. *Operations Research Letters*, 35(5):573–580, 2007.

7. P. T. de Boer. *Analysis and Effi cient Simulation of Queueing Models of Telecommunication Systems*. PhD thesis, University of Twente, 2000.

8. P. T. de Boer, D. P. Kroese, S. Mannor, and R. Y. Rubinstein. A tutorial on the cross-entropy method. *Annals of Operations Research*, 134(1):19–67, 2005.

9. P. T. de Boer, D. P. Kroese, and R. Y. Rubinstein. A fast cross-entropy method for estimating buffer overflows in queueing networks. *Management Science*, 50(7):883–895, 2004.

10. B. E. Helvik and O. Wittner. Using the cross-entropy method to guide/govern mobile agent's path finding in networks. In S. Pierre and R. Glitho, editors, *Mobile Agents for Telecommunication Applications: Third International Workshop, MATA 2001, Montreal*, pages 255–268, New York, 2001. Springer-Verlag.

11. K-P. Hui, N. Bean, M. Kraetzl, and D.P. Kroese. The cross-entropy method for network reliability estimation. *Annals of Operations Research*, 134:101–118, 2005.

12. J. Keith and D. P. Kroese. Sequence alignment by rare event simulation. In *Proceedings of the 2002 Winter Simulation Conference*, pages 320–327, San Diego, 2002.

13. D. P. Kroese and K. P. Hui. In: *Computational Intelligence in Reliability Engineering*, chapter 3: Applications of the Cross-Entropy Method in Reliability. Springer-Verlag, New York, 2006.

14. D. P. Kroese, S. Nariai, and K. P. Hui. Network reliability optimization via the cross-entropy method. *IEEE Transactions on Reliability*, 56(2):275–287, 2007.

15. D. P. Kroese, S. Porotsky, and R. Y. Rubinstein. The cross-entropy method for continuous multi-extremal optimization. *Methodology and Computing in Applied Probability*, 2006.

16. D. P. Kroese and R. Y. Rubinstein. The transform likelihood ratio method for rare event simulation with heavy tails. *Queueing Systems*, 46:317–351, 2004.

17. D. P. Kroese, R. Y. Rubinstein, and T. Taimre. Application of the cross-entropy method to clustering and vector quantization. *Journal of Global Optimization*, 37:137–157, 2007.

18. Z. Liu, A. Doucet, and S. S. Singh. The cross-entropy method for blind multiuser detection. In *IEEE International Symposium on Information Theory*, Chicago, 2004. Piscataway.

19. S. Mannor, R. Y. Rubinstein, and Y. Gat. The cross-entropy method for fast policy search. In *The 20th International Conference on Machine Learning (ICML-2003)*, Washington, DC, 2003.

20. L. Margolin. *Cross-Entropy Method for Combinatorial Optimization*. Master's thesis, The Technion, Israel Institute of Technology, Haifa, July 2002.

21. L. Margolin. On the convergence of the cross-entropy method. *Annals of Operations Research*, 134(1):201–214, 2005.

22. I. Menache, S. Mannor, and N. Shimkin. Basis function adaption in temporal difference reinforcement learning. *Annals of Operations Research*, 134(1):215–238, 2005.

23. S. Nariai and D. P. Kroese. On the design of multi-type networks via the cross-entropy method. In *Proceedings of the Fifth International Workshop on the Design of Reliable Communication Networks (DRCN)*, pages 109–114, 2005.

24. S. Nariai, D. P. Kroese, and K. P. Hui. Designing an optimal network using the cross-entropy method. In *Intelligent Data Engineering and Automated Learning*, Lecture Notes in Computer Science, pages 228–233, New York, 2005. Springer-Verlag.

25. A. Ridder. Importance sampling simulations of Markovian reliability systems using cross-entropy. *Annals of Operations Research*, 134(1):119–136, 2005.

26. R. Y. Rubinstein. Optimization of computer simulation models with rare events. *European Journal of Operational Research*, 99:89–112, 1997.

27. R. Y. Rubinstein. The cross-entropy method for combinatorial and continuous optimization. *Methodology and Computing in Applied Probability*, 2:127–190, 1999.

28. R. Y. Rubinstein. Combinatorial optimization, cross-entropy, ants and rare events. In S. Uryasev and P. M. Pardalos, editors, *Stochastic Optimization: Algorithms and Applications*, pages 304–358, Dordrecht, 2001. Kluwer.

29. R. Y. Rubinstein. Combinatorial optimization via cross-entropy. In S. Gass and C. Harris, editors, *Encyclopedia of Operations Research and Management Sciences*, pages 102–106. Kluwer, 2001.

30. R. Y. Rubinstein. The cross-entropy method and rare-events for maximal cut and bipartition problems. *ACM Transactions on Modelling and Computer Simulation*, 12(1):27–53, 2002.

31. R. Y. Rubinstein and D. P. Kroese. *The Cross-Entropy Method: A Unifi ed Approach to Combinatorial Optimization, Monte Carlo Simulation and Machine Learning*. Springer-Verlag, New York, 2004.

32. R. Y. Rubinstein and B. Melamed. *Modern Simulation and Modeling*. John Wiley & Sons, New York, 1998.

33. D. H. Wolpert. Information theory: the bridge connecting bounded rational game theory and statistical physics. In D. Braha and Y. Bar-Yam, editors, *Complex Engineering Systems*. Perseus Books, 2004.

34. D. H. Wolpert and S. R. Bieniawski. Distributed control by Lagrangian steepest descent. In *IEEE Conference on Decision and Control*, volume 2, pages 1562–1567, 2004.

第 9 章

蒙特卡洛计数法

9.1 计数问题

在科学、工程与数学中的许多重要问题都属于计数问题，而计数问题是＃P 完全问题[22,23,30]。这与常见的 NP 难问题的概念有关。这里给出一些＃P 完全计数问题的例子：

- **汉密尔顿回路**计数问题。在一个给定的图中有多少个汉密尔顿回路？也就是说，在该图中包含多少个不同的路径（回路），除了起始点/结束点之外，这些回路访问每个节点（顶点）正好一次。注意，找到一个特定的汉密尔顿回路是 TSP 问题的一种特殊情况，其中相邻节点的距离为 1，其余节点距离为 0，目标是找到**最长**的路径。
- **自避行走**问题。从原点开始，在最近的网格点之间移动且访问同一个网格点不超过一次，那么网格中存在多少个长度为 n 的行走路线？
- **满足性**（SAT）计数问题。令 $\{x_1,\cdots,x_n\}$ 为 n 个布尔变量的集合，C 为一个布尔子句的集合。比如，这样的子句有 $x_1 \vee \overline{x}_2$ 和 $(x_1 \vee \overline{x}_2) \wedge (\overline{x}_1 \vee x_2)$。有多少个（如果有的话）使 C 中的子句全为真的指派存在？即有多少种方法设置变量 $x_1,\cdots,x_n$ 为真或者为假，使得 C 中的每一个子句为真。

还可以列举其他＃P 完全问题，比如计算二部图中完美匹配的个数、确定矩阵的积和式、计算图中具有指定大小的团的个数以及计算图中森林的个数。

非常有意思的是，在很多情况下[23,30]计数问题很难求解，而与此相关的决策或者优化问题却很容易，换句话说，**决策容易而计数难**。例如，在一个图形中找到两个指定顶点之间的最短路径很容易，但是找到两个顶点之间的路径个数却很难。

在这一章中，我们将讲述如何将＃P 完全计数问题看作**估计**问题的特殊例子，这样就可以利用蒙特卡洛技术有效地求解，例如重要抽样和马尔可夫链蒙特卡洛方法（MCMC）。我们还要说明，当使用标准交叉熵（CE）法自适应地估计最优重要抽样密度函数时，可能会遇到似然比退化现象，从而导致在求解高维问题时出现对变量的高估。为此，我们对经典的 MinxEnt 方法进行一定的修正[17]来解决这个问题，称作**参数最小交叉熵**（PME）方法。我们把高维问题分解为多个低维部分，使得 PME 能够解决似然比的**维数灾**（退化）问题。对于大部分理论，我们通过合取范式（CNF）中的满足性计数问题进行说明，这在 NP 完备性中起着重要作用。这里我们也展示了一个基于顺序抽样的新方法，其思想是将比较困难的计数问题分解为一组更为简单的问题的组合。特别地，对于析取范式（DNF）的 SAT 问题，我们设计了一个重要抽样算法，该算法具有很好的复杂性特性。

#P 完全问题，特别是 SAT 问题在理论上和实践上都具有重要的意义，已经被研究了至少四分之一个世纪，但是我们仍然没有一个通用的确定性或随机性方法对这类问题进行**快速**计数。我们甚至不知道任何可以用于与我们的方法相比较的基准测试问题。所以本章的目的就是激发更多关于 #P 完全问题的研究和应用，就如同近几年来原始的 CE 方法在蒙特卡洛仿真和仿真优化领域的研究。

本章后续部分安排如下：第 9.2 节介绍 SAT 计数问题。第 9.3 节说明如何将一个计数问题简化为一个稀有事件估计问题。第 9.4 节考虑一个顺序抽样方案，其中较难的计数问题 $|\mathscr{X}^*|$ 可以表示为相关的简单组合问题。基于以上顺序抽样，设计一个有效的重要抽样算法。在 DNF 形式的 SAT 问题中，这种算法具有很好的复杂性特性。第 9.5 节利用第 9.3 节中稀有事件的扩展方法来求取 CNF 形式的 SAT 计数问题。特别地，我们设计了一个基于重要抽样和经典 MinxEnt 方法的组合算法，称作 PME 算法。第 9.6 节介绍 PME 方法同样可以应用于组合优化问题，可以看作是标准 CE 方法的一种替代算法。第 9.7 节用数值实验验证了 PME 方法的效率。特别地，对于组合优化问题，PME 方法至少与标准 CE 方法一样有效，在 SAT 计数问题上 PME 方法远远优于 CE 方法。

9.2　满足性问题

布尔满足性（SAT）问题在组合优化中起着核心作用，尤其是在 NP 完全问题中。任何 NP 完全问题都可以转换成一个**多项式时间**的 SAT 问题，例如最大割问题、图着色问题以及 TSP。SAT 问题在解决大规模计算问题时起着重要作用，例如计划与调度、集成电路设计、计算机结构设计、计算机图形学、图像处理以及发现蛋白质的折叠状态等。

SAT 问题有许多不同的表示方法，接下来我们讨论其中最常见的一种，它由两部分组成[12]：

- n 个布尔变量的集合 $\{x_1,\cdots,x_n\}$，代表语句为真（TRUE）（=1）或者为假（FALSE）（=0）。变量 x 的否定式（逻辑非）记为 $\bar{x}$。例如，$\overline{\text{TRUE}}=$

FALSE。一个变量或者它的否定式称为一个**文字**(literal)。

- m 个不同子句(clause)的集合$\{C_1, C_2, \cdots, C_m\}$,每个子句的形式为 $C_i = z_{i_1} \vee z_{i_2} \vee \cdots \vee z_{i_k}$,其中 z 是文字,$\vee$ 表示逻辑或(OR)运算符,比如 $0 \vee 1 = 1$。

二进制向量 $\boldsymbol{x} = (x_1, \cdots, x_n)$称作一个**真值指派**,简称**指派**。对于每一个 $i=1, \cdots, n$,$x_i = 1$ 表示将 x_i 指派为真,$x_i = 0$ 表示将 $\bar{x}_i$ 指派为真。于是一个最简单的SAT 问题可以表述为:**找到一个真值指派 $\boldsymbol{x}$ 使得所有子句为真**。

用$\wedge$表示逻辑与(AND)运算符,我们可以用一个公式描述上述 SAT 问题:

$$F_1 = C_1 \wedge C_2 \wedge \cdots \wedge C_m$$

其中$\{C_k\}$是由用$\vee$运算符连接的文字组成。SAT 公式的这种形式就是所谓的**合取范式**(CNF)。SAT 的另一种表示方式用到的公式类型为

$$F_2 = C_1 \vee C_2 \vee \cdots \vee C_m$$

其中子句的形式为 $C_i = z_{i_1} \wedge z_{i_2} \wedge \cdots \wedge z_{i_k}$。于是这类 SAT 问题的表示形式就称作**析取范式**(DNF)。在这种情况下,寻找一个真值指派 $\boldsymbol{x}$ 就是找到一个**至少满足一个子句**的指派,这个问题通常简单得多。

■例 9.1

为了解释 SAT 问题和相应的 SAT 计数问题,我们举一个简单的例子。考虑图 9.1 的节点着色问题,图中的节点要么着成黑色,要么着成白色。以这种方式着色,是否存在两个相邻节点均不同色的情形呢？如果存在,图中共有多少种着色模式？

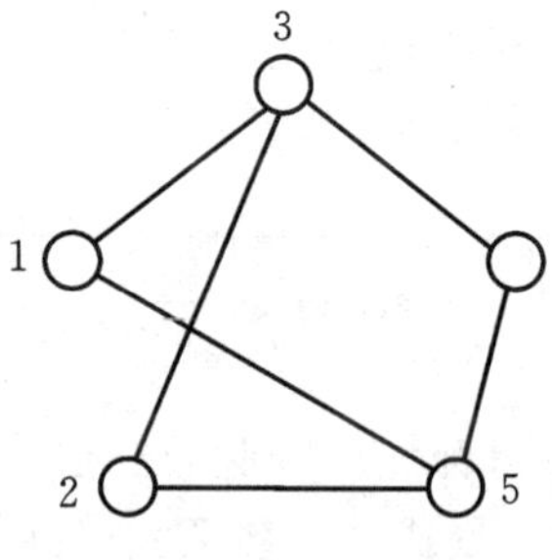

图 9.1　用两种颜色在图中着色,讨论是否存在两个相邻节点均不同色的情形

我们可以用以下方法将这种图的着色问题转换为一个 SAT 问题:令 x_j 是一个布尔变量,表示“第 j 个节点着成黑色”。很明显,x_j 或为真(TRUE)或为假(FALSE),对于每一个 $j=1, \cdots, 5$,我们可以对 x_j 或 $\bar{x}_j$ 指派真值,使相邻节点具有不同的颜色。相邻节点不能具有相同颜色的约束可以转换为一系列都必须成立的子句,例如“节点 1 和节点 3 不能都为黑色”,可以转换为子句 $C_1 = \bar{x}_1 \vee \bar{x}_3$。同

样,"节点 1 和节点 2 至少有一个为黑色"转换为 $C_2 = x_1 \vee x_3$。其他相邻节点之间也有相同的约束。据此,很容易归纳所有子句,如表 9.1 所示。这里,在左侧的表格里,对于每一个子句 C_i,第 j 列的 $a1$ 表示该子句包含 x_j,$a-1$ 表示该子句包含否定式 $\bar{x}_j$,$a0$ 表示该子句不包含 x_j 及其否定式 $\bar{x}_j$。我们称相应的矩阵 $\mathbf{A}=(a_{ij})$ 为**子句矩阵**。例如表中 $a_{75}=-1, a_{42}=0$。另一种表示子句矩阵的方法是,对每一个子句只列出所有出现在该子句中的布尔变量的下标,在每个否定变量的下标前面加上负号,见表 9.1。

表 9.1　一个 SAT 表以及子句矩阵的另一种表示方法

	1	2	3	4	5	
$\boldsymbol{x}$	0	1	0	1	0	
C_1	−1	0	−1	0	0	1
C_2	1	0	1	0	0	0
C_3	−1	0	0	0	−1	1
C_4	1	0	0	0	1	0
C_5	0	−1	−1	0	0	1
C_6	0	1	1	0	0	1
C_7	0	−1	0	0	−1	1
C_8	0	1	0	0	1	1
C_9	0	0	−1	−1	0	1
C_{10}	0	0	1	1	0	1
C_{11}	0	0	0	−1	−1	1
C_{12}	0	0	0	1	1	1

C_1	−1	−3
C_2	1	3
C_3	−1	−5
C_4	1	5
C_5	−2	−3
C_6	2	3
C_7	−2	−5
C_8	2	5
C_9	−3	−4
C_{10}	3	4
C_{11}	−4	−5
C_{12}	4	5

令 $\boldsymbol{x}=(x_1,\cdots,x_5)$ 为一个真值指派。现在的问题是,是否存在一个 $\boldsymbol{x}$ 使其满足所有的子句 $\{C_k\}$。为了检验是否满足一个子句 C_k,我们必须把该子句中的每一个变量在真值指派中的值与其在子句矩阵 **A** 中的值 1、−1 和进行比较。子句矩阵表示文字对应的变量及其否定式是否出现在该子句中。例如,如果 $x_j=0, a_{ij}=-1$,那么文字 $\bar{x}_j$ 为真。如果一个子句至少包含一个真值文字,则整个子句为真。对于一个真值指派 $\boldsymbol{x}$,如果子句 C_i 为真,则定义子句的值 $C_i(\boldsymbol{x})=1$;如果 C_i 为假,则定义 $C_i(\boldsymbol{x})=0$。于是很容易得出

$$C_i(x) = \max_j \{0, (2x_j - 1)a_{ij}\} \tag{9.1}$$

这里假设子句 C_i 至少有一个 a_{ij} 非零(否则,该子句就可以剔除)。例如,给定一个真值指派(0,1,0,1,0),在表 9.1 的左边表格里,最后一列给出了相应子句的值。

我们可以看到,第 2 个和第 4 个子句是不满足的,而指派(1,1,0,1,0)则使所有子句为真,因此可以按照以下方式对节点着色:1=黑色,2=黑色,3=白色,4=黑色,5=白色。很容易看出,(0,0,1,0,1)是另一个使得所有子句为真的着色指派。

判定是否**存在**一个有效指派并计算这样一个向量的问题,称为 **SAT 指派问题**[21]。例 9.1 寻找一个着色方案是 SAT 指派问题的一个特例。每个子句恰好包含 K 个文字的 SAT 指派问题称为 **K-SAT** 问题。众所周知,2-SAT 问题很容易,可以在多项式时间内求解,而 $K\geqslant 3$ 的 K-SAT 问题则是 NP 难的。一个更难的问题是,怎样确定一个真值指派能够满足的子句的**最大**个数,该问题称为 **MAX-SAT** 问题。前面曾经提到,我们的最终目标是计数而不是决策,也就是说,弄清楚存在多少个满足给定子句集合的真值指派。

9.2.1 随机 K-SAT(K-RSAT)

虽然 $K\geqslant 2$ 的 K-SAT 计数问题是 NP 难的,然而数值研究表明,对于某些特定的 n 和 m 值,大多数 K-SAT 问题很容易求解。为了研究这种现象,Mezard 和 Montanari[21]定义了一类随机 K-SAT 问题,记为 K-RSAT(m,n)。每一个 K-RSAT(m,n)实例包含 n 个变量和 m 个长度为 K 的子句。每一个子句是从包含 $\binom{n}{k}2^k$ 个子句的集合中均匀抽取的,与其他子句相互独立。根据经验,描述这个问题的一个重要参数是

$$\beta=\frac{m}{n} \tag{9.2}$$

称为**子句密度**。

用 $P(n,K,\beta)$表示一个随机产生的 SAT 实例能够被满足的概率。图 9.2 摘自文献[11]画出了当 $n=50,100,200$ 时 $P(n,3,\beta)$函数关于 β 的曲线。n 越大,曲线越陡峭。

可以看到,对于一个给定的 n,它是 β 的一个递减函数。当 $\beta=0$ 时其值从 1 开始,当 β 趋于无穷时则趋向于 0。从这些仿真研究中发现一个有趣的现象,在某个有限值 β^* 处,在某种意义上存在一个**过渡阶段**:对于 $\beta<\beta^*$,当 $n\to\infty$ 时 K-RSAT(m,n)的满足概率 $P(n,K,\beta)\to 1$;而对于 $\beta>\beta^*$,当 $n\to\infty$ 时这一概率趋于 0。例如,根据经验,当 $K=3$ 时 $\beta^*\approx 4.26$。对于其他 K 值也能观察到 $P(n,K,\beta)$具有类似行为。特别地,根据经验发现,对于给定的 n,β^* 随 K 增加,并且随着 n 不断增大,概率从高至低的跳转变得越来越陡。此外,在文献[21]中严格证明了以下结论:

1. 对于 2-RSAT$(n\beta,n)$:$\lim\limits_{n\to\infty}P(n,2,\beta)=\begin{cases}1, & 如果\ \beta<1\\ 0, & 如果\ \beta>1\end{cases}$

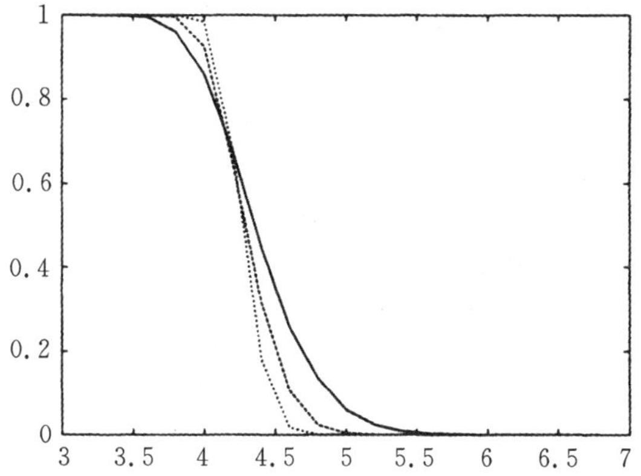

图 9.2　当 $n=50,100,200$ 时，K-RSAT(m,n)问题有解的概率关于子句密度 β 的函数曲线

2. 对于 K-RSAT$(n\beta,n)$，$K\geqslant 3$：存在一个 $\beta^*=\beta^*(K)$，使得

$$\lim_{n\to\infty} P(n,K,\beta)=\begin{cases}1, & \text{如果 } \beta<\beta^* \\ 0, & \text{如果 } \beta>\beta^*\end{cases}$$

最后，在文献[21]中用实验验证了一个结论：对于给定的 n 和 K，求解随机 K-SAT 问题的计算量在点 β^* 附近有一个峰值，而且峰值的大小随 n 迅速增加。

因此，我们对 K-RSAT$(n\beta,n)$问题划分以下三个区域：

1. 对于很小的 β，求解很简单，CPU 时间**随 n 的多项式增长**。
2. 在过渡区域（β^* 附近），问题（求解或者证明解不存在）变得很难，而且 CPU 时间通常**随 n 的指数增长**。
3. 对于 $\beta>\beta^*$，问题变得更加容易，但仍然需要指数时间。在这个区域上问题很有可能是无解的，于是目标是有效地证明该问题是不满足的 SAT 问题（UNSAT）。

由上可知，随机 SAT 最难的是位于过渡区域附近（β^* 的附近）的实例。在下面的数值研究中，我们将介绍在处理 SAT 计数问题时 PME 算法的性能。

9.3　计数的稀有事件框架

我们首先通过下面的简单例子介绍蒙特卡洛方法求解估计和计数问题的基本原理。

■例 9.2

假设我们要计算某个不规则区域 $\mathscr{X}^*$ 的面积。蒙特卡洛方法是把不规则区域 $\mathscr{X}^*$ 插入到一个很规则的区域 $\mathscr{X}$ 里，比如一个矩形（见图 9.3），然后应用以下的估计步骤：

1. 在规则区域$\mathscr{X}$上**均匀**地产生一个随机样本$\boldsymbol{X}_1,\cdots,\boldsymbol{X}_N$。

2. 所求的面积$|\mathscr{X}^*|$估计为

$$|\widehat{\mathscr{X}^*}|=|\mathscr{X}|\frac{1}{N}\sum_{k=1}^{N}I_{\{\boldsymbol{X}_k\in\mathscr{X}^*\}} \tag{9.3}$$

其中$I_{\{\boldsymbol{X}_k\in\mathscr{X}^*\}}$表示事件$\{\boldsymbol{X}_k\in\mathscr{X}^*\}$的指标。注意，根据式(9.3)，如果$\boldsymbol{X}_k\in\mathscr{X}^*$则接受产生的点$\boldsymbol{X}_k$，否则拒绝它。

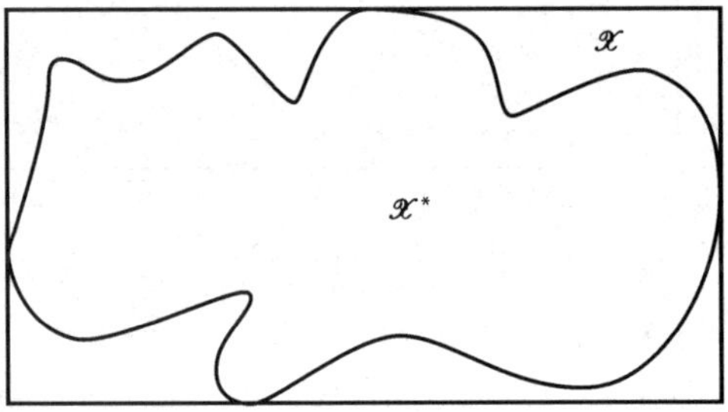

图 9.3　接受-拒绝法图解

式(9.3)对**计数问题**同样有效，即$\mathscr{X}^*$是一个离散点的集合而不是连续点的集合。在这种情况下，我们在某个较大的比较规则的区域$\mathscr{X}^*$的网格点上，均匀地生成一个样本，然后像以前那样使用接受拒绝法来估计$|\mathscr{X}^*|$。

由于在很多有意思的计数问题中$\{\boldsymbol{X}_k\in\mathscr{X}^*\}$是一个稀有事件，在这种情况下接受-拒绝法是没有意义的，因此我们应该采用重要抽样。设g是定义在某个集合$\mathscr{X}$上的重要抽样概率密度函数，令$\mathscr{X}^*\subset\mathscr{X}$，于是$|\mathscr{X}^*|$可以写为

$$|\mathscr{X}^*|=\sum_{x\in\mathscr{X}}I_{\{\boldsymbol{x}\in\mathscr{X}^*\}}\frac{g(\boldsymbol{x})}{g(\boldsymbol{x})}=E_g\left[\frac{I_{\{\boldsymbol{X}\in\mathscr{X}^*\}}}{g(\boldsymbol{X})}\right] \tag{9.4}$$

为了用蒙特卡洛方法估计$|\mathscr{X}^*|$，从g抽出一个随机样本$\boldsymbol{X}_1,\cdots,\boldsymbol{X}_N$，则估计量为

$$|\widehat{\mathscr{X}^*}|=\frac{1}{N}\sum_{k=1}^{N}I_{\{\boldsymbol{X}_k\in\mathscr{X}^*\}}\frac{1}{g(\boldsymbol{X}_k)} \tag{9.5}$$

g的最佳选择为$g^*(\boldsymbol{x})=1/|\mathscr{X}^*|,\boldsymbol{x}\in\mathscr{X}^*$，换句话说，$g^*(\boldsymbol{x})$是离散集$\mathscr{X}^*$上的均匀概率密度函数。在用$g^*$的情况下估计量方差为0，所以**只需要一个样本**。很明显，这样的g^*是不可行的。然而，针对各种计数问题，g的选择很自然地取决于问题自身，这在以下例子中将进行说明。

■例 9.3　自回避行走

自回避随机行走简称自回避行走，是高分子链的一个基本数学模型。为简单起见，我们仅处理二维的情况。每一个自回避行走用一个路径$\boldsymbol{x}=(x_1,x_2,\cdots,x_{n-1},x_n)$表示，其中$x_i$表示高分子链的第$i$个分子的二维位置。假设相邻分子之

间的距离固定为 1，主要要求是该链不能与自己相交，我们假设行走从原点开始。图 9.4 给出了一个长度为 130 的自回避行走的例子。

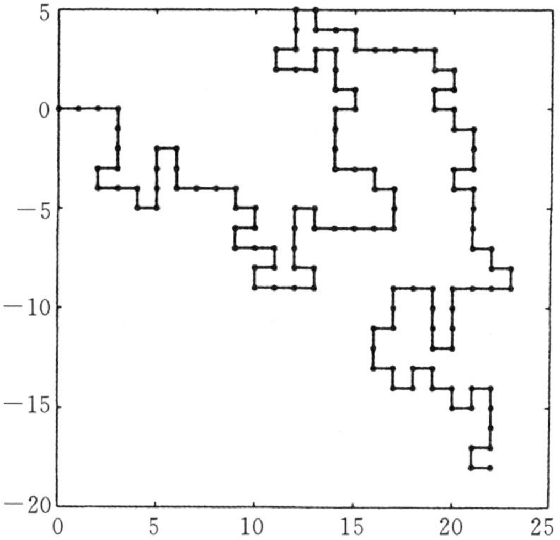

图 9.4　长度为 $n=130$ 的自回避行走

关于自回避行走模型的一个主要问题是，有多少个长度为 n 的自回避行走？令 $\mathscr{X}^*$ 是长度为 n 的自回避行走的集合。我们希望根据式(9.5)估计 $|\mathscr{X}^*|$，这就需要一个用起来很方便的概率密度函数 $g(x)$。这个概率密度函数可以由以下**单步前瞻**过程来定义。

步骤(单步前瞻法)

1. 令 $X_0=(0,0)$，设 $t=1$。
2. 令 d_t 为 X_{t-1} 的还未被访问过的邻点的个数。如果 $d_t>0$，则以概率 $1/d_t$ 从它的邻点中选择 X_t。如果 $d_t=0$，则停止产生路径。
3. 如果 $t=n$ 就停止，否则 t 加 1 并转到步骤 2。

请注意，该步骤产生一个长度为 n 的自回避行走 $\boldsymbol{x}$ 或者其中的一部分。令 $g(x)$ 为相应的离散概率密度函数。于是，对于任意长度为 n 的自回避行走 $\boldsymbol{x}$，根据乘积法则(1.4)，我们有

$$g(\boldsymbol{x})=\frac{1}{d_1}\frac{1}{d_2}\cdots\frac{1}{d_n}=\frac{1}{w(\boldsymbol{x})}$$

其中

$$w(\boldsymbol{x})=d_1\cdots d_n \tag{9.6}$$

现在，我们直接从式(9.5)得到以下自回避行走计数算法。

算法 9.3.1(自回避行走计数)

1. 用单步前瞻法产生 N 个独立的路径 $\boldsymbol{X}_1,\cdots,\boldsymbol{X}_N$。

2. 对于每一个自回避行走路径 $\boldsymbol{X}_k$，按式(9.6)计算相应的 $w(\boldsymbol{X}_k)$。对其他路径设 $w(\boldsymbol{X}_k)=0$。

3. 返回

$$|\widehat{\mathscr{X}^*}|=\frac{1}{N}\sum_{i=k}^{N}w(\boldsymbol{X}_k)$$

当 n 变大时，这种简单的单步前瞻法的效率迅速变差。当路径长度大于200的时候，仿真就已经变得不切实际，这是因为，如果在任一步骤 t，点 x_{t-1} 没有未被占领的邻点($d_t=0$)，则权重 $w(\boldsymbol{x})$ 为零，从而对 $|\mathscr{X}^*|$ 的最终估计没有任何贡献。这个问题在仿真中可能很早就会出现，使得后续的计算没有意义。一种性能更好的算法是，不必从头开始重新启动，而是重用成功的部分路径，从而构建新的行走路径。这些方法通常将部分自回避行走路径分割成若干片段，在后续步骤中继续构建行走路径，就像从头开始独立构建一样。有关这些先进算法的讨论，请参考文献[20]。

一般而言，选择重要抽样概率密度函数 g 接近于 g^*，从而得到一个好的(低方差)$|\mathscr{X}^*|$ 的估计，然而这种方法可能并不简单。还有几种不同的方法构建这种低方差的概率密度函数，其中包括标准 CE、量的指数变化(ECM)和著名的 MinxEnt 方法[17]。这里我们对 MinxEnt 方法进行修正，称之为 PME 方法，经数值方法验证，在解决 SAT 问题上 PME 远优于标准的 CE 方法。

9.3.1 满足性问题中的稀有事件

下面，我们说明如何把 SAT 指派数量的计算问题简化为稀有事件概率的估计问题。令 $\boldsymbol{A}=(a_{ij})$ 为一个一般的 $m\times n$ 子句矩阵，表示出现在子句中的变量或其否定式。例如，考虑表 9.2 中的 3×5 子句矩阵。

表 9.2 3 个变量、5 个子句的子句矩阵

−1	1	0
−1	1	1
−1	1	−1
−1	−1	1
1	1	−1

表中 $a_{ik}=1$ 和 $a_{ik}=-1$ 分别表示对应的文字及其否定式，单元格(1,3)中的0表示在语句 C_1 中既不出现第3个变量，也不出现它的否定式。对于任意一个真值指派 $\boldsymbol{x}=(x_1,\cdots,x_n)$，如果该指派 $\boldsymbol{x}$ 使第 i 个子句为真，则令 $C_i(\boldsymbol{x})$ 为1，否则为0，$i=1,\cdots,m$。于是可以用式(9.1)计算 $C_i(\boldsymbol{x})$。下面定义

$$S(\boldsymbol{x}) = \sum_{i=1}^{m} C_i(\boldsymbol{x}) \tag{9.7}$$

对于表 9.2 所示的子句矩阵，表 9.3 列出了 8 个可能的指派向量以及对应的 $S(\boldsymbol{x})$值。

表 9.3 8 个指派向量及其相应的 $S(x)$值

x_1	x_2	x_3	$S(\boldsymbol{x})$
0	0	0	5
0	0	1	4
0	1	0	5
0	1	1	5
1	0	0	3
1	0	1	3
1	1	0	4
1	1	1	5

回想一下，对于给定的 n 个布尔变量和 m 个子句，我们的目的是找出有多少个满足所有子句的真值指派。我们把所有的 2^n 个真值指派集合记为$|\mathscr{X}^*|$，而把那些满足所有子句的指派子集记为$\mathscr{X}^*$，则我们的目标是计算个数$|\mathscr{X}^*|$。从表 9.3 容易看到，4 个指派同时满足这些子句，它们都有 $S(\boldsymbol{x})=5$，因此在这种情况下$|\mathscr{X}^*|=4$。

下面讲述与稀有事件仿真的关系。令

$$\ell = \frac{|\mathscr{X}^*|}{|\mathscr{X}|} = P_{\boldsymbol{P}_U}(\boldsymbol{X} \in \mathscr{X}^*) = P_{\boldsymbol{P}_U}(S(\boldsymbol{X}) = m) \tag{9.8}$$

其中 $\boldsymbol{P}_U$ 表示均匀概率向量(1/2，…，1/2)。换句话说，式(9.8)中的 ℓ 表示均匀生成有效 SAT 指派(轨迹)$\boldsymbol{X}$ 的概率，所谓有效即指所有子句都满足，该概率通常非常小。于是，我们可以将 SAT 计数问题简化为稀有事件概率的估计问题，直接更新概率向量 $\boldsymbol{p}$ 以高效地估计概率 ℓ，从而得到有效轨迹$|\mathscr{X}^*|$的数量。

9.4 其他随机计数算法

上一节我们用重要抽样估计量(9.5)说明了在计数问题中如何使用蒙特卡洛算法，本节我们介绍一些其他方法。特别地，我们考虑一个顺序抽样方案，把$\mathscr{X}^*$分解为一组相关的集合序列$\mathscr{X}_1,\cdots,\mathscr{X}_m$，从而把$|\mathscr{X}^*|$计数难题分解为一组计算各集合中元素个数的简单问题。下面是这种分解方法的常用步骤：

1. 把计数问题表示为集合 $\mathscr{X}^*$ 的基数估计问题。

2. 找出集合 $\mathscr{X}_0,\mathscr{X}_1,\cdots,\mathscr{X}_m$ 使得 $|\mathscr{X}_m|=|\mathscr{X}^*|$，其中 $|\mathscr{X}_0|$ 已知。

3. 将 $|\mathscr{X}^*|=|\mathscr{X}_m|$ 写为

$$|\mathscr{X}^*|=|\mathscr{X}_0|\prod_{j=1}^{m}\frac{|\mathscr{X}_j|}{|\mathscr{X}_{j-1}|} \tag{9.9}$$

4. 为其中每一项 $\eta_j=|\mathscr{X}_j|/|\mathscr{X}_{j-1}|$ 建立一个有效的估计量 $\hat{\eta}_j$，从而得到 $|\mathscr{X}^*|$ 的一个有效的估计量

$$\widehat{|\mathscr{X}^*|}=|\mathscr{X}_0|\prod_{j=1}^{m}\hat{\eta}_j \tag{9.10}$$

式(9.10)的算法是基于顺序抽样估计的，在计算机相关文献中有时也称为**随机化算法**[22]。随机化算法的概念指的就是在一个算法的执行过程中引入随机性，特别是以下标准 CE 和 PME 算法，都可以看作随机算法的例子。

说明 9.4.1(均匀采样) 为每一个 $\eta_j=|\mathscr{X}_j|/|\mathscr{X}_{j-1}|$ 找到一个有效的估计量是计数问题的关键。一个非常简单、有力的思路是：从集合 $\mathscr{L}_j=\mathscr{X}_{j-1}\cup\mathscr{X}_j$ 中**均匀**抽样，我们可以简单地把其中落入集合 $\mathscr{X}_j$ 的样本的比例作为 η_j 的估计，从而获得这样一个估计量。为了使该估计量更加有效(低方差)，子集 $\mathscr{X}_j$ 在 $\mathscr{Y}_j$ 中必须相对“密集”一些，也就是说 η_j 不能太小。

如果在某个集合 $\mathscr{Y}$ 上很难或不可能进行均匀、精确地抽样，我们可以采用**近似**抽样的方法，比如 Metropolis-Hastings 算法 6.2.1，详细见例 6.2。

从文献[22]和[23]可以看到，许多有趣的计数问题可以套入式(9.9)的形式。实际上，第 9.3.1 节中的 CNF SAT 计数问题就能用这种方式表示。这里，我们的目的是估计 $|\mathscr{X}^*|=|\mathscr{X}|\,|\mathscr{X}^*|/|\mathscr{X}|=|\mathscr{X}|\ell$，其中 $|\mathscr{X}|$ 是已知的，而 ℓ 可以通过重要抽样来估计。下面我们将给出更多的例子。

■例 9.4　独立集

考虑一个具有 m 条边和 n 个顶点的图 $G-(V,E)$，我们要计算图中独立节点(顶点)集的个数。如果一个节点集中没有两个节点由一条边连接，即没有两个节点互连，则称节点集是**独立**的。这个概念的说明参见图 9.5。

考虑图的边任意排序的情形。令 E_j 为前 j 条边的集合而 $G_j=(V,E_j)$ 为相应的子图。注意 $G_m=G$，而从 G_{j+1} 中移除一条边就能得到 G_j。定义 $\mathscr{X}_j$ 为 G_j 的独立集的集合，我们就可以用式(9.9)的形式写出 $|\mathscr{X}^*|=|\mathscr{X}_m|$，这里 $|\mathscr{X}_0|=2^n$，因为 G_0 没有边，所以 V 的每一个子集都是独立集，包括空集。请注意这里 $\mathscr{X}_0\supset\mathscr{X}_1\supset\cdots\supset\mathscr{X}_m=\mathscr{X}^*$。

■例 9.5　背包问题

给定 m 个大小分别为 $a_1,\cdots,a_m>0$ 的物品和一个正整数 $b\geqslant\min_i a_i$，找出满足

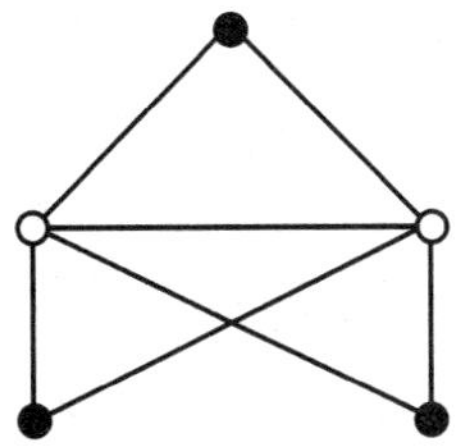

图 9.5　黑色节点构成一个独立集，因为它们彼此不连

以下条件的向量 $\boldsymbol{x}=(x_1,\cdots,x_n)\in\{0,1\}^n$ 的个数：

$$\sum_{i=1}^{n} a_i x_i \leqslant b$$

整数 b 代表背包的大小，x_i 表示是否将第 i 项物品放入背包。令 $\mathscr{X}^*$ 表示所有可行解的集合，即可以放入背包又不超出其大小的所有物品的组合，目的是确定 $|\mathscr{X}^*|$。

为了把背包问题用式(9.9)所示的框架表示，不失一般性，我们假设 $a_1\leqslant a_2\leqslant\cdots\leqslant a_n$ 并定义 $b_j=\sum_{i=1}^{j}a_i$，其中 $b_0=0$。记 $\mathscr{X}_j$ 为满足 $\sum_{i=1}^{n}a_i x_i\leqslant b_j$ 的向量 $\boldsymbol{x}$ 的集合，令 m 为满足 $b_m\leqslant b$ 的最大整数。很明显 $\mathscr{X}_m=\mathscr{X}^*$，至此，这就是我们建立的形如式(9.9)的模型。

■例 9.6　积和式的个数

一般 $n\times n$ 矩阵 $\mathbf{A}=(a_{ij})$ 的积和式定义为

$$\operatorname{per}(\mathbf{A})=|\mathscr{X}^*|=\sum_{\boldsymbol{x}\in\mathscr{X}}\prod_{i=1}^{n}a_{ix_i} \tag{9.11}$$

其中 $\mathscr{X}$ 是 $(1,\cdots,n)$ 的所有排列 $\boldsymbol{x}=(x_1,\cdots,x_n)$ 的集合。众所周知，计算一个**二进制**矩阵的积和式等价于计算某个二部图的完美匹配的个数。如果图 $G=(V,E)$ 的节点集合 V 是两个互不相交的子集 V_1 和 V_2 的并集，并且图中的每一条边所连接的两个顶点分别属于集合 V_1 和 V_2，则称该图为二分图或二部图。一个大小为 m 的**匹配**是一个包含 m 条边的集合，其中每一个节点最多只出现一次。一个**完美匹配**是大小为 n 的匹配。

为了观察二进制矩阵 $\mathbf{A}=(a_{ij})$ 的积和式与某个图的完美匹配个数的关系，我们考虑二部图 G，其中 V_1 和 V_2 是 $\{1,\cdots,n\}$ 的不相交子集，而且对于所有的 i 和 j，当且仅当 $a_{ij}=1$ 时 $(i,j)\in E$。举一个例子，令 $\mathbf{A}$ 为一个 3×3 矩阵

$$\mathbf{A}=\begin{pmatrix}1&1&1\\1&1&0\\0&1&1\end{pmatrix} \tag{9.12}$$

图 9.6 给出了相应的二部图，它有 3 个完美匹配，图中画出了其中一个。这些完美匹配对应所有使乘积 $\prod_{i=1}^{n} a_{ix_i}$ 等于 1 的排列 $\boldsymbol{x}$。

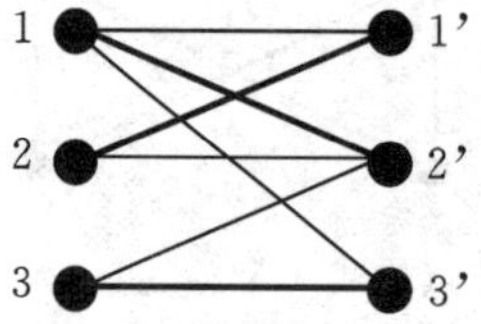

图 9.6 一个二部图，粗线边构成了一个完美匹配

对于一个一般的二进制$(n\times n)$矩阵 $\mathbf{A}$，令 $\mathscr{X}_j$ 表示对应二部图 G 中大小为 j 的匹配集合。假设 $\mathscr{X}_n$ 是非空的，于是 G 有一个节点 V_1 和 V_2 的完美匹配。我们的兴趣是计算 $|\mathscr{X}_n|=\text{per}(\mathbf{A})$。考虑到 $|\mathscr{X}_1|=|E|$，我们可以得到式(9.9)的乘积形式。

下面我们给出应用式(9.9)的最后一个例子，我们考虑某些集合 $\mathscr{X}_1,\cdots,\mathscr{X}_m$ 的**并集**中包含的元素个数的计数问题。

9.4.1 一组集合的并集 $\mathscr{X}^*$

与往常一样，令 $\mathscr{X}$ 为对象的有限集，用 $\mathscr{X}^*$ 表示我们希望计数的某些特殊对象的子集。在具体应用中，$\mathscr{X}^*$ 经常可以写为某些集合 $\mathscr{X}_1,\cdots,\mathscr{X}_m$ 的**并集**，如图 9.7 所示。

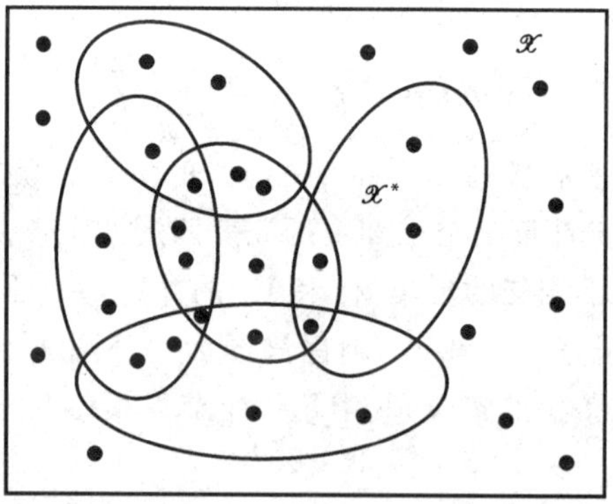

图 9.7 计算黑色集合 $\mathscr{X}^*$ 中点的个数

作为一种特例，我们考虑 DNF 形式的 SAT 计数问题。回顾前文，DNF 格式采用的是子句的析取（逻辑或）形式，即 $C_1\vee C_2\vee\cdots\vee C_m$，其中每个子句是多个文字的合（逻辑与）。令 $\mathscr{X}$ 为所有指派的集合，$\mathscr{X}_j$ 为所有满足子句 C_j 的指派的集合，$j=1,\cdots,m$。用 $\mathscr{X}^*$ 表示满足**至少一个**子句 $C_1,\cdots,C_m$ 的指派的集合，也就是

说$\mathscr{X}^*=\bigcup_{j=1}^{m}\mathscr{X}_j$，DNF计数问题就是要计算$|\mathscr{X}^*|$。很容易看出，如果子句$C_j$有$n_j$个文字，则真值指派的数量为$|\mathscr{X}_j|=2^{n-n_j}$。很明显，$0\leqslant|\mathscr{X}^*|\leqslant|\mathscr{X}|=2^n$，同时，因为一个指派能够满足不止一个子句，则$|\mathscr{X}^*|\leqslant\sum_{j=1}^{m}|\mathscr{X}_j|$。

下面我们将说明如何为这种#P完全问题构建一个随机算法。第一步是用下标集$\{1,\cdots,m\}$**扩展**状态空间$\mathscr{X}$。具体地，定义集合

$$\mathscr{A}=\{(j,\boldsymbol{x}):\boldsymbol{x}\in\mathscr{X}_j,j=1,\cdots,m\} \tag{9.13}$$

该集合如图9.8所示，在此例中，$m=7$，$|\mathscr{X}_1|=3$，$|\mathscr{X}_2|=2$，依此类推。

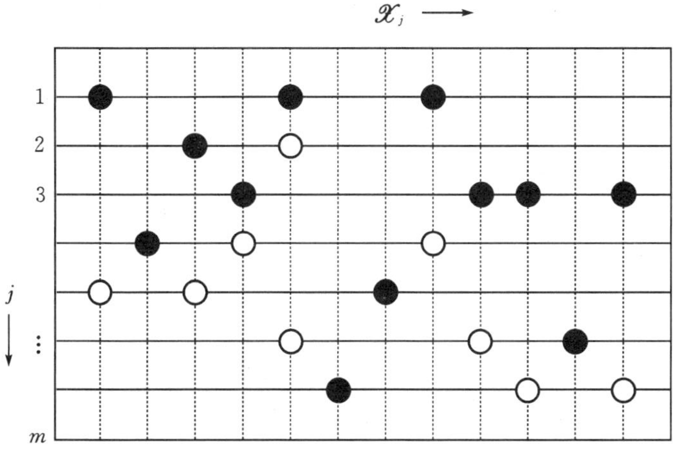

图9.8　集合$\mathscr{A}$(由所有点组成)和$\mathscr{A}^*$(由黑色点组成)

对于一个指定的j，我们可以根据集合$\mathscr{X}_j$确定$\mathscr{A}$的子集$\mathscr{A}_j=\{(j,\boldsymbol{x}):\boldsymbol{x}\in\mathscr{X}_j\}$。特别地，这两个集合的元素个数相同。接下来我们构建一个$\mathscr{A}$的子集$\mathscr{A}^*$，其大小恰好等于$|\mathscr{X}^*|$。为此，我们把$\mathscr{X}^*$中的每一个指派恰好与$\mathscr{A}$中的一对“下标-指派”对$(j,\boldsymbol{x})$对应起来。特别地，我们可以使用子句下标最小的“下标-指派”对，即定义$\mathscr{A}^*$为

$$\mathscr{A}^*=\{(j,\boldsymbol{x}):\boldsymbol{x}\in\mathscr{X}_j,\boldsymbol{x}\notin\mathscr{X}_k\text{对于}k<j,j=1,\cdots,m\}$$

图9.8中用黑点表示$\mathscr{A}^*$。注意，$\mathscr{X}^*$的每一个元素在$\mathscr{A}$中仅出现一次，即图中每一列恰好只有一个黑点。

我们可以得到$|\mathscr{A}|=\sum_{j=1}^{m}|\mathscr{X}_j|=\sum_{j=1}^{m}2^{n-n_j}$，因此通过估计$\ell=|\mathscr{A}^*|/|\mathscr{A}|$就可以估计$|\mathscr{X}^*|=|\mathscr{A}^*|=|\mathscr{A}|\ell$。注意，这是式(9.9)的一个简单应用。这里，我们在$\mathscr{A}$中**均匀地**产生“下标-指派”对并计算它们在$\mathscr{A}^*$中出现的频率，据此可以估计比值ℓ。结果表明，对于并集特别是DNF问题，在$\mathscr{A}$中均匀地产生“下标-指派”对

的方法是相当明了和简单的。这种组合方法可以分成两个步骤：首先以概率

$$p_j = \frac{|\mathscr{A}_j|}{|\mathscr{A}|} = \frac{|\mathscr{X}_j|}{\sum_{j=1}^{m}|\mathscr{X}_j|} = \frac{2^{n-n_j}}{\sum_{j=1}^{m}2^{n-n_j}}$$

选择一个下标 $j, j=1,\cdots,m$，然后从 $\mathscr{X}_j$ 中均匀地选择一个指派 $\boldsymbol{x}$。在选择指派时，对于**不在子句** j 中的每个文字，以相同的概率独立地选择一个值 1 或 0。据此选择一对 $(j,\boldsymbol{x})$ 的概率可以通过以下条件概率来计算：

$$P(J=j, \boldsymbol{X}=\boldsymbol{x}) = P(J=j)P(\boldsymbol{X}=\boldsymbol{x} \mid J=j) = \frac{|\mathscr{A}_j|}{|\mathscr{A}|}\frac{1}{|\mathscr{A}_j|} = \frac{1}{|\mathscr{A}|}$$

这一结果正好对应 $\mathscr{A}$ 上的均匀分布。DNF 计数算法可以写成如下形式[22]：

算法 9.4.1(DNF 计数算法)

给定一个 DNF 范式的指派问题，具有 m 个子句和 n 个文字。

1. 令 $Z=0$。
2. 当 $k=1,\cdots,N$ 时：
   ⅰ. 以概率 $p_j \propto |\mathscr{X}_j|$ 均匀且随机地选择一个指派 $\boldsymbol{X} \in \mathscr{X}_j$。
   ⅱ. 如果 $\boldsymbol{X}$ 不属于任何 $\mathscr{X}_i, i<j$，则 Z 加 1。
3. 返回

$$\widehat{|\mathscr{X}^*|} = \frac{Z}{N}\sum_{j=1}^{m}|\mathscr{X}_j| \tag{9.14}$$

将其作为真值指派的个数 $|\mathscr{X}^*|$ 的估计。

注意，比值 $\ell = |\mathscr{A}^*|/|\mathscr{A}|$ 可以写为

$$\ell = E_U[I_{\{\mathbf{A}\in\mathscr{A}^*\}}] \tag{9.15}$$

其中下标 U 表示 $\mathbf{A}$ 是在 $\mathscr{A}$ 上均匀抽取的。算法 9.4.1 中要计算数量 $\frac{Z}{N}$(ℓ 的一个估计值)，它代表可接受的样本数 Z 与生成的总样本数 N 之比，再乘以常值 $\sum_{j=1}^{m}|\mathscr{X}_j| = |\mathscr{A}|$。还应注意，算法 9.4.1 也可以应用于其他问题，其中涉及任意集合 $\mathscr{X}_j, j=1,\cdots,m$ 的并集。

下面我们介绍式(9.15)中 ℓ 的另一种估计方法。我们以 $\boldsymbol{X}$ 为条件，根据式(1.11)所示的条件特性可以得到：

$$\ell = E_U[p(\boldsymbol{X})]$$

其中 $p(\boldsymbol{X}) = P_U(I_{\{\mathbf{A}\in\mathscr{A}^*\}} \mid \boldsymbol{X})$ 是在给定 $\boldsymbol{X}$ 的条件下，均匀选择的一个 $\mathbf{A}=(J,\boldsymbol{X})$ 落入集合 $\mathscr{A}^*$ 的条件概率。对于一个给定元素 $\boldsymbol{x} \in \mathscr{X}^*$，令 $r(\boldsymbol{x})$ 表示 $\boldsymbol{x}$ 所属的集合 $\mathscr{X}_j$ 的个数，例如，图 9.8 中从左至右 $r(\boldsymbol{x})$ 的值依次为 2,1,2,2,3,1,…。给定一个特定的 $\boldsymbol{x}$，如果 $(J,\boldsymbol{x})$ 落入 $\mathscr{A}^*$，图中 $\boldsymbol{x}$ 对应列中的相应点就用黑色表示，其发生的概率为 $1/r(\boldsymbol{x})$，这是因为 $r(\boldsymbol{x})$ 个点中的每一个点都是均匀选择的，而且每一列

中只有一个点留在 $\mathscr{A}^*$ 中作为代表，也就是说 $p(\boldsymbol{X})=1/r(\boldsymbol{X})$。所以，如果对每一个 $\boldsymbol{x}$ 都能计算 $r(\boldsymbol{x})$，我们就可以用 Y/N 估计 $\ell=E_U[1/r(\boldsymbol{X})]$，其中 $Y=\sum_{k=1}^{N}\frac{1}{r(\boldsymbol{X}_k)}$。如此一来，我们可以得到估计量

$$|\widetilde{\mathscr{X}^*}|=\frac{Y}{N}\sum_{j=1}^{m}|\mathscr{X}_j| \tag{9.16}$$

值得注意的是，与式(9.14)相比，式(9.16)估计量避免了接受-拒绝过程。$|\widehat{\mathscr{X}^*}|$ 和 $|\widetilde{\mathscr{X}^*}|$ 都是 $|\mathscr{X}^*|$ 的无偏估计，但是两者相比，后者具有较小的方差，这是因为它是由条件概率获得的，参见条件蒙特卡洛算法 5.4.1。

$|\widehat{\mathscr{X}^*}|$ 和 $|\widetilde{\mathscr{X}^*}|$ 都可看作式(9.4)所示的重要抽样估计，下面我们予以说明。令 $g(\boldsymbol{x})=r(\boldsymbol{x})/c, \boldsymbol{x}\in\mathscr{X}^*$，其中 c 是一个常数，其值为 $c=\sum_{x\in\mathscr{X}^*}r(\boldsymbol{x})=\sum_{i=1}^{m}|\mathscr{X}_i|$。然后应用式(9.5)，用 $\mathscr{A}^*$ 和 $\mathscr{A}$ 分别代替其中的 $\mathscr{X}^*$ 和 $\mathscr{X}$，从而得到估计

$$\sum_{k=1}^{N}\frac{1}{g(\boldsymbol{X}_k)}=\sum_{i=1}^{m}|\mathscr{X}_i|\sum_{k=1}^{N}\frac{1}{r(\boldsymbol{X}_k)}$$

这正好就是 $|\widetilde{\mathscr{X}^*}|$。如前所述，从重要抽样概率密度函数 $g(\boldsymbol{x})$ 抽样是采用组合方法实现的，而不直接应用 $r(\boldsymbol{x})$。也就是说，在 $\mathscr{A}$ 上均匀地选择 $(J,\boldsymbol{X})$，我们有

$$P(\boldsymbol{X}=\boldsymbol{x})=\frac{r(\boldsymbol{x})}{|\mathscr{A}|}=g(\boldsymbol{x}), \boldsymbol{x}\in\mathscr{X}^*$$

下面我们将要说明 DNF 计数算法 9.4.1 具有一些很好的复杂性特性。

9.4.2　随机化算法的复杂度：FPRAS 和 FPAUS

如果一个随机化算法的输出 Z 满足条件

$$P(|Z-z|\leqslant\varepsilon z)\geqslant 1-\delta \tag{9.17}$$

我们就说该算法得到了参数 z 的**$(\boldsymbol{\varepsilon},\boldsymbol{\delta})$近似**，即近似值 Z 的相对误差 $|Z-z|/z$ 以很高的概率($>1-\delta$)小于某个很小的数 ε。

在证明各种随机化算法是否满足式(9.17)时，用到的一个主要结论就是所谓的**切诺夫界**，它表明对于任意一个随机变量 Y 和任意一个数 a，都有

$$P(\boldsymbol{Y}\leqslant a)\leqslant\min_{\theta>0}\mathrm{e}^{\theta a}E[\mathrm{e}^{-\theta Y}] \tag{9.18}$$

对于任意给定的 a 和 $\theta>0$，定义函数 $H_1(z)=I_{\{z\leqslant a\}}$ 和 $H_2(z)=\mathrm{e}^{\theta(a-z)}$。很明显，对于所有的 z 都有 $H_1(z)\leqslant H_2(z)$。于是，对于任意 θ，

$$P(Y\leqslant a)=E[H_1(Y)]\leqslant E[H_2(Y)]=\mathrm{e}^{\theta a}E[\mathrm{e}^{-\theta Y}]$$

取使得上式最小的 θ 值，就可以得到式(9.18)的上界。下面是一个重要的应用。

定理 9.4.1　令 $X_1,\cdots,X_n$ 为独立同分布的 $\mathrm{Ber}(p)$ 随机变量，如果 $n\geqslant 3\ln(2/\delta)/$

$(p\varepsilon^2)$，则它们的样本平均值是 p 的一个(ε,δ)近似，即

$$P\left(\left|\frac{1}{n}\sum_{i=1}^{n}X_i - p\right| \leqslant \varepsilon p\right) \geqslant 1-\delta \tag{9.19}$$

证明：令 $Y=X_1+\cdots+X_n$，$\ell_L=P(Y\leqslant(1-\varepsilon)np)$。因为 $E[\mathrm{e}^{-\theta Y}]=E[\mathrm{e}^{-\theta X_1}]^n=(1-p+p\mathrm{e}^{\theta})^n$，对于任意 $\theta>0$，**切诺夫**上界为

$$\ell_L \leqslant \mathrm{e}^{\theta np(1-\varepsilon)}(1-p+p\mathrm{e}^{\theta})^n \tag{9.20}$$

直接微分，我们能够找到最优 θ^* 为(对应最小上界)

$$\theta^* = \ln\left(\frac{\varepsilon p - p + 1}{(\varepsilon-1)(p-1)}\right)$$

不难证明(见习题 9.1)，在式(9.20)的右侧代入 $\theta=\theta^*$，两边同时取对数，可以求得 $\ln(\ell_L)$的上界为 $nph(p,\varepsilon)$，其中 $h(p,\varepsilon)$为

$$h(\varepsilon,p) = -\frac{1}{p}\ln\left(1+\frac{\varepsilon p}{1-p}\right)+(1-\varepsilon)\theta^* \tag{9.21}$$

对于给定的 $0<\varepsilon<1$，函数 $h(p,\varepsilon)$随 p 单调递减，$0<p<1$，也就是说，

$$\frac{\partial h(\varepsilon,p)}{\partial p} = \frac{1}{p^2}\left[-\frac{\varepsilon p}{1-p}+\ln\left(1+\frac{\varepsilon p}{1-p}\right)\right] < 0$$

因为对于任意 $y>0$ 都有 $-y+\ln(1+y)<0$，于是

$$h(\varepsilon,p) \leqslant h(\varepsilon,0) = -\varepsilon-(1-\varepsilon)\ln(1-\varepsilon) = -\sum_{k=2}^{\infty}\frac{\varepsilon^k}{(k-1)k} \leqslant \frac{-\varepsilon^2}{2}$$

因此，

$$\ell_L \leqslant \exp\left(-\frac{np\varepsilon^2}{2}\right)$$

同样地，利用**切诺夫**界可以得到 $\ell_U=P(Y\geqslant(1+\varepsilon)np)=P(-Y\leqslant-(1+\varepsilon)np)$的上界为

$$\ell_U \leqslant \exp\left(-\frac{np\varepsilon^2}{2+\frac{2}{3}\varepsilon}\right) \tag{9.22}$$

其中 $0<\varepsilon<1$，见习题 9.2。特别地，$\ell_L+\ell_U\leqslant 2\exp(-np\varepsilon^2/3)$。综合以上结果，得到

$$P(|Y-np|\leqslant np\varepsilon) = 1-\ell_L-\ell_U \geqslant 1-2\mathrm{e}^{-np\varepsilon^2/3}$$

于是，选择 $n\geqslant 3\ln(2/\delta)/(p\varepsilon^2)$就可以保证以上概率大于或者等于 $1-\delta$。

定义 9.4.1(完全多项式随机近似方法) 对于任意输入向量 $\boldsymbol{x}$ 和任意参数 $\varepsilon>0$，$0<\delta<1$，如果一个随机算法能够在 ε^{-1}、$\ln\delta^{-1}$ 以及输入向量 $\boldsymbol{x}$ 的大小为 n 的多项式时间内，输出所需量 $z(\boldsymbol{x})$的一个(ε,δ)近似值，则称该随机算法是**完全多项式随机逼近方法**(FPRAS)。

因此，定理 9.4.1 中的样本均值为 p 的估计提供了一个 FPRAS 方法。值得

注意的是，这里的输入向量 $\boldsymbol{x}$ 是由伯努利变量 $X_1,\cdots,X_n$ 组成的。

下面我们介绍一个定理[22]，说明算法 9.4.1 为 DNF 范式的指派计数问题提供了一个 FPRAS 方法。证明该定理的基础是 $\mathscr{A}^*$ 在 $\mathscr{A}$ 中是相对**密集的**。特别地，证明中用到了这样的事实：对于集合的并集，有 $\ell=|\mathscr{A}^*|/|\mathscr{A}|\geqslant 1/m$，这可以直接由以下事实来推断：每一个指派至多满足 m 个子句。

定理 9.4.2(DNF 计数定理)　*如果 $N\geqslant 3m\ln(2/\delta)/\varepsilon^2$，则 DNF 计数算法 9.4.1 是一种 FPRAS 方法。*

证明：算法 9.4.1 的步骤 2 从 $\mathscr{A}$ 中均匀地选择一个元素，这个元素属于 $\mathscr{A}^*$ 的概率至少为 $1/m$。选择

$$N=\frac{3m}{\varepsilon^2}\ln\frac{2}{\delta} \tag{9.23}$$

其中 $\varepsilon>0$ 且 $\delta>0$，则 N 是 m、ε^{-1} 以及 $\ln\frac{1}{\delta}$ 的多项式，而且每一个样本的处理时间是 m 的多项式。根据定理 9.4.1，我们发现，如果采用式(9.23)的样本数量 N，则 Z/N(见算法 9.4.1)是 ℓ 的一个(ε,δ)近似，从而 $|\widehat{\mathscr{X}^*}|$ 是 $|\mathscr{X}^*|$ 的一个(ε,δ)近似。

正如本节开始所述，在从某个集合 $\mathscr{X}$（比如 DNF 计数问题的集合 $\mathscr{A}$）中进行**均匀抽样**与该集合中某些我们感兴趣的元素的**计数**问题之间，存在某种基本的关系[1,22]。我们之前也曾提到，严格的均匀抽样并不总是可行的，因此我们常用 MCMC 技术近似地从均匀分布进行抽样。

令 Z 为一个抽样算法在有限样本空间 $\mathscr{X}$ 上的随机输出，如果对于任意 $\mathscr{Y}\subset\mathscr{X}$ 都有

$$\left|P(Z\in\mathscr{Y})-\frac{|\mathscr{Y}|}{|\mathscr{X}|}\right|\leqslant\varepsilon \tag{9.24}$$

我们就说该抽样算法从 $\mathscr{X}$ 中生成了一个 **ε 均匀样本**。

定义 9.4.2(完全多项式近似均匀抽样器)　给定一个输入向量 $\boldsymbol{x}$ 和参数 $\varepsilon>0$，如果一个抽样算法在 $\mathscr{X}(\boldsymbol{x})$ 上产生一个 ε 均匀样本，而且所用的运行时间是 $\ln\varepsilon^{-1}$ 和输入向量大小的多项式，则称该抽样算法为完全多项式近似均匀抽样器(FPAUS)。

■例 9.7　独立集的 FPAUS：例 9.4(续)

独立集的 FPAUS 的输入是图 $G=(V,E)$ 与参数 $\varepsilon>0$，样本空间 $\mathscr{X}$ 由图 G 的所有独立集组成，其输出为 $\mathscr{X}$ 上的 ε 均匀样本。产生这样一个 ε 均匀样本所需的时间应该是图的大小与 $\ln\varepsilon^{-1}$ 的多项式。这里，我们的目的是证明给定一个 FPAUS，就能构建相应的 FPRAS。这样的证明是基于乘积公式(9.9)的，在文献[22]的定理 10.5 中给出。

我们可以看到，对于背包问题，如果存在一个 FPRAS，则存在一个 FPAUS，

参见文献[22]的习题10.6。然而，这样一种方法是否存在，仍然是一个尚未解决的问题[15]。

9.4.3 CNF满足性问题的FPRAS

前面介绍了针对DNF范式的满足性问题所取得的结果，下面我们将说明以上结果同样适用于CNF范式的满足性问题，尤其是FPRAS和FPAUS的证明很简单，结果也让人相当吃惊。证明的基础是德·摩根(De Morgan)定律，即

$$(\bigcap \mathscr{X}_i)^c = \bigcup \mathscr{X}_i^c \quad 和 \quad (\bigcup \mathscr{X}_i)^c = \bigcap \mathscr{X}_i^c \tag{9.25}$$

于是，如果$\{\mathscr{X}_i\}$是某个集合$\mathscr{X}$的子集，则

$$|\bigcap \mathscr{X}_i| = |\mathscr{X}| - |\bigcup \mathscr{X}_i^c| \tag{9.26}$$

具体地，我们考虑一个CNF满足性计数问题。令$\mathscr{X}_i$为满足第i个子句C_i，$i=1,\cdots,m$的**所有**指派的集合。回顾前文，C_i的形式为$z_{i1} \vee z_{i2} \vee \cdots \vee z_{ik}$，满足所有子句的指派集合为$\mathscr{X}^* = \bigcap \mathscr{X}_i$。根据式(9.26)，为了计算$\mathscr{X}^*$，我们可以转而计算$\bigcup \mathscr{X}_i^c$中的元素个数，这里$\mathscr{X}_i^c$是满足子句$\bar{z}_{i1} \wedge \bar{z}_{i2} \wedge \cdots \wedge \bar{z}_{ik}$的所有指派的集合。这样该问题就可以转换为一个DNF SAT计数问题。

例如，一个CNF SAT计数问题的子句矩阵为

$$\mathbf{A} = \begin{pmatrix} -1 & 1 & 0 \\ 0 & -1 & 1 \\ -1 & 0 & -1 \end{pmatrix}$$

在这种情况下，$\mathscr{X}^*$包含三个指派，即(1,0,0)，(1,1,0)和(1,1,1)。下面考虑同一个子句矩阵**A**的DNF SAT计数问题，其满足至少一个子句的指派集合为{(0,0,0)，(0,0,1)，(0,1,0)，(0,1,1)，(1,0,1)}，这正好是$\mathscr{X}^*$的补集。

因为DNF SAT计数问题可以用FPRAS求解，而任何CNF SAT计数问题都可以直接转换为DNF SAT计数问题，由此可以推导出CNF SAT计数问题的FPRAS。

9.5 MINXENT和参数化MINXENT

本节涉及估计稀有事件概率和计数的**参数化MinxEnt方法**(PME)，该方法的基础是MinxEnt方法。下面我们将介绍MinxEnt方法的背景知识。

9.5.1 MinxEnt方法

在稀有事件仿真的标准CE方法中，用于估计$\ell = P_f(S(\mathbf{X}) \geqslant \gamma)$的重要抽样密度函数局限于某个参数化分布族，比如$\{f(\cdot;\boldsymbol{v}), \boldsymbol{v} \in \boldsymbol{\mathscr{V}}\}$，而且最优密度函数$f(\cdot;\boldsymbol{v}^*)$是**参数化**CE最小化问题(8.3)的解。与CE不同，下面我们介绍一种**非**

参数化方法，称为 MinxEnt 方法。它的基本思想是在**所有**概率密度函数上而非 $\{f(\cdot;\boldsymbol{v}),\boldsymbol{v}\in\mathcal{V}\}$ 上，使得到 g^* 的 CE 距离最小化。然而，规划 $\min_g \mathcal{D}(g,g^*)$ 没有实际意义，因为在未知的 $g=g^*$ 处就能得到最小值 0。一种更有效的方法是：首先指定一个**先验**密度函数 h，其中包含“目标”密度函数 g^* 的某些可用信息，然后在有关 g 的某些**约束**条件下选择一个尽可能接近 h 的“辅助”概率密度函数 g。如果未知 g^* 的先验信息，则先验密度函数 h 可以简单地取为某个常数，对应于均匀分布（连续或者离散的）。据此，我们推导出以下最小化框架[2][3][17]：

$$
(\mathrm{P}_0)\begin{cases}
\min\limits_g \mathcal{D}(g,h)=\min\limits_g \displaystyle\int \ln\frac{g(\boldsymbol{x})}{h(\boldsymbol{x})}g(\boldsymbol{x})\mathrm{d}\boldsymbol{x}=\min\limits_g E_g\left[\ln\frac{g(\boldsymbol{X})}{h(\boldsymbol{X})}\right] \\
\text{满足}\quad \displaystyle\int S_i(\boldsymbol{x})g(\boldsymbol{x})\mathrm{d}\boldsymbol{x}=E_g[S_i(\boldsymbol{X})]=\gamma_i,\quad i=1,\cdots,m \\
\displaystyle\int g(\boldsymbol{x})\mathrm{d}\boldsymbol{x}=1
\end{cases}
\tag{9.27}
$$

这里 g 和 h 是 n 维概率密度函数，$S_i(\boldsymbol{x}),i=1,\cdots,m$ 是给定函数，而 $\boldsymbol{x}$ 是一个 n 维向量。规划(P_0)就是 **Kullback 最小交叉熵**(MinxEnt)规划。注意，这是一个**凸**函数优化问题，因为目标函数是 g 的凸函数，而约束条件是 g 的仿射函数。

如果先验密度 h 是常数，则 $\mathcal{D}(g,h)=\int g(\boldsymbol{x})\ln g(\boldsymbol{x})\mathrm{d}x+\text{constant}$，于是($\mathrm{P}_0$)中 $\mathcal{D}(g,h)$ 的最小化可以替换为

$$
\mathcal{H}(g)=-\int g(\boldsymbol{x})\ln g(\boldsymbol{x})\mathrm{d}\boldsymbol{x}=-E_g[\ln g(\boldsymbol{X})]
\tag{9.28}
$$

的**最大化**，其中 $\mathcal{H}(g)$ 是**香农熵**，见式(1.52)。这里我们使用了不同的符号来强调与 g 的关系。于是，相应的规划是 Jaynes **最大熵**规划[13]。注意，前者是最小化 Kullback-Leibler 交叉熵，而后者是最大化香农熵[17]。

在典型的计数和组合优化问题中，选择 h 为一个各维均匀分布的 n 维概率密度函数。例如，在 SAT 计数问题中，我们假设 n 维随机向量 $\boldsymbol{X}$ 的每个元素都服从 Ber(1/2)分布，而在估计随机模型中的稀有事件时，比如排队模型，h 是给定的固有的概率密度函数。例如，在 $M/M/1$ 的队列中，h 为各维相互独立的二维概率密度函数，其中第一维是到达时间间隔的概率密度函数 Exp(λ)，第二维是服务时间的概率密度函数 Exp(μ)。

MinxEnt 规划是一种有约束的函数优化问题，可以用拉格朗日乘子法求解。对于离散情形，可以由第 1.15.2 节例 1.20 的方法求解，而对于一般情形，可以用类似方法求解，比如变分法[2]。具体地，MinxEnt 问题的解由式

$$
g(\boldsymbol{x})=\frac{h(\boldsymbol{x})\exp\{\sum_{i=1}^{m}\lambda_i S_i(\boldsymbol{x})\}}{E_h[\exp\{\sum_{i=1}^{m}\lambda_i S_i(\boldsymbol{X})\}]}
\tag{9.29}
$$

给出[17]，其中 $\lambda_i, i=1,\cdots,m$ 是以下方程组的解：

$$\frac{E_h[S_i(\boldsymbol{X})\exp\{\sum_{j=1}^{m}\lambda_j S_j(\boldsymbol{X})\}]}{E_h[\exp\{\sum_{j=1}^{m}\lambda_j S_j(\boldsymbol{X})\}]} = \gamma_i, i = 1,\cdots,m \tag{9.30}$$

其中 $\boldsymbol{X} \sim h(\boldsymbol{x})$。

注意，$g(\boldsymbol{x})$可以写为

$$g(\boldsymbol{x}) = C(\boldsymbol{\lambda})h(\boldsymbol{x})\exp\{\sum_{i=1}^{m}\lambda_i S_i(\boldsymbol{x})\} \tag{9.31}$$

其中

$$C^{-1}(\boldsymbol{\lambda}) = E_h[\exp\{\sum_{i=1}^{m}\lambda_i S_i(\boldsymbol{X})\}] \tag{9.32}$$

这是一个标准化常数。还需要注意，$g(\boldsymbol{x})$是一个密度函数，而且 $g(\boldsymbol{x}) \geqslant 0$。

下面考虑只有一个约束的 MinxEnt 优化问题(P_0)

$$\begin{cases} \min_g \mathcal{D}(g,h) = \min_g E_g\left[\ln \frac{g(X)}{h(X)}\right] \\ \text{满足} \quad E_g[S(X)] = \gamma \\ \int g(x)\mathrm{d}x = 1 \end{cases} \tag{9.33}$$

在这种情况下，式(9.29)和(9.30)分别化简为

$$g(\boldsymbol{x}) = \frac{h(\boldsymbol{x})\exp\{\lambda S(\boldsymbol{x})\}}{E_h[\exp\{\lambda S(\boldsymbol{X})\}]} \tag{9.34}$$

和

$$\frac{E_h[S(\boldsymbol{X})\exp\{\lambda S(\boldsymbol{X})\}]}{E_h[\exp\{\lambda S(\boldsymbol{X})\}]} = \gamma \tag{9.35}$$

如果 $S(\boldsymbol{x}), \boldsymbol{x}=(x_1,\cdots,x_n)$是一个按坐标可分解的函数，即

$$S(\boldsymbol{x}) = \sum_{i=1}^{n} S_i(x_i) \tag{9.36}$$

而且随机向量 $\boldsymbol{X}$ 的元素 $X_i, i=1,\cdots,n$ 在 $h(\boldsymbol{x})=h(x_1)\cdots h(x_n)$的条件下是相互独立的，那么在这种特定情况下，式(9.34)所示的联合概率密度函数 $g(x)$可以化简为**边缘概率密度函数相乘**的形式。具体地，$g(\boldsymbol{x})$的第 i 个元素可以写为

$$g_i(x) = \frac{h_i(x)\exp\{\lambda S_i(x)\}}{E_{h_i}[\exp\{\lambda S_i(x)\}]}, \quad i = 1,\cdots,n \tag{9.37}$$

说明 9.5.1(具有不等式约束的 MinxEnt 规划) 我们不难把 MinxEnt 规划扩展为含有**不等式**约束的规划问题。假设把以下 M 个不等式约束添加到 MinxEnt 规划(9.27)中：

$$E_g[S_i(\boldsymbol{X})] \geqslant \gamma_i, \quad i = m+1,\cdots,m+M$$

那么该 MinxEnt 规划的解为

$$g(\boldsymbol{x})=\frac{h(\boldsymbol{x})\exp\{\sum_{i=1}^{m+M}\lambda_i S_i(\boldsymbol{x})\}}{E_h[\exp\{\sum_{i=1}^{m+M}\lambda_i S_i(\boldsymbol{X})\}]} \tag{9.38}$$

其中拉格朗日乘子 $\lambda_1,\cdots,\lambda_{m+M}$ 是对偶凸优化问题

$$\max_{\boldsymbol{\lambda},\beta}\ \sum_{i=1}^{m+M}\lambda_i\gamma_i-\beta-E_h\Big[\exp\Big(-1-\beta+\sum_{i=1}^{m+M}\lambda_i S_i(\boldsymbol{x})\Big)\Big]$$
$$\text{s.t.：}\ \lambda_i\geqslant 0,\quad i=m+1,\cdots,m+M$$

的解，因此只有 M 个不等式约束对应的拉格朗日乘子才必须满足大于等于零的约束。与式(1.87)相似，该问题的求解可以分为两个步骤，其中 β 可以由一个标准化常数确定，而 $\{\lambda_i\}$ 则必须用数值方法确定。

在只有一个不等式约束的特殊情况下（即 $m=0,M=1$），对偶规划可以直接求解(见习题 9.9)，解为

$$\lambda=\begin{cases}0, & 如果\ E_h[S(\boldsymbol{X})]\geqslant\gamma\\ \lambda^*, & 如果\ E_h[S(\boldsymbol{X})]<\gamma\end{cases}$$

其中 λ^* 是从式(9.35)求得的。也就是说，如果 $E_h[S(\boldsymbol{X})]<\gamma$，则不等式 MinxEnt 的解与等式 MinxEnt 的解相同，否则最优抽样概率密度函数仍然是先验密度函数 h。

说明 9.5.2　众所周知，一维单约束 MinxEnt 规划(9.33)的最优解正好就是著名的最优**指数变化值**(ECM)。请注意，通常在一个多维 ECM 中，我们可以利用不同的参数分别处理每一个元素。相反，MinxEnt 规划的最优解则是由**一维**参数 λ 表示的，见式(9.37)。

如果没有特别说明，下面我们只考虑单约束情况(9.33)。我们也可以用类似于标准 CE 算法中的**多水平法**，其中采用了一组辅助密度序列 $\{g_t\}$ 和水平序列 $\{\gamma_t\}$。我们从 $g_0=f$ 开始并总是取先验密度函数 $h=f$，用下面的步骤确定 γ_t 和 g_t：

1. 更新 γ_t 为

$$\gamma_t=E_{g_t}[S(\boldsymbol{X})\mid S(\boldsymbol{X})\geqslant q_t]$$

其中 q_t 是 g_{t-1} 条件下 $S(\boldsymbol{X})$ 的 $(1-\varrho)$ 分位点。

2. 更新 g_t，其为上述 MinxEnt 规划的解，其中水平为 γ_t 而不是 γ。

γ_t 的更新公式来自 MinxEnt 规划的约束 $E_g[S(\boldsymbol{X})]=\gamma$，这里我们不是简单地采用 $\gamma_t=E_{g_{t-1}}[S(\boldsymbol{X})]$，而是以 $S(\boldsymbol{X})$ 大于其 $(1-\varrho)$ 分位点（用 q_t 表示）**为条件**，取 $S(\boldsymbol{X})$ 关于 g_{t-1} 的数学期望。相反地，标准 CE 算法的水平 γ_t 只简单地更新为 q_t。

注意，每一个 g_t 是完全由其拉格朗日乘子确定的，比如 λ_t，而这些乘子是式

(9.35)的解，其中用 γ_t 代替了 γ。实际上，γ_t 和 λ_t 都要分别用它们的随机等效形式 $\hat{\gamma}_t$ 和 $\hat{\lambda}_t$ 替换。具体地，γ_t 可以由 g_{t-1} 的一组随机样本 $\boldsymbol{X}_1,\cdots,\boldsymbol{X}_N$ 来估计，其值是 $N^{\mathrm{e}}=\lceil(1-\varrho)N\rceil$ 个精英样本性能的平均值，即

$$\hat{\gamma}_t=\frac{\sum_{i=N-N^{\mathrm{e}}+1}^{N}S_{(i)}}{N^{\mathrm{e}}} \tag{9.39}$$

其中 $S_{(i)}$ 表示序列 $S(\boldsymbol{X}_1),\cdots,S(\boldsymbol{X}_N)$ 中第 i 个统计值。同时，关于 λ 求解式(9.35)的随机等效形式，解就是 λ_t 的估计值。该等效形式为

$$\frac{\sum_{k=1}^{N}\mathrm{e}^{\lambda S(\boldsymbol{X}_k)}S(\boldsymbol{X}_k)}{\sum_{k=1}^{N}\mathrm{e}^{\lambda S(\boldsymbol{X}_k)}}=\hat{\gamma}_t \tag{9.40}$$

9.5.2 利用 PME 估计稀有事件概率

上述 MinxEnt 方法的应用受到一些限制[25]，因为它需要从 X 的复杂多维概率密度函数 $g(\boldsymbol{x})$ 中抽样。基于这种原因，我们在本节考虑 MinxEnt 的一个改进版本，其基础是 $g(\boldsymbol{x})$ 的边缘分布。我们把改进后的版本称为**参数最小交叉熵方法**(PME)。我们重点以稀有事件的概率估计为例，

$$\ell=E_{\boldsymbol{u}}[I_{\{S(\boldsymbol{X})\geqslant\gamma\}}]$$

为简单起见，我们假设 $\boldsymbol{X}=(X_1,\cdots,X_n)$ 是一个二进制随机向量，其元素是相互独立的，概率为 $\boldsymbol{u}=(u_1,\cdots,u_n)$，即 $\boldsymbol{X}\sim\mathrm{Ber}(\boldsymbol{u})$。令 $f(\boldsymbol{x};\boldsymbol{u})$ 为相应的离散概率密度函数，我们可以用似然比估计量来估计 ℓ，即

$$\hat{\ell}=\frac{1}{N}\sum_{k=1}^{N}\left[I_{\{S(\boldsymbol{X})\geqslant\gamma\}}\frac{f(\boldsymbol{X}_k;\boldsymbol{u})}{f(\boldsymbol{X}_k;\boldsymbol{p})}\right] \tag{9.41}$$

其中 $\boldsymbol{X}=(X_1,\cdots,X_n)$ 是 $\mathrm{Ber}(\boldsymbol{p})$ 的一个随机样本，这里概率向量 $\boldsymbol{p}$ 通常与 $\boldsymbol{u}$ 不同。现在的问题是，如何获得一个 $\boldsymbol{p}$，使得求出的估计 $\hat{\ell}$ 的方差比较小。如果把 ℓ 与某个**计数**问题关联起来，比如式(9.8)，我们就可以在式(9.5)中使用**相同的** $\boldsymbol{p}$ 来估计 $|\mathscr{X}^*|$。

令式(9.34)中的 $g(\boldsymbol{x})$ 为该估计问题的 MinxEnt 最优解。对于所有 $x_i,i\neq j$，求 $g(\boldsymbol{x})$ 的和，我们可以得到第 j 个元素的边缘概率密度函数。具体地，正如式(9.34)，令 $g(x)$ 为 MinxEnt 概率密度函数，令先验概率密度函数 $h(\boldsymbol{x})=f(\boldsymbol{x};\boldsymbol{u})$，则在 g 条件下我们有 $X_j\sim\mathrm{Ber}(p_j)$，其中

$$p_j=E_g[X_j]=\frac{\sum_{\boldsymbol{x}}x_jh(\boldsymbol{x})\mathrm{e}^{\lambda S(\boldsymbol{x})}}{E_h[\mathrm{e}^{\lambda S(\boldsymbol{X})}]}$$

于是，

$$p_j = \frac{E_{\boldsymbol{u}}[X_j \mathrm{e}^{\lambda S(\boldsymbol{X})}]}{E_{\boldsymbol{u}}[\mathrm{e}^{\lambda S(\boldsymbol{X})}]}, \quad j = 1, \cdots, n \tag{9.42}$$

其中 λ 满足式(9.35)。注意,这些$\{p_j\}$构成了重要抽样参数向量 $\boldsymbol{p}$。同时也可以看到,在文献[25]中式(9.42)被大量地用于稀有事件估计和组合优化问题中的参数向量 $\boldsymbol{p}$ 的更新。最后有一点非常值得注意,式(9.42)与相应的 CE 公式

$$p_j = \frac{E_{\boldsymbol{u}}[X_j I_{\{S(\boldsymbol{X}) \geqslant \gamma\}}]}{E_{\boldsymbol{u}}[I_{\{S(\boldsymbol{X}) \geqslant \gamma\}}]} \tag{9.43}$$

非常相似,参见式(5.67)。它们也有一个主要区别:CE 公式中的指示函数 $I_{\{S(\boldsymbol{X}) \geqslant \gamma\}}$ 用 $\exp\{\lambda S(\boldsymbol{X})\}$取代。我们把式(9.42)中的 p_j 称为 **PME 最优参数**,可以把它看作式(9.43)的一种替代形式。

说明 9.5.3(指数类分布的 PME)　对于以均值为参数的指数族分布,CE 更新公式(9.43)也成立,同样地,PME 更新公式(9.42)可以推广到任意这样的指数族分布。更具体地说,假设在先验密度函数 $h(\boldsymbol{x}) = f(\boldsymbol{x}; \boldsymbol{u})$的情况下,随机向量 $\boldsymbol{X} = (X_1, \cdots, X_n)$的各元素相互独立,而且每个 X_j 都服从某个以均值为参数的单参数指数族 $f_i(x_i; u_i)$,那么,$E_h[X_i] = E_{\boldsymbol{u}}[X_i] = u_i$,其中 $\boldsymbol{u} = (u_1, \cdots, u_n)$。在以 MinxEnt 的解为分布密度函数的条件下,X_i 的数学期望为(在连续情况下)

$$E_g[X_j] = \frac{\int x_j h(\boldsymbol{x}) \mathrm{e}^{\lambda S(\boldsymbol{x})} \mathrm{d}\boldsymbol{x}}{E_h[\mathrm{e}^{\lambda S(\boldsymbol{X})}]} = \frac{E_{\boldsymbol{u}}[X_j \mathrm{e}^{\lambda S(\boldsymbol{X})}]}{E_{\boldsymbol{u}}[\mathrm{e}^{\lambda S(\boldsymbol{X})}]}, \quad j = 1, \cdots, n \tag{9.44}$$

令 $\boldsymbol{v} = (v_1, \cdots, v_n)$是指数族的另一个参数向量,那么,根据上述分析,利用 v_j 进行重要抽样得到的结果就等于式(9.44)的 $E_g[X_j]$。

我们以另一种方式考虑这个问题:选择一个 $\boldsymbol{v}$ 使得从波尔兹曼类分布 $b(\boldsymbol{x}) \propto f(\boldsymbol{x}; \boldsymbol{u}) \mathrm{e}^{\lambda S(\boldsymbol{x})}$ 到 $f(\boldsymbol{x}; \boldsymbol{v})$的 Kullback-Leibler 距离最小。也就是说,关于 $\boldsymbol{v}$ 最小化 $\mathcal{D}(b, f(\cdot; \boldsymbol{v}))$就相当于最大化

$$\int h(\boldsymbol{x}) \mathrm{e}^{\lambda S(\boldsymbol{x})} \ln f(\boldsymbol{x}; \boldsymbol{v}) \mathrm{d}\boldsymbol{x} = E_{\boldsymbol{u}}[\mathrm{e}^{\lambda S(\boldsymbol{x})} \ln f(\boldsymbol{X}; \boldsymbol{v})]$$

由此就能直接推导出更新公式(9.44),见附录第 A.3 节的式(A.15)。与标准 CE 方法相比,标准 CE 中最小化的距离是从 $g^*(\boldsymbol{x}) \propto f(\boldsymbol{x}, \boldsymbol{u}) I_{\{S(\boldsymbol{x}) \geqslant \gamma\}}$ 到 $f(\boldsymbol{x}; \boldsymbol{v})$的 Kullback-Leibler 距离。

注意:

1. 对于一个可分解的函数 $S(\boldsymbol{x})$,MinxEnt 可以**简化**为 PME。在这种情况下,最优联合概率密度函数表现为一组边缘概率函数的乘积。所以 PME 非常适合于可分解函数,比如在 SAT 中出现的可分解函数,见式(9.7)。然而,由说明 9.5.2 可以推断,即使对于可分解函数,PME 与 ECM **在本质上是不同的**。
2. 类似于 CE,最优 PME 更新 p_i^* 及其估计量都可以解析和在线地获得。

3. 为了求出最优参数 p_i^*，我们不需求解 MinxEnt 规划及其联合概率密度函数。

4. MinxEnt 和 PME 的最优 λ^* 相同。

5. 从最优参数为 $\{p_i^*\}$ 的边缘离散概率密度函数抽样非常容易，与 CE 方法类似。

PME 非常适合可分解函数(见上述第 1 条)，同时也适合那些**按模块可分解**函数，比如 SAT 问题中的那些函数，见式(9.7)。这里模块可分解意味着函数具有

$$S(\boldsymbol{x}) = S_1(\boldsymbol{y}_1) + \cdots + S_m(\boldsymbol{y}_m)$$

的形式，其中每个向量 $\boldsymbol{y}_j$ 取决于 $\{x_1, \cdots, x_n\}$ 中最多有 $r<n$ 个变量。

有人可能会问，为什么式(9.42)的 PME 参数比式(9.43)的标准 CE 参数更有优势，这实际上是因为，在复杂的仿真模型中，PME 最优参数 $\boldsymbol{p}$ 和 λ 通常不能解析地求解，而是需要通过蒙特卡洛仿真进行估计。下面我们将要讨论，对于可分解函数和模块可分解函数，式(9.42)所对应的估计量的方差明显低于式(9.43)所对应的估计量的方差。相应地，这就意味着估计量 $\hat{\ell}$ 的方差以及计数问题的估计量 $|\widehat{\mathscr{X}^*}|$ 的方差都会显著降低。

对于 PME 最优参数 $\boldsymbol{p}$ 和 λ 的估计，我们可以使用类似于 CE 和 MinxEnt 方法中的动态(多水平)方法，通过不断迭代来确定估计值，由此可以导出以下第 t 次迭代时 p_j 的更新公式：

$$\hat{p}_{t,j} = \frac{\sum_{k=1}^{N} X_{kj} \exp\{\hat{\lambda}_t S(\boldsymbol{X}_k)\} W(\boldsymbol{X}_k; \boldsymbol{u}; \hat{\boldsymbol{p}}_{t-1})}{\sum_{k=1}^{N} \exp\{\hat{\lambda}_t S(\boldsymbol{X}_k)\} W(\boldsymbol{X}_k; \boldsymbol{u}; \hat{\boldsymbol{p}}_{t-1})} \tag{9.45}$$

其中 $\hat{\lambda}_t$ 是式(9.40)的解，而 W 与往常一样表示似然比。

请注意，我们可以把 $-1/\lambda_t$ 看作一个温度参数。与模拟退火法不同，这里的温度是用类似于 CE 中的优化方法得到的，而非启发式方法。还要注意，在 CE 中只用到了精英样本，而 PME 方法有所不同，用到了所有样本，见式(9.45)。

下面我们用一些例子来解释为什么 PME 更新公式(9.45)比其对应的 CE 方法的更新公式

$$\hat{p}_{t,j} = \frac{\sum_{k=1}^{N} X_{kj} I_{\{S(\boldsymbol{X}_k) \geqslant \hat{\gamma}_t\}} W(\boldsymbol{X}_k; \boldsymbol{u}, \hat{\boldsymbol{p}}_{t-1})}{\sum_{k=1}^{N} I_{\{S(\boldsymbol{X}_k) \geqslant \hat{\gamma}_t\}} W(\boldsymbol{X}_k; \boldsymbol{u}, \hat{\boldsymbol{p}}_{t-1})}$$

更加稳定。关键的区别在于，在 CE 的 W 中乘积项的个数**总是 $\boldsymbol{n}$**(问题的大小)，即

$$W(\boldsymbol{X}_k; \boldsymbol{u}; \boldsymbol{p}_{t-1}) = \prod_{j=1}^{n} W_j(X_j; u_j, p_{t-1,j}), \quad W_j(X_j; u_j, p_{t-1,j}) = \frac{f_j(X_j; u_j)}{f_j(X_j; p_{t-1,j})}$$

它们与 $S(\boldsymbol{x})$ 的形式无关，而对于可分解函数或模块可分解函数，PME 估计式

(9.45)则可以很容易被修改,使得似然比中的乘积项的个数远远小于 n。

■例 9.8

考虑一个可分解样本函数

$$S(\boldsymbol{x}) = \sum_{j=1}^{n} S_j(x_j)$$

式(9.42)可简化为

$$p_j = \frac{E_{u_j}[X_j \exp\{\lambda S_j(X_j)\}]}{E_{u_j}[\exp\{\lambda S_j(X_j)\}]}, \quad j = 1, \cdots, n$$

可以用重要抽样进行估计:

$$\hat{p}_{t,j} = \frac{\sum_{k=1}^{N} X_{kj} \exp\{\hat{\lambda}_t S_j(X_{kj})\} W_j(X_{kj}; u_j, \hat{p}_{t-1,j})}{\sum_{k=1}^{N} \exp\{\hat{\lambda}_t S_j(X_{kj})\} W_j(X_{kj}; u_j, \hat{p}_{t-1,j})} \tag{9.46}$$

式(9.45)和(9.46)都表示 p_j 的无偏估计,前者包含了一个与 n 维向量 $\boldsymbol{X}$ 有关的高度不稳定的似然比 $W(\boldsymbol{X}) = \prod_{i=1}^{N} W_j(X_j)$,而后者仅仅包含了一个关于一维向量 X_j 的似然比,因此式(9.46)的估计一般比式(9.45)的估计具有更小的方差。

■例 9.9

下面考虑一个具有以下形式的模块可分解函数:

$$S(\boldsymbol{x}) = \sum_{j=1}^{n-1} S_j(x_j, x_{j+1})$$

假设我们希望估计 p_2。首先考虑 $S_3 \equiv 0$ 的情况。定义 $J = \{1,2,3\}, \bar{J} = \{4, \cdots, n\}$。用 $\boldsymbol{x}_J$ 表示元素 $\{x_j, j \in J\}$ 组成的向量,与 $\boldsymbol{x}_{\bar{J}}$ 类似,于是我们可以把 $S(\boldsymbol{x})$ 写为

$$S(\boldsymbol{x}) = S_J(\boldsymbol{x}_J) + S_{\bar{J}}(\boldsymbol{x}_{\bar{J}}) \tag{9.47}$$

其中 $S_J(\boldsymbol{X}_J) = S_1(X_1, X_2) + S_2(X_2, X_3)$, $S_{\bar{J}}(\boldsymbol{X}_{\bar{J}}) = \sum_{j=3}^{n-1} S_j(X_j, X_{j+1})$,而且都是独立的。在这种情况下,根据式(9.42),向量 $\boldsymbol{p}$ 的元素 $p_j, j=2$ 可以按照

$$\begin{aligned} p_j &= \frac{E_{\boldsymbol{u}}[X_j \exp\{\lambda(S_J(\boldsymbol{X}_J) + S_{\bar{J}}(\boldsymbol{X}_{\bar{J}}))\}]}{E_{\boldsymbol{u}}[\exp\{\lambda(S_J(\boldsymbol{X}_J) + S_{\bar{J}}(\boldsymbol{X}_{\bar{J}}))\}]} \\ &= \frac{E_{\boldsymbol{u}J}[X_j \exp\{\lambda(S_J(\boldsymbol{X}_J)\}]}{E_{\boldsymbol{u}J}[\exp\{\lambda S_J(\boldsymbol{X}_J)\}]} \end{aligned} \tag{9.48}$$

进行更新。这可以用重要抽样进行估计:

$$\hat{p}_{t,j} = \frac{\sum_{k=1}^{N} X_{kj} \exp\{\hat{\lambda}_t S_J(\boldsymbol{X}_{k,J})\} W_J(\boldsymbol{X}_{k,J}; \boldsymbol{u}, \hat{\boldsymbol{p}}_{t-1})}{\sum_{k=1}^{N} \exp\{\hat{\lambda}_t S(\boldsymbol{X}_{k,J})\} W_J(\boldsymbol{X}_{k,J}; \boldsymbol{u}, \hat{\boldsymbol{p}}_{t-1})} \tag{9.49}$$

这里 W_J 是相应的似然比，现在只有两个乘积项。因此对于较大的 n，式(9.49)的估计通常比式(9.45)的估计具有更小的方差。

下面假设 S_3 不等于零，则 $S_J(\boldsymbol{X}_J)$ 和 $S_{\bar{J}}(\boldsymbol{X}_{\bar{J}})$ 不是相互独立的，很明显，式(9.45)不再有效。虽然如此，对于模块可分解函数，该公式仍然可以看作是真正更新公式(9.42)的一个近似值。在这种情况下，基于式(9.45)的估计可能包含一些偏差，但是在估计 p_i 时方差的大幅减小带来的优势，可以抵消估计值的轻微偏差。

我们把式(9.49)称为 **PME 估计量**。模块可分解函数的主要应用是 SAT 计数问题，我们将用下面的例子进行解释。

■例 9.10

考虑一个 3-SAT 问题，其 8×6 子句矩阵 $\mathbf{A}=(a_{ij})$ 为

$$\mathbf{A}=\begin{pmatrix} 0 & 1 & 0 & -1 & 0 & 1 & 0 & 0 \\ -1 & 0 & 0 & 0 & 1 & 0 & 0 & 1 \\ 1 & 0 & 0 & 1 & 0 & 0 & -1 & 0 \\ 0 & 1 & 0 & 1 & 0 & 0 & 0 & 1 \\ 0 & -1 & 0 & 1 & 0 & 1 & 0 & 0 \\ 1 & 0 & -1 & 0 & -1 & 0 & 0 & 0 \end{pmatrix}$$

令 $S(\boldsymbol{x})=\sum_{i=1}^{m} C_i(\boldsymbol{x})$ 表示真值指派 $\boldsymbol{x}$ 对应的有效子句的个数，见式(9.7)。回顾前文，$C_i(\boldsymbol{x})$ 是对应于第 i 个子句的值(0 或 1)，其值由式(9.1)给出。很明显，$S(\boldsymbol{x})$ 具有模块可分解结构，因此对于每一个 $j=1,\cdots,n$，我们可以用 PME 估计量(9.49)更新 p_j。为了表明相应的下标集 J 依赖于 j，我们用 J_j 表示。集合 J_j 用如下方法构造：首先令 K_j 表示 a_{kj} 不为零的下标 k 的集合，例如 $K_2=\{1,4,5\}$。然后定义 J_j 为集合 $\{r: a_{kr}\neq 0$，其中 $k\in K_j\}$，例如 $J_2=\{2,4,6,8\}$，其含义相当于 $S_{J_2}(X_2,X_4,X_6,X_8)=C_1(X_2,X_4,X_6)+C_4(X_2,X_4,X_6)+C_5(X_2,X_4,X_6)$，这里我们对符号的含义做了一些改变，注意 $C_i(\boldsymbol{x})$ 原本是一个八维向量 $\boldsymbol{x}$ 的函数。下标集合 J_j，$j=1,\cdots,8$ 如表 9.4 所示。

表 9.4 对应子句矩阵 A 的下标集合 J_j，$j=1,\cdots,8$

j	J_j	j	J_j
1	1,2,3,5,7,8	5	1,3,5,8
2	2,4,6,8	6	2,4,6
3	1,3,5	7	1,4,7
4	1,2,4,6,7,8	8	1,2,4,5,8

说明 9.5.4(*k* 深度更新) 再次考虑例 9.9 的模块可分解函数 $S(\boldsymbol{x})=S_1(x_1,x_2)+$

$S_2(x_2,x_3)+\cdots+S_{n-1}(x_{n-1},x_n)$。为了用 PME 估计量(9.49)更新 p_j，我们需要定义下标集 $J_j=\{k:x_k$ 与 x_j 在相同模块$\}$，例如 $J_2=\{1,2,3\}$，$J_3=\{2,3,4\}$。令 $J_2^{(2)}=\bigcup_{k\in J_2}J_k$ 表示与 J_2 中至少一个元素在相同模块的下标集。因此，在这个例子中 $J_2^{(2)}=\{1,2,3,4\}$。在式(9.49)中，我们不是用 $J=J_2$ 来更新 p_2，而是取 $J=J_2^{(2)}$，我们称此为 **2 深度更新**。用类似方法，我们可以定义 3 深度、4 深度等更新，例如，p_2 的 4 深度下标集为 $J_2^{(4)}=\{1,2,3,4,5,6\}$。再举一个例子，在例 9.10 的 3-SAT问题中，p_3 的 2 深度下标集为 $J_3^{(2)}=J_1\cup J_3\cup J_5=\{1,2,3,5,7,8\}$。

大量的数值结果表明，尽管 1 深度的解通常提供了满意的结果，但是 2 深度在较小的偏差和较高的精度方面表现最好。有意思的是，与 CE 相比，使用基本的 PME 来更新 $\boldsymbol{p}$ 时(W 的大小等于问题的大小 n)，仍然可以得到不错的结果。这是一个相当惊人的结果，还需要深入研究。

我们看到，PME 估计量(9.49)非常适合于按分量可分解的函数。让我们检验其在 K-RSAT 问题上的效率(关于下标集 J 的大小)，请记住 $m\approx\beta^* n$，其中 β^* 是阈值。首先考虑 2-RSAT 问题，其中 $\beta^*=1$。每个变量 x_j 或者它的否定式 $\overline{x}_j$ 平均出现在两个不同的子句中。由于这些子句中的每一个子句在第 j 列以及另一列(可能同一列)中有一个 1 或者 −1，这表明下标集 J 的平均大小小于 3，当 n 很大时接近于 3。一个类似的分析表明，对于一个 K-RSAT 问题，如果下标集的平均大小小于 n，则每个 J 的平均大小小于 $\beta K(K-1)+1$。例如，对于 3-SAT，阈值为 $\beta=4.26$，如果 $n>26$，则有 $4.26\times6+1\approx26$。值得注意的是，对于较大的 K，由于每项 W 的大小，PME 估计仍然具有很大噪声。

如上所述，在更新规则(9.49)的参数化方面，在稀有事件和计数问题上 PME 方法与 CE 方法类似。主要的区别是，在 CE 中更新规则包含了一个大小为 n 的似然比 W，而 PME 的更新规则是基于式(9.49)的模块可分解函数，其中 W 的大小远远小于 n。

下面，我们针对 SAT 指派计数问题，给出基于更新公式(9.49)的 PME 算法。

算法 9.5.1(SAT 指派计数的 PME 算法)

1. 定义 $\hat{\boldsymbol{p}}_0=\boldsymbol{u}$，令 $t=1$(迭代=水平计数器)
2. 从密度函数 $f(\boldsymbol{x};\hat{\boldsymbol{p}}_{t-1})$ 产生一个样本 $\boldsymbol{X}_1,\cdots,\boldsymbol{X}_N$，并根据式(9.39)计算 $\hat{\gamma}_t$。
3. 采用相同的样本 $\boldsymbol{X}_1,\cdots,\boldsymbol{X}_N$ 并根据式(9.49)更新 $\boldsymbol{p}_t$，用 $\hat{\boldsymbol{p}}_t$ 表示解。
4. 类似式(8.20)，对向量 $\hat{\boldsymbol{p}}_t$ 进行平滑。
5. 如果 $\hat{\gamma}_t<m$，则设 $t=t+1$ 并从步骤 2 重新迭代。否则继续步骤 6。
6. 计数值 $|\mathscr{X}^*|$ 的估计为

$$|\widehat{\mathscr{X}^*}|=\frac{1}{N}\sum_{k=1}^{N}I_{\{S(\boldsymbol{X}_k)\geqslant m\}}\frac{1}{f(\boldsymbol{X}_k;\hat{\boldsymbol{p}}_T)} \tag{9.50}$$

其中 T 表示最终的迭代次数(=使用的水平个数)。

9.6 组合优化和决策问题的 PME

综上所述,可以很容易地对 PME 计数算法 9.5.1 进行修改,用于处理困难的决策问题(比如判定是否存在一个有效的 SAT 指派)和组合优化问题。具体地,下面我们将设计一个针对组合优化问题的 PME 算法,如果删除其似然比,就与计数(稀有事件)PME 算法 9.5.1 相一致。说得更具体一些,在组合优化算法中,我们将使用算法 9.5.1 的步骤 1~4,其中把似然比自动设置为 1。回想一下,针对组合优化问题,如果把所有相关的似然比设置为 1 或者直接删除它们,那么标准 CE 算法与计数 CE(稀有事件)算法是一致的。

对于叙述的完整性,下面我们针对组合优化问题给出具有伯努利更新规则的 PME 算法,用类似的方法,可以将其扩展到 n 点离散概率密度函数的情形。

算法 9.6.1(组合优化问题的 PME 算法)

1. 定义 $\hat{\boldsymbol{p}}_0=\boldsymbol{u}$,设 $t=1$(迭代=水平计数器)。
2. 从密度函数 $f(x;\hat{\boldsymbol{p}}_{t-1})$产生一个样本 $\boldsymbol{X}_1,\cdots,\boldsymbol{X}_N$,并根据式(9.39)计算$\hat{\gamma}_t$。
3. 采用相同的样本 $\boldsymbol{X}_1,\cdots,\boldsymbol{X}_N$ 根据式(9.49)更新 $\boldsymbol{p}_t$,其中令所有的似然比 $W=1$,记解为$\hat{\boldsymbol{p}}_t$。
4. 类似式(8.20),对向量$\hat{\boldsymbol{p}}_t$ 进行平滑。
5. 如果满足停止准则则停止,否则设 $t=t+1$ 并返回步骤 2。

回顾算法 8.3.1,我们可以把式(8.21)作为一个停止准则,也就是说,对于某个 $t\geqslant d$,比如 $d=5$,如果

$$\hat{\gamma}_t=\hat{\gamma}_{t-1}=\cdots=\hat{\gamma}_{t-d}$$

则停止。

我们对算法 9.6.1 进行了大量的数值研究,结果表明该方法至少与其对应的 CE 算法 8.3.1 一样准确,参见文献[25]。我们认为主要原因在于:

1. PME 算法 9.6.1 采用了所有样本而不仅仅是精英样本。
2. 在 MinxEnt 意义上选择最优温度参数 $-1/\lambda_t$,而不是启发式方法。

9.7 数值结果

这里,我们针对不同的 K-RSAT 问题,对 CE 算法与 PME 算法进行对比性仿真研究,所有仿真结果都是针对**困难的稀有事件**的情况,其中在临界值 β^* 附近选择 $\beta=m/n$。对于 2-RSAT 和 3-RSAT 问题,分别取 $\beta^*=1$ 和 $\beta^*\approx4.2$。

如果没有特别说明，我们令$\varrho=0.001$，$\alpha=0.7$，而且在估计 $\boldsymbol{p}$ 和$|\mathscr{X}^*|$时，我们在 PME 和 CE 的每一次运行中使用相同的样本大小 N。

为了研究解的可变性，我们让每个问题运行 10 次并基于这 10 次运行的结果报告我们的统计数据。在下面的表格中，t 表示迭代次数，其他量定义如下(对于每一次迭代 t)：

1. Mean、max 和 min$|\widehat{\mathscr{X}^*}|$分别表示$|\mathscr{X}^*|$的 10 次估计的样本均值、最大值和最小值。
2. Mean、max 和 min Found 分别表示在大小为 N 的 10 个样本中找到的有不同有效指派个数的样本均值、最大值和最小值。注意，最大值可以看作真实未知量$|\mathscr{X}^*|$的下界。
3. PV 表示 1 次运行中生成的有效指派的平均比例。
4. RE 表示 10 次运行中$|\widehat{\mathscr{X}^*}|$的平均相对误差。

我们考虑以下模型：

1. 具有相对较小矩阵的随机 3-SAT，$\boldsymbol{A}=(25\times100)$。对于这个矩阵，我们通过枚举的方法能够找到真值 SAT 指派的准确个数，然后与 CE 和 PME 方法获得的指派个数进行比较。我们发现 PME 非常准确，经过 10 次迭代后，相对误差小于 0.5%，超越了 CE。
2. 具有相对较大矩阵的随机 3-SAT，$\boldsymbol{A}=(75\times375)$，这个例子来自 SATLIB 网站 www.satlib.org。我们再次发现 PME 方法相当准确，而 CE 方法相差很远。

我们首先考虑 $n=25$ 的随机 3-SAT 问题，其中 $\beta^*\approx4.2$，接近于临界值。对于这种情况，用枚举法找到 6 个真值指派。对于矩阵 $\boldsymbol{A}=(25\times100)$，样本大小 $N=50\ 000$ 的随机 3-SAT 问题，表 9.5 和 9.6 分别给出了 PME 算法和 CE 算法的运行结果。每个表格的计算大约需要 5 秒钟。

针对子句矩阵 $\boldsymbol{A}=(25\times100)$的随机 3-SAT 问题，图 9.9 给出了 PME 算法的典型动态过程。

从这些数据容易看出，经过多次迭代后，两种方法都能找到 6 个真值指派，而 PME 方法更准确一些，例如，在第 $t=18$ 次迭代时，PME 的 RE=0.044 而 CE 的 RE=0.4185。我们还可以看到，因为真值指派的数量非常小(等于 6)，大多数参数 p_i，$i=1,\cdots,25$ 收敛到退化的情况，即要么等于 1 要么等于 0。应该清楚，如果真值指派的数量等于 1，则**所有**参数 p_i，$i=1,\cdots,n$ 都会收敛到退化的情况。

接下来，我们对矩阵 $\boldsymbol{A}=(75\times325)$的随机 3-SAT 问题，给出 PME 算法的运行结果，如表 9.7 和图 9.10，该例摘自 SATLIB 网站 www.satlib.org。我们再次发现，在这种情况下 CE 方法失败了，它的相对误差大约为 0.6，而 PME 方法的相对误差接近 0.02。同时我们也发现，当 $n>50$ 时，CE 方法失败了，而 PME 方法直

到 $n=500$ 时仍然表现得相当好。

表 9.5 随机 3-SAT 问题的 PME 算法运行结果，其中子句矩阵 $A=(25\times100)$，有 6 个有效指派，$N=50\ 000$

	$\widehat{|\mathscr{X}^*|}$			找到的真值指派				
t	Mean	Max	Min	Mean	Max	Min	PV	RE
1	6.1001	35.4294	0.0000	0.2000	1	0	0.0000	2.0324
2	5.4844	11.9808	0.0000	2.0000	5	0	0.0001	0.6773
3	5.1513	8.5898	3.2131	4.9000	6	3	0.0009	0.3003
4	5.6576	6.9381	3.5681	5.7000	6	5	0.0429	0.1477
5	5.9956	6.1841	5.7894	6.0000	6	6	0.1863	0.0166
6	6.0130	6.0792	5.9370	6.0000	6	6	0.3362	0.0072
7	6.0077	6.0589	5.9203	6.0000	6	6	0.4082	0.0068
8	5.9975	6.0511	5.9655	6.0000	6	6	0.4325	0.0046
9	6.0057	6.0398	5.9637	6.0000	6	6	0.4418	0.0039
10	6.0075	6.0446	6.9445	6.0000	6	6	0.4439	0.0046

表 9.6 随机 3-SAT 问题的 CE 算法运行结果，其中子句矩阵 $A=(25\times100)$，有 6 个有效指派，$N=50\ 000$

	$\widehat{|\mathscr{X}^*|}$			找到的真值指派				
t	Mean	Max	Min	Mean	Max	Min	PV	RE
1	7.0180	49.5243	0.0000	0.2000	1	0	0.0000	2.2014
2	7.9630	27.3171	0.0000	0.9000	3	0	0.0000	1.2339
3	6.2836	10.8166	0.0000	3.7000	6	0	0.0003	0.4660
4	10.4858	31.4573	0.0000	1.1000	3	0	0.0000	0.9220
5	5.6237	8.3948	2.3175	2.9000	6	2	0.0001	0.3110
6	5.5700	7.9109	1.0197	4.0000	6	2	0.0004	0.3457
7	5.5330	10.6799	1.6970	4.2000	6	2	0.0112	0.4508
8	5.2768	9.3622	1.7971	4.4000	6	3	0.0397	0.3854
9	5.2990	7.0927	2.8527	4.7000	6	3	0.0795	0.2475
10	4.9066	6.2015	2.3662	5.0000	6	3	0.1430	0.3276

注意，模块可分解性并不都能自动保证，对于所有随机生成矩阵 **A**，PME 中似然比 W 的大小总是很小，但是要注意，在随机 K-SAT 模型中，要限制矩阵 $A=(n\times\beta n)$列中的文字数量，正如 Lovasz 局部引理[22]，我们**总能**保证 PME 算法优于 CE 算法，至少在 K 取适当的值的时候，如 $K\leqslant5$。

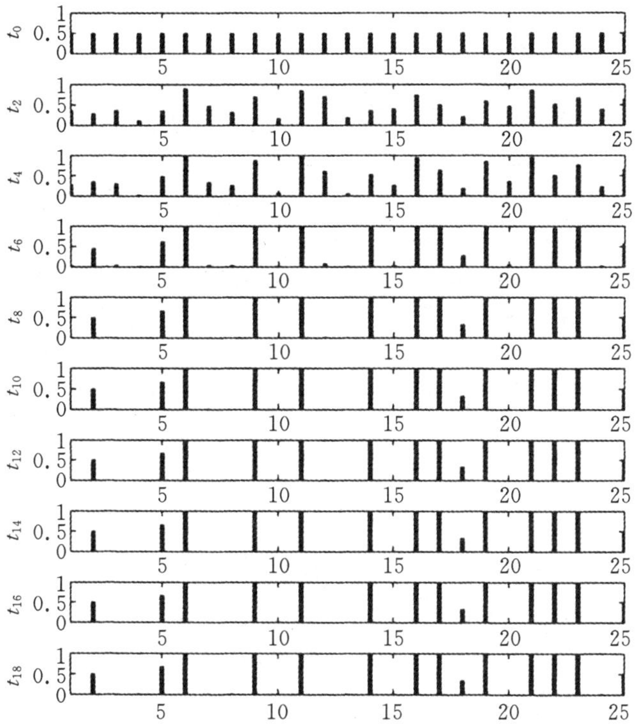

图 9.9 随机 3-SAT 问题的 PME 算法的典型动态过程，其中子句矩阵 $A=(25\times 100)$，有 6 个有效指派，$N=50\ 000$

表 9.7 随机 3-SAT 问题的 PME 算法的运行结果，其中子句矩阵 $A=(75\times 325)$，$N=100\ 000$

	$\lvert\widehat{\mathscr{X}^*}\rvert$			找到的真值指派				
t	Mean	Max	Min	Mean	Max	Min	PV	RE
6	0.00	0.00	0.00	0.00	0	0	0.0000	NaN
7	382.08	1818.15	0.00	4.70	35	0	0.0000	1.7765
8	1349.59	3152.26	0.00	110.30	373	0	0.0018	0.8089
9	1397.32	2767.18	525.40	467.70	1089	42	0.0369	0.4356
10	1375.68	1828.11	878.00	859.50	1237	231	0.1143	0.1755
11	1434.95	1776.47	1341.54	1153.70	1268	910	0.2020	0.0880
12	1374.64	1423.99	1340.12	1244.90	1284	1180	0.2529	0.0195
13	1392.17	1441.19	1356.97	1273.10	1290	1248	0.2770	0.0207
14	1397.13	1466.46	1358.02	1277.30	1291	1260	0.2816	0.0250
15	1384.37	1419.97	1354.32	1277.10	1296	1258	0.2832	0.0166
16	1377.75	1424.07	1320.23	1271.90	1284	1251	0.2870	0.0258

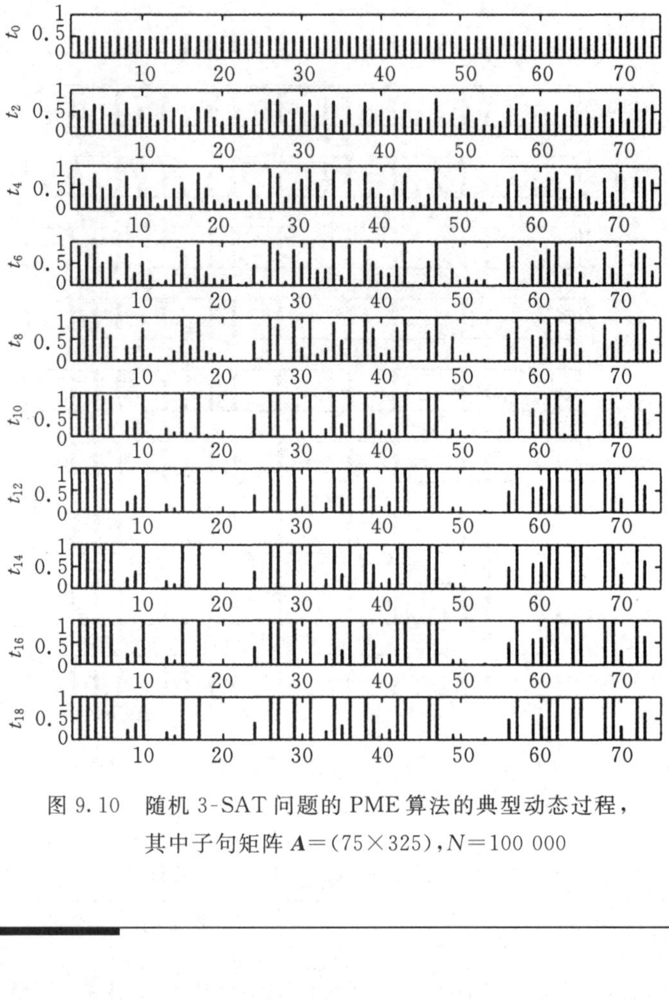

图 9.10 随机 3-SAT 问题的 PME 算法的典型动态过程，其中子句矩阵 $\mathbf{A}=(75\times325)$，$N=100\ 000$

习题

9.1 证明上界式(9.21)。

9.2 证明上界式(9.22)。

9.3 考虑习题 8.9，对于具有 $n=400$ 个节点，$m=200$ 的网络的最大割问题，实现并运行 PME 算法，并与 CE 算法相比较。

9.4 令$\{A_i\}$是某个有限集$\mathscr{X}$的子集的任意合集，证明

$$\left|\bigcup_i A_i\right| = \sum |A_i| - \sum_{i<j} |A_i \cap A_j| + \sum_{i<j<k} |A_i \cap A_j \cap A_k| - \cdots$$

这是著名的容斥原理。

9.5 在组合数学中有一个著名的**互异代表**问题，描述如下：给定一个集合 $\mathscr{A}$ 及其子集 $\mathscr{A}_1,\cdots,\mathscr{A}_n$，是否存在一个向量 $\boldsymbol{x}=(x_1,\cdots,x_n)$ 使得 $x_i\in\mathscr{A}_i$，$i=1,\cdots,n$，而且$\{x_i\}$全部相异(即如果 $i\neq j$，则 $x_i\neq x_j$)？

a)假设 $\mathscr{A}=\{1,2,3,4,5\}$，$\mathscr{A}_1=\{1,2,5\}$，$\mathscr{A}_2=\{1,4\}$，$\mathscr{A}_3=\{3,5\}$，$\mathscr{A}_4=\{3,4\}$，$\mathscr{A}_5=\{1\}$，计算互异代表的个数。

b)证明为什么上述问题的互异代表总个数等于以下矩阵 $\boldsymbol{A}$ 的积和式。

$$\boldsymbol{A}=\begin{pmatrix}1&1&0&0&1\\1&0&0&1&0\\0&0&1&0&1\\0&0&1&1&0\\1&0&0&0&0\end{pmatrix}$$

9.6 令 $X_1,\cdots,X_n$ 为独立随机变量，每个变量的边缘密度函数均为 f，假设我们希望利用 MinxEnt 来估计 $\ell=P_f(X_1+\cdots+X_n\geqslant\gamma)$。先验概率密度函数可以选择 $h(\boldsymbol{x})=f(x_1)f(x_2)\cdots f(x_n)$，即联合概率密度函数。在 MinxEnt 规划中我们只考虑一个约束条件，即 $S(\boldsymbol{x})=x_1+\cdots+x_n$。正如式(9.34)，该规划的解为

$$g(\boldsymbol{x})=ch(\boldsymbol{x})\mathrm{e}^{\lambda S(\boldsymbol{x})}=c\prod_{j=1}^{n}\mathrm{e}^{\lambda x_j}f(x_j)$$

其中 $c=1/E_h[\mathrm{e}^{\lambda S(\boldsymbol{x})}]=(E_f[\mathrm{e}^{\lambda X}])^{-n}$ 是一个标准化常数，λ 满足式(9.35)。证明新的边缘概率密度函数可以用**指数扭转**的方法从一个旧的概率密度函数获得，其中扭转参数为 $-\lambda$，也可见式(A.13)。

9.7 习题 9.6 也可以推广到以下情形：$S(\boldsymbol{x})$ 是一个可分解函数，正如式(9.36)，并且在先验概率密度函数 $h(x)$ 条件下，元素 $\{X_i\}$ 都是独立的。证明在这种情况下，最优 MinxEnt 概率密度函数 $g(x)$ 的各元素也是相互独立的，并决定了边缘概率密度函数。

9.8 令 $\mathscr{X}$ 为 $1,\cdots,n$ 的排列 $\boldsymbol{x}=(x_1,\cdots,x_n)$ 的集合，令

$$S(\boldsymbol{x})=\sum_{j=1}^{n}jx_j \tag{9.51}$$

令 $\mathscr{X}^*=\{\boldsymbol{x}:S(\boldsymbol{x})\geqslant\gamma\}$，其中选择 γ 使得 $|\mathscr{X}^*|$ 相对于 $|\mathscr{X}|=n!$ 很小。

对于某个 $\{\gamma_j\}$ 序列，其中 $0=\gamma_0<\gamma_1<\cdots<\gamma_r=\gamma$，利用 $\mathscr{X}_j=\{\boldsymbol{x}:S(\boldsymbol{x})\geqslant\gamma_j\}$，基于式(9.9)实现一个估计 $|\mathscr{X}^*|$ 的随机化算法。利用在 $\mathscr{X}_{k-1}$ 上的均匀分布抽样的 Metropolis-Hastings 算法来估计 $P_{\mathrm{U}}(\boldsymbol{X}\in\mathscr{X}_k|\boldsymbol{X}\in\mathscr{X}_{k-1})$。定义两个相邻的排列 $\boldsymbol{x}$ 和 $\boldsymbol{y}$，通过交换下标顺序就能从其中一个排列得到另外一个排列，例如(1,2,3,4,5)和(2,1,3,4,5)。

9.9 针对说明 9.5.1 中带约束的 MinxEnt 问题，写出相应的拉格朗日对偶问题。

延伸阅读

有关#P 完全问题尤其是 SAT 问题的参考文献，请参见文献[21,22]。Valiant 定义了计数类#P 问题[29]，Karp 和 Luby 提出了 DNF 范式计数 SAT 的

FPRAS方法,并给出了 FPRAS 的定义[18]。Dyer 等人最早给出了用于计算凸体体积的 FPRAS 方法[10]。对随机算法和非随机算法的一般性介绍可参见文献[8],求解一些著名的计数 ♯P 完全问题的近似解的随机化算法及其与 MCMC 的关系,在文献[11,14,22,23,28]中都有介绍。Bayati 和 Saberi[1]为随机均匀地生成图形提出了一种高效率的重要抽样算法。Chen 等人[7]用顺序重要抽样法,对具有固定行与列之和的 0-1 表的个数进行有效估计。对于这个问题,Blanchet[4]首次提出了有界相对误差的重要抽样估计。此外,Roberts 和 Kroese[24]利用重要抽样计算任意图中路径的个数。

得益于 Shannon[27]和 Kullback[17]的开创性工作,统计和信息理论之间的关系已经成为一个研究的热点。Kapur 和 Kesavan 的工作对统计学中熵原理的研究具有巨大的推动作用,比如文献[16,17]。针对组合优化问题和稀有事件,Rubinstein[25]利用 MinxEnt 的边缘分布引入了更新概率向量的思想。上述用于计数和组合优化问题的 PME 算法,就是对文献[26]所述的方法进行了一些简单的修改而得到的。至于 MinxEnt 方法更深的内容,请参见文献[2,3]。文献[5,6]对 MinxEnt 和 CE 方法的基本思想进行了更多的推广和统一,命名为**广义交叉熵**(**GCE**)方法。

参考文献

1. M. Bayati and A. Saberi. Fast generation of random graphs via sequential importance sampling. Manuscript, Stanford University, 2006.
2. A. Ben-Tal, D. E. Brown, and R. L. Smith. Relative entopy and the convergence of the posterior and empirical distributions under incomplete and conflicting information. Manuscript, University of Michigan, 1988.
3. A. Ben-Tal and M. Teboulle. Penalty functions and duality in stochastic programming via ϕ divergence functionals. *Mathematics of Operations Research*, 12:224–240, 1987.
4. J. Blanchet. Importance sampling and efficient counting of 0-1 contingency tables. In *Valuetools '06: Proceedings of the 1st International Conference on Performance Evaluation Methodolgies and Tools*, page 20. ACM Press, New York, 2006.
5. Z. I. Botev. *Stochastic Methods for Optimization and Machine Learning*. ePrintsUQ, http://eprint.uq.edu.au/archive/00003377/, BSc (Hons) Thesis, Department of Mathematics, School of Physical Sciences, The University of Queensland, 2005.
6. Z. I. Botev, D. P. Kroese, and T. Taimre. Generalized cross-entropy methods for rare-event simulation and optimization. *Simulation: Transactions of the Society for Modeling and Simulation International*, 2007. In press.
7. Y. Chen, P. Diaconis, S. P. Holmes, and J. Liu. Sequential Monte Carlo method for statistical analysis of tables. *Journal of the American Statistical Association*, 100:109–120, 2005.
8. T. H. Cormen, C. E. Leiserson, R. L. Rivest, and C. Stein. *Introduction to Algorithms*. MIT Press and McGraw-Hill, 2nd edition, 2001.
9. T. M. Cover and J. A. Thomas. *Elements of Information Theory*. John Wiley & Sons, New York, 1991.

10. M. Dyer, A. Frieze, and R. Kannan. A random polynomial-time algorithm for approximation the volume of convex bodies. *Journal of the ACM*, 38:1–17, 1991.

11. C. P. Gomes and B. Selman. Satisfied with physics. *Science*, pages 784–785, 2002.

12. J. Gu, P. W. Purdom, J. Franco, and B. W. Wah. Algorithms for the satisfiability (SAT) problem: A survey. In *Satisfi ability Problem: Theory and Applications*, volume 35 of DIMACS Series in Discrete Mathematics. American Mathematical Society, 1996.

13. E. T. Jaynes. *Probability Theory: The Logic of Science*. Cambridge University Press, Cambridge, 2003.

14. M. Jerrum. *Counting, Sampling and Integrating: Algorithms and Complexity*. Birkhauser Verlag, Basel, 2003.

15. M. Jerrum and A. Sinclair. *Approximation Algorithms for NP-hard Problems*, chapter : The Markov chain Monte Carlo Method: An approach to approximate counting and integration. PWS, 1996.

16. J. N. Kapur and H. K. Kesavan. The generalized maximum entropy principle. *IEEE Transactions on Systems, Man, and Cybernetics*, 19:1042–1052, 1989.

17. J. N. Kapur and H. K. Kesavan. *Entropy Optimization Principles with Applications*. Academic Press, New York, 1992.

18. R. M. Karp and M. Luby. Monte Carlo algorithms for enumeration and reliability problems. In *Proceedings of the 24-th IEEE Annual Symposium on Foundations of Computer Science*, pages 56–64, Tucson, 1983.

19. S. Kullback. *Information Theory and Statistics*. John Wiley & Sons, New York, 1959.

20. J. S. Liu. *Monte Carlo Strategies in Scientifi c Computing*. Springer-Verlag, New York, 2001.

21. M. Mézard and Andrea Montanari. *Constraint Satisfaction Networks in Physics and Computation*. Oxford University Press, Oxford, 2006.

22. M. Mitzenmacher and E. Upfal. *Probability and Computing: Randomized Algorithms and Probabilistic Analysis*. Cambridge University Press, Cambridge, 2005.

23. R. Motwani and R. Raghavan. *Randomized Algorithms*. Cambridge University Press, Cambridge, 1997.

24. B. Roberts and D. P. Kroese. Estimating the number of s–t paths in a graph. *Journal of Graph Algorithms an Applications*, 2007. In press.

25. R. Y. Rubinstein. The stochastic minimum cross-entropy method for combinatorial optimization and rare-event estimation. *Methodology and Computing in Applied Probability*, 7:5–50, 2005.

26. R. Y. Rubinstein. How many needles are in a haystack, or how to solve #p-complete counting problems fast. *Methodology and Computing in Applied Probability*, 8(1):5 – 51, 2006.

27. C. E. Shannon. The mathematical theory of communications. *Bell Systems Technical Journal*, 27:623–656, 1948.

28. R. Tempo, G. Calafiore, and F. Dabbene. *Randomized Algorithms for Analysis and Control of Uncertain Systems*. Springer-Verlag, London, 2004.

29. L.G. Valiant. The complexity of enumeration and reliability problems. *SIAM Journal on Computing*, 8:410–421, 1979.

30. D. J. A. Welsh. *Complexity: Knots, Colouring and Counting*. Cambridge University Press, Cambridge, 1993.

附　录

A.1　Cholesky 平方根法

设 $\boldsymbol{\Sigma}$ 为一个协方差矩阵，我们希望找到一个矩阵 $\boldsymbol{B}$ 使得 $\boldsymbol{\Sigma}=\boldsymbol{B}\boldsymbol{B}^{\mathrm{T}}$。**Cholesky 平方根法**用一组递推公式计算下三角矩阵 $\boldsymbol{B}$，具体方法为：由式(1.23)我们有

$$Z_1 = b_{11}X_1 + \mu_1 \tag{A.1}$$

因此，$\mathrm{Var}(Z_1)=\sigma_{11}=b_{11}^2$，从而 $b_{11}=\sigma_{11}^{1/2}$。对式(1.23)的第二个分量，我们可以得到

$$Z_2 = b_{21}X_1 + b_{22}X_2 + \mu_2 \tag{A.2}$$

因此

$$\sigma_{22} = \mathrm{Var}(Z_2) = \mathrm{Var}(b_{21}X_1 + b_{22}X_2) = b_{21}^2 + b_{22}^2 \tag{A.3}$$

更进一步，从(A.1)和(A.2)可得

$$\sigma_{12} = E[(Z_1-\mu_1)(Z_2-\mu_2)] = E[b_{11}X_1(b_{21}X_1+b_{22}X_2)] = b_{11}b_{21} \tag{A.4}$$

于是，根据式(A.3)、(A.4)以及 $\boldsymbol{\Sigma}$ 的对称性，

$$b_{21} = \frac{\sigma_{12}}{b_{11}} = \frac{\sigma_{12}}{\sigma_{11}^{1/2}} \tag{A.5}$$

$$b_{22} = \left(\sigma_{22} - \frac{\sigma_{21}^2}{\sigma_{11}}\right)^{1/2} \tag{A.6}$$

更一般地，b_{ij} 可以从递推公式

$$b_{ij} = \frac{\sigma_{ij} - \sum_{k=1}^{j-1} b_{ik}b_{jk}}{\left(\sigma_{jj} - \sum_{k=1}^{j-1} b_{jk}^2\right)^{1/2}} \tag{A.7}$$

求得，其中按照约定

$$\sum_{k=1}^{0} b_{ik}b_{jk} = 0,\quad 1 \leqslant j \leqslant i \leqslant n$$

A.2　条件伯努利分布的精确抽样

假设向量 $\boldsymbol{X}=(X_1,\cdots,X_n)$ 各分量相互独立，其中 $X_i \sim \mathrm{ber}(p_i)$，$i=1,\cdots,n$。

不难看出(见习题 A.1),在给定 $\sum_i X_i = k$ 的条件下,$\boldsymbol{X}$ 的条件分布由

$$P(X_1 = x_1, \cdots, X_n = x_n \mid \sum_{i=1}^{n} X_i = k) = \frac{\prod_{i=1}^{n} w_i^{x_i}}{c} \tag{A.8}$$

决定,此处 c 是一个标准化常数,$w_i = \dfrac{p_i}{1-p_i}, i=1,\cdots,n$。用所谓的**制图法**可以从这个分布生成随机变量,文献[2]中有详细描述。下面的 Matlab 代码用于计算标准化常数 c,并从上述条件联合概率分布函数进行抽样。

■例 A.1

假设 $\boldsymbol{p}=(1/2, 1/3, 1/4, 1/5)$,$k=2$。于是 $\boldsymbol{w}=(w_1,\cdots,w_4)=(1, 1/2, 1/3, 1/4)$。当 k=2,w=$\boldsymbol{w}$ 时,函数 Rgens(k,w)返回的第一个元素为 35/24≈1.458 33,这个值就是标准化常数 c。于是,

$$P(X_1 = 0, X_2 = 1, X_3 = 0, X_4 = x_1 \mid \sum_{i=1}^{4} X_i = 2) = \frac{w_2 w_4}{35/24} = \frac{3}{35} \approx 0.085\,71$$

调用函数 condbern(p,k),就可以根据该条件伯努利分布生成随机向量,其中 k 是数目 1 的个数,这里是 2,p 是概率向量 p。该函数返回的是 1 的位置,比如(1, 2)或(2, 4)。

```
function sample = condbern(k,p)
% k = no of units in each sample, P = probability vector
W=zeros(1,length(p));
sample=zeros(1,k);
ind1=find(p==1);
sample(1:length(ind1))=ind1;
k=k-length(ind1);
ind=find(p<1 & p>0);
W(ind)=p(ind)./(1-p(ind));
for i=1:k

    Pr=zeros(1,length(ind));
    Rvals=Rgens(k-i+1,W(ind));
    for j=1:length(ind)
        Pr(j)=W(ind(j))*Rvals(j+1)/((k-i+1)*Rvals(1));
    end
    Pr=cumsum(Pr);
    entry=ind(min(find(Pr>rand)));
    ind=ind(find(ind~=entry));
    sample(length(ind1)+i)=entry;
end
sample=sort(sample);
return
```

```
function Rvals = Rgens(k,W)
N=length(W);
T=zeros(k,N+1);
R=zeros(k+1,N+1);
for i=1:k
    for j=1:N, T(i,1)=T(i,1)+W(j)^i; end
    for j=1:N, T(i,j+1)=T(i,1)-W(j)^i; end
end
R(1,:)=ones(1,N+1);
for j=1:k
    for l=1:N+1
        for i=1:j
            R(j+1,l)=R(j+1,l)+(-1)^(i+1)*T(i,l)*R(j-i+1,l);
        end
    end
    R(j+1,:)=R(j+1,:)/j;
end
Rvals=[R(k+1,1),R(k,2:N+1)];
return
```

A.3 指数分布族

指数族在统计学中起着非常重要的作用,参见文献[1]。设 $\boldsymbol{X}$ 是一个随机变量或向量(在本节向量始终默认为**列向量**),其概率分布函数为 $f(\boldsymbol{x},\boldsymbol{\theta})$(关于某个参数),其中 $\boldsymbol{\theta}=(\theta_1,\cdots,\theta_m)^{\mathrm{T}}$ 是一个 m 维参数向量。如果存在实值函数 $t_i(\boldsymbol{x})$ 和 $h(\boldsymbol{x})>0$ 以及一个标准化函数 $c(\boldsymbol{\theta})>0$,使得

$$f(\boldsymbol{x};\boldsymbol{\theta}) = c(\boldsymbol{\theta})\mathrm{e}^{\boldsymbol{\theta}\cdot\boldsymbol{t}(\boldsymbol{x})}h(\boldsymbol{x}) \tag{A.9}$$

则称 $\boldsymbol{X}$ 服从该 m 参数**指数族**,其中 $\boldsymbol{t}(\boldsymbol{x})=(t_1(\boldsymbol{x}),\cdots,t_m(\boldsymbol{x}))^{\mathrm{T}}$,$\boldsymbol{\theta}\cdot\boldsymbol{t}(\boldsymbol{x})$ 表示内积 $\sum_{i=1}^{m}\theta_i t_i(\boldsymbol{x})$。指数族的表示通常不是唯一的。

说明 A.3.1(自然指数族) 指数族的标准定义包含一组形如

$$\boldsymbol{g}(\boldsymbol{x};\boldsymbol{v}) = d(\boldsymbol{v})\mathrm{e}^{\boldsymbol{\theta}(\boldsymbol{v})\cdot\boldsymbol{t}(\boldsymbol{x})}h(\boldsymbol{x}) \tag{A.10}$$

的密度函数 $\{g(\boldsymbol{x};\boldsymbol{v})\}$,其中 $\boldsymbol{\theta}(\boldsymbol{v})=(\theta_1(\boldsymbol{v}),\cdots,\theta_m(\boldsymbol{v}))^{\mathrm{T}}$,$\{\theta_i\}$ 是参数 $\boldsymbol{v}$ 的实值函数。对上式**重新参数化**,即以 θ_i 为参数,我们就可以用所谓的**规范形式**(A.9)表示式(A.10)。实际上,$\boldsymbol{\theta}$ 是指数族的自然参数,由于这个原因,我们把形如(A.9)的分布族称为**自然指数族**。

表 A.1 列出了几种常用分布的 $c(\boldsymbol{\theta})$,$t_k(x)$ 和 $h(x)$ 函数(减号表示没有使用相应的值)。

表 A.1 常用分布的 $c(\boldsymbol{\theta})$, $t_k(x)$ 和 $h(x)$ 函数

分布	$t_1(x),t_2(x)$	$c(\boldsymbol{\theta})$	θ_1,θ_2	$h(x)$
$\text{Gamma}(\alpha,\lambda)$	$x,\ln x$	$\dfrac{(-\theta_1)^{\theta_2+1}}{\Gamma(\theta_2+1)}$	$-\lambda,\alpha-1$	1
$N(\mu,\sigma^2)$	x,x^2	$\dfrac{e^{\theta_1^2/(4\theta_2)}}{\sqrt{-\pi/\theta_2}}$	$\dfrac{\mu}{\sigma^2},-\dfrac{1}{2\sigma^2}$	1
$\text{Weib}(\alpha,\lambda)$	$x^\alpha,\ln x$	$-\theta_1(\theta_2+1)$	$-\lambda^\alpha,\alpha-1$	1
$\text{Bin}(n,p)$	x,—	$(1+e^{\theta_1})^{-n}$	$\ln\left(\dfrac{p}{1-p}\right)$,—	$\dbinom{n}{x}$
$P(\lambda)$	x,—	$e^{-e^{\theta_1}}$	$\ln\lambda$,—	$\dfrac{1}{x!}$
$G(p)$	$x-1$,—	$1-e^{\theta_1}$	$\ln(1-p)$,—	1

考虑 $t(x)=x$ 的单变量、单参数($m=1$)的特殊情形,这是自然指数族的一个重要例子,由此,我们得到一个由

$$f(x;\theta) = c(\theta)e^{\theta x}h(x) \tag{A.11}$$

确定的概率密度族 $\{f(x,\theta),\theta\in\Theta\subset\mathbb{R}\}$。如果 $h(x)$ 是一个概率密度函数,则 $c^{-1}(\theta)$ 为对应的**矩量生成函数**:

$$c^{-1}(\theta) = \int e^{\theta x}h(x)\mathrm{d}x$$

有时引入矩量生成函数的对数更加方便,即

$$\zeta(\theta) = \ln\int e^{\theta x}h(x)\mathrm{d}x$$

该函数称为**累积函数**。我们现在可以把式(A.11)写成如下更加简洁的形式:

$$f(x;\theta) = e^{\theta x-\zeta(\theta)}h(x) \tag{A.12}$$

■例 A.2

如果我们取 h 为 $N(0,\sigma^2)$ 分布的密度函数,$\theta=\lambda/\sigma^2$,$\zeta(\theta)=\sigma^2\theta^2/2$,那么族 $\{f(\cdot;\theta),\theta\in\mathbb{R}\}$ 是 $N(\lambda,\sigma^2)$ 的密度函数族,其中 σ^2 是确定的,而且 $\lambda\in\mathbb{R}$。

类似地,如果我们取 h 为服从 $\text{Gamma}(a,1)$ 分布的密度函数,令 $\theta=1-\lambda$,$\zeta(\theta)=-a\ln(1-\theta)=-a\ln(\lambda)$,我们就得到了 $\text{Gamma}(a,\lambda)$ 分布的类,其中 a 是确定的而且 $\lambda>0$。请注意,在这种情况下 $\Theta=(-\infty,1)$。

从任意概率密度函数 f_0 开始,我们都能很容易地生成一个形如式(A.12)的自然指数族,方法如下:设 Θ 为 f_0 的累积函数 ζ 存在的最大区间,其中包括 $\theta=0$,这是因为 f_0 是一个概率密度函数。现在定义

$$f(x;\theta) = e^{\theta x-\zeta(\theta)}f_0(x) \tag{A.13}$$

则 $\{f(\cdot;\theta),\theta\in\Theta\}$ 是一个自然指数族。于是我们说,该分布族是用**指数扭转**或**量**

的指数变换(ECM)从 f_0 得到的,其中 θ 称为**扭转**参数或**倾斜**参数。

说明 A.3.2(重新参数化) 将形式为(A.12)的自然指数族重新参数化,转化为式(A.10)的形式,有时候可能是很有用的。令 $X \sim f(\cdot;\theta)$,不难看出

$$E_\theta[X] = \zeta'(\theta), \quad \mathrm{Var}_\theta(X) = \zeta''(\theta) \tag{A.14}$$

$\zeta'(\theta)$关于 θ 是单调递增的,因为其导函数 $\zeta''(\theta)=\mathrm{Var}_\theta(X)$始终大于 0。因此,我们可以用均值 $v=E_\theta[X]$将分布族重新参数化。具体地,对于上述自然指数族,有对应的族$\{g(\cdot;v)\}$,使得满足 $\zeta'(\theta)=v$ 的每一对(θ,v)都有 $g(x;v)=f(x;\theta)$。

■例 A.3

考虑例 A.2 中的第二种情况,注意,我们实际上是通过对密度函数为 $f_0(x)=x^{\alpha-1}\mathrm{e}^{-x}/\Gamma(\alpha)$的 Gamma$(\alpha,1)$分布进行指数扭转,构造了一个自然指数族$\{f(\cdot;\theta),\theta\in(-\infty,1)\}$。我们有 $\zeta'(\theta)=\alpha/(1-\theta)=v$,于是重新参数化后的密度函数为

$$g(x;v) = \exp(\theta x + \alpha\ln(1-\theta))f_0(x) = \frac{\exp\left(-\dfrac{\alpha}{v}x\right)\left(\dfrac{\alpha}{v}\right)^\alpha x^{\alpha-1}}{\Gamma(\alpha)}$$

对应于 Gamma$(\alpha,\alpha v^{-1})$分布,其中 $v>0$。

指数族分布的 CE 更新公式

现在我们得到了一个一般的单参数指数族的解析公式,令 $X\sim f(x;u)$,u 是原定引用参数。为了简单起见,假设 $E_u[H(X)]>0$ 而且 X 不是常数。设 $f(x;u)$为单参数指数族$\{f(x;v)\}$的一个成员,假设参数化函数 $\eta=\psi(v)$将该族转化为规范形式,即有

$$f(x;v) = g(x;\eta) = \mathrm{e}^{\eta x-\zeta(\eta)}h(x)$$

更进一步,我们假设 v 对应于 X 的期望,则该规范形式总是可以通过重新参数化来得到,参见说明 A.3.2。特别注意,这里 $v=\zeta'(\eta)$。令 $\theta=\psi(u)$对应于原定引用参数,由于 $\max_v E_u[H(X)\ln f(X;v)]=\max_\eta E_\theta[H(X)\ln g(X;\eta)]$,我们可以找到类似于式(5.62)的

$$E_\theta\left[H(X)\frac{\mathrm{d}}{\mathrm{d}\eta}\ln g(X;\eta)\right] = 0$$

的解 η^*,并令 $v^*=\psi^{-1}(\eta^*)$,从而获得式(5.61)的最优解 v^*。由于$(\ln g(X;\eta))'=x-\zeta'(\eta)$,$\zeta'(\eta)=v$,我们看到 v^* 是由 $E_u[H(X)(-v+X)]=0$ 的解得到的,因此对于任何引用参数 w,v^* 由式

$$v^* = \frac{E_u[H(X)X]}{E_u[H(X)]} = \frac{E_w[H(X)W(X;u,w)X]}{E_w[H(X)W(X;u,w)]} \tag{A.15}$$

给出。不难验证 v^* 确实是 $D(v)=E_u[H(X)\ln f(X;v)]$的唯一全局最大解。式(A.15)中 v^* 对应的估计量$\hat{v}$为

$$\hat{v} = \frac{\sum_{i-1}^{N} H(X_i)W(X_i;\boldsymbol{u},w)X_i}{\sum_{i=1}^{N} H(X_i)W(X_i;\boldsymbol{u},w)} \tag{A.16}$$

其中 $X_1,\cdots,X_n$ 是密度函数 $f(\cdot;w)$的一组随机样本。

如果 $\boldsymbol{X}=(X_1,\cdots,X_n)$是一个**独立的**随机变量的向量，其中每一个分量 X_j 都服从一个以均值参数化的单参数指数族，那么也可以找到类似的公式，也就是说，每一个 X_j 的密度函数都由

$$f_j(x;u_j) = \mathrm{e}^{x\theta(u_j)-\zeta(\theta(u_j))}h_j(x)$$

给定，其中 $\boldsymbol{u}=(u_1,\cdots,u_n)$为原定引用参数。很容易看出，优化问题(5.64)在独立假设下就成了“可分解的”，也就是说，简化为 n 个形如上式的子问题，于是，我们发现最优引用参数向量 $\boldsymbol{v}^*=(v_1^*,\cdots,v_n^*)$可表示为

$$v_j^* = \frac{E_{\boldsymbol{u}}[H(\boldsymbol{X})X_j]}{E_{\boldsymbol{u}}[H(\boldsymbol{X})]} = \frac{E_{\boldsymbol{w}}[H(\boldsymbol{X})W(\boldsymbol{X};\boldsymbol{u},\boldsymbol{w})X_j]}{E_{\boldsymbol{w}}[(\boldsymbol{X})W(\boldsymbol{X};\boldsymbol{u},\boldsymbol{w})]} \tag{A.17}$$

更进一步，我们可以得到 $\boldsymbol{v}^*$ 的第 j 个分量的估计值

$$\hat{v}_j = \frac{\sum_{i=1}^{N} H(\boldsymbol{X}_i)W(\boldsymbol{X}_i;\boldsymbol{u},\boldsymbol{w})X_{ij}}{\sum_{i=1}^{N} H(\boldsymbol{X}_i)W(\boldsymbol{X}_i;\boldsymbol{u},\boldsymbol{w})} \tag{A.18}$$

其中 $\boldsymbol{X}_1,\cdots,\boldsymbol{X}_n$ 是密度函数 $f(\cdot;\boldsymbol{w})$的一组随机样本，X_{ij} 是 $\boldsymbol{X}_i$ 的第 j 个分量。

A.4 灵敏度分析

在用式(7.16)估计$\nabla^k\ell(\boldsymbol{u})$时需要选择一个好的重要抽样密度函数 $f(\boldsymbol{x};\boldsymbol{v})$，关键问题是确保相应的估计量具有较小的方差。我们针对 $k=0$ 和 $k=1$ 两种情况考虑这个问题。对于 $k=0$，这意味着关于 $\boldsymbol{v}$ 最小化$\hat{\ell}(\boldsymbol{u};\boldsymbol{v})$的方差，等价于求解最小化问题

$$\min_{\boldsymbol{v}} \mathcal{L}^0(\boldsymbol{v};\boldsymbol{u}) = \min_{\boldsymbol{v}} E_{\boldsymbol{v}}[H^2(\boldsymbol{X})W^2(\boldsymbol{X};\boldsymbol{u},\boldsymbol{v})] \tag{A.19}$$

对于 $k=1$ 的情况，注意$\nabla\hat{\ell}(\boldsymbol{u};\boldsymbol{v})$是一个向量而不是一个标量。为了得到一个好的应用向量 $\boldsymbol{v}$，我们需要最小化关联协方差矩阵的迹，等价于最小化

$$\min_{\boldsymbol{v}} \mathcal{L}^1(\boldsymbol{v};\boldsymbol{u}) = \min_{\boldsymbol{v}} E_{\boldsymbol{v}}[H^2(\boldsymbol{X})W^2(\boldsymbol{X};\boldsymbol{u},\boldsymbol{v})\ \mathrm{tr}\ (S(\boldsymbol{u};\boldsymbol{x})S(\boldsymbol{u};\boldsymbol{x})^{\mathrm{T}})] \tag{A.20}$$

其中 tr 为矩阵的迹。对于指数族，以上两个优化问题都是**凸**的，参见下面的命题。为了与第 A.3 节指数族中使用的符号一致，我们分别用 $\boldsymbol{\theta}$ 和 $\boldsymbol{\eta}$ 来代替 $\boldsymbol{u}$ 和 $\boldsymbol{v}$。

A.4.1 凸性结论

命题 A.4.1 设 $\boldsymbol{X}$ 为服从形如式(A.9)的 m 参数指数族的随机向量,则式(A.19)和式(A.20)定义的 $\mathcal{L}^k(\boldsymbol{\eta};\boldsymbol{\theta})(k=0,1)$ 为 $\boldsymbol{\eta}$ 的凸函数。

证明:首先考虑 $k=0$ 的情况。根据式(7.23)我们有

$$\mathcal{L}^0(\boldsymbol{\eta};\boldsymbol{\theta}) = c(\boldsymbol{\theta})^2\int \frac{H^2(\boldsymbol{x})}{c(\boldsymbol{\eta})}\mathrm{e}^{(2\boldsymbol{\theta}-\boldsymbol{\eta})\cdot t(\boldsymbol{x})}h(\boldsymbol{x})\mathrm{d}\boldsymbol{x} \tag{A.21}$$

其中

$$c(\boldsymbol{\eta})^{-1} = \int \mathrm{e}^{\boldsymbol{\eta}\cdot t(\boldsymbol{z})}h(\boldsymbol{z})\mathrm{d}\boldsymbol{z}$$

代入式(A.21)可得

$$\mathcal{L}^0(\boldsymbol{\eta};\boldsymbol{\theta}) = c(\boldsymbol{\theta})^2\iint H^2(\boldsymbol{x})\mathrm{e}^{2\boldsymbol{\theta}\cdot t(\boldsymbol{x})+\boldsymbol{\eta}\cdot(t(\boldsymbol{z})-t(\boldsymbol{x}))}h(\boldsymbol{x})h(\boldsymbol{z})\mathrm{d}\boldsymbol{x}\mathrm{d}\boldsymbol{z} \tag{A.22}$$

对于 $\boldsymbol{\eta}$ 的任意线性函数 $\alpha(\boldsymbol{\eta})$,函数 $\mathrm{e}^{\alpha(\boldsymbol{\eta})}$ 都是凸函数。由于 $H^2(\boldsymbol{x})$ 是非负的,因此对于任何给定的 $\boldsymbol{\theta}$,$\boldsymbol{x}$ 和 $\boldsymbol{z}$,式(A.22)中积分符号里的函数关于 $\boldsymbol{\eta}$ 是凸的,这意味着 $\mathcal{L}^0(\boldsymbol{\eta};\boldsymbol{\theta})$ 的凸性。

当 $k=1$ 时,情况与此完全相同,注意迹 $\mathrm{tr}(S(\boldsymbol{\theta};\boldsymbol{x})S(\boldsymbol{\theta};\boldsymbol{x})^{\mathrm{T}})$ 对于任意 $\boldsymbol{\theta}$ 都是 $\boldsymbol{x}$ 的非负函数。

说明 A.4.1 命题 A.4.1 可以推广到

$$\ell(\boldsymbol{u}) = \varphi(\ell_1(\boldsymbol{u}),\cdots,\ell_k(\boldsymbol{u}))$$

及

$$\ell_i(\boldsymbol{u}) = E_{\boldsymbol{u}}[H_i(\boldsymbol{X})] = E_{\boldsymbol{v}}[H_i(\boldsymbol{X})W(\boldsymbol{X};\boldsymbol{u};\boldsymbol{v})] = E_{\boldsymbol{v}}[H_iW],\quad i=1,\cdots,k$$

的情形,这里 $\{H_i(\boldsymbol{X})\}$ 是与相同随机向量 $\boldsymbol{X}$ 有关的样本函数,而 $\varphi(\cdot)$ 是实值可导函数。这里我们证明 $k=2$ 情况下的有效性。在这种情况下,$\ell(\boldsymbol{u})$ 的估计量可以写成

$$\hat{\ell}(\boldsymbol{u};\boldsymbol{v}) = \varphi(\hat{\ell}_1(\boldsymbol{u};\boldsymbol{v}),\hat{\ell}_2(\boldsymbol{u};\boldsymbol{v}))$$

其中 $\hat{\ell}_1(\boldsymbol{u};\boldsymbol{v})$ 和 $\hat{\ell}_2(\boldsymbol{u};\boldsymbol{v})$ 分别是 $\ell_1(\boldsymbol{u})$ 和 $\ell_2(\boldsymbol{u})$ 的重要抽样估计量。利用 delta 方法(参见习题 7.11),$N^{1/2}(\hat{\ell}(\boldsymbol{u};\boldsymbol{v})-\ell(\boldsymbol{u}))$ 是渐近正态的,均值为 0,方差为

$$\begin{aligned}\sigma^2(\boldsymbol{v};\boldsymbol{u}) &= a^2\mathrm{Var}_{\boldsymbol{v}}(H_1W)+b^2\mathrm{Var}_{\boldsymbol{v}}(H_2W)+2ab\mathrm{Cov}_{\boldsymbol{v}}(H_1W,H_2W)\\ &= E_{\boldsymbol{v}}[(aH_1+bH_2)^2W^2]+R(\boldsymbol{u})\end{aligned} \tag{A.23}$$

这里 $R(\boldsymbol{u})$ 是由与 $\boldsymbol{v}$ 无关的剩余项组成的,在 $(x_1,x_2)=(\ell_1(\boldsymbol{u}),\ell_2(\boldsymbol{u}))$ 处 $a=\partial\varphi(x_1,x_2)/\partial x_1$,$b=\partial\varphi(x_1,x_2)/\partial x_2$。例如,对于 $\varphi(x_1,x_2)=x_1/x_2$,可以得到 $a=1/\ell_2(\boldsymbol{u})$ 与 $b=-\ell_1(\boldsymbol{u})/\ell_2(\boldsymbol{u})^2$。

这里 $\sigma^2(\boldsymbol{v};\boldsymbol{u})$ 关于 $\boldsymbol{v}$ 的凸性的证明与命题 A.4.1 的证明类似。

A.4.2 单调性结论

考虑式(A.19)和(A.20)所示的函数$\mathcal{L}^k(\boldsymbol{v};\boldsymbol{u})$，$k=0,1$ 关于 $\boldsymbol{v}$ 的优化问题。设 $\boldsymbol{v}^*(k)$表示 $k=0,1$ 时的最优解，下面的命题表明，相对于原来的概率密度函数 $f(\boldsymbol{x},\boldsymbol{u})$，最优引用参数对应的 $f(\boldsymbol{x},\boldsymbol{v}^*)$总是具有“更扁平”的尾部，这一重要现象是本书所有漂亮结果的主要原因，也是防止重要抽样估计退化的主要原因。为简单起见，我们只给出了伽马分布的结论，对于指数族的其他参数和 CE 方法，也可以得到类似的结果。

命题 A.4.2 令 $X\sim\text{Gamma}(\alpha,u)$，假设 $H^2(x)$是区间$[0,\infty)$上的单调增函数，则有

$$v^*(k) < u, k = 0,1 \tag{A.24}$$

证明：此处仅对 $k=0$ 给出证明。对于 $k=1$ 的情形，证明过程类似，其中需要使用迹运算符。为了简化，我们用符号$\mathcal{L}(v)$替代$\mathcal{L}^0(v;u)$。

既然$\mathcal{L}(v)$是凸的，就足以证明它关于 v 的导数在 $v=u$ 时是正的，为此将$\mathcal{L}(v)$表示为

$$\mathcal{L}(v) = c\int_0^\infty v^{-\alpha}H^2(x)x^{\alpha-1}\mathrm{e}^{-(2u-v)x}\mathrm{d}x$$

其中常数 $c=u^{2\alpha}\Gamma(\alpha)^{-1}$独立于 v。将上面的$\mathcal{L}(v)$在 $v=u$ 处对 v 求导，得到

$$\mathcal{L}'(v)\big|_{v=u} = \mathcal{L}'(u) = c\int_0^\infty (x-\alpha u^{-1})u^{-\alpha}H^2(x)x^{\alpha-1}\mathrm{e}^{-ux}\mathrm{d}x$$

对其逐项积分，可得

$$\begin{aligned}\mathcal{L}'(u) &= \lim_{R\to\infty} - cu^{-\alpha-1}R^\alpha \mathrm{e}^{-uR}H^2(R) + cu^{-\alpha-1}\int_0^\infty x^\alpha \mathrm{e}^{-ux}\mathrm{d}H^2(x)\\ &= cu^{-\alpha-1}\int_0^\infty x^\alpha\mathrm{e}^{-ux}\mathrm{d}H^2(x)\end{aligned} \tag{A.25}$$

上式假设当 $R\to\infty$时 $H^2(R)R^\alpha\exp(-uR)$趋近于 0。由于 $H^2(x)$关于 x 是单调增的，所以式(A.25)中的积分是正的，于是$\mathcal{L}'(u)>0$，基于此以及$\mathcal{L}(v)$的凸性，我们得出 $v^*(0)<u$。

命题 A.4.2 可以推广到多维伽马分布以及其他指数族分布，详见文献[5]。

A.5 一种用于优化峰值函数的简单 CE 算法

下面的 Matlab 代码是 CE 算法的一个简单实现，用于求解第 8.7 节例 8.12 的峰值函数。

```
n = 2;                                  % 维数
mu = [-3,-3]; sigma = 3*ones(1,n); N = 100; eps = 1E-5; rho = 0.1;

while max(sigma) > eps
   X = randn(N,n)*diag(sigma)+ mu(ones(N,1),:);
   SX= S(X);                            % 计算性能
   sortSX = sortrows([X, SX],n+1);
   Elite = sortSX((1-rho)*N:N,1:n); % 精英样本
   mu = mean(Elite,1);                  % 逐行计算样本均值
   sigma = std(Elite,1);                % 逐行计算样本标准差
   [S(mu),mu,max(sigma)]                % 输出结果
end

function out = S(X)
out =  3*(1-X(:,1)).^2.*exp(-(X(:,1).^2) - (X(:,2)+1).^2) ...
   - 10*(X(:,1)/5 - X(:,1).^3 - X(:,2).^5).*exp(-X(:,1).^2-X(:,2).^2) ...
   - 1/3*exp(-(X(:,1)+1).^2 - X(:,2).^2);
end
```

A.6 离散时间卡尔曼滤波器

考虑隐马尔可夫模型(HMM)

$$\begin{aligned} \boldsymbol{X}_t &= \boldsymbol{A}\boldsymbol{X}_{t-1} + \varepsilon_{1t}, \\ \boldsymbol{Y}_t &= \boldsymbol{B}\boldsymbol{X}_t + \varepsilon_{2t}, \end{aligned} \quad t = 1,2,\cdots \tag{A.26}$$

其中 $\boldsymbol{A}$ 和 $\boldsymbol{B}$ 是矩阵($\boldsymbol{B}$ 不必是方阵)。我们采用第 5.7.1 节的符号。假设初始状态 $\boldsymbol{X}_0$ 服从 $N(\boldsymbol{\mu}_0,\boldsymbol{\Sigma}_0)$分布,目标是获得滤波概率密度函数 $f(\boldsymbol{x}_t|\boldsymbol{y}_{1:t})$和**预测**概率密度函数 $f(\boldsymbol{x}_t|\boldsymbol{y}_{1:t-1})$。我们注意到 $\boldsymbol{X}_{1:t}$ 和 $\boldsymbol{Y}_{1:t}$ 的联合概率密度函数一定是高斯的,这是因为这些随机向量是独立的标准高斯随机变量的线性变换,由此可见,对于某个均值向量 $\boldsymbol{\mu}_t$ 和协方差矩阵 $\boldsymbol{\Sigma}_t$,有 $f(\boldsymbol{x}_t|\boldsymbol{y}_{1:t})\sim N(\boldsymbol{\mu}_t,\boldsymbol{\Sigma}_t)$。类似地,对于某个均值向量 $\widetilde{\boldsymbol{\mu}}_t$ 和协方差矩阵 $\widetilde{\boldsymbol{\Sigma}}_t$,有 $f(\boldsymbol{x}_t|\boldsymbol{y}_{1:t-1})\sim N(\widetilde{\boldsymbol{\mu}}_t,\widetilde{\boldsymbol{\Sigma}}_t)$。我们希望用递推的方法计算 $\boldsymbol{\mu}_t$、$\widetilde{\boldsymbol{\mu}}_t$、$\boldsymbol{\Sigma}_t$ 和 $\widetilde{\boldsymbol{\Sigma}}_t$,论证如下:根据假设$(\boldsymbol{X}_{t-1}|\boldsymbol{y}_{1:t-1})\sim N(\boldsymbol{\mu}_{t-1},\boldsymbol{\Sigma}_{t-1})$,结合 $\boldsymbol{X}_t=\boldsymbol{A}\boldsymbol{X}_{t-1}+\varepsilon_{1t}$,我们有

$$(\boldsymbol{X}_t \mid \boldsymbol{y}_{1:t-1}) \sim N(\boldsymbol{A}\boldsymbol{\mu}_{t-1}, \boldsymbol{A}\boldsymbol{\Sigma}_{t-1}\boldsymbol{A}^{\mathrm{T}} + \boldsymbol{C}_1)$$

也就是说,

$$\begin{aligned} \widetilde{\boldsymbol{\mu}}_t &= \boldsymbol{A}\boldsymbol{\mu}_{t-1} \\ \widetilde{\boldsymbol{\Sigma}}_t &= \boldsymbol{A}\boldsymbol{\Sigma}_{t-1}\boldsymbol{A}^{\mathrm{T}} + \boldsymbol{C}_1 \end{aligned} \tag{A.27}$$

然后,我们在给定 $\boldsymbol{Y}_{1:t-1}=\boldsymbol{y}_{1:t-1}$ 时确定 $\boldsymbol{X}_t$ 和 $\boldsymbol{Y}_t$ 的联合概率密度函数。分别分解 $\widetilde{\boldsymbol{\Sigma}}_t$ 和 $\boldsymbol{C}_2$,即 $\widetilde{\boldsymbol{\Sigma}}_t=\boldsymbol{R}\boldsymbol{R}^{\mathrm{T}}$,$\boldsymbol{C}_2=\boldsymbol{Q}\boldsymbol{Q}^{\mathrm{T}}$(比如用 Cholesky 平方根法),我们可以写出(参见式(1.23))

$$\begin{pmatrix} \boldsymbol{X}_t \\ \boldsymbol{Y}_t \end{pmatrix} \Bigg| \boldsymbol{y}_{1:t-1} = \begin{pmatrix} \widetilde{\boldsymbol{\mu}}_t \\ \boldsymbol{B}\widetilde{\boldsymbol{\mu}}_t \end{pmatrix} + \begin{pmatrix} \boldsymbol{R} & \boldsymbol{0} \\ \boldsymbol{B}\boldsymbol{R} & \boldsymbol{Q} \end{pmatrix} \begin{pmatrix} \boldsymbol{U} \\ \boldsymbol{V} \end{pmatrix}$$

其中在$\boldsymbol{Y}_{t-1}=\boldsymbol{y}_{1:t-1}$的条件下，$\boldsymbol{U}$ 和 $\boldsymbol{V}$ 为独立的标准正态随机向量，相应的协方差矩阵为

$$\begin{pmatrix} \boldsymbol{R} & \boldsymbol{0} \\ \boldsymbol{BR} & \boldsymbol{Q} \end{pmatrix}\begin{pmatrix} \boldsymbol{R}^{\mathrm{T}} & \boldsymbol{R}^{\mathrm{T}}\boldsymbol{B}^{\mathrm{T}} \\ \boldsymbol{0} & \boldsymbol{Q}^{\mathrm{T}} \end{pmatrix}=\begin{pmatrix} \boldsymbol{RR}^{\mathrm{T}} & \boldsymbol{RR}^{\mathrm{T}}\boldsymbol{B}^{\mathrm{T}} \\ \boldsymbol{BRR}^{\mathrm{T}} & \boldsymbol{BRR}^{\mathrm{T}}\boldsymbol{B}^{\mathrm{T}}+\boldsymbol{QQ}^{\mathrm{T}} \end{pmatrix}$$

于是我们有

$$\begin{pmatrix} \boldsymbol{X}_t \\ \boldsymbol{Y}_t \end{pmatrix} \Bigg| \boldsymbol{y}_{1:t-1} \sim N\left(\begin{pmatrix} \widetilde{\boldsymbol{\mu}}_t \\ \boldsymbol{B}\widetilde{\boldsymbol{\mu}}_t \end{pmatrix},\begin{pmatrix} \widetilde{\boldsymbol{\Sigma}}_t & \widetilde{\boldsymbol{\Sigma}}_t\boldsymbol{B}^{\mathrm{T}} \\ \boldsymbol{B}\widetilde{\boldsymbol{\Sigma}}_t & \boldsymbol{B}\widetilde{\boldsymbol{\Sigma}}_t\boldsymbol{B}^{\mathrm{T}}+\boldsymbol{C}_2 \end{pmatrix}\right) \tag{A. 28}$$

注意 $\widetilde{\boldsymbol{\Sigma}}_t$ 是对称的。

有了式(A. 28)的结果，我们就能根据以下一般性结论找到条件概率密度函数 $f(x_t \mid \boldsymbol{y}_t)$（证明见后面的习题 A. 2）：如果

$$\begin{pmatrix} \boldsymbol{X} \\ \boldsymbol{Y} \end{pmatrix} \sim N\left(\begin{pmatrix} m_1 \\ m_2 \end{pmatrix},\begin{pmatrix} \boldsymbol{S}_{11} & \boldsymbol{S}_{12} \\ \boldsymbol{S}_{21} & \boldsymbol{S}_{22} \end{pmatrix}\right)$$

则有

$$(\boldsymbol{X} \mid \boldsymbol{Y}=y) \sim N(m_1+\boldsymbol{S}_{12}\boldsymbol{S}_{22}^{-1}(y-m_2),\boldsymbol{S}_{11}-\boldsymbol{S}_{12}\boldsymbol{S}_{22}^{-1}\boldsymbol{S}_{12}^{\mathrm{T}}) \tag{A. 29}$$

因为 $f(\boldsymbol{x}_t \mid \boldsymbol{y}_{1:t})=f(\boldsymbol{x}_t \mid \boldsymbol{y}_{1:t-1},\boldsymbol{y}_t)$，从式(A. 28)和(A. 29)就能直接得到结果

$$\begin{aligned} \boldsymbol{\mu}_t &= \widetilde{\boldsymbol{\mu}}_t+\widetilde{\boldsymbol{\Sigma}}_t\boldsymbol{B}^{\mathrm{T}}(\boldsymbol{B}\widetilde{\boldsymbol{\Sigma}}_t\boldsymbol{B}^{\mathrm{T}}+\boldsymbol{C}_2)^{-1}(\boldsymbol{y}_t-\boldsymbol{B}\widetilde{\boldsymbol{\mu}}_t) \\ \boldsymbol{\Sigma}_t &= \widetilde{\boldsymbol{\Sigma}}_t-\widetilde{\boldsymbol{\Sigma}}_t\boldsymbol{B}^{\mathrm{T}}(\boldsymbol{B}\widetilde{\boldsymbol{\Sigma}}_t\boldsymbol{B}^{\mathrm{T}}+\boldsymbol{C}_2)^{-1}\boldsymbol{B}\widetilde{\boldsymbol{\Sigma}}_t \end{aligned} \tag{A. 30}$$

更新公式(A. 27)和(A. 30)构成了(离散时间)**卡尔曼滤波器**，我们从某个已知的 $\boldsymbol{\mu}_0$ 和 $\boldsymbol{\Sigma}_0$ 开始，确定 $\widetilde{\boldsymbol{\mu}}_1$ 和 $\widetilde{\boldsymbol{\Sigma}}_1$，然后确定 $\boldsymbol{\mu}_1$ 和 $\boldsymbol{\Sigma}_1$，依此类推。注意，$\widetilde{\boldsymbol{\mu}}_t$ 和 $\widetilde{\boldsymbol{\Sigma}}_y$ 不依赖于观测值 $\boldsymbol{y}_1,\boldsymbol{y}_2,\cdots$，因此可以离线确定。上面讨论的卡尔曼滤波器可以通过多种方式进行扩展，例如引入控制变量和时变参数矩阵，而非线性滤波问题通常采用泰勒展开的方式对状态方程和观测方程进行线性化处理，由此引出了一种**扩展卡尔曼滤波**的近似方法。

A. 7 伯努利中断问题

作为有限状态隐马尔可夫模型的一个例子，我们考虑如下**伯努利中断问题**。在例 6. 8 中，我们讨论了与 Gibbs 抽样器有关的一个类似“变化点”的检测问题，然而本例的关键区别在于，变化点的检测可以递推地进行。

设 $Y_1,Y_2,\cdots$是伯努利随机变量，设 T 是参数为 r 的几何分布随机变量。在 T 的条件下$\{Y_i\}$是相互独立的，而且 $Y_1,Y_2,\cdots,Y_{T-1}$都有相同的成功概率 a，而 Y_T，$Y_{T+1},\cdots$都有相同的成功概率 b，因此 T 是变化点或中断点。假设不能直接观察 T，而只有$\{Y_t\}$可以直接观测，我们希望根据 $\boldsymbol{Y}_{1:t}=(Y_1,\cdots,Y_t)$的结果 $\boldsymbol{y}_{1:t}=(y_1,\cdots,y_t)$来判断是否发生了中断。图 A. 1 画出了观察结果的一个例子，其中黑线表示成功的次数$(Y_i=1)$。

图 A.1　中断问题的观察结果

这种情况可以用图 A.2 所示的 HMM 来描述，也就是说，令$\{X_t, t=0,1,2,\cdots\}$是状态空间为$\{0,1\}$的一个马尔可夫链，转移矩阵为

$$\boldsymbol{P} = \begin{pmatrix} 1-r & r \\ 0 & 1 \end{pmatrix}$$

初始状态为 $X_0=0$，目标是找到 $P(T \leqslant t \mid \boldsymbol{Y}_{1:t}=\boldsymbol{y}_{1:t}) = P(X_t=1 \mid \boldsymbol{Y}_t=\boldsymbol{y}_{1:t})$。

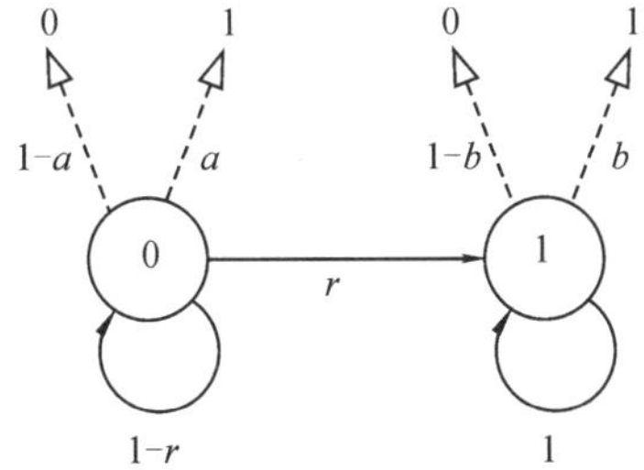

图 A.2　中断问题的 HMM 表示

一种有效的方法是引入

$$\boldsymbol{\alpha}_t(j) = P(X_t = j, \boldsymbol{Y}_{1:t} = \boldsymbol{y}_{1:t})$$

引入以 X_{t-1} 为条件的条件概率，我们有

$$\begin{aligned}
\alpha_t(j) &= \sum_i P(X_t = j, X_{t-1} = i, \boldsymbol{Y}_{1:t} = \boldsymbol{y}_{1:t}) \\
&= \sum_i P(X_t = j, Y_t = y_t \mid X_{t-1} = i, \boldsymbol{Y}_{1:t-1} = \boldsymbol{y}_{1:t-1})\alpha_{t-1}(i) \\
&= \sum_i P(X_t = j, Y_t = y_t \mid X_{t-1} = i)\alpha_{t-1}(i) \\
&= \sum_i P(Y_t = y_t \mid X_t = j) P(X_t = j \mid X_{t-1} = i)\alpha_{t-1}(i)
\end{aligned}$$

特别地，我们由此找到了递推关系

$$\alpha_t(0) = a_{0y_t}(1-r)\alpha_{t-1}(0) \text{ 和 } \alpha_t(1) = a_{1y_t}\{r\alpha_{t-1}(0) + \alpha_{t-1}(1)\}$$

其中 $a_{ij} = P(Y=j \mid X=i)$，$i,j \in \{0,1\}$（因此，$a_{00}=1-a$，$a_{01}=a$，$a_{10}=1-b$，$a_{11}=b$），初始值为

$$\alpha_1(0) = a^{y_1}(1-a)^{1-y_1}(1-r) \text{ 和 } \alpha_1(1) = b^{y_1}(1-b)^{1-y_1}r$$

图 A.3 给出了当 $a=0.4, b=0.6, r=0.01$ 时概率 $P(X_t=1|\boldsymbol{Y}_{1:t}=\boldsymbol{y}_{1:t})=\alpha_t(1)/(\alpha_t(1)+\alpha_t(2))$ 关于 t 的曲线图。在本例中 $T=49$，我们可以看到在中断发生后曲线产生了明显的变化。

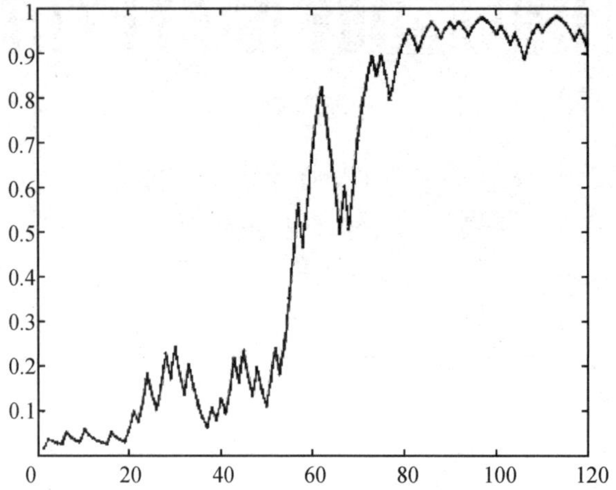

图 A.3　概率 $P(X_t=1|\boldsymbol{Y}_{1:t}=\boldsymbol{y}_{1:t})$ 作为 t 的函数

A.8　随机规划问题的复杂性

考虑优化问题

$$\ell^* = \min_{\boldsymbol{u}\in\mathcal{U}} \ell(\boldsymbol{u}) = \min_{\boldsymbol{u}\in\mathcal{U}} E_f[H(\boldsymbol{X};\boldsymbol{u})] \tag{A.31}$$

其中假设 $\boldsymbol{X}$ 是一个概率密度函数为 f，支集为 $\mathscr{X}\subset\mathbb{R}^n$ 的随机向量，$H(\boldsymbol{X};\boldsymbol{u})$ 是取决于 $\boldsymbol{X}$ 和决策向量 $\boldsymbol{u}\in\mathbb{R}^m$ 的样本函数。

我们以一个带补偿的两阶段随机规划问题为例，该优化问题分为两个阶段。在第一阶段，我们必须根据一些可用的信息做出决策；而在第二阶段，当不确定数据变为已知后，实现第二阶段最优决策。这种随机规划问题可以写成式(A.31)的形式，其中 $H(\boldsymbol{X};\boldsymbol{u})$ 为第二阶段问题的最优值。

我们现在讨论求解类似于式(A.31)的随机优化问题的困难程度。我们能够预料求解该问题至少与求解 $\ell(\boldsymbol{u}), \boldsymbol{u}\in\mathcal{U}$ 的最小化问题一样困难，其中 $\ell(\boldsymbol{u})$ 是**明确**给出的，比如一个闭式的解析表达式，或者更为普遍的是，能够计算出 $\ell(\boldsymbol{u})$ 在每一个给定点处的值和导数。对于明确给定目标的 $\ell(\boldsymbol{u}), \boldsymbol{u}\in\mathcal{U}$ 的最小化问题，我们知道可解的情形，即凸规划，也就是说，$\mathcal{U}$ 是一个闭凸集，$\ell:\mathcal{U}\to\mathbb{R}$ 是一个凸函数。此外，已知右满足一般可计算性和有界假设的一般凸规划问题可以在多项式时间内求解，与此相反，典型的非凸问题是 NP 难的。

当我们针对某个一般性问题，提出“这类问题很难求解”时，并不是说该问题不可以求解，而是说在特定情况下，该问题依然可以求解。当讨论随机规划(A.31)能够有效求解的条件时，我们可以假设 $\mathscr{U}$ 是一个闭凸集而 $\ell(\cdot)$ 在 $\mathscr{U}$ 上是凸的。假设 $\mathscr{U}$ 是有界的，从技术观点看是有所帮助的，从实践观点看也不会有太大的损失。如果明确给出 $\ell(\boldsymbol{u})$，那么这些假设加上温和的技术条件，就足以使式(A.31)变得更加容易。在随机规划问题中，假设我们能够有效地计算式(A.31)中的期望值，从而得到 $\ell(\boldsymbol{u})$ 的明确表达式，然而这种假设是不合理的。如果这样，就没有必要把式(A.31)当作一个随机规划问题来处理了。

我们现在认为，只要随机数据的概率分布不是"太差"，并且满足一定的条件，就可以使用蒙特卡洛抽样技术合理有效地求解式(A.31)的随机规划问题。在这方面，我们应该解释解决随机规划问题中"解决"两字的真实含义。作为一个例子，我们考虑一个带补偿的两阶段随机规划问题，这类问题可以写成式(A.31)的形式，其中

$$\mathscr{U}=\{\boldsymbol{u}:\boldsymbol{A}\boldsymbol{u}=\boldsymbol{b},\boldsymbol{u}\geqslant 0\}\ \text{且}\ H(\boldsymbol{X};\boldsymbol{u})=\langle \boldsymbol{c},\boldsymbol{u}\rangle+Q(\boldsymbol{X};\boldsymbol{u})$$

式中 $\langle \boldsymbol{c},\boldsymbol{u}\rangle$ 为第一阶段决策的成本，而 $Q(\boldsymbol{X};\boldsymbol{u})$ 为第二阶段问题的最优值，即

$$\min_{\boldsymbol{y}\geqslant 0}\langle \boldsymbol{q},\boldsymbol{y}\rangle\ \text{满足}\ \boldsymbol{T}\boldsymbol{u}+\boldsymbol{W}\boldsymbol{y}\geqslant \boldsymbol{h} \tag{A.32}$$

在这里 $\langle\cdot,\cdot\rangle$ 表示内积，$\boldsymbol{X}$ 是一个向量，其元素由向量 $\boldsymbol{q}$ 和 $\boldsymbol{h}$ 以及矩阵 $\boldsymbol{T}$ 和 $\boldsymbol{W}$ 的元素组成，假定它们全都是随机的。

如果我们假设随机数据向量 $\boldsymbol{X}=(\boldsymbol{q},\boldsymbol{W},\boldsymbol{T},\boldsymbol{h})$ 取 K 个不同的值(称为**场景**) $\{\boldsymbol{X}_k,k=1,\cdots,K\}$，其概率分别为 $\{p_k,k=1,\cdots,K\}$，那么该两阶段问题就可以写成一个大规模的线性规划问题：

$$\begin{aligned}&\min_{\boldsymbol{u},\boldsymbol{y}_1,\cdots,\boldsymbol{y}_K}\ \langle \boldsymbol{c},\boldsymbol{u}\rangle+\sum_{k=1}^{K}p_k\langle \boldsymbol{q}_k,\boldsymbol{y}_k\rangle\\ &\text{s.t.}\quad \boldsymbol{A}\boldsymbol{u}=\boldsymbol{b},\boldsymbol{T}_k\boldsymbol{u}+\boldsymbol{W}_k\boldsymbol{y}_k\geqslant \boldsymbol{h}_k,k=1,\cdots,K\\ &\qquad\quad \boldsymbol{u}\geqslant \boldsymbol{0},\boldsymbol{y}_k\geqslant \boldsymbol{0},k=1,\cdots,K\end{aligned} \tag{A.33}$$

如果场景的个数 K 不太大，则上述线性规划问题(A.33)可以在合理的时间内精确求解。然而，即使对 $\boldsymbol{X}$ 的概率分布进行粗略的离散化，通常也会导致情景数量随着 $\boldsymbol{X}$ 维数的增加呈指数增长。例如，假设随机向量 $\boldsymbol{X}$ 的分量是相互独立同分布的，每个分量都具有 r 个可能的实现(r 是一个比较小的数字)，那么，相应输入数据的大小随 n 和 r 线性增长，而场景 $K=r^n$ 的数量呈指数增长。

需要强调的是，从实际的角度来看，试图以非常高的精度求解随机规划问题并没有多大的意义，这是由于对有关概率分布、建模误差等因素的不准确估计而产生的数值误差可能远远大于优化误差。因此我们认为，只要满足以下条件，两阶段随机问题就可以以合理的精度有效地求解：

(a) 可行集 $\mathscr{U}$ 是固定不变的(确定性的)。

(b) 对于任何 $\boldsymbol{u}\in\mathscr{U}$ 及 $\boldsymbol{X}\in\mathscr{X}$，目标函数 $H(\boldsymbol{X};\boldsymbol{u})$ 是实值的。

(c) 如果场景数目不是过于巨大,则所考虑的随机规划问题可以有效求解(采用确定性算法)。

对于两阶段随机规划,上述条件(a)和(b)表示补偿(recourse)是相对完备的,而且第二阶段问题有下界。注意,如果对于每一个 $\boldsymbol{u}\in\mathscr{U}$ 和随机数据的每一个可能的实现,第二阶段的问题都是可行的,我们就说补偿是**相对完备**的。对于两阶段**线性**带补偿随机规划问题,上述条件(c)是必然成立的。

更进一步,我们考虑下面的蒙特卡洛抽样方法。假设我们可以从 $f(\boldsymbol{x})$ 生成一个独立同分布的随机样本 $\boldsymbol{X}_1,\cdots,\boldsymbol{X}_N$,也可以用样本平均值

$$\hat{\ell}(\boldsymbol{u})=\frac{1}{N}\sum_{j=1}^{N}H(\boldsymbol{X}_j;\boldsymbol{u}) \tag{A. 34}$$

估计期望值函数 $\ell(\boldsymbol{u})$。注意,$\hat{\ell}$ 与样本大小 N 和生成的样本有关,从这个意义上说,$\hat{\ell}$ 是随机的。于是我们把原问题(A. 31)近似地表示为

$$\min_{\boldsymbol{u}\in\mathscr{U}}\hat{\ell}(\boldsymbol{u}) \tag{A. 35}$$

我们把式(A. 35)称为原问题的**随机等效**问题或**样本均值近似**问题。随机等效问题(A. 35)的最优值 $\widehat{\ell^*}$ 和最优解集 $\widehat{\mathscr{U}}^*$ 可分别作为原问题(A. 31)的 ℓ^* 和 $\mathscr{U}^*$ 的估计值。需要注意的是,一旦样本产生,$\hat{\ell}(\boldsymbol{u})$ 就变成了一个确定性函数,而问题(A. 35)也就变成了一个具有 N 个场景 $\boldsymbol{X}_1,\cdots,\boldsymbol{X}_N$ 的随机规划问题,每个场景都有相同的概率 $1/N$。还应指出,随机等效并**不是**一种算法,我们仍然需要使用适当的(确定性的)算法求解所得到的问题(A. 35)。

根据大数定律(见定理 1. 10. 1),当 N 趋于无穷大时,$\hat{\ell}(\boldsymbol{u})$ 以概率 1 收敛到 $\ell(\boldsymbol{u})$(在 $\mathscr{U}$ 中逐点收敛)。因此,很自然地,当 N 趋于无穷大时,$\widehat{\ell^*}$ 和 $\widehat{\mathscr{U}^*}$ 以概率 1 收敛到它们在原问题(A. 31)中的对应项。事实上,这种收敛性在一般的比较温和的正则条件下是可以证明的。但是,对于一个给定的 $\boldsymbol{u}\in\mathscr{U}$,$\hat{\ell}(\boldsymbol{u})$ 到 $\ell(\boldsymbol{u})$ 的收敛速度是非常缓慢的。根据中心极限定理(见定理 1. 10. 2),其速度大致为 $\mathcal{O}(N^{-1/2})$。采用方差减小方法可以提高收敛速度,有时效果非常显著。然而,使用蒙特卡洛技术,我们无法非常准确地估计期望值 $\ell(\boldsymbol{u})$。

下面的讨论是基于**大偏差**理论(large deviations theory)的指数界进行分析的。用 $\mathscr{U}^{\varepsilon}$ 和 $\widehat{\mathscr{U}}^{\varepsilon}$ 分别表示原问题和随机等效问题的 ε 最优解集合,即 $\bar{\boldsymbol{u}}\in\mathscr{U}^{\varepsilon}$ 当且仅当 $\bar{\boldsymbol{u}}\in\mathscr{U}$ 且 $\ell(\bar{\boldsymbol{u}})\leqslant\inf_{\boldsymbol{u}\in\mathscr{U}}\ell(\boldsymbol{u})+\varepsilon$。请注意,当 $\varepsilon=0$ 时,集合 $\mathscr{U}^0$ 与原问题的最优解集是一致的。选择精度常数 $\varepsilon>0$,$0\leqslant\delta<\varepsilon$ 以及置信(显著性)水平 $\alpha\in(0,1)$。假设集合 $\mathscr{U}$ 是有限的,但其基数 $|\mathscr{U}|$ 可以非常大。利用 Cramér 大偏差定理,可以证明[4]存在一个常数 $\eta(\varepsilon,\delta)$,使得

$$N\geqslant\frac{1}{\eta(\varepsilon,\delta)}\ln\left(\frac{|\mathscr{U}|}{\alpha}\right) \tag{A. 36}$$

就能保证事件$\{\widehat{\mathcal{U}}^{\delta}\subset\mathcal{U}^{\varepsilon}\}$的概率至少为$1-\alpha$，也就是说，对于任意大于式(A.36)右边的$N$，我们都能保证相应的随机等效问题的任意一个$\delta$最优解都以至少$1-\alpha$的概率是原问题的$\varepsilon$最优解。也就是说，用精度$\delta$求解随机等效问题，就以至少$1-\alpha$的概率相当于用精度$\varepsilon$求解原问题。

估计式(A.36)中的数字$\eta(\varepsilon,\delta)$定义如下：考虑一个映射$\pi:\mathcal{U}\setminus\mathcal{U}^{\varepsilon}\to\mathcal{U}$使得对于任意$\boldsymbol{u}\in\mathcal{U}\setminus\mathcal{U}^{\varepsilon}$都有$\ell(\pi(\boldsymbol{u}))\leqslant\ell(\boldsymbol{u})-\varepsilon$。这样的映射确实存在，但不是唯一的，例如，任何映射$\pi:\mathcal{U}\setminus\mathcal{U}^{\varepsilon}\to\mathcal{U}^{0}$都满足这个条件。选择这样的映射可以为样本容量的估计带来一定的灵活性。对于$\boldsymbol{u}\in\mathcal{U}$，考虑随机变量

$$Y_u=H(\boldsymbol{X};\pi(\boldsymbol{u}))-H(\boldsymbol{X};\boldsymbol{u})$$

其矩量生成函数为$M_u(t)=E[\mathrm{e}^{tY_u}]$，**大偏差率函数**为

$$I_u(z)=\sup_{t\in\mathbb{R}}\{tz-\ln M_u(t)\}$$

注意，在凸分析的意义上，$I_u(\cdot)$是函数$\ln M_u(\cdot)$的共轭函数。还应注意，通过构造映射$\pi(\boldsymbol{u})$，不等式

$$\mu_u=E[Y_u]=\ell(\pi(\boldsymbol{u}))-\ell(\boldsymbol{u})\leqslant-\varepsilon \tag{A.37}$$

对所有的$\boldsymbol{u}\in\mathcal{U}\setminus\mathcal{U}^{\varepsilon}$都成立。最后，我们定义

$$\eta(\varepsilon,\delta)=\min_{\boldsymbol{u}\in\mathcal{U}\setminus\mathcal{U}^{\varepsilon}}I_u(-\delta) \tag{A.38}$$

由于式(A.37)与$\delta<\varepsilon$，只要Y_u的概率分布不太差，$I_u(-\delta)$会是正的。具体地说，如果我们假设Y_u的矩量生成函数$M_u(t)$在0的邻域内对所有t都是有限的，则随机变量Y_u具有有限矩，而且$I_u(\mu_u)=I'(\mu_u)=0$，$I''(\mu_u)=1/\sigma_u^2$，其中$\sigma_u^2=\mathrm{Var}[\boldsymbol{Y}_u]$。于是，$I_u(-\delta)$可以用二阶泰勒展开式来近似，即

$$I_u(-\delta)\approx\frac{(-\delta-\mu_u)^2}{2\sigma_u^2}\geqslant\frac{(\varepsilon-\delta)^2}{2\sigma_u^2}$$

这表明我们可以预期常数$\eta(\varepsilon,\delta)$大约是$(\varepsilon-\delta)^2$数量级的。事实上，这可以通过各种条件来保证，我们考虑以下几种：

(A1)存在一个常数$\sigma>0$，使得对于任意$\boldsymbol{u}\in\mathcal{U}\setminus\mathcal{U}^{\varepsilon}$，随机变量$Y_u-E[Y_u]$的矩量生成函数$M_u^*(t)$满足

$$M_u^*(t)\leqslant\exp(\sigma^2t^2/2),\ \forall t\in\mathbb{R} \tag{A.39}$$

注意，随机变量$Y_u-E[Y_u]$的平均值为零，而且，如果它服从方差为σ_u^2的正态分布，那么它的矩量生成函数就等于式(A.39)的右边。条件(A.39)意味着尾部概率$P(|H(\boldsymbol{X};\pi(\boldsymbol{u}))-H(\boldsymbol{X};\boldsymbol{u})|>t)$具有上界$\mathcal{O}(1)\exp(-t^2/(2\sigma_u^2))$。注意，这里我们用$\mathcal{O}(1)$表示通用绝对常数。如果我们考虑的随机变量的分布具有一个有界的支集，那么这个条件自然成立。条件(A.39)意味着$M_u(t)\leqslant\exp(\mu_ut+\sigma^2t^2/2)$，由此

$$I_u(z) \geqslant \sup_{t\in\mathbb{R}}\{tz - \mu_u t - \sigma^2 t^2/2\} = \frac{(z-\mu_u)^2}{2\sigma^2} \tag{A.40}$$

于是，对于任意 $\varepsilon>0$ 和 $\delta\in[0,\varepsilon)$，

$$\eta(\varepsilon,\delta) \geqslant \frac{(-\delta-\mu_u)^2}{2\sigma^2} \geqslant \frac{(\varepsilon-\delta)^2}{2\sigma^2} \tag{A.41}$$

因此，在假设(A1)下，估计式(A.36)可以写为

$$N \geqslant \frac{2\sigma^2}{(\varepsilon-\delta)^2}\ln\left(\frac{|\mathscr{U}|}{\alpha}\right) \tag{A.42}$$

说明 A.8.1 条件(A.39)可以用更一般的条件

$$M_u^*(t) \leqslant \exp(\psi(t)),\ \forall\, t\in\mathbb{R} \tag{A.43}$$

代替，其中 $\psi(t)$ 是凸偶函数，$\psi(0)=0$。由于 $\ln M_u(t)\leqslant\mu_u t+\psi(t)$，因此 $I_u(z)\geqslant\psi^*(z-\mu_u)$，其中 ψ^* 是函数 ψ 的共轭函数。于是有

$$\eta(\varepsilon,\delta) \geqslant \psi^*(-\delta-\mu_u) \geqslant \psi^*(\varepsilon-\delta) \tag{A.44}$$

例如，约束(A.39)要求对所有 $t\in\mathbb{R}$ 都成立，现在我们假设它只对有限区间 $[-a,a]$ 中所有的 t 成立，其中 $a>0$ 是一个给定的常数。也就是说，如果 $|t|\leqslant a$ 我们取 $\psi(t)=\sigma^2 t/2$，否则取 $\psi(t)=+\infty$。在这种情况下，当 $|z|\leqslant a\sigma^2$ 时 $\psi^*(z)=z^2/(2\sigma^2)$，当 $|z|>a\sigma^2$ 时 $\psi^*(z)=a|z|-a^2\sigma^2/2$。

估计式(A.42)的一个关键特征是，所需的样本大小 N 与可行集 $\mathscr{U}$ 的大小及显著性水平 α 呈**对数关系**。假设(A1)中的常数 σ 在某种意义上表示所考虑问题的波动性。例如，当 $\delta=\varepsilon/2$ 时，估计式(A.42)右边与 $(\sigma/\varepsilon)^2$ 成正比。对于蒙特卡洛方法来说，这对 σ 和 ε 的依赖是不可避免的。为了看到这一点，我们考虑一个简单的情况，其可行集 $\mathscr{U}$ 只包含两个元素：$\mathscr{U}=\{u_1,u_2\}$，$\ell(u_2)-\ell(u_1)>\varepsilon>0$。求解相应的随机等效问题，我们可以确定当 $\hat{\ell}(u_2)-\hat{\ell}(u_1)>0$ 时，u_1 是问题的 ε 最优解。如果随机变量 $H(X;u_2)-H(X;u_1)$ 服从均值为 $\mu=\ell(u_2)-\ell(u_1)$、方差为 σ^2 的正态分布，则 $\hat{\ell}(u_2)-\hat{\ell}(u_1)\sim N(\mu,\sigma^2/N)$，而事件 $\{\hat{\ell}(u_2)-\hat{\ell}(u_1)>0\}$ 发生的概率(即正确决策的概率)为 $\Phi(\mu\sqrt{N}/\sigma)$，这里 Φ 为 $N(0,1)$ 的累积分布函数(cdf)。我们有 $\Phi(\varepsilon\sqrt{N}/\sigma)<\Phi(\mu\sqrt{N}/\sigma)$，为了使错误决策的概率小于 α，我们必须使样本容量 $N>z_{1-\alpha}^2\sigma^2/\varepsilon^2$，其中 $z_{1-\alpha}$ 是标准正态分布的 $(1-\alpha)$ 分位数。即使 $H(X;u_2)-H(X;u_1)$ 不服从正态分布，我们也可以运用中心极限定理证明样本容量大小近似为 σ^2/ε^2。

现在我们考虑估计式(A.42)的简化形式，假设：

(A2)有一个正常数 C，使得对于所有 $\boldsymbol{u}\in\mathscr{U}\setminus\mathscr{U}^\varepsilon$，随机变量 $\boldsymbol{Y}_u$ 的绝对值都以 C 为界。

在假设(A2)下，对于任意 $\varepsilon>0$ 及 $\delta\in[0,\varepsilon]$，有

$$I_u(-\delta) \geqslant \mathcal{O}(1)\,\frac{(\varepsilon-\delta)^2}{C^2},\ \text{对所有 } \boldsymbol{u}\in\mathscr{U}\setminus\mathscr{U}^\varepsilon \tag{A.45}$$

从而有 $\eta(\varepsilon,\delta)\geqslant\mathcal{O}(1)(\varepsilon-\delta)^2/C^2$。因此，以精度为 $\varepsilon>0$ 并以至少 $1-\alpha$ 的概率求解原问题时所必需的样本容量大小的下限(A. 36)，在以精度为 $\delta=\varepsilon/2$ 和相同的概率求解其随机等效问题时变为如下形式：

$$N\geqslant\mathcal{O}(1)\left(\frac{C}{\varepsilon}\right)^2\ln\left(\frac{|\mathcal{U}|}{\alpha}\right) \tag{A. 46}$$

现在令 $\mathcal{U}$ 是一个有界(不必是有限)的直径

$$D=\sup_{\boldsymbol{u}',\boldsymbol{u}\in\mathcal{U}}\|\boldsymbol{u}'-\boldsymbol{u}\|$$

的 $\mathbb{R}^m$ 子集，对于 $\tau>0$，我们可以构造一个集合 $\mathcal{U}_\tau\subset\mathcal{U}$，使得对于任意的 $\boldsymbol{u}\in\mathcal{U}$ 都有 $\boldsymbol{u}'\in\mathcal{U}_\tau$，满足 $\|\boldsymbol{u}-\boldsymbol{u}'\|\leqslant\tau$ 且 $|\mathcal{U}_\tau|=(\mathcal{O}(1)D/\tau)^m$。

接下来我们假设以下条件成立：

(A3)存在一个常数 $\sigma>0$，使得对于任意 $\boldsymbol{u}'$ 和 $\boldsymbol{u}\in\mathcal{U}$，随机变量 $H(\boldsymbol{X};\boldsymbol{u}')-H(\boldsymbol{X};\boldsymbol{u})-E[H(\boldsymbol{X};\boldsymbol{u}')-H(\boldsymbol{X};\boldsymbol{u})]$ 的矩量生成函数 $M_{\boldsymbol{u}',\boldsymbol{u}}(t)$ 满足

$$M_{\boldsymbol{u}',\boldsymbol{u}}(t)\leqslant\exp(\sigma^2t^2/2),\ \forall\tau\in\mathbb{R} \tag{A. 47}$$

上述假设(A3)略强于假设(A1)，也就是说，取 $\boldsymbol{u}'=\pi(\boldsymbol{u})$ 就能由(A1)推导出假设(A3)。由式(A. 42)可知，对于 $\varepsilon'>\delta$，我们用 $\mathcal{U}_\tau$ 替代其中的 $\mathcal{U}$，就能估计出求解简化的优化问题所需的样本容量

$$N\geqslant\frac{2\sigma^2}{(\varepsilon'-\delta)^2}[n(\ln D-\ln\tau)+\ln(\mathcal{O}(1)/\alpha)] \tag{A. 48}$$

进一步假设存在这样一个函数 $\boldsymbol{\kappa}:\mathscr{X}\to\mathbb{R}_+$ 和 $\varrho>0$，使得

$$|H(\boldsymbol{X};\boldsymbol{u}')-H(\boldsymbol{X};\boldsymbol{u})|\leqslant\boldsymbol{\kappa}(\boldsymbol{X})\|\boldsymbol{u}'-\boldsymbol{u}\|^{\varrho} \tag{A. 49}$$

对于所有 $\boldsymbol{u}',\boldsymbol{u}\in\mathcal{U}$ 以及所有 $\boldsymbol{X}\in\mathscr{X}$ 都成立。由式(A. 49)可得

$$|\hat{\ell}(\boldsymbol{u}')-\hat{\ell}(\boldsymbol{u})|\leqslant N^{-1}\sum_{j=1}^{N}|H(\boldsymbol{X}_j;\boldsymbol{u}')-H(\boldsymbol{X}_j;\boldsymbol{u})|\leqslant\hat{\boldsymbol{\kappa}}\ \|\boldsymbol{u}'-\boldsymbol{u}\|^{\varrho} \tag{A. 50}$$

其中 $\hat{\boldsymbol{\kappa}}=N^{-1}\sum_{j=1}^{N}\boldsymbol{\kappa}(\boldsymbol{X}_j)$。

我们进一步作如下假设：

(A4) $\boldsymbol{\kappa}(\boldsymbol{X})$ 的矩量生成函数 $M_{\boldsymbol{\kappa}}(t)=E[\mathrm{e}^{t\boldsymbol{\kappa}(\boldsymbol{X})}]$ 对于 0 的某个邻域内的所有 t 均为有限值。

由此可知期望 $L=E[\boldsymbol{\kappa}(\boldsymbol{X})]$ 是有限的，根据 Cramér 大偏差定理，对于任意 $L'>L$ 都存在一个正常数 $\beta=\beta(L')$ 使得

$$P(\hat{\boldsymbol{\kappa}}>L')\leqslant\mathrm{e}^{-N\beta} \tag{A. 51}$$

设 $\hat{\boldsymbol{u}}$ 为随机等效问题的 δ 最优解，设 $\tilde{\boldsymbol{u}}\in\mathcal{U}_\tau$ 是使得 $\|\hat{\boldsymbol{u}}-\tilde{\boldsymbol{u}}\|\leqslant\tau$ 的一个点，我们取 $N\geqslant\beta^{-1}\ln(2/\alpha)$，由式(A. 51)得出

$$P(\hat{\boldsymbol{\kappa}}>L')\leqslant\alpha/2 \tag{A. 52}$$

于是，点 $\tilde{\boldsymbol{u}}$ 以至少 $(1-\alpha/2)$ 的概率是简化的随机等效问题的 $(\delta+L'\tau^{\varrho})$ 最优解。令

$$\tau = [(\varepsilon - \delta)/(2L')]^{1/\varrho}$$

我们发现,点 $\tilde{\boldsymbol{u}}$ 以至少$(1-\alpha/2)$的概率是简化的随机等效问题的 ε'最优解,其中 $\varepsilon'=(\varepsilon+\delta)/2$。更进一步,取满足式(A.48)的样本容量,我们发现 $\tilde{\boldsymbol{u}}$ 以至少$(1-\alpha/2)$的概率是简化的期望值问题的 ε'最优解。由此可知,$\hat{\boldsymbol{u}}$以至少$(1-\alpha)$的概率是随机等效问题(A.31)的 ε''最优解,其中 $\varepsilon''=\varepsilon'+L\tau^{\varrho}\leqslant\varepsilon$。我们得到样本容量的估计值

$$N \geqslant \frac{4\sigma^2}{(\varepsilon-\delta)^2}\left[n\left(\ln D+\varrho^{-1}\ln\frac{2L'}{\varepsilon-\delta}\right)+\ln\left(\frac{\mathcal{O}(1)}{\alpha}\right)\right]\vee\left[\beta^{-1}\ln(2/\alpha)\right] \quad (A.53)$$

其中符号$\vee$表示取最大值。

上述结果是相当通用的,不涉及凸性假设。样本大小的估计公式(A.53)中包含多个常数,对于实际应用来说是非常保守的,但可用来估计两阶段随机规划问题的复杂度。在典型应用中(比如在凸性情况下),常数$\varrho=1$,在这些应用中条件(A.49)意味着 $H(\boldsymbol{X};\cdot)$在 $\mathscr{U}$ 上是 Lipschitz 连续的,其中$\boldsymbol{\kappa}(\boldsymbol{X})$是常数。注意,也存在一些应用,其中$\varrho$可能是小于 1 的。我们得到以下基本结论:

定理 A.8.1 假定假设(A3)和(A4)成立,$\mathscr{U}$有有限直径 D,则对于 $\varepsilon>0$,$0\leqslant\delta<\varepsilon$ 以及满足式(A.53)的样本容量 N,我们能够保证随机等效问题的任意 δ 最优解都以至少$(1-\alpha)$的概率为原问题的 ε 最优解。

特别地,如果我们假设对于所有 $\boldsymbol{X}\in\mathscr{X}$ 都有$\varrho=1$ 和$\boldsymbol{\kappa}(\boldsymbol{X})=L$,即 $H(\boldsymbol{X};\cdot)$在 $\mathscr{U}$ 上是 Lipschitz 连续的,而常数 L 与 $\boldsymbol{X}\in\mathscr{X}$ 无关,那么,我们就可以取 $\sigma=\mathcal{O}(1)DL$并把式(A.53)右边的项 $\beta^{-1}\ln(2/\alpha)$去除。更进一步,取 $\delta=\varepsilon/2$,我们发现在这种情况下,样本大小的估计值(与估计式(A.46)比较)为:

$$N \geqslant \mathcal{O}(1)\left(\frac{DL}{\varepsilon}\right)^2\left[n\ln\left(\frac{DL}{\varepsilon}\right)+\ln\left(\frac{\mathcal{O}(1)}{\alpha}\right)\right] \quad (A.54)$$

我们可以写出定理 A.8.1 的简化形式:

定理 A.8.2 假设 $\mathscr{U}$有一个有限的直径 D,而且条件(A.49)在$\varrho=1$ 和$\boldsymbol{\kappa}(\boldsymbol{X})=L$ 时对于所有 $\boldsymbol{X}\in\mathscr{X}$ 都成立,那么,当样本容量 N 满足式(A.54)时,我们保证随机等效问题的每一个$(\varepsilon/2)$最优解都以至少$(1-\alpha)$的概率为原问题的 ε 最优解。

上述对于满足指定精度所需的样本容量的估计值对应的复杂度约为 σ^2/ε^2,这与确定性(凸)优化明显不同,后者的复杂度通常以 $\ln(\varepsilon^{-1})$为界。总结以上讨论,我们不难发现两阶段随机规划问题(甚至是线性)通常无法以很高的精度求解。另一方面,估计式(A.53)和(A.54)与第一阶段决策向量的维数 n 呈线性关系,也线性地依赖于 $\ln(\alpha^{-1})$,这意味着提高置信度,比如从 99%增加到 99.99%,我们最多只需将样本容量增加到 $\ln 100\approx 4.6$ 倍。这也表明,利用蒙特卡洛抽样技术,只要在以下条件下,就可以在合理的时间内以合理的精度,即 1%或 2%的相对精度,求解两阶段随机规划问题:(a)其波动性不是过大;(b)具有相对完备的补偿;(c)对应

的随机等效问题可以有效地解决。事实上,这在具有第二阶段线性补偿的两阶段问题的数值实验中得到了验证。当然,对于实际计算来说,样本大小的估计公式(A.53)过于保守,而在实际应用中,对于给定的样本大小 B,我们可以采用一些技术估计可行解 $\bar{\boldsymbol{u}}$ 的误差,比如文献[6]中的方法。

上述对样本容量大小的估计是相当通用的。对于凸问题,这些下界值在某些情况下可以收紧,也就是说,假设问题是凸的,即集合 $\mathscr{U}$ 是凸的,而函数 $H(\boldsymbol{X};\cdot)$ 对所有 $\boldsymbol{X}\in\mathscr{X}$ 都是凸的。进一步假设 $\boldsymbol{\kappa}(\boldsymbol{X})\equiv L$,原问题的最优解集 $\mathscr{U}^0$ 是非空有界的,对于某些 $r\geqslant 1$,$c>0$ 及 $a>0$,以下增长条件(growth condition)成立:

$$\ell(\boldsymbol{u})\geqslant \ell^*+c[\mathrm{dist}(\boldsymbol{u},\mathscr{U}^0)]^r,\forall\,\boldsymbol{u}\in\mathscr{U}^a \tag{A.55}$$

其中 $a>0$,$\mathscr{U}^a=\{\boldsymbol{u}\in\mathscr{U}:\ell(\boldsymbol{u})\leqslant\ell^*+a\}$ 是原问题的 a 最优解集,于是,对于任意 $\varepsilon\in(0,a)$ 及 $\delta\in[0,\varepsilon/2]$,我们对所需样本容量大小有以下估计:

$$N\geqslant\left(\frac{\mathcal{O}(1)L}{c^{1/r}\varepsilon^{(r-1)/r}}\right)^2\left[n\ln\left(\frac{\mathcal{O}(1)LD_a^*}{\varepsilon}\right)+\ln\left(\frac{1}{\alpha}\right)\right] \tag{A.56}$$

其中 D_a^* 是 $\mathscr{U}^a$ 的直径。注意,如果 $\mathscr{U}^0=\{\boldsymbol{u}^*\}$ 是有且仅有一个元素的集合,那么从式(A.55)可以得出 $D_a^*\leqslant 2(a/c)^{1/r}$。

特别地,如果 $r=1$,$\mathscr{U}^0=\{\boldsymbol{u}^*\}$ 是有且仅有一个元素的集合,即解 $\boldsymbol{u}^*$ 是**强的**(sharp),那么 D_a^* 的界为 $4c^{-1}\varepsilon$,由此我们得到如下估计:

$$N\geqslant\mathcal{O}(1)c^{-2}L^2[n\ln(\mathcal{O}(1)c^{-1}L)+\ln(\alpha^{-1})] \tag{A.57}$$

此式不依赖于 ε,也就是说,在这种情况下能够以概率 1 在有限时间内收敛到精确的最优解 $\boldsymbol{u}^*$。

对于 $r=2$,条件(A.55)称为**二阶**或**二次**增长条件,在此条件下,式(A.56)右边的第一项变为大约是 $c^{-1}L^2\varepsilon^{-1}$。

习题

A.1 证明式(A.8)。

A.2 设 $\boldsymbol{X}$、$\boldsymbol{Y}$ 为高斯随机向量,联合分布为

$$\begin{pmatrix}X\\Y\end{pmatrix}\sim N\Bigg(\underbrace{\begin{pmatrix}\mu_1\\\mu_2\end{pmatrix}}_{\mu},\underbrace{\begin{pmatrix}\boldsymbol{\Sigma}_{11}&\boldsymbol{\Sigma}_{12}\\\boldsymbol{\Sigma}_{21}&\boldsymbol{\Sigma}_{22}\end{pmatrix}}_{\boldsymbol{\Sigma}}\Bigg)$$

a)定义 $\boldsymbol{S}=\boldsymbol{\Sigma}_{12}\boldsymbol{\Sigma}_{22}^{-1}$,证明

$$\begin{pmatrix}\boldsymbol{I}&-\boldsymbol{S}\\\boldsymbol{0}&\boldsymbol{I}\end{pmatrix}\boldsymbol{\Sigma}\begin{pmatrix}\boldsymbol{I}&\boldsymbol{0}\\-\boldsymbol{S}^{\mathrm{T}}&\boldsymbol{I}\end{pmatrix}=\begin{pmatrix}\boldsymbol{\Sigma}_{11}-\boldsymbol{S}\boldsymbol{\Sigma}_{21}&\boldsymbol{0}\\\boldsymbol{0}&\boldsymbol{\Sigma}_{22}\end{pmatrix}$$

b)运用以上结论,证明对于任意向量 $\boldsymbol{u}$ 和 $\boldsymbol{v}$,都有

$$(\boldsymbol{u}^{\mathrm{T}}\ \boldsymbol{v}^{\mathrm{T}})\boldsymbol{\Sigma}^{-1}\begin{pmatrix}\boldsymbol{u}\\ \boldsymbol{v}\end{pmatrix} = (\boldsymbol{u}^{\mathrm{T}} - \boldsymbol{v}^{\mathrm{T}}\boldsymbol{S}^{\mathrm{T}})\widetilde{\boldsymbol{\Sigma}}^{-1}(\boldsymbol{u} - \boldsymbol{S}\boldsymbol{v}) + \boldsymbol{v}^{\mathrm{T}}\boldsymbol{\Sigma}_{22}^{-1}\boldsymbol{v}$$

其中 $\widetilde{\boldsymbol{\Sigma}}=(\boldsymbol{\Sigma}_{11}-\boldsymbol{S}\boldsymbol{\Sigma}_{21})$。

c) $\boldsymbol{X}$ 和 $\boldsymbol{Y}$ 的联合概率密度函数为

$$f(\boldsymbol{x},\boldsymbol{y}) = c_1\exp\left[-\frac{1}{2}(\boldsymbol{x}^{\mathrm{T}}-\boldsymbol{\mu}_1^{\mathrm{T}}\quad \boldsymbol{y}^{\mathrm{T}}-\boldsymbol{\mu}_2^{\mathrm{T}})\boldsymbol{\Sigma}^{-1}\begin{pmatrix}\boldsymbol{x}-\boldsymbol{\mu}_1\\ \boldsymbol{y}-\boldsymbol{\mu}_2\end{pmatrix}\right]$$

其中 c_1 是一个常数。运用 b) 中的结论，证明条件概率密度函数 $f(\boldsymbol{x}\mid\boldsymbol{y})$ 具有以下形式：

$$f(\boldsymbol{x}\mid\boldsymbol{y}) = c_2(\boldsymbol{y})\exp\left[-\frac{1}{2}(\boldsymbol{x}^{\mathrm{T}}-\widetilde{\boldsymbol{\mu}}^{\mathrm{T}})\widetilde{\boldsymbol{\Sigma}}^{-1}(\boldsymbol{x}-\widetilde{\boldsymbol{\mu}})\right]$$

其中 $\widetilde{\boldsymbol{\mu}}=\boldsymbol{\mu}_1+\boldsymbol{S}(\boldsymbol{y}-\boldsymbol{\mu}_2)$，而 $c_2(\boldsymbol{y})$ 是 $\boldsymbol{y}$ 的某个函数（不需要具体给出），这说明了

$$(\boldsymbol{X}\mid\boldsymbol{Y}=\boldsymbol{y}) \sim N(\boldsymbol{\mu}_1+\boldsymbol{\Sigma}_{12}\boldsymbol{\Sigma}_{22}^{-1}(\boldsymbol{y}-\boldsymbol{\mu}_2),\boldsymbol{\Sigma}_{11}-\boldsymbol{\Sigma}_{12}\boldsymbol{\Sigma}_{22}^{-1}\boldsymbol{\Sigma}_{12}^{\mathrm{T}})$$

延伸阅读

关于指数族及其在统计学中的作用的更多细节，可以参考文献[1]，关于隐马尔可夫模型的内容可参考文献[3]。

对于有限可行集 $\mathscr{U}$，样本容量的估计公式(A.42)来自文献[4]，对这类估计的更广泛的讨论和针对一般情况的扩展可参见文献[6]，有关多阶段随机规划问题复杂性的讨论，请参见文献[8]，而有关强最优解的有限时间内收敛性的讨论参见文献[7]。

参考文献

1. G. Casella and R. L. Berger. *Statistical Inference*. Duxbury Press, 2nd edition, 2001.
2. S. X. Chen and J. S. Liu. Statistical applications of the Poisson-binomial and conditional Bernoulli distributions. *Statistica Sinica*, 7:875–892, 1997.
3. R. O. Duda, P. E. Hart, and D. G. Stork. *Pattern Classifi cation*. John Wiley & Sons, New York, 2001.
4. A. J. Kleywegt, A. Shapiro, and T. Homem de Mello. The sample average approximation method for stochastic discrete optimization. *SIAM Journal on Optimization*, 12:479–502, 2001.
5. R. Y. Rubinstein and A. Shapiro. *Discrete Event Systems: Sensitivity Analysis and Stochastic Optimization via the Score Function Method*. John Wiley & Sons, New York, 1993.
6. A. Shapiro. Monte Carlo sampling methods. In A. Ruszczyński and A. Shapiro, editors, *Handbook in Operations Research and Management Science*, volume 10. Elsevier, Amsterdam, 2003.
7. A. Shapiro and T. Homem de Mello. On the rate of convergence of optimal solutions of Monte Carlo approximations of stochastic programs. *SIAM Journal on Optimization*, 11(1):70–86, 2001.
8. A. Shapiro and A. Nemirovski. On complexity of stochastic programming problems. In V. Jeyakumar and A.M. Rubinov, editors, *Continuous Optimization: Current Trends and Application*. Springer-Verlag, New York, 2005.

缩　写

cdf	cumulative distribution function	累积分布函数
CE	cross-entropy	交叉熵
CMC	crude Monte Carlo	原始蒙特卡洛
CNF	conjunctive normal form	合取范式
DEDS	discrete-event dynamical system	离散事件动态系统
DESS	discrete-event static system	离散事件静态系统
DES	discrete-event simulation	离散事件仿真
DNF	disjunctive normal form	析取范式
ECM	exponential change of measure	量的指数变换
FPAUS	fully polynomial almost uniform sampler	完全多项式近似均匀抽样器
FPRAS	fully polynomial randomized approximation scheme	完全多项式随机近似方案
HMM	hidden Markov model	隐马尔可夫模型
iid	independent and identically distributed	独立同分布
ITLR	inverse-transform likelihood ratio	逆变换似然比
KKT	Karush-Kuhn-Tucker	卡罗需-库恩-塔克
max-cut	maximal cut	最大割
MCMC	Markov chain Monte Carlo	马尔可夫链蒙特卡洛
MinxEnt	minimum cross-entropy	最小交叉熵
pdf	probability density function (both discrete and continuous)	概率密度函数(离散和连续)
PERT	program evaluation and review technique	计划评审技术
PME	parametric MinxEnt	参数最小交叉熵
RSAT	random SAT	随机满足性问题
SAT	satisfiability problem	满足性问题
SF	score function	得分函数
SIS	sequential importance sampling	序列重要抽样
SLR	standard likelihood ratio	标准似然比
TLR	transform likelihood ratio	变换似然比
TSP	traveling salesman problem	旅行商问题
VM	variance minimization	方差最小化

符号列表

$\gg$	much greater than	远大于
$\propto$	proportional to	正比于
$\sim$	is distributed according to	服从……分布
$\approx$	approximately	约等于
∇	∇f *is the gradient of* f	∇f 是 f 的梯度
∇^2	$\nabla^2 f$ *is the Hessian of* f	$\nabla^2 f$ 是 f 的 *Hessian* 函数
E	*expectation*	期望
$\mathbb{N}$	*set of natural numbers* $\{0,1,\cdots\}$	自然数集合
P	*probability measure*	概率
$\mathbb{R}$	*the real line = one-dimensional Euclidean space*	实数轴=一维欧式空间
$\mathbb{R}^n$	n-*dimensional Euclidean space*	n 维欧式空间
$\mathcal{D}$	*Kullback-Leibler CE*	库尔贝克-莱布勒交叉熵
$\mathcal{H}$	*Shannon entropy*	香农熵
$\mathcal{M}$	*mutual information*	互信息
$\mathcal{S}$	*score function*	得分函数
Ber	*Bernoulli distribution*	伯努利分布
Beta	*beta distribution*	贝塔分布
Bin	*binomial distribution*	二项分布
Exp	*exponential distribution*	指数分布
G	*geometric distribution*	几何分布
Gamma	*gamma distribution*	伽马分布
N	*normal or Gaussian distribution*	正态分布或高斯分布
Pareto	*Pareto distribution*	帕累托(柏拉图)分布
P	*Poisson distribution*	泊松分布
U	*uniform distribution*	均匀分布
Weib	*Weibull distribution*	威布尔(韦伯)分布

α	*smoothing parameter or acceptance probability*	平滑参数或接受概率
γ	*level parameter*	水平参数
ζ	*cumulant function (log of moment generating function)*	累积函数(矩量生成函数的对数)
ϱ	*rarity parameter*	稀有性参数
$\mathrm{D}(\boldsymbol{v})$	objective function for CE minimization	交叉熵最小化目标函数
f	probability density (discrete or continuous)	概率密度函数(离散或连续)
g	importance sampling density	重要抽样密度函数
I_A	indicator function of event A	事件 A 的指示函数
ln	(natural) logarithm	自然对数
N	sample size	样本大小
$\mathcal{O}$	Big-O order symbol	大 O 渐近符号
S	performance function	性能函数
$S_{(i)}$	i-th order statistic	第 i 个顺序统计量
$\boldsymbol{u}$	nominal reference parameter (vector)	原定引用参数(向量)
$\boldsymbol{v}$	reference parameter (vector)	引用参数(向量)
$\hat{\boldsymbol{v}}$	estimated reference parameter	估计引用参数
$\boldsymbol{v}^*$	CE optimal reference parameter	CE 最优引用参数
${}_*\boldsymbol{v}$	VM optimal reference parameter	VM 优化引用参数
$V(\boldsymbol{v})$	objective function for VM minimization	VM 最小化目标函数
W	likelihood ratio	似然比
$\boldsymbol{x},\boldsymbol{y}$	vectors	向量
$\boldsymbol{X},\boldsymbol{Y}$	random vectors	随机向量
$\mathscr{X},\mathscr{Y}$	sets	集合

索　引